A. Kramer D. Gröschel P. Heeg V. Hingst
H. Lippert M. Rotter W. Weuffen (Hrsg.)

Klinische Antiseptik

Mit 13 Abbildungen und 94 Tabellen

Springer-Verlag
Berlin Heidelberg New York
London Paris Tokyo
Hong Kong Barcelona
Budapest

Herausgeber:

Prof. Dr. Axel Kramer
Institut für Hygiene und Umweltmedizin der Ernst-Moritz-Arndt Universität Greifswald, Hainstr. 26, O-2200 Greifswald-Eldena

Prof. Dr. D. Gröschel
Department of Pathology Microbiology Division University of Virginia Health Sciences Center, Box 214, Charlottesville, Virginia 22908, USA

Priv.-Doz. P. Heeg
Krankenhaushygieniker der Eberhard-Karls-Universität Tübingen, Calwer Str. 7, W-7400 Tübingen 1

Prof. Dr. V. Hingst
Präsident des Landesgesundheitsamtes Baden-Württemberg, Wiederholdstr. 15/13, PF 102942, W-7000 Stuttgart 10

Prof. Dr. H. Lippert
Chirurgische Klinik der Charité der Humboldt-Universität zu Berlin, Scharnhorststr. 3, O-1040 Berlin

Prof. Dr. M. Rotter
Hygieneinstitut der Universität Wien, Kinderspitalgasse 15, A-1095 Wien

Prof. Dr. Dr. W. Weuffen
Landeshygieneinstitut Mecklenburg-Vorpommern, Außenstelle Greifswald, Lange Reihe 2, O-2200 Greifswald

ISBN-13:978-3-642-77716-5

Die Deutsche Bibliothek – CIP Einheitsaufnahme
Klinische Antiseptik : mit 94 Tabellen / A. Kramer ... (Hrsg.). – Berlin ; Heidelberg ; New York ; London ; Paris ; Tokyo ; Hong Kong ; Barcelona ; Budapest : Springer, 1993
ISBN-13:978-3-642-77716-5 e-ISBN-13:978-3-642-77715-8
DOI: 10.1007/978-3-642-77715-8

NE: Kramer, Axel [Hrsg.]

Softcover reprint of the hardcover 1st edition 1993

Satz: Fotosatz-Service Köhler, Würzburg
27/3145–543210 Gedruckt auf säurefreiem Papier

Vorwort

Antiseptische Maßnahmen gewinnen in allen klinischen Disziplinen zunehmend an Bedeutung und haben im letzten Jahrzehnt eine vertiefte Bearbeitung der in Frage kommenden Indikationen und auch der Auswahl geeigneter Wirkstoffe herausgefordert.

Die Anwendung von Antiseptika zur Unterbrechung von Infektionsketten, d. h. zur Verhinderung einer Erregerübertragung auf andere Personen oder in die Umgebung, aber auch zur Verminderung einer Keimverschleppung in normalerweise mikrobiell nicht besiedelte Körperregionen bei der Patientenbehandlung, hat eine lange Tradition. So existieren wissenschaftlich begründete Anwendungsempfehlungen z. B. zur präoperativen Händedesinfektion und Hautantiseptik und ebenfalls zur hygienischen Händedesinfektion. Der Stellenwert der Antiseptik auf Schleimhäuten und Wunden ist dagegen bisher im wesentlichen nur mikrobiologisch begründet, so daß multizentrische Studien zum Einfluß antiseptischer Maßnahmen auf die Inzidenz nosokomialer Infektionen dringend benötigt werden.

Eine weitere Domäne der Antiseptik ist die Prävention endogener nosokomialer Infektionen. Hierbei wird je nach der Aufgabenstellung mehr oder weniger kurzfristig eine generelle Keimzahlverminderung angestrebt. Für spezielle Indikationen sind selektive Wirkungen vor allem gegen Vertreter der Transientflora bei weitgehender Schonung der Residentflora erwünscht. Einen entscheidenden Durchbruch hat das Konzept dieser selektiven Antiseptik mit der sogenannten Selektiven Darmdekontamination (SDD) zur Prophylaxe endogener Infektionen bei Patienten mit eingeschränkter Immunabwehr erfahren.

Bei der Keimträgersanierung richten sich die Antiseptika ebenfalls in erster Linie gegen den zu eliminierenden Erreger, wobei diese Maßnahmen einen fließenden Übergang zur therapeutischen Anwendung von Antiseptika darstellen.

Die therapeutische Antiseptik hat ihren festen Platz in der Pharmakotherapie lokaler infektiöser Erkrankungen, wobei Effektivität, Wirkungsspektrum und Wirkungsqualität einerseits und das Risiko von Nebenwirkungen andererseits die indikationsgerechte Wirkstoffauswahl bestimmen.

In der vorliegenden Monographie werden auf der Grundlage des aktuellen Wissensstandes Empfehlungen zur prophylaktischen und therapeutischen Antiseptik in den verschiedenen klinischen Disziplinen gegeben. Dabei werden jeweils ausgehend von einer Charakteristik des entsprechenden episomatischen Biotops die spezifischen Besonderheiten für die klinische Anwendung von Antiseptika begründet. Zugleich werden im Interesse der Weiterentwicklung auch künftige Arbeitsschwerpunkte aufgezeigt.

Die Herausgeber hoffen, daß es durch die Zusammenarbeit von Fachvertretern der verschiedenen klinischen Disziplinen mit Hygienikern und Mikrobiologen gelungen ist, die Antiseptik in ihrem krankenhaushygienischen Verständnis und ihrer klinischen Relevanz unter modernen Gesichtspunkten – zugleich mit Anregungen für weitere Maßnahmen zur Prophylaxe und Therapie von Infektionen – als Gesamtkonzept darzustellen. Dabei wurde besonderer Wert auf klinische Anwendungsempfehlungen gelegt, die sowohl die Indikation von antiseptischen Maßnahmen als auch die Wirkstoffauswahl berücksichtigen. Durch ein umfangreiches Sachwortverzeichnis wird zugleich die Benutzbarkeit der Monographie als Nachschlagewerk speziell in Hinblick auf die Bewertung der in Frage kommenden Wirkstoffe gewährleistet.

Das Buch wendet sich in erster Linie an die Fachvertreter der verschiedenen klinischen Disziplinen, in gleicher Weise an Krankenhaushygieniker bzw. ganz allgemein an Hygieniker und Medizinische Mikrobiologen. Auch für Pharmakologen, Toxikologen und weitere Vertreter medizinisch-experimenteller bzw. naturwissenschaftlicher Disziplinen ist die Monographie z. B. in Hinblick auf die Wertbestimmung von Antiseptika, den dafür erforderlichen Bedarf an Grundlagenforschung einschließlich der Notwendigkeit von Rezepturoptimierungen bzw. der Entwicklung und Einführung neuer Wirkstoffe von Interesse. Nicht zuletzt werden Studenten der Medizin, Zahnmedizin und Pharmazie diese Monographie mit Gewinn benutzen.

Unser besonderer Dank gebührt den Autoren der einzelnen Kapitel nicht nur für ihre engagierte Mitwirkung, sondern auch für ihr verständnisvolles Eingehen auf Vorstellungen und Anregungen der Herausgeber. Der Sekretärin des Greifswalder Universitätsinstituts, Frau Brigitte Sümnicht, danken wir für ihre stets zuverlässige Unterstützung. Eingeschlossen in unseren Dank sind Herr Prof. Dr. D. Götze, Herr Dr. J. Wieczorek und ihre Mitarbeiter für die Förderung und Hilfe bei der Herausgabe des Buches. Abschließend sei dem Springer-Verlag für sein Entgegenkommen bei der Gestaltung des Buches herzlich gedankt.

Greifswald/Charlottesville/Tübingen
Heidelberg/Berlin/Wien

Die Herausgeber

Inhaltsverzeichnis

Anschriften der Herausgeber und Autoren

Adartschenko A. A., Dr. sc. med., Lehrstuhl für Mikrobiologie, Virologie und Immunologie des Minsker Medizinischen Instituts, Leninprospekt Haus 6, UdSSR-220798 Minsk 50

Brühl P., Prof. Dr. med. habil., Urologische Universitätsklinik, Abt. Kinderurologie, Sigmund-Freud-Str. 25, W-5300 Bonn 1, Venusberg

Christiansen Bärbel, Dr. med., Abt. Hygiene, Sozialhygiene und Gesundheitswesen, Christian-Albrechts-Universität Kiel, Brunswiker Str. 4, W-2300 Kiel

Eckhardt C., Priv.-Doz. Dr. med., Abt. Ophthalmologie, Christian-Albrechts-Universität Kiel, Hegewischstr. 2, W-2300 Kiel

Exner M., Prof. Dr. med. habil., Hygieneinstitut des Ruhrgebiets, Rotthauser Str. 19, W-4650 Gelsenkirchen

Gröschel D., Prof. Dr. med., Department of Pathology, Microbiology Division, University of Virginia, Health Sciences Center, Box 214, USA-22908 Charlottesville, V. A.

Gudkowa Elena Iwanowna, Dr. med., Lehrstuhl für Mikrobiologie, Virologie und Immunologie des Minsker Medizinischen Instituts, Leninprospekt Haus 6, UdSSR-220798 Minsk 50

Handrick W., Dr. med. habil., Klinik für Kindermedizin der Universität Leipzig, Oststr. 21–25, O-7050 Leipzig

Harke H-P., Schülke & Mayr GmbH Norderstedt/Hamburg, Robert-Koch-Str. 2, W-2000 Norderstedt

Heeg P., Priv. Doz. Dr., Krankenhaushygieniker der Eberhard-Karls-Universität Tübingen, Calwer-Straße 7, W-7400 Tübingen 1

Hingst V., Prof. Dr. med. habil., Landesgesundheitsamt Baden-Württemberg, Wiederholdstr. 15/13, W-7000 Stuttgart 10

Hoffman-Lalé Annie, European Association for the Promotion of Hand Hygiene, Rue Lieutenant Liedel 46, B-1070 Brüssel

Höller Christiane, Dr. med., Abt. Hygiene, Sozialhygiene und Gesundheitswesen, Christian-Albrechts-Universität Kiel, Brunswiker Str. 4, W-2300 Kiel

Jülich W-D., Doz. Dr. rer. nat. habil., Landeshygieneinstitut Mecklenburg-Vorpommern, Außenstelle Greifswald, Lange Reihe 2, O-2200 Greifswald

Klebingat K-J., Prof. Dr. med. habil., Urologische Klinik und Poliklinik der Ernst-Moritz-Arndt-Universität Greifswald, Fleischmannstraße 42–44, O-2200 Greifswald

Knoke M., Prof. Dr. med. habil., Klinik für Innere Medizin der Ernst-Moritz-Arndt-Universität Greifswald, Friedrich-Loeffler-Straße 23 b, O-2200 Greifswald

Koch St., Priv. Doz. Dr. med. habil., Pathologisches Institut des Humaine-Klinikums Bad Saarow, Pieskower Str. 33, O-1242 Bad Saarow

Köhler H., Dr. med., Urologische Abteilung im Krankenhaus, Prenzlauer Chaussee 30, O-2100 Pasewalk

Kraatz G., Prof. Dr. med. habil., Klinik für Innere Medizin der Ernst-Moritz-Arndt-Universität Greifswald, Friedrich-Loeffler-Straße 23 b, O-2200 Greifswald

Kramer A., Prof. Dr. med. habil., Institut für Hygiene und Umweltmedizin der Ernst-Moritz-Arndt-Universität Greifswald, Hainstraße 26, O-2200 Greifswald-Eldena

Krasilnikow A. P., Prof. Dr. sc. med., Lehrstuhl für Mikrobiologie, Virologie und Immunologie des Minsker Medizinischen Instituts, Leninprospekt Haus 6, UdSSR-220798 Minsk 50

Lippert H., Prof. Dr. med. habil., Chirurgische Klinik der Charité der Humboldt-Universität zu Berlin, Scharnhorststraße 3, O-1040 Berlin

Maeck Carmen-Regina, Dr. med., Abt. Ophthalmologie, Christian-Albrechts-Universität Kiel, Hegewischstr. 2, W-2300 Kiel

Mäkelä P., Dr. med., Helsinki University Central Hospital, Unit of Hospital Hygiene, Tukholmankatu 8 F, F-00290 Helsinki

Meffert H., Prof. Dr. med. habil., Klinik und Poliklinik für Hautkrankheiten der Charité der Humboldt-Universität zu Berlin, Schumannstraße 20/21, PF 140, O-1040 Berlin

Merka V., Doz. Dr. CSc., V. E. Purkyne Militärmedizinische Akademie, CS-50011 Hradec Králové

Mestwerdt W., Prof. Dr. med. habil., Frauenklinik Berg, Obere Straße 2, W-7000 Stuttgart 1

Nasemann Th. R. K., Prof. Dr. med. habil., Buchenstraße 3, W-8139 Bernried/Obb.

Pambor M., Prof. Dr. med. habil., Klinik für Hautkrankheiten der Ernst-Moritz-Arndt-Universität Greifswald, Fleischmannstraße 42–44, O-2200 Greifswald

Reybrouck G., Prof. Dr. med., Katholieke Universiteit Leuven, Ziekenhuishygiene, U. Z. St.-Rafael, Kapucijnenvoer 33, B-3000 Leuven/Belgien

Rheinbaben von F., Dr. rer. nat., Laboratorium für Virologie, Henkel Hygiene GmbH, Henkelstraße 67, W-4000 Düsseldorf 1

Rosin M., Dipl.-Stomat., Zentrum für Zahn-, Mund- und Kieferheilkunde der Ernst-Moritz-Arndt-Universität Greifswald, Rotgerberstraße 8, O-2200 Greifswald

Rotter M., Prof. Dr. med., Hygieneinstitut der Universität Wien, Kinderspitalgasse 15, A-1095 Wien

Rudolph H., Dr. med., II. Chirurgische Klinik für Unfall-, Wiederherstellungs-, Gefäß- und Plastische Chirurgie Diakoniekrankenhaus, Elise-Averdieck-Str. 17, W-2720 Rotenburg

Rüden H., Prof. Dr. med. habil., Institut für Hygiene der Freien Universität Berlin, Hindenburgdamm 27, W-1000 Berlin 45

Schiller F., Prof. Dr. med. habil., Klinik und Poliklinik für Hautkrankheiten der Medizinischen Akademie Erfurt, Arnstädterstraße 34, O-5082 Erfurt

Schneeweiß B., Prof. Dr. med. habil., Kinderklinik des Städtischen Krankenhauses im Friedrichshain, Leninallee 49, O-1017 Berlin

Spitzbart H., Prof. Dr. med. habil., Klinik und Poliklinik für Gynäkologie und Geburtshilfe der Medizinischen Akademie Erfurt, Gorkistraße 6, O-5020 Erfurt

Vergetis W., Dr. med., Hygieneinstitut der Ruprecht-Karls-Universität, Im Neuenheimer Feld 324, W-6900 Heidelberg 1

Vries-Hospers de H. G., Dr., Laboratory for Medical Microbiology, State University of Groningen, Ostergingel 59, NL 9713 EZ Groningen

Waaij van der D., Prof. Dr., Laboratory for Medical Microbiology, State University of Groningen, Ostergingel 59, NL 9713 EZ Groningen

Wahl G., Prof. Dr. med. dent. habil., Zentrum für Zahn-, Mund- und Kieferheilkunde, Poliklinische Abteilung für Chirurgische Zahn-, Mund- und Kieferheilkunde, Welschnonnenstraße 17, W-5300 Bonn 1

Wallhäußer K-H., Prof. Dr. rer. nat., Hoechst Aktiengesellschaft, Pharma-Qualitäts-Kontrolle, Gruppe Biologie-Mikrobiologie PF 80 03 20, W-6230 Frankfurt am Main 80

Werner E., Prof. Dr. med. habil., Klinik für Hals-, Nasen- und Ohrenkrankheiten der Ernst-Moritz-Arndt-Universität Greifswald, Walter-Rathenau-Straße 43–45, O-2200 Greifswald

Werner H-P., Prof. Dr. med. habil., Landeshygieneinstitut Mecklenburg-Vorpommern, Bornhövedstr. 78, O-2756 Schwerin

Weuffen W., Prof. em. Dr. med. habil. Dr. rer. nat., Landeshygieneinstitut Mecklenburg-Vorpommern, Außenstelle Greifswald, Lange Reihe 2, O-2200 Greifswald

Wewalka G., Prof. Dr. med., Bundesstaatliche bakteriologisch-serologische Untersuchungsanstalt, Währinger Str. 25 a, A-1096 Wien IX

Witthauer J., Dr. rer. nat., Institut für Allgemeine und Kommunale Hygiene der Medizinischen Akademie Erfurt, Gustav-Freytag-Str. 1, O-5082 Erfurt

Abkürzungsverzeichnis

ADI-Wert	acceptable daily intake (zulässige tägliche Gesamtaufnahme, für die der no effect level für 90 d im Fütterungstest durch den Sicherheitsfaktor 100 dividiert wird)
AFNOR	Association Francaise de Normalisation
anti-HBc	Antikörper gegen HBc (Marker für Vorliegen einer HBV-Infektion, aussagekräftigster Durchseuchungsparameter)
BGA	Bundesgesundheitsamt
CMV	Cytomegalievirus
DAB	Deutsches Arzneibuch
DGHM	Deutsche Gesellschaft für Hygiene und Mikrobiologie
DGKH	Deutsche Gesellschaft für Krankenhaushygiene
EDTA	Ethylendiamintetraessigsäure
FDA	Food and Drug Administration (Zentrale Behörde für das Arzneimittelwesen in den USA)
HBsAg	Hepatitis B-surface-Antigen
HBV	Hepatitis B-Virus
HCV	Hepatitis C-Virus
HIV	Human Immundeficiency Virus (AIDS-Erreger)
HSV	Herpes simplex-Virus
ip	intraperitoneal
iv	intravenös
KbE	Kolonie-bildende Einheiten
KM	Körpermasse
LD_{50}	letale Dosis für 50 % der Lebewesen

MAK-Wert	maximal zulässige Arbeitsplatzkonzentration
MHK	minimale Hemmkonzentration
MIK-Wert	maximal zulässige Immissionskonzentration
MMK	minimale mikrobiozide Konzentration
ÖGHMP	Österreichische Gesellschaft für Hygiene, Mikrobiologie und Präventivmedizin
PVP	Polyvinylpyrrolidon
Quat	quaternäre Ammoniumverbindung
spp.	Spezies
SR	Standardrezeptur
VHB	Virushepatitis B

Kapitel 1

Begriffsbestimmung der Antiseptik und Zielstellung der klinischen Anwendung von Antiseptika

A. Kramer, D. H. M. Gröschel, P. Heeg, V. Hingst, A. P. Krasilnikow, G. Reybrouck, H. Rüden, H.-P. Werner und W. Weuffen

1 Infektiologische Bedeutung der Mikroflora episomatischer Biotope

Haut und Schleimhaut sind in Abhängigkeit von der Körperregion durch eine mehr oder weniger charakteristische mikrobielle Flora besiedelt (s. Kap. 10, 11, 13–16, 18–20).

• *Die physiologische Flora wird als Standortflora (residente Flora, engl. resident flora) bezeichnet.*
Dabei handelt es sich beim Gesunden, abhängig von der Körperregion, um eine bemerkenswert stabile mikrobielle Biozönose, die sich innerhalb von Stunden bis Tagen nach der Geburt entwickelt, wobei der Besiedlungsprozeß im Laufe des Lebens typischen Veränderungen unterworfen ist.

• *Da die einzelnen Körperregionen in ihrer Besiedlung voneinander abweichen, kann man verschiedene episomatische Biotope unterscheiden.*
Unter einem episomatischen Biotop wird ein Bereich auf der Körperoberfläche (epi soma, griech.) verstanden, der aufgrund bestimmter Kolonisationsbedingungen eine charakteristische Mikroflora aufweist. Unter Körperoberfläche werden nicht nur Haut, Auge, Schleimhäute der Körperöffnungen oder Wunden verstanden, sondern in gleicher Weise der Magen-Darm-Trakt, der Urogenitaltrakt (bis einschließlich zur Harnblase), der Respirationstrakt (ohne die unteren Luftwege) oder auch das Mittelohr, d.h. alle Biotope mit einer direkten Kommunikation zum milieu exterieur.

Die verschiedenen episomatischen Regionen stellen keinen einheitlichen Biotop dar, sondern es lassen sich – unter anderem aufgrund der Mikroflora – eine Vielzahl von Biotopen voneinander abgrenzen, z. B. im Gastrointestinaltrakt Magen, Duodenum, Jejunum, Ileum und Colon, wobei die Übergänge jeweils fließend sind (Bernhardt u. Knoke 1980). Selbst im Bereich der Mundhöhle sind verschiedene Biotope mit einer unterschiedlichen Mikroflora voneinander abgrenzbar (Prickler 1980).

A. Kramer et al. (Hrsg.)
Klinische Antiseptik

Tabelle 1-1. Schutzmechanismen der Standortflora vor einer Kolonisation bzw. Infektion durch potentiell pathogene Mikroorganismen einschließlich Viren

Direkte Effekte	Indirekte Effekte
Hemmung von Attachment und Zytoadhärenz	Immunstimulation bzw. Immunmodulation
Nährstoffkonkurrenz	Stimulierung der unspezifischen Resistenz z. B. durch Beeinflussung folgender Teilfaktoren
Bacteriocinproduktion	– Phagozytose
Bildung toxischer Metabolite z. B. in Peroxidase-katalysierten Reaktionen (Thomas 1982; Weuffen et al. 1990)	– Interferonbildung – Lysozymbildung – Förderung der Vitalität und Proliferation von Zellen bzw. Geweben, z. B. durch Thiocyanatbildung (Weuffen et al. 1990)
Abbau von Toxinen transienter Mikroorganismen	
Inaktivierung bzw. Hemmung von Virulenzfaktoren	Stimulation von Clearancemechanismen (Mackowiak 1984)
	Dekonjugation von Gallensäuren (Mackowiak 1984)
	Inaktivierung von Radikalen (Weuffen et al. 1987)
Förderung der Kolonisationsresistenz	

• *Die Standortflora ist unentbehrlich für die Abwehr von Krankheitserregern* (Tabelle 1-1).

Sie ist aber auch für Organfunktionen von Bedeutung, wie Untersuchungen z. B. an keimfrei (gnotobiotisch) aufgezogenen Tierspezies ergaben. Besonders augenfällig wird das bei so dicht und vielfältig besiedelten Biotopen wie der Mundhöhle oder dem Darmtrakt. Diese Wechselbeziehung Mensch-Standortflora-Umwelt ist im Ergebnis der Evolution des Menschen innerhalb der mikrobiell besiedelten Umwelt entstanden und hat eine elementare Funktion für die Erhaltung des Gleichgewichts von physiologischer Besiedelung und Abwehr ständig auf Haut, Schleimhaut bzw. Wunden gelangender transienter Keime. Nur so war es dem Menschen in seiner Entwicklungsgeschichte möglich, als „Gast" in einer mikrobiellen Umwelt mit dieser zu koexistieren.

• *Die nicht zur Standortflora gehörenden Keime werden in ihrer Gesamtheit als transiente Flora (engl. transient flora) bezeichnet.*

Dabei kann es sich sowohl um apathogene als auch um fakultativ oder obligat pathogene Mikroorganismen handeln.

Gebräuchlich ist auch die Bezeichnung als Anflugflora. Dieser Terminus ist insofern weniger zutreffend, als die wenigsten transienten Mikroorganismen aerogen auf die Körperoberflächen gelangen, sondern in erster Linie durch Kontakt, die Bekleidung und die Nahrung (Oro-Gastro-Intestinal-Trakt).

Tabelle 1-2. Einflußfaktoren auf die mikrobielle Flora episomatischer Biotope

Endogen	Exogen
Krankheit (z. B. Diabetes mellitus, Tumoren)	antimikrobielle Chemotherapie
Resistenz und Immunität	Immunsuppression
Hormonstatus	instrumenteller Eingriff bzw. Trauma
Aktivität des vegetativen und zentralen Nervensystems	Körperpflege einschl. Gebrauch von Desodorantien
Alter und Vitalität des Gesamtorganismus, seiner Gewebe und Zellen (anatomische, physiologische und biochemische Barrieren)	berufliche Noxen Streß und neurovegetative Belastung beruflicher Umgang mit antimikrobiellen Wirkstoffen (z. B. Desinfektionsmittel, Antiseptika, Konservierungsmittel, Antibiotika) Bekleidung

Terminus	Merkmal
Kontamination ↓	Auftreffen (Kontakt) von Mikroorganismen auf bzw. in den Makroorganismus
Adsorption ↓	unspezifische Adsorption (durch physiko-chemische Bindungskräfte) an Zellen (passageres Vorkommen)
mikrobielle Zytoadhärenz bzw. Attachment ↓	nach einer Übergangsphase der reversiblen Adhäsion kommt es zur rezeptorvermittelten biologischen Adhäsion, d. h. die Mikroorganismen haften am episomatischen Biotop
Kolonisation ↓	mikrobielle Besiedlung ohne klinische Krankheitssymptome
Infektion	aktives Eindringen und Vermehrung von Krankheitserregern in Geweben und/oder Körperflüssigkeiten des Wirtsorganismus mit einer Wirtsreaktion, jedoch nicht unbedingt mit Krankheitserscheinungen (z. B. bei latenter Infektion)
Invasion	Fortschreiten der Infektion mit Anschluß an Blut- und/oder Lymphgefäße
Infektionskrankheit	Manifestation akuter klinischer Lokal- und/oder Allgemeinsymptome als Folge der Infektion in Form eines lokalen infektiösen Prozesses (ohne Invasion), einer Generalisation (Sepsis), Organmanifestation mit anschließender Ausbreitung oder chronischer Verlauf

Abb. 1-1. Modellvorstellung für den Ablauf einer mikrobiellen Infektion

Tabelle 1-3. Infektiologische Bedeutung der mikrobiellen Flora episomatischer Biotope

Standortflora	Beispiele
Verschleppung in primär nicht besiedelte Körperbereiche (spontan, iatrogen)	Harnweginfektion bei Frauen, subakute bakt. Endocarditis, Infektion nach invasiven Eingriffen (z. B. Bronchoskopie)
selektive Vermehrung einzelner Spezies	Infektion unter Chemotherapie oder zytostatischer Therapie
Transiente Flora	**Beispiele**
Lokale oder systemische Infektion	Candida albicans-Stomatitis Candida albicans-Sepsis
Verschleppung in primär nicht besiedelte Körperbereiche	siehe oben
Übertragung als Folge von Kolonisation, Keimträgertum oder manifester Infektion	nosokomiale S. aureus-Infektionen

Selbstverständlich ist es nicht möglich, eine scharfe Grenze zwischen residenter und transienter Flora zu ziehen, was z. B. bei der Kolonisierung chronischer Keimträger mit S. aureus deutlich wird. Zur Charakterisierung derartiger Situationen ist der von Noble eingeführte Begriff der *temporär residenten Flora* hilfreich (s. Kap. 20).

Die Mikroflora eines episomatischen Biotops kann durch unterschiedliche endogene und exogene Faktoren gestört bzw. beeinflußt werden (Tabelle 1-2), wodurch Bedingungen für eine kurzfristige, passagere oder länger anhaltende (temporär residente) Besiedlung mit potentiell pathogenen Mikroorganismen entstehen. Hiervon ausgehend kann sich je nach der Abwehrsituation des Organismus und der Pathogenität und Virulenz des Erregers eine *Infektion* als lokaler infektiöser Prozeß oder als systemische Infektionskrankheit manifestieren (Abb. 1-1). Durch endogene und exogene Faktoren ist der Gesamtprozeß der Infektion auf jeder Stufe reversibel bzw. beeinflußbar. Allerdings wird mit antiseptischen Maßnahmen im allgemeinen erst nach erkannter Infektion begonnen. Eine Ausnahme machen hierbei z. B. die prophylaktische Anwendung von Antiseptika und die selektive Magen-Darm-Trakt-Antiseptik (s. Kap. 16).

Sowohl die Standortflora als auch die residente Flora kann Ausgangspunkt von Infektionen sein (Tabelle 1-3; Details hierzu vgl. nachfolgende Kapitel).

2 Begriffsbestimmung der Antiseptik

Die richtige Anwendung des Begriffs Antiseptik ist nicht nur von wissenschaftlichem Interesse, sondern hat unmittelbare Auswirkungen auf die medizinische Praxis, Forschung und Entwicklung auf diesem Gebiet. Wenn man von dem Begriff Antiseptik in seiner wörtlichen Bedeutung ausgeht, sind unter Antiseptika antimikrobielle Präparate zu verstehen, die die Besiedlung bzw. Vermehrung von Krankheitserregern hemmen, um einer lokalen bzw. systemischen Infektion einschließlich Sepsis entgegenzuwirken.

In dem Wort Antiseptik ist der Begriff der Sepsis enthalten, allerdings nicht in der heutigen Bedeutung von Septikämie, sondern in der ursprünglichen des griechischen Wortes für Fäulnis (Weuffen et al. 1981).

Der deutsche Vorschlag für das Europäische Komitee für Normung (CEN/TC216/HWG N18) vertritt eine analoge Auffassung zur Antiseptik mit folgendem Wortlauf: „Behandlung von lebendem Gewebe mit dem Ziel, eine Infektion dadurch zu bekämpfen und/oder der Ausbreitung einer Infektion dadurch vorzubeugen, daß die Anzahl der Krankheitserreger durch Abtötung bzw. Inaktivierung vermindert und die Vermehrung der nicht abgetöteten bzw. inaktivierten möglichst lang anhaltend gehemmt wird". Unter Desinfektion wird die Abtötung bzw. Inaktivierung gesundheitsgefährdender oder lebensmittelschädlicher Bakterien, Pilze, Algen, Dauerformen von Endoparasiten oder Viren an Objekten durch chemische oder physikalische Verfahren verstanden. In der Erläuterung findet sich die Einschränkung, daß die hygienische oder chirurgische Händedesinfektion nicht als Maßnahme im Sinne der Antiseptik, sondern als Desinfektion gelten soll. Epidemiologisch ist das begründbar, indem die Hände in gleicher Weise wie unbelebte Materialien als Überträger von Krankheitserregern betrachtet werden.

Bereits Reber (1973) hat dieses Merkmal für die Abgrenzung von Desinfektion und Antiseptik zugrunde gelegt. Er definierte Desinfektion als gezielte Entkeimung zur Verhinderung der Übertragung bestimmter unerwünschter Mikroorganismen, während bei der Antiseptik der Infektionsherd als solcher angegangen wird.

Unter Berücksichtigung nationaler und internationaler Entwicklungstendenzen wird folgende Definition vorgeschlagen:

- *Die Antiseptik umfaßt antimikrobielle Maßnahmen am Ausgangsort bzw. an der Eintrittspforte einer möglichen Infektion bzw. am Infektionsherd auf der Körperoberfläche (Haut, Schleimhaut, Wunden) oder auf chirurgisch freigelegten bzw. eröffneten endosomatischen Arealen mit der prophylaktischen und/oder therapeutischen Zweckbestimmung, einer unerwünschten Kolonisation oder Infektion vorzubeugen bzw. diese zu behandeln, unabhängig vom Funktionszustand der Mikroorganismen.*

Damit ist jede Anwendung antimikrobiell wirksamer Präparate auf der intakten Körperoberfläche vor diagnostischen oder therapeutischen Eingriffen, ebenso die Anwendung auf Wunden oder auf eröffneten bzw. durch Punktion oder Drainage zugängig gemachten Arealen, z. B. bei der Peritonealspülung, der Antiseptik zuzuordnen.

Terminologische Klarheit ist Voraussetzung für das Verständnis des klinischen Stellenwertes der Antiseptik:

- In der Effektivität antimikrobieller Maßnahmen bzw. Verfahren bestehen deutliche graduelle Unterschiede. Für die Sterilisation wird im DAB 9 ein theoretischer Wert von höchstens einem lebenden Keim in 1×10^6 sterilisierten Einheiten des Endprodukts gefordert. Um dem berechenbaren und zugleich notwendigen Grad der Keimzahlverminderung Rechnung zu tragen, kann als Leistungskriterium der Sterilisation zusätzlich das 12-

D-Konzept, das eine Keimzahlverminderung um 12 Zehnerpotenzen als verfahrens- und keimspezifische Kenngröße beinhaltet, zugrunde gelegt werden (Horn et al. 1987, Wallhäußer 1990). Bei der Desinfektion, z. B. von Flächen, wird eine Keimzahlverminderung von $\geq$ 5 lg-Stufen im Keimträgertest gefordert. Dadurch soll eine Übertragung von Infektionen sicher ausgeschlossen werden. Bei der prophylaktischen Antiseptik wird je nach Biotop eine Keimzahlverminderumg um etwa 1–5 lg-Stufen erreicht. Biotopabhängig wird durch antiseptische Maßnahmen u. U. auch eine Keimemission in die Umgebung einschließlich des Personals herabgesetzt. Im Mittelpunkt steht jedoch die Infektionsprophylaxe für den Patienten selbst.

– Bezüglich toxikologischer Anforderungen gibt es zwischen den drei antimikrobiellen Verfahren ebenfalls deutliche Unterschiede. Bei der Sterilisation müssen mögliche Reste des sterilisierenden Agens am Sterilgut für den Menschen unbedenklich sein. Bei der Desinfektion variieren die toxikologischen Anforderungen je nach der Indikation für Hände, Flächen, Instrumente oder Wäsche, d. h. je nach möglicher Exposition des Anwenders. Durch den innigen Kontakt des Antiseptikums mit dem Biotop ergeben sich an Gewebetoxizität und durch die Adsorption und nachfolgende Resorption an die systemische Toxizität vor allem auch in Hinblick auf mikrotoxische Langzeitwirkungen einschließlich allergener, mutagener, teratogener und karzinogener Schädigungsmöglichkeiten deutlich höhere Anforderungen als bei einer Anwendung antimikrobieller Wirkstoffe auf unbelebten Materialien. Damit können nur nach pharmakologisch-toxikologischen Grundsätzen als unbedenklich für eine episomatische Anwendung begutachtete Wirkstoffe bzw. Präparate zur Händedesinfektion und zur Antiseptik eingesetzt werden.
– Werden die Anwendungsbereiche der Antiseptik und Desinfektion in der empfohlenen Weise begrifflich getrennt, wird für den Anwender viel eher offenkundig, wenn u. U. derselbe Wirkstoff bzw. dasselbe Präparat in beiden Bereichen ohne Beachtung spezifischer Indikationen mehr oder weniger kritiklos eingesetzt wird. Sofern die antimikrobiellen Wirkstoffe möglichst einem der beiden Indikationsgebiete vorbehalten bleiben, werden sich möglicherweise ergebende toxische Risiken bzw. Möglichkeiten einer mikrobiellen Resistenzentwicklung herabgesetzt, d. h. durch eine einheitliche Terminologie bei klarer Trennung von Antiseptik und Desinfektion kann die Qualität des antimikrobiellen Regimes verbessert werden.

Während in den USA und der GUS auch die Händedesinfektion der Antiseptik zugeordnet wird und nach Reybrouck (1986) in Frankreich und Großbritannien die Anwendung antimikrobieller Präparate auf der Körperoberfläche allgemein der Antiseptik zugeordnet wird, hat sich im deutschsprachigen Bereich die Bezeichnung Desinfektion für die Anwendung mikrobiozid wirkender Präparate auf der Haut eingebürgert. Die amerikanische Definition geht davon aus, Desinfektion ausschließlich für unbelebte Objekte und Antiseptik für alle antimikrobiellen Maßnahmen auf der Körperoberfläche des Menschen zu definieren. Diese Trennung betrifft auch die Differenzierung pharmakologisch-toxikologischer Anforderungen (Block 1991, Favero u. Bond 1991).

Jede Definition kann nur auf der Basis einer breiten Übereinkunft lebensfähig sein. Der Trend geht auch im deutschsprachigen Raum dahin, die Antiseptik im klinischen Alltag im

Sinne der von der Fachkommission Klinische Antiseptik der Deutschen Gesellschaft für Krankenhaushygiene erarbeiteten o. g. Definition (Kramer u. Jülich 1992) aufzufassen und anzuwenden. So werden antimikrobielle Maßnahmen auf Schleimhäuten und Wunden inzwischen auch im deutschsprachigem Bereich mehr und mehr als Schleimhaut- bzw. Wundantiseptik bezeichnet (Weuffen u. Kramer 1987; Exner et al. 1988), obwohl in der Vergangenheit auch hierfür vielfach der unzutreffende Terminus Schleimhautdesinfektion benutzt wurde, ja sogar z.T. von Darmsterilisation gesprochen wurde. Noch weiter kompliziert wird die begriffliche Situation durch den eingeführten Terminus der Hände-Dekontamination beim Umgang mit Lebensmitteln im Beruf und Haushalt (Borneff et al. 1986). Sofern antiseptische Präparate zur Reinigung der Hände angewendet werden, empfiehlt sich u.E. der Terminus der antiseptischen Händewaschung. Wird lediglich eine gründliche Reinigung der Hände unter gleichzeitiger Keimzahlverminderung und bestimmten hygienischen Anforderungen wie warmes Wasser, Einwirkungszeit $\geqq$ 10 s, möglichst kurzärmlige Berufskleidung und kein Schmuck sowie Abtrocknung mit Einweghandtüchern durchgeführt, ist der Terminus hygienische Händewaschung aussagekräftig.

Außer der direkten Applikation können Antiseptika z.B. mittels Punktion oder Irrigation in Körperhöhlen (z.B. Pleurahöhle, Bauchhöhle, Nasennebenhöhlen) eingebracht werden.

Die Behandlung von Hohlrauminfektionen kann dann als Grenzfall der Antiseptik zugeordnet werden, wenn der Wirkstoff auf dem Blut-Lymph-Weg transportiert, die antiseptisch wirksame Konzentration jedoch erst im Hohlraumsystem durch die Konzentrierung bei der Ausscheidung des Wirkstoffs erreicht wird.

Nicht nur durch chemische Wirkstoffe, sondern auch durch physikalische und biologische Verfahren ist eine antiseptische Wirkung erreichbar.

Als therapeutisch effektiv hat sich z.B. die lokalisierte UV-Bestrahlung erwiesen (High 1978). Mackowiak (1984) hat über die gezielte mikrobielle Kolonisation bzw. Rekolonisation von Haut und Schleimhaut mit Vertretern der physiologischen Mikroflora als Schutz vor der Besiedlung mit potentiell pathogenen Erregern berichtet. Hier ist möglicherweise eine Leistungsreserve auf dem Gebiet der „natürlichen“ Antiseptik vorhanden.

3 Zielsetzung antiseptischer Maßnahmen

Infektiologisch können folgende Aufgabenstellungen unterschieden werden:

- Verhinderung einer Keimverschleppung in normalerweise mikrobiell nicht besiedelte Körperbereiche des Patienten,
- Schutz vor lokaler Kolonisation mit nachfolgender Infektion,
- Schutz vor systemischer Metastasierung lokaler Infektionen,
- Behandlung von lokalen Infektionen,
- Sanierung von Keimträgern,
- Verhinderung einer Keimübertragung auf andere Personen bzw. in die Umgebung.

Demzufolge ist bei der Anwendung von Antiseptika prinzipiell zwischen prophylaktischen und therapeutischen Indikationen zu unterscheiden. Erstere umfassen die Anwendung von Antiseptika an klinisch gesunden episomatischen Biotopen, letztere die Anwendung an mikrobiell erkrankter Haut, Schleimhaut bzw. bei Wundinfektionen sowie zur Keimträgersanierung.

Während zur prophylaktischen Anwendung ein möglichst breites Wirkungsspektrum und eine überwiegend mikrobiozide Wirkungsweise benötigt wird, sind zur therapeutischen Anwendung möglichst selektiv wirkende Antiseptika mit überwiegend mikrobiostatischer Wirkungsweise erforderlich.

Eine antimikrobielle Nachwirkung ist praktisch bei jeder antiseptischen Maßnahme erwünscht.

Diese kann nach einmaliger Anwendung kurzfristig persistierend sein, bedingt durch starke Verminderung und Schädigung der residenten Flora und der erforderlichen Zeitspanne zur Rekolonisation, sowie durch remanente Wirkung bzw. im Ergebnis wiederholter antiseptischer Anwendungen langfristig persistieren (Werner u. Borneff 1980, vgl. auch Kap. 3).

3.1 Prophylaktische Antiseptik

Bei der prophylaktischen Anwendung wird die

- einmalige bzw. kurzfristige prophylaktische Anwendung von Antiseptika auf der Haut (Tabelle 1-4), auf Schleimhäuten bzw. Wunden und
- die mehrmalige bzw. langfristige prophylaktische Anwendung von Antiseptika

unterschieden.

Grundsätzlich kann man die Maßnahmen unabhängig von der Anwendungsdauer folgenden Kategorien zuordnen:

Kategorie 1: Indikationsempfehlung auf der Basis standardisierter In-vitro- und In-vivo-Prüfmethoden,

Kategorie 2: Indikationsempfehlung auf der Basis nicht standardisierter Prüfmethoden bzw. klinischer Erfahrungen,

Kategorie 3: Anwendung wird nicht empfohlen.

Tabelle 1-4. Typische Indikationen für eine einmalige bzw. kurzfristige prophylaktische Anwendung von Antiseptika an der Haut

Terminus in Europa		Terminus in USA[a]
z. Z. noch gebräuchlich	empfohlen	
chirurgische Händedesinfektion	chirurgische Händedesinfektion	surgical hand scrub
hygienische Händedesinfektion	hygienische Händedesinfektion	health-care personnel handwash
hygienische Händewaschung	hygienische Händewaschung	handwash
Hautdesinfektion	prophylaktische Hautantiseptik	skin antiseptic
präoperative Hautdesinfektion	präoperative Hautantiseptik	patient pre-operative skin preparation

[a] Dep. of Health, Education, and Welfare (1978)

Kategorie 1 trifft derzeit nur für die Präparate zur hygienischen und chirurgischen Händedesinfektion sowie seit kurzem auch zur Hautantiseptik zu. Für die Durchführung der Schleimhaut- und Wundantiseptik gibt es keine vergleichbaren Empfehlungen zur Durchführung und Präparateauswahl, weil das zunächst die Erarbeitung von Anforderungen an die antiseptische Effektivität der Präparate voraussetzt (Fachkommission Klinische Antiseptik der DGKH in Vorb.).

3.1.1 Einmalige bzw. kurzfristige prophylaktische Antiseptik

Sie ist indiziert z. B. vor diagnostischen oder therapeutisch-operativen Eingriffen an mikrobiell besiedelter Haut bzw. Schleimhäuten. Durch die antiseptische Maßnahme soll das Risiko einer Verschleppung von Mikroorganismen der Standort- bzw. Transientflora in normalerweise nicht besiedelte Körperbereiche, einer primären Bakteriämie während der Zeit des Eingriffs (z. B. bei parodontaler Chirurgie) bzw. einer lokalen Infektion herabgesetzt werden. Bei dieser Indikation geht es nicht allein um die Reduktion potentiell pathogener Mikroorganismen, sondern auch um eine möglichst weitgehende Verminderung oder wenigstens Vermehrungshemmung der physiologischen Flora während des Eingriffs. Eine althergebrachte Form der einmaligen Anwendung von Antiseptika ist die Applikation von Iodtinktur bei Bagatellverletzungen.

Prophylaktische Hautantiseptik: Als wichtigster Überträger für nosokomiale Infektionen wird die Hand angesehen. Ebenso unzweifelhaft ist, daß eine mangelhafte Antiseptik vor Durchtrennung der Haut mit einem hohen Infektionsrisiko verbunden ist. Der Stellenwert einer indikationsgerechten Händedesinfektion und Hautantiseptik ist daher unumstritten.

Durch die einmalige bzw. vor einer neuen Operation erneut durchgeführte chirurgische Händedesinfektion soll eine möglichst intensive, lang anhaltende Keimzahlverminderung (sog. remanente Wirkung) erreicht werden, um das Infektionsrisiko intraoperativ für den Patienten zu minimieren.

Anliegen der hygienischen Händedesinfektion ist die Eliminierung transienter Mikroorganismen bei vermuteter oder bekannter Kontamination der Hände mit Krankheitserregern; es kommt dabei auch zu einer Verminderung der Standortflora. Bei mutmaßlicher Viruskontamination werden Antiseptika mit spezifischem Wirkungsspektrum gegen die infrage kommenden Viren benötigt, wobei im allgemeinen eine verlängerte Einwirkungszeit empfohlen wird.

Für die zur Anwendung auf Händen vorgesehenen Präparate existieren standardisierte Prüfvorschriften (vgl. Kap. 3). Damit sind zugleich die Anforderungen und Einsatzgebiete charakterisiert (vgl. Tabelle 1-4).

Die *prophylaktische Hautantiseptik* ist präoperativ vor Durchtrennung des Integuments oder vor Punktionen und Injektionen indiziert, um die Transient- und Standortflora zu reduzieren. Um eine begriffliche Abtrennung dieser Form der Hautantiseptik z. B. von der Anwendung antiseptischer Bäder, die auch eine Form der prophylaktischen Hautantiseptik darstellen, zu ermöglichen, bietet es sich an, die Hautantiseptik vor chirurgischen Eingriffen als *präoperative Hautantiseptik* zu bezeichnen. Die Auffassungen zum Vorgehen bei der präoperativen Hautantiseptik sind international weitgehend übereinstimmend und umfassen die Teilschritte Reinigung und Anwendung von Antiseptika, unter Umständen ergänzt durch Enthaarung. Begrifflich sollte auch die Antiseptik vor Punktionen, Injektionen, Blutentnahme u.ä. der präoperativen Hautantiseptik zugeordnet werden, weil hierfür die gleichen Präparate wie zur präoperativen Anwendung eingesetzt werden. Es ist lediglich das praktische Vorgehen nicht in gleicher Weise vereinheitlicht.

Eine spezielle Form der Hautantiseptik besteht in der Anwendung antiseptischer Salben um die Insertionsstelle von Gefäßkathetern.

Eine weitere Form der prophylaktischen Hautantiseptik ist die antiseptische Körperwaschung. Im Unterschied zu den bisher genannten Formen der Hautantiseptik erscheint sie zwar aus hygienischen Überlegungen zweckmäßig, ihr klinischer Wert ist jedoch nicht exakt belegt. Anwendungsbereich ist z.B. die Ganzkörperwaschung hospitalisierter Patienten mit erhöhter Infektionsgefährdung, das antiseptische Bad im Rahmen der Neugeborenenpflege, die antiseptische Haarwäsche vor neurochirurgischen Eingriffen oder die wiederholte antiseptische Waschung im Perineal- und Genitalbereich bei Intensivtherapiepatienten.

Ein spezieller Bereich der prophylaktischen Hautantiseptik ist die Prophylaxe von Pilzinfektionen der Haut.

Bei der einmaligen und noch wichtiger bei der mehrmaligen Anwendung von Antiseptika aus prophylaktischer Indikation besteht eine wesentliche Zielstellung in der möglichst geringen Beeinträchtigung des Biotops einschließlich der Unterstützung natürlicher reparativer Prozesse. Eine wichtige milieustabilisierende bzw. biotopnormalisierende Maßnahme für die Haut ist die regelmäßige Pflege sowie der Hautschutz der Hände, ebenso die Benutzung hautverträglicher bzw. hautpflegender Reinigungsmittel (s. Kap. 5).

Bei operativen Eingriffen ist die wichtigste milieustabilisierende Maßnahme eine gute Operationstechnik (z. B. atraumatisches, unblutiges und gewebeschonendes Vorgehen bei invasiven Eingriffen, Auswahl gewebefreundlicher Materialien für Katheter, Tuben, Sonden, Implantate, gewebeschonende Retraktoren und Klemmen, Verhinderung der Austrocknung des Gewebes, gezielte Blutstillung, vorsichtiger Gebrauch von Thermokauter und trockenen Tupfern).

Prophylaktische Schleimhautantiseptik[1]: Da für die Prüfung von Schleimhautantiseptika bisher keine standardisierten Prüfvorschriften vorliegen, ist die Nomenklatur nicht in gleicher Weise wie bei der Hautantiseptik festgelegt. In Analogie zur Terminologie der prophylaktischen Hautantiseptik wird für die Anwendung von Antiseptika auf Schleimhäuten mit der Zielstellung einer

[1] Der Begriff Schleimhaut wird im folgenden nicht unter histologischen Gesichtspunkten definiert, sondern schließt auch episomatische Biotope wie Vagina und äußeres Auge ein.

Tabelle 1-5. Empfohlene Begriffe für die Antiseptik auf Schleimhäuten und Wunden in Übereinstimmung zur Begriffsbestimmung bei der Hautantiseptik

Schleimhaut	Antiseptische Maßnahme auf	
	Wunde	Haut
prophylaktische Schleimhautantiseptik	prophylaktische Wundantiseptik	prophylaktische Hautantiseptik
präoperative Schleimhautantiseptik	präoperative Wundantiseptik[a]	präoperative Hautantiseptik[b]
therapeutische Schleimhautantiseptik	therapeutische Wundantiseptik	therapeutische Hautantiseptik

[a] Terminus analog dem skin wound cleaner in USA
[b] Im erweiterten Sinn auch für antiseptische Maßnahmen vor Durchtrennung des Integuments durch Injektion, Punktion, Blutentnahme u.ä. Anwendungen

Reduzierung des Übertragungsrisikos für Krankheitserreger bzw. der Herabsetzung der Infektionsgefährdung der Terminus der prophylaktischen Schleimhautantiseptik vorgeschlagen (Tabelle 1-5). Ein Beispiel hierfür ist die antiseptische Mundspülung vor konservierender zahnärztlicher Behandlung; auch die Credésche Prophylaxe kann hier eingeordnet werden.

Für die Anwendung von Antiseptika auf Schleimhäuten vor Eingriffen wird der Terminus präoperative Schleimhautantiseptik vorgeschlagen. Damit würde ein analoger Terminus zur präoperativen Hautantiseptik existieren, was zur Übersichtlichkeit in der Praxis beitragen dürfte (Tabelle 1-5).

Während der Wert der präoperativen Schleimhautantiseptik klinisch belegt ist, trifft das für eine Reihe weiterer Formen der Schleimhautantiseptik nur mikrobiologisch zu, d.h. es ist nur der keimzahlvermindernde Effekt nachgewiesen. Das betrifft z.B. die antiseptische Mundhöhlenspülung, die lokale Antiseptik vor einer Injektion in Schleimhautarealen, die Antiseptik der Glans penis, der Vagina oder von Körperöffnungen bei gnotobiotischen Patienten. Ungeeignet ist die antiseptische Blasenspülung aufgrund ihrer irritativen Wirkung und zugleich nicht bewiesenen Effektivität.

Prophylaktische Wundantiseptik: Zur prophylaktischen Wundantiseptik werden, ggf. nach vorausgegangener chirurgischer Wundtoilette, häufig reinigende und zugleich antiseptisch wirkende Präparate angewandt, z.B. Kombinationspräparate von Detergentien mit antiseptischen Wirkstoffen. Ebenso wie bei der Haut soll zusätzlich zum antiseptischen Effekt die lokale Abwehrkraft, z.B. durch Anregung von Granulation und Epithelisierung sowie Förderung unspezifischer und spezifischer Resistenzmechanismen, durch geeignete Wirkstoffe unterstützt werden.

Bereits in die Anfänge der Antiseptik reicht die Anwendung von Wirkstoffen wie Iodtinktur oder Wasserstoffperoxid ohne reinigende Zusätze auf Wunden zurück, wobei durch die Sauerstofffreisetzung bei Anwendung von Wasserstoffperoxid zugleich auch ein reinigender Effekt erreicht wird. Die *präoperative Wundantiseptik* wird z.B. in der Traumatologie vor praktisch allen operativen Eingriffen mit verletztem Integument, meist in Kombination mit sorgfältiger Reinigung, durchgeführt (s. Kap. 9).

3.1.2 Mehrmalige bzw. langfristige prophylaktische Antiseptik

Bei der *mehrmaligen prophylaktischen Anwendung* von Antiseptika besteht die Zielsetzung in erster Linie darin, eine Kolonisation potentiell pathogener Mikroorganismen zu verhüten und einer Verschleppung potentiell pathogener Keime vorzubeugen.

Indikationen für eine wiederholte dermale Applikation von Antiseptika sind z. B. antiseptische Waschungen im Genitoanalbereich bei Patienten mit liegendem Katheter sowie prä- und postoperativ, da diese Biotope häufig mit Darmkeimen kontaminiert und mit potentiell pathogenen Keimen kolonisiert sind. Dabei soll die Standortflora möglichst wenig beeinträchtigt werden, um diesen natürlichen Schutzmechanismus zu erhalten.

Auf der Schleimhaut hat sich das Konzept der mehrmaligen Anwendung von Antiseptika bei möglichst geringer Beeinträchtigung der Standortflora bei der sog. selektiven Antiseptik im Darmtrakt, z. B. bei Malignompatienten, klinisch bewährt (s. Kap. 16). Weitere Anwendungsmöglichkeiten sind z. B. die antiseptische Pflege im Tracheostomabereich bei Intensivpatienten, die Karies- und Parodontopathieprophylaxe, die antiseptische Mundpflege bei intensivmedizinischen Patienten oder Patienten mit Kieferfrakturen und die antiseptische Pflege des Meatus urethrae bei Patienten mit Dauerkatheter (s. Kap. 11, 15 und 17).

3.2 Therapeutische Antiseptik

Bei der therapeutischen Antiseptik kann man

- die präventive Antiseptik zur Keimträgersanierung und
- die therapeutische Antiseptik im engeren Sinn zur Behandlung klinisch manifester Infektionen

unterscheiden.

Mit der Sanierung von Keimträgern soll das Übertragungsrisiko, das von Trägern oder Ausscheidern pathogener Mikroorganismen oder Viren ausgeht, gemindert oder ausgeschaltet werden. Anwendungsbeispiele sind z. B. der Schutz von medizinischem oder zahnärztlichem Personal bei Behandlung von Keimträgern (z. B. Intubation, Endoskopie, zahnärztliche Behandlung). Bei derartigen Eingriffen besteht grundsätzlich ein Infektionsrisiko für das Personal, das bislang lediglich durch Schutzmaßnahmen wie Tragen von Handschuhen, Gesichtsmasken oder Schutzbrillen gemindert wird. Ein weiteres Indikationsgebiet wäre der zusätzliche Schutz des Neugeborenen vor Infektionen durch Erreger, die die natürlichen Geburtswege kolonisieren bzw. unter der Geburt übertragen werden (z. B. HIV, Herpesviren, Streptokokken der

Tabelle 1-6. Indikationsprinzipien für eine therapeutische Antiseptik auf Haut, Schleimhäuten, in Körperhöhlen und auf Wunden

Erkrankung	antimikrobielle Therapie/Hinweise
Virose ohne maßgebliche systemische Beteiligung	virostatische Antiseptik, z. B. bei Herpesvirus-Infektionen bzw. Prophylaxe einer sekundären bakteriellen Infektion
Bakterielle Infektion	
– lokalisiert	antibakterielle Antiseptik
– generalisiert	antimikrobielle Chemotherapie, unter Umständen ergänzt durch Antiseptik
Pilzinfektion	erregerspezifische antifungielle Antiseptik
mikrobielles Ekzem	erregerspezifische Antiseptik und Ekzemtherapie
Ulcus cruris	Therapie des Grundleidens in Verbindung mit erregerspezifischer Antiseptik

Gruppe B, Candida spp.). Außerdem kann die Sanierung von Keimträgern, die dem medizinischen bzw. zahnmedizinischen Personal angehören, einen Beitrag zur Unterbrechung nosokomialer Infektionen darstellen. Allerdings ist die Behandlung von Keimträgern schwierig und häufig erfolglos (s. Kap. 13).

Alle unmittelbar gegen Krankheitserreger gerichteten Maßnahmen bei der lokalen Behandlung von infektiösen Prozessen bzw. Erkrankungen sind der *therapeutischen Antiseptik* im engeren Sinne zuzuordnen. Dabei gilt der Grundsatz, daß bei infektiösen Erkrankungen ohne maßgebliche systemische Beteiligung Antiseptika Mittel der Wahl sind, weil bei einer antimikrobiellen Chemotherapie im allgemeinen nur unzureichende lokale Wirkspiegel erreicht werden, ganz abgesehen von sich ergebenden Risiken bei einer antimikrobiellen Chemotherapie wie Erregerwandel, Ausbreitung der infektiösen Chemotherapeutikaresistenz bzw. toxische oder allergische Risiken. Unter Umständen kann durch die Anwendung von Antiseptika auch die Effektivität einer Chemotherapie verbessert werden, z. B. bei Infektionen im Hals- und Rachenraum. In Tabelle 1-6 sind die wichtigsten Indikationsprinzipien für die therapeutische Antiseptik zusammengefaßt.

Abhängig von der Ätiologie der zu behandelnden Infektion werden vorzugsweise Antiseptika mit einem umschriebenen Wirkungsspektrum eingesetzt, z. B. mit Wirksamkeit überwiegend gegen Bakterien, Dermatophyten, Sproßpilze, Viren oder Parasiten. Bei der lokalen Anwendung schwer resorbierbarer Antibiotika handelt es sich selbstverständlich ebenfalls um eine Form der Antiseptik.

Bei der therapeutischen Antiseptik wird – analog der prophylaktischen Antiseptik – neben der primär angestrebten Bekämpfung von Krankheitserregern bzw. Gesundheitsschädlingen zugleich eine Stabilisierung des episomatischen Biotops mit seiner Standortflora angestrebt. Dem wird durch Auswahl von Antiseptika mit einem der Ätiologie angepaßten Wirkungsspektrum und durch spezielle Formulierungen der antiseptischen Präparate Rechnung getragen, die die physiologische Restitution des Biotops fördern sollen. Ein zusätzliches therapeutisches Anliegen ist die Behandlung klinischer Begleiterkrankungen (z. B. Entzündungen) durch Kombination der Antiseptika mit geeigneten Wirkstoffen anderer Wirkungsrichtung, z. B. mit Antiphlogistika.

Von individualhygienischer Bedeutung ist die Desodorierung mit antimikrobiell wirkenden Präparaten auf der Haut, in der Mundhöhle oder in der Vagina, wobei die Geruchsbekämpfung gleichzeitig mit der Behandlung durchgeführt werden kann, beispielsweise beim Fluor vaginalis.

• *Bei der Behandlung mikrobieller Infektionen muß stets die Entscheidung abgewogen werden, ob ein antimikrobielles Chemotherapeutikum anzuwenden ist oder möglicherweise der gleiche Erfolg mit einem lokal wirksamen Antiseptikum erzielt werden kann.*

Ist Letzteres der Fall, sollte der antiseptischen Therapie der Vorzug gegeben werden. Eine weitere Voraussetzung für die Behandlung ist die Diagnose der Infektion durch Mikroskopie, Kultur oder andere Nachweisverfahren. Unter Umständen ist es sinnvoll, die Resistenz isolierter Erreger als Voraussetzung für eine gezielte Therapie festzustellen (s. Kap. 21). Nicht selten werden nämlich Kombinationspräparate, z. B. Neomycin/Bacitracin-Salbe, angewandt, obwohl der vorliegende Erreger gar nicht sensibel ist.

4 Mikrobiologische und klinische Anforderungen an Antiseptika

Antiseptika müssen in erster Linie wirksam sein. Je nach dem vorgesehenen Anwendungszweck ergeben sich dabei bestimmte „ideale“ Anforderungen, die von den zur Verfügung stehenden Antiseptika mehr oder weniger vollkommen erfüllt werden (Tabelle 1-7).

Bei therapeutisch wirksamen Antiseptika ist die Wirksamkeit in klinischen Doppelblind-Versuchen entsprechend den Grundsätzen der pharmokologisch-toxikologischen Prüfung zu ermitteln. Leider ist das bisher nicht immer im erforderlichen Umfang gewährleistet, so daß die Auswahl der Antiseptika häufig auf der Basis eigener klinischer Erfahrungen und Auffassungen beruht und modernen Auffassungen der klinischen Pharmakologie damit nicht unbedingt entspricht.

Bei den prophylaktisch angewandten Antiseptika ist die Wirksamkeit bisher fast ausschließlich in In-vitro- bzw. in Anwendungstests untersucht, während der klinisch-epidemiologische Nachweis einer Prävention nosokomialer Infektionen bisher nur in wenigen Ausnahmen geführt wurde. So ergab eine groß angelegte multizentrische Studie, daß sich die Rate nosokomialer Infektionen nach präoperativer Ganzkörperwaschung mit Antiseptika (Chlorhexidin) bzw. mit Reinigungsmittel ohne Antiseptikumzusatz nicht unterschied (Rotter et al. 1988). Zum gegenwärtigen Zeitpunkt gründen sich die Empfehlungen zur prophylaktischen Anwendung von Antiseptika im wesentlichen nur auf laborexperimentellen Untersuchungen zur In-vitro- bzw. In-vivo-Wirksamkeit sowie auf Analogieschlußfolgerungen zu vergleichbaren krankenhaushygienischen Maßnahmen, die sich klinisch-epidemiologisch bewährt haben. Vor

Tabelle 1-7. Anforderungen an die Effektivität prophylaktisch angewandter Antiseptika

Anwendung	überwiegende Wirkungsqualität in vitro	Wirkungsspektrum	Bemerkungen
prophylaktische Hautantiseptik	mikrobiozid oder mikrobiostatisch	residente und transiente Flora	
präoperative Hautantiseptik	mikrobiozid	residente und transiente Flora	Langzeit- u. Remanenzwirkung [b] angestrebt
chirurgische Händedesinfektion	bakteriozid, fungizid	residente und transiente Flora	remanente Wirkung angestrebt
hygienische Händedesinfektion	bakteriozid, fungizid z.T. viruzid	angestrebt ist transiente Flora: je nach zu erwartendem Erreger Zuordnung zu 3 Kategorien [a]	remanente Wirkung vorteilhaft
hygienische Händewaschung	überwiegend mechanische Keimzahlverminderung	transiente Flora	kurzzeitiger Effekt
präoperative Schleimhautantiseptik (z.B. Operation, Biopsie, Injektion, Blutentnahme)	überwiegend mikrobiozid	residente und transiente Flora	remanente Wirkung angestrebt
prophylaktische Schleimhautantiseptik	je nach Biotop und Erreger mikrobiozid oder nur mikrobiostatisch	transiente Flora einschl. u.U. Viren [a]	
prophylaktische Wundantiseptik	mikrobiozid oder mikrobiostatisch, z.T. auch mechanische Keimzahlverminderung	Bakterien, evtl. Sproßpilze (Brandwunde)	

[a] Kategorie 1: leicht inaktivierbar (z.B. vegetative Bakterien, Pilze, leicht inaktivierbare behüllte Viren wie Retro-, Röteln- oder Influenzaviren)
Kategorie 2: schwer inaktivierbar (unbehüllte Virusarten, z.B. Rotaviren, und schwer inaktivierbare behüllte Virusarten wie HBV)
Kategorie 3: sehr schwer inaktivierbar (Mykobakterien, Papillomaviren)

[b] Langzeitwirkung: anhaltender antimikrobieller Effekt aufgrund hoher initialer Keimzahlreduktion
Remanenzwirkung: mikrobiostatischer oder -zider Effekt auf Mikroorganismen, die nach der antimikrobiellen Maßnahme das behandelte Gebiet erreichen, aufgrund von verbleibendem, aktivem Wirkstoff

Tabelle 1-8. Prüfprinzipien zur Erfassung der mikrobiostatischen und mikrobioziden Effektivität[a]

Testprinzip	Teststämme	Information
In-vitro-Tests		
– Reihenverdünnungstest – Agarverdünnungstest – Agardiffusionstest	Standardstämme, evtl. auch frische Isolate (Bakterien, Pilze)	Minimale Hemmkonzentration
– Suspensionstest	Standardstämme, evtl. auch frische Isolate (Bakterien, Pilze, Viren)	mikrobiozide Effektivität in Abhängigkeit von Konzentration, Einwirkungszeit, Belastung mit Eiweiß, Blut und Detergentien
– Keimträgertest (biologische Materialien)	Standardstämme, evtl. auch frische Isolate (Bakterien, Pilze, Viren)	keimzahlvermindernde Wirksamkeit unter simulierten Anwendungsbedingungen (Semi-in-vivo-Test)
In-vivo-Tests		
– Probanden – Patienten (Doppelblindstudie, Placebo-kontrollierte Studie)	Eigenflora, ggf. künstl. Kontamination mit Eigenflora o. Standardstämmen	Wirksamkeit unter praktischen (klinischen) Bedingungen

[a] Weiterführende Literatur: Kramer et al. (1984), Bruch (1991), Cremieux und Fleurette (1991)

dieser Schwierigkeit stehen auch die Autoren der nachfolgenden Kapitel bei der Darstellung der antiseptischen Maßnahmen in den einzelnen Fachgebieten.

Da der weitere Fortschritt auf dem Gebiet der Antiseptik maßgeblich von der Analyse des gegenwärtigen Wissens zur Nutzen-Risiko-Relation vor allem der prophylaktischen Anwendung von Antiseptika abhängt, soll diese Monographie in Fortsetzung des Handbuchs für Antiseptik vor allem Schlußfolgerungen im Hinblick auf klinische Aspekte der Antiseptikaanwendung für die ärztliche Praxis gestatten, wenn auch bisher nur der kleinere Teil der Empfehlungen experimentell bzw. epidemiologisch ausreichend gesichert ist.

Die Wirksamkeitsprüfung von Antiseptika soll 3 Stufen umfassen:

- In-vitro-Tests zur Ermittlung der mikrobioziden, mikrobiostatischen und remanenten Wirksamkeit einschließlich des Wirkungsspektrums von Wirkstoffen bzw. Präparaten sowie zur Erfassung des Koergismus zwischen Wirkstoffen und übrigen Rezepturbestandteilen (Tabelle 1-8),
- In-vivo-Anwendungstests (Tabelle 1-9) zur Ermittlung der Wirksamkeit unter Bedingungen, die denen der klinischen Praxis vergleichbar sind,
- Felderprobung bzw. epidemiologische Studien in der klinischen Praxis zur Ermittlung des Einflusses einer antiseptischen Maßnahme auf die Häufigkeit nosokomialer Infektionen.

Tabelle 1-9. Grundtypen von In-vivo-Anwendungstests[a]

Antiseptische Indikation	Testmethode	Testprinzip
Hygienische Händedesinfektion	Künstlich kontaminierte Hand	Ermittlung eines Reduktionsfaktors (lg) im Vergleich zu einem Referenzverfahren
Chirurgische Händedesinfektion	a) Keimabgabe von den Fingerkuppen	Ermittlung von Reduktionsfaktoren für Sofort- und Langzeitwirkung im Vergleich zu einem Referenzverfahren
	b) Keimabgabe im Handschuh „saft" (glove juice test)	
Präoperative Hautantiseptik	Halbquantitatives Abstrichverfahren	Ermittlung von Reduktionsfaktoren für Sofort- und Langzeitwirkung an talgdrüsenarmer u. -reicher Haut; jeweils im Vergleich zu einem Referenzverfahren
Präoperative Schleimhautantiseptik	a) Halbquantitative Abstrich- und Spülverfahren	Ermittlung von Reduktionsfaktoren für Sofort- und Langzeitwirkung in den einzelnen Biotopen
	b) Bioptische Verfahren (noch keine Standardmethodik verfügbar)	

[a] Weiterführende Literatur: Borneff et al. (1981), Rotter (1984), Christiansen und Gundermann (1986)

Unerläßlich für die Beurteilung der mikrobioziden Wirkung in vitro und in vivo ist die experimentelle Ermittlung geeigneter Neutralisationsmedien zur Aufhebung der Wirksamkeit in die Subkultur übertragener Antiseptikumreste, ohne daß dabei die Testkeime geschädigt werden. Chlorhexidin wirkt z. B. bei geeigneter Neutralisierung und Kultivierung nur sehr gering mikrobiozid, d. h. die bakteriostatische Wirkung steht im Vordergrund und ist die Ursache für diskrepante Untersuchungsergebnisse (Werner u. Engelhardt 1978). Ähnliches ist bei Quats und quecksilberorganischen Wirkstoffen nachgewiesen.

Ein Schwerpunkt bei der Weiterentwicklung des Methodenspektrums ist die Ausarbeitung praxisnaher Prüfmethoden und deren sorgfältige Standardisierung. Das betrifft z. B. bei Anwendungstests die geeignete Form der Keimgewinnung. Bewährt haben sich Spül- und Abstrichmethoden, während Biopsietechniken nicht in Frage kommen (Heeg u. Bohnenstengel 1990). Ebenso ist die adäquate Ausschaltung einer antimikrobiellen Nachwirkung unerläßlich. Schließlich ist die Auswahl geeigneter Probanden unter Berücksichtigung von Faktoren wie Geschlecht, Alter und Anzahl von Einfluß auf die Prüfergebnisse.

Außer der antiseptischen Effektivität ist die lokale Verträglichkeit (Irritations-, Sensibilisierungspotenz) für den vorgesehenen Anwendungszweck und

Tabelle 1-10. Allgemeine Kriterien der toxikologischen Prüfung von Antiseptika vor der Überprüfung am Menschen[a]

Prüfgröße	Prüfkriterien	Information
Akute Toxizität		
– Zytotoxizität – mikrobielle Toxizität – Säugetiertoxizität – Säugetiertoxizität/ wiederholte Applikation	Wachstumshemmung bzw. Letaltoxizität, Allgemeinverhalten, Wirkungsqualität (Intoxikationssymptomatik, Histopathologie)	IC_{50} (Inhibitionskonzentration), LI (Letalitätsindex), therapeutische Breite, Wirkungsart, -profil, Dosis-Wirkungs-Beziehungen
Akute Irritation		
– mind. 2 Säugetierspecies – Irritationspotenz für Haut, Auge, Schleimhaut (abhängig von vorgesehener Anwendung) – wiederholte Applikation akut irritierender Dosen am Anwendungsbiotop	Irritationssymptomatik, systemisch-toxische Effekte Histopathologie	ID_{50} (Dosis irritans) IT_{50} (Tempus irritans) Reizindizes, Dosis-Wirkungs-Beziehungen
Sensibilisierungspotenz		
– dermal: Meerschweinchen	Ekzemreaktion	Sensibilisierungsquote
Toxikokinetik		
– mind. 2 Säugetierspecies – einmalige und wiederholte Applikation an mehreren Biotopen (abhängig von vorgesehener Anwendung)	Zeitabhängigkeit von extrazellulären und Gewebekonzentrationen des Wirkstoffes und seiner Metabolite	Penetration, Resorption, Verteilung, Biotransformation, Elimination, Kumulation
chronische Toxizität		
– Langzeitapplikation (3 Monate bis 2 Jahre) – mind. 2 Säugetierspecies – verschiedene Eintrittspforten	Gesamtverhalten, Organfunktionen, Histopathologie	Schädigungsprofil und Ausmaß toxischer Wirkungen, Schwellenkonzentrationen (z. B. no response level, adverse effect level)
Mutagenität		
– molekular – mikrobiologisch – Zellkultur – Säugetier	geno- oder phänotypische Veränderungen	Punkt- oder Genmutation, Chromosomen- oder Genommutation

Tabelle 1-10 (Fortsetzung)

Prüfgröße	Prüfkriterien	Information
Karzinogenität		
– verschiedene Säugetierspecies	Art und Häufigkeit benigner und maligner Tumoren	Krebsrisiko
Teratogenität		
– verschiedene Säugetierspecies	Zygo-, Embryo-, Fetopathie, Geburtsmasse, prä- und postimplantative Verluste, Muttertier: tox. Symptome, Fertilität	Mißbildungsrisiko, kongenitale Anomalien, verhaltensteratologische Veränderungen

[a] Details vgl. Handbuch der Antiseptik, Band I/5 (Kramer et al. 1985) sowie Kramer et al. (im Druck)

episomatischen Biotop einschließlich der systemischen Verträglichkeit und des Risikos toxischer Langzeitnebenwirkungen sorgfältig abzuklären. Der Umfang der Abklärung von Mutagenität, Teratogenität und Karzinogenität ist abhängig von der chemischen Struktur des Wirkstoffs, von vorliegenden Ergebnissen toxikologischer Untersuchungen und der vorgesehenen Anwendung. In Analogie zur Wirksamkeit werden auch für die Verträglichkeitsprüfung definierte Anforderungen benötigt.

In den Arzneimittelgesetzgebungen europäischer Länder einschließlich der GUS und ebenso in den USA sind Antiseptika Arzneimitteln gleichgestellt und bedürfen vor ihrer Einführung einer Zulassung durch nationale Gremien (z. B. in der BRD durch das Bundesgesundheitsamt, in der GUS durch das Komitee für Arzneimittelsicherheit beim Ministerium für Gesundheitswesen, in den USA durch die Food and Drug Administration).

Seit 1990 sind auch in Österreich die Präparate zur hygienischen und chirurgischen Händedesinfektion sowie zur präoperativen Hautantiseptik registrierungspflichtig.

Während die Präparate zur therapeutischen Antiseptik seit jeher analog anderen Pharmaka geprüft wurden, ist der Prüfablauf für Antiseptika zur prophylaktischen Anwendung nicht in gleicher Weise ausreichend standardisiert (Tabelle 1-9).

Aus klinischer Sicht sollen antiseptische Präparate ferner folgende Anforderungen erfüllen:

- Sterilität,
- je nach Anwendungsbereich gute Netzfähigkeit und Waschaktivität,
- je nach Zielstellung Penetrationsvermögen in die oberen Zellagen von Haut, Schleimhaut oder Wundgewebe und zugleich remanente Wirkung,
- bei Anwendung zur Händedesinfektion geringer Seifenfehler,
- geringer Eiweißfehler,

- dem Biotop angepaßter pH-Wert und entsprechende pH-Stabilität,
- ausreichende Stabilität der Wirksubstanz, der Zusätze und der Formulierung,
- Materialverträglichkeit für Instrumente, Optiken oder Implantate, die nach Applikation des Antiseptikums zum Einsatz gelangen,
- geeignete galenische Zubereitung, z. B. als Lösung, Suspension, Gel, Salbe, Rektal- oder Vaginalsuppositorium,
- fehlende oder geringe Induktion einer mikrobiellen Resistenzentwicklung, insbesondere nicht von Kreuzresistenzen zu antimikrobiellen Chemotherapeutika,
- Akzeptanz, z. B. hinsichtlich Empfindung bei der Anwendung, Farbe, Konsistenz, ggf. Geschmack oder Geruch,
- ökonomische Anwendung.

In Abhängigkeit vom episomatischen Biotop und Indikation kommen eine Reihe von Wirkstoffen für eine antiseptische Anwendung infrage. Diese gehören im wesentlichen folgenden Stoffgruppen an: Alkohole, Halogene einschließlich PVP-Iod, Peroxoverbindungen, Thiocyanate, Carbonsäuren, kationische bzw. anionische oberflächenaktive Wirkstoffe, Amphotenside, quaternäre Ammoniumverbindungen, Chinolinole, Phenolderivate, Farbstoffe, Heterozyklen und Lokalantibiotika. Insgesamt sollten die Bemühungen verstärkt darauf gerichtet werden, für die unterschiedlichen Indikationen zum Einsatz von Antiseptika spezielle antiseptische Präparate zu entwickeln, die jeweils entsprechend deklariert sind, sowohl in bezug auf die Indikation als auch in bezug auf das Wirkungsspektrum und den Anwendungsbereich.

Da neue Wirkstoffe nur mit hohem wissenschaftlichem und ökonomischem Aufwand zu entwickeln und einzuführen sind, liegt der Schwerpunkt bei der Entwicklung neuer antiseptischer Präparate auf der Formulierung geeigneter Kombinationen, z. B. mit antimikrobiellen Wirkstoffen, mit Detergentien, Antiphlogistika, Hormonen, Immunstimulantien bzw. Paramunität induzierenden Wirkstoffen, geeigneten Vehikeln, resorptionsbeeinflussenden Zusätzen oder Konservierungsmitteln. Bei Kombinationspräparaten sind synergistische Effekte anzustreben und diese experimentell zumindest in In-vitro-Tests, möglichst aber auch in In-vivo-Anwendungstests nachzuweisen.

Literatur

Bernhardt H, Knoke M (1980) Der Magen-Darm-Trakt. In: Weuffen W, Kramer A, Krasilnikow AP (Hrsg) Episomatische Biotope. Fischer, Stuttgart New York (Handbuch der Antiseptik, Bd I/3, S 231–285)

Borneff J, Eggers H-J, Grün L, Gundermann K-O, Kuwert E, Lammers T, Primavesi CA, Rotter M, Schmidt-Lorenz W, Schubert R, Sonntag H-G, Spicher G, Teuber M, Thofern E, Weinhold E, Werner H-P (1981) Richtlinien für die Prüfung und Bewertung chemischer Desinfektionsverfahren. Erster Teilabschnitt (Stand 1. 1. 1981), Dt. Ges. Hyg. Mikrob., Fischer, Stuttgart New York

Borneff J, Eggers H-J, Exner M, Grün L, Gundermann K-O, Hammes W, Heeg P, Höffler U, Lammers T, Primavesi CA, Rüden H, Schubert R, Sonntag H-G, Spicher G, Thofern E, Werner H-P (1986) Richtlinie für die Prüfung und Bewertung von Hände-Dekontaminationspräparaten (Stand: 8. 7. 1986), ebd., 1986

Brill H, Brühl P, Eggensperger H, Gregori G, Heeg P, Hingst V, Kramer A, Mertens T, Steinmann J, Vogel F, Wahl G, Wernicke K, Wewalka G (1988) Ergebnis einer Arbeitstagung zur Frage der Schleimhautantiseptik 29.–30.1.1987 in Würzburg. Hyg. Med. 13:9–16

Bruch MK (1991) Methods of Testing Antiseptics: Antimicrobials Used Topically in Humans and Procedures for Hand Scrubs. In: Block SS (Ed) Disinfection, Sterilization, and Preservation, 4th edn. Lea u. Febiger, Philadelphia, pp 1028–1046

Christiansen B, Gundermann K-O (1986) Vergleichende Untersuchungen zur Desinfektionswirkung von 70% Isopropanol auf die aerobe und anaerobe Hautflora an Oberarm und Stirn. Hyg. Med. 11:328–330

Cremieux A, Fleurette J (1991) Methods of Testing Disinfectants. In: Bloch SS (ed) Disinfection, Sterilization and Preservation. 4th edn. Lea u. Febiger, Philadelphia, pp 1009–1027

Department of Health, Education, and Welfahre, Food and Drug Administration, OTC topical antimicrobial products (1978) Over-the-counter drugs generally recognized as safe, effective and not misbranded. Fed Reg 43:1210–1249

Favero MS, Bond WW (1991) Sterilization, Disinfection, and Antisepsis. In: Balows A, Hausler WJ, Herrmann KL, Isenberg HD, Shadomy HJ (eds) Manual of Clinical Microbiology, 5th edn. Am Soc Microbiol, Washington, pp 183–200

Gröschel DHM, Kramer A, Krasilnikow AP, Spaulding EH, Weuffen W (1989) Antiseptik und Desinfektion: Notwendigkeit einer begrifflichen Abgrenzung. Zbl Hyg 188:526–532

Heeg P, Bohnenstengel C (1990) Mikrobiologische Untersuchungen in der Umgebung des Patienten. In: Kramer A, Heeg P, Neumann K, Prickler H (Hrsg) Infektionsschutz und Krankenhaushygiene in zahnärztlichen Einrichtungen. Volk u. Gesundheit, Berlin, S 207–212

High AS (1987) Ultraviolett Therapy in Localization Antisepsis. In: Kramer A, Weuffen W, Krasilnikow AP, Gröschel D, Bulka E, Rehn D (Hrsg) Antibakterielle, antifungielle und antivirale Antiseptik. Fischer, Stuttgart New York (Handbuch der Antiseptik Bd II/3, S 166–178

Horn H, Dressel H, Machmerth R, Bergmann H-J, Steiger E, Thonke M (1987) Vorschlag für die Neufassung des Kapitels „Sterilisation“ im Arzneibuch der DDR. Zent.bl. Pharm Pharmakother Labdiagn 126:177–187

Kramer A, Berencsi G, Weuffen W (1985) Toxische und allergische Nebenwirkungen von Antiseptika Bd I/5. In: Weuffen W, Berencsi G, Gröschel D, Kemter BP, Kramer A, Krasilnikow AP (Hrsg) Handbuch der Antiseptik, Fischer, Stuttgart New York

Kramer A, Jülich W-D (1992) Bericht über die 2. Arbeitstagung der Fachkommission Klinische Antiseptik der DGKH am 25.2.1992 in Norderstedt. Hyg Med 17:168–169

Kramer A, Weuffen W, Grimm H (1984) Wirkstoffkombinationen bei antiseptischen Präparaten. In: Krasilnikow AP, Kramer A, Gröschel D, Weuffen W (Hrsg) Faktoren der mikrobiellen Kolonisation. Fischer, Stuttgart New York (Handbuch der Antiseptik, Bd I/4, S 258–362)

Kramer A, Weuffen W, Siegmund W, Adam C, Adrian V, Höppe H, Jülich W-D (im Druck) Zum Konzept des Episomatik-Prüfsystems zur tierexperimentellen Erfassung der Haut-, Schleimhaut- und Wundverträglichkeit von Desinfektionsmitteln und Antiseptika. In: Jülich W-D, Kramer A, Frösner GG (Hrsg) Nosokomiale Gefährdung durch Virushepatitis, AIDS und antimikrobielle Maßnahmen, mhp, Wiesbaden

Mackowiak PA (1984) Antiseptic microbial colonization: the significance of the resident flora in natural defense against pathogens. In: Krasilnikow AP, Kramer A, Gröschel D, Weuffen W (Hrsg) Faktoren der mikrobiellen Kolonisation. Fischer, Stuttgart New York (Handbuch der Antiseptik, Bd I/4, S 68–78)

Prickler H (1980) Die Mundhöhle. In: Weuffen W, Kramer A, Krasilnikow AP (Hrsg) Episomatische Biotope. Fischer, Stuttgart New York (Handbuch der Antiseptik Bd I/3, S 141–230)

Reber H (1973) Desinfektion: Vorschlag für eine Desinfektion. Zbl Bakt Hyg I. Abt Orig B 157:11–28

Rotter M (1984) Händedesinfektion. In: Weuffen W, Spiegelberger E (Hrsg) Desinfektion und Sterilisation in Gesundheitseinrichtungen und industriellen Bereichen. Volk u. Gesundheit, Berlin (Handbuch der Desinfektion und Sterilisation Bd V, S 62–143)
Rotter M, Larson SO, Cook EM, Dankert J, Daschner F, Greco D, Grönroos P, Japson OB, Lystad A, Nyström B (1988) A comparison of the effects of pre-operative whole-body bathing with detergent alone and with detergent containing chlorhexidine gluconate on the frequency of wound infections after clean surgery. J Hosp Inf 11:310–320
Seebacher C (1987) Antimykotika. In: Kramer A, Weuffen W, Krasilnikow AP, Gröschel D, Bulka E, Rehn D (Hrsg) Antibakterielle, antifungielle und antivirale Antiseptik. Fischer, Stuttgart New York (Handbuch der Antiseptik Bd II/3, S 25–97)
Thomas EL (1982) Peroxidase-catalyzed Oxidation of Thiocyanate. In: Weuffen W (Hrsg) Medizinische und biologische Bedeutung der Thiocyanate (Rhodanide), Volk u. Gesundheit, Berlin, S 89–102
Wallhäußer K-H (1990) Lebensmittel und Mikroorganismen. Steinkopff, Darmstadt
Werner H-P, Borneff J (1980) Die Charakterisierung der desinfizierenden Wirksamkeit von Händedesinfektionsverfahren am Beispiel von 0,5% Chlorhexidingluconat in 70% Isopropylalkohol. Hyg Med 5:61–70
Werner H-P, Engelhardt Ch (1978) Problematik der Inaktivierung am Beispiel des in vitro-Tests. Hyg Med 3:326–330

Weiterführende Literatur

Beck EG, Schmidt P (1986) Hygiene in Krankenhaus und Praxis. Springer, Berlin Heidelberg New York Tokyo
Bennet JV, Brachman PS (1986) Hospital Infections. 2nd edn. Little, Brown u. Comp., Boston Toronto
Block SS (1991) Disinfection, Sterilization and Preservation. 4th edn. Lea und Febiger, Philadelphia
Flamm H (1986) Angewandte Hygiene in Krankenhaus und Arztpraxis. Göschl, Wien
Gundermann K-O, Rüden H, Sonntag H-G (1991) Lehrbuch der Hygiene. Fischer, Stuttgart New York
Hierholzer G, Görtz G (1984) PVP-Iod in der operativen Medizin. Grundlagen, klinische Anwendung und Ergebnisse. Springer, Berlin Heidelberg New York Tokyo
Kramer A, Heeg P, Neumann K, Prickler H (1990) Infektionsschutz und Krankenhaushygiene in zahnärztlichen Einrichtungen. Volk u. Gesundheit, Berlin
Kramer A, Weuffen C, Lippert H, Koller W (1988) Grundlagen der Krankenhaushygiene für medizinische Fachschulkader. 2. Aufl., Volk u. Gesundheit, Berlin
Russell AD, Hugo WB, Ayliffe GAJ (1992) Principles and practice of disinfektion, preservation and sterilization. 2nd edn. Blackwell Sci. Publ., Oxford London Edinburgh Boston Melbourne
Steuer W (1992) Krankenhaushygiene. 4. Aufl. Fischer, Stuttgart New York
Thofern E, Botzenhart K (1983) Hygiene und Infektionen im Krankenhaus. Fischer, Stuttgart New York
Wenzel RP (1987) Prevention and control of nosocomial infections. Williams u. Wilkins, Baltimore London Los Angeles Sydney
Weuffen W, Oberdoerster F, Kramer A (1981) Krankenhaushygiene. 2. Aufl, Volk u. Gesundheit, Berlin
Weuffen W, Berencsi G, Gröschel DHM, Kemter BP, Kramer A, Krasilnikow AP (1979–1987) Handbuch der Antiseptik. Bd I/1, Begriffsbestimmung der Antiseptik, Bd I/2, Allgemeine Prinzipien, Bd I/3, Episomatische Biotope, Bd I/4, Faktoren der mikrobiellen Kolonisation, Bd I/5, Toxische und allergische Nebenwirkungen, Bd II/1, Nitrofurane, Bd II/2, Thiazole, Cumarine, Carbonsäuren und – Derivate, Chlorhexidin, Bronopol, Bd II/3, Antibakterielle, antifungielle und antivirale Antiseptik – ausgewählte Wirkstoffe. Fischer, Stuttgart New York

Kapitel 2

Wirkungsspektrum und Anwendungseigenschaften häufig aus prophylaktischer Indikation angewandter Antiseptika

A. Kramer und K. H. Wallhäußer

1 Anforderungen an die Wirksamkeit

In Abhängigkeit von der Aufgabenstellung bei antiseptischen Maßnahmen unterscheiden sich die verfügbaren Antiseptika im Konzentrations- und zeitabhängigen Wirkungstyp (mikrobiozid oder mikrobiostatisch), der Effektivität (F-Wert, Tabelle 2-1) und der lokalen und systemischen Verträglichkeit bei Beachtung der sonstigen Anwendungseigenschaften (s. Kap. 1). Für Präparate zur einmaligen bzw. kurzfristigen prophylaktischen Anwendung wird im allgemeinen eine rasche mikrobiozide Wirkung ($\leq$ 30 s bis höchstens 5 min) gefordert (Tabelle 2-1), deren Wirksamkeit indikationsabhängig mehr oder weniger lange anhalten sollte (wie z. B. bei der remanenten Wirkung für die chirurgische Händedesinfektion).

Die Effektivität von Händedesinfektionsmitteln (Borneff et al. 1981; 1986; NN 1989) und künftig auch von Hautantiseptika (Christiansen et al. 1991) wird nach einem festgelegten Prüfablauf (In-vitro-Suspensionstest, praxisnaher Test) validiert.

Unter Verwendung von mindestens 5 ATCC-Teststämmen (S. aureus, E. coli, P. mirabilis, P. aeruginosa und C. albicans) wird im Suspensionstest bei gegebenem pH-Wert in Wasser standardisierter Härte und einer Ausgangskeimzahl von $10^8 - 10^9$ KbE/ml die Konzentration ermittelt, die zu einer Verminderung der Keimzahl um wenigstens 5 Zehnerpotenzen innerhalb der im Einsatzbereich akzeptablen Einwirkungszeit führt.

Die Effektivität (F-Wert) läßt sich, wie bei anderen Verfahren zur Keimzahlverminderung (Sterilisation, Desinfektion, Konservierung), mit der Formel

$$F = n \cdot D$$

beschreiben. Dabei gibt n an, um wieviele Zehnerpotenzen die Ausgangskeimzahl N_0 vermindert werden soll. D stellt den keim- und verfahrensspezifischen Dezimalreduktionswert (= Destruktions- oder D-Wert) dar, dessen Dimension die Zeit (min) ist.

Für Händedesinfektionsmittel wird in vielen Ländern eine Verminderung der Keimzahl auf der kontaminierten Hand um mindestens 5 Zehnerpotenzen, d. h. n = 5, und eine Einwirkungszeit (hier die Effektivität des Verfahrens, der F-Wert) von 30 s erwartet (Tabelle 2-1). Aus der Formel F = n · D ergibt sich: 30 s = 5 · D und D = 6 s. Das heißt, es kommen für

A. Kramer et al. (Hrsg.)
Klinische Antiseptik

Tabelle 2-1. Anforderungen an die Effektivität von Präparaten zur kurzfristigen prophylaktischen Antiseptik

Indikation	Überwiegende Wirkungsweise in vitro			Keimzahlverminderung		Einwirkzeit (min) F-Wert	erforderlicher D-Wert	standardisierte Prüfverfahren gemäß DGHM-Richtlinien
	mikrobiozid	mikrobiostatisch	antiviral	in vitro (log-Stufen)	im Biotop			
Chirurgische Händedesinfektion	+	+[c]	(+)	5	≥ 60% Propan-1-ol (Sofort- u. 3-h-Wert)	3–5	60 s	in vitro in vivo
Hygienische Händedesinfektion	+		(+)	5	≥ 70% Propan-2-ol	0,5–1	6 s	in vitro in vivo
Hautantiseptik	+	+	(+)	5	≥ 70% Propan-2-ol	0,5–2	≤ 24 s	in vitro in vivo
antiseptische Händereinigungsmittel[a]	(+)	+		3,5	3,5	0,5	9 s	in vitro in vivo
Schleimhautantiseptik	+	+	(+)	5	1,5–3,5	1–2		Diese Anforderungen erscheinen naheliegend, bedürfen aber gezielter Untersuchungen[d]
Wundantiseptik	+	+	(+)	5		mehrere Stunden		
Spüllösungen für Körperhöhlen	(+)	+		≥ 3,5		Minuten bis Stunden	≤ 17 min	
Darmtraktantiseptik		+	(+)	≥ 3,5		mehrere Stunden	≤ 17 min	

(+) Nur bei speziellen Gefährdungen und biotopabhängig erforderlich
[a] Werden in der Prüfrichtlinie als Händedekontaminationsmittel bezeichnet
[b] Protektive Wirkung auf Rate nosokomialer Infektionen nur bei wenigen Anwendungen untersucht
[c] bezogen auf remanente Wirkkomponenten
[d] Prüfrichtlinie der DGKH in Vorbereitung

diesen Einsatzbereich nur Antiseptika in Frage, deren D-Wert $\leqq$ 6 s beträgt. Das trifft nur für wenige antimikrobielle Wirkstoffe und noch dazu oft nur in hohen Konzentrationsbereichen zu.

Für Präparate zur prophylaktischen Anwendung auf Schleimhäuten und Wunden existieren bisher keine einheitlichen Prüfvorschriften und Anforderungen an den F-Wert (Tabelle 2-1). Aus den bisher vorliegenden Untersuchungen z. B. in der Mundhöhle, in der Vagina oder am männlichen Genitale ergibt sich, daß bei Einwirkungszeiten zwischen 1 und 2 min im allgemeinen eine Keimzahlverminderung um etwa 1,5–3,5 Zehnerpotenzen erreicht wird. Bei der Bewertung von Neuentwicklungen sollte die Wirksamkeit eines festgelegten Referenzpräparates möglichst übertroffen, zumindest aber bei ansonsten vergleichbaren oder besseren Anwendungseigenschaften erreicht werden.

Die eigentliche Zielsetzung der prophylaktischen Antiseptik, die Reduzierung der Häufigkeit nosokomialer exogener oder endogener Infektionen, ist bisher kaum untersucht, weil das nur in groß angelegten multizentrischen epidemiologischen Untersuchungen möglich ist. In einer derartigen Studie zur präoperativen Ganzkörperantiseptik gelang es nicht, die Überlegenheit einer Tensidzubereitung mit Chlorhexidin im Vergleich zur wirkstofffreien Tensidseife zu bestätigen (Rotter et al. 1988).

Für die therapeutisch angewandten Antiseptika gibt es bisher weder nationale noch internationale Prüfrichtlinien, weil es schwer ist, bei Schleimhäuten – besonders in Körperhöhlen – und Wunden die Wirkspiegel bestimmter Wirkstoffe, aber auch die Verminderung der Oberflächenkeimzahl als Wirkungskriterium zu erfassen.

Bisher haben alle Arbeitsgruppen, wie z. B. DIN-Ausschüsse in der BRD, die sich mit der quantitativen Bestimmung von Gewebe- bzw. Serumspiegeln bei Probanden nach oraler bzw. parenteraler Gabe von Antibiotika (Aufstellung von Dosis-Wirkungszeit-Kurven) befaßten, eine Bearbeitung der Präparategruppe der therapeutisch angewandten Antiseptika wegen der heterogenen Ausgangslage abgelehnt.

Grundsätzlich ist der therapeutische Wert analog wie bei Chemotherapeutika nur auf Grund von klinischen Doppelblindstudien einzuschätzen. Für Antimykotika liegen hierfür noch die umfassendsten Untersuchungen vor. In anderen Bereichen ist die Auswahl des geeigneten Antiseptikums in Abhängigkeit von der Indikation bzw. antiseptischen Zielsetzung für den Arzt oft schwierig und wird mehr oder weniger von eigenen klinischen Erfahrungen beeinflußt.

2 Anforderungen an die Verträglichkeit

Im Unterschied zu den antimikrobiellen Chemotherapeutika ist bei Antiseptika durch die lokale Anwendung und die vergleichsweise geringe Resorption das Risiko von Nebenwirkungen bei sachkundiger Anwendung im allgemeinen geringer. Selbstverständlich sind auch bei lokaler Anwendung irritative, allergene und systemisch-toxische sowie Langzeitnebenwirkungen (mutagene, carcinogene, teratogene Gefährdung) möglich, weshalb die toxikologische Prüfung unentbehrlicher Bestandteil der klinischen Bewertung von Antiseptika sein muß. Für therapeutisch eingesetzte Antiseptika gelten die Grundsätze der pharmakologisch-toxikologischen Prüfung. Bei aus prophylaktischer Indikation angewandten Präparaten existieren keine standardisierten toxikologischen Prüfanforderungen (Kramer et al. im Druck). Daher sind die jeweils verfügbaren Informationen zur Verträglichkeit bei der Auswahl eines Antiseptikums besonders verantwortungsbewußt zu berücksichtigen. Das betrifft auch mögliche Risiken für Mitarbeiter in Heilberufen, wie sie sich bei langfristigem Umgang mit Antiseptika ergeben können.

Von der FDA wurde 1974 eine Klassifikation antiseptischer Wirkstoffe zur prophylaktischen Anwendung auf Haut und Wunden nach den Hauptmerkmalen Wirksamkeit und Verträglichkeit vorgeschlagen (Tabelle 2-2), die durch weitere Angaben im Fed. Reg. 43 (1978) Nr. 4, 1210–1249 sowie einem überarbeiteten Monographieentwurf „Topical Antimicrobial Drug Products for Over-the Counter (OTC) Human Use" im Fed. Reg. vom 22. Juli 1991 ergänzt wurden.

Da die Palette der antimikrobiell wirksamen Substanzen einen weiten Anwendungsbereich überspannt, sollen nach dem neuen Monographie-Entwurf

- „Erste Hilfe Antiseptika" mit den Gruppen hygienische und chirurgische Händedesinfektionsmittel sowie Desinfektionsmittel zur Op-Vorbereitung (also präoperative Hautantiseptik) und
- „First Aid Antiseptic Drug Products" mit den Gruppen Hautantiseptika, Wundreinigungsmittel und Wundschutzmittel

unterschieden werden.

Die FDA bereitet weiterhin Monographie-Entwürfe für Arzneimittel zur Linderung von Beschwerden im Mund- und Rachenbereich, zur Behandlung von Akne, Schuppen, seborrhoischem Ekzem und Psoriasis vor, wobei jedoch keine Aussagen zu antimikrobiellen Eigenschaften dieser Produkte vorgesehen sind, da diese aufgrund der unzureichenden Datenlage bisher nicht als nachgewiesen gelten.

Nach dem neuen Monographieentwurf der FDA erscheinen in Kategorie 1 Phenol, Phenol/Campher, Iod und PVP-Iod sowie im Entwurf von 1974 nicht enthaltene Wirkstoffe wie H_2O_2, 3-Cresol/Campher und die Kombination 0,091% Eucalyptol/0,042% Menthol/0,055% Methylsalicylat/0,063% Thymol in 26,9% Ethanol. In Kategorie 2 sind z. B. anorganische und organische Quecksilberverbindungen, Cloflucarban, Fluorosalan, Nitromersol, Parachloromercuriphenol, Thimerosal, Tribromsalan, Vitromersol und Zyloxin eingeordnet, wobei Quecksilber-haltige Verbindungen nach Auffassung der FDA verboten werden sollten.

Die FDA sucht mit diesen OTC-Monographien nach Wegen, die durch Bewertung von Zulassungsunterlagen zu einer Freistellung von Wirkstoffen aus der Verschreibungspflicht (OTC-Produkte) führen.

In zahlreichen Ländern, z. B. Deutschland und Österreich, sind Händedesinfektionsmittel und Hautantiseptika Arzneimitteln gleichgestellt und registrierungspflichtig. Damit muß das Toxizitätsproblem vorab geklärt werden. Trotzdem fehlen bei einer Reihe altbewährter Wirkstoffe noch immer zahlreiche Toxizitätsdaten. Ebenso muß das allergische Risiko abgeklärt sein. Hier fallen

Tabelle 2-2. Vorgeschlagene Klassifikation für die Anwendung von Antiseptika auf Haut und Wunden (F.D.A., 1974)[e]

Wirkstoff	antiseptische Seife	hygienische Händewaschung in Gesundheitseinrichtungen	präoperative Hautantiseptik	Hautantiseptik	Wundreinigung	Wundprotektivum	Chirurgische Händewaschung
Benzalkoniumchlorid	4	3	3	3	1[b]	3	3
Cloflucarban	3	2	2	2	2[a]	2	2
Fluorosalan[f]	2	2	2	2	2	2	2
Hexylresorcinol	4	3	3	3	1	3	3
Methylbenzethoniumchlorid	4	3	3	3	1[d]	3	3
Nonylphenoxypoly(ethylene-oxy)ethanoliodine	4	3	3	3	3	3	3
6-Chlor-2-xylenol	3	2	3	3	3	3	3
Phenol							
> 1,5% (wäßrig-alkoholisch)	2	2	2	2	2	2	2
≤ 1,5% (wäßrig-alkoholisch)	3	3	3	3	3	3	3
Hexachlorophen[f]	2	2	2	2	2	2	2
Iodophore	4	2	3	3	3	3	3
Iodtinktur	4	2	1[c]	3	3	3	2
Tribromsalan[f]	2	2	2	2	2	2	2
Triclocarban	3	2	2	2	2[a]	2	2
Triclosan	3	2	2	3	3	3	2
Triphenylmethanfarbstoffe (Kristallviolett, Brillantgrün Proflavinhemisulfat in Wasser)	4	4	4	3[b]	4	4	4

1 verträglich und effektiv
2 nicht generell verträglich und/oder effektiv
3 unzulängliche Angaben zur Beurteilung der Sicherheit
4 physikalisch und/oder chemisch inkompatibel mit der Formulierung

[a] Bei Einsatz in fester Seife Kategorie 3; [b] Keine Anwendung bei Neugeborenen; [c] Bei 1,8–2,2% Iodgehalt und 2,1–2,6% NaI in Wasser oder in hydroalkoholischem Träger; [d] 0,133% wäßrige Lösung; [e] F.D.A.: O.T.C. Topical Antimicrobial Products and Drug and Cosmetic Products. Fed. Reg. 39 (179; 1974) Part II, 33102–33141; [f] Aus toxikologischen Gründen nicht vertretbar

Tabelle 2-3. Selektive Toxizität ausgewählter antiseptischer Wirkstoffe[a]

Wirkstoff	Quotient aus LD_{50} (oral, Ratte, mmol/kg) und MHK (mmol/l) bzw. MMK (mmol/l)		für Einwirkzeit
	S. aureus	P. aeruginosa	
MHK (mmol/l)			
Salicylsäure	0,7	0,4	72 h
	0,1	0,1	24 h
Hexachlorophen	12	0,1	24 h
Borsäure	10	2,6	72 h
Nitrofural	77	1,2	24 h
Clorofen	112	0,1	24 h
Bromchlorophen	377	3,8	72 h
2-Phenylphenol	22	11	72 h
Bronopol	24	12	24 h
Hexetidin	193	9,9	72 h
8-Chinolinol	307	9,6	72 h
Phenylquecksilberacetat	300	30	72 h
Chlorhexidin	1800	30	72 h
MMK (mmol/l)			
Chlorhexidin	0,9	0,9	5 min
Octenidin	3,2	3,2	5 min
Kaliumpermanganat	1,5	6,0	10 min
Benzethoniumchlorid	10	0,5	10 min
Cetylpyridiniumchlorid	6,3	1,6	10 min
Benzalkoniumchlorid	8,0	2,0	5 min
Iod	280	425	10 min

[a] Anhand von Literaturangaben bzw. eigenen Befunden errechnet

vor allem die nur noch selten eingesetzten Quecksilberverbindungen sowie die 4-Hydroxybenzoesäureester, die nicht als Antiseptika, sondern in der Regel als Konservierungsmittel, und nur gelegentlich auch als Wirkstoff in Dermatika eingesetzt werden, ins Auge. Vor den letztgenannten warnt z. B. auch das BGA und wird vermutlich in Zukunft – zur Einschränkung von Arzneimittelrisiken – für bestimmte Produkte eine Deklaration sowie den Hinweis „Darf nicht bei Patienten mit Überempfindlichkeit gegen Alkyl-4-hydroxybenzoate (Parabene) angewendet werden", verlangen.

Für die toxikologische Einordnung von Antiseptika ist das Gesamtspektrum vorliegender Befunde, d. h. sowohl Ergebnisse alternativer Prüfungen in vitro und an Pflanzen (Adam et al. 1990) als auch Ergebnisse tierexperimenteller Untersuchungen und humanmedizinische Befunde, einer vergleichenden kritischen Bewertung zu unterziehen. Ein hierbei bisher wenig beachteter Aspekt ist

Tabelle 2-4. Orientierende toxikologische Einschätzung ausgewählter antiseptischer Wirkstoffe bzw. antiseptischer Kombinationspartner

Wirkstoff, -typ	Irritation		Allergenität	Toxizität[a]	Muta-genität	Car-cino-genität	Terato-genität	Einsatzbereich
	Haut	Schleimhaut/ Wunde						
Wasserstoffperoxid	–	–/–	–	–	–	–	–	alle episomatischen Biotope
Thiocyanate, anorg.	–	–/–	–	–	–	–	–	
Milchsäure	–	–/–	–	–	–	–	–	
Kaliumpermanganat	–	–/–	–	–	–	–	–	Haut, Schleimhaut, Wunde
Benzoylperoxid	–	+/–	++	–	+	+[i]	–	Haut, Wunde
Ethanol	+	++/+++	–	–	–	–	–	Haut, Schleimhaut, Wunde
Propan-1-ol, Propan-2-ol	+	++/+++	–	+[a]	–	–	–	Haut
Tosylchloramid-natrium	+	+/+	(+)	–	–	–	–	Haut, Schleimhaut, Wunde, Körperhöhlen
Iodverbindungen	+	+/++	+[g]	+[b]	–	–	–	Haut, Schleimhaut, Wunde, Körperhöhlen

– kein Anhalt für Gefährdung; (+) sehr gering; + gering; ++ mäßig; +++ hoch (entspricht bei der Toxizitätseinstufung etwa den Bereichen der oralen LD_{50} für die Ratte von > 5 g/kg = kaum giftig, 0,5–5 g/kg = wenig giftig, 50–500 mg/kg = mäßig giftig bzw. 1–50 mg/kg = hoch giftig)

[a] Lediglich bei intensiver Exposition (z. B. Umschläge) akute reversible Intoxikation möglich

[b] Keine Anwendung bei Neugeborenen und Graviden sowie bei Schilddrüsenerkrankungen

[c] Bakteriengenetische In-vitro-Tests

[d] Bei Darmantiseptik Neuropathie möglich

[e] Prämaligne Alteration

[f] Cocarcinogen

[g] Iodophore tierexperimentell nicht allergen

[h] Praktisch keine Resorption

[i] Nach FDA-Vorschlag (7. 8. 1991) Einstufung in Kategorie 3 (s. Tabelle 2-2), da in einigen Untersuchungen Hinweise auf carcinogene Wirkung (Aufbereitung und Nachzulassung von OTC-Arzneimitteln in den USA 1991, Pharm Ind 54 (1992) No 4, 340)

Tabelle 2-4 (Fortsetzung)

Wirkstoff, -typ	Irritation		Allergenität	Toxizität[a]	Muta-genität	Car-cino-genität	Terato-genität	Einsatzbereich
	Haut	Schleimhaut/ Wunde						
Amphotenside	–	?	+	+	keine exp. oder epidemiol. Hinweise			Haut
2-Phenylphenol	–	?	(+)	+	–	–	–	Haut
Octenidin	(+)	(+)/(+)	–	+[h]	–	–	–	Haut, Schleimhaut (Wunde)
Acriflavin	–	–/–	+	+	+[c]	–	–	Haut, Schleimhaut, Wunde
Ethacridinlactat	–	–/+	++(+)	+	keine exp. oder epidemiol. Hinweise			Haut, Schleimhaut (Wunde)
Quats	+(+)	+/+	+	++(+)	–	?	–	Haut, Schleimhaut, Wunde
Chinolinole	–	–/–	+	+[d]	+	+	–	Haut, Schleimhaut (Wunde)
Chlorhexidin	(+)	(+)/+)	+	++	+	(+)[e]	–	Haut, Schleimhaut, Wunde
quecksilberorganische Verbindungen	(+)	(+)/(+)	++	+++	+	–	+	Haut, Schleimhaut, Wunde
Peressigsäure	++(+)	+/++	–	+++	+	(+)[f]	+	Haut

die Relation zwischen minimal wirksamer antimikrobieller Konzentration und Säugetiertoxizität (Kramer 1990). Der Quotient aus LD_{50} und minimal wirksamer antimikrobieller Konzentration ermöglicht eine orientierende Bewertung der selektiven Toxizität und damit der therapeutischen Breite. Obwohl im allgemeinen die orale und nicht die dermale LD_{50} bestimmt wird – letztere wäre für Antiseptika bedeutungsvoller – ergeben sich auch bei Zugrundelegung der oralen LD_{50} interessante Schlußfolgerungen (Tabelle 2-3). Bei Wirkstoffen, für die sowohl tierexperimentell als auch bei antiseptischer Anwendung Nebenwirkungen auffällig wurden, weisen auch die Werte der selektiven Toxizität, insbesondere bezogen auf die MHK gegen gramnegative Bakterien, auf eine vergleichsweise geringe therapeutische Breite hin (z. B. Salicylsäure, Hexachlorophen, Borsäure, Nitrofural oder Clorofen). Damit ermöglicht bereits diese einfache Betrachtungsweise eine gewisse Einstufung. Für Phenylquecksilberacetat würde diese Betrachtungsweise eine günstige Einschätzung ergeben, was insofern nicht überrascht, als mit dem Quotienten der selektiven Toxizität die Langzeitgefährdung einschließlich genotoxischer Effekte nicht erfaßt wird. Analog können die Quotienten aus der minimalen mikrobioziden Konzentration errechnet werden. Hierbei schneidet Iod am günstigsten ab (Tabelle 2-3).

In Tabelle 2-4 wird ein orientierender Überblick über Einsatzbereiche und Verträglichkeit von Wirkstoffen, die vor allem zur kurzfristigen prophylaktischen Antiseptik eingesetzt werden, gegeben. Wegen der z. T. erforderlichen Einsatzkonzentration bei einigen Wirkstoffen, den damit verbundenen toxischen Risiken und möglichen allergischen Reaktionen ist stets eine sorgfältige Risikoabschätzung erforderlich.

3 Anforderungen an die mikrobielle Reinheit

Hinsichtlich der Anforderungen an die mikrobielle Reinheit von Antiseptika spannt sich ein weiter Bogen von „keimarm" bei Händedesinfektionsmitteln bis „steril", z. B. bei Präparaten zur Wund- und präoperativen Hautantiseptik, bei Antiseptika zur Anwendung in normalerweise keimfreien Körperhöhlen und bei sonstigen Präparaten, die gemäß Arzneibuch steril sein müssen.

Nach Impfzwischenfällen bei Benutzung von sporenkontaminiertem Alkohol zur Hautantiseptik zu Beginn der siebziger Jahre verlangten einige europäische Länder schon frühzeitig die Benutzung von sterilfiltriertem Alkohol bzw. den Einsatz von strahlensterilisierten Alkoholtupfern. Auch eine Richtlinie des BGA zur Erkennung, Verhütung und Bekämpfung von Krankenhausinfektionen unterscheidet zwischen „sterilen Tupfern in Einzelverpackungen" und „sterilisierten Tupfern" in Packungen zur Mehrfachentnahme. Für bestimmte Zwecke, z. B. Vorbehandlung der Haut vor der Punktion von Gelenken und Körperhöhlen, sind „sterile, einzelverpackte Tupfer" zu verwenden, während zur Antiseptik der Haut vor der Punktion peripherer Gefäße sterilisierte Tupfer verwendet werden können, sofern die Präparate nicht in Aerosolform aufgebracht werden.

4 Charakteristik ausgewählter antiseptischer Wirkstoffe

Diese Übersicht kann nur orientierenden Charakter besitzen. Das betrifft insbesondere seit langem angewandte klassische Wirkstoffe, bei denen zwar u. U. die Risikoeinschätzung durch deren lange Anwendung leichter fällt, bezüglich der Effektivität jedoch häufig keine so differenzierten Untersuchungsergebnisse wie bei in jüngerer Zeit eingeführten Wirkstoffen vorliegen.

Bei den in der nachfolgenden Übersicht angegebenen Merkmalen für die antiseptischen Wirkstoffe ist zu berücksichtigen, daß die Wirkungsweise und das Wirkungsspektrum von verschiedenen Faktoren abhängig sind wie der Konzentration des Wirkstoffs, der Einwirkungszeit, von Milieufaktoren im episomatischen Biotop (z. B. aktueller pH-Wert, Eiweiß- und Blutfehler, unterschiedliche Oberflächenbeschaffenheit in Abhängigkeit z. B. von entzündlichen Veränderungen im Biotop, mikrobielle Kolonisation) und von möglichen Interaktionen mit weiteren Rezepturbestandteilen. Bei der Charakterisierung des Wirkungsspektrums sind die Begriffe mikrobiostatisch bzw. mikrobiozid auf Bakterien und Pilze bezogen, obwohl im erweiterten Sinn hierzu auch die Wirksamkeit gegen Viren und Protozoen gehört, die wegen der besseren Übersichtlichkeit gesondert ausgewiesen wurde.

Angaben zu Wirkung, Eigenschaften, Verträglichkeit und Anwendungsbereich beziehen sich nur auf die antiseptische Anwendung der Wirkstoffe [1]. Ergänzend wird auf zulässige Höchstkonzentrationen beim Einsatz zur Konservierung von Kosmetika hingewiesen. Die verbale Einstufung der akuten Toxizität erfolgte nach der im Handbuch der Antiseptik Bd. I/5 (S. 79 und 120) zugrundegelegten Klassifikation.

In die nachfolgende Übersicht wurden in erster Linie Antiseptika aufgenommen, deren Anwendung auf mehreren episomatischen Biotopen von Bedeutung ist, um den Rahmen des Kapitels zu begrenzen. Zugleich handelt es sich überwiegend um Wirkstoffe zur prophylaktischen Antiseptik. Diese besitzen im allgemeinen ein breites Wirkungsspektrum, da sie im Unterschied zu den therapeutisch angewandten Antiseptika in bezug auf die möglicherweise zu erwartenden Erreger ungezielter eingesetzt werden. Damit erhöht sich das Risiko für Nebenwirkungen, und die ethische Verantwortung an die Wirkstoffauswahl wächst insofern, als die Nutzen-Risiko-Relation häufig schwieriger abzuschätzen ist.

Im allgemeinen dürfte es vorteilhaft sein, zumindest für längerfristige prophylaktische Anwendungen natürlich vorkommende Wirkstoffe bzw. davon abgeleitete Strukturen mit günstiger Nutzen-Risiko-Relation auszuwählen. Typisches Beispiel ist die Anwendung der Alkohole zur Händedesinfektion. Zu weiteren natürlich vorkommenden Wirkstoffen gehören Phenolabkömmlinge (z. B. Eugenol, Resorcinol, Thymol), gesättigte und ungesättigte aliphatische und aromatische Carbonsäuren, Halogenide und Pseudohalogenide (z. B. Hypochlorit, Thiocyanat), Formaldehyd und Wasserstoffperoxid. In Abhängigkeit von der

---

[1] *Weiterführende Literatur:* Kramer A, Hetmanek R, Adrian V (im Druck) Pharmakologie von Desinfektionswirkstoffen und Antiseptika. In: Hagers Handbuch der Pharmazeutischen Praxis, 5. Aufl. Springer, Berlin Heidelberg New York London Paris Tokyo Hong Kong Barcelona

Dosis und Exposition ist selbstverständlich auch bei diesen Wirkstoffen eine Gefährdung möglich.

Im Unterschied zu prophylaktisch angewendeten Produkten ist bei zur therapeutischen Antiseptik eingesetzten Präparaten die Nutzen-Risiko-Relation insofern charakterisiert, als ein therapeutischer Effekt gewährleistet sein muß. Zur therapeutischen Antiseptik werden im allgemeinen nur Pharmaka mit bekannter therapeutischer Breite und zumindest z.T. spezifischem Wirkungsmechanismus eingesetzt. Meist handelt es sich dabei um Xenobiotika. Eine besondere Gruppe stellen die antiseptischen Antibiotika dar, d.h. Antibiotika, die ausschließlich lokal angewendet werden.

Die nachfolgende Übersicht ist alphabetisch nach dem internationalen Freinamen oder der in der Praxis dominierenden Bezeichnung geordnet. Die chemische Bezeichnung gemäß IUPAC-Nomenklatur ist in Klammern angegeben und z.T. durch häufig in der Praxis gebrauchte Synonyma ergänzt.

Acriflavin (Acriflaviniumchlorid, Tripaflavin neutral, 3,6-Diamino-10-methylacridiniumchlorid)

Wirkstoffgruppe: Acridinfarbstoffe.

Wirkung: 0,0002–0,02%ig bakteriostatisch (vor allem Streptococcus und Clostridium spp., weniger wirksam gegen S. aureus und gramnegative Bakterien wie P. aeruginosa und Proteus spp., Tabelle 2-5), bei höheren Konzentrationen (0,2–0,5%) auch bakteriozid wirksam; speciesabhängig antivirale Wirkung. Ausgeprägte remanente Wirkung. Resistenzentwicklung nachgewiesen (R-Plasmide gegen Acridin).

Eigenschaften: Gut wasserlöslich (33%), wenig löslich in Alkohol, sehr wenig löslich in Ölen. Wirkungsverminderung durch anionenaktive Tenside. Wirkungsverstärkung durch Chlorhexidin und Milchsäure.

Verträglichkeit: Vereinzelt Kontaktekzeme aufgetreten. Geringe akute Toxizität. In vitro nachweisbarer mutagener Effekt wird durch Lichteinwirkung verstärkt, andererseits antimutagene Wirkung gegen UV-Bestrahlung. Positiven Befunden (Punktmutationen) an Bakterien stehen negative am Säugetier gegenüber, so daß die endgültige Bewertung offen bleibt.

Anwendung: Wundbehandlung (0,05–0,1%; bei frischen Brandwunden 0,05% in Vaseline), Mundspülung (0,1–0,5%), Urologie (0,03%), Auge (0,025%),

Tabelle 2-5. Bakteriostatische Wirkung von Acriflavin und Ethacridin

Wirkstoff	MHK (µg/ml)			
	S. aureus	S. pyogenes	E. coli	P. vulgaris
Acriflavin	50	2	50	200
Ethacridine lactate (s. Kap. 20)	3	1–3	12	100

Tabelle 2-6. Mikrobiostatische Wirksamkeit von Aluminiumchlorat

Testkeim	MHK (mg/ml)
S. aureus, S. agalactiae, S. faecalis, E. coli, C. albicans	0,8
S. mutans, P. aeruginosa, P. vulgaris, K. pneumoniae, A. viscosus	0,4

als Streupuder und in Salben (0,1–5%); Wundantiseptik auf 2–3 d begrenzen wegen Risiko der Wundheilungshemmung.

Aluminiumchlorat-Carbamid (Hexa-urea-aluminium(III)-chlorat)

Wirkstoffgruppe: Metallverbindung (keine Freisetzung von aktivem Sauerstoff).

Wirkung: Überwiegend mikrobiostatisch (Tabelle 2-6); auch gegen Influenzaviren wirksam. Adstringierend und hämostyptisch, antiphlogistisch und schmerzlindernd.

Eigenschaften: Gut wasserlöslich. Keine Wirkungsbeeinflussung von Tetracyclinen.

Verträglichkeit: Gut schleimhautverträglich. Praktisch untoxisch. No-effect-level bei 6monatiger oraler Gabe 0,22 ml/kg KM für die Ratte bzw. 0,7 ml/kg KM für Beagle-Hunde; bei 3wöchiger Mundschleimhautpinselung (12,75 g/100 ml Lösung; Ratte) keine Methämoglobinbildung oder andere Nebenwirkungen. Keine teratogene Wirkung (1,74 mg/kg KM). Geringe enterale Resorption.

Anwendung: Infektiös entzündliche Erkrankungen im Mund-Rachen-Raum, unspezifische Tonsillitis, Parodontopathien, lokale Stillung von Sickerblutungen, Foetor ex ore, auch bei Ulcus cruris anwendbar.

Benzalkoniumchlorid (N-Alkyl-N,N-dimethyl-benzylammoniumchlorid)

Wirkstoffgruppe: Quaternäre Ammoniumverbindung.

Wirkung: Mikrobiostatisch und mikrobiozid (Wirkungslücken, insbesondere gegen gramnegative Bakterien, M. tuberculosis und Pilze, Tabelle 2-7), nicht sporozid; in Kombination mit Alkoholen viruzid (insbesondere lipophile Viren wie HBV und Herpesviren, Empfehlung zur Wundauswaschung bei Tollwutverdacht wird bis heute vertreten). Chromosomale Resistenzentwicklung (6–100fach) möglich (gilt für verschiedene quaternäre Ammoniumverbindungen. Von den Komponenten des Gemisches soll die mit der Kettenlänge $R = C_{14}$ ein Wirkungsoptimum aufweisen. Zum Teil erhebliche Wirkungsverminderung durch Proteine und Blut.

Eigenschaften: In jedem Verhältnis mit Wasser und niederen Alkoholen mischbar. pH-Optimum 4–10. Inkompatibel mit Seife und anionischen Detergentien, keine Mischung mit starken Oxidantien. Wirkungsverstärkung durch Sulfadiazin, EDTA, nichtionogene Tenside und höheren pH-Wert.

Tabelle 2-7. Mikrobiostatische bzw. mikrobiozide Wirkung (Angabe in µg/ml) quaternärer Ammoniumverbindungen

Testkeim	Benzalkoniumchlorid	Benzethoniumchlorid		Didecyl-dimethylammoniumchlorid	
	MMK (5 min)	MHK (72 h)	MMK (10 min)	MHK (72 h)	MMK (2,5 min)
S. aureus	50	0,5	40	2	250
E. coli	80	32	50	5	250
P. aeruginosa	200	250	800	50	500
C. albicans	160	64		5	
T. mentagrophytes	200				

Verträglichkeit: Gering bis mäßig irritativ für Haut und Schleimhäute (1:5000 am menschlichen Auge reizlos), dermale Reizwirkung höher als bei Benzyl- bzw. Phenylphenolen, 0,1%ig keine Wundheilungsverzögerung, jedoch 0,15%ig (s. Kap. 9). Gering allergen. Mäßige akute Toxizität, etwa 3–10fach höher als von substituierten phenolischen Wirkstoffen; auf Grund des Risikos systemischer Nebenwirkungen ist eine Anwendung auf größeren Wundflächen nicht zu empfehlen. Im 2-Jahres-Fütterungsversuch (Ratte) 0,25%ig keine Nebenwirkungen. Kein Anhalt für Mutagenität, Teratogenität und Carcinogenität.

Anwendung: Komponente in Präparaten zur hygienischen Händedesinfektion und Hautantiseptik (0,3–1,5%), zur antiseptischen präoperativen Körperwaschung, zur Hautpilzprophylaxe und zur Wundantiseptik; in Kombination z.B. mit Dexpanthenol in Dermatika (Akne vulgaris, Rosazea, Folliculitis, Seborrhoe) enthalten; für therapeutische Anwendung nicht als Wirkstoff der Wahl anzusehen; Konservierung von Arzneimitteln (Injectabilia und Augentropfen 0,01%), zulässige Höchstkonzentration zur Konservierung in Kosmetika 0,1% (in EG-Liste vorläufig zugelassen), Einsatz in Desodorants (0,05–0,1%).

Benzethoniumchlorid (N,N-Dimethyl-N-2-2-4-(1,1,3,3-tetramethylbutyl)-phenoxy-ethoxy-ethyl-benzylammoniumchlorid)

Wirkstoffgruppe: Quaternäre Ammoniumverbindung.

Wirkung: Mikrobiostatisch und mikrobiozid (mit höherer Effektivität gegen grampositive als gegen gramnegative Bakterien, auch antifungiell wirksam, Tabelle 2-7).

Eigenschaften: Vergleichbar mit Benzalkoniumchlorid.

Verträglichkeit: Dermale Irritationsschwelle/Mensch 5%. Gering allergen, Kontaktallergie noch seltener als bei Benzalkoniumchlorid beobachtet, vergleichbar in der niedrigen Inzidenz mit Chlorhexidin. Mäßige akute Toxizität.

Anwendung: Antiseptik, Konservierung (0,02% am Auge, nach EG-Liste 0,1% in Kosmetika zugelassen).

Tabelle 2-8. Antibakterielle Wirkung von Bromchlorophen und Clorofen

Wirkstoff	minimal wirksame Konzentrationen (µm/ml)					
	S. aureus		E. coli		P. aeruginosa	
	MHK	MMK (10 min)	MHK	MMK (10 min)	MHK	MMK (10 min)
Bromchlorophen	10		1000		1000	
Clorofen		70		100		> 12000

Benzoxoniumchlorid (N-Benzyl,N-dodecyl-N,N-di(2-hydroxyethyl)-ammoniumchlorid)

Wirkstoffgruppe: Quaternäre Ammoniumverbindung.

Wirkung: Mikrobiostatisch (auch gegen Sproßpilze) und mikrobiozid; MHK für grampositive Bakterien 2–5 µg/ml, für gramnegative Bakterien 16–48 µg/ml, für C. albicans 6–8 µg/ml (minimale bakteriozide Konzentration etwa 5fach höher); Wirkungsspektrum entspricht dem der meisten Invertseifen; 0,005 %ige Gurgellösung war Vergleichspräparaten mit Chlorhexidin und Hexetidin bei guter Verträglichkeit an Effektivität gleichwertig.

Verträglichkeit: Geringe dermale Resorption. Leichte bis mäßige akute Toxizität.

Anwendung: Mundantiseptik, symptomatische Behandlung infektiöser Erkrankungen des Mund-Rachen-Raums, Hautantiseptik (s. Kap. 20).

Bromchlorophen (2,2-Methylenbis[6-brom-4-chlorphenol], Bromophen)

Wirkstoffgruppe: Phenolderivat.

Wirkung: Bakteriostatisch (pH-Optimum 8) und bakteriozid (pH-Optimum 5–6), enges Wirkungsspektrum (vor allem grampositive Bakterien, z. B. kariogene Streptokokken, Tabelle 2–8); gegen Dermatophyten und Sproßpilze nur wenig wirksam. Mitunter remanente Wirkung. Hoher Eiweißfehler.

Eigenschaften: Schlecht in Wasser (< 0,1 %), gut in Alkoholen löslich. Unverträglichkeit mit nichtionogenen und quaternären Verbindungen, kompatibel mit anionenaktiven Detergentien.

Verträglichkeit: Dermal gut verträglich. Keine allergene oder photosensibilisierende Wirkung. Geringe dermale Resorption. Leicht bis praktisch nicht toxisch. Kein Anhalt für mutagene, carcinogene und teratogene Potenz. Kumuliert nicht, wird rasch eliminiert.

Anwendung: Wundantiseptik (0,1 %), wirkt entzündungshemmend und granulationsfördernd, Komponente in Präparaten zur Versorgung frischer oder eitriger Wunden sowie zur hygienischen und chirurgischen Händedesinfektion, zulässige Höchstkonzentration für Desodorants und Mundpflegemittel 0,2 % (in EG-Liste endgültig zugelassen).

Tabelle 2-9. Antimikrobielle Wirkung von Cetrimid

Testkeim	MHK (µg/ml)	MMK (µg/ml, 24 h, 22 °C)
S. aureus	25	1,5
S. pyogenes	25	
S. lactis	10	0,6
E. coli		25,0
P. vulgaris	10	
P. aeruginosa	100	> 50
B. subtilis		6,0
S. marcescens		25
M. tuberculosis	400	
C. albicans		10–25
A. fumigatus		10

Cetrimid (N-Cetyl-N,N,N-trimethylammoniumbromid, Cetrimoniumbromid)

Wirkstoffgruppe: Quaternäre kationenaktive Ammoniumverbindung.

Wirkung: Mikrobiostatisch und mikrobiozid (Tabelle 2-9), nach längerer Einwirkungszeit auch sporozid; fungizid nur in höheren Konzentrationen wirksam.

Eigenschaften: Wasserlöslich (0,3% bei 20 °C), sehr gut alkohollöslich. pH-Optimum 4–8. Wirkungsverminderung durch Histidin, Kreatinin, Cystein, Glycolsäure, Asparaginsäure, Lecithin, Serum; inkompatibel mit anionenaktiven Wirkstoffen, Carboxymethylcellulose, Alginaten, Zinksalzen, polymeren Phosphaten, Gelatine, Traganth, Agar, Alkalien, Proteinen sowie starken Oxidations- und Reduktionsmitteln. Wirkungsverstärkung durch Phenonip® (flüssige Mischung von Parabenen), Cobaltchlorid und 9-Aminoacridin. Bildet stabile Emulsionen mit Glycerolmonostearat, Cetyl-, Stearyl- und anderen Fettalkoholen. Korrosiv für Kupfer und Aluminium.

Verträglichkeit: Haut- und schleimhautverträglich. Geringe bis mäßige akute Toxizität. Im 1-Jahres-Test/Ratte werden 20 mg (im Trinkwasser)/kg KM ohne Nebenwirkungen toleriert, bei 45 mg/kg KM (etwa 0,032%) KM-Abnahme ohne histologische Veränderungen; Mäuse reagieren deutlich empfindlicher, bei 25 mg (im Futter)/kg KM Exitus nach 3–12 d, bei 5 mg/kg KM Exitus nach 2–5 Monaten. 10–33% der ip LD_{50}/Maus wirkt embryotoxisch und teratogen.

Anwendung: Mundhöhlenantiseptik, Händedesinfektion (0,5–2%), therapeutische dermatologische Anwendung (0,5–1,5% in wasserlöslichen Salbengrundlagen), bei unreiner Haut (Pickel, Akne 0,15–0,4%), in Gesichts- und Rasierwässern (0,05–0,1%), in Deodorants (0,05–0,1%, EG-Liste), Konservierung von Procain-Penicillin und von Augenlotionen.

Tabelle 2-10. Antimikrobielle Wirkung von Cetylpyridiniumchlorid

Testkeim	MHK (µg/ml)	MMK (µg/ml, 10 min)
S. aureus	2,5–5	32
S. mutans	3,0–6,3	
S. sanguis	1,3–2,5	
S. pyogenes	18,5	
K. pneumoniae	29,4	
E. coli	62,5–83,3	64
P. aeruginosa	> 500	128
C. albicans	0,2–12,5	
R. rubra	0,2–0,5	
A. niger	2,0–3,9	64
A. flavus	3,9–15,6	
S. brevicaulis	3,9–15,6	

Cetylpyridiniumchlorid (1-Hexadecylpyridiniumchlorid)

Wirkstoffgruppe: Kationenaktive oberflächenaktive quaternäre Ammoniumverbindung.

Wirkung: Mikrobiostatisch und mikrobiozid (gegen gramnegative Bakterien, insbesondere P. aeruginosa, geringere Wirksamkeit, Tabelle 2-10, unwirksam gegen M. tuberculosis), im Vergleich zu Chlorhexidin in vitro bakteriozid wirksamer; chromosomale Resistenzentwicklung bei klinischen Ökovaren bisher ohne klinische Bedeutung (Häufigkeit mit Benzalkoniumchlorid und Ethacridinlactat vergleichbar, aber höher als bei Chlorhexidin und Tosylchloramidnatrium). In 80% Ethanol hoch wirksam gegen Orthopoxviren (nicht gegen Pseudorabies-, Coxsackie-, Echo- und Polioviren), 0,1% innerhalb 10 min Inaktivierung von Influenza-A-Viren, 0,01–0,1% wirksam gegen H. simplex- und Vacciniaviren. Wirkungsverminderung durch Serum, Gewebe und Zellmaterial. Keimzahlverminderung bei antiseptischer Mundspülung 1–2 lg-Stufen (im Sofortwert Chlorhexidin gleichwertig, geringere remanente Wirkung), Reduktion dentaler Plaqueakkumulation um etwa ⅓ (bei Anwendung in Depotform Chlorhexidin gleichwertig), Gingivitisprophylaxe und Heilungsförderung nach Gingivectomie. Beeinflussung der bakteriellen Zytoadhärenz in vitro. Erhöhung der Fluoridaufnahme in den Zahnschmelz und der Fluorapatitbildung (bei pH 8,5) in vitro bei topischer Anwendung fluoridhaltiger Präparate.

Eigenschaften: Gut in Wasser und Ethanol löslich. pH-Optimum 6–8, bei pH < 4 Wirkungsverminderung. Inkompatibel mit anionischen Detergentien, Peptiden, Phospholipiden (Lecithin), anderen lipidhaltigen Substanzen und polymeren Phosphaten. Wirkungsverminderung durch Fe^{3+}, NaCl (> 3%), tensidhaltige Schäume und Polymere. Synergismus mit Phenonip® (Mischung von Parabenen), nichtionogenen Tensiden und aromatischen Alkoholen (insbesondere Phenylpropanol), Wirkungsverstärkung durch Zinksulfat, Cobaltchlorid, Aminoacridin, Penicillin und p-Aminobenzen-sulfonsäure. Mit Benzocain, Benzylalkohol und Acriflavinhydrochlorid ohne Wirkungsverlust kombinierbar.

Verträglichkeit: Gut haut- und schleimhautverträglich (bei stomatologischer Anwendung als Lösung vereinzelt irritative Schäden der Mundschleimhaut, Zungenbrennen, Durstgefühl, Risiko der Zahnverfärbung geringer als bei Chlorhexidin und Alexidin; im geschlossenen Test/Kaninchen dermale Reizschwelle 0,4%; 0,1% Blasenspülung/Kaninchen keine Reizung, 0,5% leichte Cystitis; Auge/Kaninchen 0,02% Reizschwelle, wundverträglich (0,1% keine Wundheilungshemmung), bei Anwendung als Lutschtablette vereinzelt Übelkeit und Magenbeschwerden, geringe Sensibilisierungspotenz. Mäßige akute Toxizität. Im 90-Tage-Fütterungstest/Ratte no-effect-level 125 ppm (0,0125% w/w). Orogastrointestinale Resorption etwa < 3–15%. Kein Anhalt für mutagene und carcinogene Potenz. Tierexperimentell nicht teratogen, keine Fertilitätsbeeinflussung; epidemiologische Studien lassen ein teratogenes Risiko nicht ausgeschlossen erscheinen.

Anwendung: Antiseptische prophylaktische Mundspülung, Plaquehemmung und Gingivitisprophylaxe prä- und postoperativ bei oralchirurgischen Eingriffen sowie eingeschränkter Fähigkeit zu regulärer Mundhygiene (0,05%), Prophylaxe oraler Candidosen, als Bromid in Antimykotika zur dermalen Anwendung enthalten (bis 0,2%); symptomatische Behandlung infektiöser Erkrankungen des Mund- und Rachenraums insbesondere zu Erkrankungsbeginn (Wirkstoffgehalt in Lutschtabl. nicht < 2,5 mg, um MHK gegen gramnegative Bakterien zu erreichen), ungeeignet für schwere Verlaufsformen; Anwendung als Kombinationspartner in Händedesinfektionsmitteln hat keine Bedeutung erlangt; Komponente in Wundantiseptika (0,01%); nicht mehr in EG-Liste zur Konservierung von Kosmetika enthalten.

8-Chinolinol (8-Hydroxychinolin)

Wirkstoffgruppe: Chinolinolderivat.

Wirkung: Überwiegend mikrobiostatisch wirksam, breites Wirkungsspektrum (grampositive Bakterien, Dermatophyten, Hefen, gegen gramnegative Bakterien nicht ausreichend effektiv, Tabelle 2-11), die Derivate 5,7-Dichlor-8-chinolinol und Clioquinol (5-Chlor-7-iod-8-chinolinol) sind deutlich effektiver (MHK für grampositive und einige gramnegative Bakterien, Dermatophyten und Hefen 5–20 µg/ml, für P. aeruginosa 50–500 µg/ml; auch amöbozid wirksam).

Eigenschaften: 8-Chinolinol ist lipophil, während seine Salze wasserlöslich sind. Bildet mit Zinkoxid nichtdiffusible stabile Fünfringkomplexe, was zur Verminderung bzw. Verlust der antimikrobiellen Wirksamkeit führt; ebenfalls Wirkungsverminderung durch Talcum, Kieselsäure und Natriumcarboxymethylcellulose. Antimikrobielle Aktivität ist abhängig von gleichzeitiger Anwesenheit von Übergangs-Metallionen (z. B. Fe, Cu), mit denen 8-Chinolinol

Tabelle 2-11. Antimikrobielle Wirkung von 8-Chinolinol

Testkeim	MHK (µg/ml, 72 h, 37 °C)
S. aureus	0,25–4
S. faecalis	15,6
E. coli	64–125
P. mirabilis	500
P. aeruginosa	128–1000
Dermatophyten	≥ 64
Hefen	128–256

Chelate bilden kann. In Kombination mit anderen Chinolinolen Additivität bzw. Synergismus. Salzbildung ohne wesentlichen Einfluß auf Effektivität, Wirkungssteigerung durch Phenole und Cu^{2+} (gegen grampositive Bakterien, Hefen und Schimmelpilze, bei gramnegativen Bakterien sind die Verhältnisse unklar).

Verträglichkeit: Gut haut- und schleimhautverträglich (Irritationsschwelle/ Meerschweinchen in Propan-1-ol 0,6 %, 0,01–0,1 % keine Schleimhautirritation, 0,1 %ig am Kaninchenauge vermehrte Tränensekretion ohne Corneadefekte). Geringe Sensibilisierungspotenz (Allergenhäufigkeit bis etwa 0,3 %). Geringe dermale Resorption (etwa 2,5 %), nach oraler Gabe Resorption von etwa 4,5 % (Serumhalbwertzeit 19–30 h). Geringe bis mäßige akute Toxizität. Mutagenität und teratogene Potenz, placentagängig. In einigen Tiermodellen carcinogen (allerdings z. T. Mängel in der Versuchsdurchführung bzw. Inzidenz unter der Signifikanzsschwelle), diese Befunde haben dazu geführt, daß der Wirkstoff gemäß EG-Liste nicht mehr in Kosmetika eingesetzt werden darf und auch im pharmazeutischen Bereich (insbesondere bei Darmantiseptika) zunehmend an Bedeutung verliert.

Anwendung: 8-Chinolinolsulfat ist nicht als antiseptischer Wirkstoff 1. Wahl einzuordnen; therapeutische Hautantiseptik (z. B. Impetigo, infizierte Ekzeme 0,1–0,5 %), Mykosetherapie (0,25 %, nach Initialtherapie wirksameres Antimykotikum einsetzen), Behandlung frischer Wunden (0,01–0,5 %), Infektionen im Mund-Rachen-Raum (0,01–0,1 %), Stomatologicum (Hydrofluorid), Vaginalantiseptik (5 mg/Tabl.); in EG-Liste nicht mehr zur Konservierung von Kosmetika aufgeführt.

Halogenierte Derivate: Breiteres mikrobiostatisches Wirkungsspektrum bei höherer Effektivität, z. T. fungizid wirksam (Clioquinol) bzw. Wirksamkeit auch gegen Amöben (Chiniofon Mittel der Wahl bei Amöbenruhr); wichtigste Derivate: Chlorquinaldol, Anwendung vorwiegend zur Darmantiseptik, aber auch im Mund-Rachen-Raum, zur therapeutischen Hautantiseptik einschließlich Dermatomykosen und zur Wundantiseptik; Clioquinol, aufgrund seiner Neurotoxizität (SMON-Syndrom) nicht zur Darmantiseptik zu empfehlen; 4-[(5,7-Difluoro-2,4-diphenyl-8-quinolinyl)oxy]-benzoic-acid-methyl-ester, für Mund- und Zahnfleischentzündungen.

Chlorhexidin (N,N''-Bis(4-chlorphenyl)-3,12-diimino-2,4,11,13-tetraaza-tetradecandiimidamid, Anwendung als Digluconat, Dihydrochlorid oder Diacetat)

Wirkstoffgruppe: Kationisches in wäßriger Lösung gering oberflächenaktives Biguanid.

Wirkung: Mikrobiostatisch und mikrobiozid (höhere Wirksamkeit gegen grampositive als gegen gramnegative Bakterien, auch gegen C. albicans hoch wirksam, Tabelle 2-12), nicht sporozid, allerdings in Kombination mit Hitze (98–100 °C) bereits 0,01 % sporozid (im PH. EUR. 2, 1983, im Abschn. IX. 1. Methods of Sterilisation, Hinweis zur Nutzung dieses Synergismus zur Herstellung hitzestabiler Augentropfen); klinische Isolate gramnegativer Bakterien z. T. viel resistenter als Laborprüfstämme (z. B. MHK für Providencia, Proteus und Pseudomonas spp. 800–1600 µg/ml, für S. marcescens in Polysaccharidmatrix bis 20 mg/ml, für bakteriozide Wirkung gegen P. stuartii in Urin bis 20 mg/ml erforderlich); auf Grund primärer Resistenz und Selektion als auch chromosomaler und plasmidischer Resistenzentwicklung mikrobielle Kontamination wäßriger Chlorhexidinlösungen in praxi möglich. Verminderung der antimikrobiellen Wirksamkeit durch Serum (bei 8 % Serumzusatz 2,5–35fach), Eiter, Blut (bei 25 % Blutzusatz um etwa 1 lg) oder anderes organisches Material, aber nicht durch Speichel. Wirksam gegen HSV (wird von Iodophoren an Wirksamkeit übertroffen), gering wirksam gegen Rotaviren, praktisch unwirksam gegen Polio- und Adenoviren. Wirkstoff der Wahl zur Plaquehemmung, sofern keine Langzeitanwendung; gehört zu den effektivsten Wirkstoffen zur antiseptischen Mundspülung (Keimzahlverminderung 1 – > 2 lg mit remanenter Wirkung und Beeinflussung des mikrobiellen Attachments in vitro, s. Kap. 15); Reduzierung der Infektionsrate und günstiger Wundheilungsverlauf nach parodontalchirurgischen Eingriffen; Verminderung von Schwere und Dauer aphthöser Ulcerationen. Antiseptisch wirksam bei Wundinfektionen, einschließlich Brandwunden und bei Peritonitis (s. Kap. 9).

Eigenschaften: Diacetat und Dihydrochlorid gering, Digluconat gut wasserlöslich. pH-Optimum 5,5–7,0, im sauren pH-Bereich reduzierte Wirksamkeit. Wirkungsverminderung durch hartes Wasser. Inkompatibel mit Phosphaten, Boraten, Citraten, Hydrogencarbonaten, Carbonaten, Chloriden, anionenaktiven Detergentien, Tween 80 und Seife; keine Kombination mit Alginaten, Carboxymethylcellulose, Tragacanth, Saccharose und unlöslichen Mg-, Zn- und Ca-Salzen. Kompatibel mit Quats. Wirkungsverstärkung durch Phenylethanol, Acriflavinchlorid, EDTA und Polysorbat 80. Aufbewahrung in Flaschen mit Korkverschluß kann zur Inaktivierung führen.

Verträglichkeit: Gut haut- und schleimhautverträglich (bitterer, seifiger, metallischer Geschmack, ggtl. Geschmacksirritationen; gelbbraune Verfärbungen der Zähne, von Compositfüllungen und Zunge innerhalb mehrerer Tage möglich; vereinzelt Lingua nigra; ggtl. reversible Mucosadefekte, Ulcerationen und Parotisschwellung; bei mehrmonatiger Anwendung reversibler Erregerwechsel; 0,05 % im dermalen Patch-Test/Kaninchen mildes Irritans,

Tabelle 2-12. Antimikrobielle Wirkung von Chlorhexidin

Testkeim	Diacetat		Dihydrochlorid		Digluconat		
	MHK (µg/ml) (nach 72 h, 37 °C)	MMK (µg/ml) (nach 24 h, 25 °C)	MHK (µg/ml) (nach 72 h, 37 °C)	MMK (µg/ml) (nach 24 h, 25 °C)	MHK (µg/ml) (nach 24 h, 37 °C)	(nach 72 h, 37 °C)	MMK (µg/ml) (nach 24 h, 37 °C)
S. aureus	0,5	100	1,0	100	16	4	
Streptococcus spp.					1–64	1–10	16–32
E. coli		25	1,0	100		50	
P. vulgaris						500	
P. aeruginosa	5	400	60	400		30	
Lactobacillus spp.					8–32		16
M. tuberculosis						50	
C. albicans	10	20–40	20	20–40		40	
A. niger		400	200	200			

1%ig im 21-Tage-Test/Probanden keine Hautirritation; ≥ 0,01% erosive Cystitis/Ratte; bis 0,2% beim Menschen keine Augenreizung, beim Kaninchen 0,1%ig Verlust der oberflächlichen Schichten des Corneaepithels und der Mikrovilli, 0,005–0,05% beginnende konjunktivale Reaktionen, bei präoperativer periorbitaler Anwendung eines Detergents mit 4% Chlorhexidingehalt am anästhesierten Patienten durch unbemerkte Kontamination für bis zu 1 h Kontaktdauer irreversible Corneaschäden!, konzentrations- und evtl. auch speciesabhängig sowohl Hemmung der Granulation und Verzögerung der Wundheilung, insbesondere tiefer Wunden, als auch Förderung z.B. bei infizierten Wunden (s. Kap. 9); 20 mg/kg KM ip/Ratte einmal/d 5 d lang schwere chemische Peritonitis (s. Kap. 9). Bei Anwendung im Mittelohr/Meerschweinschen Innenohrschädigung am Cortischen Organ und z.T. Vestibularapparat. Vereinzelt Allergien (Urticaria, Kontakt- und Photodermatitis, obwohl tierexperimentell keine sensibilisierende Potenz). Geringe akute Toxizität, 0,004% cytotoxisch, 0,05% Hemmung der Spermienmotilität, ≤ 0,1% in Serum keine zytotoxische Wirkung auf Granulocyten. Beim Baden von Früh- und Neugeborenen in Detergent mit 4% Chlorhexidingehalt bis 1 mg Chlorhexidin/l Blut nachweisbar; bei Mundspülungen Verschlucken von etwa 4% der Lösung (davon werden etwa 90% über Fäzes, der Rest renal eliminiert), offenbar keine Akkumulation. Im 6-Monate- bzw. 1-Jahres-Test/Ratte mit 0,2% bzw. 158 mg/kg KM/d (im Trinkwasser) keine Nebenwirkungen. Mutagene Potenz. 50 mg/kg KM nicht teratogen, embryotoxisch oder fertilitätsbeeinträchtigend. Nach 14 d oraler Anwendung/Ratte (0,02 und 0,2%) reversible prämaligne Alterationen, obwohl während 2-Jahres-Studien in der Zahnmedizin keinerlei Veränderungen in der Mundhöhle.

Anwendung: Plaquehemmung, Gingivitisprophylaxe und Förderung der Wundheilung prä- und postoperativ (sowie bei eingeschränkter Mundhygiene), antiseptische Mundspülung, gezielte Kariesprophylaxe, therapeutische Antiseptik bei Gingivitis, Stomatitis und oralen Candidosen (Anwendungskonzentration in der Mundhöhle 0,1–0,2%, Anwendung möglichst auf 2 Wochen beschränken). Antiseptik am männlichen und weiblichen Genitale (0,1–1%). Wirkungsverbesserung alkoholischer Präparate zur chirurgischen und hygienischen Händedesinfektion, präoperativen Hautantiseptik und von Detergentien für antiseptische Waschungen (0,4–5%). In Antiseptika für dermatologische Indikationen (0,5–5%). Komponente in Wundantiseptika insbesondere für oberflächliche Wunden (0,05–0,1%). Nabelantiseptik. Konservierung wäßriger Augentropfen (0,005%). Zulässige Höchstkonzentration in Kosmetika 0,3% (in EG-Liste unter A2 endgültig zugelassen), Einsatz in Desodorants und zur Mundpflege. Kontraindikationen: Anwendung auf bradytrophen Geweben (z.B. Sehnen, Sehnenscheiden, offene Frakturen), an ZNS-Strukturen (Gehirn, Meningen, Innenohr, Trommelfell, Mittelohr), bekannte Allergie, Anwendung am Auge > 0,05%; für tiefe Wunden, insbesondere chronische Ulcera, kein Wirkstoff der Wahl.

Tabelle 2-13. Mikrobiostatische Wirkung von Chlorocresol[a] und Chloroxylenol[a]

Wirkstoff	MHK (µg/ml)				
	S. aureus	E. coli	P. aeruginosa	C. albicans	A. niger
Chlorocresol	625	1250	1250	2500	2500
Chloroxylenol	250	1000	1000	2000	2000

[a] 0,25%ig in 5–10 min im Suspensionstest Keimzahlverminderung ≥ 5 log-Stufen für das in der Tabelle genannte Keimspektrum

Chlorocresol (4-Chlor-3-methylphenol)

Wirkstoffgruppe: Phenolderivat.

Wirkung: Breites mikrobiostatisches und mikrobiozides Wirkungsspektrum (Tabelle 2-13), auch Hemmwirkung gegen Bakteriensporen und Viren (z.B. Vacciniavirus).

Eigenschaften: Wenig wasserlöslich (0,4%), gut in Ethanol, organischen Lösungsmitteln und wäßrigen alkalischen Lösungen löslich. pH-Optimum im sauren Bereich. Inkompatibel mit nichtionogenen Detergentien, Carboxymethylcellulose und quaternären Ammoniumverbindungen. Wie bei allen Phenolen Wirkungsverbesserung durch anionenaktive Detergentien, Alkohole und EDTA.

Verträglichkeit: Gut hautverträglich. Schwaches Allergen. Geringe akute Toxizität. Kein Anhalt für Mutagenität.

Anwendung: Meist Kombinationspartner mit anderen phenolischen Wirkstoffen in Präparaten zur hygienischen Händedesinfektion; Kontraindikationen Gewebeentzündung und Leberschaden, keine Anwendung auf Schleimhäuten; zur Konservierung pharmazeutischer Produkte Zusatz bis 0,35%, zulässige Höchstkonzentration in Kosmetika 0,2% (in EG-Liste endgültig zugelassen).

Chloroxylenol (4-Chlor-3,5-dimethylphenol)

Wirkstoffgruppe: Phenolderivat.

Wirkung: Etwas wirksamer als Chlorocresol, ansonsten vergleichbares Wirkungsspektrum. Remanente Wirkung in Ethanol höher als bei Chlorhexidin (Tabelle 2-13).

Eigenschaften: Vergleichbar mit Chlorocresol.

Verträglichkeit: Gut haut- und wundverträglich. Schwaches Allergen. Akute Toxizität noch geringer als bei Chlorocresol; rasche Entgiftung und Elimination bei akzidenteller oraler Vergiftung. Kein Anhalt für Mutagenität.

Indikation: Akne (bis 0,4%), hygienische Händedesinfektion, häufig in Kombination mit anderen Phenolen (0,04–0,1%), therapeutische Haut- und Wundantiseptik (0,01–1%), Kombinationspartner in Antimykotika; zulässige

Höchstkonzentration in Kosmetika 0,5% (in EG-Liste endgültig zugelassen) zum Schutz von Proteinlösungen, Haarconditionen, Siliconemulsionen und Kinderkosmetika; Zusatz in Toiletten- und Deoseifen bis 2%. Wird von FDA seit 16.8.1991 nicht mehr in der Monographie für nichtverschreibungspflichtige (OTC), topisch anzuwendende Aknepräparate geführt.

Clorofen (2-Benzyl-4-chlorphenol)

Wirkung: Enges, hauptsächlich gegen grampositive Bakterien gerichtetes mikrobiostatisches und mikrobiozides Wirkungsspektrum (vergleichsweise höchste Resistenz bei P. aeruginosa), mikrobiozid (ab 1,2% innerhalb 10 min) und antiviral wirksam; wesentlich schwächer als Chlorocresol wirksam (Tabelle 2-8).

Eigenschaften: Vergleichbar mit Chlorocresol.

Verträglichkeit: Gut hautverträglich. Schwaches Allergen. Geringe akute Toxizität; toxische Gefährdung unbekannt.

Anwendung: Komponente für hygienische Händedesinfektionsmittel; für den kosmetischen Bereich vorläufig zugelassen.

Decamethoxin
(1,10-Bis(dimethylcarbmethoxymethylammonium)decandichlorid)

Wirkstoffgruppe: Quaternäre Ammoniumverbindung.

Wirkung: Breites mikrobiostatisches und mikrobiozides Wirkungsspektrum (Wirkungslücke gegen M. tuberculosis, Tabelle 2-14). Chromosomale Resistenzzunahme durch Passagierung möglich. Eiweißfehler.

Eigenschaften: Gut in Wasser und Ethanol löslich, bis pH 8,0 keine Wirkungseinbuße.

Verträglichkeit: Gut haut- und schleimhautverträglich. Keine Hinweise für systemische Nebenwirkungen. Mutagene Potenz in vitro vergleichbar mit Antibiotika und Sulfonamiden. Keine erhöhte carcinogene Potenz. 1 mg/kg

Tabelle 2-14. Antimikrobielle Wirksamkeit von Decamethoxin

Testkeim	MHK (μg/ml)	MMK (μg/ml)
S. aureus	0,1	0,2
E. coli	7,8	15,6
P. vulgaris	31,3	62,5
P. aeruginosa	31,3	62,5
C. diphtheriae	0,2	0,5
K. pneumoniae	15,6	31,3
C. albicans	0,5–8,0	1–16
Dermatophyten	2–4	4–8
Aspergillus spp.	4–125	8–250

KM/Kaninchen wirkt nicht immuntoxisch, fördert vielmehr die Phagocytoseaktivität und reduziert den Natriumplasmaspiegel bei Tendenz der Kaliumakkumulation in Erythrocyten (bei Patienten mit gestörtem Elektrolythaushalt bei Decamethoxinanwendung Natrium- und Kalium-Plasmaspiegel überprüfen).

Anwendung: Chirurgische Händedesinfektion (0,01–0,25%), Pyodermien (0,025–0,1%), Dermatomykosen (0,025–1%), Stomatitis aphthosa (0,025%), Candidose/Mundhöhle (0,025%), Sanierung von C.-diphtheriae- und Staphylokokken-Keimträgern (0,025% + 1000 μg Neomycin/ml zur Rachenspülung, Nasentropfen, Benetzen der Tonsillen), Spülung bei Sinusitis maxillaris (1:30000), Otomykosen (0,025–0,1%), ulceröser Keratitis und Ulcus serpens corneae (0,02%), prä- und postoperative Sanierung des Konjunktivalsackes bei Kataraktoperation, unspezifische ulceröse Colitis (Einlauf 0,03%; wurde in UdSSR eingeführt, vgl. Bd. II/3 Handbuch der Antiseptik).

Dequaliniumchlorid (Dequadin, 1,1′-(1,10-Decandiyl)bis[-4-amino-2-methylquinolinium]dichlorid)

Wirkstoffgruppe: Quaternäre Ammoniumverbindung.

Wirkung: Mikrobiostatisch (Tabelle 2-15) und mikrobiozid (einschließlich Trichomonas spp.), bakteriozide Wirkung im Konzentrationsbereich 100–400 μg/ml (bei 100 μg/ml innerhalb 1 h Keimzahlverminderung um etwa 99,99%). Klinische Resistenzentwicklung nicht beobachtet. Verminderung der Plaqueakkumulation.

Eigenschaften: Wenig löslich in Wasser. Inkompatibel mit anionischen Detergentien und Lecithin.

Verträglichkeit: Gut haut- und schleimhautverträglich, vereinzelt Schleimhautnekrosen infolge Mikrozirkulationsstörungen; keine Zahnverfärbung und Geschmacksirritationen. 6 Monate 0,05% oral (in Trinkwasser) klinisch und histologisch keine Nebenwirkungen.

Tabelle 2-15. Mikrobiostatische Wirkung von Dequaliniumchlorid

Testkeim	MHK (μg/ml)	
	24h	14 d
S. aureus	0,3–0,6	
S. pyogenes	2,5	
E. coli	7,0	
P. aeruginosa	41	
C. albicans		4,5
T. mentagrophytes		2,4

Indikation: Hautantiseptik bei Bakteriosen und Pilzerkrankungen (0,004–0,015%), therapeutische Antiseptik in Vagina (0,002–0,1%), Mundhöhle (Gingivitis, Stomatitis) und Rachenraum (0,01%), antiseptische Mundspülung, Komponente für Wundantiseptika (0,1%).

Ethanol (Ethylalkohol)

Wirkstoffgruppe: Alkohole.

Wirkung: 10–20%ig Mikrobiostase, ab etwa 30% Mikrobiozidie mit Wirkungsoptimum bei 70–80% (Tabelle 2-16 und 2-17), wirksam gegen behüllte Viren (z. B. Adeno- und Herpesviren, gegen HBV nur in Kombination z. B. mit Quats, Chlorhexidin, Octenidin), z. T. auch gegen unbehüllte Viren. Sporen bleiben über Jahre in alkoholischen Lösungen lebensfähig (dagegen innerhalb 24 h Abtötung bei Zusatz von 0,1% H_2O_2); schneller Wirkungseintritt, trotz fehlender remanenter Wirkung nachhaltige Wirkung auf der Haut. Keine Resistenzentwicklung.

Tabelle 2-16. Mikrobiozide Wirkung von Ethanol (pH 6,0)

Testkeim	Einwirkzeit (min)	Kontrolle	log-Überlebensrate Ethanol (%)		
			70	50	30
S. aureus	5	7	<1	<1	7
	10	7	<1	<1	7
	60	7	<1	<1	5
	240	7	<1	<1	<2
E. coli	5	7	<1	<1	6
	10	7	<1	<1	6
	60	7	<1	<1	5
	240	7	<1	<1	<2
P. aeruginosa	5	7	<1	<1	6
	10	7	<1	<1	5
	60	7	<1	<1	5
	240	7	<1	<1	<2
C. albicans	5	6	<1	<1	5
	10	6	<1	<1	4
	60	6	<1	<1	<1
	240	6	<1	<1	<1
A. niger	5	5	<1	5	5
	10	5	<1	4	5
	60	5	<1	3	5
	240	5	<1	<1	4

Tabelle 2-17. Konzentrationsabhängigkeit der mikrobioziden Wirkung von Ethanol

Testkeim	Abtötungszeit (s) für Ethanolkonzentration (% Vol./Vol.) von		
	60	70	80
S. aureus	15	15	10
S. epidermidis	30	30	
E. coli	60	30	30
P. aeruginosa		10	
M. tuberculosis	60	30	30
C. albicans	<60		
A. niger	<60		

Eigenschaften: Mit Wasser unbegrenzt mischbar. Leicht entflammbar. Solubilisierende Wirkung, gute Benetzbarkeit biologischer Oberflächen. Optimaler pH-Wert im sauren Bereich. Inaktivierung durch nichtionogene Detergentien möglich.

Verträglichkeit: Geringe Reizwirkung für Haut, mäßige Reizwirkung für Schleimhäute (oberhalb max. 40% keine Anwendung im Genitalbereich möglich infolge starken Brennens, bei Anästhesie dagegen ohne lokale Schädigung bis 70%ig anwendbar), tierexperimentell keine Wundheilungshemmung, Anwendung in der Mundhöhle bis 35% (sogar bis 70%) ohne Schädigung möglich. Nicht allergen. Kein Risiko systemischer Nebenwirkungen. Nicht mutagen, teratogen und carcinogen.

Anwendung: Händedesinfektion und Hautantiseptik (70–80%), Lösungsmittel und zugleich antiseptische Komponente in Präparaten zur prophylaktischen Schleimhautantiseptik.

Hexetidin (1,3-Bis(2-ethylhexyl)-hexahydro-5-methyl-5-pyrimidinamin)

Wirkstoffgruppe: Kationenaktives Pyrimidinderivat.

Wirkung: Bakteriostatisch und bakteriozid, in erster Linie gegen grampositive Erreger; fungistatisch gegen Sproßpilze wirksam (Tabelle 2-18). Remanente Wirkung. Wirkungsverminderung durch Eiweiß, Serum und Speichel. Gegen Polio- und Adenoviren praktisch unwirksam.

Eigenschaften: Unlöslich in Wasser, leicht löslich in Ethanol, Propylenglycol und Tween 80. Thermostabil, pH-Optimum 4–7. Inaktivierung durch Seife, Säuren und Alkali. Wirkungssteigerung durch einige oberflächenaktive Wirkstoffe, in Arzneifertigwaren z. B. Kombination mit Cetylpyridiniumchlorid oder Benzalkoniumchlorid. Verbesserung der plaquehemmenden Wirkung in Kombination mit Zinksalzen. Nicht korrosiv gegen Stahl und Zinn, aber gegen Kupfer und Messing.

Verträglichkeit: Gut haut- und schleimhautverträglich, 0,1 % leichte Augenreizung. Tierexperimentell keine Sensibilisierungspotenz, bei längerfristiger An-

Tabelle 2-18. Antimikrobielle Wirksamkeit von Hexetidin

Testkeim	MHK (μg/ml)	MMK (μg/ml, 24 h, 37 °C)
S. aureus	5–128	
Streptococcus spp.	5–64	32–64
E. coli	25–1000	
Proteus spp.	31–> 1000	
P. aeruginosa	100–> 1000	
K. pneumoniae	100–200	
C. acnes	6	
Lactobacillus spp.	4–16	16–32
Veillonella spp.	64	
C. albicans	12–64	64
Aspergillus und Penicillium spp.	5–10	

wendung allergische Reaktionen und Geschmacksirritationen möglich, ansonsten keine Nebenwirkungen bekannt. Geringe akute Toxizität. Im 90-Tage-Fütterungstest/Ratte 0,03 % keine Nebenwirkungen (27 mg/kg KM), im 1-Jahres-Fütterungstest/Ratte 0,05 % keine Nebenwirkungen, bei 0,1 % verzögerte KM-Entwicklung infolge reduzierter Nahrungsaufnahme, keine histologischen Veränderungen. Hunde tolerierten $^1/_{10}$ der LD_{50} für 6 Monate ohne Nebenwirkungen. Bei oraler Gabe Resorption $\leq 25\%$. Keine Hinweise auf mutagene, teratogene oder carcinogene Risiken.

Anwendung: Antiseptische Mundspülung, Antiseptik vor und nach oralchirurgischen Eingriffen, Plaquehemmung, Foetor ex ore, infektiös-entzündliche Erkrankungen im Mund-Rachen-Raum einschließlich unspezifischer Tonsillitis und Candidosen, Vaginalantiseptik (0,1 % wirksam bei H. vaginalis-Vaginitis, z. T. auch wirksam bei Vaginalcandidose und -trichomoniasis), Komponente für Präparate zur hygienischen Händedesinfektion; zulässige Konzentration in Kosmetika 0,1 %.

n-Hexylresorcinol

Wirkstoffgruppe: Phenolderivat.

Wirkung: Breites antimikrobielles Wirkungsspektrum (Tabelle 2-19).

Eigenschaften: Schwer in Wasser, leicht in Alkohol und pflanzlichen Ölen löslich. Inkompatibel mit Seifen.

Verträglichkeit: U. U. Brennen auf Haut und Schleimhaut, in höheren Konzentrationen Hautirritation. Mäßige akute Toxizität. Kein Anhalt für Mutagenität.

Anwendung: Bestandteil von Wundantiseptika, Lutschtabletten und Dermatika.

Tabelle 2-19. Mikrobiozide Wirkung von n-Hexylresorcinol (pH 5,9)

Testkeim	MMK (µg/ml, 24 h, 22 °C)
S. aureus	1000
E. coli	500
P. aeruginosa	1000
C. albicans	125
P. notatum	500

2-Hydroxybenzoesäure (Salicylsäure)

Wirkstoffgruppe: Aromatische Carbonsäure.

Wirkung: Breites antimikrobielles Wirkungsspektrum (in erster Linie gegen Dermatophyten und Sproßpilze ab 0,1 %, gegen Bakterien ab etwa 0,2 %, Tabelle 2-20). Zugleich antiphlogistisch, keratoplastisch, keratolytisch, antiinflammatorisch und antiseborrhoisch wirksam.

Eigenschaften: Schwer in Wasser (etwa 0,2 %), gut in Ethanol löslich. pH-Optimum 1,6–2,6. Inkompatibel mit Eisen(III)-Salzen, Iod und Alkalicarbonaten. Lichtempfindlich.

Verträglichkeit: Gut hautverträglich, schwaches Allergen; rasche dermale Resorption bei Risiko der Kumulation, vor allem bei beeinträchtigter Nierenfunktion (war Ursache akuter bzw. subakuter Intoxikationen).

Anwendung: Als Komponente in Antimykotika, Akne-Präparaten und Gynäkologika entbehrlich; in Präparaten zur Schälbehandlung, Schuppenablösung bzw. Erweichung von Schrunden, Borken u. ä., Anwendung bei Säuglingen

Tabelle 2-20. Antimikrobielle Wirkung von Salicylsäure (bei pH 1,6–2,6)

Testkeim	Einwirkzeit (h)	log-Überlebensrate bei Konzentration (%)					
		0	1,0	0,5	0,25	0,12	0,06
S. aureus	6	7	<2	6	6	7	7
	24	7	<2	<2	<2	5	5
	48	7	<2	<2	<2	<2	<2
E. coli	6	7	<2	<2	<2	6	6
	24	7	<2	<2	<2	<2	<2
	48	7	<2	<2	<2	<2	<2
P. aeruginosa	6	7	<2	<2	<2	4	4
	24	7	<2	<2	<2	<2	<2
	48	7	<2	<2	<2	<2	<2
C. albicans	6	6	<1	<1	<1	4	4
	24	6	<1	<1	<1	<1	<1
	48	6	<1	<1	<1	<1	<1

und Kleinkindern (bis 3 Jahre) nur unter besonderen Vorsichtsmaßnahmen ($\leq 1\%$ Anwendungskonzentration), bei externer Anwendung keine interne Salicylatanwendung (s. Kap. 20). Zulässige Höchstkonzentration in Kosmetika 0,5% (in EG-Liste endgültig zugelassen). 0,5–2% von FDA (Fed Reg Aug 1991, Monographie „Topical Acne Drug Products for OTC Human Use“) Kategorie 1 (s. Tabelle 2-2) zugeordnet (gilt auch für Anwendung gegen Schuppen, seborrhoisches Ekzem und Schuppenflechte (FDA Fed Reg Dez 1991)).

4-Hydroxy-benzoesäureester (Methyl-, Ethyl-, Propylester, sogenannte Parabene)

Wirkstoffgruppe: Ester aromatischer Carbonsäuren.

Wirkung: Gering bakteriostatisch, mäßig bis gut fungistatisch, bei längerer Einwirkungszeit (Tage) auch gering mikrobiozid. Hoher Eiweißfehler (Serum).

Eigenschaften: Sehr wenig wasserlöslich, Natriumsalz gut wasserlöslich, gut alkohollöslich. pH-Optimum 4–8. Wirkungsverminderung durch nichtionogene Detergentien möglich.

Verträglichkeit: Gut schleimhautverträglich, starke Corneairritation. Mittelstarkes dermales Allergen (Kreuzallergie mit anderen sog. Parastoffen). Geringe akute Toxizität. No-effect-level oral/Ratte/96 Wochen 0,9–1,2 g/kg KM; keine Kumulation.

Anwendung: In erster Linie als Konservierungsmittel, nur noch selten als antiseptischer Wirkstoff; zur dermalen Anwendung wegen der Sensibilisierungspotenz ungeeignet (Einschränkungen durch BGA zu erwarten), Kombinationspartner in Präparaten zur Therapie mykotischer, aphthöser und ulceröser Schleimhauterkrankungen, Pharyngealantiseptik (0,01%), Vaginalantiseptik (0,2%) und Mundwässer (0,6%), zur Konservierung von Arzneimitteln (häufige Einsatzkonzentration 0,18% für Methylester und 0,02% für Propylester); zulässige Höchstkonzentration für Kosmetika 0,4% (Säure) bei einem Ester, 0,8% (Säure) bei Estergemischen (in EG-Liste, mit Ausnahme des Benzylesters, endgültig zugelassen); in jüngster Zeit ist man der Meinung, daß wegen der Sensibilisierungspotenz eine zurückhaltendere Anwendung angebracht ist.

Iod (alkoholische Lösung)

Wirkstoffgruppe: Halogen.

Wirkung: Rasch mikrobiostatisch und mikrobiozid wirksam (Tabelle 2-21), breites Wirkungsspektrum einschließlich Mykobakterien, Sporen und Protozoen (Angaben für erforderliche Einwirkungszeit bei Sporen differieren zwischen Minuten und Stunden), viruzid wirksam (z. B. Entero- und Herpesviren). Wirkungsverminderung durch organische Substanzen, ist für alkoholische Lösungen jedoch ohne Bedeutung. Remanente Wirkung. Gehört zu

Tabelle 2-21. Mikrobiozide Wirkung von Iod

Testkeim	Iod (μg/ml) in Wasser	Einwirkzeit (min)	Iod (%) in Ethanol	
			2	7
S. aureus	50	10		
S. aureus + 10% Vollblut	1250	1		
E. coli	2–33	1–10		
E. coli + 10% Vollblut	1250	1		
Mykobakterien	625	5		
B. subtilis-Sporen	288	5		
C. tetani-Sporen			1–5 h	
Polioviren	125–375	1		30 s
Herpesviren				2 min

den wirksamsten Antiseptika. Plasmidische Iodresistenz bei S. aureus nachgewiesen.

Eigenschaften: Sehr schwer wasserlöslich, gut löslich in polaren Lösungsmitteln. Wirkungsoptimum im sauren Bereich.

Verträglichkeit: Gut verträglich für Haut- und Schleimhäute, schlecht verträglich für Hirnhäute; Wundheilungshemmung. Mäßig allergen. Möglichkeit der Schilddrüsenbeeinflussung bei disponierten Personen (insbesondere Früh- und Neugeborene); ansonsten keine toxische Gefährdung bei dermaler Anwendung. MAK-Wert 1 mg/m^3.

Anwendung: Hautantiseptik (Iodtinktur bzw. Iodspiritus, Iodgehalt bis 2%), Schleimhautantiseptik (Lugol'sche Lösung für Mund- und Vaginalspülung); zur Wundantiseptik weitgehend verlassen.

Iodophore (z. B. PVP-Iod)

Wirkstoffgruppe: Halogenabspalter.

Wirkung: Überwiegend mikrobiozid, breites Wirkungsspektrum einschließlich Mykobakterien und Sporen (vergleichsweise hohe Resistenz von S. aureus, Pseudomonas ssp. und C. albicans, abhängig vom verfügbarem Iod; erforderliche Einwirkungszeiten gegen Sporen mehrere Minuten bis Stunden), viruzid wirksam (z. B. gegen Entero- und Herpesviren, Rotaviren, Adenoviren und HIV). Proteinbelastung vermindert in Abhängigkeit vom Gehalt an verfügbarem Iod die Wirksamkeit von Iodophoren, insbesondere in Verdünnungen.

Eigenschaften: Löslich in Wasser und Alkoholen. pH-Optimum 2,5–5,5.

Verträglichkeit: Gut haut-, schleimhaut- und wundverträglich, ≥ 2% PVP-Iod Wundheilungsstörungen möglich, bei ip-Instillation tierexp. Fettnekrosen induziert; keine Lokalbehandlung von hyalinem Gelenkknorpel wegen der Zytotoxizität. Tierexperimentell nicht allergen, in praxi deutlich weniger Allergien als bei Anwendung alkoholischer Iodlösungen. Praktisch nicht bzw. gering akut toxisch. Bei längerfristiger und großflächiger Anwendung kann in seltenen Fällen bei Neu- und insbesondere Frühgeborenen eine transiente Hypothyreose bzw. bei Personen mit zu hyperthyreoten Funktionszuständen disponierenden Vorerkrankungen der Schilddrüse eine Hyperthyreose ausgelöst oder verstärkt werden. Kein Anhalt für Mutagenität.

Anwendung: Hygienische Händedesinfektion, Haut- und Schleimhautantiseptik (Mundhöhle, Urogenitalbereich, Auge, äußerer Gehörgang, Mittelohr), Wundantiseptik, antiseptische Spülungen von Körperhöhlen, Spül-Saug-Drainagen bei Knochen- und Gelenkinfektionen, Anwendungskonzentrationen von 10% PVP-Iod (1% verfügbares Iod) bis zu Verdünnungen mit ca. 0,1% PVP-Iod (0,01% verfügbares Iod).

Kaliumpermanganat

Wirkstoffgruppe: Sauerstoffabspalter.

Wirkung: Breites mikrobiostatisches bzw. mikrobiozides Wirkungsspektrum (Tabelle 2-22) einschließlich Viren.

Eigenschaften: Gut wasserlöslich. Inkompatibel mit Ethanol, beim Lösen in Alkoholen sowie beim Zusammenreiben mit brennbaren Stoffen besteht Explosionsgefahr.

Verträglichkeit: Gut haut-, schleimhaut- und wundverträglich (ab 1% dermale Ätzwirkung). Leichte bis mäßig akute Toxizität. Methämoglobinbildung bei Methämoglobinreductaseenzymopathie, keine Anwendung in der Schwangerschaft; insgesamt unzureichende toxikologische Charakteristik, kein Dauergebrauch (Manganakkumulation, Neurotoxizität).

Anwendung: Prophylaktisch als antiseptisches Bad für Neugeborene (0,03%) und bei Erythrodermie, zur Wundreinigung (0,1–0,3%), zum Gurgeln (bei Entzündungen zur Anginaprophylaxe 0,03%), bei entzündlichen Hand- und Fußmykosen (0,005–0,01%).

Tabelle 2-22. Mikrobiozide Wirkung von Kaliumpermanganat

Testkeim	MMK (µg/ml)	
	5 min	10 min
S. aureus	10000	5000
E. coli	5000	1250
P. aeruginosa	5000	1250
C. albicans	5000	312
P. notatum	10000	10000

Tabelle 2-23. Mikrobiozide Wirkung von Milchsäure (in Wasser standardisierter Härte)

Testkeim	Einwirkzeit (min)	log-Überlebensrate									
		pH 2,3					pH 5,0				
		Konzentration (%)									
		0	5	2,5	1,25	0,6	0	5	2,5	1,25	0,6
S. aureus	5	7	7	7	7	7	7	7	7	7	7
	10	7	7	7	7	7	7	7	7	7	7
	60	7	<2	2	5	7	7	7	7	7	7
	240	7	<2	2	5	7	7	7	7	7	7
E. coli	5	7	<2	<2	5	7	7	7	7	7	7
	10	7	<2	<2	5	6	7	7	7	7	7
	60	7	<2	<2	<2	2	7	7	7	7	7
	240	7	<2	<2	<2	<2	7	7	7	7	7
P. aeruginosa	5	7	<2	<2	5	7	7	7	7	7	7
	10	7	<2	<2	5	6	7	7	7	7	7
	60	7	<2	<2	<2	2	7	7	7	7	7
	240	7	<2	<2	<2	<2	7	7	7	7	7
C. albicans	5	6	6	6	6	6	6	6	6	6	6
	10	6	6	6	6	6	6	6	6	6	6
	60	6	6	6	6	6	6	6	6	6	6
	240	6	6	6	6	6	6	6	6	6	6
A. niger	5	6	6	6	6	6	6	6	6	6	6
	10	6	6	6	6	6	6	6	6	6	6
	60	6	6	6	6	6	6	6	6	6	6
	240	6	6	6	6	6	6	6	6	6	6

Milchsäure (Acidum lacticum)

Wirkstoffgruppe: Aliphatische Carbonsäure.

Wirkung: Milde antiseptische Wirkung (Tabelle 2-23), bakteriozide Konzentration 0,6–2,5%; zur Biotopnormalisierung (pH-Wert) auf der Haut und in der Vagina geeignet.

Eigenschaften: Mischbar mit Wasser, Alkohol und Glycerol. pH-Optimum 3–4. Wirkungsverstärkung von H_2O_2 und Acriflavin.

Verträglichkeit: Gut haut- und schleimhautverträglich. Nicht allergen. Geringe akute Toxizität. Kein Risiko systemischer Langzeitnebenwirkungen.

Anwendung: Adiuvans in Vaginalantiseptika, Antimykotika, Haarwässern sowie Mund- und Zahnpflegemitteln; 2%ig zur Reinigung des Glans penis bei nachfolgender Anwendung von H_2O_2 (3%) hohe antiseptische Effektivität; in Kombination mit Propan-1-ol und Propan-2-ol als anti-HBV-wirksam zur hygienischen Händedesinfektion deklariert; gehört zu den ältesten Konservierungsmitteln (ausreichende Wirkung $\geq$ 0,5%).

Natriumhypochlorit

Wirkstoffgruppe: Halogenabspalter.

Wirkung: Mikrobiozid (Tabelle 2-24), viruzid (einschließlich Scrapie- und Creutzfeld-Jacob-Erreger). Hoher Eiweißfehler, Remanent wirksam.

Eigenschaften: Gut wasserlöslich. Begrenzt haltbar, im alkalischen Bereich (pH 12) stabiler.

Verträglichkeit: Vgl. Tosylchloramidnatrium, jedoch keine allergene Potenz.

Anwendung: Spülung bei Fluor vaginalis, Nasen-, Mund- und Rachenantiseptik (jeweils 2–5%, bezogen auf etwa 13%ige Handelslösung).

Tabelle 2-24. Antimikrobielle Wirkung von Natriumhypochlorit (13% Wirkstoff, pH 8,0)

Testkeim	Einwirkzeit (min)	log-Überlebensrate Konzentration (µg/ml)					
		0	250	125	100	50	25
S. aureus	5	8	<2	<2	<2	4	7
	10	8	<2	<2	<2	<2	<2
E. coli	5	8	<2	<2	<2	3	3
	10	8	<2	<2	<2	<2	<2
P. aeruginosa	5	8	<2	3	4	4	4
	10	8	<2	<2	<2	<2	<2
C. albicans	5	6	<2	<2	<2	<2	4
	10	6	<2	<2	<2	<2	<2

Octenidindihydrochlorid (1,1′-[1,10-Decamethylen]bis[4-octylamino]pyridiniumhydrochlorid)

Wirkstoffgruppe: Kationenaktives Bispyridin.

Wirkung: Breites mikrobiostatisches und mikrobiozides Wirkungsspektrum bei hoher Effektivität (etwa 10fach wirksamer als Chlorhexidin und ohne Wirkungslücke gegen gramnegative Bakterien, Tabelle 2-25), auch antiviral wirksam (HSV, HBV; nicht ausreichend wirksam gegen Adenoviren). Remanente Wirkung; kein Wirkungsabfall durch Albumin.

Eigenschaften: Nicht wie Chlorhexidin hydrolyseempfindlich, lichtstabil, in wäßriger Lösung bis 130 °C dampfsterilisierbar. Wirkungsverstärkung durch Alkohole.

Tabelle 2-25. Antimikrobielle Wirkung von Octenidin

Testkeime	wirksame Kontentration (µg/ml)	
	MHK	Mikrobiozidie (5 min)
S. aureus		250
E. coli		250
P. mirabilis		250
P. aeruginosa		250
C. albicans	1	100
T. mentagrophytes	1	
M. gypseum	1	

Verträglichkeit: Gut haut- und schleimhautverträglich (ab 0,5% Irritation), keine Wundheilungshemmung. Tierexperimentell keine erhöhte Sensibilisierungs- oder Photosensibilisierungspotenz. Keine Resorption bei Anwendung in Vagina oder Wunden nachweisbar, geringe Resorption über den Gastrointestinaltrakt (0–6%). No effect level oral 12 Monate/Hund bzw. Ratte 0,5 mg/kg/d. Kein Hinweis auf carcinogene, mutagene, teratogene, embryotoxische und fertilitätsbeeinträchtigende Wirkung.

Anwendung: Prophylaktische Händedesinfektion, Haut- und Schleimhautantiseptik (0,1 %) vor invasiven bzw. diagnostischen Eingriffen oder Behandlungsmaßnahmen; bisher keine Erfahrungen mit therapeutischer Anwendung, insbesondere hinsichtlich einer längerfristigen Anwendung.

2-Phenylphenol (2-Hydroxy-biphenyl, 2-Biphenylol)

Wirkstoffgruppe: Phenolderivat.

Wirkung: Breites mikrobiostatisches und mikrobiozides Wirkungsspektrum (ab 0,005%, Tabelle 2-26) einschließlich Wirksamkeit gegen Mykobakterien, Pilze, Adeno-, Herpes-, Vaccinia- und Influenzaviren (ab 0,12%), nicht gegen Enteroviren wirksam; in Kombination mit Propanolen und Detergentien Wirksamkeit gegen HBV und Papovaviren. Remanente Wirkung.

Tabelle 2-26. Antimikrobielle Wirkung von 2-Phenylphenol

Testkeim	MHK (µg/ml nach 72 h)	MMK
S. aureus	100	625
E. coli	500	1250
P. aeruginosa	1000	1250
C. albicans	50	125
A. niger	50	125

Eigenschaften: Vergleichbar Chlorocresol. pH-Optimum 8–12. Unverträglich mit nichtionogenen Tensiden, Carboxymethylcellulose, Polyethylenglycolen, Quats und Proteinen.

Verträglichkeit: Gut haut- und schleimhautverträglich. Tierexperimentell nicht allergen, Sensibilisierungen außerordentlich selten. Geringe akute Toxizität. Subchronisch bis 0,3% keine systemische Toxizität, no effect level oral/Ratte bzw. Hund 0,2%. Kein Anhalt für carcinogene Potenz (bei nichtpraxisrelevanter oraler Exposition des Natriumsalzes > 0,5%ig tumorigene Wirkung), kein Anhalt für mutagene und teratogene Potenz. ADI-Wert lt. WHO ≤ 0,2 mg/kg KM uneingeschränkt, > 0,2–2,0 mg/kg KM eingeschränkt.

Anwendung: Kombinationspartner in Präparaten zur hygienischen Händedesinfektion (2%), Hautantiseptik (0,1–0,2%), in Mundpflegemitteln (Parodontopathien), zur Mykoseprophylaxe (0,02%); zulässige Höchstkonzentration für Kosmetika 0,2% (in EG-Liste endgültig zugelassen), zugelassen zur Konservierung von Citrusfrüchten.

Polyhexanid [Poly(iminocarbonimidoyliminocarboimidoylimino-1,6-hexandiyl]

Wirkstoffgruppe: Kationisches Diguanidin.

Wirkung: Mikrobiostatisch und mikrobiozid mit höherer Wirksamkeit gegen grampositive als gegen gramnegative Bakterien (Tabelle 2-27), in vitro wirksamer als Chlorhexidin, 0,04%ig (als Pharmarohstoff Lavasept) wirksamer oder erregerabhängig ebenso wirksam wie 10%iges Iodophor; wirkt auch bei organischer Belastung und Blutbelastung mikrobiozid. Wird als Alternative für Iodophore zur Wundantiseptik aufgrund der günstigen Nutzen-Risiko-Relation empfohlen.

Eigenschaften: Leicht wasserlöslich, löslich in aliphatischen Alkoholen, Glycolen, Glycolethern; unlöslich in den üblichen organischen und aromatischen Lösungsmitteln. Kompatibel mit nichtionogenen Detergentien, Säuren und Quats. Inkompatibel mit anionischen Detergentien, Seifen, Alkylsulfonaten.

Verträglichkeit: Sehr gut haut- und schleimhautverträglich (Schwelle der Augenreizung > 25%); tierexp. keine Sensibilisierungs- oder Photosensibilisie-

Tabelle 2-27. Antimikrobielle Wirkung von Polyhexanid

Testkeim	MHK (μg/ml)	MMK (μg/ml)
S. aureus	0,2	0,2
S. faecalis, S. lactis, E. coli	5	5
B. subtilis	1	0,5
E. cloacae	4	5
P. aeruginosa	25	25
S. cerevisiae	25	25
A. niger	125	

rungspotenz; hohe Gewebeverträglichkeit analog Ringerlösung in vitro und in vivo, 0,04% keine Verzögerung der Wundheilung, während im direkten Vergleich bei Anwendung von 2%igem Iodophor nur der Heilungsgrad unbehandelter Kontrollen erreicht und 5%ig die Wundheilung bereits verzögert wurde. Akute Toxizität sehr gering; im 2-Jahre-Fütterungstest/Ratte wurden 100 mg/kg KM ohne Nebenwirkungen toleriert. Keine Resorption bei Anwendung auf Wunden nachweisbar. Keine Hinweise auf mutagene und carcinogene Potenz, in hohen Dosen (ip ab 10, oral ab 100 mg/kg KM/d Ratte), die für eine Anwendung auf Wunden irrelevant sind, teratogene Potenz.

Anwendung: Universell anwendbares Wundantiseptikum für chirurgische Versorgung drohender bzw. manifester akuter und chronischer Knochen- und Weichteilinfektionen auch in schwersten Fällen, intraoperative lokale Spülbehandlung von Infektionsherden aller Indikationsbereiche, Spülung von aseptischen Gelenken wird nicht nur für Polihexanid, sondern grundsätzlich für Antiseptika als kontraindiziert eingestuft.

Propan-1-ol (n-Propylalkohol, n-Propanol)

Wirkstoffgruppe: Alkohol.

Wirkung: Wirksamster Alkohol, Wirkungsspektrum vergleichbar Ethanol, mikrobiozide Wirkung ab etwa 13%, Wirkungsoptimum bei 50–60%.

Eigenschaften: Vergleichbar Ethanol. Alkoholische Antiseptika und Desinfektionsmittel besitzen im allgemeinen eine hohe Alkoholkonzentration und sind daher in der Nähe von Zündquellen mit Vorsicht zu handhaben, um Brände bzw. Explosionen zu vermeiden; nach DIN 51 755 sollen nur Präparate mit einem Flammpunkt in der Einsatzkonzentration $\geq$ 24 °C eingesetzt werden, was nur bei Propan-1-ol gegeben ist (Flammpunkt 31 °C), nicht aber bei Ethanol 80%ig (19,5 °C) und Propan-2-ol (19 °C).

Verträglichkeit: Irritationspotenz höher als bei Ethanol (oberhalb 10- höchstens 20% keine Anwendung im Genitalbereich möglich, zur Anwendung in der Mundhöhle ungeeignet). Akute orale Toxizität etwa 2–5fach höher als bei Ethanol.

Anwendung: 50–60%ig zur Händedesinfektion und Hautantiseptik.

Taurolidin (Bis-(1,1-dioxo-perhydro-1,2,4-thiadiazinyl-4)-methan)

Wirkstoffgruppe: Thiadiazine.

Wirkung: Effektiv gegen grampositive und gramnegative Bakterien, Anaerobier, Mykobakterien, Sproß- und Fadenpilze sowie Protozoen (Tabelle 2-28); auf Grund des spezifischen Wirkungsmechanismus, der auf einer Zerstörung der Bakterienzellwand, einer Entgiftung von Endotoxinen und Polypeptiden von Exotoxinen sowie einer Hemmung der bakteriellen Zytoadhärenz beruht, ist die Wirksamkeit in vivo deutlich höher als in vitro; die Zytoadhärenzhem-

Tabelle 2-28. Antimikrobielle Wirksamkeit von Taurolin

Testkeim	MHK (mg/ml)	MMK (mg/ml)
S. aureus	0,6	0,8–0,9
Streptococcus spp.	0,4–1,4	0,4–2,2
E. coli	0,6	0,6–1,0
P. vulgaris	0,6	0,8–1,4
P. aeruginosa	0,8	0,9–3,4
S. marcescens	0,6	0,8–1,3
K. aerogenes	0,6	0,8–1,0
C. perfringens	0,2	0,2–0,6
B. fragilis	0,06	0,6
Candida spp.	1,25–>5	
Aspergillus spp.	0,6–1,25	
Dermatophyten	0,6	

mung ist auch die Basis der Schutzwirkung in bezug auf postoperative peritoneale Adhäsionen. Keine Resistenzentwicklung bekannt. Beibehaltung der Effektivität in Gegenwart von Eiweißen (z.B. Peritonealflüssigkeit, Wundsekret, Eiter) und Blut. Bei diesem Wirkstoff wird besonders deutlich, daß die Einordnung eines Antiseptikums allein auf Grund von In-vitro-Befunden zu einer Fehleinschätzung führen kann, da die In-vitro-Abtötungszeit 15–30 min beträgt, während z.B. die französischen Normen (AFNOR) für ein Antiseptikum definitionsgemäß eine Abtötungszeit < 5 min verlangen.

Eigenschaften: Höhere Wirksamkeit im sauren (pH 5) als im neutralen bzw. schwach alkalischen Bereich (pH 7–8). Verstärkung der In-vitro-Wirksamkeit bei Temperaturerhöhung auf 37 °C.

Verträglichkeit: Bei ip Spülung in 4stündigem Abstand resultiert ein relativ konstanter Blutspiegel der wirksamen Metabolite Taurultam und Taurinamid; Kumulation kommt auf Grund des raschen Metabolismus nicht zustande; die Blut-Hirn-Schranke wird nicht passiert. Akute Toxizität ist gering. 500 mg/kg oral wurden von Ratten im Langzeittest (1 Jahr) bzw. 100 mg/kg ip (also eine Dosis weit oberhalb der therapeutischen Dosierung) wurden ebenfalls von der Species Ratte innerhalb von 10 d ohne Nebenwirkungen toleriert. Keine Hinweise für erhöhte Mutagenität und Carcinogenität, ebenso nicht für cytotoxische und ototoxische Nebenwirkungen.

Anwendung: Lokaltherapie der lavagebedürftigen Peritonitis als Monotherapie oder in Kombination mit antimikrobieller Chemotherapie.

Tosylchloramidnatrium (Chloramin T, Chloramin 80, Clorina, N-Chlor-4-methylbenzensulfonamid-Natrium)

Wirkstoffgruppe: Halogenabspalter.

Wirkung: Bakteriozid, erst ab 5% Fungistase (Dermatophyten, unwirksam gegen Sproßpilze), viruzid ab 0,5–1% (zur sicheren viruziden hygienischen Händedesinfektion bei HBV Wirkung vermutlich nicht ausreichend), nicht sporozid wirksam; fehlende remanente Wirkung; Resistenzentwicklung bei hospitalen Ökovaren nachgewiesen. Wirkungsverminderung durch Eiweiß und Blut (sog. Chlorzehrung).

Eigenschaften: Leicht löslich in Wasser. Instabil in Ethanol, Seifenfehler. Wirkungsverstärkung durch Natriumhypochlorit, Wasserstoffperoxid und Kaliumperoxodisulfat.

Verträglichkeit: Geringe bis mäßige irritative Potenz für Haut und Schleimhäute. Sehr schwaches Allergen. Kein Risiko systemischer Nebenwirkungen bekannt, obwohl in vitro und tierexp. eine gewisse mutagene Potenz beobachtet wurde.

Anwendung: Hygienische Händedesinfektion (0,5%), antiseptische Mundhöhlenspülung (0,1%), Vaginalantiseptik (0,1–0,3%), Antiseptik am männlichen Genital (0,1%), Wundantiseptik (0,25–0,5%), Peritonealspülung (0,1%).

Triclosan (2,4,4'-Trichlor-2'-hydroxydiphenylether)

Wirkstoffgruppe: Dioxydiphenylether.

Wirkung: Breites mikrobiostatisches und mikrobiozides Wirkungsspektrum (Tabelle 2-29). Remanente desodorierende Wirkung.

Eigenschaften: Sehr schwer wasserlöslich, leicht löslich in Alkoholen, organischen Lösungsmitteln und Detergentien. pH-Optimum 4–8. Inkompatibel mit Lecithin und zum Teil nichtionogenen Detergentien. Wirkungsverstärkung durch anionenaktive Detergentien.

Verträglichkeit: Gut haut-, schleimhaut- und wundverträglich. Kein Anhalt für Sensibilisierungspotenz. Geringe akute Toxizität. No effect level oral/Affe (28 d) 100 mg/kg KM; keine Hinweise für systemische Gefährdung bei dermaler Anwendung. Kein Anhalt für mutagene, embryotoxische, teratogene und carcinogene Wirkung.

Anwendung: Komponente in hygienischen und chirurgischen Händedesinfektionsmitteln (in Tensid-haltigen Präparaten 0,4–2%, in alkoholischen Formulierungen 0,2–0,5%), in Deoseifen (0,2–0,5%, unter Umständen bis 2%), in

Tabelle 2-29. Antimikrobielle Wirkung von Triclosan

Testkeim	MHK (µg/ml nach 72 h)	MMK (µg/ml nach 10 min)
S. aureus	0,1	25
E. coli	10	500
P. aeruginosa	>300	
C. albicans	10	25
A. niger	100	

Desodorantien und Antiperspirantien (0,15–0,3 %), Anwendung in Wundverbänden, Kombinationspartner für antiseptische Mundspüllösungen und Augenlotionen.

Tyrothricin (Polypeptidantibiotikum, Gemisch von Tyrocidinen, etwa 80 %, und Gramicidinen)

Wirkung: Bakteriostatisch und bakteriozid (auch auf ruhende Keime), vor allem gegen grampositive Bakterien, aber auch gegen Vertreter gramnegativer Kokkenbakterien, Hefen und Protozoen wirksam; antiviral wirksam (z. B. Herpes-simplex-Viren); unwirksam gegen Enterobacteriaceae. Wirkungsverminderung durch Proteine, Serum und Blut.

Eigenschaften: Praktisch wasserunlöslich, gut alkohollöslich; bildet stabile wäßrige Lösungen mit kationischen und nichtionogenen oberflächenaktiven Löslichkeitsvermittlern (z. B. Cetylpyridiniumchlorid), zugleich verbunden mit einer Wirkungsverstärkung. Klinische Resistenzentwicklung nicht bekannt, ebenso keine Kreuzresistenzen.

Verträglichkeit: Für Haut und Schleimhäute gut verträglich. Keine meßbare Resorption bei Anwendung auf Haut oder Schleimhäuten; fördert Granulation, Epithelisierung und Nekrosenabstoßung; bei lokaler Instillation in Nase und Nebenhöhlen wurden Beeinträchtigungen oder Verlust des Geruchssinns bekannt; nach Instillation in Nähe der Meningen vereinzelt Meningitisauslösung; bei Aerosolanwendung und Instillation in Hohlräume ohne ausreichende Drainage ggtl. Gewebereizungen und Fieberreaktionen; durch rasche Inaktivierung im Magen-Darm-Trakt Anwendung im Mund-, Rachen- und Kehlkopfbereich möglich. Sehr geringe Sensibilisierungspotenz.

Anwendung: Infektionen und Entzündungen der Haut und Schleimhäute (Mund-Rachen-Raum, äußerer Gehörgang, präoperativ im Zahn-Mund-Kieferbereich, Auge 1:5000, ableitende Harnwege, Kolpitis, Puerperalmastitis); Kontraindikationen sind tiefreichende Infektionen, Instillation in Nase, Nasennebenhöhlen und Körperhöhlen ohne ausreichenden Sekretabfluß, meningennahe Anwendung, Infektionen durch gramnegative resistente Bakterien.

Wasserstoffperoxid

Wirkstoffgruppe: Peroxid.

Wirkung: Breites mikrobiostatisches und mikrobiozides Wirkungsspektrum (ab etwa 3 % bakteriozid, erst ab etwa 10 % fungizid (Tabelle 2-30), in Kombination mit Detergentien, Alkoholen und physikalischen Faktoren sporozid wirksam; viruzid wirksam (in Kombination mit Alkoholen und Detergentien auch gegen HBV). Keine Resistenzentwicklung bekannt. Rasche Inaktivierung in Gegenwart von Peroxidasen und Katalasen (Blut), daher nur kurzzeitige antiseptische Wirkung.

Tabelle 2-30. Mikrobiozide Wirkung von Wasserstoffperoxid

Testkeim	Einwirkzeit (min)	log-Überlebensrate							
		pH 6,0				pH 8,0			
		Konzentration (%)							
		0	2	1	0,5	0	2	1	0,5
S. aureus	5	7	6	7	7	7	7	7	7
	10	7	5	6	7	7	6	7	7
	60	7	4	4	4	7	3	5	7
	240	7	<2	<2	3	7	2	4	5
E. coli	5	7	2	6	7	7	4	6	6
	10	7	<2	<2	4	7	<2	2	3
	60	7	<2	<2	<2	7	<2	<2	<2
	240	7	<2	<2	<2	7	<2	<2	<2
P. aeruginosa	5	7	<2	2	3	7	6	6	7
	10	7	<2	2	3	7	4	4	5
	60	7	<2	<2	3	7	2	3	3
	240	7	<2	<2	<2	7	<2	<2	3
C. albicans	5	6	6	6	6	6	6	6	6
	10	6	6	6	6	6	6	6	6
	60	6	6	6	6	6	4	5	5
	240	6	<2	<2	4	6	<1	<1	4
A. niger	5	6	6	6	6	6	5	5	6
	10	6	6	6	6	6	4	5	5
	60	6	<2	2	5	6	<1	3	4
	240	6	<2	<2	<2	6	<1	2	3

Eigenschaften: Ohne Stabilisatoren instabil, Zersetzungsbeschleunigung durch Metalle, Alkalien und Schmutz. pH-Optimum im schwach sauren Bereich, erreichbar z. B. durch vorherige Milchsäureanwendung.

Verträglichkeit: Lokal und systemisch gut verträglich. Bei antiseptischer Anwendung kein mutagenes, teratogenes und carcinogenes Risiko.

Anwendung: Prophylaktische Antiseptik, Wundreinigung (1–3%), Tracheostomapflege (3%), antiseptische Mundpflege z. B.bei Kieferfrakturen und tracheotomierten Patienten (3%), prophylaktische Augenantiseptik (0,3–0,6%), am Orificium urethrae und Glans penis (3%), deutliche Wirkungssteigerung nach vorheriger Biotopreinigung mit 2% Milchsäure, antiseptische Mundspülung (Schlupfwinkel) bzw. Touchierung bei Parodontitis und Gingivitis (3%, Kontraindikation z. B. akute ulceröse Formen), vor zahnärztlicher Behandlung zur Keimzahlverminderung ist Effektivität nicht ausreichend, Prophylaxe nach vaginalchirurgischen Eingriffen (Harnstoff-H_2O_2-Gel), zur Rachenantiseptik (0,2–0,5%), therapeutische Antiseptik bei periapikaler

Tabelle 2-31. Auswahl kritisch zu bewertender (+) bzw. nicht mehr eingesetzter (++) antiseptischer Wirkstoffe

Wirkstoff	Wirkungslücken, mangelhafte Effektivität bzw. Risiko der Resistenzentwicklung	toxische Risiken (Allergenität, lokale bzw. systemische Nebenwirkungen)	ursprünglicher Anwendungsbereich, Hinweise
Bithionol		++	antiseptische Seifen, Sensibilisierungspotenz
Borsäure und Borate	+	++	Mundhöhle, Auge, Wunde, Nasenhöhle, Ohr
Chloramphenicol	+	+	Haut, Auge, Wunde (typ. Chemotherapeutikum)
2-Chlorphenol	+	+	Haut, Wurzelkanal, Kavität
Cloflucarban		+	nicht mehr in EG-Liste zur Konservierung enthalten, in USA z. Z. auf Überprüfungsliste, ebenso 4-Chlor-2-xylenol, Triclocarban, Triclosan und Phenol > 1,5%
Dimazole		+	Dermatomykotikum
Dithiazaniniodid		+	Anthelminthikum
Fluorsalan	+	++	nach FDA-Vorschlag (2. Aufl.) als Seifenzusatz nicht mehr gestattet, betrifft ebenso Tribromsalan und Phenol > 1,5%
Formaldehyd		+ > 0,2%	Schleimhaut, ≤ 0,2% als Kombinationspartner geeignet
Furazolidon	+	+	Magen-Darm-Trakt (lediglich topisch begrenzte Anwendung als Kombinationspartner vertretbar, z. B. in Vagina)
Gentamycin	+	+	Haut, Wunde, tox. Risiko bei wiederholter großflächiger Anwendung, antiseptische Anwendung mehr und mehr eingeschränkt
Hexachlorophen	+	++	Haut, Nasenhöhle
4-Hydroxybenzoesäureester	+	+	Dermatomykosen (Wirksamkeit im Vergleich zu modernen Antimykotika nicht ausreichend), Benzylester (0,1% für Kosmetika in EG-Liste vorläufig zugelassen)
Nitrofural	+	+	Haut, Wunde, Ohr, Mundhöhle, Nasenhöhle, Vagina

Tabelle 2-31 (Fortsetzung)

Wirkstoff	Wirkungslücken, mangelhafte Effektivität bzw. Risiko der Resistenzentwicklung	toxische Risiken (Allergenität, lokale bzw. systemische Nebenwirkungen)	ursprünglicher Anwendungsbereich, Hinweise
Nitrofurantoin	(+)	+	ableitende Harnwege, Vagina, Magen-Darm-Trakt, endobronchiale Applikation (vgl. Kap. 18)
Nitrosulfathiazole		+	Vagina
Oxytetracyclin	+	+	Haut, Ohr, Auge, Vagina (typ. Chemotherapeutikum)
Phenol	+	+	Haut, Wunde (z. Z. noch Konservierung von Injektionspräparaten und Impfstoffen 0,1–0,5%ig möglich)
Quecksilberverbindungen (anorg., organisch)	+	+	Haut, Wunde, Auge, Entwicklungstrend zu effektiveren Wirkstoffen bei geringerem tox. Risiko, Anwendung in jüngster Zeit stark eingeschränkt, Einsatz nur im Ausnahmefall, wenn keine Ausweichmöglichkeit besteht
Salicylanilide		++	antisept. Seifen, therap. Antiseptik, in USA seit 1974 durch FDA für OTC-Produkte abgelehnt
Silbernitrat	+	++	Wunde, Auge (Credésche Proph.), wegen Gefahr mikrobieller Nitratreduktion durch Silbersulfadiazin ersetzt
Sulfacarbamid	+	+	Haut
Sulfanilamid	+	+	Haut, Wunde
Thiram		++	antiseptische Seifen
Tribromsalan		++	Antiseptik, Kosmetika
Triclocarban		++	in Babykosmetika (Methämoglobinämierisiko)
Xanthocillin	+	++	Wunde, Auge

Entzündung (5%), Komponente in Händedesinfektionsmitteln und Hautantiseptika, Carbamidperoxid (10% H_2O_2-Gehalt) zur Therapie von Gewebedefekten (z. B. Ulcus).

In Tabelle 2-31 wurden Antiseptika aufgelistet, die auf Grund eines Risikos lokaler bzw. systemischer Nebenwirkungen und/oder vorhandener Wirkungslücken bzw. dem Risiko einer Resistenzentwicklung für eine antiseptische Anwendung mehr oder weniger als ungeeignet einzuschätzen sind.

Auf ein Quellenverzeichnis für die Wirkstoffcharakteristik wurde mit wenigen Ausnahmen verzichtet, weil das den Rahmen der Monographie als klinischer Ratgeber überschreitet. Durch ein Verzeichnis weiterführender Literatur soll jedoch der Zugang zu ausgewählten Standardwerken erleichtert werden.

Literatur

Adam Chr, Adrian V, Kramer A (1990) Phytotoxizität und Zytotoxizität als Kriterien für die Verträglichkeit von Desinfektionsmitteln und Antiseptika. Hyg Med 15:373–374

Borneff J, Eggers H-J, Grün L, Gundermann K-O, Kuwert E, Lammers Th, Primavesi CA, Rotter M, Schmidt-Lorenz W, Schubert R, Sonntag H-G, Spicher G, Teuber M, Thofern E, Weinhold E, Werner H-P (1981) Richtlinien für die Prüfung und Bewertung chemischer Desinfektionsverfahren – erster Teilabschnitt – (Stand 1.1.1981). Zbl Bakt Hyg I Abt Orig B 172:534–562

Christiansen B, Eggers H-J, Exner M, Gundermann K-O, Heeg P, Hingst V, Höffler U, Krämer J, Martiny H, Rüden H, Schliesser Th, Schubert R, Sonntag H-G, Spicher G, Steinmann J, Thraenhart O, Werner H-P (1991) Richtlinie für die Prüfung und Bewertung von Hautdesinfektionsmitteln. Zbl Hyg 192:99–103

Effenberger Th (1988) Chloramin-T-Lösung zur intraoperativen Peritoneallavage. Eine statistische Analyse. Zbl Chir 113:959–967

Fachgruppe Produkthygiene und Konservierung der Dtsch. Ges. Kosmetik-Chemiker (1987) Konservierung Kosmetischer Mittel. Chem Ind, Augsburg

Harke H-P (1989) Octenidindihydrochlorid. Eigenschaften eines neuen antimikrobiellen Wirkstoffs. Zbl Hyg 188:188–193

Hamill MB, Osato MS, Wilhelmus KR (1984) Experimental evaluation of chlorhexidine gluconate for ocular antisepsis. Antimicrob Ag Chemother 26:793–796

Kramer A (1990) Welchen Stellenwert haben lokal anwendbare Antibiotika und Antiseptika? PZ 135:1375–1380

Kramer A, Weuffen W, Siegmund W, Adam C, Adrian V, Höppe H, Jülich W-D (im Druck) Zum Konzept des Episomatik-Prüfsystems zur tierexperimentellen Erfassung der Haut-, Schleimhaut- und Wundverträglichkeit von Desinfektionsmitteln und Antiseptika. In: Jülich W-D, Kramer A, Frösner GG (Hrsg) Nosokomiale Gefährdung durch Virushepatitis, AIDS und antimikrobielle Maßnahmen, mhp, Wiesbaden

Negwer M (1987) Organic-chemical drugs and their synonyms. 6. Aufl Bd I–III, Akademie-Verlag, Berlin

NN (1989) Prüfung und Bewertung chemischer Desinfektionsverfahren. Hyg Med 14:1–7

Tauchnitz Chr, Handrik W (1986) Rationelle antimikrobielle Chemotherapie. 3. überarb. Aufl., Barth, Leipzig

Wallhäußer K-H (1988) Praxis der Sterilisation – Desinfektion – Konservierung. 4. überarb. Aufl., Thieme, Stuttgart New York

Walther H, Meyer FP (1986) Klinische Pharmakologie antibakterieller Arzneimittel. Volk u. Gesundheit, Berlin

Weuffen W, Berencsi G, Gröschel D, Kemter B, Kramer A, Krasilnikow AP (1980–1987) Handbuch der Antiseptik, Bd I/1, I/2, I/3, I/4, I/5, II/1, II/2, II/3, Volk u. Gesundheit, Berlin und Fischer, Stuttgart New York

Kapitel 3

Chirurgische Händedesinfektion

M. Rotter

1 Zielsetzung

• *Die chirurgische Händedesinfektion (U.S.-Terminus Händeantiseptik) setzt sich zum Ziel, die Hände des Chirurgen und seines Teams für die Dauer der Operation so keimarm wie möglich zu machen, um im Falle einer Verletzung des chirurgischen Handschuhs die Bakterienmenge, die mit dem Handschuhsaft in die Operationswunde gelangt, unter der für die Auslösung einer Infektion nötigen Dosis zu halten.*

Diese Dosis ist unterschiedlich und im Einzelfall unbekannt, da sie nicht nur von der Art und Virulenz der in die Wunde gelangten Bakterien, sondern auch von der Wirksamkeit der Abwehrmechanismen des Wirtes abhängt. Diese Abwehrmechanismen wiederum können durch Maßnahmen des Chirurgen wie z. B. durch zum Verbleib bestimmte Fremdkörper, Nekrotisierung des Gewebes oder absichtliche Immunsuppression beträchtlich behindert werden. Am besten wären die Hände des chirurgischen Teams daher steril, ein Zustand, der – auch kurzfristig – nicht erreichbar ist.

Paradoxerweise wurde im Gegensatz zur hygienischen Händedesinfektion bis heute noch nie in einer klinischen Studie bewiesen, daß die chirurgische Händedesinfektion notwendig ist. Trotzdem hält man mit Recht an ihr fest, da sie folgerichtig und ein integrierter Bestandteil des Konzeptes der Asepsis beim Operieren ist, das seit Lister (Wangensteen u. Wangensteen 1978) als beweisbar notwendig erachtet wird. Durch experimentelle Untersuchungen ließ sich beweisen, daß mit einer wirksamen chirurgischen Händedesinfektion tatsächlich das Übertreten von Mikroorganismen der Hand in die Wunde beträchtlich vermindert werden kann (Lowbury u. Lilly 1960; Furuhashi u. Miyamae 1979).

2 Anforderungen

Anforderungen an die Wirksamkeit von Verfahren für die chirurgische Händedesinfektion sind zu stellen in Bezug auf

A. Kramer et al. (Hrsg.)
Klinische Antiseptik

- Wirkungsspektrum,
- Ausmaß der Keimreduktion,
- Nachwirkung.

Zusätzlich ist eine gute Hautverträglichkeit unverzichtbar.

2.1 Wirkungsspektrum

Die Zielsetzung einer möglichst keimfreien Hand des chirurgischen Teams könnte vermuten lassen, daß sich die chirurgische Händedesinfektion möglichst allumfassend auf die transiente und residente (vgl. Kap. 20) Flora der Hände erstrecken müßte. Das ist aber nicht richtig. Es ist nämlich viel schwieriger, die residente Keimflora zu eliminieren als die transiente, die auch durch mechanische Maßnahmen wie Händewaschen wirksam vermindert werden kann (s. bei Rotter 1984). Daraus folgt:

• *Mittel für die chirurgische Händevorbereitung müssen nicht unbedingt ein breites antimikrobielles Wirkungsspektrum besitzen. Sie müssen in erster Linie gegen Mitglieder der residenten Hautflora (v.a. Staphylokokken) wirken.* Tuberkulozide, fungizide oder antivirale Aktivität sind dagegen nicht erforderlich.

2.2 Ausmaß der Keimzahlverminderung unmittelbar nach Anwendung (Sofortwirkung)

Mangels epidemiologischer Daten über die Auswirkung der chirurgischen Händedesinfektion mit Substanzen unterschiedlicher antibakterieller Wirksamkeit auf die Häufigkeit postoperativer Wundinfektionen ist man in den Fachgesellschaften einiger Länder übereingekommen (DGHM 1981; ÖGHMP 1981), in Hinblick auf die Zielsetzung (möglichst keimarme Hände) jene maximale Verminderung der Abgabe hauteigener Flora von den Händen als Referenz zu wählen, die mit zumutbarer Hautbelastung und erträglichem Zeitaufwand noch möglich ist. Es handelt sich dabei nicht um eine fixe Maßzahl, sondern ein Vergleichsverfahren, daß bei der Wirksamkeitsprüfung eines Desinfektionsmittels zur Händebehandlung parallel an den Händen derselben Probanden und unter gleichen Umgebungsbedingungen in „Überkreuz"-Anordnung im Wochenabstand anzuwenden ist. Dieses Referenzverfahren – Naßhalten der Hände durch ständiges Verreiben von 60% vol/vol Propan-1-ol während 5 min – liefert in Abhängigkeit von der Zusammensetzung des Probandenkollektivs (18–20 Personen) mittlere $\log_{10}$ Reduktionen der Keimabgabe von 2,5–3,4 log (Rotter et al. 1980a; Rotter u. Koller 1990b), wenn der Soforteffekt unmittelbar nach *einmaliger* Anwendung gemessen wird. Eine stärkere Reduktion ist bis heute nur bei *wiederholter* Anwendung stark wirksamer Präparate möglich. Im Vergleich dazu beträgt die Wirkung einer 5-minütigen Waschung mit nicht-antimikrobieller Seife im

Mittel nur 0,3–0,6 log (vgl. Tabelle 3-3; Price 1938; Rotter et al. 1981; Blech et al. 1985; Heeg et al. 1986; Larson 1990).

2.3 Nachwirkung

Man unterscheidet nach Michaud et al. (1976) mehrere Formen einer antimikrobiellen Nachwirkung:

- nach einmaligem Kontakt: „*Remanente*“, die kurzfristig weiterbestehende Wirkung unter dem Handschuh (weitere Keimreduktion, Gleichbleiben oder verzögerter Anstieg);
- nach mehrfachem Kontakt: „*Kumulative*“, die mit weiterer antiseptischer Anwendung zunehmende Wirkung;
- bei regelmäßigem Kontakt: „*Persistierende*“ Wirkung; dabei handelt es sich um die progressive Abnahme der hauteigenen Flora durch regelmäßige Anwendung eines Antiseptikums bzw. Desinfektionsmittels.

2.3.1 Remanente Wirkung

• *Da der Zeitpunkt einer Handschuhverletzung im Verlauf einer Operation ungewiß und zufällig ist, sollte die durch eine Desinfektion erreichte Verminderung der Keimabgabe von den Händen unter dem Handschuh auch noch während der Operation für eine gewisse Zeit anhalten.*
Da die meisten Operationen nach 3 h beendet sind, bei längeren Operationen aber dann in der Regel die Handschuhe gewechselt werden, bietet sich diese Zeitspanne für eine Überprüfung der remanenten Wirkung an. So überprüfen sowohl DGHM (1981) wie ÖGHMP (1981) die Keimabgabe nach 3 h Handschuhtragen. Im Vorschlag der FDA (US General Services Administration 1978) für die Prüfung von chirurgischen Händedesinfektionsmitteln finden derartige Keimsammlungen von den Händen 1, 2, 3, 4, 5 und 6 h nach Anwendung statt. Dies ist sicherlich für die Testpraxis übertrieben häufig, da die Bedeutung der remanenten Wirkung mit Zunahme der Sofortwirkung sinkt. Durch eine sehr starke Sofortwirkung, wie sie z. B. hochprozentige Alkohole bewirken, wird die hauteigene Flora nämlich so stark reduziert, daß der Effekt der Desinfektionsmaßnahme noch Stunden später an einer verringerten Keimabgabe demonstrierbar ist (s. a. Abb. 3-1), selbst wenn Alkohole über keine antimikrobielle Nachwirkung sensu strictu verfügen. Die Hautflora braucht eben Zeit, um sich bis zu ihrem Ausgangszustand zu restituieren.

2.3.2 Andere Formen der Nachwirkung

Andere keimhemmende Auswirkungen von Desinfektionsmitteln über die Sofort- und remanente Wirkung hinaus, wie die mit Häufigkeit der Anwendung auftretende kumulative Wirkungssteigerung oder der persistierende

Effekt bei laufender Anwendung, haben u. E. für die Praxis keine Bedeutung, da sie bei ausreichender Sofortwirkung eines Präparates nicht nötig sind, bei Fehlen dieser aber die Hände erst zu einem (zu) späten und unbekannten Zeitpunkt „sicher" machen. Die Hände des Chirurgen müssen eben auch schon für die erste Operation nach dem Urlaub bestmöglich vorbereitet sein. Bezüglich einer tiefgreifenden Reduktion der hauteigenen Handflora, wie sie als Folge der persistierenden Wirkung auftritt, ist außerdem zu bemerken, daß es gar nicht wünschenswert erscheint, die Schutzflora der Haut langfristig zu dezimieren, will man nicht die Ansiedlung von anderen (wenig erwünschten) Bakterienspecies provozieren.

3 Wirkstoffe

Einige, früher sehr beliebte Wirkstoffe wie Chlorabspalter, Quecksilberpräparate, ob Sublimat oder organische Hg-Verbindungen, sowie Hexachlorophen sind heute mit Recht aus der chirurgischen Händedesinfektion praktisch verschwunden. Derzeit machen sich in West-, Nord- und Mitteleuropa prinzipiell 2 Gruppen von Wirkstoffen den Markt streitig: alkoholische Lösungen und antiseptische Flüssigseifen. In Deutschland und in Österreich haben die in Tabelle 3-1 aufgelisteten Wirkstoffkombinationen in Listen der Fachgesellschaften (ÖGHMP 1987, DGHM 1989) Eingang und damit – zumindest zum Zeitpunkt ihrer Drucklegung – die Bestätigung über ausreichende Wirksamkeit gefunden. Alkoholische Präparationen zielen auf eine möglichst starke Sofortwirkung ab, die bei mehreren Kombinationen durch den Zusatz von Chlorhexidin, Amphotensiden, quaternären Ammoniumbasen, Triclosan oder Phenolderivaten durch eine remanente Wirksamkeit ergänzt werden soll.

Die antimikrobiellen Wirkstoffe in Waschpräparationen wie z. B. PVP-Iod, Chlorhexidin, Triclosan oder Phenolderivate haben ihre Anerkennung in diesem Anwendungsgebiet vor allem im anglosächsischen Ausland erworben. Dies mag nicht nur daran liegen, daß manche dieser Stoffe zuerst dort eingeführt worden waren, sondern auch daran, daß dort – soweit überhaupt Prüfmethoden vorhanden – keine Bestimmungen über das notwendige Ausmaß der antimikrobiellen Wirkung existieren. In Deutschland, wo nach den Richtlinien der DGHM ein chirurgisches Händedesinfektionsmittel bei 5-minütiger Anwendung seit 1958 nicht schlechter als Ethanol 80% vol/vol (DGHM 1958) und seit 1972 nicht schlechter als Propan-1-ol 60% vol/vol (DGHM 1972) wirken soll, fanden derartige Präparationen ebenso wie in Österreich nicht, nur zögernd oder nur in Einzelfällen die Zustimmung der Sachverständigen.

• *Es besteht kein Zweifel, daß die antimikrobielle Wirkung aller derzeit erhältlichen antiseptischen Waschpräparationen jener des in Deutschland und Österreich anerkannten Referenzverfahrens mit Propan-1-ol (vgl. 2.2) unterlegen ist.*

Tabelle 3-1. Wirkstoffbasis von Präparaten zur chirurgischen Händedesinfektion

Anzahl der Präparate in		Lösungsmittel		Antimikrobielle Wirkstoffe							
VII. Liste d. DGHM (1989)	6. Verz. d. ÖGHMP (1987)	Alkohole	Wasser	Alkohole	Iodabspalter	Chlorhexidin	Quat's	Phenole	Hg-Verb.	Peroxide	Carbonsäuren
25	4	●		○							
2	0	●		○	○						
5	3	●		○		○					
3	5	●		○			○				
8	7	●		○				○			
2	2	●		○					○		
3	1	●		○							○
2	2	●		○			○	○			
1	0	●		○		○	○				
1	1	●		○		○				○	
5	1		●		○						
0	1[a]	●	●	○		○					

[a] Sequentielle Anwendung von Chlorhexidin-haltigem Detergens und Chlorhexidinaltigem Alkohol

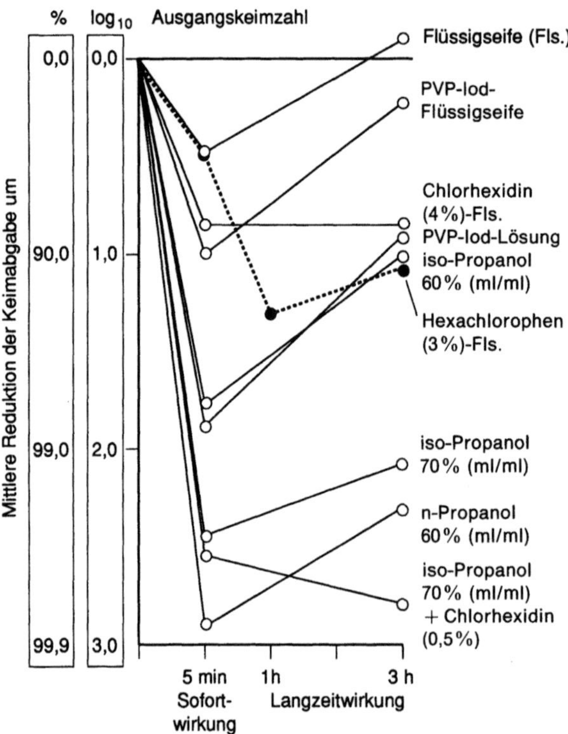

Abb. 3-1. Beispiele (nach Rotter 1981) für die antimikrobielle Wirkung verschiedener Verfahren für die chirurgische Händedesinfektion, erhoben mit der Testmethode von DGHM (1981) und ÖGHMP (1981) sowie (für Hexachlorophen) nach Michaud et al. (1976) (Anwendungsdauer: jeweils 5 min, außer Chlorhexidinseife 3 min)

Einen Eindruck davon vermag Abbildung 3-1 zu vermitteln, in der die Sofort- und Langzeitwirkungen einiger in Mitteleuropa häufig gebrauchter Verfahren der chirurgischen Händedesinfektion einander gegenübergestellt sind. Alle Daten (ausgenommen Hexachlorophen) sind mit derselben Prüfmethodik in einem einzigen Laboratorium innerhalb eines kurzen Zeitraumes, also auch an einem praktisch identischen Kollektiv von Probanden, erhoben worden und damit direkt vergleichbar.

Es ist ersichtlich, daß die 5-minütige Anwendung von nicht-antimikrobieller Flüssigseife unmittelbar danach (= Sofortwirkung) eine Reduktion der Abgabe hauteigener Bakterien von den Händen um nur 0,4 log (= 60%) bewirkt und nach 3 h Handschuhtragen gegenüber vorher um eine hier z. B. 26% vermehrte Keimabgabe hervorruft. Diese Beobachtung deckt sich mit der des amerikanischen Chirurgen P. B. Price, der schon 1938 feststellte, daß mit der rituellen präoperativen Handwäsche mit Seife und Bürste die Keimabgabe von den Händen alle 6 min nur halbiert wird (Price 1938). Lilly et al. (1979) fanden bei kurzen Waschzeiten sogar eine leicht verstärkte Keimabgabe, die Reber (1982) – differenzierter – für S. epidermidis bestätigte. Die antiseptischen

Flüssigseifen mit PVP-Iod- oder Chlorhexidinzusatz vermindern dagegen die Keimabgabe signifikant um 1,0 log (= 90%) bzw. 0,8 log (= 84%), wobei erstere keine, letztere eine deutlich remanente Nachwirkung unter dem Handschuh ausübt. Auch diese Fakten sind spätestens seit Müntener et al. (1972) bzw. Lowbury et al. (1963) bekannt. Wesentlich wirksamer als Waschen mit diesen Seifen erweist sich allerdings das Einreiben einer wäßrigen PVP-Iod-Lösung (10% vol/vol) oder von Propan-2-ol (= Isopropanol) 60% vol/vol. Die Reduktionsfaktoren liegen bei 1,9 log (= 98,7%) bzw. 1,7 log (= 98%). Eine Erhöhung der Konzentration von Propan-2-ol auf 70% vol/vol bewirkt eine Steigerung der Wirkung auf 2,4 log (= 99,6%). Verwendet man schließlich Propan-1-ol (= n-Propanol) 60% vol/vol, die Referenzsubstanz, so liegt der Reduktionsfaktor im Mittel bei 2,9 log (= 99,87%).

- *Es erweist sich also das Einreiben von kurzkettigen alipathischen Alkoholen in hoher Konzentration um bis zu 100fach wirksamer als das Händewaschen mit modernen antiseptischen Seifen.*

Aus Tabelle 3-2 wird deutlich, daß nicht nur die Erhöhung der Alkoholkonzentration mit einer Wirkungssteigerung einhergeht, sondern daß auch die Art des Alkohols eine Rolle spielt, indem Propan-1-ol wirksamer als Propan-2-ol und dieser wiederum effektiver als Ethanol ist. Andere Wirkstoffe zum Einreiben, wie die z. B. in der ehemaligen DDR oder CSFR eine zeitlang propagierten Persäuren, v. a. Peressigsäure (Hasek et al. 1980), dürften in ihrer antimikrobiellen Wirkung etwa dem Propan-2-ol entsprechen (Rotter 1984), sind aber heute wegen ihrer Hautunverträglichkeit (Pazdiora 1972), ihrer toxischen Risiken einschließlich einem potentiell mutagenen Effekt (Kramer et al. 1990) und der starken Wirkungsminderung durch Blut (Jülich et al. 1990) im Anwendungsgebiet der Händedesinfektion verlassen.

Tabelle 3-3 enthält Beispiele von Ergebnissen eigener Versuche und von anderen Untersuchern zur Wirkung antiseptischer Flüssigseifen mit unterschiedlichen Wirkstoffen wie PVP-Iod, Chlorhexidin, Hexachlorophen, Quats, Phenolderivaten und Triclosan. Diese sind alle weniger, zumindest langsamer wirksam als die Alkohole. Dies gilt auch für hier nicht angeführte Wirkstoffe, mit denen wir nur orientierende Versuche durchgeführt haben, wie Chloroxylenol und 2-Phenylphenol.

Manche dieser Wirkstoffe, wie z. B. Chlorhexidingluconat, vermögen, wie schon ausgeführt, aber als Zusatz zu alkoholischen Lösungen diesen eine deutlich remanente Wirkung zu verleihen. Dies geht auch deutlich aus Abbildung 3-1 und Tabelle 3-2 hervor: Die Sofortwirkung von Propan-2-ol 70% bleibt unbeeinflußt, ob Chlorhexidingluconat im Alkohol enthalten ist oder nicht, aber nach 3 h unter dem Handschuh zeigen sich deutliche Unterschiede in der Keimabgabe der Hand. Eine Kombination der starken Sofortwirkung von Alkoholen, v. a. von Propanolen, mit dem Langzeiteffekt von Chlorhexidingluconat ist also möglich. Angesichts des langsamen Anstiegs der Keimabgabe nach einer chirurgischen Händedesinfektion mit Alkohol erhebt sich allerdings die Frage, ob dieser, oft mit schlechterer Verträglichkeit (Ojajärvi et al. 1977; Osmundsen 1988) verbundene Langzeiteffekt wirklich so wünschenswert und

Tabelle 3-2. Beispiele für den Effekt antimikrobieller Wirkstoffe in desinfizierenden *Einreibepräparaten* auf die Verminderung der Abgabe hauteigener Bakterien von den Händen (chirurgische Händeantiseptik)

Wirkstoff	Konz. %	Zeit min	Reduktion der Abgabe residenter Bakterien $\log_{10}$		Referenz
			Sofort	3 h	
Propan-1-ol (v/v)	60	5	2,9[a]	1,6[a]	Rotter et al. (1981)
		5	2,7[a]	n.v.	Heeg et al. (1986)
		5	2,5[a]	1,8[a]	Rotter u. Koller (1990a)
Propan-2-ol (v/v)	70	1	0,8	n.v.	Aly u. Maybach (1979)
		2	1,2	0,8	Lowbury et al. (1974)
		5	2,4[a]	2,1[a]	Wewalka et al. (1980)
	60	5	1,7[a]	1,0[a]	Rotter et al. (1980a)
		5	1,7[a]	1,0[a]	Wewalka et al. (1980)
Propan-2-ol + CHG 0,5% g/v	70 +	2	1,0	1,5	Lowbury et al. (1974)
	70 +	5	2,5[a]	2,7[a]	Wewalka et al. (1980)
Ethanol (v/v)	95	2	2,1	n.v.	Lilly et al. (1979)
	80	2	1,5	n.v.	Altemeier (1977)
	70	2	1,0	0,6	Lowbury et al. (1974)
Ethanol + CHG 0,5% g/v	95 +	2	1,7	n.v.	Ayliffe et al. (1975)
	77 +	5	2,0	1,5[b]	Larson et al. (1990)
	70 +	2	0,7	1,4	Lowbury et al. (1974)
CHG (wäßrige Lsg. g/v)	0,5	2	0,4	1,2	Lowbury et al. (1974)
PVP-Iod (wäßrige Lsg. g/v)	1,0	5	1,9[a]	0,8[a]	Rotter et al. 1980b
Peressigsre. (g/v)	0,5	5	1,9	n.v.	Hasek et al. 1980

[a] Nach DGHM-Methode erarbeitet (DGHM 1981)
[b] Nach 4 h Handschuhe tragen
n.v. Daten nicht verfügbar
CHG Chlorhexidingluconat
g/v Gewichts-Volumen-Prozent
g/g Gewichts-Gewichts-Prozent
v/v Volumen-Volumen-Prozent

Tabelle 3-3. Beispiele für den antimikrobiellen Effekt normaler und antiseptischer *Flüssigseifen* auf die Verminderung der Abgabe residenter Bakterien von den Händen (chirurgische Händedesinfektion)

Flüssigseife	Konz. % (g/v)	Zeit min	Reduktion der Abgabe residenter Bakterien $\log_{10}$		Referenzen
			Sofort	3 h	
Nicht-antimikrobielle Flüssigseife		5	0,4[a]	– 0,1[a]	Rotter et al. (1981)
		5	0,4[a]	n.v.	Heeg et al. (1986)
		5	0,4	0,0[b]	Larson et al. (1990)
PVP-Iod Flüssigseife	0,8	2	0,5	n.v.	Lilly u. Lowbury (1971)
		5	0,9[a]	0,2	Rotter et al. (1980a)
		5	1,0[a]	0,2	Rotter et al. (1980b)
		5	1,0[a]	n.v.	Heeg et al. (1986)
		5	1,1	0,3[b]	Larson et al. (1990)
Chlorhexidin-gluconat-Flüssigseife	4,0	2	0,9	1,6	Lowbury et al. (1963)
		3	0,8[a]	0,8[a]	Rotter et al. (1980a)
		3	0,8[a]	1,0[a]	Rotter et al. (1981)
		3	1,2	1,4	Holloway et al. (1990)
		5	0,9[a]	0,9[a]	Rotter et al. (1981)
		5	0,9	0,6	Larson et al. (1990)
		6	1,2	n.v.	Furuhashi und Miyamae (1979)
		5×3	1,6	2,0	Bendig (1990)
Hexachlorophen-Flüssigseife	3,0	4	0,3	1,0	Michaud et al. (1976)
Benzethonium-chlorid	10,0	3	0,9	n.v.	Furuhashi und
		6	1,3	n.v.	Miyamae (1979)
Zephirol®	0,1	2	0,3	n.v.	Lilly u. Lowbury (1971)
		2	0,4	n.v.	Altemeier (1977)
Cetrimid®	1,0	2	0,4	n.v.	Lilly u. Lowbury (1971)
Chlorcresol-Flüssigseife	0,3	2	0,4	n.v.	Lilly u. Lowbury (1971)
Triclosan-Flüssigseife	1,0	5	0,6	0,4⁺	Larson et al. (1990)
	2,0	5×3	0,8	1,1	Bendig (1990)

[a] DGHM-Testmethode (DGHM 1981)
[b] nach 4 h Handschuhe tragen
n.v. Daten nicht verfügbar
g/v Gewichts-Volumen-Prozent

Tabelle 3-4. Antimikrobieller Effekt einer Händewaschung (3 min) mit normaler oder Chlorhexidin (4% g/v)-haltiger Flüssigseife und jeweils nachfolgendem Einreiben (4 min) von Chlorhexidin (0,5% g/v)-haltigem Propan-2-ol (70% g/g) (Rotter u. Koller 1990a)

Sequentielles Verfahren durch		Reduktion der Abgabe residenter Bakterien $\log_{10}$	
Waschen mit	Einreiben von	Sofort	3 h
Flüssigseife	Propan-2-ol + Chlorhexidin	1,7 *	1,1 *
Chlorhexidin-Flüssigseife	Propan-2-ol + Chlorhexidin	2,5	1,7

* 2 P < 0,1

notwendig ist oder ob man bei lange dauernden Operationen den Handschuhwechsel nicht besser mit dem neuerlichen Einreiben eines alkoholischen Präparates verbindet.

Der wirkungsverstärkende Einfluß der *sequentiellen Anwendung* einer antiseptischen Seife und eines Alkohols, der denselben Wirkstoff enthält, ist zumindest für Chlorhexidingluconat erwiesen (Furuhashi u. Miyamae 1979; Rotter u. Koller 1990a; Tabelle 3-4).

4 Durchführung

Da die Technik der chirurgischen Händedesinfektion beträchtlichen Einfluß auf die Keimabgabe der Hand haben kann, sei sie hier im Detail beschrieben.

Beim Betreten der Operationsabteilung sollten die Hände im Sinne einer hygienischen Händedesinfektion mit einem alkoholischen Präparat eingerieben werden. Sodann werden die subungualen Räume mit weichen Holzstäbchen (z. B. Zahnstochern) gereinigt. Weibliches Personal sollte zumindest für die Tätigkeit im Operationssaal auf Nagellack verzichten, da Sprünge im Lack als Bakterienreservoire fungieren können. Vor der ersten Operation und bei Bedarf können die Hände kurz (maximal 1 min) gewaschen werden. *Längeres Waschen oder gar Schrubben ist sinnlos und führt nur zu Hautschäden.* Die Händewaschung dient ausschließlich der Reinigung. Ihr Einfluß auf die Abgabe residenter Bakterien ist nämlich, wie in Abschnitt 3 schon ausgeführt, vernachlässigbar. Im Gegenteil, sie behindert sogar eher den antimikrobiellen Effekt der nachfolgenden Alkoholanwendung (Tabelle 3-5; Blech et al. 1985; Heeg et al. 1988; Rotter u. Koller 1990b). Aus diesem Grunde sollte auf das Waschen sauberer Hände vor der Alkoholanwendung verzichtet werden. Antiseptische Seifen mögen den kontraproduktiven Effekt der Händewaschung allerdings wieder aufheben. Zumindest für Chlorhexidin ließ sich das zeigen, wenn der nachfolgende Alkohol ebenfalls Chlorhexidin enthielt (s. Tabelle 3-4). In diesem Fall ist der Waschanleitung des Herstellers zu folgen.

Tabelle 3-5. Einfluß einer vorangehenden Händewaschung mit nicht-antimikrobieller Flüssigseife („Seife") auf die Sofortwirkung von Propan-1-ol (60% vol/vol), der auf den abgetrockneten oder ungewaschenen und trockenen Händen während 5 min eingerieben wurde (DGHM-Testmethode)

Antiseptisches Verfahren		Reduktion der Abgabe residenter Bakterien	Referenz
Seife min	Propan-1-ol min	log_{10}	
3	5	2,4[a]	Heeg et al. (1988)
–	5	2,5	
2	5	1,8[b] *	Rotter u. Koller (1990b)
–	5	2,6	

[a] mit, [b] ohne Erhebung der Keimabgabe zwischen Seifen- und Alkohol-Anwendung
* 2 P < 0,02

Längere Waschzeiten (z.B. mit Chlorhexidin-haltiger Seife 3 min) können nötig werden, um die antimikrobielle Wirkung des Wirkstoffes zur Entfaltung zu bringen.

Die Verwendung einer (weichen!) Bürste beim Waschen ist nur für die Reinigung der Nagelfälze und eventuell der subungualen Spatien indiziert, keinesfalls jedoch für die Behandlung der Haut. Gegen weiche Einwegschwämme ist, ausgenommen das Entsorgungsproblem, nichts einzuwenden. Der Nachweis eines positiven Effektes steht jedoch aus. Um eine Rekontamination der Hände, v.a. der Fingerkuppen, durch Waschwasser, das von mehr proximalen Hautstellen abläuft, zu vermeiden, wäscht der Chirurg mit nach oben gerichteten Fingerspitzen und tief liegenden Ellenbogen. Da die Unterarme des Chirurgen in der Regel nicht so schmutzig sein dürften wie die Hände, wenn er die Indikation zur Waschung stellt, bedürfen sie auch keiner besonders intensiven Reinigung – weder mit normaler Flüssigseife und schon gar nicht mit einer Bürste. Dies schont vor allem die zarte Haut ihrer Innenseiten. Antiseptische Seife sollte dagegen laut Vorschrift des Herstellers angewendet werden.

Die kurze Händewaschung, mit normaler Flüssigseife, oder die längere, mit antiseptischer Seife, wird durch die Händetrocknung beendet. Diese sollte nur mit Hilfe von sauberen Papier- oder textilen Handtüchern durchgeführt werden. „Sauber" heißt in diesem Zusammenhang „verpackungs-" bzw. „wäschereifrisch", also keimarm, aber nicht notwendigerweise steril. Ein Händefön ist, wie überall im Krankenhaus, ungeeignet.

Eine sorgfältige Hauttrocknung ist anzustreben, um dieWirksamkeit der nachfolgenden Alkoholanwendung nicht durch Restfeuchte herabzusetzen.

Die eigentliche Händedesinfektion wird heute durch mehrmaliges Verreiben von alkoholischen Präparaten durchgeführt, die in Volumina von jeweils 3–5 ml geeigneten Spendern entnommen werden. Alle anderen Techniken, wie Eintauchen in eine das Desinfektionsmittel enthaltende Schüssel, Besprühen der Hände oder Abwischen mit Wirkstoff-getränkten Tüchern oder Tupfern

Tabelle 3-6. Auswirkung des Einbürstens von Propan-1-ol 60% vol/vol in den Nagelbereich auf die Keimbabgabe bei der chirurgischen Händeantiseptik (Heeg et al. 1988)

Antiseptik	Reduktion der Abgabe residenter Bakterien $\log_{10}$
Ohne Händevorreinigung	
ohne Bürste	2,5
mit Bürste	3,2
Mit Händevorreinigung	
ohne Bürste	2,4
mit Bürste	3,0

sind unökonomisch und brandgefährdend bzw. mit dem Risiko der Inhalationstoxizität behaftet und wenig wirksam. Leider sind auch die Anwendungsvorschriften für viele Einreibpräparate ungeeignet, dann nämlich, wenn sie verlangen, ein viel zu kleines Volumen (z. B. 2 × 5 ml) während 5 min auf den Händen zu verreiben. Meist sind die Hände mit diesem Volumen schon nach 2–3 min trocken. Richtig sollte die Vorschrift lauten, daß die Hände für die vorgesehene Einwirkungszeit mit dem Desinfektionsmittel unter ständigem Reiben naß gehalten werden sollen. Das nötige Volumen ist unterschiedlich groß, weil es sich nach Oberfläche, Hautwärme und -struktur sowie den Umgebungsbedingungen richtet.

Im Gegensatz zur Anwendung von Handbürsten bei einer allenfalls nötigen Händewaschung, die praktisch keine Reduktion der Abgabe von Hautkeimen bewirkt, kann nach Heeg et al. (1988) durch Einbürsten eines alkoholischen Desinfektionsmittels in die Nagelfälze eine beträchtliche Wirkungssteigerung erzielt werden (Tabelle 3-6). Die Autoren empfehlen daher zur Desinfektion der Nagelbereiche eine weiche, sterilisierte Bürste, nicht jedoch für andere Areale.

Wie schon im Abschnitt 3 ausgeführt, sind Alkohole als Händedesinfiziens – zumindest soweit es die Sofortwirkung anlangt – bis heute unübertroffen. Zu dieser Feststellung kommen neuerdings auch Autoren (z. B. Larson et al. 1990) in den USA, in denen Alkohole seit Einführung der Quats und v. a. von Hexachlorophen, den Iodophoren und neuerdings von Chlorhexidin wegen angeblich hautschädigender Effekte in Verruf gekommen waren. Neben ihrer hervorragenden antimikrobiellen Wirkung eignen sie sich aber auch besonders gut für die Anwendung in der Einreibetechnik, weil sie gut spreiten, in die Hauttiefe vordringen und rasch von der Haut verdampfen.

- *Eine Händetrocknung unter Verwendung von Hilfsmitteln wie Papier oder Tüchern ist nach erfolgter Desinfektion nicht nötig und wegen des Risikos der Rekontamination auch nicht erwünscht.*

Allerdings sollte man auch nicht den Handschuh mit Alkohol-nassen Händen anziehen, um Hautschäden vorzubeugen.

In jüngerer Zeit besteht immer mehr das Bestreben, die Zeiten für die operative Händevorbereitung zu verkürzen. Dauerte das Fürbringersche

Ritual noch 15 min, so werden in angelsächsischen Ländern die 5 min Einwirkungszeit des DGHM-Referenzverfahrens schon als unzumutbar lange empfunden. Die angestrebten Zeiten liegen heute bei 2–3 min (Reybrouck 1986). Nach neueren Untersuchungen (Hingst et al. 1992) sollen die untersuchten kürzeren Zeiten keine wesentlichen Einbußen der Wirksamkeit von Alkoholen ergeben haben. Endgültige Regeln werden sich aber erst nach Vorliegen weiterer Ergebnisse aufstellen lassen.

• *Zwischen den Operationen müssen Operationshandschuhe selbstverständlich ausgezogen werden.*
Die mancherorts vertretene Meinung, die Hände müßten für die nächste Operation durch die Handschuhe der vorangehenden Operation geschützt werden, ist weder zutreffend noch im Sinne hygienischer Zielsetzungen: Eine statt dessen durchgeführte neuerliche chirurgische Händedesinfektion versetzt die Hände wieder in den gewünschten Zustand relativer Keimarmut und läßt das Risiko einer Verbreitung von Blut und anderen Körpersubstanzen des Patienten durch die gebrauchten Handschuhe erst gar nicht entstehen.

Für die postoperative Pflege der Haut sollten keine anionischen Handcremes verwendet werden, wenn Chlorhexidingluconat mit seiner Nachwirkung in die Strategie der präoperativen Händevorbereitung miteinbezogen wird. Anionische Handcremes zerstören nämlich diese Nachwirkung ebenso wie anionische Seifen komplett (Walsh et al. 1987; Benson et al. 1990).

5 Hautverträglichkeit

• *Ausreichende Hautverträglichkeit ist eine Voraussetzung für Präparate, die – wie chirurgische Händedesinfektionsmittel – häufig angewandt werden müssen.*
Eine geschädigte Haut läßt sich nämlich nicht desinfizieren, leistet der Ansiedlung hautfremder Bakterien Vorschub und vermindert die Bereitschaft zur regelrechten Durchführung der Händedesinfektion. Geeignete Präparate weisen daher geringstmögliche Toxizität in jeglicher Form einschließlich allergener oder hautirritierender Eigenschaften auf. Nur wenige Wirkstoffe erfüllen allerdings diese Voraussetzungen. Häufige Anwendung von Alkoholen kann zu trockener Haut und in manchen Fällen zu dermatitischen Reaktionen führen. Im großen und ganzen halten sich die Schäden aber in Grenzen, die es dem objektiven Beobachter schwer machen, im Einzelfall Veränderungen festzustellen. Die Hautverträglichkeit läßt sich außerdem durch Zusatz geeigneter, kosmetisch wirksamer Stoffe signifikant steigern (Rotter et al. 1991). Als großer Vorteil muß ferner gewertet werden, daß Alkohole kein allergenes Potential besitzen.

Von den in Detergentien eingearbeiteten Wirkstoffen sind allergene Eigenschaften bekannt. Aus den meisten Berichten wird allerdings nicht klar, ob Unverträglichkeitsreaktionen nicht von anderen im Präparat enthaltenen Stoffen verursacht werden. Der Verdacht erhebt sich deshalb, weil in manchen

Studien gleichzeitig geprüfte Produkte mit demselben Wirkstoff sich sehr in ihrer Verträglichkeit unterscheiden können (z. B. Larson et al. 1986; Ayliffe et al. 1988). Für Chlorhexidingluconat ist die allergene Potenz erwiesen (Osmundsen 1982). Berichte über Chlorhexidinunverträglichkeit (Ojajärvi et al. 1977) im Rahmen der Händedesinfektion lassen aber keinen Schluß zu, ob es sich dabei um echte Allergien oder andere Schäden handelte. In vergleichenden Studien (Larson et al. 1986; Larson et al. 1990) schnitt Chlorhexidin ansonsten gut ab. PVP-Iod-Seifen scheinen ebenso wie Triclosan-Produkte je nach Präparation unterschiedlich gut verträglich zu sein (Larson et al. 1986 bzw. Ayliffe et al. 1988). Eine generelle Aussage, die sich nur auf den antimikrobiellen Wirkstoff bezieht, scheint deshalb nicht möglich zu sein. In einem Bericht (Larson et al. 1990) war eine Triclosan-Seife ähnlich verträglich wie normale Seife und ein Chlorhexidin-Detergens und besser als Ethanol und PVP-Iod-Flüssigseife. In einem anderen (Ayliffe et al. 1988) fiel dagegen ein Triclosanseifenpräparat unter 14 Produkten durch besondere Aggressivität auf, während die beiden anderen antiseptischen Seifen auf Triclosanbasis nicht besonders in Erscheinung traten. Chloroxylenol gilt als sicheres Allergen. Die Inzidenz wird von der North American Contact Dermatitis Group mit 1% beschrieben, wenn es in einer Konzentration von 1% verwendet wird (zit. nach Larson u. Talbot 1986). Eine Liste von einschlägigen Wirkstoffen mit Indizes für primäre Entzündung und Hautoberflächenreizbarkeit nach dermatologischen Kriterien wurde von Lautier et al. (1978) publiziert. Im übrigen gilt das in Kapitel 4 Gesagte.

- *In diesem Zusammenhang erscheint es aber besonders wichtig zu betonen, daß die noch häufig angewandte „Mißhandlung" der Haut durch übermäßig langes Schrubben der Hände und Unterarme mit Bürste und Seife gleichzeitig mit oder vor Anwendung eines Desinfektionsmittels nicht nur sinnlos bezüglich der erhofften Keimeliminierung (s. Abb. 3-1 und Tabelle 3-2), sondern ein sicherer Beitrag zur Hautschädigung ist, die dann oft dem Desinfektionsmittel zugeschrieben wird.*

Literatur

Altemeier WA (1977) Surgical antisepsis. In: Block SS (ed) Disinfection, Sterilization and Preservation, 2nd edn. Lea & Febiger, pp 641–653

Aly R, Maybach HI (1976) Effect of antimicrobial soap containing chlorhexidine on the microbial flora of skin. Appl Environm Microbiol 31:931–935

Ayliffe GAJ, Babb JR, Bridges K, Lilly HA, Lowbury EJL, Varney J, Wilkins MD (1975) Comparison of two methods for assessing the removal of total organisms from the skin. J Hyg 75:259–274

Ayliffe GAJ, Babb JR, Davies JG, Lilly HA (1988) Hand disinfection: A comparison of various agents in laboratory studies and ward studies. J Hosp Infect 11:226–243

Bendig JWA (1990) Surgical hand disinfection: Comparison of 4% chlorhexidine detergent solution and 2% Triclosan detergent solution. J Hosp Infect 15:143–148

Benson L, LeBlanc D, Bush L, White J (1990) The effects of surfactant systems and moisturing products on the residual activity of a chlorhexidine gluconate handwash using a pigskin substrate. Infect Control Hosp Epidemiol 11:67–70

Blech MF, Hartemann P, Paquin JL (1985) Activity of non-antiseptic soaps and ethanol for hand disinfection. Zbl Bakt Hyg I Abt Orig B 181:496–512

Deutsche Gesellschaft für Hygiene und Mikrobiologie (1958) Richtlinien für die Prüfung chemischer Desinfektionsmittel. Zbl Bakt Hyg I Abt Orig 173:307–317

Deutsche Gesellschaft für Hygiene und Mikrobiologie (1972) Richtlinien für die Prüfung chemischer Desinfektionsmittel, 3. Aufl Fischer, Stuttgart

Deutsche Gesellschaft für Hygiene und Mikrobiologie (1981) Richtlinien für die Prüfung und Bewertung chemischer Desinfektionsverfahren – erster Teilabschnitt. Zbl Bakt Hyg I Abt Orig B 172:528–556

Deutsche Gesellschaft für Hygiene und Mikrobiologie (1989) VII. Liste und Nachtrag. 2. erweiterte Auflage der VII. Liste der nach den „Richtlinien für die Prüfung chemischer Desinfektionsmittel" geprüften und als wirksam befundenen Desinfektionsverfahren. Stand: 30.4.1989. mhp, Wiesbaden

Furuhashi M, Miyamae T (1979) Effect of pre-operative hand scrubbing and influence of pinholes appearing in surgical rubber gloves during operation. Bull Tokyo med dent Univ 26:73–80

Hasek P, Kupfer M, Schreiber M (1980) Neue Methoden der chirurgischen Händedesinfektion – Kombination von Wofasteril und Fesia-cito. In: Winkler H, Kramer A, Wigert H (Hrsg) Beiträge zur Krankenhaushygiene und zur experimentellen und praktischen Keimtötung. Barth, Leipzig, S 176–177

Heeg P, Oswald W, Schwenzer N (1986) Wirksamkeitsvergleich von Desinfektionsverfahren zur chirurgischen Händedesinfektion unter experimentellen und klinischen Bedingungen. Hyg Med 11:107–110

Heeg P, Ulmer R, Schwenzer N (1988) Verbessern Händewaschen und Verwendung der Handbürste das Ergebnis der Chirurgischen Händedesinfektion? Hyg Med 13:270–272

Hingst V, Juditzki I, Heeg P, Sonntag H-G (1992) Evaluation of the efficacy of surgical hand disinfection following a reduced application time of 3 instead of 5 min. J Hosp Infect 20:79–86

Holloway PM, Platt JH, Reybrouck G, Lilly HA, Mechtar S, Drabu Y (1990) A multicenter evaluation of two chlorhexidine-containing formulation for surgical hand disinfection. J Hosp Infect 16:151–159

Jülich WD, Kramer A, Reinholz D, Höppe H, Manigk W, Nordheim W, Bräuniger S (1990) Vergleichende Untersuchung verschiedener Methoden zur Erfassung der Wirkungsbeeinträchtigung von Desinfektionsmitteln durch Blut. Hyg Med 15:357–361

Kramer A, Weuffen W, Adrian V, Hetmanek R, Jülich WD, Koch S, Stein J, Stein T, Zwinger B (im Druck) Risikoeinschätzung von Peressigsäure auf der Grundlage tierexperimenteller Befunde. In: Jülich WD, Kramer A, Frösner GG (Hrsg) Nosokomiale Gefährdung durch Virushepatitis, AIDS und antimikrobielle Maßnahmen. mhp, Wiesbaden

Larson E, Talbot GH (1986) An approach for selection of health care personnel hand washing agents. Infect Control 7:419–424

Larson E, Leyden JJ, McGinley KJ, Grove GL, Talbot GH (1986) Physiologic and microbiologic changes in skin related to frequent handwashing. Infect Control 7:59–63

Larson EL, Butz AM, Gullette DL, Laughon BA (1990) Alcohol for surgical scrubbing? Infect Control Hosp Epidemiol 11:139–143

Lautier F, Razafitsalma D, Lavillaureix J (1978) Hautentzündungstests zur Untersuchung der Toxizität antiseptischer Lösungen. Zbl Bakt Hyg I Abt Orig B 167:193–205

Lilly HA, Lowbury EJL (1971) Disinfection of the skin: An assessment of some new preparations. Br Med J 3:674–676

Lilly HA, Lowbury EJL, Wilkins D (1979) Detergents compared with each other and with antiseptics as skin ‚degerming' agents. J Hyg Camb 82:89–93

Lowbury EJL, Lilly HA (1960) Disinfection of the hands of surgeons and nurses. Brit Med J 1:1445–1450

Lowbury EJL, Lilly HA, Bull JP (1963). Disinfection of hands: removal of resident bacteria. Br Med J 1:1252–1256

Lowbury EJL, Lilly HA, Ayliffe GA (1974) Preoperative disinfection of surgeon's hands: Use of alcoholic solutions and effects of gloves on skin flora. Brit Med J 1:369–372

Michaud RN, McGrath MB, Goss WA (1976) Application of a gloved-hand model for multiparameter measurements of skin-degerming activity. J Clin Microbiol 3:406–413
Müntener M, Schwarz H, Reber H (1972) Zur Chirurgischen Händedesinfektion mit einem Jodophor (Betadine). Schweiz med Wschr 102:699–706
Ojajärvi J, Mäkelä P, Rantsalo I (1977) Failure of hand disinfection with frequent hand washing: a need for prolonged field studies. J Hyg 79:107–119
Osmundsen PE (1982) Contact dermatitis to chlorhexidine. Contact Dermatitis 81–83
Österreichische Gesellschaft für Hygiene, Mikrobiologie und Präventivmedizin (1981) Richtlinie der ÖGHMP vom 4. November 1980 zur Prüfung der Desinfektionswirkung von Verfahren für die Chirurgische Händedesinfektion. Österr. Krankenhausz. 22:33–43 und Hyg Med 6:10–16
Österreichische Gesellschaft für Hygiene, Mikrobiologie und Präventivmedizin (1987) 6. Verzeichnis der Gütezeichen der ÖGHMP. Österr Krankenhausz. 28:345–360
Pazdiora A (1938) The bacteriology of normal skin; a new quantitative test applied to a study of the bacterial flora and the disinfectant action of mechanical cleansing. J Infect Dis 63:301–318
Reber H (1982) Einfluß der Seifenwaschung auf die Keimabgabe durch die Hand. In: Internationales wissenschaftliches Seminar Händedesinfektion, München, Sept 1981, Selecta Symposien-Service, Gräfelfing
Reybrouck G (1986) Handwashing and hand disinfection. J Hosp Infect 8:5–26
Rotter ML (1981) Povidone-iodine and chlorhexidine gluconate containing detergents for disinfection of hands. Letter to the editor. J Hosp Infect 2:273–276
Rotter M (1984) Händedesinfektion. In: Horn H, Privora J, Weuffen W (Hrsg) Handbuch der Desinfektion und Sterilisation, Bd V, Volk u. Gesundheit, Berlin, S 62–143
Rotter ML, Koller W (1990a) Surgical hand disinfection: Effect of sequential use of two chlorhexidine preparations. J Hosp Infect 16:161–166
Rotter ML, Koller W (1990b) Sequential use of chlorhexidine detergent and alcohol for surgical hand disinfection. 2nd International Conference of the Hospital Infection Society, London, Sept 1990, Poster Nr 0073
Rotter ML, Koller W, Wewalka G (1990a) Povidone-iodine and chlorhexidine gluconate-containing detergents for disinfection of hands. J Hosp Infect 1:149–158
Rotter M, Koller W, Wewalka G (1990b) Über die Wirksamkeit von PVP-Jod-haltigen Präparationen bei der Händedesinfektion. Hyg Med 5:553–557
Rotter M, Koller W, Wewalka G (1981) Eignung von Chlorhexidinglukonat- und PVP-Jod-haltigen Präparationen zur Händedesinfektion. Hyg Med 6:425–430
Rotter ML, Koller W, Neumann R (1991) The influence of cosmetic additives on the acceptability of alcoholbased hand disinfectants. J Hosp Infect 18 Suppl B:57–63
US General Services Administration (1978) O-T-C drugs generally recognized as safe, effective and not misbranded – Tentative final order. US Fed Reg 43:1210–1249
Walsh B, Blakemore PH, Drabu YU (1987) The effect of handcream on the antibacterial activity of chlorhexidine. J Hosp Infect 9:30–33
Wangensteen OW, Wangensteen S (1978) The rise of surgery. University of Minnesota Press, Minneapolis
Wewalka G, Rotter M, Koller W (1980) Wirksamkeit verschiedener Mittel zur chirurgischen Händedesinfektion und präoperativen Hautdesinfektion. In: Porpaczy R (Hrsg) 10 Jahre Ludwig-Boltzmann-Institut zur Erforschung von Infektionen und Geschwülsten des Harntraktes, Egermann, Wien, S 9–15

Kapitel 4

Hygienische Händedesinfektion

M. Rotter und A. Kramer

Die Händedesinfektion (U.S.-Terminus Händeantiseptik) wurde 1847 von Ignaz Philipp Semmelweis zur Bekämpfung des Kindbettfiebers eingeführt und stellte einen Meilenstein der wissenschaftlich begründeten Antiseptik dar. Ihre krankenhaushygienische Bedeutung ergibt sich aus der epidemiologischen Rolle der Hand in der Infektionskette nosokomialer Infektionen (Literaturüberblick bei Rotter 1984).

- *Die Hand ist Hauptüberträger für nosokomiale Infektionen, erst danach folgen Arbeitskleidung und andere unbelebte Vektoren.*

1 Zielstellung

Im Unterschied zur chirurgischen Händedesinfektion (s. Kap. 3) richtet sich die hygienische Händedesinfektion in erster Linie gegen die transiente Hautflora. Dabei ist eine komplette Eliminierung der dermalen Mikroflora weder erreichbar, noch aus mikroökologischen (Schutzwirkung der Standortflora, s. Kap. 1) oder toxikologischen Gründen anzustreben.

- *Im Vordergrund steht die Eliminierung von Erregern übertragbarer Krankheiten, um Infektionsketten zu unterbrechen oder eine Infektion des Betreffenden zu verhindern.*

Auf Grund ihrer epidemiologischen Bedeutung sind die Durchführung der hygienischen Händedesinfektion und die Anforderungen an Händedesinfektionsmittel in einigen Ländern behördlich oder durch Empfehlungen geregelt (z. B. BGA-Richtlinie 1987; DGHM s. Borneff et al. 1987).

Die Zielstellung der hygienischen Händedesinfektion kann jedoch auch in einer allgemeinen Keimzahlverminderung bestehen, um die Keimabgabe der Hand herabzusetzen, z. B. zur Reduzierung der Infektionsgefährdung beim Umgang mit Lebensmitteln oder bei der Herstellung von Arzneizubereitungen in Apotheken. An die hierfür einsetzbaren Präparate müssen nicht so hohe Anforderungen bezüglich ihrer keimzahlvermindernden Wirksamkeit wie an

A. Kramer et al. (Hrsg.)
Klinische Antiseptik

Tabelle 4-1. Anforderungen an die Wirksamkeit von hygienischen Händedesinfektionsmitteln und Händedekontaminationsmitteln

nationale Institution	geforderte Wirksamkeit	
	Reduktion in vitro	Reduktion am Modell der künstlich kontaminierten Hand
Händedesinfektionsmittel		
DGHM	$\geqq 5 \log_{10}$ (2 Teststämme innerhalb 0,5–2 min)	wie 60% vol/vol Propan-2-ol in 60 s
AFNOR	$\geqq 5 \log_{10}$ (5 Teststämme innerhalb 5 min)	–
Händedekontaminationsmittel		
DGHM	$> 3{,}5 \log_{10}$ (2 Teststämme innerhalb 30 s)	$> 3{,}5 \log_{10}$ in 30 s

Präparate zur hygienischen Händedesinfektion gestellt werden, weshalb diese Präparategruppe als Händedekontaminationspräparate bezeichnet wird (Borneff et al. 1989).

Das geforderte Ausmaß der Keimzahlverminderung ist stets eine willkürliche Übereinkunft, muß aber selbstverständlich deutlich über dem durch die hygienische Händewaschung erreichbaren Ausmaß von etwa 1,8–3,2 Zehnerpotenzen liegen (Tabelle 4-1).

- *Im europäischen Bereich wird im allgemeinen in vitro eine Keimzahlverminderung um 5 Zehnerpotenzen in praxisrelevanten Einwirkungszeiten für hygienische Händedesinfektionsmittel verlangt. In vivo orientiert man sich an der Wirkung von Propan-2-ol, 60% vol/vol, im Probandenversuch* (bei 1 min Anwendung Verminderung der Abgabe der transienten Flora an den Händen um 4,0–4,4 lg).

2 Wirkungsspektrum

Legt man die Ätiologie nosokomialer Infektionen als Maßstab des erforderlichen Wirkungsspektrums der hygienischen Händedesinfektionsmittel zugrunde, wird eine sichere Wirksamkeit gegen grampositive und gramnegative Bakterien, in Abhängigkeit vom Krankenhausbereich auch gegen Pilze benötigt. Da Virushepatitiden die häufigsten erregerbedingten Berufskrankheiten im Gesundheitswesen sind, sollte in Risikobereichen sowie bei Möglichkeit eines arbeitsbedingten Blutkontakts eine Wirksamkeit auch gegen Erreger von Virushepatitiden gewährleistet sein. Ebenso muß das HIV-Virus erfaßt werden. Eine Wirksamkeit gegen weitere Virusspecies wie Herpes-, Adeno-, Tollwurt-, Coxsackie- oder Rotaviren oder auch gegen Mykobakterien ist nur

Tabelle 4-2. Präparate zur hygienischen Händedesinfektion mit Anti-HBV-Wirksamkeit gemäß Roter Liste (1991)

Präparat	Wirkstoffgehalt (%, g/g)			Wirkstoffzusatz
	Ethanol	Propan-1-ol	Propan-2-ol	
Softa-Man	45	18		
Desderman	78			Tetrabromcresol (0,1)
Promanum	73,5		10	Tetrabromcresol (0,1)
Spitaderm	70			Chlorhexidin (0,5), H_2O_2 (0,45)
Manusept forte	45			Quat (0,6)
Sagrosept		45	28	Milchsäure (0,3)
D1 Händedesinfektion		30	45	Quat (0,2)
Sterillium		30	45	Quat (0,2)
Desmanol		29	19	Chlorhexidin (0,45)
Primasept M		10	8	2-Phenylphenol (2)

bei der Pflege von Patienten mit entsprechenden Infektionen erforderlich. Für eine sporozide Wirkung ergibt sich u.E. keine Notwendigkeit.

Die Differenziertheit der Anforderungen an das Wirkungsspektrum unterscheidet sich innerhalb der einzelnen Desinfektionsmittellisten. In der DGHM-Liste der Desinfektionsmittel (Borneff et al. 1987) ist nur die bakteriozide Wirksamkeit zugrunde gelegt. Dies gilt auch für die entsprechende Liste der ÖGHMP (1987).

In der Desinfektionsmittelliste der ehemaligen DDR von 1990 war für 2 Präparate auf Peressigsäure-Basis (wäßrige und ethanolische Lösung) eine viruzide Wirkung ohne Angabe des Wirkungsspektrums deklariert.

Beim Einsatz zur Seuchenbekämpfung verlangt die BGA-Liste den Wirkungsbereich A, d.h. Wirksamkeit gegen vegetative Bakterien einschließlich Mykobakterien, Pilze und Pilzsporen. Der Wirkungsbereich B, gegen Viren wirksam, wird vom BGA nur bei Erfüllung der Prüfrichtlinie des BGA und der DVV, die die Wirksamkeit auch gegen Poliomyelitisviren einschließt, zuerkannt. Diese Voraussetzungen erfüllen in der 10. BGA-Liste (1987) nur Tosylchloramid-Natrium-haltige Präparate. Nach Spicher und Peters (1987) können bei Virushepatitis B auch die vom BGA als Arzneimittel in der Roten Liste für das Indikationsgebiet „Hepatitis-B-Prophylaxe" zugelassenen Präparate angewendet werden (Tabelle 4-2).

3 Wirkstoffe

Bezüglich der Formulierung muß zwischen Präparaten auf alkoholischer und auf wäßriger Basis unterschieden werden (Tabelle 4-3). Zu einem nicht unerheblichen Anteil handelt es sich ausschließlich um Mischungen niederer

Tabelle 4-3. Wirkstoffbasis von Präparaten zur hygienischen Händedesinfektion

Anzahl der Präparate zur hygienischen Händeantiseptik				Alkohole	wäßrige Basis	Wirkstoffzusatz										
VII. DGHM-Liste	6. Verz. der ÖGHMP	10. BGA-Liste	Rote Liste (1991)			Carbonsäuren	Chlorabspalter	Iodabspalter	Chlorhexidin	Octenidin	Hexetidin	Amphotenside	Quats	H_2O_2	Phenole	Hg-verbindungen
25	6	18	7	+												
3	1	1	2	+		+										
3	–	1	–	+				+								
6	4	1	2	+					+							
1	–	–		+					+				+			
2	–	1	1	+					+					+		
1	–	–	–	+						+						
8	8	5	4	+											+	
2	2	2	1	+									+		+	
2	2	2		+												+
–	3	–	5	+									+			
–	–	6	2	+								+				
–	1	–	–	+							+					
–	–	6	2		+		+									
5	2	1	2		+			+								
–	–	–	1		+				+							
–	–	–	1		+							+				
–	–	–	4		+								+			
–	–	–	2		+										+	

Alkohole, z.T. sind diese mit weiteren antimikrobiellen Wirkstoffen wie Carbonsäuren, Phenolen, Peroxiden, Chlor- oder Iodabspaltern, Chlorhexidin, Quats, organischen Quecksilber-Verbindungen und Octenidin kombiniert (Tabelle 4-3). Häufig handelt es sich dabei um Gemische mehrerer Wirkstoffe. An Produkten mit nur einem Wirkstoff nennt die 10. BGA-Liste lediglich Chlor- und Iodabspalter, die VII. DGHM-Liste nur einige Iodabspalter sowohl auf alkoholischer als auch auf wäßriger Basis und die Rote Liste neben Chlor- und Iodabspaltern Präparate auf Basis von Chlorhexidin, Amphotensiden, Quats und Phenolen (Tabelle 4-3).

Die Wirkstoffzusätze dienen in erster Linie der Erweiterung des Wirkungsspektrums der Präparate, vor allem in Bezug auf Virusspecies (Tabelle 4-4).

Die Angaben zum Wirkungsspektrum in Tabelle 4-4 können nur orientierenden Charakter besitzen, weil sowohl bei Bakterien und Pilzen als auch bei Viren die Empfindlichkeit speciesabhängig deutlich differerieren kann. Im allgemeinen sind behüllte Viren weniger resistent, da die Eiweißhülle leichter als die Nucleinsäurestruktur angreifbar ist und die Infektiosität bei behüllten Viren maßgeblich von Rezeptoren der Hüllstrukturen bestimmt wird.

Die meisten Wirkstoffe sind in wäßriger Lösung per se nicht ausreichend viruzid wirksam, erreichen aber in alkoholischer Grundlage, u.U. in Kombination mit weiteren Wirkstoffen, eine ausreichende viruzide Effektivität (s. Tabelle 4-3).

- *Alkohole sind wegen des raschen Wirkungseintritts, der fehlenden systemischen und allergischen Gefährdung und praktischen Handhabbarkeit (ggf. keine anschließende hygienische Händewaschung erforderlich) nach wie vor als Mittel der Wahl zur hygienischen Händedesinfektion anzusehen.*

Die bakteriozide und fungizide Wirkung der Alkohole steigt mit der Molekularmasse und Kettenlänge (Beilfuß et al. 1987), wobei Propan-1-ol (n-Propanol) wirksamer als Propan-2-ol (Isopropanol) ist (Tabelle 4-5).

Gegenüber hydrophilen Viren sinkt dagegen die Wirkung mit steigender Kettenlänge (Kuwert u. Thraenhart 1977).

Ohne Wirkstoffzusatz sind Alkohole nur in hoher Konzentration gegen HBV wirksam.

Infektionsversuche an Schimpansen waren nach Desinfektion von HBV mit 80%igem Ethanol erfolgreich. Im MADT-Test wird HBV durch Ethanol in Konzentrationen ab 82% inaktiviert.

In Kombination mit geeigneten Wirkstoffen ist Ethanol bereits 70%ig gegen HBV wirksam, ohne daß das toxische Risiko wesentlich ansteigen dürfte. So ist eine Inaktivierung innerhalb von 1–5 min durch Kombinationen von Ethanol mit 2-Phenylphenol, Octenidin, H_2O_2 oder Tensiden und Quats erreichbar (Kuwert et al. 1982; Howard et al. 1983; Schwalbach 1983; Weuffen et al. 1983a, b; Kobayashi et al. 1984; Kramer et al. 1987a, b).

Die Inaktivierung wurde sowohl im Suspensions- als auch im simulierten Händedesinfektionstest (für Kombinationen mit H_2O_2 und Tensiden sowie mit Octenidin und Quats) nachgewiesen. Bei der Interpretation der Untersuchungsbefunde ist zu berücksichtigen, daß es sich jeweils nur um indirekte Nachweistechniken handelt (Verlust der Immunogenität von HBsAg bzw. Desintegration von Dane-Partikeln).

Tabelle 4-4. Wirkungsspektrum von häufig in Präparaten zur hygienischen Händedesinfektion eingesetzten antimikrobiellen Wirkstoffen

Wirkstoff	vegetative Bakterien	Dermatophyten Sproßpilze	Bakteriensporen	unbehüllte Viren			behüllte Viren			
				Coxsackie	Rota	Adeno	HIV	HBV	Rabies	HSV
Ethanol[a]	+	+	–	+ (80%)	+ (80%)	+	+	+ (82%)	–	+ (80%)
Propan-1-ol[a] (60%)	+	+	–				+	–		+
Propan-2-ol[a] (70%)	+	+	–	–		+	+	(+)		+
Quats[b]	z. T. Wirkungslücken		–				+	(+)	+	+
Alkansulfonate	–	–	–	Pflanzenviren				+		
Peressigsäure	+	+	(+)	(+)		–		–		+
Tosylchloramid-natrium	+	(+)	(+)	(+) pH 8				–		(+)
Wasserstoffperoxid (3%ige wäßrige Lsg.)	+	+ (≧ 10%)	(+)	(+)		(+)		+ (6–10%)		(+)
Iodophore (wäßrige Lösung)	Wirkungslücken			–	–	–	+	–		
Chlorhexidin[a]	Wirkungslücken	(+)	–	–						
Alkansulfonate + Alkohol + H_2O_2	+	+	+			+	+	+		
2-Phenylphenol + Alkohol	+		+	–	–	+	+	+		+
Peressigsäure + Ethanol	+	+	+	+		(+)	+	+		+
Quats + Alkohol	+	+	–			+	+	+	+	+
Iodspiritus	+	+	(+)				+	+		+

– unwirksam; (+) nur innerhalb langer Einwirkungszeiten (> 30 min bis mehrere h) wirksam; + Wirksamkeit innerhalb 1–5 min zu erwarten; bei fehlender Angabe sind uns keine Befunde verfügbar; [a] tuberkulozide Wirkung; [b] keine tuberkulozide Wirkung innerhalb praxisrelevanter Einwirkungszeiten

Tabelle 4-5. Beispiele für die Wirksamkeit von verschiedenen Verfahren für die Entfernung von transienter mikrobieller Flora von den Händen bei Anwendung des Wiener Probandenversuches (Rotter et al. 1977; Rotter 1984; Rotter et al. 1986; Rotter u. Koller 1991)

Verfahren (60 s)	Konz. %	Reduktion der Abgabe von Testkeimen von den Händen $\log_{10}$
Einreiben von		
Propan-1-ol	60,0[a]	5,5
	50,0[a]	4,8–5,0
	40,0[a]	4,3
Propan-2-ol	70,0[a]	4,9
	60,0[a]	4,0–4,4
	50,0[a]	4,2
Ethanol	60,0[a]	3,8[e]
	70,0[a]	3,8–4,2
	80,0[a]	4,3–4,5
Chloramin	2,0[b]	4,2
PVP-Iod Lösung	1,0[b]	4,0–4,2
H_2O_2	7,5[b]	3,6[e]
Waschen mit (-Flüssigseife)		
PVP-Iod	7,5[b]	3,5[e]
Chlorhexidingluconat	4,0[b]	3,1[e]
Triclosan[d]	0,1[c]	2,8[e]
Biphenylol	2,0[c]	2,6[e]
Sapo kalinus	20,0[b]	2,7[e]

[a] ml/ml; [b] g/ml; [c] g/g; [d] nur 45 s; [e] signifikant schlechter als Propan-2-ol 60%

Nach dem anfänglichen Optimismus der Einschätzung der Iodophore haben sich Wirkungslücken gegen zahlreiche Viren, z.B. HBV, aber auch gegen grampositive und gramnegative Bakterien herausgestellt (Werner 1982; Mahnel 1983; Sonntag et al. 1983). Das hatte u.a. auch positive Keimnachweise in derartigen Präparaten zur Folge, z.B. von P. cepacia und P. aeruginosa. Bei S. aureus konnte eine plasmidisch codierte Iodresistenz nachgewiesen werden (Übersicht bei Kramer et al. 1984). Neue Präparate mit einem höheren Gehalt an freiem Iod sind allerdings in vitro besser wirksam (Schubert 1985). Die gegenüber PVP-Iod-Flüssigseifen wesentlich wirksameren wäßrigen Lösungen sind wenig anwenderfreundlich, weil die gelb gefärbten Hände nach Anwendung abgespült werden müssen. Die heute verfügbaren PVP-Iod-Flüssigseifen sind zwar signifikant geringer wirksam als Propan-2-ol, aber signifikant besser wirksam als übliche Flüssigseife (Rotter u. Koller 1991).

Tosylchloramidnatrium (2%) war sowohl im simulierten Händedesinfektionstest mit Tierhaut als auch im Suspensionstest gegen HBV praktisch wirkungslos (Jülich et al. 1988). Andererseits erwies sich Natriumhypochlorit (500 mg freies Chlor/l) im Schimpansenversuch als wirksam (Bond et al. 1983).

Wasserstoffperoxid ist in wäßriger Lösung nicht ausreichend mikrobiozid wirksam, in Kombination mit Alkoholen, Alkansulfonaten und Rückfettungszusatz erhält man jedoch synergistische Kombinationseffekte mit Effektivität

Tabelle 4-6. Wirkstoffbasis von Präparaten zur Händedekontamination (Borneff et al. 1989)

Präparatebasis		Wirkstoffzusatz					
alkoholisch	wäßrig	Carbonsäure	Tenside	Quat	Ampholyte	Phenol	Biguanid
1	–						
1	–	+					
3	–	+	+				
1	–		+				
4	–			+			
1	–				+		
5	–					+	
1	–		+			+	
1	–						+
–	1			+			

auch gegen HBV und Bakteriensporen (Kramer et al. 1987a, b). Zur Eliminierung von Bakteriensporen in Alkohol ist ein Zusatz von 0,1% Wasserstoffperoxid neben der Sterilfiltration das Mittel der Wahl (Weuffen et al. 1981).

Auf Grund der toxischen Gefährdung (Kramer et al. 1990) sind zumindest wäßrige Peressigsäure-Zubereitungen entbehrlich, weil ihre auf der Basis von Suspensionversuchen postulierte Anti-HBV-Wirksamkeit im Meerschweinchenhauttest nicht bestätigt werden konnte (Jülich et al. 1988) und ihre Wirksamkeit in Gegenwart von Blut stark herabgesetzt wird (Jülich et al. 1990). Durch die Kombination 70% g/g Ethanol und 0,2% Peressigsäure wird HBsAg auch bei Blutbelastung zwar innerhalb von 1 min inaktiviert, aus Gründen der Verträglichkeit kann diese Kombination jedoch nicht zur routinemäßigen Anwendung empfohlen werden.

Ampholyte eignen sich auf Grund ihrer Anwendungseigenschaften und Wirksamkeit zur Händedekontamination (Tabelle 4-6), während die Angaben zur Effektivität für die hygienische Händedesinfektion widersprüchlich sind (Rotter 1984).

Chlorhexidin soll die Effektivität von Ethanol verstärken; zumindest am Modell der mit E. coli experimentell kontaminierten Hand ist diese Wirkungsverbesserung allerdings nicht nachweisbar (Rotter 1984). Chlorhexidinseife ist bei der antiseptischen Händewaschung etwas wirksamer als übliche Flüssigseife (Rotter u. Koller 1991). Quats besitzen zahlreiche Wirkungslücken (Tabelle 4-4), sollen jedoch in Kombination mit Ethanol anti-HBV-wirksam sein (Jülich et al. 1990).

Während die einfachen Halogen- und Alkylphenole zur Antiseptik vor allem aus toxikologischen Gründen wenig geeignet sind, sind Benzyl- und Phenylphenole bedeutend verträglicher bei zugleich höherer Wirksamkeit vor allem gegen Viren (Kramer et al. 1987). 2-Phenylphenol ist gegen lipophile Viren einschließlich HBV (in alkoholischer Lösung), nicht dagegen gegen hydrophile Enteroviren wirksam (Kuwert u. Thraenhart 1977). Mykobakterien werden

Tabelle 4-7. Wirkungsbeeinflussung von Händeantiseptika

Wirkstofftyp	Eiweißfehler	Blutfehler (nach Jülich et al. 1990)	Seifenfehler
Alkohol	gering bis mäßig	gering bis mäßig	gering
Ethanol + Quat	gering	gering	mäßig
Ethanol + Peressigsäure	gering	mäßig	gering
Propanol + Wasserstoffperoxid + Alkansulfonat	gering	gering	gering
Wasserstoffperoxid	hoch	hoch	mäßig
Tosylchloramidnatrium	hoch	hoch	mäßig
Peressigsäure	mäßig	hoch	mäßig
Iodophore	mäßig	hoch	mäßig
Amphotenside	mäßig	mäßig	hoch
Quats	hoch	mäßig	hoch
Chlorhexidin	gering	gering[a]	hoch
Phenole	mäßig	mäßig	gering bis hoch

[a] Durch 25% Blutzusatz 1 lg Wirkungsverminderung (Honigman 1983)

durch wäßrige phenolische Lösungen in praxisrelevanten Einwirkungszeiten nicht erfaßt.
Die Wirksamkeit von Desinfektionsmitteln kann durch Eiweiß- und Blutkontamination der Hände bzw. durch Seifenreste mehr oder weniger ausgeprägt beeinflußt werden (Tabelle 4-7). Dem kann in praxi durch mehrmalige Applikation der Antiseptika bei u. U. zugleich verlängerter Einwirkungszeit (bis 5 min) begegnet werden. Ein derartiges Vorgehen empfiehlt sich auch bei massiver mikrobieller Kontamination.

- *Für Präparate zur hygienischen Händedesinfektion ist keine Nachwirkung (remanenter Effekt) erforderlich.*

Entweder ist die Keimzahl durch die Antiseptik auf einen ungefährlichen Betrag vermindert und es kann weitergearbeitet werden, oder diese Zielstellung ist mit dem Präparat nicht erreichbar.

4 Verträglichkeit

Die Einschätzung der Nutzen-Risiko-Relation wird maßgeblich von der selektiven Toxizität (therapeutische Breite) der Antiseptika bestimmt (s. Tabelle 2-3). Der Versuch einer toxikologischen Einordnung (s. Tabelle 2-4) kann insofern nur orientierenden Charakter besitzen, weil die in der Literatur verfügbaren Befunde in Abhängigkeit von der Prüfmethodik unterschiedliche Relevanz besitzen und Aussagen für eine Stoffklasse nur bedingt möglich sind, weil sich Einzelwirkstoffe des gleichen Wirkstofftyps (z. B. bei den Quats) sehr in ihren Eigenschaften unterscheiden können und die Gefährdung maßgeblich von der dermalen Resorption bestimmt wird. Gerade hierzu fehlen systematische vergleichbare Studien.

Die Hautverträglichkeit alkoholischer Händedesinfektionsmittel kann durch Zusatz geeigneter Hautschutzstoffe signifikant verbessert werden und ist deshalb unverzichtbar (Rotter et al. 1989).

5 Indikationen und Durchführung

• *Die hygienische Händedesinfektion kann unter 2 Aspekten erforderlich sein: Eliminierung mutmaßlich auf die Hände gelangter Krankheitserreger oder allgemeine ungezielte Keimzahlverminderung zur Ausschaltung von Infektionsrisiken.*

Typische Indikationen liegen vor

- unmittelbar nach jedem (!) mutmaßlichen Kontakt mit infektiösem Material (z. B. Eiter, Blut, Se- und Exkrete, Ausscheidungen),
- nach Kontakt mit Patienten, bei denen infektiöse Haut- und/oder Schleimhauterkrankungen (z. B. auch HSV-2-Infektion) bzw. Infektionskrankheiten vorliegen und die Gefahr der Weiterverbreitung über die Hand besteht.

In beiden Situationen muß die Händedesinfektion sofort durchgeführt werden, um eine Weiterverbreitung der Erreger zu verhindern.

Weitere Indikationen sind gegeben

- beim Verlassen von Isoliereinheiten bzw. bei protektiver Isolierung auch beim Betreten,
- bei der Schleusung zwischen Bereichen mit unterschiedlichem Infektionsrisiko,
- in Abhängigkeit vom Tätigkeitsbereich nach Toilettenbenutzung und am Arbeitsende, um keine Infektionen aus der Einrichtung herauszutragen.

• *Die Mitarbeiter sind zur situationsgerechten Entscheidung über die Notwendigkeit der hygienischen Händedesinfektion zu befähigen, da nicht jede Situation durch Vorschriften zu regeln ist.*

Um die Hände so wenig wie möglich zu strapazieren, sollen die Arbeiten so geplant werden, daß die Häufigkeit der hygienischen Händedesinfektion möglichst gering gehalten werden kann. Dazu sind u. U. Schutzhandschuhe geeignet, die gegebenenfalls mit dem Antiseptikum behandelt werden können, so daß bei Unversehrtheit kein Wechsel erforderlich ist. Dabei ist allerdings zu beachten, daß Faltenbildungen eine Desinfektion erschweren können.

Auch das sog. fingerlose Arbeiten, d. h. die Benutzung von Instrumentarium anstelle des direkten Kontakts, z. B. in der Zahnheilkunde, kann u. U. eine hygienische Händedesinfektion entbehrlich machen und die Beschränkung auf die antiseptische Seifenwaschung ermöglichen. Sind während einer Patientenbehandlung bestimmte Verrichtungen unerläßlich, z. B. Veränderung einer Lichtquelle, Aufziehen einer Schublade u. ä., soll das mit den der Wahrscheinlichkeit nach am geringsten kontaminierten Teilen der Hand realisiert werden (z. B. 5. Finger, Handrücken).

Für die praktische Durchführung muß die Eintauchdesinfektion (Schüsselmethode) als obsolet angesehen werden. Sie ist durch die Einreibtechnik bei Entnahme des Desinfektions- oder antiseptischen Reinigungsmittels aus einem Wandspender (Einzelspender, Dosiergerät) ersetzt worden. Die Hände sind gemäß den Empfehlungen der DGHM-Liste mindestens 0,5–1 min feucht zu halten. Grobe Verschmutzungen können durch eine Vorreinigung mit einem Papierhandtuch, ggf. auch mit einem Desinfektionstuch bzw. mit Desinfektionslösung getränktem Zellstoff- oder Wattebausch, entfernt werden. Die Anwendung von Sprays ist wegen der inhalativen Exposition und der damit verbundenen toxischen Gefährdung, der unsicheren Benetzung und u. U. der Brandgefahr abzulehnen.

Mit sog. Desinfektionstüchern, die im allgemeinen mit Alkoholen und verschiedenen Wirkstoffzusätzen getränkt sind, ist keine ausreichende Keimzahlverminderung gemäß den Anforderungen der DGHM erreichbar (Rotter 1984).

Die antiseptische Händewaschung wird beim Umgang mit Lebensmitteln zu Arbeitsbeginn, nach längerer Arbeitsunterbrechung (Pausen) und nach Toilettenbenutzung empfohlen. Bei Anwendung der Dekontaminationspräparate werden diese für etwa 60 s eingerieben und erst danach wird durch Wasserzugabe gewaschen (Borneff et al. 1989).

• *Nur auf einer glatten, gepflegten Haut ist ein ausreichender Desinfektionseffekt erreichbar.*

Hautschutz und Hautpflege sind eine wesentliche Voraussetzung zur Erhaltung der intakten Hautbarriere (s. Kap. 5 und 7).

Bei der protektiven Hautpflege soll die Haut vor Belastungen geschützt werden. Während fettreiche Externa die Haut vor wasserlöslichen Noxen bzw. Irritantien schützen, halten fettarme Hautschutzmittel eher lipophile Noxen zurück. Demzufolge müßte bei der Auswahl der Hautschutzmittel zwischen beiden Wirkstoffgruppen unterschieden werden, da ein universelles Hautschutzmittel, das als Barrierecreme gegen unterschiedlichste Noxen wirkt, nicht zur Verfügung steht. Bei gerbstoffhaltigen Zubereitungen besteht ein aussichtsreicher Ansatz, die Haut im Sinne eines Härtungs-Effekts widerstandsfähiger zu machen (Niedner 1990). Über chemische Wechselwirkungen mit dem Keratin kommt es zu einer Adstringtion, was zur Erhöhung der mechanischen Festigkeit der Haut führt (Mitchell 1989).

Auch die zwischenzeitliche Anwendung von wenigen Tropfen Olivenöl im Laufe des Arbeitstages und bei irritierter Haut in reichlicherer Anwendung nach Arbeitsende vermag der Haut einen effektiven Schutz bei gleichzeitiger Hautpflege zu geben.

• *Durch Zusatz von Rückfettungsmitteln können die Hautverträglichkeit von Händedesinfektionsmitteln und u. U. auch die Wirksamkeit verbessert werden.*

Hierfür wird seit langem die günstige Wirkung höherer gesättigter Alkohole in kosmetischen und pharmazeutischen Zubereitungen genutzt. Diese besitzen zugleich eine bakteriostatische Eigenwirkung. In Kombination niederer Alkohole mit Wasserstoffperoxid, Alkansulfonaten und Rückfettungszusatz wird eine Wirksamkeit erreicht, die die der Einzelkomponenten synergistisch übertrifft, ohne daß durch den Zusatz von Wasserstoffperoxid zu den Alkohol-Tensid-Kombinationen die Reizwirkung oder Toxizität verstärkt wird (Kramer et al. 1987). In einer prospektiven randomisierten Doppelblindstudie mit Intraprobandenvergleich konnte die bessere Hautverträglichkeit von Präparaten auf der Basis von Propan-1-ol mit Kosmetikzusatz, bezogen auf dieselbe Zubereitung ohne Kosmetikzusatz, bewiesen werden (Rotter et al. 1989).

Literatur

Association Francaise de Normalisation (AFNOR): Recueil de normes francaises des antiseptiques et désinfectants. 1. Aufl Paris, 1981

Beilfuß W, Bücklers L, Eigener U, Harke H-P, Sturm U (1987) Phenole. In: Kramer A, Weuffen W, Krasilnikow AP, Gröschel D, Bulka E, Rehn D (Hrsg) Antibakterielle, antifungielle und antivirale Antiseptik, Fischer, Stuttgart New York (Handbuch der Antiseptik BD II/3, S 265–342)

Bond W, Favero MS, Peterson NI, Ebert JW (1983) Inactivation of hepatitis B virus by intermediate to high-level disinfectant chemicals. J clin Microbiol 18:535–538

Borneff J, Eggers HJ, Exner M, Grün L, Gundermann K-O, Hammes WP, Heeg P, Höffler U, Primavesi CA, Rüden H, Scheiermann N, Schliesser Th, Schubert R, Sonntag H-G, Thofern E, Werner H-P (1987) VII. Liste der nach den „Richtlinien für die Prüfung chemischer Desinfektionsmittel" geprüften und von der Deutschen Gesellschaft für Hygiene und Mikrobiologie als wirksam befundenen Desinfektionsverfahren. Stand: 31.3.1987, mhp, Wiesbaden

Borneff J, Christiansen B, Eggers HJ, Exner M, Gundermann K-O, Heeg P, Hingst V, Höffler U, Krämer J, Martiny H, Primavesi CA, Rüden H, Schliesser Th, Schubert R, Sonntag H-G, Spicher G, Thofern E, Thraenhart O, Werner H-P (1989) Liste der nach der „Richtlinie für die Prüfung und Bewertung von Hände-Dekontaminationspräparaten" geprüften und von der Deutschen Gesellschaft für Hygiene und Mikrobiologie als wirksam befundenen Hände-Dekontaminationsverfahren. Stand: 1.1.1989. mhp, Wiesbaden

Bundesgesundheitsamt (1987) 10. Liste der geprüften und zugelassenen Desinfektionsmittel

Bundesverband der Pharmazeutischen Industrie (1991) Rote Liste. Cantor, Aulendorf

Honigman JL (1983) Chlorhexidine. In: Weuffen W, Kramer A, Bulka E, Schönenberger H (Hrsg) Thiazole, Cumarine, Carbonsäuren und -Derivate, Chlorhexidin, Bronopol, Fischer, Stuttgart New York (Handbuch der Antiseptik Bd II/2, S 200–218)

Howard CR, Dixon J, Young P, Eerd P v., Schellekens H (1983) Chemical inactivation of hepatitis B virus: the effect of disinfectants on virus-associated DNA polymerase activity, morphology and infectivity. J Virol Methods 7:135–148

Jülich W-D, Kramer A, Reinholz D, Höppe H, Manigk W, Nordheim W, Bräuniger S (1990) Vergleichende Untersuchung verschiedener Methoden zur Erfassung der Wirkungsbeeinträchtigung von Desinfektionsmitteln durch Blut. Hyg Med 15:357–361

Jülich W-D, Kramer A, Weuffen W, Nordheim W, Bräuniger S, Dittmann S, Wigert H (im Druck) Zur antiviralen Wirksamkeit von Desinfektionsmitteln. In: Jülich W-D, Kramer A, Frösner GG (Hrsg) Nosokomiale Gefährdung durch Virushepatitis, AIDS und antimikrobielle Maßnahmen, mhp, Wiesbaden

Jülich W-D, Kramer A, Wiebeck F, Weuffen W (1988) Desinfektionsmittelprüfung im Keimträgertest mit HBsAg als Infektiositätsmarker für das Hepatitis-B-Virus. In: Knoll KH (Hrsg) Angewandte Krankenhaushygiene bei Krankenhaus-Planung, Krankenhaus-Bau und -Ausstattung, Krankenhaus-Medizintechnik, Krankenhaus-Betrieb, Med. Zentrum für Hyg. u. Med. Mikrobiol. der Philipps-Univ., Marburg, S 249–257

Kobayashi H, Tsuzuki M, Koshimizu K, Toyama H, Yoshikara N, Shikata T, Abe K, Mizuno K, Otoma N, Oda T (1984) Susceptibility of hepatits B virus to disinfectants or heat. J Clin Microbiol 20:214–216

Kramer A, Hetmanek R, Weuffen W, Ludewig R, Wagner R, Jülich W-D, Jahr H, Manigk W, Berling H, Pohl U, Adrian V, Hübner G, Paetzelt H (1987) Wasserstoffperoxid. In:

Kramer A, Weuffen W, Krasilnikow AP, Gröschel D, Bulka E, Rehn D (Hrsg) Antibakterielle, antifungielle und antivirale Antiseptik, Fischer, Stuttgart New York (Handbuch der Antiseptik Bd II/3, S 447–491)

Kramer A, Kedzia W, Lebek G, Grün L, Weuffen W, Poczta A (1984) In-vitro- und In-vivo-Befunde zur Resistenzsteigerung bei Bakterien gegen Antiseptika und Desinfektionsmittel. In: Krasilnikow AP, Kramer A, Gröschel D, Weuffen W (Hrsg) Faktoren der mikrobiellen Kolonisation, Fischer, Stuttgart New York (Handbuch der Antiseptik Bd I/4, S 79–121)

Kramer A, Schuster G, Hauthal HG, Weuffen W, Jülich W-D, Höppe H, Bandemir B, Hetmanek R (1987) Emulgator E30 – ein oberflächenaktiver Kombinationspartner für antimikrobielle Zubereitungen. In: Kramer A, Weuffen W, Krasilnikow AP, Gröschel D, Bulka E, Rehn D (Hrsg) Antibakterielle, antifungielle und antivirale Antiseptik, Fischer, Stuttgart New York (Handbuch der Antiseptik Bd II/3, S 423–446)

Kramer A, Weuffen W, Adrian V, Hetmanek R, Jülich W-D, Koch S, Stein J, Stein T, Zwinger B (im Druck) Risikoeinschätzung von Peressigsäure auf der Grundlage tierexperimenteller Befunde. In: Jülich W-D, Kramer A, Frösner GG (Hrsg) Nosokomiale Gefährdung durch Virushepatitis, AIDS und antimikrobielle Maßnahmen, mhp, Wiesbaden

Kramer A, Weuffen W, Burmeister Chr, Burth U, Cersovsky H, Ehlert D, Grübel G, Halle W, Höppe H, Jahn M, Jülich W-D, Kirk H, Koch St, Landbeck M, Mach F, Neubert S, Paldy A, Rödel B, Schmidt KD, Stachewicz H, Teubner H, Welzel H, Wigert H, Witzleb W, Worsek S (1987) Entwicklung des antimikrobiellen Wirkstoffs 2-Chlor-6-methyl-4-benzylphenol (CMB) und Ergebnisse der Applikationsforschung. In: Kramer A, Weuffen W, Krasilnikow AP, Gröschel D, Bulka E, Rehn D (Hrsg) Antibakterielle, antifungielle und antivirale Antiseptik, Fischer, Stuttgart New York (Handbuch der Antiseptik Bd II/3, S 505–526)

Kuwert EK, Scheiermann N, Thraenhart O (1982) Transmission der Hepatitis-Viren Hepatitis A, B sowie Non A/Non B. mhp, Wiesbaden

Kuwert EK, Thraenhart O (1977) Theoretische, methodische und praktische Probleme der Virusdesinfektion in der Humanmedizin. Immun Infect 4:125–127

Kuwert EK, Thraenhart O, Dermitzel R, Scheiermann N (1983) Zur Hepatitis-B-Virus-Wirksamkeit und Hepatoviruzidide von Desinfektionsverfahren auf der Grundlage des MADT. 3. Aufl. mhp, Wiesbaden

Mahnel H (1983) Desinfektion von Viren. Zentralbl Veterinärmed B 30:81–96

Mitchell GN (1989) Zur Vermeidung von Hautproblemen bei Handschuhträgern im Gesundheitsdienst. Arbeitsmed Sozialmed Präventivmed 24:182–183

Niedner R (1990) Dermatologische Aspekte des Hautschutzes und der Hautpflege. In: Knoll KH (Hrsg) Angewandte Hygiene in ZMK-Klinik und Praxis, Med. Zentrum für Hyg. u. Med. Mikrobiol. der Philipps-Univ., Marburg, S 173–180

NN (1990) Bekanntmachung der Liste der Desinfektionsmittel. Verf Mitt Minist Gesundheitsw DDR Nr 1, 4–8

ÖGHMP (Österreichische Gesellschaft für Hygiene, Mikrobiologie und Präventivmedizin 1987) 6. Verzeichnis der Gütezeichen der Österreichischen Gesellschaft für Hygiene, Mikrobiologie und Präventivmedizin. Österr Krankenhausz 28:345–360

Rahmenhygieneordnung für ambulante und stationäre Gesundheitseinrichtungen (RHO-GE). Stand: 2.1.1990, Staatsverlag DDR, Verf Mitt Minist Gesundheitsw Nr 3, 21

Rotter M (1984) Händedesinfektion. In: Weuffen W, Spiegelberger E (Hrsg) Desinfektion und Sterilisation in Gesundheitseinrichtungen und industriellen Bereichen, Volk u. Gesundheit, Berlin (Handbuch der Desinfektion und Sterilisation Bd V, S 62–143)

Rotter M, Koller W (1991) Ein europäischer Test zur Wirksamkeitsprüfung von Verfahren für die antiseptische Händewaschung? Hyg Med 16:4–11

Rotter M, Koller W, Neumann R (1989) Untersuchungen zur Hautverträglichkeit von alkoholischen Händedesinfektionsmitteln mit und ohne Kosmetikzusatz. Hyg Med 14:65–68

Schubert R (1985) Disinfectant properties of new providone-iodine preparations. J Hosp Infect 6 Suppl A:33–36

Schwalbach G (1983) Untersuchung über die Hepatitis-B-Virus-(HBV)-zerstörende Wirksamkeit des chemischen Desinfektionsmittels Sterillium. In: Bode R (Hrsg) Wirksamkeit von Desinfektionsmitteln gegen Hepatitis-B-Viren, Hygieneinf. Bode, Hamburg, S 9–17

Sonntag H-G, Gundermann K-O, Harke H-P, Horn D, Koppensteiner G, Peters J, Schwarzmann G, Werner H-P (1983) Stellungnahme zur Bedeutung und Anwendung von PVP-Iod im medizinischen Bereich. Hyg Med 8:175–178

Spicher G, Peters J (1987) Kommentar zu den Empfehlungen des Bundesgesundheitsamtes zur Durchführung der Desinfektion. BGBl 30:265

Werner HP (1982) Jodophore zur Desinfektion? 1. Mitt.: Scheinbar bakterizide Wirkung im Suspensionstest. Hyg Med 7:205–212

Weuffen W, Berling H, Haftendorn M, Hauthal H, Hetmanek R, Höppe H, Kramer A, Lorenz D, Schwotzer H, Spiegelberger E, Wigert H (1982) Wirkstoffkombination zur Desinfektion. DDR-WP A 61 L/2381, Pat-Nr. 203685

Weuffen W, Berling H, Hetmanek R (1981) Verwendung von Äthanol für Desinfektionszwecke. In: Weuffen W, Oberdoerster F, Kramer A (Hrsg) Krankenhaushygiene 2. Aufl. Barth, Leipzig, S 518–519

Weuffen W, Jülich W-D, Kramer A, Hauthal G, Lorenz D (1983) Epidermal gut verträgliche Desinfektionsmittel und Antiseptika mit antiviraler Aktivität. DDR-WP C 11 D/256 936/1

Würbach G, Schubert H, Godenschweger K (1980) Zur Wirksamkeit von Hautschutzsalben. 1. Mitt.: Schutz durch abdeckende Wirkung. Dtsch Ges.wesen 35:52–56

Kapitel 5

Gesunde Haut als Voraussetzung für eine effektive Händedesinfektion

P. Mäkelä

1 Anatomische und physiologische Bedingungen

Die Haut erfüllt insbesondere an den Händen eine wichtige Funktion als mechanische, chemische und mikrobielle Barriere (s. Kap. 20). Ihre äußere Schicht unterliegt dabei einer ständigen basalen Regeneration.

Die Epidermis setzt sich aus Zellen unterschiedlicher Keratinisierungsstadien zusammen, die fünf Schichten bilden. Die Regeneration der Epidermis beruht auf Mitosen in den basalen Anteilen und wird durch den Verlust der verhornten Zellen der äußeren Schicht stimuliert. Beeinflußt wird die Zellteilung vom allgemeinen Gesundheitszustand, der Ernährung, lokalem Druck, der Intensität des Händewaschens, UV-Strahlung, Geschlecht und Alter. Bei Männern und Jugendlichen ist die Schichtdicke der Epidermis am höchsten.

Die unter der Epidermis befindliche Dermis wird von zellulären und fasrigen Komponenten der elastischen Kollagenfasern gebildet. Schweiß- und Talgdrüsen, Haare und Nägel unterstützen die Barrierefunktion als sog. Hautanhangsgebilde. Die arterio-venösen Anastomosen bilden in den Fingern ein kapillares Netzwerk, das zur Temperaturregulation beiträgt.

Auf der Haut können prinzipiell drei Mikromilieus unterschieden werden: fettig, feucht oder trocken. Die Haut der Hände repräsentiert den letzten Typ (Marples 1965; Montagna u. Parakkal 1974; Leyden et al. 1983).

Die Morphologie und Physiologie der Haut, insbesondere an den Händen, unterliegen ebenso wie ihre Ökologie individuellen, funktionellen und ökologisch-adaptiven Einflüssen. Der pH-Wert der Hautoberfläche variiert zwischen 4,5 und 6 (im Mittel etwa 5,6). Die Zahl der aktiven Schweißdrüsen beginnt vor dem 20. Lebensjahr abzunehmen und reduziert sich bis zum 40. Lebensjahr auf weniger als die Hälfte (Noble u. Sommerville 1981). Durch die Schweißbildung wird die Hautoberfläche, besonders der Wassergehalt und die Erhaltung des sauren pH-Werts, beeinflußt (NN 1987).

Die Barrierefunktion wird in erster Linie von der äußersten Schicht, dem Stratum corneum, bestimmt. Die wasserabweisende Fähigkeit der Epidermis wird maßgeblich von den Sphingolipiden, die im untersten Teil des Stratum corneum lokalisiert sind, bestimmt. Das unter dem Stratum lucidum befindliche Stratum granulosum enthält Granula, die von einer lipidüberzogenen lamellären Membran bedeckt sind. Diese lamellären Lipide werden in den

A. Kramer et al. (Hrsg.)
Klinische Antiseptik

Extrazellulärraum abgegeben und in die Sphingolipidschicht, die das Keratin des Stratum corneum umgibt, inkorporiert, so daß das Stratum lucidum und corneum ölartig durchtränkt werden. Bei Beeinträchtigung oder Verlust der Lipidschicht wird die Barrierefunktion reduziert (NN 1987).

Die Talgdrüsen, die in die Haarfollikel oder frei münden, sezernieren den Talg, ein Gemisch aus Lipiden, Zellresten, freien Säuren u.a., der die Hautoberfläche als Emulsion bedeckt. Die Emulgierung des Oberflächenfetts wird durch die Schweißsekretion gefördert. Die Oberflächenlipide beeinflussen offenbar die Vitalität der Haut, ihren Feuchtigkeitsgehalt und das Wachstum pathogener Bakterien und Pilze. Auf dem Handrücken befinden sich nur einige 100, auf der Stirn dagegen etwa 400–900 Talgdrüsen/cm^2, während die Handinnenfläche frei von Talgdrüsen ist (Marples 1965; Leyden et al. 1983).

Auf den Händen dominieren aerobe Kokkenbakterien (Staphylokokken und Mikrokokken), gefolgt von grampositiven Stäbchenbakterien, aeroben Diphtheroiden und weniger zahlreich anaerobe Kokkenbakterien und Diphtheroide. Unter den gramnegativen Bakterien können Klebsiella, Acinetobacter und Moraxella spp. in geringerer Anzahl vertreten sein. Sofern die Haut an den Händen trocken ist, nimmt die Kolonisationsdichte, die normalerweise zwischen 10^3–10^4 KbE/cm^2 variiert, deutlich ab. Obwohl der Anteil grampositiver Kokkenbakterien etwa 90% beträgt, kann durch längeres Tragen von Handschuhen eine Proliferation gramnegativer Bakterien begünstigt werden (Noble 1983).

2 Pathophysiologische Befunde

Nägel und Nagelfälze bilden ebenso wie die Interdigitalräume spezifische Biotope. Die Hände sind stets trockenen oder feuchten Umgebungseinflüssen ausgesetzt; durch letztere wird eine Kolonisation durch gramnegative Bakterien begünstigt (Noble 1983; Gall 1986). Das betrifft in besonderem Maße Hausfrauen und Krankenhauspersonal.

- *Die Schädigung der Haut durch feuchte Umgebungseinflüsse und chemische Irritantien kann zur Zerstörung der Barrierefunktion führen.*

In der Anfangsphase wird die Lipidschicht allmählich reduziert, und die äußere Schicht des Stratum corneum verliert ihre wasserabweisende Fähigkeit. Durch Waschen mit Detergentien werden die Lipide und wasserlösliche Inhaltsstoffe der Hornschicht entfernt. Daraus resultiert eine Dehydratation der Hornschicht mit verringerter Pufferkapazität. Fällt der Wassergehalt unter 10%, sinkt die Hautelastizität und die Barrierefunktion wird weiter reduziert (Ummenhofer 1981; Lammintausta 1982). Klinisch imponieren Schuppung, Trockenheit und Erythem. Die Haut der Hände verändert sich ekzematös. Dadurch wird die mikrobielle Kolonisation verändert, und es kann eine Irritationsdermatose entstehen. Bei Fortsetzung der Mikrotraumatisierung der Haut wird die Irritationsdermatose nicht selten zum Ausgangsstadium langwieriger Ekzemprozesse (sekundäre kontaktallergische oder mikrobielle Ekzemreaktion). Eine Sensibilisierung kann – sehr selten – durch Antiseptika oder häufiger (2–3% bei Krankenhauspersonal, davon 80% Atopiker, Turjanmaa et al. 1988; Morales et al. 1989) durch Gummi-Latex-Albumin ausgelöst werden. So überrascht es nicht, daß Funktionsstörungen oder Erkrankungen der Haut besonders häufig bei im Krankenhaus Tätigen auftreten (Ojajärvi et al. 1977; Kauppinen et al. 1979; Kuokkanen et al. 1982). Daher empfiehlt es sich, bereits bei der Einstellungsuntersuchung und späteren Spezialisierung die dermale Konstitution zu berücksichtigen und die Händehygiene dem individuellen Hauttyp anzupassen.

3 Beurteilung der Verträglichkeit von Methoden der Händehygiene

Händehygiene und -desinfektion als Teil der antimikrobiellen Maßnahmen zur Prophylaxe nosokomialer Infektionen erfordern eine umfassendere Bewertung nicht nur der Desinfektionsmittel, sondern auch der Detergentien und anderer Einflußfaktoren. Letztere beinhalten chemische, physikalische, toxische, allergische und andere mögliche Nebenwirkungen.

Allgemeine Voraussetzungen: Die Frage, inwieweit von der Theorie her reproduzierbare Ergebnisse von Hautverträglichkeitsprüfungen unter Laborprüfbedingungen auf Anwendungsbedingungen in den verschiedenen Stationen eines Krankenhauses, für die ein häufiges Waschen durch unterschiedliche Individuen verschiedener Altersgruppen und in Abhängigkeit von der Jahreszeit typisch ist, übertragbar sind, ist schwierig zu beantworten. Personen, die zu Hautproblemen neigen, werden als erste über Beschwerden klagen. In einer Prävalenzstudie wurden bei 50% der Atopiker unter den Mitarbeitern Hände- und Hautprobleme festgestellt (Kuokkanen et al. 1982). Im selben Krankenhaus ergaben sich bei mehr als 20% aller Mitarbeiter dermatologische Probleme. Nur 10 von 37 Schwestern einer neonatalen Intensivtherapiestation hatten eine anhaltend niedrige Keimzahl an den Händen vor und nach Anwendung einer 4%igen Chlorhexidinemulsion (Hibiscrub®, Ojajärvi et al. 1977). Die vermutlichen Ursachen hierfür waren atopische oder andere chronische Hautstörungen einschließlich Alter und jahreszeitliche Abhängigkeit (trocken, kalt). Häufiges Waschen führt bei etwa 20% einer Population zu Hautproblemen. Andererseits gibt es eine Gruppe junger Mitarbeiter mit gesunder und sehr widerstandsfähiger Haut. Freiwillige Probanden, wie sie in laborexperimentellen Studien eingesetzt werden, repräsentieren die letztgenannte Population. Der Hauptteil der Gaußschen Verteilungskurve sollte bei derartigen Studien berücksichtigt werden. Wenn sich die vorgeschlagene Methode im Anwendungstest auf einer Station mit hoher Frequenz von hygienischer Händewaschung und -desinfektion, also bei hoher dermaler Belastung, bewährt, kann sie natürlich auch in den übrigen Krankenhausbereichen akzeptiert werden.

Die Prüfperiode sollte im Winter, also bei kalten und trockenen Bedingungen, vorgesehen werden. Die Probanden sollten während der laufenden Untersuchungen keinen längeren Urlaub haben. Es muß eine Kontrollgruppe mitgeführt werden. Der Prüfzeitraum sollte mindestens 2 × 2 Wochen umfassen und als cross-over-Studie angelegt sein (Kolari et al. 1989), wobei alle Mitarbeiter einschließlich besonders hautempfindlicher Personen einzubeziehen sind. Für Populationen mit bestehenden oder aus der Vergangenheit bekannten Hautproblemen sollte der Prüfzeitraum auf 2–4 Monate ausgedehnt werden (Lauharanta et al. 1991).

Parameter:

- *Die Wahl der Parameter für längerfristige Studien bei Mitarbeitern sollte in erster Linie vom Dermatologen getroffen werden und Störungen der Hautgesundheit erfassen.*

Untersucht wurden exakte physiologische Parameter wie Hautdurchblutung, Hauttemperatur, transepidermaler Wasserverlust und Hautfaltendicke (Larson 1985; Larson et al. 1986; Kolari et al. 1989; Lauharanta et al. 1991). Zur Beurteilung von Detergentien und Desinfektionsmitteln gibt es einige vielversprechende Arbeiten zur Bestimmung des transepidermalen Wasserverlusts. In umfangreichen Untersuchungen zur Bewertung der Wirkung einer einmaligen Händewaschung waren die Differenzen auf Grund der beträchtlichen Streuungen nicht signifikant. Eine Waschdauer von 30 s verursachte einen Anstieg der Hauttemperatur und des transepidermalen Wasserverlusts, deren Werte erst nach 15 min wieder das Ausgangsniveau erreichten.

Besonders in Populationen mit Hautproblemen ist die dermale Mikroflora zur Einschätzung der Verträglichkeit von Methoden der Händehygiene unter speziellen Stationsbedingungen ungeeignet. Mit der Methode der Keimgewinnung im Arbeitsprozeß mit Hilfe von Folienbeuteln kann die Anzahl von Probanden und die Prüfdauer eingeschränkt werden. Wegen der biologischen Streuung der Keimzahlen sind signifikante individuelle und Gruppenunterschiede jedoch schwer erreichbar.

In einer längerfristigen Studie auf einer neonatalen Intensivtherapiestation ergaben sich klare Unterschiede in Hinblick auf die Gesamtkeimzahl an den Fingerspitzen vor und nach Waschung mit einem chlorhexidinhaltigen Detergent oder mit Seife + alkoholischem Desinfektionsmittel. Prävalenzstudien auf Krankenhausstationen mit Fingerabdruckkulturen unmittelbar vor dem Waschen können Rückschlüsse zur Praxis des Händewaschens ermöglichen. Eine alarmierende Situation war schon nach 2wöchiger Anwendungsdauer auf einer neonatalen Intensivtherapiestation feststellbar (Ojajärvi et al. 1977).

Dermatologische Bewertung: Die Beurteilung der Haut kann mit einem speziellen Punktsystem vorgenommen werden. Die Bewertung wird separat rechts und links palmar und dorsal auf 4 verschiedenen Hautarealen durchgeführt. Der Trockenheitsindex variiert von 0–3, ekzematöse Veränderungen ebenfalls von 0–3 und deren Ausdehnung von 0–5. In einer 4monatigen Einzelblindstudie im Winter wurden signifikante und zuverlässige Ergebnisse bezüglich der Einschätzung von hygienischer Händewaschung und -desinfektion erhalten (Lauharanta et al. 1991). Die Erfassung abgeschilferter Zellen oder Klumpen des Stratum corneum auf einem adhärenten Objektträger, der auf die Mitte des Handrückens gedrückt wird, ist nach Methylenblaufärbung mikroskopisch möglich (Larson et al. 1986). Die Befunde werden in die Kategorien leichte, mittlere oder starke Desquamation eingestuft und können die Aussagefähigkeit dermatologischer Bewertungen erhöhen.

Selbsteinschätzung: Der Wert der Selbsteinschätzung basiert auf einer zurückliegenden individuellen Kontrollperiode unter vergleichbaren klimatischen Bedingungen. Das ist nur erreichbar mit 2 separaten Gruppen als cross-over-Studie. Fragebögen enthalten oft nur Leitfragen und können dadurch irreführende Ergebnisse liefern. Eine von jeweils derselben Person vorgenommene Bewertung führt zu besseren Ergebnissen. Die Selbstbewertung vermag zusätzliche Informationen für die dermatologische Beurteilung zu geben und ist sehr zuverlässig.

4 Verbesserung der Verträglichkeit von hygienischer Händewaschung und -desinfektion

Händewaschung und -reinigung: Von gesunder Haut, die nicht zu oft mit Detergentien und Wasser gewaschen wird, können sowohl Schmutz als auch transiente Keime wirksam entfernt werden. Wenn die Hände viermal in der Stunde gewaschen werden, ist die Zeitspanne nicht ausreichend, daß sich die physiologischen Parameter jeweils wieder auf ihr Ausgangsniveau normalisieren. Zu häufiges Waschen führt daher zur Entfettung und Verminderung der Barrierewirkung. Ein auf Grund experimenteller Studien als gut verträglich eingestuftes Reinigungsmittel auf Detergentbasis wird von etwa 70–80% der Benutzer als akzeptabel eingeschätzt, sogar auf Intensivtherapiestationen.

- *Zur Händereinigung sollte am besten zuerst eine Ölemulsion ohne Wasser benutzt werden. Danach werden die Hände mit Wasser abgespült.*

Dieses Vorgehen erwies sich auch in längerfristigen Studien bei Personen mit zurückliegenden Hautproblemen als geeignet (Kolari et al. 1989; Lauharanta et al. 1991). Auf diese Weise ist ein Programm der Händehygiene und -desinfektion für die Gewährleistung der individuellen Hautgesundheit als Grundlage für eine effektive hygienische bzw. chirurgische Händedesinfektion erreichbar. Besondere Bedeutung erlangt die richtige Problemlösung in Bereichen mit hoher Asepsis wie in der Intensivtherapie oder hämatologischen Stationen.

Händedesinfektion: Der antimikrobielle Wirkstoff kann im Detergent enthalten sein, separat nach dem Waschen und Abtrocknen oder ohne vorheriges Waschen angewendet werden. Die weitverbreitete Anwendung von Desinfektionsmitteln auf alkoholischer Basis mit hautpflegenden Zusätzen und z.T. zusätzlich enthaltenen antiseptischen Wirkstoffen wie Chlorhexidin ist auch ohne vorheriges Waschen effektiv. Außerdem trägt die häufige Anwendung von Händedesinfektionsmitteln zur Unterbrechung von Kreuzinfektionen ohne vorherige Händewaschung zur Schonung der Haut bei. Die Prüfung im Anwendungstest erfolgte sowohl für Antiseptikum-Detergent-Kombinationen als auch für separate Desinfektionsmittelanwendung (Kolari et al. 1983;

Lauharanta et al. 1991). Mit alkoholischen Desinfektionsmitteln sind mikrobiologisch gleichwertige bzw. bessere Ergebnisse als mit wahrscheinlich gut verträglichen Detergent-Antiseptikum-Kombinationen erreichbar. Der einzige Unterschied besteht darin, daß bei sehr empfindlicher bzw. belasteter Haut, die bei bis zu 30% der Mitarbeiter vorliegt, nach dem Waschen mit einer Emulsionsreinigungsmethode die Anwendung eines separaten Desinfektionsmittels auf alkoholischer Basis toleriert wird.

Compliance von Händewaschen und -desinfektion: Aus verschiedenen Studien ist eine Compliance für die Händewaschung auf Intensivtherapiestationen von etwa 30% bei Ärzten und etwa 40% bei Schwestern bekannt (Albert u. Condia 1981; Conly et al. 1983; Mayer et al. 1986). Die Häufigkeit des Händewaschens vor und nach Patientenkontakt kann durch Erziehung erhöht werden. Andererseits besteht die deutliche Tendenz bei Personen mit Hautproblemen, das Händewaschen zu vermeiden (Ojajärvi et al. 1977). Das Interesse an Handwaschpraktiken sollte durch Anwendungstests zur Feststellung der geeignetesten Methode vom Standpunkt der beruflichen Gesunderhaltung geweckt werden. Händewaschung und -desinfektion sollten stets in gleicher Weise durchgeführt werden. Wenn die Anwendungspraxis gut hautverträglich ist, ist eine gute Compliance zu erwarten.

Schlußfolgerungen: Die Händewaschung als Bestandteil der Händehygiene wird von jungen Personen mit gesunder widerstandsfähiger Haut gut toleriert. Die Verträglichkeit kann durch gut ausgewählte Detergentien und Additive verbessert werden. Eine hohe Frequenz der Händewaschung, mehr als viermal pro Stunde, sollte vermieden werden. Personen mit empfindlicher Haut sollten ein Händedesinfektionsmittel mit hautpflegenden Zusätzen und, falls erforderlich, zur Hautreinigung eine Ölemulsion verwenden, die abgespült wird. Danach liefert die Anwendung eines Desinfektionsmittels gute Ergebnisse, ohne die Haut anzugreifen. Dadurch wird zugleich die Compliance verbessert, so daß die Notwendigkeit einer erfolgreichen Händehygiene schließlich bis 100% erreichen kann (Gardner et al. 1986; Reybrouck 1986; Larson 1988).

- *Die höchste Priorität besitzt eine gesunde gepflegte Haut als Voraussetzung zur effektiven hygienischen und chirurgischen Händedesinfektion. Die guten Ergebnisse hoher Reduktionsraten sind nur bei gesunder Haut an den Händen reproduzierbar.*

Danksagung: Für Vorschläge und Veränderungen aus dermatologischer Sicht bin ich Herrn Prof. R. Niedner, Freiburg, zu Dank verbunden.

Literatur

Albert RK, Condia F (1981) Handwashing patterns in medical intensive care units. N Engl J Med 304:1465–1466

Anonymous (1987) The epidermal barrier. Lancet 1:1414

Conly JM, Hill S, Ross J, Lerzman J, Louie TJ (1989) Handwashing practices in an intensive care unit: The effects of an educational program and its relationship to infection rates. Am J Inf Contr 6:330–339

Gall H (1986) Hautschäden durch Desinfektionsmittel. Hyg Med 11:13–16
Garner JS, Favero MS (1986) Guideline for handwashing and hospital environmental control. 1985 (CDC guidelines for the prevention and control of nosocomial infections) Am J Inf Contr 14:110–115, 126–129
Kauppinen K, Kolho L, Mäkelä P, Pirilä V, Turjanmaa K (1979) Hand eczema of hospital Aids. Suomen Lääkärilehti 26:2088–2090
Kolari PJ, Ojajärvi J, Lauharanta J, Mäkelä P (1989) Cleansing of hands with emulsion – a solution to skin problems of hospital staff? J Hosp Inf 13:377–386
Kuokkanen K, Grönroos P, Mäkinen H, Yrjänäinen R (1982) Hand-dermatics of hospital employees. Suomen Lääkärilehti 22:1948–1950
Lammintausta K (1982) Risk factors for hand dermatitis in wet work. Doctorar Thesis, Med Fac Univ Turku
Larson E (1988) Guideline for use of topical antimicrobial agents. APIC guidelines for infection control practice. Am J Inf Contr 16:253–266
Larson E (1985) Handwashing and skin; physiologic and bacteriologic aspects. Inf Contr 6:14–23
Larson E, Leyden JJ, Mc Ginley KJ, Grove GL, Talbot GH (1986) Physiologic and microbiologic changes in skin related to frequent hand washing. Inf Contr 7:59–63
Larson E, McGinly KJ, Grove GL, Leyden JJ, Talbot GH (1986) Physiologic, microbiologic and seasonal effects of handwashing on the skin of health care personnel. Am J Inf Contr 14:51–59
Lauharanta J, Ojajärvi J, Sarna S, Mäkelä P (1991) Prevention of dryness and eczema of the hands of hospital staff by emulsion cleansing instead of washing with soap. J Hosp Inf 17:207–215
Leyden JJ, MacKingley K, Webster G (1983) Cutaneous Microbiology. Goldsmith LH (ed) Biochemistry and Physiology of the Skin. Oxford, Oxford Univ Press
Marples MJ (1965) The Ecology of the Human Skin. Thomas, Springfield
Mayer JA, Dubbert PM, Miller M, Burkett PA, Chapman SW (1986) Increasing handwashing in an intensive care unit. Inf Contr 5:259–262
Montagna W, Parakkal PF (1974) The structure and function of the skin. Academic Press, N.Y.
Morales C, Basomba A, Carreira P, Sastre A (1989) Anaphylaxis produced by rubber glove contact. Case reports and immunological identification of the antigens involved. Clin Exp All 19:425–430
Noble WC, Sommerville P (1981) Microbiology of Human Skin. 2nd ed, Lloyd-Luke, London
Series. Lloyd-Luke, London
Noble WC, Sommerville P (1981) Microbiology of Human Skin. 2nd ed, Lloyd-Luke London
Ojajärvi J, Mäkelä P, Rantasalo I (1977) Failure of hand disinfection with frequent hand washing: need for prolonged field studies. J Hyg Camb 79:107–119
Reybrouck G (1986) Handwashing and hand disinfection. J Hosp Inf 8:5–23
Turjanmaa M, Reunala T (1988) Contact urticaria from rubber gloves. Derm Clin 6:47–51
Ummenhofer B (1981) Hornschicht-physiologische Grundlagen der Prävention und Rehabilitation von Berufsekzemen. Dermatosen 29:102

Kapitel 6

Hautantiseptik

P. Heeg und B. Christiansen

1 Mikrobiologische Kurzcharakteristik des Biotops

Die Haut des Menschen ist ein komplexes Organ mit einer Vielzahl von Aufgaben. Hautanhangsgebilde, wie Haare, Schweißdrüsen und Talgdrüsen, die zum Teil einen Einfluß auf die Qualität und Quantität der physiologischen Hautflora haben, sind in ihrer Anzahl nicht gleichmäßig über die Körperoberfläche verteilt. Talgdrüsen findet man am ganzen Körper mit Ausnahme der Fußsohlen und Handteller. Besonders reich an Talgdrüsen sind Stirn, Gesicht und die mittleren Anteile des Rückens und der Brust. Apokrine Schweißdrüsen sezernieren von der Pubertät an in den Axillen, der Perianal- und -genitalregion, in der Umgebung der Mamillen und des Nabels eine Flüssigkeit, die an der Hautoberfläche von Bakterien zersetzt wird und dadurch einen spezifischen, individuell unterschiedlichen Geruch erzeugt. Ekkrine Schweißdrüsen produzieren Schweiß für die Thermoregulation. Die größte Dichte an diesen Drüsen zeigen Fußsohlen, Handteller und Stirn.

Die Hautflora zeigt erhebliche topographische Unterschiede, d.h. Keimarten und Keimzahlen sind je nach Körperregion (z. B. Hände, Axilla, Kopf, Arme) unterschiedlich. Bereits Price (1938) unterteilte die Mikroorganismen an der Haut in die „residente" und die „transiente" Hautflora. Die residente Flora lebt ständig auf der Haut, vermehrt sich dort und ist für den Träger in der Regel nicht pathogen. Zu ihr gehören vor allem grampositive Kokken (Mikrokokken, Staphylokokken), Corynebakterien („Diphtheroide"), anaerobe Propionibakterien und in bestimmten Bereichen Enterokokken, gramnegative Stäbchen und Sporenbildner (Evans et al. 1950; Kloos u. Musselwhite 1975; Noble u. Somerville 1981). Die residente Flora ist beim Gesunden in Art und Zahl für den jeweiligen Träger über lange Zeit stabil, zwischen den Individuen können jedoch vor allem bei den Keimzahlen erhebliche Unterschiede bestehen. An talgdrüsenarmer Haut sind die aerobe und anaerobe Keimzahl/cm^2 etwa gleich, an talgdrüsenreicher Haut liegt die Zahl der Anaerobier (vorwiegend Propionibakterien) ein bis zwei Zehnerpotenzen höher (Tabelle 6-1). Hohe Feuchtigkeit und Temperatur haben anscheinend nur einen geringen wachstumsfördernden Einfluß auf die residente Hautflora, wenn man von den gramnegativen Stäbchenbakterien absieht (McBride et al. 1977). Bei Kontaminationsversuchen an der Haut lepröser Patienten, die nicht

A. Kramer et al. (Hrsg.)
Klinische Antiseptik

Tabelle 6-1. Durchschnittliche aerobe und anaerobe Keimzahlen/cm² Haut in verschiedenen Körperregionen, ermittelt durch Biopsien, Schabe- und Spülmethoden. Angabe der am häufigsten isolierten Spezies

Region	aerobe Keimzahl	anaerobe Keimzahl	vorwiegend gefundene Arten
Arme, Beine	10^2-10^3	10^2-10^3	Staphylokokken, Mikrokokken, Corynebakterien, Propionibakterien, wenig Acinetobacter spp. u. a.
Hände	10^2-10^3	10^2-10^3	Staphylokokkn, rel. wenig Propioni- und Corynebakterien
Fußsohle	10^4-10^5	10^1-10^2	Staphylokokken, Corynebakterien, gramnegative Stäbchen, wenig Propionibakterien und Pilze
Abdomen	10^3	10^3-10^4	Staphylokokken, Corynebakterien, Propionibakterien
Rücken	10^3-10^4	10^4-10^5	Staphylokokken, Propionibakterien, wenig andere Spezies
Sternum	10^3-10^4	10^4-10^5	Staphylokokken, Corynebakterien, Propionibakterien
Leiste	10^3-10^4	10^3-10^4	Staphylokokken, Corynebakterien, Propionibakterien, wenig gramnegative Stäbchen und Pilze
Stirn	10^4-10^5	10^5-10^6	Propionibakterien, Staphylokokken, Mikrokokken, Corynebakterien
Kopfhaut (Skalp)	10^5-10^6	10^5-10^6	Propionibakterien, Staphylokokken, Mikrokokken, Corynebakterien, wenig andere Spezies
Axilla	10^4-10^6	10^5	Staphylokokken, gramnegative Stäbchen (v. a. Klebsiella, Enterobacter, Alcaligenes spp.), wenig Propioni- und Corynebakterien
Perineum	in Literatur praktisch nur qualitat. Untersuchungen zu finden (zu geringe Fläche)		Staphlokokken (auch S. aureus), Corynebakterien, gramnegative Stäbchen (v. a. E. coli, Proteus u. Pseudomonas spp.)

mehr schwitzen konnten, zeigte sich, daß vor allem Staphylokokken nur sehr wenig Feuchtigkeit benötigen (Kumar et al. 1988).

• *Baden oder Duschen unter Verwendung von Seife führt zu einem Anstieg der nachweisbaren Keimzahlen auf der Haut (Holt 1971).*
Hierfür kommen mehrere Gründe in Frage:

- Durch die Entfernung von Hautschuppen werden in tieferen Schichten liegende Mikroorganismen an die Oberfläche verlagert.

- Durch Detergentien werden Bakterienaggregate (sog. Mikrokolonien), wie sie auf der Haut vorkommen, aufgelöst und die einzelnen Zellen verteilen sich über die Hautoberfläche.
- Durch die Entfernung des Hautfetts wird das Hautmilieu gestört und Mikroorganismen können sich ohne die inhibierende Wirkung der Fettsäuren vermehren.

Möglicherweise spielen auch noch andere Faktoren eine Rolle.

Der Hauptteil der Residentflora besiedelt das Stratum corneum und die oberen Anteile von Haarfollikeln und Talgdrüsenausführungsgängen (Röckl u. Müller 1959; Noble 1968). Nur ca. 20% der Mikroorganismen kommen in Schichten tiefer als 0,3 mm vor (Baxby u. Woodroffe 1965); in diesem Bereich sind fast nur noch Propionibakterien zu finden (Wolff u. Plewig 1976).

Die Transientflora resultiert aus dem Kontakt mit der Umgebung. Sie umfaßt Mikroorganismen, die durch Kontakt oder aerogen (Anflugflora) auf die Haut aufgebracht werden. In der Regel werden diese – unter Umständen auch pathogenen Mikroorganismen – schnell durch das Hautmilieu und Stoffwechselprodukte der eigenen Residentflora eliminiert. Sie können jedoch auch auf andere Personen oder Gegenstände in der Umgebung weiter übertragen werden. Einige, zunächst transiente Mikroorganismen können offensichtlich für relativ lange Zeit, u.U. jahrelang, resident werden. Auf diese Art und Weise entstehen Träger pathogener Keime (S. aureus, C. diphtheriae, Pilz-Spezies), ohne daß es zu einer Erkrankung durch diese Erreger kommt.

2 Bedeutung der Hautflora für die Entstehung von Infektionen

Es ist zwischen endogenen und exogenen Infektionen zu unterscheiden, wobei eine Grenze nicht immer scharf zu ziehen ist, vor allem dann, wenn exogene Maßnahmen eine infektbahnende Rolle für endogene Infektionen spielen.

- *Bei der endogenen Infektion wird der Patient durch Mikroorganismen seiner eigenen Residentflora infiziert.*

Begünstigt wird ein solcher Vorgang, wenn Mikroorganismen von ihrem physiologischen Standort in ein anderes Milieu verbracht werden (z. B. E. coli vom Genitalbereich in die Harnblase, S. aureus von der Haut in eine offene Wunde). Auch Gasbrandinfektionen sind – einen hohen Hygienestandard vorausgesetzt – häufig endogen verursacht, wenn Clostridien aus dem Darm oder von der Haut der Perianalregion in das Gewebe (z. B. Operationswunde) gelangen können. Besonders häufig sind endogene Infektionen in Zusammenhang mit Fremdkörpern, die implantiert oder auch nur kurzfristig (z. B. Venenkatheter) in den Körper eingeführt werden. Man spricht von „Katheterinfektion", „Endoplastitis" oder – besser – katheterassozierter Infektion. Insbesondere Koagulase-negative Staphylokokken (aber auch S. aureus u. Candida spp.) besitzen eine besondere Affinität zu Kunststoffmaterialien, an deren Oberfläche sie sich schnell anhaften und unter Produktion einer schleimartigen Substanz („Glycocalix") einen dichten Belag („Biofilm") bilden. Ausgehend von derartigen Bakterienthromben können sich Erreger hämatogen metastatisch absiedeln. In Verbindung mit Fremdkörpern genügen sehr wenige Erreger, um die Bildung eines mikrobiellen Belags zu erzeugen und damit u.U. eine Infektion auszulösen. Klinisch können solche Infektionen Wochen bis Monate nach einer Implantation auftreten.

• *Bei der exogenen Infektion stammt der Erreger nicht aus der Residentflora des infizierten Patienten, sondern wurde „von außen" (z. B. durch andere Menschen, durch Gegenstände, durch die Luft) übertragen.*
Sowohl für die Entstehung endogener wie exogener Infektionen ist neben der Art und Zahl der Erreger die Abwehrsituation des Patienten von großer Bedeutung. Bei bestimmten Erkrankungen bzw. medikamentösen Behandlungen (Antibiotika) und durch die Hospitalisierung kann das Hautmilieu und damit die Residentflora empfindlich gestört weren. So ist z. B. auf der Haut atopischer Kinder besonders häufig S. aureus nachweisbar (Keswick et al. 1987). Bei Diabetikern kommen vermehrt gramnegative Stäbchen, Pilze und andere potentiell pathogene Mikroorganismen auf der Haut vor. Durch Behandlung mit Immunsuppresiva, Antibiotika oder Zytostatika wird die Residentflora quantitativ und qualitativ verändert, was ebenfalls zu einer vermehrten Kolonisierung der Haut mit gramnegativen Stäbchen, Pilzen oder auch antibiotikaresistenten Bakterienarten (z. B. methicillin-resistenten Staphylokokken) führen kann.

• *Aus klinischer und infektiologischer Sicht birgt die Störung der residenten Flora zweierlei Gefahren: Zum einen die Gefährdung des Patienten in Sinne der endogenen Infektion, zum anderen die mögliche Übertragung dieser Erreger auf andere Personen (Krankenhauspersonal, Patienten) oder in die Umgebung.*
Das Risiko einer exogenen nosokomialen Infektion wird durch derartige Kolonisierungsvorgänge also generell erhöht.

3 Wirkstoffe zur Hautantiseptik und ihre Anwendungsmöglichkeiten

• *Ähnlich wie im Bereich der Händedesinfektion besitzen für die Hautantiseptik die Alkohole Ethanol, 1-Propanol (n-Propanol) und 2-Propanol (Isopropanol) eine dominierende Bedeutung.*
Der Grund liegt auch hier darin, daß die Alkohole als Wirkstoffe ein für viele Anwendungsbereiche ausreichendes Wirkungsspektrum, rasche Wirksamkeit und gute Verträglichkeit in sich vereinigen.

• *Neben den Alkoholen besitzen Polyvinylpyrrolidon-(PVP)-Iod sowie in zweiter Linie Wirkstoffe mit Tensidcharakter eine Bedeutung.*
Phenolderivate oder Oxidantien werden allenfalls unter besonderen Voraussetzungen bzw. als Hilfswirkstoffe angewandt.

3.1 Alkohole (Ethanol, 1-Propanol, 2-Propanol)

Ethanol wird in der Regel in einer Konzentration von 70–80 Vol% zur Hautantiseptik angewandt, die Propanole dagegen in etwas geringerer Konzentration. In ihrer bakterioziden Wirksamkeit entsprechen sich etwa 70–80 Vol% Ethanol, 60–70 Vol% 2-Propanol und 40–50–60 Vol% 1-Propanol (Rotter et al. 1977). Das Wirkungsspektrum umfaßt gramnegative und grampositive vegetative Mikroorganismen einschließlich der Mykobakterien, letztere allerdings nur bei etwas längerer Einwirkzeit. Bakteriensporen werden durch Alkohole bekanntermaßen nicht beeinflußt. Aufgrund der lipidlösenden Eigenschaften der Alkohole ist ein viruzider Effekt vor allem bei behüllten Virusarten zu erwarten, wie z. B. bei Influenza-, Herpes- und Retroviren. Das zu den behüllten Virusarten zu zählende Hepatitis B-Virus wird durch 82%iges Ethanol innerhalb von 15 min morphologisch weitgehend zerstört (Kuwert et al. 1981), im Tierversuch zeigte sich bereits nach 2 min Einwirkzeit ein Infektiositätsverlust (Kobayashi et al. 1984). Auch für 2-Propanol wurde die viruzide Wirksamkeit – innerhalb von 10 min gegen angetrocknetes HBV – nachgewiesen (Bond et al. 1983).

Widersprüchliche Aussagen existieren zur Wirksamkeit von Alkoholen gegen kleine, unbehüllte Virusarten, wie Polio- und Coxsackie-Viren. Insbesondere bei den Propanolen kann hier nicht mit einem viruziden Effekt gerechnet werden (Klein u. Deforest 1963; Kewitsch u. Weuffen 1969, 1970). In den zuvor genannten Konzentrationen sind Alkohole wirksam sowohl gegen Sproß- wie gegen Hyphenpilze (z. B. Dermatophyten).

Ebenso wie zur Händedesinfektion werden auch zur Hautantiseptik Alkohole häufig mit anderen Wirkstoffen kombiniert, wobei z. B. Phenolderivate, kationische Tenside, organische Quecksilberverbindungen, organische Säuren, Iodophore oder Wasserstoffperoxid eingesetzt werden. Bei einigen der genannten Zusätze wird eine antimikrobielle Nachwirkung (Remanenzwirkung) beabsichtigt, die allerdings nur für wenige dieser Substanzen belegt ist (z. B. für Chlorhexidin und Octenidin, nicht jedoch für Quats, Phenole oder PVP-Iod). Durch Kombination von Alkoholen mit Peressigsäure (z. B. mit 33% 1-Propanol + 0,2% Peressigsäure) wird eine verbesserte Viruzidie, aber auch Sporozidie erreicht (Sprößig u. Mücke 1965; Schau 1973). Eine Wirksamkeit gegen Bakteriensporen (Gasbrandprophylaxe) wird derzeit allerdings nicht für erforderlich gehalten.

Bei einer Kontamination der Haut der Regio glutaea mit Clostridien aus dem Dickdarm ist davon auszugehen, daß es sich um vegetative Formen handelt, die – sofern sie im aeroben Milieu der Hautoberfläche nicht ohnehin rasch absterben – durch Alkohol abgetötet werden. Die niedrige Inzidenz von Gasbrandinfektionen nach Injektion (gesetzliche Meldepflicht in der Bundesrepublik Deutschland!) kann ebenfalls als Indiz dafür gewertet werden, daß eine sporozide Hautantiseptik nicht verlangt werden muß. Abgesehen davon ist eine ausreichende Sporenreduktion auf der lebenden Haut durch in vitro sporozide Antiseptika bisher nicht nachgewiesen.

Die vegetative Residentflora wird durch Alkohole innerhalb von 15 bis 30 s um rund 1,5–2,5 lg-Stufen reduziert (Christiansen et al. 1984; Heeg u. Bernau

1984). Bei Kontamination der Haut mit transienten Mikroorganismen liegen die Reduktionsfaktoren wesentlich höher und erreichen nahezu 5 lg-Stufen. Auf talgdrüsenreicher Haut, wie sie an der Stirn oder im Bereich der Schweißrinne am Rücken anzutreffen ist, fällt die Keimzahlreduktion, insbesondere durch Alkohole, geringer aus und liegt – bei den genannten, kurzen Einwirkzeiten – deutlich unter 1 lg-Stufe. In diesen Bereichen dominieren anaerobe Spezies (z. B. Propionibakterien im Bereich der Stirn), die gegen Alkohole weniger empfindlich sind als etwa Mikrokokkazeen (Hartmann 1983). Während in talgdrüsenarmen, „trockenen" Hautarealen eine Verlängerung der Einwirkzeit von Alkoholen über 30 s hinaus keine Wirkungsverbesserung bewirkt, können an der Stirn durch Verlängerung der Einwirkzeit auf 10 min, bei ständig wiederholter Applikation des Antiseptikums, die Reduktionsraten auf nahezu 2 lg-Stufen gesteigert werden (Christiansen u. Gundermann 1986). Zu den unerwünschten Eigenschaften der Alkohole in Zusammenhang mit der Antiseptik gehört die leichte Entflammbarkeit. Aufgrund sicherheitstechnischer Vorschriften liegen die Flammpunkte handelsüblicher Zubereitungen über 21 °C. Der niedrige Flammpunkt von Ethanol ist einer der Gründe, warum häufig Propanolgemische ohne oder mit geringem Ethanolanteil angewandt werden.

Bei bestimmungsgemäßer Anwendung alkoholischer Hautantiseptika werden über die intakte Haut, selbst bei mehrfach täglicher Anwendung, nur geringe Alkoholmengen resorbiert, die toxikologisch keine Bedeutung besitzen. Die lokal irritierende Wirkung der Alkohole auf der Haut ist Ausdruck einer Zerstörung des Wasser-Lipid-Mantels, dem eine wesentliche Schutzfunktion zukommt. Niedrige Umgebungstemperaturen und geringe Luftfeuchtigkeit begünstigen Hautschädigungen. Bei der Anwendung von Alkoholen im Rahmen wiederholter antiseptischer Maßnahmen bzw. bei vorgeschädigter Haut (z. B. durch Bestrahlung) kann die Anwendung von Hautpflegepräparaten angezeigt sein.

3.2 Polyvinylpyrrolidon (PVP)-Iod

Iod besitzt ein breites Wirkungsspektrum gegenüber Bakterien, Pilzen und Viren; Angaben zur sporoziden Wirksamkeit sind allerdings widersprüchlich und lassen nicht die Ableitung einer klinischen Relevanz zu. PVP-Iod gehört zu den sog. Iodophoren, also Verbindungen, bei denen das Iod in die Struktur eines „großen" Trägermoleküls eingelagert ist und daraus freigesetzt werden kann. Die meisten handelsüblichen Iodophore enthalten 0,5–1,75% Iod, von dem bei Verdünnung mit Wasser etwa 80–90% verfügbar werden. Die Wirksamkeit ist im sauren Bereich besser als in alkalischem Milieu (Wallhäußer 1988).

Nach anfänglichem Optimismus in der Einschätzung der Iodophore zeigten sich Wirkungslücken z. B. gegen Viren (Polio-, Adeno-, Hepatitis B-Viren), gegen E. coli und P. aeruginosa, vor allem aber gegen grampositive Erreger wie S. aureus und Enterococcus spp. (Werner 1984). Die Entwicklung neuer Formulierungen führte zu Präparaten mit deutlich verbesserter Wirksamkeit gegenüber grampositiven Mikroorganismen. Die Ursache dafür ist ein höherer Gehalt an freiem, nicht komplex gebundenem Iod, dem alleinigen Träger der Wirksamkeit (Koppensteiner 1984, Schubert 1985). Durch organische Belastung wird die Wirksamkeit konzentrierter PVP-Iod-Präparate im allgemeinen nicht beeinträchtigt.

Aufgrund der Iodresorption ist insbesondere der wiederholte Einsatz von Iodophoren wegen der Gefahr einer Hypothyreose oder – selten – einer thyreotoxischen Krise bei Neugeborenen, Säuglingen und in der Schwangerschaft kritisch abzuwägen; dies gilt grundsätzlich auch für Patienten mit bestimmten Schilddrüsenerkrankungen, z. B. Struma (Sourgens et al. 1984).

3.3 Wirkstoffe mit Tensidcharakter

Quarternäre Ammoniumverbindungen (Quats) besitzen Wirkungslücken gegenüber Viren (hydrophile Virusarten) und gramnegativen Bakterien sowie einen ausgeprägten Eiweißfehler, so daß sie nur in Kombination mit Alkoholen zur Hautantiseptik angewandt werden sollten. Der Wert derartiger Kombinationspräparate ist umstritten, zumal ein Remanenzeffekt nicht gegeben ist und Quats bezüglich Hautverträglichkeit und Toxizität als mäßig verträglich zu bewerten sind.

Chlorhexidin als Vertreter der Biguanide besitzt einen ausgeprägten Remanenzeffekt, d.h. die endogene und exogene Wiederbesiedlung der Haut nach antiseptischer Behandlung wird signifikant verzögert. Die insgesamt jedoch schwache keimreduzierende Wirksamkeit des Chlorhexidin kann durch Kombination mit Alkoholen ausgeglichen werden. Auf diese Weise wird die initial starke Keimreduktion durch den Alkohol genutzt und die dadurch entstandene Keimarmut auch nach dem Verdunsten der Alkohole über einen Zeitraum von bis zu 48 h erhalten. Aufgrund seiner mutagenen Potenz (Paldy et al. 1984) ist die längerfristige Anwendung von Chlorhexidin mit Zurückhaltung zu bewerten.

Kombinierte Formulierungen von Polihexanid und Quats zeigten in vivo eine PVP-Iod-Präparaten vergleichbare Keimreduktion an der Haut.

Zu den kationaktiven Verbindungen ist auch Octenidin zu rechnen, das hinsichtlich seiner gleichmäßigen Wirksamkeit gegenüber grampositiven und gramnegativen Bakterien anderen kationaktiven Verbindungen überlegen ist. Die Kombination mit Ethanol oder Propanolen ergibt eine hohe und anhaltende Keimreduktion an der Haut. An talgdrüsenreicher Haut (Stirn) zeigte sich die Kombination von Propanolen und Octenidin signifikant wirksamer als 70%iges 2-Propanol alleine (Christiansen 1988).

3.4 Sonstige Wirkstoffe

Neben den bereits behandelten Iodophoren spielen auch andere Halogenverbindungen eine Rolle als antiseptische Wirkstoffe. Eine gewisse Bedeutung besitzt Tosylchloramidnatrium (Chloramin T), dessen Wirksamkeit – wie die von Hypochlorit – auf der Abspaltung von Chlor und Sauerstoff in wäßriger Lösung beruht. Die Verbindung besitzt ein breites antimikrobielles Wirkungsspektrum unter Einschluß der Polioviren. Keine Wirksamkeit besteht gegen Sproßpilze und Bakteriensporen. Insbesondere bei gramnegativen Bakterien muß unter fortgesetzter Anwendung mit einer Resistenzzunahme gerechnet werden (Kramer et al. 1984).

Chloramin T wird, neben anderen Präparaten, vom Bundesgesundheitsamt zur hygienischen Händedesinfektion im Rahmen von gesetzlichen Seuchenbekämpfungsmaßnahmen empfohlen.

Im Gegensatz zur Entstehungszeit der Antiseptik spielen Phenole heute eine vergleichsweise untergeordnete Rolle. Eine gewisse Ausnahmestellung nimmt 2-Phenylphenol ein, das z. B. in alkoholbasierten Präparaten oder in Seifenzubereitungen auch heute Anwendung findet. 2-Phenylphenol ist sowohl mikrobiostatisch als auch mikrobiozid wirksam, besitzt jedoch keine Wirkung gegenüber unbehüllten Virusarten mit Ausnahme der Adenoviren (Klein u. Deforest 1963). In Verbindung mit Propanolen und waschaktiven Substanzen konnte eine Wirkung von 2-Phenylphenol gegenüber Hepatitis-B-Viren nachgewiesen werden, wobei es sich vermutlich um einen Synergismus aller beteiligten Komponenten handelt (Harke 1982).

Die breite antimikrobielle Wirksamkeit von Wasserstoffperoxid ist lange bekannt, sie weist allerdings speziesabhängig (Katalaseaktivität!) große Unterschiedlichkeit auf (Baldry 1983). Unter Laborbedingungen werden Viren inaktiviert, Bakterien, Pilze und Bakteriensporen abgetötet (Übersicht bei Kramer et al. 1987). Mit Alkoholen und Tensiden lassen sich synergistische Kombinationseffekte erzielen. Die Wirksamkeit des Wasserstoffperoxids wird stark beeinträchtigt durch die Anwesenheit von Katalasen und Peroxidasen sowie u.a. durch alkalisches oder stark saures Milieu. Das Hauptanwendungsgebiet für Wasserstoffperoxid als Antiseptikum sind die Mundhöhle und die Wundbehandlung, wobei die Anwendungskonzentrationen in der Regel zwischen 0,3 und 3% liegen. Unter diesen Bedingungen ist die antimikrobielle Wirkung allerdings vergleichsweise schwach, im Vordergrund steht die reinigende Wirkung durch den entstehenden Schaum. Auch in der Hautantiseptik kann Wasserstoffperoxid nur zur antiseptischen Hautreinigung angewandt werden; im therapeutischen Bereich wurde die Behandlung von varikösen Ulcera und von Warzen beschrieben.

4 Anwendungsgebiete der Hautantiseptik

Abhängig von der Zielstellung lassen sich unterschiedliche Anwendungsgebiete für die Hautantiseptik definieren (Tabelle 6-2).

- *Antiseptische Maßnahmen vor Durchtrennung des Integuments durch Stich oder Schnitt werden als präoperative Hautantiseptik zusammengefaßt.*

Im Einzelnen handelt es sich um Maßnahmen vor Injektionen, Blutabnahmen, sonstigen Punktionen und kleineren Exzisionen einerseits und präoperative Maßnahmen in engeren Sinne andererseits, d.h. vor dem Hautschnitt bei der

Tabelle 6-2. Anwendungsgebiete und Wirkstoffe der prophylaktischen Hautantiseptik

Anwendungsgebiete	Wirksamkeit	Wirkstoffe der Wahl
einmalige Antiseptik		
vor Punktionen und Injektionen	mikrobiozid	Alkohole
vor Operationen	mikrobiozid mikrobiostatisch	Alkohole (ggf. mit Remanenzwirkstoff) PVP-Iod
wiederholte Antiseptik		
Ganzkörperbehandlung	mikrobiostatisch	PVP-Iod
Katheterpflege	(mikrobiozid, viruzid)	Tenside (Alkohole)

Durchführung operativer Eingriffe. Für die Antiseptik vor Punktionen ist vor allem eine rasche und breite mikrobiozide Wirksamkeit erforderlich. Bei längeren Eingriffen erscheinen – zumindest theoretisch – Antiseptika mit remanenter Wirksamkeit wünschenswert. Dabei wird von der Überlegung ausgegangen, daß im Verlauf der Operation, vor allem endogen, eine Rekontamination (Rekolonisation) der Haut durch Mikroorganismen aus tieferen Hautschichten (z. B. Haarbälge) erfolgt und diese Keime vom Bereich des Wundrandes in das Operationsgebiet bzw. in das Gewebe oder in Körperhöhlen verschleppt werden können. Kontrollierte, prospektive Studien, die den Wert derartiger Präparate im Sinne einer Reduktion der postoperativen Wundinfektionsrate belegen oder widerlegen würden, existieren bis heute allerdings nicht.

Den aufgeführten prophylaktischen Maßnahmen ist gemeinsam, daß sie einmalig durchgeführt werden. Daneben ist aber auch eine wiederholte (mehrfache) prophylaktische Hautantiseptik möglich. Hierher gehören sowohl antiseptische Waschungen, Voll- oder Teilbäder bzw. Duschbäder (s. Kap. 20), ebenso wie die Pflege künstlicher Zugänge, etwa Eintrittsstellen von intravasalen Kathetern, von Drainagen und Sonden. Schließlich muß die postoperative Antiseptik der Haut im Bereich von Wundrändern erwähnt werden (s. auch Kapitel 9).

Das Ziel der therapeutischen Antiseptik besteht in der Eliminierung pathogener Mikroorganismen an der kolonisierten oder infizierten Haut. Die mikrobielle Kolonisation der Haut unterliegt im Verlaufe eines stationären Krankenhausaufenthalts Veränderungen in der Weise, daß eine Besiedelung mit nicht physiologischen Mikroorganismen – etwa gramnegativen Stäbchenbakterien – erfolgt, die zum Ausgangspunkt nosokomialer Infektionen werden können. Erhalten die Patienten Antibiotika bzw. antimikrobielle Chemotherapeutika, so ist zusätzlich mit einer Selektion resistenter Keime zu rechnen. Antiseptika sollten für diesen Einsatz eine selektive Wirkung besitzen, so daß Fremdorganismen eliminiert werden, gleichzeitig aber die physiologische Residentflora erhalten bleibt.

Abgesehen von bestimmten Lokalantibiotika (z.B. Mupirocin) oder -antimykotika, erfüllen die derzeit zur Verfügung stehenden, „eigentlichen“ Antiseptika diese Anforderung nicht.

Die antiseptische Behandlung infizierter Haut ist ebenfalls Teil der therapeutischen Antiseptik, sie gehört jedoch in die Hand des Dermatologen (s. Kap. 20).

5 Mikrobiologische Prüfung von Hautantiseptika

Wesentliche Voraussetzung für die Wirksamkeitsprüfung der Hautdesinfektion ist die Verfügbarkeit einer Methode, durch die Hautkeime in ausreichend hoher Zahl, mit möglichst hoher Reproduzierbarkeit und bei vertretbarem technischem Aufwand gewonnen werden können. Grundsätzlich lassen sich folgende Vorgehensweisen unterscheiden:

- Abdruck- (Abklatsch-), Abschabe- und Abrißverfahren,
- Abstrichverfahren, mit Tupfern,
- Abspülverfahren, ggf. unter Zusatz von Detergentien,
- bioptische Verfahren.

Für Routineuntersuchungen eignen sich vor allem Abspülverfahren (Williamson u. Kligman 1965; Eigener u. Behrens 1984) und quantitative Abstrichverfahren (Christiansen et al. 1984). Die Prüfung von Hautantiseptika muß weiterhin die unterschiedlichen Verhältnisse an talgdrüsenarmer und -reicher Haut berücksichtigen.

Das von der DGHM ausgearbeitete Prüfverfahren (Christiansen et al. 1991) sieht eine In-vitro-Prüfung von Antiseptika vor, wie sie für alle Desinfektionsverfahren durchgeführt wird (mikrobiostatische Wirksamkeit, Bestimmung von Inaktivierungssubstanzen, qualitative und quantitative Suspensionsversuche). Weiterhin müssen Hautantiseptika die Bedingungen für die hygienische Händedesinfektion erfüllen (DGHM 1981). Die Prüfung an der nicht künstlich kontaminierten Haut wird mit Hilfe eines quantitativen Abstrichverfahrens am Oberarm und an der Stirn vorgenommen, wobei Einwirkzeiten zwischen 1 min und längstens 24 h (Oberarm) geprüft werden. Von dem Prüfpräparat wird eine mikrobiozide Wirksamkeit gefordert, die mindestens der von 70%igem 2-Propanol entspricht.

6 Durchführung der Hautantiseptik

Die Tatsache, daß die Haut in ihrer gesamten Ausdehnung mikrobiell besiedelt ist, macht es erforderlich, vor jeder hautdurchtrennenden Maßnahme eine Antiseptik durchzuführen. Obwohl für Teilbereiche der medizinischen Praxis manchmal in Frage gestellt (z.B. Antiseptik vor Venenblutentnahme, vor Insulin-Selbstmedikation), ist dieser Grundsatz – nicht zuletzt vor einem forensischen Hintergrund – nach wie vor gültig. Die prophylaktische Hautantiseptik ist dabei vermutlich die am häufigsten durchgeführte infektionsprophylaktische Maßnahme überhaupt.

6.1 Einmalige prophylaktische Hautantiseptik

Ziel der Hautantiseptik vor Punktionen, Injektionen und Inzisionen ist die rasche und breit wirksame Reduktion der transienten und residenten Flora.

Ähnlich wie bei der Händedesinfektion stößt man auch hier auf historisch-autoritär begründete Vorgehensweisen. Dabei ist bis heute keineswegs geklärt, unter welchen Bedingungen die residente Hautflora an der Entstehung von Infektionen beteiligt ist. Man muß sich vor Augen halten, daß durch antiseptische Maßnahmen die Haut keineswegs keimfrei gemacht wird. Abhängig von der topographischen Situation überlebt eine unterschiedliche Anzahl von Mikroorganismen, so daß es bei Durchtrennung der Haut über die äußere Oberfläche des Instruments (Kanüle oder Skalpell) zu einer Verschleppung von Mikroorganismen in das Gewebe, in Körperhöhlen oder Hohlorgane kommen kann. Bei Anwendung von Kanülen ist eine Keimverschleppung auch durch Verlagerung sog. Hautstanzzylinder bei nachfolgender Injektion in das Innere des Körpers möglich. Die Entstehung derartiger sog. Stanzzylinder durch Injektionen wurde mehrfach nachgewiesen (Opitz et al. 1972). Ebenso lassen sich aus den Stanzzylindern regelmäßig Mikroorganismen der Hautflora isolieren, auch wenn zuvor eine regelrechte Hautantiseptik durchgeführt worden war (Heeg et al. 1990). Nicht geklärt ist allerdings, in welchem Umfang die Verlagerung keimhaltiger Stanzzylinder zur Entstehung von Infektionen nach Injektionen beiträgt. Bernau und Köpcke (1987) ermittelten in einer prospektiven Studie eine Infektionshäufigkeit nach intraartikulären Injektionen von 1:35000.

Wie bei der Händedesinfektion werden in der klinischen Praxis für die Behandlung der Haut in der Regel alkoholische Präparate verwendet. Ausreichend ist an talgdrüsenarmer Haut, also z.B. an Gliedmaßen und in der Abdominalregion, eine Einwirkzeit zwischen 15 und 30 s; eine Verlängerung der Einwirkzeit bewirkt keine weitere Reduktion der Residentflora (Christiansen et al. 1984).

- *Unter Berücksichtigung eines Sicherheitsfaktors ist vor Punktionen und Injektionen bei Verwendung alkoholischer Präparate eine Einwirkzeit von mindestens 30 s einzuhalten. Für die Hautantiseptik vor intraartikulären Injektionen und Punktionen wird eine Einwirkzeit von 1 min empfohlen (Bernau et al. 1988).*

Diese Empfehlung läßt sich auf Lumbalpunktionen und Punktion von Körperhöhlen übertragen.

Bei der Hautantiseptik vor Operationen wird traditionell ein dreifacher „Anstrich" des Operationsfeldes mit dem Antiseptikum durchgeführt, wobei die Einwirkzeit in der Regel 5 min beträgt. Diese Praxis wurde bis heute experimentell nicht bestätigt. Die vorliegenden Daten lassen die Vermutung zu, daß auch kürzere Einwirkzeiten ausreichend sind.

Für die Hautantiseptik vor Gelenkpunktion bzw. -injektion enthalten offizielle Richtlinien unterschiedlich lautende Empfehlungen zur Einwirkzeit. Sie reichen von z.B. 30 s (Center for Disease Control 1983) bis zu 2 mal 2,5 min (BGA 1985).

Für das Aufbringen von Antiseptika auf die Hautoberfläche stehen verschiedene Verfahren zur Verfügung:

- getränkte Kompressen aus Zellstoff, Verbandmull oder ähnlichem Material,
- getränkte Stieltupfer (Watteträger aus Holz oder Metall),
- Sprühpackungen (Handsprühpumpen, Packungen mit chemischen Treibmitteln).

Die beiden erstgenannten Verfahren erlauben zusätzlich zum Aufbringen des Antiseptikums ein gleichzeitiges Verreiben auf der Haut. Dieser mechanischen Komponente kommt nach Auffassung einer Reihe von Autoren eine besondere Bedeutung zu, weil dadurch lose auf der Haut haftende Mikroorganismen entfernt werden können. Vielfach wird daher empfohlen, die Verfahren mit mechanischer Bearbeitung der Haut den Sprühverfahren vorzuziehen (Lowbury et al. 1975; Bundesgesundheitsamt 1980; Flamm et al. 1983; Kramer et al. 1988). Neuere Untersuchungen konnten jedoch die Überlegenheit der „mechanischen" Verfahren gegenüber dem Sprühverfahren nicht bestätigen. Es zeigte sich, daß durch ein zusätzliches Abreiben der Haut keine höhere Keimreduktion erzielt wird als durch Aufsprühen des Präparats bei vollständiger Benetzung der Hautoberfläche (Christiansen et al. 1984; Eigener u. Behrens 1984; Bernau u. Heeg 1985). Ist das zu behandelnde Hautareal verunreinigt (z. B. Straßenschmutz, Blut, Verunreinigung durch mangelhafte Körperpflege), so ist vor der Durchführung der Antiseptik eine Reinigung erforderlich, unabhängig von der Applikationsart des Antiseptikums.

Allerdings sind bei einer Anwendung von Aerosolen die oberen Atemwege unter Umständen einer erhöhten Belastung durch antiseptische Wirkstoffe ausgesetzt, wenn Aerosolteilchen eingeatmet werden. Jedes Teilchen enthält das Antiseptikum der wirksamen Anwendungskonzentrationen, so daß in jedem Aerosoltröpfchen der MIK- bzw. MAK-Wert weit überschritten wird. Grundsätzlich kann aus der Summe dieser toxikologischen Treffer im Respirationstrakt im Laufe des Berufslebens eine kritische Belastung resultieren. Bei der Einschätzung eines solchen Gesundheitsrisikos ist allerdings zu berücksichtigen, daß großtropfige Sprühnebel, wie sie z. B. mit Handpumpen erzeugt werden, infolge der raschen Sedimentation eine geringere Gefährdung darstellen als mit Treibgas erzeugte Aerosole.

Das bloße Abwischen der Haut mit einem alkoholgetränkten Tupfer bei Einwirkzeiten von weniger als 10 s bewirkt eine Keimzahlreduktion, die etwa um den Faktor 10 niedriger ist als bei Einhaltung der empfohlenen Einwirkzeit. Die Mechanik des Abwischens selbst führt nicht zu einer signifikanten Verminderung der Keimzahl auf der Haut (Heeg u. Bernau 1984).

Vergleichende Untersuchungen der Wirksamkeit verschiedener Alkohole (1-Propanol, 2-Propanol) und verschiedener PVP-Iod-Lösungen (0,75 bzw. 1,0 g verfügbares Iod) ergaben weder bei gesunden Probanden noch bei hospitalisierten Patienten statistisch gesicherte Unterschiede bei der Keimreduktion (Heeg et al. in Vorb.). An der Stirnhaut zeigte sich infolge der dort dominierenden Propionibakterien spp. eine insgesamt überlegene Wirkung von PVP-Iod gegenüber 1-Propanol (Hartmann 1985). Wäßrige PVP-Iod-Lösungen können demnach als Alternative zu den alkoholbasierten Präparaten in Betracht gezogen werden.

6.2 Wiederholte prophylaktische Hautantiseptik

Eine wiederholte prophylaktische Hautantiseptik wird derzeit nur in wenigen Indikationen als effektive Maßnahme angesehen.

Die Anwendung antiseptischer Bäder bzw. Körperwaschungen vor operativen Eingriffen ist von fraglichem Wert. Im Gegenatz zu Hayek et al. (1987) konnten Ayliffe et al. (1983) und Rotter et al. (1988) keine Reduktion der postoperativen Infektionsrate bei derart vorbehandelten Patienten feststellen.

Eine wiederholte, prophylaktische Antiseptik künstlicher Zugänge, wie z. B. der Eintrittsstellen peripher- oder zentralvenöser ebenso wie arterieller Katheter, wird allgemein nicht als erforderlich erachtet (Breuninger et al. 1990). Eine Ausnahme stellen immunsupprimierte Patienten mit implantiertem zentralvenösen Katheter (z. B. nach Knochenmarktransplantation) dar. Wegen der hohen Infektionsdisposition soll hier eine antiseptische Dauerprophylaxe im Bereich der Katheteraustrittsstelle durchgeführt werden, auch wenn die Effektivität dieser Maßnahme durch klinische Studien nicht belegt ist. Aus Gründen der Haut- und Materialverträglichkeit (elastische Katheter) sind Alkohole hier weniger geeignet. Iodophore sind wegen der Iodaufnahme ebenfalls zurückhaltend zu beurteilen. Nach eigenen Erfahrungen hat sich eine wäßrige Zubereitung von Polihexanid und quaternären Ammoniumverbindungen als verträglich und antimikrobiell wirksam erwiesen. In Probandenuntersuchungen war die keimreduzierende Wirkung dieses Präparats der einer zum Vergleich eingesetzten PVP-Iod-Lösung vergleichbar.

Antiseptische Körperwaschungen werden regelmäßig bei immunsupprimierten Patienten unter Zytostase und topischer Dekontamination bei gleichzeitiger Versorgung unter strikter protektiver Isolierung (z. B. Laminar-Airflow-Isolatoren) durchgeführt. Geeignet sind hierfür vor allem Wirkstoffe mit Tensidcharakter, weniger PVP-Iod, vor allem wegen der Problematik der Iodresorption, aber auch wegen der Braunfärbung.

Literatur

Ayliffe GA, Noy MF, Babb JR, Davies JG, Jackson J (1983) A comparison of pre-operative bathing with chlorhexidine-detergent and non-medicated soap in the prevention of wound infection. J Hosp Infect 4:237–244

Baldry MGC (1983) The bactericidal, fungicidal and sporicidal properties of hydrogen peroxide and peracetic acid. J Appl Bact 54:417–423

Baxby D, Woodroffe RCS (1965) The location of bacteria on skin. J Appl Bact 28:316–322

Bernau A, Heeg P (1985) Experimentelle Untersuchungen zu Fragen der Hautdesinfektion. Orthop Praxis 21:351–358

Bernau A, Rompe G, Rudolph H, Werner HP et al. (1988) Intraartikuläre Injektionen und Punktionen. Dtsch Ärztebl 85:80–84

Bond WW, Favero MS, Petersen MJ, Ebert JW (1983) Inactivation of hepatitis B virus by intermediate-to-high-level disinfectant chemicals. J Clin Microbiol 18:535–538

Breuninger H, Bruck JC, Bühler M, Goroncy-Bermes P, Harke H-P, Heeg P, Hingst V, Kramer A, Lippert H, Manncke K, Niedner R, Nöldge G, Spahn B, Uexküll v. M, Wewalka G (1990) Klinische und hygienische Aspekte der Wundbehandlung. Hyg Med 15:298–306

Bundesgesundheitsamt (1985) Anforderungen der Krankenhaushygiene bei Injektionen und Punktionen. Anlage zu Ziff. 5.1 der „Richtlinie für die Erkennung, Verhütung und Bekämpfung von Krankenhausinfektionen". Bundesgesundhbl 28:186–187

Center for Disease Control (1983) CDC Guidelines for the prevention and control of nosocomial infections: Guideline for the prevention of intravascular infections. Am J Infect Control 11:183–188

Christiansen B, Höller C, Gundermann K-O (1984) Vorschlag einer neuen quantitativen Methode zur Prüfung der Eignung von Präparaten zur prä- und postoperativen Hautdesinfektion. Hyg Med 9:471–473

Christiansen B, Gundermann K-O (1986) Vergleichende Untersuchungen zur Desinfektionswirkung von 70% Isopropanol auf die aerobe und anaerobe Hautflora an Oberarm und Stirn. Hyg Med 11:328–330

Christiansen B (1988) Untersuchungen über die Wirksamkeit eines Hautdesinfektionsmittels mit kationaktivem Zusatz. Zbl Bakt Hyg B 186:368–374

Christiansen B, Eggers H-J, Exner M, Gundermann KO, Heeg P, Hingst V, Höffler U, Krämer J, Martiny H, Rüden H, Schliesser T, Schubert R, Sonntag H-G, Spicher G, Steinmann J, Thofern E, Thraenhart O, Werner H-P (1991) Richtlinie zur Prüfung und Bewertung von Hautdesinfektionsmitteln. Stand: 01.01.1991. Zbl Hyg 192:99–103

Deutsche Gesellschaft für Hygiene und Mikrobiologie (1981) Richtlinien für die Prüfung und Bewertung chemischer Desinfektionsverfahren. 1. Teilabschnitt (Stand 01.01.1981). Fischer, Stuttgart New York

Eigener U, Behrens U (1984) Untersuchungen zur Wirksamkeit eines Hautdesinfektionsmittels. Hyg Med 9:266–270

Evans CA, Smith WM, Johnston EA, Giblett ER (1950) Bacterial flora of the normal human skin. J Invest Dermatol 15:305–324

Flamm H, Rotter M, Koller W, Wewalka G (1983) Desinfektion. In: Thofern E, Botzenhart K (Hrsg) Hygiene und Infektionen im Krankenhaus. Fischer, Stuttgart New York, S 167–197

Harke HP (1982) Händedesinfektion unter Berücksichtigung der Hepatitis B in Klinik und klinischem Labor mit Primasept. GIT-Labor Medizin 5:35–36

Hartmann AA (1983) Untersuchungen zu Unterschieden der Keimzahlen der Residentflora benachbarter Hautareale in Abhängigkeit von der benützten Hautfloragewinnungsmethode. Ärztl Kosmetol 13:142–154

Hartmann AA (1985) A comparison of the effect of povidone-iodine and 60% n-propanol on the resident flora using a new test method. J Hosp Infect 6:73–80

Hayek LJ, Emmerson JM, Gardner AM (1987) A placebo-controlled trial of the effect of two preoperative baths or showers with chlorhexidine detergent on postoperative wound infection rates. J Hosp Inf 10:165–172

Heeg P, Bernau A (1984) Vergleichende Untersuchungen zur Prüfung der Wirksamkeit verschiedener Hautdesinfektionsverfahren. Hyg Med 9:468–470

Heeg P, Bernau A, Dauber W (1990) Infektionsgefahr durch Injektionen. Biomedizinische Technik 35 (Ergänzungsband) 179–181

Holt RJ (1971) Aerobic bacterial counts on human skin after bathing. J Med Microbiol 4:319–327

Keswick BH, Seymour JL, Milligan MC (1987) Diaper area skin mikroflora of normal children and children with atopic dermatitis. J Clin Microbiol 25:216–221

Kewitsch A, Weuffen W (1969) Antivirale Wirksamkeit der in der DDR amtlich empfohlenen Desinfektionsmittel. Wiss Z Humboldt-Univ Berlin, Math-Nat R 18:1161–1163

Kewitsch A, Weuffen W (1970) Wirkung chemischer Desinfektionsmittel gegenüber Influenza-, Vaccinia- und Poliomyelitisvirus. Z ges Hyg 16:687–691

Klein M, Deforest A (1963) Antiviral action of germicides. Soap chem Specialities 34:70–72 u. 95–97

Kloos WE, Musselwhite MS (1975) Distribution and persistance of staphylococcus and micrococcus species and other aerobic bacteria on human skin. Appl Microbiol 30:381–395

Kobayashi A, Tsuzuki M, Koshimizu K, Toyama H, Yoshihara N, Shikata T, Abe K, Mizuno K, Otomo N, Oda T (1984) Susceptibility of hepatitis B virus to disinfectants and heat. J Clin Microbiol 20:214–216

Koppensteiner G (1984) Die antimikrobielle Wirkung von PVP-Iod. In: Hierholzer G, Görtz G (Hrsg) PVP-Iod in der operativen Medizin. Springer, Berlin Heidelberg New York Tokyo, S 34–39

Kramer A, Hetmanek R, Weuffen W, Ludewig R, Wagner R, Jülich W-D, Jahr H, Manigk W, Berling H, Pohl U, Adrian V, Hübner G, Paetzelt H (1987) Wasserstoffperoxid. In: Kramer A, Weuffen W, Krasilnikow AP, Gröschel D, Bulka E, Rehn E (Hrsg) Handbuch der Antiseptik, B II/3 Fischer, Stuttgart New York, S 447–491

Kramer A, Weuffen-Höffler C, Lippert H, Koller W (1988) Grundlagen der Krankenhaushygiene für medizinische Fachschulkader. Volk und Gesundheit, Berlin

Kumar B, Khanna V, Saxena M, Sharma S (1988) Survival of Staphylococcus epidermidis on the skin of patients of lepromatous leprosy. J Appl Bact 64:471–473

Kuwert EK, Thraenhart O, Dermietzel R, Scheiermann N (1981) Zur Hepatitis B-Virus-Wirksamkeit und Hepatoviruzidie von Desinfektionsverfahren auf der Grundlage des MADT. mhp, Wiesbaden

Lowbury EJL, Ayliffe GAJ, Geddes AM, Williams JD (1975) Control of hospital infection. Chapman and Hall, London

McBride ME, Duncan WC, Knox JM (1977) The environment and the microbial ecology of human skin. Appl Environ Microbiol 33:603–608

Noble WC (1968) Observations on the surface flora of the skin and on the skin pH. Brit J Dermatol 80:279–281

Noble WC, Somerville DA (1981) Microbiology of human skin, 2nd ed. Lloyd-Luke, London

Paldy A, Berencsi G, Kramer A, Weuffen W, Spiegelberger E (1984) Mutagene Potenz von Wofasteril, Wofasept, Formaldehyd, Chlorhexidin und Bronopol im Knochenmarkstest an der Maus. In: Horn H, Weuffen W, Wiggert H (Hrsg) Mikrobielle Umwelt und antimikrobielle Maßnahmen, Band 8. Barth, Leipzig, S 349–352

Price PB (1938) Bacteriology of normal skin. J Infect Dis 63:301–318

Röckl H, Müller E (1959) Beitrag zur Lokalisation der Mikroben der Haut. Arch Clin Exp Dermatol 209:13–29

Rotter M, Koller W, Kundi M (1977) Eignung dreier Alkohole für eine Standard-Desinfektionsmethode in der Wertbestimmung von Verfahren für die Hygienische Händedesinfektion. Zbl Bakt Hyg, I. Abt Orig B 164:428–438

Rotter ML, Larsen SO, Cooke EM, Dankert J, Daschner F, Greco D, Grönroos P, Japson OB, Lystad A, Nyström B (1988) A comparison of the effects of preoperative whole-boy bathing with detergent alone and with detergent containing chlorhexidine gluconate on the frequency of wound infections after clean surgery. J Hosp Infect 11:310–320

Sourgens H, Winterhoff H, Kemper FH, Niemann W, Högemann B (1984) Pathophysiologische Aspekte der Schilddrüsenfunktion und Ergebnisse humanpharmakologischer Untersuchungen mit PVP-Iod. In: Hierholzer G, Görtz G (Hrsg) PVP-Iod in der operativen Medizin. Springer, Berlin Heidelberg New York Tokyo, S 44–52

Sprößig M, Mücke H (1965) Steigerung der virusinaktivierenden Wirkung von Peressigsäure durch n-Propylalkohol. Acta biol med germ 14:199

Schau H-P (1973) Zum Problem der Gasbrandspritzeninfektion, Zit. n. Opitz B (1977) Infektionen durch Injektionen und ihre Verhütung. In: Horn H, Weuffen W, Wigert H (Hrsg) Mikrobielle Umwelt und antimikrobielle Maßnahmen, Band 1. Barth, Leipzig

Schubert R (1985) Disinfectant properties of new povidone-iodine preparations. J Hosp Infect 6 Suppl A 33–36

Wallhäußer KH (1988) Praxis der Sterilisation – Desinfektion – Konservierung – Keimidentifizierung – Betriebshygiene, 4. Aufl. Thieme, Stuttgart New York

Werner H-P (1984) Mikrobiologische Wirksamkeit von PVP-Iod. In: Hierholzer G, Görtz G (Hrsg) PVP-Iod in der operativen Medizin. Springer, Berlin Heidelberg New York Tokyo, S 27–33

Williamson P, Kligman AN (1965) A new method for the quantitative investigation of cutaneous bacteria. J Invest Dermatol 45:498–503

Wolff HH, Plewig G (1976) Ultrastruktur der Mikroflora in Follikeln und Komedonen. Hautarzt 27:432–440

Kapitel 7

Körperhygiene

A. Kramer, V. Hingst, A. Hoffmann-Lalé, H. Meffert
und W. Mestwerdt

1 Grundlagen der Reinigung und Pflege des Körpers

Reinigung und Pflege des Körpers gehören seit den Anfängen der Menschheitsgeschichte neben Essen, Trinken und Schlafen zu den elementaren Bedürfnissen des Menschen als eine Voraussetzung für Gesundheit, Wohlbefinden und Behaglichkeit.

1.1 Reinigung und Pflege der Haut

Eine historisch alte Form der Hautreinigung und -pflege ist das Salben. Beredter Ausdruck dessen ist, daß sich revoltierende Arbeiter des ägyptischen neuen Reiches beklagten, sie hätten nichts zu essen und nichts zu salben (Hollaender 1925). Durch die Salböle wurde anhaftender Schmutz dispergiert und die Haut vor Austrocknung und Mazeration geschützt.

Seifen kamen erst im zweiten Jahrhundert u.Z. zur Anwendung, obwohl Seifenrezepturen bereits in altägyptischen Rezeptursammlungen, z. B. im Papyrus Ebers, enthalten sind. Noch im Mittelalter war Seife ein Luxusartikel. Erst durch die Einführung des künstlichen Soda 1789 durch Leblanc, die Konstitutionsuntersuchungen der Fette und Öle 1751 von Geoffroi sowie die Arbeiten von Chevreul waren die Grundlagen für die industrielle Seifenherstellung gelegt. Durch den Import tropischer und die Verwendung neuer einheimischer Pflanzenöle fanden weitere Fettsäuren Eingang in die Seifenherstellung. Schließlich begann die Ära der synthetischen Waschmittel mit der Entwicklung sulfonierter Öle durch Remy und von Runge, der großtechnischen Herstellung der Fettalkoholsulfate 1928 und der Sulfochlorierung gesättigter Kohlenwasserstoffe 1933. Ein weiterer Fortschritt war die Einführung der Fettsäure-Eiweiß-Kondensate aufgrund ihrer im Vergleich zu den bis dahin üblichen Tensiden besseren Verträglichkeit. Charakteristisch für die weitere Entwicklung war das Bestreben, die Hautreiniung mit einer guten Hautverträglichkeit bzw. Hautpflege unter gleichzeitiger Verwendung verschiedener Wirkstoffzusätze zu verbinden.

Reinigung und Pflege der Haut und ihrer Anhangsgebilde sind eine wichtige Ergänzung der Antiseptik bzw. Händedesinfektion.

Dabei muß beachtet werden, daß eine übertriebene Hautreinigung insbesondere beim Atopiker schädlich sein kann. Je besser eine Seife Schmutz zu entfernen vermag, um so stärker greift sie in die Barrierefunktion der Haut ein. Der Fortschritt der Tensidentwicklung und die

A. Kramer et al. (Hrsg.)
Klinische Antiseptik

zunehmende Anwendung von Kosmetika wurden von vordem unbekannten Hauterkrankungen gefolgt (Irritationsdermatose, Acne cosmetica, Pomadenkruste der Säuglinge).

• *Nur eine gepflegte gesunde Haut bietet gute Voraussetzungen für die Abwehr von Krankheitserregern (s. Kap. 20) sowie für die Widerstandsfähigkeit gegenüber physikalischen und chemischen Faktoren, d.h. für die Vitalität des Hautorgans.*
Zugleich ist mit der Reinigung eine erwünschte Verminderung vor allem der transienten mikrobiellen Flora verbunden, damit zumindest ein kurzzeitiger antiseptischer Effekt.

1.1.1 Reinigung und Keimzahlverminderung durch Seifenwaschung

Bei der Hautreinigung treten die Haut, zu entfernender Schmutz, Wasser und Waschmittel im Waschvorgang in Wechselwirkung, um sowohl aus der Umwelt stammende Kontaminationen einschließlich Krankheitserregern als auch biologische Abbauprodukte und Absonderungen wie Talg, Schweiß, Salze, Proteine, Keratin und abgeschilferte Hornzellen zu beseitigen. Als Lösungsmittel dient im Reinigungsprozeß fast ausschließlich Wasser, während die Hauptmenge des Schmutzes durch das Waschmittel dispergiert, zugleich partiell gelöst und entfernt wird.

Es werden vier Waschmittelgruppen unterschieden, anionenaktive, kationenaktive, amphotere und nichtionogene grenzflächenaktive Verbindungen, wobei die anionenaktiven zur Hautreinigung dominieren. Der besseren Übersichtlichkeit halber wird nachfolgend nur zwischen Seifen auf der Basis von fettsaurem Natrium (Alkaliseifen) und Seifen auf Tensidbasis (Tensidseifen) unterschieden.

Das Prinzip des Reinigungsvorgangs beruht auf der Grenzflächenaktivität der Waschmittel. Ihre hydrophoben Molekülteile lagern sich den Schmutzpartikeln an und benetzen dabei auch die Grenzschicht zur Haut. Dadurch wird der Schmutz abgehoben und in der Waschmittellösung suspendiert gehalten. In ihr kommt es zur Emulgierung und Solubilisierung der abgelösten Anschmutzungen sowie zur Fixierung und Entfernung des Schmutzes durch den Schaum.

• *Verbunden mit der Ablösung der Schmutzpartikel wird durch gründliches Waschen mit Wasser und Seife der größte Teil der transienten Flora und gleichzeitig ein Teil der residenten Flora entfernt (Kubitza 1961).*
Im Anschluß an den Waschvorgang werden Keime aus tieferen Hautschichten freigesetzt.

Durch die Grenzflächenaktivität, im gewissem Maße auch durch das direkte Fettlösevermögen von Seifen, wird ein Teil des Hautfetts emulgiert, entfernt und dabei ein Teil der Hautflora abgespült (Haegler 1900; Keining 1959). Die durch die Entfettung erleichterte Keimausschwemmung auch aus tieferen Hautschichten wird durch die der alkalischen Quellung der Haut folgende Veränderung der Keratine bei Benutzung alkalisch eingestellter Hautreinigungsmittel herabgesetzt (Schneider et al. 1954). Bei Benutzung von Tensidsei-

Abb. 7-1. Oberfläche eines Baumwollhandtuchs (250fache Vergrößerung, Rasterelektronenmikroskop, Aufnahme des National Veterinary Research Institute Belgien)

fen ist daher im allgemeinen eine höhere Keimzahlverminderung erreichbar. Wie allerdings Untersuchungen von Schuermann und Eggers (1986) nach experimenteller Kontamination der Hände mit Polioviren belegen, kann man nicht davon ausgehen, daß durch eine hygienische Händewaschung mit Seife eine Kontamination mit Krankheitserregern auf ein ungefährliches Niveau reduzierbar ist.

Durch gründliches Abspülen mit Wasser und Abtrocknen mit einem Einmal- oder Einweghandtuch wird die Keimzahlverminderung verbessert. Prinzipiell sind Baumwolltücher dem Papierhandtuch vorzuziehen, weil sie weicher sind, wodurch die Haut weniger beansprucht wird (Tronnier 1968), besser frottieren, eine bis zu 10fach größere Menge der Hautflora im Vergleich zum Papierhandtuch entfernen (Lamitschka 1975) und schließlich Rückstände, insbesondere Feuchtigkeit vollständiger aufsaugen. Bei einem Oberflächenvergleich von Textil- und Papierhandtuch (Abb. 7-1 und 7-2) werden diese unterschiedlichen Eigenschaften auch optisch deutlich. In Gesundheitseinrichtungen sollten Einmalstoffhandtücher in speziell konstruierten Spendern benutzt werden, um den Einmalgebrauch bequem zu gewährleisten.

Die Heißlufttrocknung besitzt zumindest in Gesundheitseinrichtungen folgende Nachteile:

- Der Trocknungsvorgang dauert relativ lange und die Hände bleiben oft feucht. Damit kann bei häufigen Händewaschungen eine Mazeration der

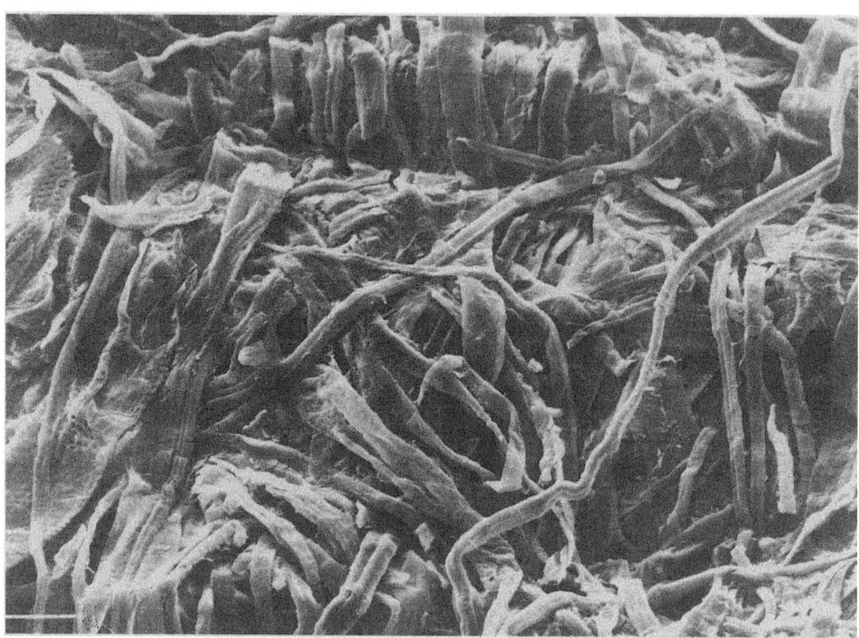

Abb. 7-2. Oberfläche eines Papierhandtuchs aus reinem Zellstoff (250fache Vergrößerung, Rasterelektronenmikroskop, Aufnahme des National Veterinary Research Institute Belgien)

Haut begünstigt werden. Außerdem besteht die Gefahr einer Austrocknung der Haut, die leicht Läsionen nach sich ziehen kann.

– Es fehlt die mechanische Komponente des Abtrocknens, das zur Entfernung zurückgebliebener Anschmutzungen, von Seifenresten und auch Mikroorganismen nicht unwesentlich beiträgt.

Die Temperatur der Waschlösung spielt sowohl für die Verträglichkeit als auch für die Effektivität der Waschung eine Rolle. Warmes Wasser und Bürsten erhöhen die keimzahlvermindernde Wirksamkeit der Seifenwaschung. Dabei sollen die Bürsten nicht zu weich, aber auch nicht zu hart sein. Der Bürstenkörper soll vorzugsweise aus Kunststoffmaterial bestehen, weil Holz rasch Alterungserscheinungen unterworfen ist und sich in den Rissen Seifenreste, Krankheitserreger usw. ansiedeln und dadurch insbesondere in Gesundheitseinrichtungen einer Keimweiterverbreitung Vorschub leisten können. Selbstverständlich wird in der chirurgischen Händedesinfektion auf die Anwendung von Bürsten auf Händen und Unterarmen verzichtet, ggf. können allenfalls Nägelfalze mit einer Nagelbürste, besser mit sterilem Hölzchen, einer Vorreinigung unterzogen werden.

Die bakterielle Anflugflora läßt sich durch eine Drei-min-Seifen-Bürsten-Waschung vollkommen entfernen (Price 1938).

Poehlmann, zit. Hilgers (1932) ermittelte nach Seifen-Bürsten-Waschungen eine Keimzahlverminderung von etwa 93% auf der Haut und von 2–2,5% im Nagelfalz. Mit der sog.

anatomischen Seifen-Bürsten-Waschung nach Walter (1948) gelang es, in etwa 7 min zusammen mit der Anflugflora etwa die Hälfte der Standortflora zu entfernen.

- *Beim Waschen der Hände sind Ringe und sonstiger Schmuck abzulegen bzw. in Gesundheitseinrichtungen generell nicht zugelassen.*

Ansonsten ist eine unvollständige Reinigung unter diesen Schmuckgegenständen unvermeidbar. Zugleich können sich dort Seifenbestandteile ablagern, ein Ringekzem kann u.U. die Folge sein.

1.1.2 Bedeutung antiseptischer Zusätze zu Körperreinigungsmitteln

Durch antiseptische Zusätze zu Seifen wird deren antimikrobielle Wirksamkeit erhöht.

Entfettung, Quellung und Reinigung der Haut durch die Seifenwaschung begünstigen die Wirkung antiseptischer Zusätze. Zugleich stellen die Oberflächenaktivität und antimikrobielle Eigenwirkung der Seife eine Art Gleitschiene für das Antiseptikum dar. In laborexperimentellen Untersuchungen läßt sich sowohl in vitro als auch im Keimträgerversuch und bei Anwendung unter Praxisbedingungen an der Tageshand die Erhöhung der keimzahlvermindernden Wirksamkeit von Seifen durch antiseptische Zusätze nachweisen.

Bei längerem Gebrauch von antiseptischen Seifen wurde dagegen wiederholt ein unerwünschter Erregerwechsel auf der Haut nachgewiesen, z.B. in der Form, daß sich anstelle residenter Staph. epidermidis-Stämme Staph. aureus als temporär residenter Keim ansiedelte und Ursache nosokomialer Infektionen wurde (Lammers u. Harnisch 1954; Weber 1958; Lammers 1958, 1970). Pathogenetisch ist dabei von Bedeutung, daß eine Rekolonisation der Haut mit ihrer residenten Flora nach weitgehender Reduzierung bis zu 7 d dauern kann (Lammers 1970). Da für die eingesetzten Antiseptika im allgemeinen ein einseitiges Wirkunsspektrum gegen grampositive Bakterien typisch war, wurde bei Mitarbeitern von Gesundheitseinrichtungen und analog bei mit antiseptischen Körperreinigungsmitteln gebadeten Säuglingen wiederholt eine verstärkte Kolonisierung mit gramnegativen Bakterien und auch mit Cand. albicans beobachtet (Braun-Falco 1976; Sprößig u. Sauerbrei 1986).

Ähnliches ist von der langfristigen Aknetherapie aus der Ära der Anwendung hexachlorophenhaltiger Seifen bekannt, wobei es gehäuft zu therapeutisch schwer beeinflußbaren Follikulitiden durch gramnegative Bakterien kam (Leyden et al. 1973; Plewig u. Braun-Falco 1974).

Aus diesem Grund ist eine längere Anwendung antiseptischer Seifen u.E. kritisch zu bewerten. Als weiterer Gesichtspunkt spricht die Möglichkeit toxischer und allergischer Nebenwirkungen durch die antiseptischen Zusätze gegen eine langfristige Anwendung antiseptischer Seifen, weil der häufige Gebrauch und großflächige Kontakt eine Sensibilisierung geradezu herausfordern (Fiedler 1969; Tronnier 1969). Demgegenüber sind Antiseptikumfreie Alkali- oder Tensidseifen kaum Ursache eines Kontaktekzems (Schneider et al. 1954; Jambor u. Suskind 1955; Hoffmann 1958; Tronnier 1967).

Als Einsatzgebiete für antiseptische Seifen kommen möglicherweise die Benutzung zur Seifenwaschung im Rahmen der chirurgischen Händedesinfektion in Frage, sofern die gleichen Wirkstoffe auch im Händedesinfektionsmittel enthalten sind. Gleiches gilt für die Prophylaxe von interdigitalen Mykosen bei exponierten Berufsgruppen, z. B. bei der Benutzung von sanitären Gemeinschaftseinrichtungen wie Duschanlagen oder in der Physiotherapie. Überraschenderweise konnte allerdings in einer multrizentrischen Doppelblindstudie kein Unterschied in der Rate postoperativer Wundinfektionen nach Benutzung eines Reinigungsmittels ohne bzw. mit Antiseptikumgehalt (Chlorhexidin) nachgewiesen werden (Rotter et al. 1988).

1.1.3 Reinigung und Keimzahlverminderung durch Baden und Duschen

Beim Duschen bzw. Baden ist die biologische Wirkung auf den Organismus größer als beim Waschen mit Seife und Lappen.

Duschen hat neben der reinigenden Wirkung zugleich eine vasomotorische Wirkung, weil die Haut in Abhängigkeit von Wassertemperatur und Wasserstrahl massiert wird.

- *Durch Baden bzw. Duschen kommt es zu einer Auflockerung der oberen Epidermisschichten, verbunden mit einer verstärkten Keimabgabe auch aus tieferen Hautschichten an die Umgebung.*

Dem muß bei der Op.-Vorbereitung von Patienten Rechnung getragen werden (s. Abschn. 2.2.2). Durch antiseptische Zusätze zum Badewasser bzw. durch Einreibungen vor dem Duschen kann die Effektivität der Keimzahlverminderung erhöht und die Pflege der Haut verbessert werden.

Bei der Hautreinigung im Kindesalter ist zu berücksichtigen, daß kindliche Haut eine niedrigere Irritationsschwelle als die Haut von Erwachsenen hat (Bandmann 1966).

Eine als Folge übertriebener Waschprozeduren entstehende Exsikkation ist im Frühstadium an einer feinen, staubartigen weißlichen Schuppung erkennbar, die sich häufig an den Außenseiten der Extremitäten und im Gesicht entwickelt. Bei weiterer Austrocknung (état craquelé) ist die Schutzschicht des Stratum corneum vielfach durchbrochen, so daß vordem gut tolerierte Salben u.ä. zusätzlich reizen können. Für die Entstehung von Exsikkationsschäden sind neben dem Reinigungsmittel dessen Konzentration, die Anwendungshäufigkeit sowie die Waschtemperatur von Bedeutung. Demnach ist das Bade- und Waschverhalten oft mehr für die Schädigung verantwortlich zu machen als das Reinigungsmittel selbst.

Ein Säugling muß daher keineswegs täglich gebadet werden. Bei regelmäßigem Waschen, vor allem der Windelregion, reichen ein bis zwei Bäder wöchentlich aus (Jolly 1975; Spock 1975).

1.1.4 Reinigung und Keimzahlverminderung durch Wässer und Cremes

Hauptlösungsmittel für Gesichts-, Rasier-, Haar- und Mundwässer ist Ethanol. In Abhängigkeit vom Alkoholgehalt kann eine antiseptische Wirksamkeit gegeben sein. Da spezielle Mundwässer im allgemeinen stark verdünnt angewendet werden, ist hierbei nur im Ausnahmefall, d.h. bei entsprechend konzentrierter Anwendung, eine antiseptische Wirkung zu erwarten (Hingst

1989). Der Mehrzahl der Präparate sind etherische Öle zugesetzt, die ebenfalls eine antimikrobielle Eigenwirkung besitzen können. Wenn auch in erster Linie bei Gesichts- und Rasierwässern eine desodorierende Wirkung angestrebt wird, ist auch die Keimzahlverminderung nicht unbedeutend. Gerade im Bartbereich sind Mykosen und Pyodermien nicht selten, wobei eine schlechte Hautpflege dem Angehen von Infektionen Vorschub zu leisten vermag. Bei der Anwendung von Gesichtswässern werden die Poren zusammengezogen und die Haut hyperämisiert. Beides wirkt dem Eindringen von Krankheitserregern entgegen. Bei Haarwässern ist die antiseptische Wirksamkeit zur Schuppenprophylaxe (antiseborrhoische Wirkung) erwünscht, weil diese teilweise durch mikrobiellen Abbau entstehen sollen. Dabei ist zu beachten, daß bei trockenem Haar ein hochgradig alkoholhaltiges Haarwasser im allgemeinen kontraindiziert, bei fettigem Haar dagegen günstig ist.

Bei Cremes werden die Emulsionstypen W/O und O/W unterschieden.

In W/O-Emulsionen ist (wenig) Wasser in (viel) Öl emulgiert. Zur Hautpflege werden W/O-Emulsionen vor allem als Nachtcremes angewendet. Sie hinterlassen auf der Haut einen dünnen Film, machen die obersten Hautschichten geschmeidiger und verleihen dem Teint durch Kaschierung feinerer Falten ein relativ jüngeres Aussehen. In O/W-Emulsionen ist (wenig) Öl in (viel) Wasser emulgiert. O/W-Emulsionen dringen rasch in die Haut ein und werden bevorzugt als Tagescremes verwendet. Sie wirken durch Wasserverdunstung kühlend (Cold-Cremes) und sind praktisch unbegrenzt mit Wasser mischbar.

O/W-Emulsionen stellen den Cremeanteil von Badezusätzen wie auch von überwiegend aus Wasser bestehenden Reinigungsmilchen bzw. Reinigungscremes dar, mit denen die Haut von Staub, Schmutz, Hautausscheidungsprodukten, aber auch Ölverschmutzung und Make up gesäubert wird. Damit wird zugleich eine gewisse Keimzahlverminderung erreicht. Sie machen die Haut weich und geschmeidig und tragen zur Biotopnormalisierung bei. Durch ihren Gehalt an Konservierungsmitteln ist eine schwache antiseptische Wirkung möglich.

Eine spezielle Gruppe sind die sog. „hautklärenden" Cremes gegen „unreine Haut", die als Hauptwirkstoffe Antiseptika und Adstringentia enthalten.

1.1.5 Dermatologische Anforderungen an Körperreinigungsmittel

Seifen:

• *Tensidseifen auf der Basis hautverträglicher Tenside mit einem der Hautphysiologie angepaßtem schwach saurem pH-Wert und Rückfettungs- sowie hautpflegenden Zusätzen sind Alkaliseifen bezüglich Hautverträglichkeit und keimzahlvermindernder Wirksamkeit überlegen.*

Hautschädigungen durch Seifen stellen ein multifaktorielles Geschehen dar. Ein entscheidender Faktor ist die Entstehung und Ablagerung unlöslicher Calcium- und Magnesiumseifen in den Ausführungsgängen der Talg- und Schweißdrüsen, die von der Härte des Wassers abhängt. Insbesondere Seborrhoiker und Ekzematiker vertragen häufig Alkaliseifen schlecht oder nicht. Durch polymere Phosphate läßt sich die Ausfällung unlöslicher Kalkseifen einschränken, aber nicht verhindern. Tensidseifen bilden dagegen keine Kalkseifen mit den Härtebildnern des Wassers.

Durch die Waschung mit Alkaliseifen wird die Pufferschutzhülle, auch als Säuremantel bzw. als Pufferkapazität der Haut bezeichnet, strapaziert. Zwischen der Pufferschutzhülle der Haut und ihrer Widerstandskraft gegen Hautinfektionen bestehen enge Beziehungen (Jelinek 1967), da z. B. die ungesättigten Fettsäuren als ein Faktor der natürlichen Abwehr im alkalischen Bereich als antimikrobiell unwirksame Salze (Seifen) vorliegen. Dadurch kann neben der alkalischen Schädigung der Haut die Kolonisierung durch Propionibacterium acnes gefördert und damit eine Hautunreinheit gefördert werden (Schadenböck 1986).

Zugleich ist z. B. die Wachstumsrate von P. acnes bei pH 5,5 signifikant niedriger als bei pH 6,0, 6,5 oder 7,0 (Korting et al. 1987), was an Probanden bei Anwendung einer Tensidseife mit pH 5,5 bestätigt werden konnte (Korting 1990). Im Unterschied dazu wächst S. epidermidis bei schwach saurem pH-Wert besser, d.h. für seine Kolonisierung liegen auf der Haut günstige Bedingungen vor (Lukacs 1990).

Unter gewöhnlichen Alltagsbelastungen löst eine kurzfristige pH-Verschiebung bei einer funktionstüchtigen Haut allerdings keine bemerkenswerte Störung der Hautfunktion aus.

Der Durchschnitts-pH-Wert auf der Haut verschob sich nach Anwendung von Wasser um 1,1, von Alkaliseifen um 1,2 und von Tensidseifen um 0,9 pH-Einheiten zum alkalischen (Choo-Ik Oh 1965). Nach Berg (1962) erhöhten Alkaliseifen den pH-Wert um 1,3, Tensidseifen nur um 0,5 pH-Einheiten.

Bei sauer eingestellten Tensidseifen (pH 5,5) blieb der Haut-pH-Wert bei regelmäßiger Anwendung praktisch konstant (Kober 1990). Die pH-Regeneration war nach Alkaliseifenwaschung überwiegend nach 2–3 h, nach Tensidseifenwaschung überwiegend bereits nach 1 h beendet. Bei beruflicher Alkaliexposition, z. B. beim Geschirrwaschen oder intermittierender Seifenbenutzung, kann die pH-Wertverschiebung bis zu 5 Einheiten betragen und die Regeneration bis zu 20 h dauern (Klauder u. Gross 1951). Eine Analyse dieser Autoren von 614 Berufsdermatosen ergab bei 108 Patienten als Ursache ständigen Kontakt mit Wasser und bei 17 (fast 3%) häufige Seifenwaschungen bis etwa 25mal am Tag.

Mit zunehmender Alkalität steigt beim Waschvorgang zugleich die Menge aus der Hornschicht herausgewaschener Aminosäuren (Vermeer et al. 1966).

Bei Krankenhauspersonal und anderen Berufsgruppen mit erhöhter Hautbelastung, bei altersatrophischer trockener Haut mit gesenkter pH- und Lipidregeneration, wahrscheinlich auch bei schwieliger Haut, alkaliempfindlicher Haut und bei Hautkranken mit verlängerter Alkalineutralisationszeit empfiehlt sich zur Schonung der Pufferschutzhülle, Tensidseifen mit schwach saurem pH-Wert anzuwenden.

Eine der umstrittensten Nebenwirkungen, insbesondere bezüglich des Vergleichs Alkali-/Tensidseifen, ist die Quellung und Austrocknung der Haut. Ein unmittelbarer Zusammenhang zwischen Quellung der Hautkolloide und Hautreizungen ist u.W. nicht nachgewiesen. Dennoch soll offenbar die Quellung der Haut möglichst gering sein.

Quellung, Austrocknung und Pufferschutzkapazität der Haut stehen in enger Wechselbeziehung. Voraussetzung für die Quellung der Keratine ist deren Benetzung. Eine Verminderung der Hautlipide und eine Verschiebung des Haut-pH-Werts zum Alkalischen begünstigen die Quellung (Götte u. Herzberg 1957). Krüger und Dorn (1966) bezeichnen die alkalische Quellung der Haut als „Schutzvorrichtung" gegen eine fortschreitende Tiefenextraktion, also gegen eine zunehmende Austrocknung. Entgegen dieser Auffassung vertritt Tronnier (1962) die Meinung, daß es bei vollständiger Quellung der Haut zur fortschreitenden Tiefenextraktion des „Wasserlöslichen" komme, andererseits toxische Stoffe leichter in die Haut penetrieren können.

Ausmaß und Bedeutung der Extraktion des Wasserlöslichen durch sauer eingestellte Tenside sind nicht hinreichend abgeklärt. Durch eine alkalische Einstellung von Tensiden wird die Alkalineutralisationszeit verlängert. Zugleich steigt mit Verschiebung des pH-Werts von Fettsäure-Eiweiß-Kondensaten zum Alkalischen die Hautrauhigkeit nach Waschung an (Tronnier et al. 1970). Daher ist ein pH-Wert von etwa 5,5 offenbar günstiger als eine neutrale oder alkalische Einstellung (Braun-Falco 1990, Kober 1990).

Die Quellung der Haut ist gering, die Erhaltung von Pufferschutzhülle und Hautflora sind besser gewährleistet. Lediglich bei toxisch-degenerativen Einflüssen beruflicher Art kann die Anwendung saurer bis neutraler Tenside, die keine starke Quellung hervorrufen, nachteilig sein. Die trockene Haut vermag banale Irritationen nicht mehr zu kompensieren und kann toxisch-degenerativ reagieren (Tronnier u. Bussius 1962).

Die alkalische Quellung kann durch Verschluß der Follikel zur Beeinträchtigung der Talgsekretion führen. Die Quellwirkung von Tensidseifen ist schwächer und kürzer als bei Alkaliseifen (Schneider 1967). Es kommt zur sog. Spreitung des Hauttalgs, d.h. der in den Follikeln erstarrte Talgfilm wird emulgiert und zum Teil zum Abfließen gebracht.

Ferner wird durch die alkalische Quellung offenbar das Angehen von Infektionen begünstigt.

Schneider (1967) erachtet die fehlende Quellung der Haut bei Anwendung von Tensidseifen für günstig bezüglich der Prophylaxe von Dermatomykosen. Er interpretiert den Effekt auf die Haut im Sinne der „Trockenlegung eines Sumpfes", die ein ungünstiges Terrain für Dermatomykosen schaffe.

Bei einer Gegenüberstellung von Alkaliseifen und Tensidseifen wird deutlich, daß erstere die an die waschaktive Substanz gestellten Forderungen nur unvollkommen erfüllen (Tab. 7-1).

Unter den Tensiden haben Fettsäure-Eiweiß-Kondensate besondere Bedeutung erlangt, weil die Eiweißkomponente beim Waschprozeß als Schutzkolloid gegen den Angriff des Waschmittels wirkt (Meinicke 1960).

Bei Anwendung der klassischen Alkaliseifen zur Körperreinigung fiel die Entfettung der Haut als subjektiv störender Faktor nicht ins Gewicht, bedingt durch die Barrierefunktion der Hautquellung und den Gehalt der Seifen an zwangsläufig auch rückfettend wirkenden Triglyceriden oder teilverseiften Glyceriden. Erst durch die Anwendung alkalifreier Tensidseifen wurde deutlich, daß auch die entfettende Wirkung von Tensiden Irritationen auszulösen vermag (Schneider 1971), wobei das zusätzliche Auswaschen natürlicher Feuchthaltefaktoren mitverantwortlich gemacht wird. Deshalb enthalten moderne Tensidseifen rückfettende und hautpflegende Zusätze wie Kohlenwasserstoffe, Mono-, Di- und Triglyceride von Fettsäuren, Fettsäureester, freie

Tabelle 7-1. Wirkung von Alkali- und Tensidseifen auf die Haut (nach Kramer et al. 1973)

Wirkung	Alkaliseifen	Tensidseifen
Kalkseifenbildung	ja	nein
Quellung	ausgeprägt	gering
Austrocknung	mäßig (starke Abhängigkeit von der Expositionsdauer)	je nach Tensid mäßig bis stark (weniger abhängig von der Expositionsdauer)
Entfettung	ausgeprägt	ausgeprägt entsprechend Gehalt an waschaktiver Substanz (je nach Tensid und/oder Zusätzen Rückfettung möglich)
Verschiebung des Haut-pH-Wertes zum Alkalischen	je nach Expositionsdauer mäßig bis stark	vermeidbar (durch entsprechende pH-Einstellung der Tensidseife)
Alkalineutralisationsvermögen	deutlich verzögert	wenig verzögert
Haut-pH-Regeneration	stark beeinträchtigt	wenig beeinträchtigt
Spreitung	nein	möglich

Fettsäuren, hydrophilierte Lipide (z. B. Lanolinderivate) und Alkylolamide (Stüpel u. Szakall 1957; Osteroth u. Heers 1971, Domsch 1986).

Ein weiterer Gesichtspunkt für Seifenrezepturen ist die Einarbeitung von Zusätzen mit vitalisierender, reparativer bzw. antiphlogistischer Wirkung. Hierfür werden z. B. Kamillenöl, Azulene, die Vitamine A, D und B_6, Panthenol, natürliche Vitaminkomplexe wie Weizenkeimöl, essentielle Fettsäuren und Milchzusätze empfohlen.

Bislang mangelt es trotz verschiedener Einzelbefunde (Kramer et al. 1973) an schlüssigen Beweisen, wonach gesunde wie auch alternde Haut der Zufuhr von Vitaminen bedarf.

• *Werden hautfreundliche Tenside in Kombination mit rückfettenden und hautpflegenden Zusätzen angewendet und die beruflich belastete Haut mit individuell angepaßten Pflegeemulsionen behandelt, kann die Hautpflege die Qualität einer Dermatitisprophylaxe erhalten (Klaschka 1986).*

Duschen und Bäder: Durch Duschen und Bäder sind im Prinzip die selben Möglichkeiten für Nebenwirkungen gegeben wie bei der Anwendung von Seifen, nur daß sie nicht so deutlich zur Ausprägung kommen.

Aufgrund der Wirkung insbesondere von Bädern auf den Gesamtorganismus gibt es allerdings bestimmte Kontraindikationen wie z. B. erhöhtes Risiko für Kollaps, Apoplex und hypertone Krisen.

Moderne Formen der Körperreinigung sehen ein Eincremen vor dem Duschen mit sog. Cremebädern vor. Hierbei wird der Schmutz mit der oberflächenaktiven Verbindung beim Duschen abgespült, während die Pflegeemulsion weitgehend zurückbleibt.

Die Rückfettung durch Bade- und Duschpräparate ist Gegenstand vielfältiger Untersuchungen, bemüht man sich doch um nicht weniger als einen qualitativen Fortschritt gegenüber den Römern der Antike, die zunächst badeten und sich dann salbten.

Das prinzipiell nicht vollständig lösbare Problem besteht darin, einerseits den fettähnlichen Schmutz von der Haut zu entfernen, andererseits aber die Haut so gering wie möglich zu entfetten, um den gesunden Hautzustand zu erhalten.

- *Durch rückfettende Zusätze können sowohl eine zu starke Entfettung verhindert als auch Fremdlipide aufgebracht und damit der gesunde Hautzustand gewährleistet werden.*

Die meisten Rückfetter sind mit natürlichen Hautlipiden wie Cholesterol, Mono-, Di- und Triglyceriden von Fettsäuren, Cholesterol- und Wachsester, Squalen und Paraffinen identisch bzw. strukturverwandt. Paraffine werden in extrem rückfettenden, meist medizinischen Ölbädern mit einem Anteil von etwa 44–64% eingesetzt. Triglyceride sind ebenfalls vor allem für medizinische Badepräparate geeignet, da bei hoher Einsatzkonzentration (bis 85%) die Reinigungswirkung erheblich nachläßt. Auch durch Fettester auf Basis einwertiger Alkohole (z.B. Isopropylpalmitat) ist eine gute Rückfettung erreichbar. In nichtmedizinischen Badepräparaten werden dagegen weitaus geringere Konzentrationen an rückfettenden Zusätzen eingesetzt (etwa 5–10%). Als Zusatz dominieren derzeit Alkylolamide, deren Effekt wahrscheinlich auf einer Filmbildung beruht, was subjektiv als Rückfettung empfunden wird. Hydrophilierte Lipide sind im Gegensatz zu lipophilen Zusätzen auch in wäßrigen Tensidlösungen einsetzbar, eine meßbare Rückfettung ist jedoch nur bei hohen Konzentrationen erreichbar, während Mono- und Diglyceride von Fettsäuren bereits bei Einsatzkonzentrationen von 2–4% eine Rückfettung aus wäßrigen Tensidlösungen bewirken. Da bei Duschbädern der Rückfetter praktisch in die Haut einmassiert wird, zugleich die Quellung und Auslaugung der Haut nicht so intensiv wie beim Schaumbad ist, können die rückfettenden Zusätze in niedrigeren Konzentrationen (etwa 1–5%) eingesetzt werden (Domsch 1986).

Haarwäschen: Für die Haarreinigung werden alkaliseifenfreie Tenside bzw. Tensid-Öl-Kompositionen (Ölhaarwäsche) eingesetzt. Als Zusätze werden z.B. Pflanzenextrakte aus Brennesseln, Birkenblättern oder Kamille, Campher, Menthol und auch Schwefel eingesetzt.

Antiseptische Zusätze sind kaum üblich, als spezielle Indikationen ist eine Anwendung für eine präoperative antiseptische Waschung der Haare z.B. bei neurochirurgischen Eingriffen vorstellbar (s. Kap. 17). Möglicherweise ist eine Nachbehandlung mit einem antiseptischen Haarwasser ebenfalls wirksam. Hierzu sind uns keine experimentellen Untersuchungen bekannt.

Reinigungscremes bzw. -emulsionen: Durch Zusatz von Vitaminen, Hormonen und Kollagen sollen die hautpflegenden Eigenschaften verbessert werden, was experimentell schwierig und nur mit hohem Aufwand nachweisbar ist.

1.1.6 Anforderungen an die Keimarmut in Hautreinigungs- und Hautpflegemitteln

Für die verschiedenen Hautreinigungs- bzw. Hautpflegemittel bestehen bis heute keine offiziellen Anforderungen an die Keimarmut. Einheitlich sind die

Auffassungen darüber, daß die Abwesenheit von pathogenen Keimen in kosmetischen Präparaten zu fordern ist (Ooteghem 1987).

1.1.7 Einfluß der Bekleidung auf die Mikroflora

Die Kleidung ist für die mikrobielle Besiedelung der Haut von Einfluß. Entsprechend äußerer Temperatur und endogener Wärmeproduktion muß die Kleidung individuell ausgewählt werden. Bei Säuglingen und Kleinkindern ist es fast Sitte, diese wärmer als erforderlich einzupacken, obwohl das ungünstig ist, weil Schwitzen eine Belastung für die Haut darstellt.

Zu selten gewechselte Kleidung kann ein Reservoir für potentiell pathogene Mikroorganismen werden, so daß von hier aus Infektionen ausgehen bzw. aufrechterhalten werden können, z. B. Dermatomykosen ausgehend von Strümpfen oder im Analbereich ausgehend von Unterwäsche.

Ferner ist an Nebenwirkungen, ausgehend von Weichspülern, Weißmachern und Waschmittelresten, die nach dem Waschprozeß im Textil zurückbleiben, zu denken.

Fabrikationsfrische Wäsche sollte vor dem ersten Tragen einmal gewaschen werden, da herstellungsbedingte Reste produktionspezifischer Chemikalien bei Trägern mit empfindlicher Haut zu Irritationen führen können.

Wäsche aus Kunstfasern kann bei spezieller Disposition bei Kindern ein neurodermitisches Ekzem nach direktem Hautkontakt auslösen, was zu charakteristisch verteilten Hautveränderungen führen kann. Natürlich trifft das nicht für alle Synthetika zu, so ist z. B. Gore-Tex[R] aufgrund seiner hohen Atmungsaktivität oft besser verträglich als manche Naturfasern. Bei irritativ geschädigter Haut sind luftige kühle Textilien zu empfehlen. Beim Waschen sollte auf Weichspüler und Trockentrommel verzichtet, die Wäsche 2mal klargespült und an der Luft getrocknet werden (NN 1990).

Schließlich ist es nicht ausgeschlossen, daß synthetische Textilien durch wiederholtes Waschen teilweise zerstört werden, wobei Polymerbruchstücke durch Einatmung ein gesundheitliches Risiko darstellen könnten, so daß Bekleidung bei ersten sichtbaren Verschleißerscheinungen nicht weitergetragen werden sollte.

Schutzhandschuhe sollten grundsätzlich nicht länger als erforderlich getragen werden, da eine mehrstündige Hautabdeckung zu Wasseranreicherung, Quellung, Exsikkation, Mazeration und schließlich Irritation führen kann. Die Irritationsgefahr kann durch Pudern, unterfütterte Handschuhe oder Unterziehen saugfähiger Schutzhandschuhe reduziert werden (Klaschka 1986).

1.2 Mundhygiene

Außer von einem richtigen Ernährungsregime mit Möglichkeiten einer ausreichenden Remineralisation durch zuckerfreie Karenzzeiten im Tagesablauf (Maiwald 1990) wird der Gesundheitszustand des Zahns und Zahnhalteapparats maßgeblich von der richtigen Zahnreinigung mit geeigneten Zahnbürsten und Zahnpasten bestimmt. Die Kariesprophylaxe hängt in erster Linie von der richtigen Putztechnik (Rot-weiß-Technik) ab und ist durch Fluoridhaltige Zahnpasten günstig, dagegen durch antiseptische Spülungen nur wenig beeinflußbar (s. Kap. 15). Beim intubierten Patienten ist die von der Schwester sorgfältig durchgeführte Mund- und Zahnpflege ein wichtiger Bestandteil der Prophylaxe insbesondere von Atemweginfektionen (s. Kap. 15).

1.3 Ohrenpflege

Die Reinigung des äußeren Gehörgangs trägt nicht nur ästhetischen Gesichtspunkten Rechnung. Insbesondere beim Intensivtherapiepatienten kann durch die Bildung sog. Ohrenschmalzpropfen eine mikrobielle Entzündung entstehen, die durch regelmäßige Reinigung des äußeren Gehörgangs und Verhütung der Propfenbildung vermieden werden kann. Um Trommelfellverletzungen vorzubeugen, soll sich das Ohrenwattestäbchen nach dem zur Einführung in den äußeren Gehörgang bestimmten Reinigungsteil so verdicken, daß ein tieferes Einführen nicht möglich ist (Abb. 7-3).

Bei vernachlässigter Ohrhygiene kann auch bei Nichtrisikopatienten eine Ohrenspülung, bei Gehörgangsverstopfung sowie bei entzündlichen Veränderungen die Anwendung einer Wundheilsalbe oder hautpflegender Öle indiziert sein.

1.4 Intimhygiene

Sie ist fester Bestandteil der Körperhygiene. Die Abnahme einer gewissen Tabuisierung der Intimhygiene und die Möglichkeit einer detaillierten Aufklärung tragen zur allgemeinen Verbreitung dieser Maßnahme bei. Dies ist um so wichtiger, als Intimhygiene nicht nur Reinigung einer bestimmten Körperregion bedeutet, sondern weil diese Form der Hygiene gleichzeitig einen wesentlichen Bestandteil zur Infektionsprophylaxe der Genitalorgane darstellt. Zuerst von New Yorker Urologen propagiert, wurde jetzt auch von Sigel (1990) über die prophylaktische Wirksamkeit der regelmäßigen Warmwasserduschung von Dammregion und Anus (etwa in 2tägigem Abstand) bei rekurrierenden Harnweginfektionen bei Mädchen ab etwa dem 3.–12. Lebensjahr berichtet. Nach der Pubertät verschwindet bei den meisten Mädchen die Infektionstendenz spontan, bleibt aber bei 5–6% der Frauen, insbesondere bei sexueller Aktivität, bestehen. Auch bei diesen Patienten ging die Zahl der jährlichen Schübe von Harnweginfektionen zurück. Ideal ist ein Bidet, andernfalls kann mit der Warmwasserdusche in der Wanne gründlich abgespült werden. Inwieweit für diese Effektivität nur die mechanische Keimzahlverminderung oder auch eine physikalische Umstimmung in der Immunabwehr von Einfluß ist, ist ungeklärt.

Von den persönlich zu treffenden intimhygienischen Maßnahmen sind medizinisch indizierte Reinigungsvorgänge mit verschiedensten Seifen und

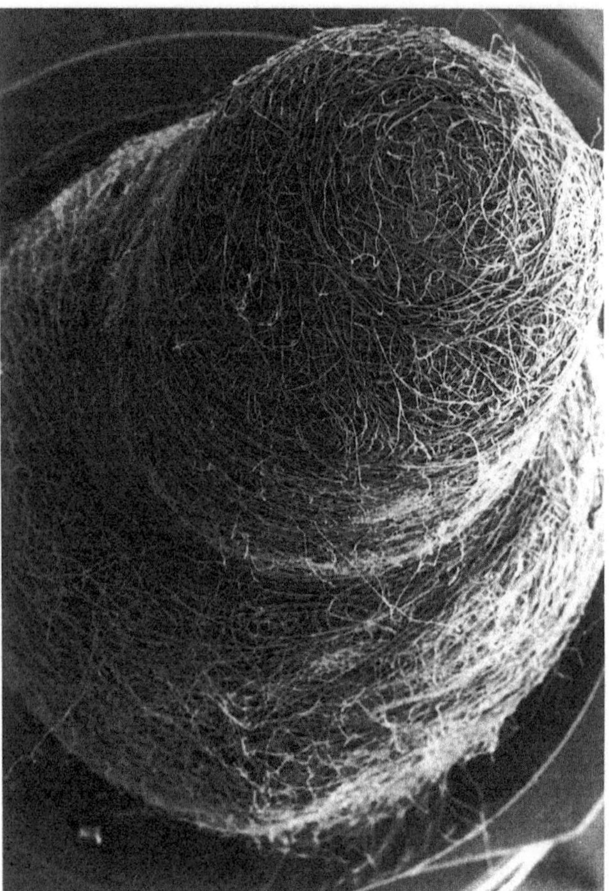

Abb. 7-3. Ohrenwattestäbchen (Detail, Rasterelektronenmikroskop, Aufnahme des National Veterinary Research Institute Belgien)

Antiseptika abzugrenzen. Letztere sind notwendig zur Vorbereitung für gynäkologische oder geburtshilfliche operative Eingriffe, aber als allgemeine intimhygienische Maßnahme kontraindiziert.

Intimhygienische Probleme betreffen alle Entwicklungsstadien und Lebensphasen der Frau vom Säuglingsalter über die Kindheit, die Pubertät, die geschlechtsreife Lebensphase und das Klimakterium bis hin zum Senium, aber natürlich ebenso das männliche Geschlecht.

Säuglingsalter und Kindheit: Die hygienische Versorgung des Säuglings beinhaltet das regelmäßige Bad mit sauberem Wasser, evtl. mit Babybadzusätzen. Die Badezusätze dürfen die empfindliche Haut nicht reizen. Besonderes Augenmerk ist auf das Säubern und Abtrocknen der Genito-Analregion zu legen. Die Säuberung von eingetrocknetem Kot gelingt leicht mit Vaseline oder

Kinderölen. Als vorteilhaft erweist sich die Lufttrocknung der Genito-Analregion nach dem Baden oder vor dem Wickeln der Kinder. Werden Einmalwindeln nicht häufig genug gewechselt, führen sie zu einem Wärmestau in feuchter Kammer, wodurch die Genito-Analregion zum Nährboden für pathogene Keime werden kann.

Interessant ist in diesem Zusammenhang, daß verschiedene aerobe and anaerobe Bakterienspecies sowie Gardnerella vaginalis, Mykoplasmen und Chlamydien sowohl bei symptomfreien als auch bei symptombehafteten Kindern in etwa gleicher Menge nachgewiesen werden können (Hammerschlag et al. 1978; Gerstner et al. 1982; zit. nach Hiersche 1987).

Bei empfindlicher Vulva-Dammregion sollte besser mit Öl als mit Wasser gereinigt werden. Es empfiehlt sich, anschließend die Haut mit einer Zinkpaste abzudecken, wobei diese sehr dünn aufgetragen werden muß, damit die Haut noch atmen kann. Puderanwendungen sind in der Säuglingspflege selten von Vorteil, weil der Puder durch die Hautfeuchtigkeit zu kleinen Klümpchen agglomeriert und durch die Bewegungen des Kindes die Haut aufgescheuert werden kann.

Das kleine Mädchen muß von frühester Kindheit zur Selbständigkeit in den hygienischen Verrichtungen erzogen werden. Nur so können die Weichen für ein gesundheitsbewußtes späteres Leben gestellt werden. Es sollte tägliches Waschen unter Einbeziehng der genito-analen Region gewährleistet sein. Dabei ist die regelmäßige Verwendung von Seifen nicht unbedingt erforderlich und wegen der möglichen Hautempfindlichkeit bei der Anwendung von Seifen auch nicht sinnvoll. Wichtig ist dagegen die Säuberung der äußeren Genitalorgane, indem die kleinen Schamlippen entfaltet werden und diese Zone von Smegmaansammlungen gereinigt wird. Sehr wichtig ist die nachfolgende vorsichtige Abtrocknung der Hautfalten und Winkel in diesem Bereich. Die verwendeten Waschlappen, Hand- und Badetücher sind nach jeder Benutzung zu erneuern, wobei eine eindeutige Trennung dieser Wäscheteile bei den einzelnen Familienmitgliedern zu gewährleisten ist. Nach dem Stuhlgang erfolgt die Reinigung der Perianalregion stets von vorne nach hinten mit einem weichen Toilettenpapier. Das Abwischen dieser Region von hinten nach vorne führt zur Verunreinigung des Vestibulum vaginae einschließlich der Vagina mit Kotspuren.

In diesem Zusammenhang sei erwähnt, daß uns anläßlich eines Konsiliarbesuchs in der Psychiatrie eine seit Monaten bettlägerige Patientin mit der Diagnose einer Rectum-Scheidenfistel vorgestellt wurde. Durch die gynäkologische Untersuchung konnte ein solcher Defekt ausgeschlossen werden. Die Erhebung der genauen Anamnese ergab die o.g. falsche hygienische Maßnahme. Sie führte im Verlauf von Monaten dazu, daß immer mehr Kot in die Scheide verbracht wurde.

Übertriebene Hygienemaßnahmen führen gelegentlich zu einer Mazeration der Haut, in deren Folge eine Entzündung in der Genito-Analregion gefördert wird. Hierzu gehören häufige und unnötige Sitzbäder und Scheidenspülungen, die sich schon wegen der Zerstörung des bakteriologisch bedingten physiologischen Scheidenmilieus verbieten (Mestwerdt u. Martius 1988).

Beim Knaben bzw. Mann gilt die rituelle Beschneidung als hygienisch vorteilhaft und ist bei Vorliegen einer Phimose als Circumcision medizinisch indiziert. Die Vorhautverengung erschwert eine gründliche Reinigung der Glans und wird als Cofaktor für die Entstehung des Peniskarzinoms angesehen, da Smegma und chronisch-rezidivierende Entzündungen – auch durch Humane Papilloma-Viren (HPV) – hieran ursächlich beteiligt zu sein scheinen. Zudem ist eine starke Assoziation zwischen genitalen HPV-Infektionen, besonders der Typen 16 und 18, und der Entstehung von Zervix-Karzinomen bekannt (Grimmel 1989).

Die regelmäßige tägliche Reinigung von Präputium und Glans penis mit Wasser und Seife, bei der Smegma und Sekretreste entfernt werden, trägt somit nicht nur ästhetischen Gesichtspunkten Rechnung, sondern darf als präventive Maßnahme eingestuft werden. Sie sollte als hygienische Grundforderung in jedem Lebensalter selbstverständlich sein.

Pubertät, Geschlechtsreife – Schwangerschaft: Im Rahmen der Erziehung zur Selbständigkeit in den hygienischen Verrichtungen ist auch die Vorbereitung des Mädchens auf die Abläufe der Menstruation durch eine allgemeine gute Sexualaufklärung in der Präpubertät von besonderer Bedeutung. Mit saugfähigen und wegwerfbaren Materialien, wie Tampons, Slipeinlagen und Binden, steht heute eine umfangreiche, individuell anwendbare Palette von Hygiene-Materialien zur Verfügung. Ihre Anwendbarkeit und Verträglichkeit ist unumstritten. Damit ist auch die z.T. noch geübte Zurückziehung während der Monatsregel im sportlichen und gesellschaftlichen Bereich überwunden. Vom Gebrauch einfacher Zellstoff- oder Wattevorlagen ist wegen der Verunreinigung durch mögliche Krümelbildung und Auffaserung abzuraten.

Auch während einer Schwangerschaft gelten für die Intimhygiene die oben dargelegten Gesichtspunkte. Eine über das normale Maß hinausgehende Intimhygiene muß in der Schwangerschaft oder im Wochenbett medizinisch indiziert sein (Verdacht auf vorzeitigen Blasensprung, infizierte Episiotomien oder Dammrisse).

Im Rahmen der Intimhygiene und speziell der Menstruationshygiene spielen auch die Wäsche und Bekleidung eine Rolle. Unterwäsche sollte täglich gewechselt und möglichst aus saugfähigen, luftdurchlässigen Textilien bestehen. Wäsche aus synthetischem Material ist nicht zu empfehlen. Auch zu enge Unterwäsche oder Hosen können Ursache für das Entstehen einer Entzündung in der Genito-Analregion sein.

Klimakterium –Senium: Im Klimakterium und vor allem bei Patientinnen im Senium können Probleme mit der Intimhygiene auftreten. Dies kann durch eine altersbedingte Unreinheit, aber auch durch übertriebene Form der Intimhygiene verursacht sein, weil ein Hormonmangel nicht selten mit unspezifischen Beschwerden im äußeren Genitalbereich einhergeht, denen die Patientinnen mit einer intensiven Intimhygiene, Kamillen-Sitzbädern, Einreibungen mit Ölen oder Cremes begegnen. Sie sind erstaunt, daß es durch die intensive Behandlung zu keiner Besserung kommt und gehen nahezu verzweifelt zum Gynäkologen, der eine erfolgreiche Therapie mit einer Hormonsubstitution einleiten kann. Bei älteren Frauen empfiehlt sich ein aufklärendes Gespräch über die Intimhygiene. Es soll den Hinweis auf regelmäßige Waschungen mit anschließendem Abtrocknen enthalten, damit sich in dieser Region keine feuchte Kammer bildet, in der die verschiedensten Bakterienarten und Pilze einen Nährboden finden.

Insbesondere bei Männern im mittleren und höheren Alter kann eine übertriebene Analhygiene mit alkalischen Seifenwaschungen oder auch die Vernachlässigung der Analhygiene Wegbereiter für Analekzeme sein.

2 Praxis der Körperhygiene und Sauberkeitsnormen

2.1 Allgemeine Grundsätze

Einfühlsame, zärtliche Körperpflegemaßnahmen bilden neben ihrer hygienischen Bedeutung eine Grundlage für die Entwicklung sozialer Geborgenheit und Kommunikation des Säuglings mit der Umwelt, sind aber auch beim Erwachsenen wesentlicher Bestandteil des Selbstwertgefühls und der sozialen Attraktivität (Rollett 1986).

Defizite der Körperhygiene sind sowohl im häuslichen Milieu als auch bei hospitalisierten Patienten anzutreffen und können Ursache von Unwohlsein, Erkrankungen, Infektionen bzw. Karies werden. Grundlage persönlicher Verhaltensnormen sind gesellschaftlich gewachsene Traditionen, das Wissen über Zusammenhänge von Sauberkeit und Gesundheit sowie eigene Erfahrungen zum Wohlbefinden einschließlich der individuellen Infektanfälligkeit in Abhängigkeit von der eigenen Persönlichkeit adäquaten Sauberkeitsnormen. Diese werden ihrerseits wiederum von der Sauberkeit der Umwelt, vom Klima, von der Konstitution des Hautorgans, dem Körpergeruch und weiteren Faktoren beeinflußt, nicht zuletzt auch von der Attraktivität für die Mitmenschen, die von richtiger Körperhygiene und gepflegtem Äußeren maßgeblich mitbestimmt wird. Aus den Ergebnissen umfangreicher Bevölkerungsstichproben (Minimal- und Maximalnorm) zum Hygiene- und Sauberkeitsverhalten (Bergler 1989) in der BRD, Frankreich und Spanien lassen sich verallgemeinerungsfähige Empfehlungen zur Körperhygiene ableiten (Tabelle 7-2), wenn auch ihr Einfluß auf Gesundheit, Wohlbefinden und Infektanfälligkeit epidemiologisch bisher nicht untersucht worden ist. Dabei ist zu berücksichtigen, daß trotz einer Verbesserung des Hygieneverhaltens in der BRD innerhalb der letzten 20 Jahre der Hygienestatus in Frankreich und Spanien höher ist (Bergler 1989).

Ergänzende Maßnahmen für eine adäquate Körperhygiene bzw. -pflege sind in Tabelle 7-3 zusammengefaßt. Bei der Nagelpflege ist sorgfältig darauf zu achten, daß der Nagel zirkulär etwas übersteht, um Nagelbettverletzungen vorzubeugen. Bezüglich behaarter Regionen gibt es individuelle und ethnische Gewohnheiten. Es ist zu beachten, daß z. B. die Achselbehaarung schonend

Tabelle 7-2. Empfehlungen zur Körperhygiene, abgeleitet aus Untersuchungen von Bergler (1976, 1989)

Maßnahme	Rhythmus ihrer Durchführung[a]	
	Minimal-Norm	Optimal-Norm
Ganzkörperbad	1mal/Woche	1mal/Woche
Duschen	2–3mal/Woche	1–2mal/Tag
Körperwaschung	1mal/Tag	1–2mal/Tag
Zähneputzen	morgends, abends (2 min)	nach jeder Mahlzeit (2 min)
Rasur	morgens	morgens, abends
Haarwäsche	1mal/Woche	1–2mal/Woche
Händewaschen	vor dem Essen, nach Toilettenbenutzung, nach Schmutzarbeiten	zusätzlich vor dem Schlafengehen, intermittierend im Arbeitsprozeß
Intimhygiene	1mal/Tag	morgens, abends
Slip-, Strümpfewechsel	jeden 2. Tag	täglich
Hemden-, Blusenwechsel	jeden 2. Tag	täglich
Büstenhalter	1–2mal/Woche	3mal/Woche
Pyjama-, Nachthemdwechsel	1mal/Woche	2mal/Woche
Bettbezug	alle 2 Wochen	1mal/Woche
Bettlaken, Kopfkissen	1mal/Woche	1–2mal/Woche
Waschlappenwechsel	1mal/Woche	3mal/Woche
Handtuchwechsel[b]	1mal/Woche	2mal/Woche
Zahnbürstenwechsel	alle 8 Wochen	alle 4 Wochen

[a] wird selbstverständlich vom Beruf und dem Ausmaß der Umweltverunreinigung beeinflußt

[b] personengebunden, möglichst getrennt für Ober- und Unterkörper, sowie separates Händehandtuch mit täglichem Wechsel

Tabelle 7-3. Unterstützende Maßnahmen für eine weitere Verbesserung der Körperhygiene

Maßnahme	Rhythmus ihrer Durchführung
Eincremen des Körpers	nach dem Duschen
Gesichtsreinigung mit Reinigungslotion	vor der abendlichen Duschreinigung
Achselhöhlendesodorierung	nach der morgendlichen Duschreinigung
Gesichtspflege	
Tagescreme	nach der morgendlichen Reinigung
Nachtcreme	nach der abendlichen Reinigung
Rima ani	
Waschung	u. U. auch zwischenzeitlich, d. h. nicht nur morgens und abends
Behandlung mit dermatologischer Salbe	bei Wundsein bzw. individuellem Bedürfnis

entfernt wird, um Risikofaktoren für Furunkel, Hydradenitis u.ä. zu vermeiden.

Die Reinigung des äußeren Gehörgangs wird am besten manuell mit einem angefeuchteten dünnen Lappen bzw. Tuch ohne Benutzung von Seife oder anderen Reinigungs- bzw. Lösungsmitteln durchgeführt. Damit sollen ein Eindringen dieser Präparate in den Mittelohrbereich (bei verletztem Trommelfell) bzw. Gehörgangs- oder Trommelfellreizungen bis hin zum chronischen Ekzem vermieden werden. Spitze Gegenstände zur forcierten Gehörgangsreinigung sind wegen der Perforationsgefahr des Trommelfells abzulehnen. Eine Ausnahme machen Wattetupfer, die sich im Anschluß an den zur Reinigung des Gehörgangs bestimmten eingeführten Teils so verdicken, daß die Eindringtiefe dadurch limitiert ist und keine Verletzungsgefahr für das Trommelfell besteht.

Bei verstärktem Fußgeruch sollte man orthopädische Störungen ausschließen. Desgleichen ist bekannt, daß bei Hühneraugen der Fuß oft stärker schwitzt. Bevor man Adstringentia u.ä. anwendet, sollte man zunächst als oft wirksame Maßnahme Wechselbäder versuchen.

Für die Intimhygiene der Frau sind jegliche drastische Manipulationen wie etwa Sitzbäder, Reinigung der Vagina mit eingeführten Hilfsmitteln oder Anwendung reizender Präparate zu vermeiden. Die Benutzung von Bidets bzw. Handduschen wird hygienischen Anforderungen gerecht.

Zur Vermeidung der Entwicklung von Keimreservoiren sind an die zur Körperhygiene erforderlichen Hilfsmittel bestimmte hygienische Anforderungen zu stellen.

• *Für alle Utensilien gilt der Grundsatz, eine rasche Trocknung zu ermöglichen, da Feuchtigkeit die Persistenz und u.U. Vermehrung vor allem sog. Feuchtkeime und Pilze begünstigt.*

Insofern sind vor allem Mundduschen kritisch zu bewerten, weil in dem Restwasser eine massive Keimvermehrung (bis 10^7 KbE/ml, auch Pseudomonas aeruginosa wurde nachgewiesen, Hingst 1989), stattfinden kann. Dem könnte z.B. mit einem Zusatz von 0,1 bis 0,5% Wasserstoffperoxid zweimal pro Woche begegnet werden, was auch für die Mundhygiene durchaus vorteilhaft wäre. Bei Schleimhautläsionen im Oropharyngealbereich oder bei Immunabwehrschwäche sollten Mundduschen nicht ohne einen Wasserstoffperoxid-Zusatz benutzt werden, wobei die erste Wasserportion bei geringster Druckstufe durch etwa 3 s langes Betätigen der Munddusche zu verwerfen ist.

• *Bei Zahnbürsten wächst mit zunehmender Benutzungsdauer die Kontamination mit Bakterien und Sproßpilzen (Hingst 1989).*

Deshalb sollten sie nach spätestens 8 Wochen, zugleich auch unter dem Aspekt ihres Verschleißes, gewechselt werden, ebenso nach oralen Erkrankungen sowie nach Allgemeinerkrankungen mit infektiöser Genese bzw. einem möglichen Erregerwandel in der Mundhöhle. Sie sind stets mit dem Bürstenteil nach oben aufzustellen.

Für Gebiß- und Zahnspangenreiniger konnte meist eine ausreichende antibakterielle Wirkung nachgewiesen werden, so daß sich bei ihrer sachgerechten Anwendung in der Regel keine hygienischen Risiken ergeben (Hingst 1989).

• *Bei infektiösen lokalen oder allgemeinen Erkrankungen sind die Patienten darauf aufmerksam zu machen, daß einer Infektionsübertragung über Hilfsmittel zur Körperhygiene auf andere Familienangehörige sorgfältig entgegen gewirkt werden muß.*

2.2 Besonderheiten in Gesundheitseinrichtungen

• *Sauberkeit und Sauberkeitsverhalten sind die Basis für den Erfolg antimikrobieller Maßnahmen.*

2.2.1 Mitarbeiter

• *In Gesundheitseinrichtungen wird die Händewaschung prinzipiell als sog. hygienische Händewaschung durchgeführt.*
Diese ist im Vergeich zur Händewaschung in Nichtrisikobereichen durch folgende Besonderheiten gekennzeichnet:

- Sie wird nach jeder Maßnahme am Patienten durchgeführt, sofern nicht eine hygienische Händedesinfektion indiziert ist.
- Die Unterarme werden zumindest im handgelenksnahen Bereich in die Waschung einbezogen, was mit Ausnahme der Op.-Bekleidung kurzärmlige Berufskleidung voraussetzt.
- Die Waschung wird sorgfältig unter fließendem warmen Wasser mit Entnahme flüssiger Tensidseife aus einem Seifenspender, der eine Kontamination der Vorratsmenge verhindert, durchgeführt.
- Es darf kein Schmuck, Uhren u.ä. an Hand und Unterarmen getragen werden.
- Die Benutzung von Gemeinschaftshandtüchern ist untersagt.
- Die Händewaschung wird durch eine regelmäßige konservierende und ggf. protektive Hautpflege zwischenzeitlich (nach eigenem Ermessen) und zum Schluß der Arbeit ergänzt.

Längeres Haar sollte während der Arbeit so durch Spangen, Bänder o.ä. gebündelt werden, daß sich bei der Patientenversorgung dadurch keine Infektionsrisiken ergeben. Beim Op.-Team ist Kopf- und ggf. Barthaar komplett abzudecken und einer regelmäßigen Wäsche (etwa zweimal/Woche) zu unterziehen.

Gegen eine dekorative Kosmetik von Mitarbeitern ist solange nichts einzuwenden, wie dadurch keine Hygienemängel verdeckt werden bzw. nicht die Gefahr besteht, daß antiseptische Maßnahmen vernachlässigt werden, um nicht etwa den kosmetischen Effekt zu beeinträchtigen.

Für die Berufskleidung gelten die üblichen krankenhaushygienischen Grundsätze, wie getrennte Aufbewahrung von Straßen- und Berufs- bzw. Schutzkleidung, Wechsel von Kittel und Hosen in Schleusen, beim Op.-Team sterile Op.-Kleidung mit eng anliegenden Abschlüssen an Hals und Extremitäten, Wechsel eines Mund-Nasen-Schutzes nach spätestens 2 h Op.-Dauer bzw. bei Durchfeuchtung, Festlegen des Wechsels der Berufs- und Schutzkleidung in Abhängigkeit von Infektionsrisiken bzw. nach Kontamination und Verschmutzung.

2.2.2 Patienten

Hautreinigung: Angehörige der Krankenpflegeberufe sollten ihren Einfluß auf den Patienten auch im Hinblick auf dessen Motivierung für eine angepaßte Körperhygiene geltend machen. Das erfordert Takt und Einfühlungsvermögen, u.U. auch aktive Hilfe. Grundsätzlich gelten die gleichen Hygienenormen wie im häuslichen Milieu (vgl. Tabelle 7-2 und 7-3). Schlafanzug bzw. Nachthemd sollten allerdings häufiger, d.h. mindestens zweimal/Woche gewechselt werden. Für Waschlappen sind schnelltrocknende Materialien (z. B. kein Frottee) zu benutzen. Handschuhwaschlappen sind wegen ihrer langsamen Trocknung besonders ungeeignet. Nach Benutzung sollen Waschlappen in der Sanitärzelle oder am Waschplatz ausgebreitet aufgehängt werden. Die Verwendung von Einwegwaschlappen bietet hygienische Vorteile.

• *In Risikobereichen, z. B. der chirurgischen Intensivtherapie, sind von der Klinik Einwegwaschlappen oder Einmallappen aus Vliesstoff zur einmaligen Benutzung zur Verfügung zu stellen.*

Muß der Patient von einer Pflegeperson gewaschen werden, wird zuerst der Ober-, dann der Unterkörper mit gesondertem Waschlappen unter Benutzung separater Handtücher gereinigt.

• *Bettwäsche ist bei Verschmutzung mit Blut, Sekreten oder Exkreten so rasch wie möglich zu wechseln, ansonsten je nach Infektionsgefährdung und Möglichkeiten ein- bis zweimal pro Woche.*

Vor operativen Eingriffen sind folgende Maßnahmen der Körperhygiene empfehlenswert:

- Bei geplanten Eingriffen am Vorabend der Operation wird eine Ganzkörperreinigung (falls möglich, Duschbad) mit gleichzeitiger Haarwäsche durchgeführt, danach der gesamte Körper eingefettet, Bett- und Nachtwäsche gewechselt, ggf. am Morgen des Op.-Tags die Prozedur wiederholt. Falls erforderlich, wird innerhalb 1 h vor Op.-Beginn ein Kürzen der Haare oder bei Notwendigkeit eine chemische Depilation (oder Rasur) im Op.-Gebiet durchgeführt. Postoperativ wird ein frisches Nachthemd (je nach Infektionsrisiko desinfiziert bzw. steril) angelegt.
- Bei ungeplanten Noteingriffen ist – den Möglichkeiten angepaßt – eine möglichst weitgehende Keimzahlverminderung durch Ganz- oder Teilkörperwaschung vor dem Eingriff zu gewährleisten.

Mundhygiene: Speziell in der Schwangerschaft und bei Erkrankungen mit veränderter Mundhöhlenflora ist die Zahnreinigung nach jeder Mahlzeit, möglichst in Verbindung mit Anwendung von Zahnseide, besonders wichtig. Durch im Borstenbereich abgewinkelte Bürsten kann die Reinigung der hinteren Molaren erleichtert werden.

- *Für die Dauer des Klinikaufenthaltes sollten neue Zahnbürsten benutzt werden, um mögliche Infektketten vom häuslichen Milieu in die Klinik und vor allem auch umgekehrt zu unterbrechen.*

Nach größeren operativen Eingriffen bzw. vor immunsupressiven Maßnahmen ist die Zahnbürste zu wechseln. Unter Umständen kann eine wiederholte prophylaktische Mundhöhlenantiseptik indiziert sein (s. Kap. 15).

Ohrenpflege: Sofern der Patient diese nicht selbst durchführen kann, ist sie mindestens täglich zu gewährleisten. Zur Befeuchtung von Tupfern bzw. Sicherheitswatteträgern kann laufendes Leitungswasser verwendet werden. Falls z. B. Paraffinöl angewendet wird, ist dieses aus sterilen Ampullen oder steril abgefüllten Tropfflaschen zu entnehmen, um kein Keimreservoir zu erhalten. Der Patient wird so gelagert, daß die Reinigung bequem durchführbar ist und Flüssigkeitsreste ablaufen können. Dann wird mit linkem Daumen und Zeigefinger die Ohrmuschel leicht abgezogen und mit der rechten Hand vorsichtig u.U. so lange wiederholt gereinigt, bis Tupfer oder Träger sauber bleiben. Tupfer sind sofort nach einmaliger Benutzung abzuwerfen.

Nasenpflege: Bei Patienten mit eitrigem oder serösen Schnupfen ist die Benutzung von Einmalmaterialien und deren hygienische Abwurfmöglichkeit zu gewährleisten. Bei Gefahr oder ersten Anzeichen von Wundwerden im Bereich der Naseneingänge sind eine Wundheilsalbe oder pflegende Öle mehrmals täglich anzuwenden.

Bei nasaler Absaugung bzw. Intubation sind die Naseneingänge ständig sauber zu halten, wobei für jede Nasenöffnung ein frischer Watteträger zu verwenden ist. Die Watteträger werden mit fettenden Salben oder Ölen getränkt und die Reinigung so oft wiederholt, bis keine Borken bzw. Verunreinigungen mehr erkennbar sind. Der hygienische Abwurf benutzter Materialien ist zu gewährleisten.

Intimhygiene: Sie ist für Wöchnerinnen besonders wichtig. 24 h nach der Entbindung sollen sich die Patientinnen mehrmals täglich spülen bzw. bei Bettlägerigkeit gespült werden, auch bei Dammnähten und Episiotomien. Dadurch werden Verkrustungen und Verklebungen vermieden und einer mikrobiellen Kolonisation durch Krankheitserreger entgegengewirkt. Etwa 4 bis 6 Wochen post partum kann die normale Reinigung mit Intimwaschlotionen begonnen werden.

Im Ergebnis epidemiologischer Überwachungen wurde bei Unterbringung von Wöchnerinnen in Rooming-in-Einheiten die prophylaktische Antiseptik im Bereich von Brustwarzen und -vorhof zur Mastitis-Prophylaxe verlassen. Statt dessen wird größter Wert auf die Körperhygiene gelegt. Die Brüste werden mehrmals täglich mit einer Handdusche gereinigt, was zugleich den Vorteil einer Massagewirkung hat, das Gewebe wird gekräftigt und die Milchsekretion angeregt (Seidenschnur 1988).

Zur weiteren Optimierung der Körperhygiene gerade im Hinblick auf die Prophylaxe postoperativer nosokomialer Infektionen wären gezielte epidemiologische Untersuchungen sinnvoll.

Literatur

Bandmann H-J (1966) Zum Formenkreis des Ekzema infantum. Hautarzt 17:55–63

Berg H (1962) Verhalten des pH nach Anwendung von Feinseifen und Syndets. Med. Dissertation, Universität Hamburg

Bergler R (1976) Psychologie der Sauberkeit: Ergebnis einer Vergleichsuntersuchung 1968/1976. Zentralbl Bakteriol Mikrobiol Hyg B 163:268–310

Bergler R (1989) Körperhygiene und Sauberkeit im internationalen Vergleich. Zentralbl Bakteriol Mikrobiol Hyg B 187:422–507

Braun-Falco O (1976) Neuere Entwicklungen in der Dermatologie. In: Braun-Falco O, Marghescu S (Hrsg) Fortschritte der praktischen Dermatologie und Venerologie, Springer, Berlin Heidelberg New York, S 417–456

Braun-Falco O (1990) Vom Seifenverbot zur Hautreinigung mit Syndets – präklinische und klinische Aspekte der historischen Entwicklung. In: Braun-Falco O, Korting HC (Hrsg) Hautreinigung mit Syndets, Springer, Berlin Heidelberg New York London Paris Tokyo Hong Kong, S 3–10

Choo-IK OH (1965) Prüfung der Wasserstoffionenkonzentration auf der normalen Hautoberfläche und unter Einwirkung verschiedener Waschmaßnahmen. Fette, Seifen, Anstrichm 67:30–38

Domsch A (1986) Rückfettung in Bade- und Duschpräparaten. SÖFW 112:163–167

Fiedler HP (1969) Wirkung, Verträglichkeit und Bedeutung bakteriostatisch wirkender Seifen. Fette, Seifen, Anstrichm 71:857–862

Götte E, Herzberg JJ (1957) Zur Frage der Kontrolle der Hautverträglichkeit von Waschmitteln. II: Wirkung von Waschmittellösungen auf die Haut und bisherige Methoden zur Prüfung der Hautverträglichkeit. Fette, Seifen, Anstrichm 59:747–750

Grimmel M (1989) Viruskrankheiten der Haut. In: Jung EG (Hrsg) Dermatologie, Duale Reihe Hippokrates, Stuttgart, S 125

Haegler CS (1900) Händereinigung, Händedesinfektion und Händeschutz. Schwabe, Bern

Hiersche D, Baur S (1987) Gynäkologische Probleme von der Kindheit bis zur Pubertät. In: Käser O, Friedberg V, Ober KG, Thomsen K, Zander J (Hrsg) Handbuch der Gynäkologie und Geburtshilfe Bd I/1, Thieme, Stuttgart, S 6.34–6.51

Hilgers WE (1932) Saprophytische und pathogene Bakterien der Haut. In: Jadassohn J (Hrsg) Handbuch der Haut- und Geschlechtskrankheiten Bd II, Springer, Berlin, S 301–352

Hingst V (1989) Die Bedeutung der Kontamination von Zahnpflegeartikeln. Ergebnisse einer Feldstudie. Zentralbl Bakteriol Mikrobiol Hyg B 187:337–364

Hoffmann H (1958) Hautreizungen durch synthetische Seifen. Fette, Seifen, Anstrichm 60:367–369

Jambor, JJ, Suskind RE (1955) An etiologic appraisal of hand dermatitis. Br J invest Dermatol 24:379–385

Jellinek JS (1967) Kosmetologie. 2. Aufl, Hüthig, Heidelberg

Jolly H (1975) Das gesunde Kind. Ehrenwirth, München

Kadner H, Biesold C (1974) Untersuchungen zur Rückfettung der Haut durch Badepräparate mit Hilfe der Dünnschichtchromatographie. Dermatol Monatsschr 160:882–883

Keining E (1959) Zur Frage der Reinigung gesunder und kranker Haut. Derm Ws 140:1245–1251

Klaschka F (1986) Trockenheit der Haut und Austrocknung. Ärztl Kosmetol 16:337–346

Klauder JV, Gross BA (1951) Actual causes of certain occupational dermatoses. III. A further study with special reference to effect of alkali on the skin, effect of soap on pH of skin, modern cutaneous detergents. Arch Dermatol 63:1–23

Kober M (1990) Bestimmung des Hautoberflächen-pH bei Probanden: Methodik und Ergebnisse im Rahmen klinischer Studien. In: Braun-Falco O, Korting HC (Hrsg) Hautreinigung mit Syndets, Springer, Berlin Heidelberg New York London Paris Tokyo Hong Kong, S 57–66

Korting HC (1990) Das Säuremantelkonzept von Marchionini und die Beeinflussung der Resident-Flora der Haut durch Waschungen in Abhängigkeit vom pH-Wert. In: Braun-

Falco O, Korting HC (Hrsg) Hautreinigung mit Syndets, Springer, Berlin Heidelberg New York London Paris Tokyo Hong Kong, S 93–103
Korting HC, Bau A, Baldauf P (1987) pH-Abhängigkeit des Wachstumsverhaltens von Staphylococcus aureus und Propionibacterium acnes. Implikationen einer In-vitro-Studie für den optimalen pH-Wert von Hautwaschmitteln. Ärztl. Kosmetol 17:41–53
Kramer A, Weuffen W, Schwenke W (1973) Mikrobiologische und dermatologische Anforderungen an antiseptische Seifen. Dermatol Monatsschr 159:526–539
Krüger H, Dorn H (1956) Klinische Beobachtungen zum Waschmittelekzem in Verbindung mit Chrom- und Nickelallergie. Z Haut Geschl Kr 20:307–314
Kubitza D (1961) Untersuchungen zur Keimfreimachung des Operationsfeldes durch chemische Präparate. Med. Dissertation, Universität Regensburg
Lamitschka H (1975) Hygienisch einwandfreie Händetrocknung in Klinik- und Praxisbereich. Praxis-Hyg 2:34–40
Lammers T (1958) Das antiinfektiöse Prinzip der Haut. Fette, Seifen, Anstrichm 60:40–42
Lammers T (1970) Staphylokokken der Haut als Symbionten, Epiphyten und Parasiten. Fette, Seifen, Anstrichm 72:388–391
Harnisch H (1954) Zur Frage der Händedesinfektion in der zahnärztlichen Praxis. Zahn Mitt 222–242, 254–256
Leyden JJ, Marples RR, Mills OH, Kligman AL (1973) Gramnegative folliculitis – a complication of antibiotic therapy in acne vulgaris. Br J Dermatol 88:533–538
Lukacs A (1990) Beeinflußbarkeit des Wachstums wichtiger Bakterien der Residentflora in vitro durch den pH-Wert. In: Braun-Falco O, Korting HC (Hrsg) Hautreinigung mit Syndets, Springer, Berlin Heidelberg New York London Paris Tokyo Hong Kong, S 104–112
Maiwald H-J (1990) Gesundheitserziehung und Patientenaufklärung. In: Kramer A, Heeg P, Neumann K, Prickler H (Hrsg) Infektionsschutz und Krankenhaushygiene in zahnärztlichen Einrichtungen, Volk u. Gesundheit, Berlin, S 245–249
Meinicke K (1969) Über die Reizwirkung oberflächenaktiver Stoffe auf die Haut. Arch Klin exp Derm 211:370–378
Mestwerdt W, Martius J (1988) Gutartige Erkrankungen der Vagina. In: Wulf KH, Schmidt-Matthiesen H (Hrsg) Handbuch der Klinik der Frauenheilkunde und Geburtshilfe, Bd 8, Urban u. Schwarzenberg, München, S 63–76
NN (1990) Neurodermitis beim Kind, manchmal liegts an der Kleidung. Med Trib 1:Nr 26, 26–27
Ooteghem van M (1987) Konservierungsmittel für Dermatika. In: Kramer A, Weuffen W, Krasilnikow AP, Gröschel D, Bulka E, Rehn D (Hrsg) Antibakterielle, antifungielle und antivirale Antiseptik, Fischer, Stuttgart New York (Handbuch der Antiseptik Bd II/3, S 143–154)
Osteroth D, Heers W (1971) Hautschützende Zusätze zu Seifen. SÖFW 97:495–498
Plewig G, Braun-Falco O (1974) Gramnegative Follikulitis. Hautarzt 25:531–546
Price PB (1938) Bacteriology of the normal skin: New quantitative test applied to bacterial flora and disinfectant action of mechanical cleansing. J Infect Dis 63:310–318
Rollett B (1986) Hautpflege und Persönlichkeit. Ärztl Kosmetol 16:329–336
Rotter M, Larsen SO, Cooke EM, Dankert J, Daschner F, Greco D, Grönroos P, Jepsen OB, Lystad A, Nyström B (1988) A comparison of the effects of preoperative whole-body bathing with detergent alone and with detergent containing chlorhexidine gluconate on the frequency of wound infections after clean surgery. J Hosp Infect 11:310–320
Schadenböck W (1986) Die Reinigung der Haut. Ärztl Kosmetol 16:381–388
Schneider W (1957) Über die Wirkung von Seifen und Waschmitteln (Detergents) auf die Haut. Fette, Seifen, Anstrichm 59:38–41
Schneider W (1971) Nutzen und Schaden von Seifen und Syndets. Kosmetol 54–56
Schneider W, Hofmann H, Hatton R (1954) Über die Hautreizung von Waschpulvern. Z Haut Geschl Kr 16:193–202
Schürmann W, Eggers HJ (1983) Antiviral activity of an alcoholic hand disinfectant. Comparison of the in vitro suspension test with in vivo experiments on hands, and on individual fingertips. Antiviral Res 3:25–41

Seidenschnur G (1988) Mastitisprophylaxe. In: Kramer A, Weuffen-Höffler C, Lippert H, Koller W (Hrsg) Grundlagen der Krankenhaushygiene für medizinische Fachschulkader, 2. Aufl., Volk u. Gesundheit, Berlin, S 130–131
Sigel A (1990) Einfach wegduschen. Med Trib 1:Nr. 43, 14
Spock B (1975) Säuglings- und Kinderpflege. Ullstein, Frankfurt Berlin Wien
Sprößig M, Sauerbrei A (1984) Zur Anwendung antiseptischer Seifen. In: Machmerth R, Winkler H, Kramer A (Hrsg) Fortschritte in der Krankenhaushygiene – Sterilisation, Desinfektion, Keimzahlverminderung, Barth, Leipzig (Schriftenreihe Mikrobielle Umwelt und antimikrobielle Maßnahmen Bd 9, S 122–123)
Stüpel N, Szakall A (1957) Die Wirkung von Waschmitteln auf die Haut. Hüthig, Heidelberg
Tronnier H, 1962, zit Sommer K (1965) Über den Effekt unterschiedlicher Konzentrationen und Einwirkungszeiten von Waschmittellösungen an der menschlichen Haut. Med. Dissertation, Universität Tübingen
Tronnier H (1967) Zur Hautverträglichkeit von Tensiden. SÖFW 93:953–957
Tronnier H (1968) Experimentelle Untersuchungen zur Trocknung der Haut nach betrieblicher Reinigung. Berufsderm 16:181–189
Tronnier H (1969) Photo-Allergie und Photo-Sensibilisierungen durch Kosmetika. SÖFW 95:761–764
Tronnier H, Bussius H (1962) Weitere Prüfungen der Alkalineutralisationsfähigkeit der Haut. Symp. dermatologorum 1, 1960, corpus lectionum Pragea, S 77–83
Tronnier H, Schuster G, Hampe H (1970) Zur unterschiedlichen Wirksamkeit sauer und alkalisch eingestellter Tenside an der menschlichen Haut. Seifen, Fette, Anstrichm 72:381–385
Vermeer DJH, Jong de JC, Dank LA (1966) Skin damage by washing. Determatologica 132:305–319
Walter WC (1948) The Aseptic Treatment of Wounds. Macmillan, New York
Weber G (1958) Der Einfluß verschiedener Waschmittel auf die Keimflora der normalen und pathologisch veränderten Haut. Fette, Seifen, Anstrichm 60:42–44

Kapitel 8

Desodorierung

J. Witthauer und F. Schiller

In der den Menschen umgebenden Umwelt ist eine Vielzahl von Geruchssubstanzen vorhanden, die sich negativ aber auch positiv auf sein Wohlbefinden auswirken können. Deshalb ist man seit dem Altertum damit beschäftigt, Wohlgerüche zu erzeugen und sich vor unangenehmen Gerüchen zu schützen. Durch die Konzentration vieler Menschen in relativ kleinen Ballungsgebieten ist es zu einer Zunahme von Gerüchen an Art und Konzentration gekommen, zugleich ist die Unduldsamkeit des Menschen gegen unangenehme Gerüche gewachsen. Die möglichst geringe Belastung des Menschen mit störenden Gerüchen ist nicht nur eine wichtige Zivilisationsforderung, sondern auch eine Voraussetzung für das Wohlbefinden des hospitalisierten Patienten.
Bei der Geruchswahrnehmung gibt es individuelle Unterschiede:

- Gerüche sind subjektive, vom Alter und Geschlecht abhängige (Hettche 1968; Griffiths u. Patterson 1970) und beeinflußbare Empfindungen (Lahmann u. Körner 1969); die Grenze zwischen angenehmen und belästigenden Gerüchen ist fließend (Elliot 1971).
- Die Unterscheidung von Gerüchen ist trainingsabhängig.
- Es gibt Einzelpersonen mit selektiver Anosmie (Geruchsunempfindlichkeit) für bestimmte Gerüche.
- Es tritt Geruchsgewöhnung (Adaption) bei der längeren Einwirkung eines Geruches ein (Kerka u. Humphreys 1956; Rusterholz 1970).

Hinzu kommt, daß Qualität und Intensität eines Geruches mit der Konzentration wechseln können, von Temperatur und Luftfeuchtigkeit abhängig sind (Kerka u. Humphreys 1956) und Geruchsmischungen unabhängig voneinander, subtraktiv, additiv oder synergistisch wirken können (Guadagni et al. 1969).

So kompliziert sich die Erklärung der Geruchsempfindung beim Menschen gestaltet, so schwierig ist es, unbekannte Gerüche mit physikalischen, physikochemischen oder chemischen Methoden nachzuweisen. Der Grund dafür ist die außerordentlich hohe Empfindlichkeit des menschlichen Geruchsorgans gegenüber Geruchsstoffen, d.h. die Geruchsschwelle liegt in der Größenordnung

A. Kramer et al. (Hrsg.)
Klinische Antiseptik

Tabelle 8-1. Geruchsschwellenwerte der menschlichen Nase für ausgewählte chemische Substanzen (Angabe in ppm)

Chemische Verbindung	Vom Baur (1965)	Freytag und Thoenes[a] (1968)	Hettche (1968)	Vollheim (1968)	Elliot (1969)	Hochmuth (1969)	Krill[a] 1972)
Aceton	450	–	320	1000	100	–	–
Acetaldehyd	–	–	7×10^{-3}	–	–	–	–
Acrolein	–	–	1,8	1,8	–	–	1,8
Ethanol	–	–	50	–	–	–	–
Ammoniak	53	0,056	–	–	46,8	–	0,057
Ethylester	–	–	50	–	–	–	–
Ethylmercaptan	$2{,}6 \times 10^{-4}$	–	3×10^{-4}	$2{,}6 \times 10^{-4}$	1×10^{-3}	1×10^{-3}	$2{,}3 \times 10^{-4}$
Buttersäure	$6{,}5 \times 10^{-5}$	–	–	6×10^{-5}	1×10^{-3}	–	–
Dimethylsulfid	–	–	–	–	1×10^{-3}	–	–
Essigsäure	–	–	–	400	1,0	–	–
Formaldehyd	20	–	–	–	1,0	–	–
Methylamin	–	–	0,01	–	–	–	–
Methylmercaptan	–	2×10^{-5}	–	–	$2{,}1 \times 10^{-3}$	1×10^{-3}	–
Ozon	0,05	–	–	–	–	–	0,048
Propanol	–	–	40	–	–	–	–
Pyridin	0,23	–	2×10^{-3}	–	–	–	–
Schwefelwasserstoff	0,18	–	–	–	$4{,}7 \times 10^{-3}$	1×10^{-3}	0,18
Trimethylamin	–	$2{,}3 \times 10^{-3}$	–	–	–	–	2×10^{-3}

[a] Die Umrechnung von $mg \cdot m^{-3}$ in ppm erfolgte bei 20 °C, 760 mm Hg (= 24,09 l Molvolumen) nach folgender Formel:

$$1\ mg \cdot m^{-3} = \frac{\text{Molvolumen}}{\text{Molmasse}} \cdot 10^{-4}\ \text{Vol.\%} = \frac{\text{Molvolumen}}{\text{Molmasse}} = \text{ppa}$$

Tabelle 8-2. Ausgewählte Methoden zur Identifizierung von Geruchssubstanzen

Anreicherung aus der Luft	Trennung	Identifizierung	Literatur
Adsorption an Aktivkohle	Gaschromatographie (Doppel FID)	a) chemische Methode b) IR-Spektroskopie c) Massenspektroskopie	Tressl et al. (1970)
Imprägniertes Filter und Extraktion des Filters	Gaschromatographie	FID (Vergleichssubstanzen)	Okita (1970)
wäßr. Absorptionslösung für spezielle Substanzen	Papier-, Dünnschicht- oder Säulenchromatographie	UV/VIS-Spektroskopie	Freytag und Thoenes (1968) Hillinger et al. (1971)
wäßr. Absorptionslösung, Farbreaktion mit spezifischen Chemikalien	entfällt	VIS-Spektroskopie	Freytag und Thoenes (1968)
Kondensation in einer Kühlfalle (Shepherdfalle)	Gaschromatographie	u. a. FID (Vergleichssubstanzen)	Freytag und Thoenes (1968), Gottauf (1969a, b)
Kondensation in einer Kühlfalle	Gaschromatographie	Massenspektrometrie	Patterson (1970)
entfällt	entfällt	Direktbestimmung von ^{14}C-markierten Einzelsubstanzen	Smith und Hochstettler (1969)
Reversions-Gas-Chromatographie		u. a. FID	Leithe (1971)

von 2×10^{-7} bis 1 ppm, das entspricht 2×10^{-11} bis 1×10^{-4} Vol.-% (Tabelle 8-1).

Die Bestimmung erfolgt olfaktometrisch, indem unterschiedliche Verdünnungen eines Geruches der Nase zugeführt und von der Versuchsperson in vorgegebene Geruchsskalen eingeordnet werden (Freytag u. Thoenes 1968).

Diese Methode ist auch zum Nachweis der Ubertragung von Luftbeimengungen durch Luftströme in Gebäuden und in Lüftungs- oder Wärmerückgewinnungsanlagen anwendbar, indem mit Geruchssubstanzen markierte Luft durch Probanden an den Meßorten identifiziert wird (Witthauer u. Bischof 1991). Mit dem Olf/Decipol-Konzept Fanger's (1988) kann die Luftbelastung von Räumen mit olfaktometrischen Methoden objektiviert werden.

Während bei dieser Methode die Gerüche wahrgenommen und nach Stärke und Art eingeordnet werden, ist mit nichtphysiologischen Methoden (Tabelle 8-2) nur eine Identifizierung der osmogenen (geruchsauslösenden) Substanzen, nicht jedoch eine Identifizierung der Gerüche möglich.

1 Geruchsquellen

1.1 Allgemeine mikrobielle Umsetzung

Chemische Substanzen können durch Mikroorganismen so verändert werden, daß sie osmogene Eigenschaften erhalten. Man versteht darunter allgemein nur die mikrobielle Zersetzung von meist organischen Substanzen zu intensiv übelriechenden Stoffen. Es gibt jedoch auch die Synthese von Geruchssubstanzen durch Mikroorganismen, z. B. von Duftstoffen durch kultivierte Mikroalgen (Zolotovich et al. 1971).

Die Identifizierung synthetisierter Geruchsstoffe ist umso besser möglich, je empfindlicher die Nachweismethoden mit modernen Analysegeräten sind. So wurde z. B. 5-Methyl-3-heptanon aus der über Kulturen von Actinomyceten geführten Luft isoliert (Henley et al. 1968). Ebenfalls aus Actinomyceten konnten Gerber und Lechevalier (1965) Geosmin (trans-1,10-Dimethyl-trans-9-decalol) und Rosen et al. (1970) 2-Methylisoborneol isolieren. Beide Substanzen besitzen einen erdig-muffigen Geruch.

Kikuchi et al. (1972) gelang die Isolierung und gaschromatographische bzw. massenspektrometische Identifizierung des osmogenen n-Hexanals aus der Kieselalge Synedra rumpens.

Aus der Kulturlösung von Sporobolomyces odorus gewannen Tahara et al. (1972) kleine Mengen von γ-Decalacton (5-Hexyldihydro-2(3H)-furanon), die zusammen mit einem anderen γ-Lacton den pfirsichähnlichen Geruch des Kulturmediums hervorrufen.

Beim Zusammenstellen spezieller Gerüche zeigt sich eine innige Verflechtung der Gerüche tierischer und pflanzlicher Substanzen sowie durch Mikroorganismen abgebauter bzw. synthetisierter Substanzen, so daß eine exakte Abgrenzung nicht möglich und im Hinblick auf eine Geruchsentfernung – sieht man von der Beseitigung der Quellen ab – auch nicht nötig ist.

1.2 Individualbereich

Die Gerüche im Individualbereich finden sich in den Immissionen des Wohn-, Toiletten/Bad- und Küchenbereiches und lassen sich den unterschiedlichen Quellen zuordnen.

Im Rahmen dieses Kapitels werden nur die Emissionen des menschlichen Körpers (Körpergerüche) behandelt. Sie werden nach Neuhaus (1961) in Regionalgerüche (Haut, vornehmlich die stark behaarten Hautbezirke) und Pfortengerüche (Mund, Ohr, After, Genitalien) eingeteilt. Die Pfortengerüche treten im allgemeinen gegenüber den Regionalgerüchen zurück. Eine Ausnahme macht der Foetor ex ore, der zwischenmenschliche Beziehungen erheblich stören kann. Hinzu kommt, daß viele Betroffene sich ihres Leidens nicht bewußt sind. Man kann 2 Arten von Mundgeruch unterscheiden:

- intraoral bedingter Mundgeruch, der durch ungenügende Zahnpflege, mangelhaft gereinigten Zahnersatz, schmutzige Zahnzwischenräume, Stomatitiden, Gingivitiden, Parodontose, Zahnfleischbluten und andere pathologische Veränderungen im Bereich der Mundhöhle verursacht werden kann und
- extraoral bedingter Mundgeruch, der bei Intestinal-, Infektions- oder Stoffwechselerkrankungen auftreten kann.

Auch Medikamente und Speisen können zu unangenehmem Mundgeruch führen (Larsson 1965; Koisumi et al. 1972). Wichtig ist in jedem Fall, der Ursache des Mundgeruches nachzugehen und die Beseitigung nach der Entstehungsursache zu richten.
Regionalgerüche haben u.a. nach Schroll (1973) ihre Ursachen in

- Duftstoffen der apokrinen Schweißdrüsen,
- niederen flüchtigen Fettsäuren aus Schweiß und Hauttalg (hauptsächlich Ameisen-, Propion-, Butter- und Caprylsäure),
- Ranziditätsabbauprodukten von Fettsäuren,
- Eigengerüchen der mikrobiellen Hautflora,
- bakteriellen Zersetzungsprodukten von Eiweißkörpern und Aminen (u.a. Indoxylbildung).

Reiner apokriner Schweiß ist meist farblos und ohne unangenehmen Geruch; sein pH-Wert liegt bei 4,5. Der Geruch tritt erst durch bakterielle Zersetzung auf (Shelley et al. 1953; Meyer-Rohn 1965). Meyer-Rohn (1965) fand in der menschlichen Achselhöhle die in Tabelle 8-3 aufgeführten Bakterienarten. Besonders koagulase-negative Mikroorganismen wie S. epidermidis und C. pseudodiphtheriticum, auch Sarzinen sollen bei der Schweißzersetzung eine wesentliche Rolle spielen.

Nach Kellner (1964) wird das in jedem Fall in Spuren aminosäuren- und harnstoffhaltige Schweißsubstrat von Bakterien der Hautflora auf enzymatischem Wege abgebaut, wobei u.a. Schwefelwasserstoff, aromatische Amine, Indol, Ammoniak und Mercaptane entstehen. Durch die bakterielle Zersetzung tritt eine Verschiebung des pH-Wertes in den alkalischen Bereich ein, der die Ansiedlung verschiedener Bakterien begünstigt. Im Extremfall kommt es zur Bildung von Stinkschweiß (Bromhydrosis). Übler Geruch kann auch durch Substanzen hervorgerufen werden, die im Schweiß kranker Menschen auftreten. So wurde von Smith et al. (1969) trans-3-Methyl-2-hexensäure, deren metabolische Vorstufe nach Krischer und Pfeiffer (1973) 2,4-

Tabelle 8-3. Bakterienflora der Achselhöhle in % des Auftretens bei 50 gesunden männlichen und weiblichen Personen (nach Meyer-Rohn 1965)

Keimart	Frauen	Männer
S. epidermidis	63	72
Streptokokken ohne Hämolyse	18	24
S. aureus	19	17
C. pseudodiphthericum	15	13
Sarcina spp.	13	17
E. coli	5	4
Klebsiella spp.	5	6
E. aerogenes	3	2
P. vulgaris	2	3
P. aeruginosa	3	5

Dimethyl-3-ethyl-5-carboxypyrrol darstellt, im Schweiß schizophrener Patienten gefunden. Die Tatsache des Nachweises von möglichen krankheitsspezifischen Gerüchen stellt die heute in den Hintergrund getretene Methode, den Geruchssinn als diagnostisches Hilfsmittel zu benutzen, auf eine wissenschaftlich fundierte Basis.

2 Beseitigung spezieller Gerüche des Individualbereiches

• *Belästigende Gerüche sind zunächst als psychische Schadstoffe anzusehen.* Obwohl Gerüche nur in seltenen Fällen zu Organschädigungen führen, da Geruchsschwellenwerte meist weit unter den toxischen Grenzwerten liegen, werden die Auswirkungen auf das Wohlbefinden des Menschen häufig unterschätzt. Selbst zeitweilig als angenehm empfundene Gerüche wie Kaffeeduft oder der Geruch eines Bratwurststandes können bei dauernder Einwirkung – auch wenn man das Abstumpfen gegenüber spezifischen Geruchsstoffen in Betracht zieht – zu erheblichen psychischen Belastungen führen, die nicht zuletzt zur Beeinträchtigung der Leistungsfähigkeit beitragen. Bei der Beseitigung spezieller Gerüche ist es möglich, Umweltbedingungen zu schaffen, die eine Mikroorganismentätigkeit mit Bildung von Geruchssubstanzen unterbindet. Zum anderen kann man mit geeigneten Methoden wie

- Beseitigung der Emissionsquelle,
- Geruchsstoffverdünnung bzw. Frischluftzuführung,
- Sorption,
- Filtration,
- Oxidation,
- chemische (nichtoxidative) Spezialmethoden,
- Maskierung

vertretbare hygienische Bedingungen schaffen.

2.1 Raumluftqualitätsverbesserung

Jede Untersuchung zur Geruchsbeseitigung wird zunächst die Möglichkeit der Eliminierung der Emissionsquellen prüfen. So können besonders bei Gerüchen aus mikrobiell gesteuerten Zersetzungsreaktionen durch hygienische Maßnahmen die Mikroorganismentätigkeit und damit geruchsbildende Abbaureaktionen eingeschränkt werden. Die dennoch in die Raumluft emittierten Gerüche können durch mehrere Methoden beseitigt werden. Die natürliche Fensterlüftung ist auch heute noch die Hauptmethode, um die im Innenraum entstandenen Gerüche zu verdünnen bzw. zu beseitigen (Turk 1967; Bergwein 1969; Wanner 1969). Voraussetzung dafür ist eine gute Ventilation, z. B. auch bei Wohnungen mit innenliegenden Küchen. Von Viessman (1964) wird der 10- bis 30fache Luftwechsel pro Stunde für einen Küchenraum vorgeschlagen. Dies wiederum erfordert eine saubere Außenluft. Die Situation ist jedoch in vielen Großstädten und Industriegebieten so, daß der Hygieniker heute das Geschlossenhalten der Fenster zu bestimmten Tageszeiten, an Werktagen und bei Inversionslagen zu empfehlen geneigt ist.

Bei der Klimatisierung von Räumen wird die zugeführte Frischluft einer Reinigung unterzogen. Durch den Bau von fensterlosen Küchen und Bädern bzw. Toiletten ist ein Luftwechsel durch einen Lüftungsschornstein mit natürlicher oder Zwangslüftung notwendig geworden. Sorptive Prozesse können bei der Entfernung von gasförmigen, aber auch flüssigen Substanzen eine bedeutende Rolle spielen. Aufgrund ihrer ausgezeichneten Adsorptionseigenschaften, die durch Imprägnierung noch spezifischer gestaltet werden können, wird Aktivkohle zur Geruchsminderung bzw. -beseitigung eingesetzt (Wallman 1969; Holcombe u. Kalika 1972). Vom Baur (1965) und Ochs (1967, 1969) geben die Speicherfähigkeit von Aktivkohle für geruchsbelästigende Gase mit 20 bis 50% der Masse der Aktivkohle an. Es werden z. B. Fäulnisgeruch, Haushaltsgerüche, Körpergeruch, Krankenhausgeruch, Ozon, Schweißgeruch, Tiergeruch und Zigarettenrauch an Aktivkohle gebunden. Adsorptionsfilter für Gerüche werden im individuellen Bereich meist auch deswegen mit Partikelfiltern gekoppelt, um die Wirkung der Sorptionsfilter nicht vorzeitig zu beenden und die an Partikeln und Aerosolen sorbierten Gerüche sowie Gase und Dämpfe ebenfalls aus der Raumluft zu entfernen (Turk 1969, 1972; Devitofrancesco et al. 1970, 1972).

Bei der Anwendung von Elektrofiltern sieht Ochs (1967) die Hauptursache in der Verringerung der Geruchswahrnehmung von durch Koronaentladung gebildetem Ozon und nicht in der Entfernung von Staubpartikeln.

Für den massiven Anfall von Geruchsstoffen sind weitere interessante Varianten entwickelt worden wie Dunstabzugshauben über den Kochstellen und für den Innenraum Umluftgeräte, die die Raumluft kontinuierlich über einen Adsorptionsfilter leiten.

Zur Entfernung von Toilettengerüchen wird der Geruch während der Toilettenbenutzung über ein Adsorptionsfilter unterhalb des Toilettensitzes abgesaugt und dadurch eine Ausbreitung des Fäkalgeruches im meist kombinierten Toilette-Bad-Raum verhindert.

Auch werden in einer sogenannten Gefriertoilette Fäkalien und Harn rasch auf eine Temperatur von − 20 °C abgekühlt und damit der Dampfdruck der geruchsintensiven Stoffe sowie die Mikroorganismentätigkeit wesentlich reduziert.

Oxidative Methoden sind im Innenraum nur bedingt einsetzbar. Während man mit den vorstehenden Methoden den Geruchsstoff verdünnt bzw. entfernt, wird bei der Oxidation, aber auch bei der chemischen Behandlung der Geruchsstoff durch chemische und biochemische Methoden so verändert, daß seine Geruchseigenschaft verloren geht, er jedoch als veränderte geruchlose Substanz in der Luft noch vorhanden ist. Je weiter der Abbau vorangetrieben werden kann, um so günstiger wird sich dies im Normalfall auf die Luftqualität auswirken.

Bei der Oxidation mit chemischen Substanzen seien an erster Stelle der Komplex Ozon-aktivierter Sauerstoff/indirekte Wirkung von UV-Strahlung erwähnt. Ozon ist in der Lage, hauptsächlich organisch-chemische Substanzen zu oxidieren und damit eine Veränderung im Molekül herbeizuführen. Das Hauptanwendungsgebiet liegt in der organisch-chemischen Synthese zur Spaltung von Doppelbindungen mit der Ozonbildung als Zwischenstufe (Murray 1969). Außerdem hat sich die Geruchsbekämpfung mit Ozon als Methode vornehmlich in der Landwirtschaft, der Lebensmittelindustrie und in Küchenbetrieben (Franzky 1968; Huch 1970) eingebürgert. Summer (1969) gibt an, daß die Oxidation durch aktiven und atomaren Sauerstoff erfolgt, der durch Aktivierung bzw. Spaltung des Sauerstoffes mit UV-Strahlung oder durch Zerfall von gebildetem Ozon entsteht. Er bezeichnet die Entfernung von Gerüchen mit aktivem Sauerstoff als äußerst wirtschaftliche Methode. Jedoch melden andere Autoren gegen die Verwendung dieses Oxidationsmittels folgende Bedenken an:

- Ozon ist nur in toxikologisch bedenklichen Konzentrationen voll wirksam (Gilgen u. Wanner 1966; Wanner 1969; Gottauf u. Berger 1969; Gottauf 1971).
- Ozon entfernt den Schadstoff nicht, sondern baut ihn nur teilweise ab (Turk 1969; Bernert 1970); über die Schädlichkeit der Bruchstücke ist nichts bekannt. Außerdem besteht die Gefahr, daß der teilweise abgebaute Geruchsstoff selbst osmogen ist. So berichtet Turk (1969), daß durch Ozon abgebaute Styren- und Vinyltoluenmonomere eine Mischung aromatischer Aldehyde mit cherryartigem Geruch bilden.
- Mit der Ozonbildung entstehen auch nitrose Gase, deren Giftigkeit bekannt ist (Gilgen u. Wanner 1966).
- Ozon wirkt auch als Maskierungsmittel, das über die tatsächlichen Raumluftverhältnisse hinwegtäuscht.
- Ozon führt nach längerer Aufnahme zu einer temporären Geruchsnervenparalyse (Merosmie), die es dem Menschen unmöglich macht, einen bestimmten Geruch wahrzunehmen (Summer 1969).

Als weitere Oxidationsmittel werden Kaliumpermanganat, Hypochlorit und Chlordioxid verwendet (Turk 1967, 1972; Huch 1970). Diese Substanzen wirken auch kausal, indem ihre antimikrobiellen Eigenschaften intensive Zersetzungsreaktionen unterdrücken. Hanna et al. (1964), Wallman (1969) sowie Holcombe und Kalika (1972a, 1972b) geben Kaliumpermanganat auf aktiviertem Aluminiumoxid als Träger zur Geruchsbeseitigung an.

In speziellen Fällen ist es möglich, mit chemischen, nichtoxidierenden Mitteln eine Geruchsbeseitigung zu erreichen.

So können saure Reagentien alkalische Geruchsstoffe wie Ammoniak und Amine (Adler u. Keggi 1970), basische Reagentien saure Geruchsstoffe wie Phenole und Carbonsäuren, Eisenchelate oder andere Schwermetallionen Schwefelwasserstoff (Turk 1967; Dague 1972) und Ionenaustauscher ionenaktive Geruchsstoffe entfernen (Türkölmez 1965).

Zur Beseitigung von Gerüchen werden eine Vielzahl von Desodorantien (s. Abschnitt 2.2) vertrieben. Sofern diese Mittel nur maskierend wirken, ist ihre Anwendung als hygienische Methode zur Verbesserung der Raumluft nicht zu empfehlen, da sie – wenn überhaupt – nur temporär, nicht jedoch permanent wirken. In den meisten Fällen sind jedoch neben der maskierenden Komponente noch Stoffe zur Verhinderung der Geruchsstoffbildung (antibakterielle Substanzen) oder zur Beseitigung der Geruchsstoffe (Adsorptionsmittel) vorhanden. In dieser Zusammensetzung erfüllen die Desodorantien eine Teilfunktion bei der Verbesserung der Raumluft und sind daher vertretbar.

2.2 Körperpflege

Neben der Schaffung optimaler Raumluftverhältnisse hat im Individualbereich die Entfernung der Körpergerüche eine Hauptbedeutung (s. Abschnitt 1.2). Frischer Körpergeruch wird von der Umwelt als sympathisch, anziehend empfunden und trägt zur Erhöhung der Lebens- und Arbeitsfreudigkeit bei. Schlechter Geruch wirkt abstoßend, so daß dem Betroffenen nicht nur im privaten, sondern auch im beruflichen Leben Nachteile erwachsen können.

- *Voraussetzung für einen frischen Körpergeruch sind in erster Linie die regelmäßige intensive Körperreinigung und häufiges Wechseln der Kleidung.*

Die Reinhaltung ist nach Bergwein (1969) der wichtigste Beitrag zur Erhaltung der Geruchsneutralität des Körpers. Desodorantien dürfen nicht dazu verleiten, die Reinigung des Körpers zu vernachlässigen. Es gibt jedoch Beispiele, bei denen auch gründliches Waschen des Körpers nicht ausreicht, um unangenehmen Körpergeruch zu beseitigen, zumal der Geruch auch nach der Körperwaschung am Morgen im Laufe des Tages durch Bewegung, Wärme, Feuchtigkeit und luftabschließende Kleidung wieder zunimmt. Hier sind Antiperspirantien und Desodorantien im Hinblick auf die Gestaltung positiver zwischenmenschlicher Beziehungen und auch aus medizinisch-therapeutischer Sicht von Bedeutung.

2.2.1 Wirkprinzip der Antiperspirantien (Antihydrotika, Schweißbekämpfungsmittel) und Desodorantien

- *Antiperspirantien wirken hemmend auf die Schweißbildung.*

Der Wirkungsmechanismus der Antiperspirantien, zu denen man insbesondere Adstringentien und verschiedene Antiseptika zählt, ist noch nicht vollständig geklärt (Schneider u. Ruther 1958).

Antiperspirantien können als Eiweißkoagulans wirken und so die Schweißzufuhr zur Hautoberfläche durch Okklusion der Schweißdrüsenporen drosseln. In manchen Fällen wurden sowohl die Aufhebung der Polarisierung entlang der Ausführungsgänge als auch eine Okklusion von Teilen des Schweißdrüsenduktus diskutiert (Stüttgen u. Schaefer 1974).
Papa und Kligman (1967) nehmen an, daß die Permeabilität des Ductus durch bestimmte Adstringentien beeinflußt wird, wobei der Schweiß resorbiert wird und nicht an die

Tabelle 8-4. Adstringierend wirkende schweißhemmende Stoffe

Wirkstoff
Al-hydroxyd (Baymal)
Al-chlorhydrat (Chlorhydrol)
Basisches Al-bromid (BAB)
Na-aluminiumhydroxydlactat (Chloracel)
Al-chlorhydroxypropylenglykolkomplex (Rehydrol)
Al-chlorhydroxyallantoinat
Al-dihydroxyallantoinat
Al-methionat (Hoe S 1/332)
Al-caliumchlorid
Methylen-Ditanin (Taunoform)

Hautoberfläche gelangt. Brun und Hunzinger (1957) sehen in der hyperkeratotischen Wirkung mancher Adstringentien eine Möglichkeit des Verschlusses der Schweißdrüsenausführungsgänge durch Hornpfropfbildung. Eine Einflußnahme der heute zur lokalen Behandlung üblichen Antiperspirantien auf die Schweißdrüsenzellen selbst soll nach Fiedler (1968) nicht erfolgen.

- *Adstringentien (Tabelle 8-4) wirken auf lebende Gewebe gerbend und bilden hierdurch für Bakterien einen ungünstigen Nährboden.*

Da die meisten Antiperspirantien gleichzeitig gute Antiseptika sind, beeinflussen sie auch die bakterielle Zersetzung des Schweißes und wirken somit geruchshemmend. Wegen der Vielschichtigkeit ihrer Wirkungsweise ist die Einteilung der Antiperspirantien nicht leicht. Insbesondere lassen sich nicht alle Antihidrotika ohne weiteres in die Gruppe der Adstringentien einordnen.

- *Desodorantien sind Stoffe, die Perspirationsgerüche vernichten oder überdecken. Sie können aber auch dadurch wirksam werden, daß sie der mikrobiellen Schweißzersetzung entgegenwirken.*

Desodorantien besitzen im allgemeinen eine geruchsbeseitigende und eine antiseptische Komponente. Die Ursache der Schweißbildung selbst wird jedoch nicht beeinflußt.

Verständlicherweise ist es wenig sinnvoll, durch rein desodorierend wirkende Stoffe Gerüche zu beseitigen, ohne die Ursache des lästigen Körpergeruches selbst zu bekämpfen. Eine Kombination zwischen Antiperspirantien und Desodorantien ist zweckvoller, da sowohl die Quelle der Gerüche (Auftreten von Schweiß und dessen nachfolgende Zersetzung) als auch die Gerüche selbst ausgeschaltet werden können. Ein großer Teil der handelsüblichen Antischweiß-Rezepturen enthält Substanzen, die sowohl gegen die Schweißabsonderung als auch gegen die Schweißzersetzung wirken. Die Formen der Verschreibungen sind außerordentlich vielfältig. So werden Antischweißmittel als Tinkturen, Lösungen, Mixturen, Emulsionen, Salben, Puder und Seifen angeboten. Daneben werden bestimmte Substanzen auch zur peroralen und parenteralen Applikation empfohlen. Die kosmetische Industrie bringt Antiperspirantien und Desodorantien hauptsächlich in Stift-, Roll on- oder Sprayform in den Handel.

Tabelle 8-5. Zur Desodorierung eingesetzte antiseptische Wirkstoffe

Wirkstoff (internationaler Freiname)
4,3',4'-Trichlorsalicylanilid (Anobial)
N-(4-Clorphenyl)-N'-(3,4-dichlorphenyl)harnstoff (Triclocarban)
N,N''-Bis(4-chlorphenyl)3,12-diimino-2,4,11,13-tetraazatetradecandiimidamid (Chlorhexidin)
4-Chlor-3-methylphenol (Chlorocresol)
2,4,4'-Trichlor-2'-hydroxydiphenylether (Triclosan)
Tetramethylthioperoxydicarbondiamid (Thiram)
2,4-Dichlor-3,5-dimethylphenol (Dichloroxylenol)
2,2'-Methylen-bis(6-brom-4-chlorphenol) (Bromchlorophen)

2.2.2 Wirkstoffe bzw. Verfahren zur Geruchsbekämpfung

Adstringentien: In erster Linie finden anorganische und organische Aluminiumsalze, nicht zuletzt auch wegen ihrer Stabilität und Geruchlosigkeit, Verwendung (Tabelle 8-4). Eingesetzt werden auch Zinkverbindungen.

Als sogenannter Geruchslöscher, der auf einer Kombination von Zinkricinoleat mit Synergisten beruht, steht Grillocin zur Verfügung. Gerüche werden hierbei in Abhängigkeit von ihrer Molekülstruktur gebunden und sind sensorisch nicht mehr wahrnehmbar (Schrader 1989). Nachteilig ist, daß Aluminiumsalze, insbesondere wenn sie häufig angewendet werden, zu Hautirritationen führen können. Außerdem bewirken sauer reagierende Aluminiumsalze eine erhebliche Korrosion von Textilfasern. Durch zugesetzte Puffersubstanzen wie z. B. Harnstoff oder Orthophosphate sollen textilschädigende Eigenschaften weitgehend aufgehoben werden.

Tannin und andere Gerbstoffe werden hauptsächlich als Puder, aber auch als wäßrige und alkoholische Tanninlösung oder Tanninglycerol angewendet.

Bismut-Gallat wird von Koll und Kaller (1952) empfohlen.

Außerdem finden Eichenrinde, Salbei, Haselnußblätter, Walnußblätter, Steinklee, Spitzwegerich, Borretsch, Nelkenwurz und Hamamelis als Extrakte oder Abkochung bei der lokalen Behandlung Verwendung (Rothemann 1956; Greither 1985; Träger 1988).

Verhinderung der Schweißzersetzung durch Keimzahlreduzierung auf der Haut: Empfohlen werden zur Keimzahlreduzierung in erster Linie Halogen-, speziell Chlorverbindungen (Tabelle 8-5).

Der Einfluß von wäßrigen Tensidlösungen auf den Keimgehalt ist bekannt. Hier sind von besonderer Bedeutung quarternäre Ammoniumverbindungen, aber auch Amphotenside (Träger 1988).

Bakteriozid wirkende Substanzen, die zur Desodorierung eingesetzt werden, können zu Sensibilisierungserscheinungen an der Haut führen. Für antiseptische Wirkstoffe gibt es gesetzliche Festlegungen zur Einsatzkonzentration. Allergische und photoallergische Reaktionen u.a. auf Chlorhexidin, Chlorcresol und Triclocarban wurden beschrieben (Fiedler et al. 1989). Nebenwirkungen quarternärer Ammoniumverbindungen sind angegeben (Huriez et al. 1965a, 1965b; Shmunes u. Levye 1972). Der Einsatz von Antibiotika zur Desodorierung ist aufgrund der Kosmetikverordnung in Deutschland verboten.

Organische Säuren, deren Salze und Ester: Am bekanntesten ist hier die Salicylsäure, die sowohl in Pudergrundlagen als auch in Salben zur Schweißbekämpfung empfohlen wird. Ebenfalls Verwendung finden Essig-, Wein-, Zitronen-, Milch-, Campher-, Sorbin- und Benzoesäure (Klarmann 1962; Fiedler 1968; Janistyn 1970). Sensibilisierungserscheinungen sind u.a. bekannt nach Anwendung von Sorbinsäure (Klaschka 1966).

Sonstige Verbindungen: Es werden u.a. Kombinationen von polymeren Metaphosphaten, Natriummetaphosphat oder -hexametaphosphat, Natriummalonat oder andere Malonate (Rostenberg u. Gonzales 1957), Benzalkoniumchlorid oder Cetylpyridiniumchlorid (Klarmann 1957) empfohlen.

Zu beachten ist, daß 4-Hydroxybenzoesäureester sensibilisierend wirken können (Schiller u. Mehlhorn 1968) und daher als Antischweißmittel keine Verwendung finden sollten.

Sympatikolytika und Anticholinergika: Die Hemmung der Schweißsekretion über die Beeinflussung der nervalen Innervation ist von erheblicher Bedeutung, besonders im Hinblick auf die Hyperhidrosis universalis. Trotz umfangreicher Forschungen sind jedoch noch viele physiologische und pharmakologische Fragen offen geblieben. Davon ausgehend, daß die Schweißdrüsen-Innervation cholinergisch ist, werden anticholinergisch wirkende Substanzen als besonders effektiv angesehen (Shelley u. Horváth 1951; Grice u. Betley 1963; Stoughton et al. 1964; Heald 1966). Empfohlen werden Verbindungen mit Atropin- und Skopolamin-Charakter. Skopolaminhydroxybromidester sollen besonders wirksam sein (Kilmer et al. 1964). Zur lokalen Anwendung wird das Methylbromid des 1-Methyl-3-pyrrolidyl-α-phenyl-cyclohexanglycolats empfohlen. Als Anticholinergicum mit der geringsten Resorptionsrate bei optimaler Hemmung der Schweißdrüsentätigkeit wird das Benzolscopolamin beschrieben (Stüttgen u. Schaefer 1974). Atropinsulfat vermag bei intravenöser Applikation ebenfalls die Schweißsekretion zu hemmen (Craig u. Cummigs 1965).

Physiotherapeutische Verfahren: Als physiotherapeutisches Verfahren hat sich die Leitungswasser-Iontophorese bei der Hyperhidrosis manuum und pedum bewährt und ist besonders bei der Behandlung von stark riechendem Fußschweiß von Bedeutung (Schiller 1991).

Absorption bzw. Adsorption der Geruchsstoffe: Das beste Absorptionsmittel ist Wasser, die beste Desodorierung die Körperreinigung mit Wasser und Seife (Fiedler 1968). Besonders Lösungen fettsaurer Seifen haben ausgezeichnete geruchshemmende Eigenschaften.

Auch Ionenaustauscher werden wegen ihrer Fähigkeit, Anteile wie niedere Fettsäuren und Indolverbindungen binden zu können und somit geruchslos zu machen, zu desodorierenden Zwecken verwendet (Thurmon 1952; Ikai 1954; Klarmann 1962; Schrader 1989).

Für ihren Desodorierungseffekt ist die pH-Senkung sowie die Ausschaltung von Aminosäuren, aus denen bei Zersetzung hautreizende und schlecht riechende Abbauprodukte entstehen können, wesentlich. Empfohlen werden besonders carboxylhaltige Kationenaustauscher-Harze oder Kombinationen von Aluminiumsalzen einer organischen Säure und Ionenaustauscher-Harz. Am besten wirksam sollen Kombinationen von Kationen- und Anionenaustauschern sein (Ikai 1954).

Oxidation der Geruchsstoffe: Es wird angenommen, daß der Sauerstoff mit den Geruchsstoffen unter Bildung nicht riechender Oxidationsprodukte reagiert.

Empfohlen werden Oxidationsmittel, aus denen Sauerstoff verhältnismäßig leicht abgegeben wird. Das hat jedoch den Nachteil, daß sie zum größten Teil wenig beständig und daher in der Praxis kaum verwendbar sind (Fiedler 1968). Sogenannte D-Ozonide, die im wesentlichen aus Acetaldiperoxiden bestehen, sollen eine gute Stabilität haben (Schrader 1989).

Maskierung des Geruchs: Empfohlen werden etherische Öle wie Spike- oder Lavendelöl, Rosmarin-, Thymian-, Nelken- sowie Bergamotteöl. Zu berücksichtigen ist, daß nicht jeder Duftstoff zur Beseitigung von Schweißgeruch geeignet ist, da manche Parfümöle oder Duftstoffe mit dem Schweiß unangenehme Mischgerüche bilden.Die Duftstoffe sollen darüber hinaus dem Benutzer ein Gefühl der Sicherheit und Sauberkeit geben, jedoch nicht aufdringlich wirken. Manche Parfümöle besitzen antibakterielle Eigenschaften und können daher auch der bakteriellen Schweißzersetzung entgegenwirken. Es ist aber zu beachten, daß Parfümöle auf der Haut zu Reizungen führen können (Kastner 1967).

• *Neben der Beseitigung der akut toxischen Schadstoffe aus der Sphäre des Menschen kommt es auch darauf an, unangenehme Gerüche, die das psychische Gleichgewicht stören, zu erkennen, zu vermindern oder zu beseitigen. Dabei ist der Beseitigung von Gerüchen am Entstehungsort der Vorrang gegenüber der Luftreinigung einzuräumen.*

Literatur

Adler SF, Keggi JJ (1970) Deodorizing air. Method of removing ammonia and methanol from gases. US-Pat. 3.511.596

vom Baur J (1965) Aktivkohle gegen gasförmige Luftverunreinigungen. Ing Digest 3:44–48

Bergwein K (1969) Aluminiumsalze in der Antischweißkosmetik. Fette Seifen Anstrichmittel 68:230–232

Bergwein K (1969) Über die Beseitigung verbrauchter Luft und störender Raumgerüche sowie Luftentkeimung. Seifen Fette Öle Wachse 9:812–814

Bernert J (1970) Ergebnisse aus Forschungsarbeiten über die Ermittlung der Oxidierbarkeit verschiedener häufig als Luftverunreinigung auftretender organischer Lösungsmittel durch Ozon. IWL-Forum 70/III:1–56

Brun R, Hunzinger N (1957) Experiences sur la transpiration. Dermatologica 114:177

Craig FN, Cummigs KG (1965) Speed of action of atropine on sweating. J Appl Physiol 20:311–315

Dague RR (1972) Fundamentals of odor control. J Water Pollut Control Fed 44:583–594

Devitofrancesco G, Seperduto B, Benvenuti F, Panke F (1970) Über das Adsorptionsvermögen inhalierbarer Stäube. Staub Reinhalt Luft 30:440–442

Devitofrancesco G, Panke F, Petronio BM (1972) Über das Verhalten einiger Gase bei der Absorption auf Stäuben. Staub Reinhalt Luft 32:103–105

Elliot TC (1969) Odors-more nuisance than health threat. Power 113:H.10, 64–65

Elliot TC (1971) Odor control: its time is coming. Power 115:H.6, 12–13

Fanger PO (1988) Introduction of the olf and decipol units to quantity air pollution perceived by humans indoors and outdoors. Energy Buildings 12:1–6

Fiedler HP (1968) Der Schweiß. Cantor, Aulendorf

Fiedler HP, Ippen H, Kemper FH, Lüpke N-P, Schulz KH, Umbach W (1989) Blaue Liste – Inhaltsstoffe kosmetischer Mittel. Cantor, Aulendorf 288 S.

Franzky U(1968) Beispiele für die Beseitigung von Geruchsstoffen, insbesondere bei Kleinanlagen. VDI-Berichte Nr. 124:33–42

Freytag A, Thoenes HW (1968) Meßverfahren zur Bestimmung von geruchsintensiven Stoffen. VDI-Berichte Nr. 124:27–32

Gerber NN, Lechevalier HA (1965) Geosmin, an earthy-smelling substance isolated from actinomycetes. Appl Microbiol 13:935

Gilgen A, Wanner HU (1966) Die toxikologische und hygienische Bedeutung des Ozons. Arch Hyg 150:62–78

Gottauf M, Berger A (1969) Reinigung der Luft von Geruchsstoffen in geschlossenen Räumen. II. Anwendung von Ozon. Lebensmittelwiss Technol 2:68–71

Gottauf M (1969) Reinigung der Luft von Geruchsstoffen in geschlossenen Räumen. I. Wirkung verschiedener „Luftreiniger" in Haushaltskühlschränken. Lebensmittelwiss Technol 2:62–67

Gottauf M (1969) Gaschromatographische Bestimmung organischer Verbindungen in Luft bei Anwesenheit von Ozon. Z Anal Chem 246:31–32

Gottauf M (1971) Zur Theorie der Reinigung der Luft von Geruchsstoffen in geschlossenen Räumen. II. Spezieller Teil. Kältetechnik Klimatisierung 23:174–179

Greither F (1985) Moderne Kosmetik – ein Lehr- und Nachschlagebuch für eine zeitgemäße Präventive. Hüthig, Heidelberg

Grice KA, Betley F (1963) Anticholinergics as external antiperspirants. Brit J Dermatol 78:458

Griffiths NM, Patterson RLS (1970) Human olfactory responses to 5α-androst-16-en-3-one-principal component of boar taint. J Sci Fd Agric 21:4–6

Guadagni DG, Miers J, Vernstrom D (1969) Concentration effect on odor addition or synergism in mixture of methyl sulfide and tomato juice. J Food Sci 34:630–632

Hanna GF, Kuehner RL, Karnes JD, Garbowicz R (1964) A chemical method for odor control. Ann NY Acad Sci 116:663–675

Henley DE, Glaze WH et al (1968) Isolation and identification of an odour compound produced by a selected aquatic actinomycetes. Am Chem Soc Div. Water Air Waste Chem Gen Paper 8, No. 2:61–68

Hettche HO (1968) Die Gerüche, ihre Quellen und Wirkungen auf den Menschen. VDI-Berichte Nr. 124:5–9

Hilliger HG, Langner HJ, Hubig V, Heckel U (1971) Versuche zur Charakterisierung geruchsaktiver Stoffe in der Luft eines Legehennenstalles. Zbl Bakt Hyg I Orig B 155:87–92

Hochmuth FW (1969) An odor control system of chemical recovery units. Pulp Pap Mag Can 70:T112–T121

Holcombe JK, Kalika P (1972) Controlling interior air pollution. I. Problem pollutants. Plant Eng Febr 24, March 23, Apr 20
Huch R (1970) Entwicklung und Prüfung von Verfahren zur Abluftreinigung in Nahrungs-, Genuß- und Futtermittelbetrieben. IWL-Forum 70/III:75–93
Huriez C, Agache P, Martin P, Vandamme G, Menneciere J (1965a) L'allergie aux sels d'ammonium quaternaire. Sem Hop 41:2301–2304
Huriez C, Agache P, Martin P, Vandamme G, Menneciere J (1965b) Frequence des sensibilisations aux ammoniums quaternaires. Bull Soc franc Derm Syph 72:106–111
Ikai K (1954) Deodorizing experiments with ion exchange resins. J Invest Derm 23:411–422
Janistyn H (1970) Handbuch der Kosmetika und Riechstoffe. Hüthig, Heidelberg
Kastner D (1967) Über die Hautverträglichkeit von Parfümöl-Kompositionen in Seifen. Seifen Öle Fette Wachse 24:909–915
Kellner W (1964) Desodorierung durch Enzymblocker. Aesthet Med 33:138–139
Kerka WF, Humphreys CM (1956) Temperature and humidity effect on odour perception. Trans Am Soc Heat Air Condit 1587:531–552
Kikuchi T, Mimura T, Moriwaki Y, Ando M, Negoro K (1972) Odorous components of the diatom Synedra rumpens isolated from the water in Lake Biwa. Idenification of n-hexanal. Yakugaku Zasshi 92:1567–1568
Kilmer FS, McMillan, Reller HR, Synder FH (1964) The antiperspirant action of topically applied anticholinergics. J Invest Derm 43:363–377
Klarmann EG (1957) Certain chemical and bacteriological aspects of antiperspirants and deodorants. Acta Derm Venerol 37:59–81
Klarmann EG (1962) Cosmetic chemistry for dermatologists. Thomas, Springfield Illinois
Klaschka F (1966) Kontaktallergie gegen Konservierungsmittel in Salben und Cremes. Fette Seifen Anstrichmittel 68:756–760
Kleine-Natrop HE (1955) Die Häufgkeit des unangenehmen Mundgeruches und ihre Beziehungen zu Geschlecht und Alter. Z Hyg 142:129–140
Koisumi T, Tsubosaka M, Suzuki M (1972) Unpleasant odor (jukushika) of men's breath after drinking sake. I. Examination of breath odor and the comparison of breath components before and after drinking. Shokuhin Eiseigaku Zasshi 13:276–285
Koll W, Kaller HU (1952) Arzneimittelverordnungen – Ratschläge für Ärzte. Hirzel, Stuttgart
Krill H (1972) Aktivkohle in der Abluftreinigung. CZ Chem Tech 1:239–243
Krischer K, Pfeiffer CC (1973) Biochemical relation between kryptopyrrole (mauve factor) and trans-3-methyl-2-hexenoic acid (schizophrenia odor). Res Commun Chem Pathol Pharmacol 5:9–15
Lahmann E, Körner HJ (1969) Beziehungen zwischen Schwefelwasserstoff-Immissionen und Gerüchen in der Nähe von Viscose-Betrieben. Gesundheitsingenieur 90:293–295
Larsson BT (1965) Gas chromatography of organic volatiles in human breath and saliva. Acta Chem Scand 19:159–164
Leithe W (1971) Zur Bestimmung und Bewertung niedriger Konzentrationen an Luftverunreinigungen. Chem Ztg 95:452–455
Meyer-Rohn J (1965) Über die Ursachen lästigen Körpergeruchs. Fette Seifen Anstrichmittel 67:353–354
Murray R (1969) Ozonolysis of organic compounds. Techn Methods Org Organometal Chem 1:1–32
Neuhaus W (1961) Der Eigengeruch des Menschen, seine Wahrnehmung, Bedeutung und Beeinflussung. MMW 103:1752–1755
Ochs HJ (1967) Desodorierung von Zu- und Abluft. Maschinenmarkt 73:900–902
Ochs HJ (1969) Luftreinigung mit Aktivkohle. Wasser Luft Betr 13:22–25
Okita T (1970) Filter method for the determination of trace quantities of amines, mercaptans, and organic sulfides in the atmospere. Atmos Environ 4:93–102
Papa CM, Kligman AM (1967) Mechanisms of eccrine anidrosis. II. The antiperspirant effect of aluminium salts. J Invest Derm 49:139–145
Patterson RLS (1970) Detection of meat odours. Process Biochem 5:27–31

Rosen AA, Mashni CL, Safferman RS (1970) Recent developments in the chemistry of odour in water. The cause of earthy/musty odour. Water Treatment Examin 19:106–119

Rostenberg A Jr, Gonzalez EL (1957) The inhibition of perspiration by means of the topical application of malonic acid salts. J Invest Derm 29:251

Rothemann K (1956) Das große Rezeptbuch der Haut- und Körperpflegemittel. 2. Aufl. Hüthig, Heidelberg

Rusterholz WE (1970) Odor and its relation to retained solvents in printed films. Am Ink Maker 48:32–36, 66–67

Schiller F, Mehlhorn C (1968) Vergleichende Untersuchungen zum Nachweis von p-Hydroxybenzoesäureestern in kosmetischen Erzeugnissen. Aesthet Med 17:207–210

Schiller F, Langguth J, Würbach G (1991) Über die Therapie der Hyperdrosis manuum und des dishydrotischen Ekzems mit Hilfe der Wasseriontophorese. Dermatol Monschr 177:413–415

Schneider W, Ruther H (1958) Allgemeine Therapie. In: Gottron HA, Schönfeld W (Hrsg) Dermatologie und Venerologie Bd. 2/1, Thieme, Stuttgart

Schrader K (1989) Grundlagen und Rezepturen der Kosmetika. 2. verbess. und erweit. Aufl., Hüthig, Heidelberg

Schroll H (1973) Perspirant-Kosmetika als kosmetische Prophylaxe gegenüber Körpergeruch und Schweiß. Seifen Öle Fette Wachse 99:193–194

Shelley WB, Horvath PN (1951) Comparative study on the effect of anticholinergic compounds on sweathing. J Invest Derm 16:267

Shelley WB, Hurley HJ Jr, Nichols AC (1953) Axillary odor. Experimental study of the roll of bacteria, apocrine sweat and deodorants. Arch Dermat Syph 58:430–446

Shmunes E, Levye J (1972) Quarternary ammonium compound contact-dermatitis from a deodorant. Arch Derm 105:91–99

Smith HD, Hochstettler AD (1969) Determination of odor thresholds in air using C^{14}-labeled compounds to monitor concentrations. Environ Sci Technol 3:169–170

Stoughton RB, Chiu F, Fritsch W, Nurse D (1964) Topical suppression of eccrine sweat delivery with a new anticholinergic agent. J Invest Derm 42:151

Stüttgen G, Schaefer H (1974) Funktionelle Dermatologie. Springer, Berlin-Heidelberg-New York

Summer W (1969) Geruchsbekämpfung mittels aktiven Sauerstoffs. Luftverunreinigung 10:26–30

Thurmon MF (1952) F.P. 714551

Träger L (1988) Chemie in der Kosmetik. Hüthig, Heidelberg

Tressl R, Drawert F, Heimann W (1970) Über die Biogenese von Aromastoffen bei Pflanzen und Früchten. V. Anreicherung, Trennung und Identifizierung von Bananenaromastoffen. Z Lebensmittelunters Forsch 142:249–263

Türkölmez S (1965) Neues Verfahren der Abgasreinigung, Beseitigung der Geruchsbelästigung durch Austausch-Adsorption mittels Kunstharz-Ionenaustauschern. Wasser Luft Betrieb 9:737–743, 812–816

Turk A (1967) Odor control. Encyclopedia Chem Technol 14:170–178

Turk A (1969) Industrial odor control and its problems. Chem Eng 76, Nr. 24:70–78

Turk A, Haring RC, Okey RW (1972) Odor control technology. Environ Sci Technol 6:602–607

Viessmann W (1964) Ventilation control of odor. Ann NY Acad Sci 16:630–637

Vollheim G (1968) Thermische und katalytische Verbrennungsverfahren zur Minderung der Emissionen. VDI-Berichte Nr. 124:19–26

Wallman H (1969) Sanitary waste management in closed, manned systems. Water and Sewage Works 116:56–62

Wanner HU (1969) Luftygiene in Wohn- und Arbeitsräumen. Schweiz Apoth Zeitung 107:741–748

Witthauer J, Bischof W(1991) Geruchsübertragung durch Regeneratoren zur Wärmerückgewinnung – ein Beispiel für den Einsatz der Olfaktometrie bei hygienischen Fragestellungen. Mitt Gesellschaft Allgemeine und Kommunale Hygiene e.V. Nr. 1:31–34

Zolotovich G, Velev R, Mikhailova S, Dilov Kh (1971) Odorous substances in cultivated microalge. Dokl Akad Sel'skokhoz Nauk Bolg 4:445–455

Kapitel 9

Wundantiseptik

A. Kramer, P. Heeg, H.-P. Harke, H. Rudolph, St. Koch, W.-D. Jülich, V. Hingst, V. Merka und H. Lippert

1 Grundlagen der Wundheilung

Die Wundheilung ist ein phasenhaft ablaufender komplexer Vorgang biochemischer, physiologischer und morphologischer Reparationsprozesse. Sie wird von lokalen und systemischen Einflußfaktoren des Wirtsorganismus (Tabelle 9-1), der Lokalisation der Wunde und ihrer mikrobiellen Kontamination bzw. Infektion bestimmt.

• *Sowohl in bezug auf die Störung der Wundheilung als auch für den Gesamtorganismus ist die Wundinfektion die gefährlichste Komplikation bei der Wundheilung.*

Vordringliches Ziel muß es daher sein, jede Wunde so keimarm wie möglich zu halten, ohne die komplexen Wundheilungsvorgänge zu beeinträchtigen. Bei der ungestörten Wundheilung wirken drei wichtige Faktoren zusammen: die Wundkontraktur, die Bildung von Granulationsgewebe und die Epithelisierung.

Es ist zu berücksichtigen, daß bei der sekundären Wundheilung der Aufbau von Granulationsgewebe nicht in jedem Fall positiv im Sinne der Wundheilung zu bewerten ist. Einerseits stellt das Granulationsgewebe Füllmaterial bei tiefen Weichteildefekten dar, andererseits ist die Granulation keine unabdingbare Voraussetzung für die Wundheilung. Bei Verbrennungswunden kann sie sogar ein Hindernis für die Epithelisierung sein (Breuninger et al. 1990).

Bei der Wundheilung unterscheidet man zwischen der primären und der sekundären Wundheilung. Besondere Terrainfaktoren liegen bei der Heilung unter Schorf vor. Für die sekundäre Wundheilung werden von verschiedenen Autoren vorwiegend aus didaktischen Gründen Periodisierungen des zeitlichen Heilungsablaufs angegeben (Cottier 1980; Sedlarik 1984; Kunz 1986). Diese Phasen sind durch eine unterschiedliche Infektanfälligkeit gekennzeichnet, was Konsequenzen für die Anwendung von Antiseptika hat (Tabelle 9-2).

Bei Einbeziehung aller chirurgischen Eingriffe ermittelte Cottier (1980) eine Inzidenz für Wundinfektionen von 5–10%. Als wichtigste lokale Einflußfaktoren für das Angehen von Wundinfektionen ergaben sich

A. Kramer et al. (Hrsg.)
Klinische Antiseptik

Tabelle 9-1. Einflußfaktoren auf die Wundheilung

lokal	systemisch
Art der Wunde/Entstehungsmechanismus	vorbestehende Grund- bzw. Begleiterkrankungen (z. B. Diabetes)
Beschaffenheit der Wundränder	Ernährungszustand (Eiweißmangel, z. B. durch Blutverlust, durch Eingriffe an zentralen Organen wie der Leber bzw. traumatisch bedingte Stoffwechseldepression)
Alter der Wunde (akute) Begleitverletzungen (Knochen-, Sehnen-, Gefäß- und Nervenverletzungen)	Immunstatus
Fremdkörper	systemische antimikrobielle Pharmakotherapie
Blutung	Chemotherapie (Corticoide, Zytostatika, Psychopharmaka)
	Hormonstatus
	ZNS-Regulation (z. B. bei Streß)
nekrotisches Gewebe	stationäre präoperative Verweildauer und Erregerwandel
OP-Technik	präoperative Vorbereitung des Patienten operativer Eingriff
Implantate	
Sekretabfluß	Alter des Patienten
Durchblutung mikrobielle Kontamination	
Feuchtigkeit	
Fähigkeit zur reparativen Entzündung einschließlich Resistenz (z. B. Phagocytose, Peroxidasesysteme) und Immunität (z. B. Insudation IgG-reichen Serums)	
lokale Pharmakotherapie (Antiseptika, Lokaltherapeutika zur Wundheilungsförderung)	

- die Anzahl und Art in die Wunde gelangter Erreger: Pyogene Staphylokokken verursachen häufiger Wundabszesse, pyogene Streptokokken dagegen Wundphlegmonen. Bei der putriden Wundinfektion dominieren Fäulniserreger (z. B. P. vulgaris, E. coli, Bacillus spp.), meist vergesellschaftet mit einer Mischinfektion mit pyogenen Kokkenbakterien und Anaerobiern. Die anaerobe Wundinfektion (Gasödem) wird durch Clostridium spp. hervorgerufen, die bakteriell-toxische Wundinfektion z. B. durch C. tetani und C. diphtheriae. Ferner gibt es die Möglichkeit spezifischer Wundinfektionen (z. B. Aktinomykose, Herpes).
- der Zeitfaktor: Frische Wunden sind gegenüber einer Erregerinvasion anfälliger. Vaskularisiertes Granulationsgewebe mit reichlich Makrophagen ist widerstandsfähiger gegenüber Infektionen. Ältere Wunden mit fortgeschrittener Bildung von Granulationsgewebe sind im allgemeinen geringer infektionsanfällig (Tabelle 9-2).
- der Zustand des Gewebes: Nekrotische Gewebeteile, Sequester, ischämische Zustände, venöse Stauungen und Lymphödeme fördern die Entstehung von Wundinfektionen.

2 Gefährdung der Wundheilung durch Infektionen

Kontamination und Infektion: Einen wesentlichen Störfaktor bei der Wundheilung stellt die exogene oder endogene Infektion der Wunde dar.

Primär nicht verunreinigte kontaminierte Wunden, z. B. Verbrennungswunden, sind in frühen Phasen oft nur gering mikrobiell kolonisiert. Aus der Tiefe der Schweißdrüsen, Krypten und Haarfollikel ist die Wunde zunächst vorwiegend durch Vertreter der residenten überwiegend grampositiven bakteriellen Flora gefährdet, bevor die exogenen Infektionsrisiken durch nosokomiale Erreger an Einfluß gewinnen.

Die Infektion kann lokal begrenzt bleiben, generalisieren oder es kann zur Organmanifestation (z. B. Osteomyelitis) kommen (Tabelle 9-3).

Das Risiko einer klinisch manifesten Infektion steigt mit der Zahl der eingebrachten Erreger (Infektionsdosis) und deren Pathopotenz und wird im umgekehrten Sinn von der lokalen und systemischen Resistenzlage des Patienten beeinflußt. Eine kritische Infektionsdosis scheint häufig bei etwa 10^5 Erregern pro Gramm Gewebe erreicht zu sein, wobei bei höheren Keimzahlen das Risiko invasiver Infektionen zunimmt.

Selbstverständlich ist die Keimzahl nicht alleiniges Kriterium zur Beurteilung der Infektionsgefährdung. Sie muß im Zusammenhang mit dem Trauma und der Abwehrlage des Patienten (vgl. Tabelle 9-1) beurteilt werden.

Von Wunden ausgehend kann sich eine Sepsis bzw. metastasierende Allgemeininfektion entwickeln. Deren frühestmögliche Erkennung ist durch sorgfältige klinische und mikrobiologische Überwachung zu gewährleisten.

Bei Risikopatienten, speziell bei Verbrennungskranken, empfiehlt sich die tägliche Erreger- und Resistenzüberwachung in Wunden, Blut, Urin und Nasopharynx, ggf. ergänzt durch bioptische Keimzahlkontrolle, um rechtzeitig und gezielt eine erforderliche antimikrobielle Chemotherapie einleiten zu können.

Tabelle 9-2. Phasen der sekundären Wundheilung und zugehörige Abbau- und Aufbauprozesse der reparativen Regeneration (unter Berücksichtigung von Cottier 1980 nach Kunz 1986 modifiziert) und sich daraus ergebende Anforderungen an die Wundantiseptik

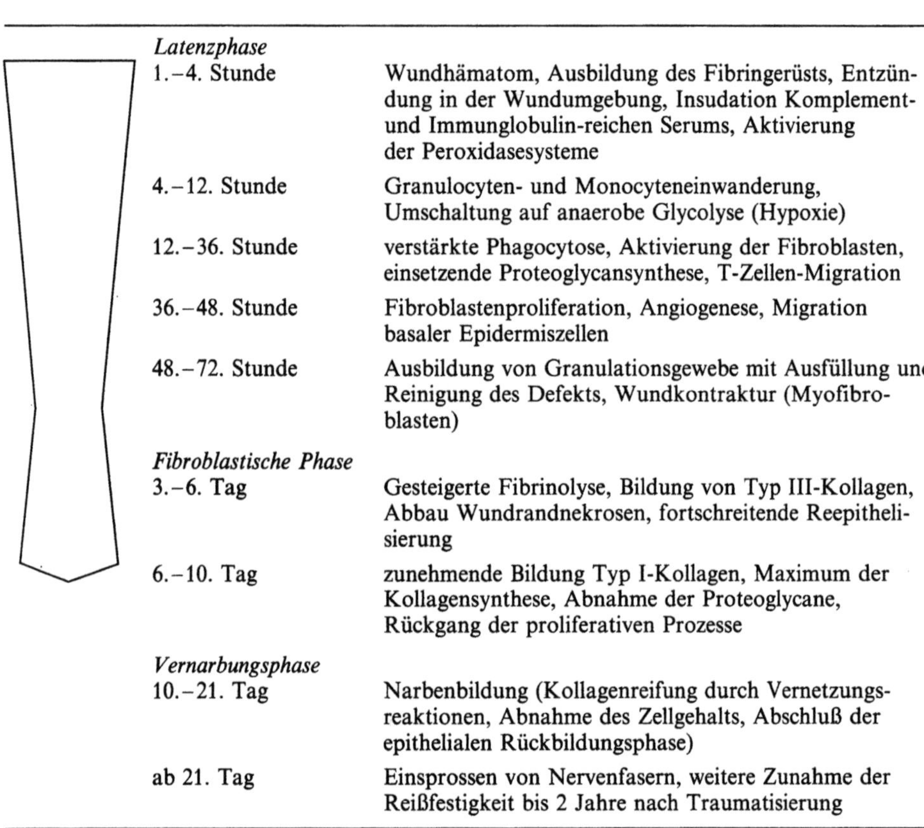

Infekt-anfälligkeit	Zeit und Phase nach Traumatisierung	Teilprozesse der Wundheilung
	Latenzphase	
	1.–4. Stunde	Wundhämatom, Ausbildung des Fibringerüsts, Entzündung in der Wundumgebung, Insudation Komplement- und Immunglobulin-reichen Serums, Aktivierung der Peroxidasesysteme
	4.–12. Stunde	Granulocyten- und Monocyteneinwanderung, Umschaltung auf anaerobe Glycolyse (Hypoxie)
	12.–36. Stunde	verstärkte Phagocytose, Aktivierung der Fibroblasten, einsetzende Proteoglycansynthese, T-Zellen-Migration
	36.–48. Stunde	Fibroblastenproliferation, Angiogenese, Migration basaler Epidermiszellen
	48.–72. Stunde	Ausbildung von Granulationsgewebe mit Ausfüllung und Reinigung des Defekts, Wundkontraktur (Myofibroblasten)
	Fibroblastische Phase	
	3.–6. Tag	Gesteigerte Fibrinolyse, Bildung von Typ III-Kollagen, Abbau Wundrandnekrosen, fortschreitende Reepithelisierung
	6.–10. Tag	zunehmende Bildung Typ I-Kollagen, Maximum der Kollagensynthese, Abnahme der Proteoglycane, Rückgang der proliferativen Prozesse
	Vernarbungsphase	
	10.–21. Tag	Narbenbildung (Kollagenreifung durch Vernetzungsreaktionen, Abnahme des Zellgehalts, Abschluß der epithelialen Rückbildungsphase)
	ab 21. Tag	Einsprossen von Nervenfasern, weitere Zunahme der Reißfestigkeit bis 2 Jahre nach Traumatisierung

Schließlich können Wunden Eintrittspforte für hämatogen oder durch Speichel übertragene Infektionen, z.B. Tollwut oder nosokomiale Virusinfektionen, insbesondere VHB und AIDS, sein. Bei Patienten mit hämatogen übertragbaren Infektionen ergeben sich bei der Wundversorgung Infektionsrisiken für das medizinische Personal und u.U. auch für andere Patienten.

Erregerspektrum und Erregerwandel: Das Spektrum der Wundinfektionserreger kann von Klinik zu Klinik und auch innerhalb einer Klinik zwischen den jeweiligen Fachabteilungen unterschiedlich sein. Angaben über die Häufigkeit einzelner Erregerarten können daher nicht verallgemeinert werden. Insgesamt

Tabelle 9-2 (Fortsetzung)

Reinigungswirkung	Anforderungen an Antiseptika					Verträglichkeit
	rasche bakteriozide Wirkung	remanente bakteriostatische Wirkung	antifungielle und antivirale Wirkung	proliferationsfördernde Wirkung	Immunstimulierende Wirkung	
			nur bei speziellem Infektionsrisiko			lokal und systemisch bei längerer Anwendung grundsätzlich höhere Anforderungen als bei einmaliger Antiseptik

wurde in den vergangenen Jahrzehnten jedoch ein ständiger Wechsel der am Infektionsgeschehen beteiligten Erreger beobachtet, der in erster Linie von den jeweils verwendeten Chemotherapeutika bzw. Antibiotika beeinflußt wurde.

Erregerwandel und Pathopotenz der Keime werden von der chromosomal und der extrachromosomal durch Plasmide codierten Resistenz und Virulenz bestimmt, wobei die plasmidischen Gene entscheidend für die Anpassung an Umgebungsfaktoren sind (evolutionäre Flexibilität). Wichtige Faktoren der plasmidcodierten Virulenz sind z. B. Siderophore, Toxinproduktion und Adhäsine. R-Plasmide werden durch antimikrobielle Chemotherapeutika und z.T. auch durch Antiseptika wenn diese lediglich in mikrobiostatisch wirksamer Konzentration eingesetzt werden, selektiert. Der Selektionsdruck für Virulenzgene geht vom abwehrgeschwächten Patienten aus.

Tabelle 9-3. Entwicklung einer Wundinfektion und Möglichkeiten zur Prophylaxe oder Therapie

Infektionsablauf	Auseinandersetzung mit dem Wirtsorganismus	Möglichkeiten einer Prophylaxe oder Therapie
Kontamination	Kontakthaftung der aufgetroffenen Mikroorganismen	Reinigung, Abdeckung (Distanzierung) Antiseptik
↓	↓	
Zytoadhärenz (passager oder Übergang in irreversible Adhäsion und Attachment)	reversible Adsorption an Zellen oder Übergang in reversible Adhäsion und spezifische Rezeptorbindung	Reinigung, Antiseptik
↓	↓	
Kolonisation	mikrobielle Besiedlung ohne klinische Krankheitssymptome	Reinigung, Antiseptik
↓	↓	
(u. U. Inkorporation)	intrazelluläre mikrobielle Ansiedlung	erregerspezifische Antiseptik oder Chemotherapie
↓	↓	
→ Infektion	aktives Eindringen und Vermehrung von Krankheitserregern in Gewebe und/oder Körperflüssigkeiten mit Wirtsreaktion	Antiseptik, Chemotherapie
↓	↓	
Infektionskrankheit	Manifestation klinischer Symptome als Folge der Infektion	Chemotherapie ggf. ergänzt durch Antiseptik

In diesem Zusammenhang ist es von Interesse, daß anionenaktive Stoffe wie Natriumdodecylsulfat, oberflächenaktive antiseptische Wirkstoffe und amphotere Wirkstoffe die bakterielle Antibiotikaresistenz beeinflussen können. Dem können verschiedene Mechanismen zugrunde liegen wie Elimination der R-Plasmide oder Aufhebung chromosomal determinierter Resistenzeigenschaften, Hemmung der genetischen Übertragung der R-Plasmide, Hemmung der Ansammlung resistenter Varianten in mikrobiellen Populationen und Inaktivierung Antibiotika-zerstörender bzw. modifizierender Enzyme (Elinow u. Afinogenow 1984).

Seit etwa 1980 gewinnt S. aureus wieder zunehmend an Bedeutung, wobei vor allem penicillinasebildende und Methicillin-resistente Stämme zunehmen. Koagulase-negative Staphylokokken (z. B. S. epidermidis) sind als Wundinfektionserreger häufig mit Kunststoffimplantationen und Venenkathetern assoziiert. Die bei stationär zu versorgenden Patienten insgesamt in ihrer Bedeutung als Infektionserreger zunehmenden Pilze besitzen im Zusammenhang mit Wundinfektionen in erster Linie bei Verbrennungskranken medizinische Relevanz. Bedeutung für das Infektionsgeschehen haben auch Viren, insbesondere das Cytomegalovirus und andere Herpesviren, aber auch HBV, HCV und HIV.

Grundsätzlich läßt sich eine Resistenzzunahme in der Reihenfolge häusliches Milieu – stationärer Normalpflegebereich – Intensivmedizin feststellen. Interessant ist, daß sich der „historische" Erregerwechsel von der präantibiotischen Ära bis heute (Abb. 9-1) häufig am Patienten (z. B. Verbrennungspatienten, Spülsaugdrainagen) während der Hospitalisierung nachvollzieht.

Zur Identifizierung und Quantifizierung der Erreger reicht in der Regel ein Wundabstrich aus, wenn dabei aus dem Wundgrund genügend Material (keine Nekrosen) miterfaßt wird. Die alleinige Untersuchung des Wundsekrets sollte dagegen nicht zur Diagnosestellung herangezogen werden. Falls klinisch nicht ausgeschlossen werden kann, daß strikt anaerob wachsende Bakterien bei der Entstehung einer Wundinfektion von ätiologischer Bedeutung sind, ist für Entnahme (und unverzüglichen Transport) des Untersuchungsmaterials ein Anaerobier-Transportmedium zu verwenden. Aber auch bei allen anderen Keimen sind der Entnahme, Behandlung, Aufbewahrung und Transport des Untersuchungsmaterials größtmögliche Sorgfalt zu widmen, weil hier in praxi immer wieder Mängel bzw. Fehler anzutreffen sind. Bei Brandwunden liegen klinische Erfahrungsberichte vor, wonach zur Abgrenzung einer bakteriellen Besiedlung die quantitative bakteriologische Untersuchung von Biopsiematerial hilfreich ist, wobei diese Erfahrungen auch auf andere Wunden übertragbar sind. Der prädikative Wert zur Früherkennung systemischer Infektionen unter Berücksichtigung von bakteriologischen Ergebnissen aus Wundabstrichen ist begrenzt und bedarf der Einbeziehung weiterer Untersuchungsmaterialien, die im Rahmen eines Monitoring zu entnehmen sind (z. B. Urin, Trachealsekret bei Beatmungspatienten; Breuninger et al. 1990).

3 Allgemeine Prinzipien der Wundbehandlung

- *Letztendlich richten sich alle Maßnahmen der Wundbehandlung auch gegen das Entstehen einer Wundinfektion (Tabelle 9-4).*

Die wichtigste Voraussetzung für eine gute Wundheilung ist die kunstgerecht durchgeführte chirurgische Wundrevision. Diese umfaßt die chirurgische Wundreinigung, also die Entfernung von nekrotischem, infiziertem und unzureichend durchblutetem Gewebe (Friedrich'sche Wundausschneidung, Debridement, Wundtoilette) zumeist mit einer Exzision der Wundränder,

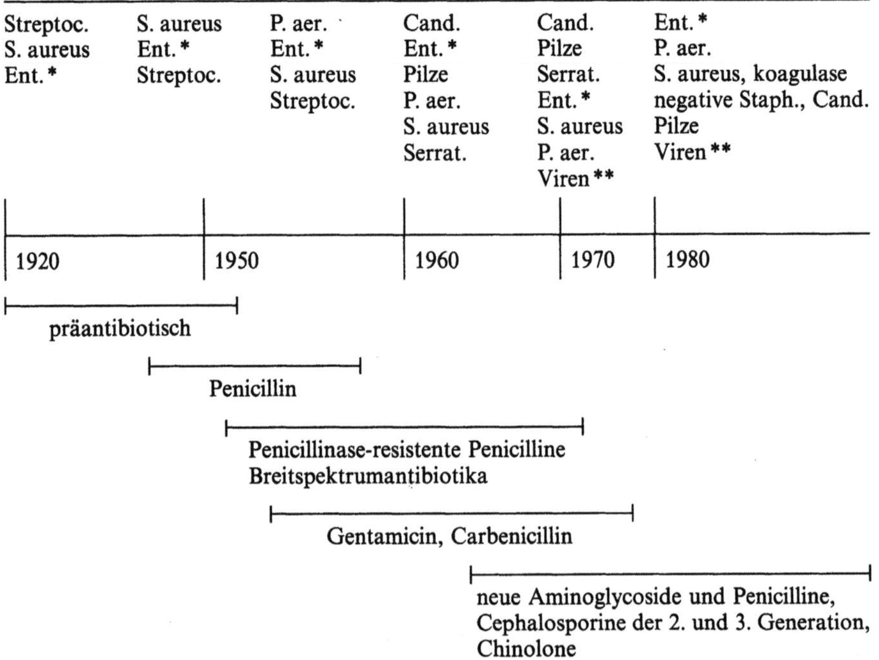

Abb. 9-1. Erregerwandel/Sepsis bei Verbrennungskrankheit (nach MacMillan et al. 1986). * Enterobakteriazeen: E. coli, Proteus, Klebsiella, Enterobacter spec.; ** CMV, HSV

damit diese sauber und spannungsfrei adaptiert sind. Fremdkörper und Verunreinigungen müssen entfernt werden. Es ist für einen ungehinderten Sekretabfluß zu sorgen. In der Regel soll später als 6 (bis 8) h nach Verletzung keine primäre Wundnaht mehr vorgenommen werden.

- *Vor jeder Antiseptik ist ein sorgfältiges Debridement der Wunde unerläßlich, um den Mikroorganismen den Nährboden zu entziehen und die Voraussetzung für eine ungestörte Wundheilung zu schaffen.*

Gegen die Austrocknung von Wunden in Operationssälen mit Reinraumbedingungen und für die Entfernung von Verunreinigungen und die Verhinderung einer Kolonisation mit nachfolgender Infektion der Wunde haben sich wiederholte intraoperative Spülungen z.B. mit Ringerlösung bewährt. Vor allem bei verschmutzten Wunden, z.B. in der Unfallchirurgie, hat sich die pulsierende Jet-Lavage klinisch als effektiv erwiesen. Ihre Überlegenheit bezüglich der Keimzahlverminderung und Entfernung nekrotischen Gewebes im Vergleich zur Irrigation mittels Injektionsspritze konnte auch tierexperimentell bewiesen werden (Gross et al. 1972).

Gelegentlich können auch einmal, allerdings in Abhängigkeit von der Art der Wunde, feuchte Umschläge zur Wundreinigung geeignet sein. Diese sollten allerdings nicht mit physiologischer Kochsalzlösung, sondern mit Ringerlö-

Tabelle 9-4. Prinzipien der Wundbehandlung

Beseitigung wundheilungshemmender Faktoren	Förderung der Wundheilung (lokal und systemisch)
– Wundrevision bzw. Debridement (chirurgisch, ggf. enzymatisch)	– Anregung von Granulation und Epithelisierung
– Abdeckung bzw. Verschluß	– Förderung der Resistenz und Immunität
– Entfernung von Sekreten, Verunreinigungen und Kontamination (Spülung)	
– ggf. Antiseptik	

sung vorgenommen werden, um eine Elektrolytverschiebung im Wundgebiet und damit eine Störung der Wundheilung zu vermeiden. Osmotisch wirksame Präparate sollten nicht über längere Zeit angewandt werden, da sie zur Austrocknung der Wunde führen können und damit dem angestrebten Zustand des moist wound healing entgegenstehen.

Zu den physikalischen Maßnahmen der Wundreinigung kann auch die Anwendung von Wasserstoffperoxid aufgrund seiner Gasentwicklung gerechnet werden. Bewährt hat sich hierbei die Anwendung als Pumpspray.

Aus Gründen der Wundinfektionsprophylaxe sollten die betroffenen Patienten nicht baden, sondern duschen.

Eine weitere spezielle Möglichkeit der Wundreinigung ist durch ein enzymatisches Debridement gegeben (Tabelle 9-5). Im Operationssaal ist diese Maßnahme eher die Ausnahme und bleibt Wunden vorbehalten, die operativ primär nicht versorgt werden wie z. B. Wunden mit Sehnen- und Knochenbeteiligung oder Weichteildefekte beim Ulcus cruris oder Decubitus.

Für das enzymatische Debridement stehen mehrere Enzyme und Enzymsysteme zur Verfügung, die an verschiedenen Substraten angreifen. Neben direkt wirksamen Enzymen stehen auch indirekt wirksame zur Verfügung (z. B. Streptokinase), die das eigentlich abbauende Enzym aktivieren (Tabelle 9-5). Zusätzlich zu den in der Tabelle angegebenen Präparaten ist ein aus einer Krustazeenart (Euphausia superba) stammendes in der Erprobungsphase befindliches Enzym zu erwähnen. Seine Wirksamkeit soll so ausgeprägt sein, daß ein komplettes Debridement nur wenige Tage dauert (Breuninger et al. 1990).

• *Im Hinblick auf die Gefahr von Wundinfektionen muß der Kontaminationsgrad der Wunde beachtet und die Indikation für eine Antiseptik der Wunde jeweils sorgfältig abgewogen werden.*

Das betrifft nicht nur die primäre Kontamination beim Verletzungsereignis, sondern in gleicher Weise die intra- und postoperative Erregerexposition.

Für alle Maßnahmen der Wundbehandlung gilt, daß die Entlastung und Ruhigstellung der Wunde sowie das Fernhalten störender Einflüsse zu den grundlegenden Voraussetzungen der Wundheilung gehören.

Tabelle 9-5. Charakterisierung der Enzyme (nach Breuninger et al. 1990)

Name	Enzym-Art	Wirkungsweise	Angriffspunkt	Vorkommen	pH-Optimum
B subtilis-Protease (Sutilains ointment)	Protease	direkt	Proteine Fibrin	B. subtilis	6–7,5
Clostridiopeptidase A	Kollagenase	direkt	Kollagen	Cl. histolyticum	6–8
Clostridienbegleit-Peptidasen	Protease	direkt	Polypeptide	Cl. histolyticum	
Desoxyribonuclease	DNA'se	direkt	Nukleoproteine	Rinderpankreas	7
Plasmin (Fibrinolysin)	Fibrinolysin	direkt	Fibrin Faktor I, V, VIII	Rinderplasma	7
Streptodornase	DNA'se	direkt	Nukleoproteine	S. haemolyticus	7
Streptokinase	Plasminogen-aktivator	indirekt	Fibrin	S. haemolyticus	7,4
Trypsin	Protease	direkt	Proteine, Fibrin, Penicillinase	Rinderpankreas	7

Falls möglich, werden größere Wunden nach erfolgter Wundreinigung mechanisch geschlossen (Naht, Klammer, Steristrips). Sind die Wundoberflächen zu ausgedehnt (z. B. Verbrennungskranke) oder bestehen Probleme in der Tiefe der Wunde, versucht man, durch Abdecken der Wunde exogene Infektionen zu vermeiden, den Elektrolytverlust auf ein Minimum einzuschränken und Schmerzen, die durch äußere Einflüsse verursacht werden, zu verhindern. Moderne Wundauflagen verhindern ein Austrocknen der Wunde, so daß die Heilung im feuchten Milieu erfolgen kann.

Bei der Auswahl des Verbandmaterials und der Technik des Verbandwechsels müssen neben der aseptischen Durchführung die Haltbarkeit auch im feuchten Milieu, die Schmerzempfindung des Patienten sowie pflegerische Gesichtspunkte (einfache Handhabung des Verbandmaterials) berücksichtigt werden. Zugleich sollte der Verband einen gewissen Tragekomfort bieten.

Bei komplikationlos heilenden Wunden kann der Verband nach 2 bis 3 d entfernt werden, danach wird zu einer offenen Wundbehandlung übergegangen. Evtl. kann noch ein Schutzverband verwendet werden, der keimarm, jedoch nicht zwingend steril sein muß und die Aufgabe hat, die Wunde vor mechanischen Einflüssen (z. B. Scheuern von Kleidung oder Bettdecke) zu schützen. Dabei ist zu berücksichtigen, daß eine operativ einwandfrei verschlossene Wunde nach 24 h als ausreichend verschlossen gegenüber exogenen Keimen gilt. Derartige reizlose Wunden können besonders unter stationären Bedingungen offen behandelt werden. Klinisch hat sich dabei seit Jahrzehnten die tägliche Pinselung mit Mercurochrom bewährt. Bei Transplantaten wird der Verband im allgemeinen in Intervallen von 3–5 d, bei Spalthautentnahme von 7–10 d gewechselt. Durchfeuchtete Verbände müssen sofort gewechselt werden, gelockert oder teilweise abgelöste Verbände erneuert und jede Wunde beim Auftreten von Entzündungszeichen mehrmals täglich vom erfahrenen Arzt kontrolliert werden. Durchgeblutete Verbände müssen ebenfalls schnellstmöglich gewechselt werden, da die Entfernung angetrockneten Materials zu einer Traumatisierung des Wundbereichs führt und gleichzeitig einen Nährboden für exogen Keime darstellt.

Bei plastisch-chirurgischen Eingriffen muß der erste Verbandwechsel bereits nach 24 h erfolgen, um Zug- und Spannungszustände im Wundbereich rechtzeitig erkennen zu können. Im Zweifelsfall entscheidet aber stets der Operateur, wobei er allerdings derartige Anordnungen bereits im Op.-Bericht geben sollte.

Zusätzliche Möglichkeiten der Wundbehandlung können sich in der Zukunft aus der Anwendung von Wirkstoffen ergeben, die z. B. eine unspezifische Immunstimulierung hervorrufen oder die Proliferation bzw. Epithelisierung fördern.

Beispielsweise wird durch die lokale Anwendung von 0,5% Zinksulfat die Granulation gefördert (geordneterer Aufbau des Regenerationsgewebes, stärkere Ausbildung des Kollagengewebes, verstärkte Kapillarsprossung und vermehrte Menge an Granulationsgewebe; Niedner 1986), ebenso durch Thiocyanate.

In diesem Zusammenhang ist zu berücksichtigen, daß z. B. durch Antiseptika nicht nur der eigentliche Wundheilungsprozeß möglichst wenig beeinträchtigt werden soll, sondern auch z. B. die Phagocytose als ein wichtiger Resistenzmechanismus nicht gehemmt wird.

Chlorhexidin reduziert die Phagocytose polymorphkerniger Leukocyten um mehr als 50% in der Konzentration ≥ 100 mg/l. In Serum wird eine 20fach höhere Chlorhexidinkonzentration toleriert, so daß unter diesem Gesichtspunkt eine 0,1%ige Anwendungskonzentration zur Wundantiseptik nicht überschritten werden sollte (Saene et al. 1985).

Mit Polihexanid steht ein Wundantiseptikum mit überraschend guter Gewebe- bzw. Wundverträglichkeit (bis 0,04% Wirkstoffgehalt Wundheilungsförderung, 0,06 % gleiche Wundheilung wie Kontrolle) zur Verfügung, das PVP-Iod (5 %) an Gewebeverträglichkeit signifikant übertrifft (Kallenberger et al. 1991, vgl. auch Kap. 2).

Neben der eigentlichen Wundbehandlung tritt die Behandlung von Grund- und Begleitkrankheiten, die häufig wesentlichen Einfluß auf das Heilungsgeschehen haben.

4 Wundantiseptik

4.1 Allgemeine Grundsätze

- *Im Hinblick auf die Gefahr von Wundinfektionen muß der Kontaminationsgrad der Wunde beachtet und die Indikation für eine Antiseptik der Wunde jeweils sorgfältig abgewogen werden.*

Das betrifft nicht nur die primäre Kontamination beim Verletzungsereignis, sondern in gleicher Weise die intra- und postoperative Erregerexposition.

Bei der Wundantiseptik unterscheidet man prophylaktische und therapeutische Indikationen. Typische prophylaktische Indikationen sind die

- antiseptische Reinigung verschmutzter Wunden,
- Antiseptik bei virusinfizierten Schnitt-, Stich- oder Bißwunden,
- präoperative Antiseptik, z. B. bei Ulcus cruris,
- antiseptische Behandlung der Wunde und des Wundrandes intraoperativ sowie unmittelbar vor dem Wundverschluß.

Schwerpunkt der therapeutischen Antiseptik ist die

- Behandlung chronisch infizierter Wunden ohne Möglichkeit des Debridements,
- Behandlung großflächiger infizierter Wunden,
- antiseptische Nachbehandlung nach chirurgischem Debridement infizierter Wunden.

Die Anforderungen an Antiseptika zur Wundbehandlung sind hoch. Für ihre Auswahl sind vor allem die Kriterien Effektivität und Erregerspektrum sowie lokale und systemische Verträglichkeit, jeweils dem Stadium der Wundheilung angepaßt, zu berücksichtigen. Bei der Erstversorgung von Wunden ist eine Reinigungswirkung erwünscht. Bei der frisch kontaminierten Wunde wird eine rasch einsetzende mikrobiozide Wirkung benötigt, die zwangsläufig mit einer zytotoxischen Potenz für die Wunde verbunden ist (Halle 1985). In späteren Phasen der Wundheilung dürften deshalb vorwiegend Wirkstoffe mit mikrobiostatischer Wirkung bzw. in mikrobiostatischer Verdünnung zu bevorzugen sein. Die antiseptische Wirkung muß auch in Gegenwart von eiweißreichem Exsudat und Blut gewährleistet sein, eine Forderung, die bereits bei der Auswahl der Prüfmethoden zu berücksichtigen ist. Die Wunde selbst sowie die umgebende Haut oder Schleimhaut soll nicht irritiert werden. Zur Vermeidung

Tabelle 9-6. Einfluß antimikrobieller Wirkstoffe auf die Wundheilung (tierexperimentelle Befunde)

Wirkstoff/Applikationsgrundlage	Prüfkonzentration (%)	Species	Wundheilung	Literatur
Alkyldimethylbenzylammoniumchlorid	0,1	Kaninchen/exp. Infektion	Förderung	Goloborodko et al. (1977)
Bacitracin + Polymycin B + Neomycin/Salbe	200 IE 5000 IE 0,5		Verzögerung (nicht signifikant)	Bolton et al. (1985)
Benzalkoniumchlorid/Wasser	0,1	Meerschweinchen	Verzögerung (nicht signifikant)	Bolton et al. (1985)
	0,15		Verzögerung ($\alpha < 5\%$)	
Benzoylperoxid/Lösung	20		Verzögerung ($\alpha < 5\%$)	
Bronopol/Wasser	≦ 0,2		Verzögerung (nicht signifikant)	
	≦ 0,3		Verzögerung ($\alpha < 5\%$)	
Cetrimid/Wasser	0,1		Förderung	
	0,25		Verzögerung (nicht signifikant)	
	0,5		Verzögerung ($\alpha < 5\%$)	
Cetylpyridiniumchlorid/Wasser	0,005		Verzögerung (nicht signifikant)	
	≧ 0,05		Verzögerung ($\alpha < 5\%$)	
Cetylpyridiniumchlorid/Wasser	0,03–0,05	Ratte	unbedeutende Regenerationshemmung	Ridberg (1968, 1969, zit. Afinogenow u. Elinow 1987)
Chloramphenicol/Salbe	1 und 2	Meerschweinchen/Brandwunde	Verzögerung ($\alpha = 0,02\%$)	Kramer et al. (1980)
Chlorhexidin-haltige Formulierungen	0,05–0,2	Meerschweinchen	Verzögerung (nicht signifikant)	Bolton et al. (1985)
	0,05/2 × tgl.		Verzögerung ($\alpha < 5\%$)	
	0,5		Verzögerung ($\alpha < 5\%$)	
Chlorhexidindigluconat/Wasser	0,05		Verzögerung (nicht signifikant)	
	0,1		Verzögerung ($\alpha < 5\%$)	
Chlorhexidin		Ratte	Hemmung von Granulation und Wundheilungsverzögerung	Helldén et al. (1974), Mobacken u. Wengström (1974), Paunio et al. (1978), Basetti u. Kallenberger (1980)
Dimethylsulfoxid/Wasser	25	Ratten/Strahlenwunde	Förderung	Baraboj et al. (1977)

Tabelle 9-6 (Fortsetzung)

Wirkstoff/Applikationsgrundlage	Prüfkonzentration (%)	Species	Wundheilung	Literatur
Domiphenbromid/Wasser	0,15	Meerschweinchen	Verzögerung ($\alpha < 5\%$)	Bolton et al. (1985)
Dowicil 200	0,1–0,5		Verzögerung (nicht signifikant)	
Essigsäure/Wasser	0,15	Meerschweinchen/ Brandwunde	geringe Förderung	Kramer et al. (1984)
Ethanol	70	Maus	Förderung ($\alpha < 5\%$)	Kramer et al. (1987)
Gentamycin/Salbe		Meerschweinchen/ Brandwunde	Verzögerung ($\alpha < 5\%$)	Kramer et al. (1980)
Hexachlorophen/ Propylenglycol	1	Meerschweinchen	Verzögerung ($\alpha < 5\%$)	Bolton et al. (1985)
Mafenidacetat	8,5	Ratte	Verzögerung	Burleson u. Eiseman (1973)
Natriumiodid/Wasser	2	Meerschweinchen	unbeeinflußt	Bolton et al. (1985)
Natriumiodid/Ethanol	2		Verzögerung (nicht signifikant)	
Nitrofural/Salbe, Gel	0,2	Meerschweinchen Brandwunde	Förderung ($\alpha = 9\%$)	Kramer et al. (1980)
Peressigsäure	0,06	Maus	Verzögerung ($\alpha = 5{,}5\%$)	Kramer et al. (1987)
	0,3	Meerschweinchen/ Brandwunde	geringe Verzögerung	Kramer et al. (1984)
Poloxamer-Iod	1	Meerschweinchen	Verzögerung ($\alpha < 5\%$)	Bolton et al. (1985)
PVP-Iod-Zubereitungen	0,2		Förderung	
	0,75–1		Verzögerung (nicht signifikant)	
	2		Verzögerung ($\alpha < 5\%$)	
Propylenglycol 100		Meerschweinchen/ Brandwunde	Verzögerung (nicht signifikant)	Kramer et al. (1980)
Silbersulfadiazin	1	Schwein,	ungestörte Epithelisierung	Geronemus et al. (1973)
		Meerschweinchen, Ratte	Verzögerung (nicht signifikant)	Bolton et al. (1985), Burleson u. Eiseman (1973)
Wasserstoffperoxid	3	Ratte	Förderung	Gruber et al. (1975)
	3–10	Meerschweinchen	Verzögerung (nicht signifikant)	Bolton et al. (1985)
	0,1	Meerschweinchen/ Brandwunde	ungestörte Heilung	Kramer et al. (1984)
Xanthocillin/Puder		Meerschweinchen/ Brandwunde	Verzögerung (nicht signifikant)	Kramer et al. (1980)

systemisch-toxischer Risiken soll die Resorption möglichst gering sein (Tabelle 9-2). Da zur Erfassung dieser Eigenschaften keine standardisierten Prüfsysteme zur Verfügung stehen und nur wenige systematische Untersuchungen vorliegen, ist die vergleichende Beurteilung der zur Verfügung stehenden Antiseptika schwierig, wobei klinische Erfahrungen, sofern sie reproduzierbar dokumentiert sind, ihre eigenständige Bedeutung besitzen.

In Tabelle 9-6 sind für verschiedene Wirkstoffe die Ergebnisse tierexperimenteller Untersuchungen zusammengestellt. Offensichtlich hat, wie zu erwarten, die Anwendungskonzentration einen wesentlichen Einfluß auf die Wundheilung. Dabei ist z. B. für Benzalkoniumchlorid im beginnend antimikrobiell wirksamen Bereich von 0,1 % keine Wundheilungsstörung aufgefallen, während beim Cetylpyridiniumchlorid Störungen schon bei niedrigeren Konzentrationen entstehen können. Beim Chlorhexidin werden Störungen bereits im nicht antimikrobiell wirksamen Bereich (0,05 %) beschrieben. Die Wirkung von Chlorhexidin ist offenbar von verschiedenen Einflußfaktoren abhängig, so daß eine generelle Bewertung schwierig ist.

Niedner und Schöpf (1986) beobachteten durch Chlorhexidin eine deutliche Granulationshemmung beim Meerschweinchen, geprüft bei tiefen Wunden, die mit einem Polyacrylamidagar-Gel abgedeckt worden waren. Keine Beeinflussung der Wundheilung fanden Saatmann et al. (1986). Am Modell der sekundär heilenden Schnittwunde (1 cm langer Hautschnitt bis zur Fascie) wurde bei zweimaliger Auftragung einer Kombination von 0,4 % Chlorhexidin mit Heilbuttleberöl 10 d lang im cross-over-Verfahren ebenfalls keine Verzögerung der Wundheilung beobachtet (Kramer et al. 1992).

Neben den in Tabelle 9-6 aufgeführten Wirkstoffen wird folgenden Verbindungen eine ausgeprägte Hemmung der Wundheilung zugeschrieben: Brillantgrün, Gentamycin, Neomycin, der Kombination von Neomycin mit Bacitracin, Pyoktannin und Tetracycline (Breuninger et al. 1990).

4.2 Antiseptische Indikationen und Wirkstoffauswahl in Abhängigkeit von der Art der Wunden

• *Für die Auswahl von Antiseptika darf nicht ausschließlich das Ausmaß der Keimzahlverminderung berücksichtigt werden. Ebenso bedeutungsvoll ist die mögliche Keimselektion, die lokale und systemische Verträglichkeit, insbesondere die Beeinflussung der Wundheilungsvorgänge.*

4.2.1 Traumatogene Wunde

Eine Wunde kann sich auf eine oberflächliche Hautabschürfung (Exkoriation) beschränken oder tiefere Gewebeschichten mitbetreffen.

• *Jede frische Gelegenheitswunde ist als kontaminiert anzusehen.*

Das Infektionsrisiko wird sehr durch den Charakter der Wunde beeinflußt. Bei Schnittwunden ist der Anteil devitalisierten Gewebes gering, damit ist die Infektionsgefahr niedrig. Bei Stichwunden ist die Tiefe schwer oder nicht beurteilbar. Bei erforderlicher Drainage wächst die Gefahr einer aszendierenden Infektion u.a. auch durch Anaerobier. Sofern sich die Wundflächen relativ glatt und nekrosefrei – nach operativer Versorgung – aneinander legen, ist nach durchgeführter Antiseptik, primärer Wundnaht und aseptischem Verband bei Schnitt-, Hieb- und Stichwunden mit primärer Heilung zu rechnen.

Biß- und Schußverletzungen sind wegen der ausgedehnten Nekrosezonen besonders infektionsgefährdet und werden auch heute noch meist offen behandelt (sekundäre Heilung).

Bei entsprechender Aufklärung des Patienten und garantierten kurzfristigen Kontrollen ist dem Erfahrenen in geeigneten Fällen eine geschlossene Wundbehandlung erlaubt.

Bei der Mehrzahl äußerer Verletzungen handelt es sich um Rißquetschwunden mit oft größeren Devitalisierungszonen, als inspektorisch feststellbar, und relativ hoher Infektionsgefährdung (Cottier 1980). Großflächige Wunden dieser Art und Ablederungen bedürfen nach Nekroseabtragung und evtl. durchgeführter Antiseptik ebenfalls der Deckung. Im allgemeinen wird ein feuchtes Milieu zur Epithelisierung angestrebt (moist wound healing), da sich unter einem trockenen Schorf Nekrosen bilden und Infektionen entwickeln können (Breuninger et al. 1990). Trockener Schorf bei sonst reizlosen Wundverhältnissen und entsprechend langer Krankheitsdauer (Quetschwunden über Frakturen) kann dagegen unter täglicher Pinselung mit Mercurochrom (Merbromin) mit reizloser Narbenbildung abheilen.

Bei der chirurgischen Versorgung offener Frakturen nach Debridement und stabiler Osteosynthese und bei offener Wundbehandlung ist für eine Weichteildeckung des Knochens und eine Deckung der Wundfläche zunächst durch temporären Hautersatz, später durch plastische Deckung (funktioneller Wundverschluß mit kompletter Haut) zu sorgen (Implantate müssen, Knochen sollen und Weichteile können bedeckt sein).

Wundflächen, die plastisch gedeckt werden müssen, können direkt vor dem Abdecken antiseptisch behandelt werden.

Grundsätzlich ist sorgfältig abzuwägen, ob die Anwendung eines Antiseptikums überhaupt erforderlich ist oder ob eine sorgfältige Wundreinigung ausreicht, um nicht möglicherweise den natürlichen Wundheilungsprozeß zu beeinträchtigen. Falls man sich z. B. bei Bagatellverletzungen für eine Antiseptik entscheidet, dürfte im allgemeinen eine einmalige Anwendung ausreichen und nur bei ersten Anzeichen einer Infektion ist erneut eine Wundantiseptik indiziert, dann allerdings möglichst gezielt (Erregerspektrum).

In Deutschland sind zur Anwendung auf frischen Wunden sowohl Antiseptika auf wäßriger als auch auf alkoholischer Basis zugelassen bzw. gelten als zugelassen. In Abhängigkeit von der Wirkstoffbasis ist die Wertigkeit dieser Präparate unterschiedlich. Bei Präparaten auf alkoholischer Grundlage ist eine rasch einsetzende ausgeprägte Wirkung zu erwarten, die auf Grund der Flüchtigkeit dieser Wirkstoffe allerdings nur kurzzeitig sein dürfte. Deshalb werden andere antiseptische Wirkstoffe in meist geringer Konzentration zugesetzt wie Phenolderivate, Halogene oder Quecksilber-organische Verbindungen. Präparate auf wäßriger Basis bzw. Salben enthalten Wirkstoffe aus den gleichen Substanzklassen, allerdings meist in höherer Konzentration, sowie kationenaktive und quaternäre Substanzen.

Sofern es sich um kleinere Verletzungen handelt, d.h. keine resorptiven Nebenwirkungen zu erwarten sind, werden Iodophore als Wirkstoffe der Wahl angesehen (Anwendungseinschränkungen vgl. Kap. 2). Allerdings muß vor dem Einsatz aller Antiseptika eine etwaige nekrosefördernde Weichteilschädigung durch diese Wirkstoffe bedacht werden.

Da Phenole in der Natur weit verbreitet sind, z. B. als Phenolglycoside, ist diese Stoffklasse nicht prinzipiell als toxisch und damit ungeeignet abzulehnen. Beispielsweise konnte für den Wirkstoff 2-Chlor-6-methyl-4-benzylphenol eine ausgeprägte Förderung der Wundheilung bei zugleich guter lokaler und systemischer Verträglichkeit tierexperimentell nachgewiesen werden (Kramer et al. 1987). Thymol, 2-Phenylphenol und Bromchlorophen kommen für Wundantiseptika nur als Kombinationspartner in Frage, da ihre antimikrobielle Wirkung bei alleiniger Anwendung nicht ausreichend sein dürfte (Beilfuß et al. 1987). Eine Hemmung der Wundheilung durch diese Wirkstoffe ist nicht bekannt.

Bei kationenaktiven Wirkstoffen wie Benzalkoniumchlorid oder Chlorhexidin ist wegen des Aufziehvermögens (Adsorption an Oberflächen) vor allem eine Wirkung auf Keime an der Oberfläche zu erwarten, wobei die Wirksamkeit gegen gramnegative Bakterien u.U. nicht ausreichend ist. Zugleich ist insbesondere für Abpackungen, die eine mehrfache Entnahme gestatten, die Konservierung wichtig, damit es nicht zur Kontamination und Vermehrung resistenter Bakterienspecies in den Präparaten kommt.

Tierexperimentell (Meerschweinchen) erwies sich 0,1 % Benzalkoniumchlorid (Reduktionsfaktor im Vergleich zur Kontrolle 0,2 lg), 0,3 % Cetrimid (Reduktionsfaktor 0,8 lg) und 0,1 % Chlorhexidin (Reduktionsfaktor 3 lg, allerdings deutliche Wundheilungshemmung) bei natürlich infizierten Wunden (am 8. Tag nach der Wundsetzung) als antiseptisch sowohl in bezug auf S. aureus als auch P. aeruginosa wirksam, während Cetylpyridiniumchlorid ohne Einfluß war (Bolton et al. 1985).

Bei primär kontaminierten offenen Wunden erzielten Afinogenow und Elinow (1987) mit 0,2%iger Chlorhexidinlösung zur Reinigung der Wundumgebung und als pulsierende Jetlavage der Wunde mit anschließendem Absaugen einschließlich mit Chlorhexidin imprägnierter Wundabdeckungen 2–3fach niedrigere Infektionskomplikationen als bei Anwendung von Ethanol, Iodtinktur, Wasserstoffperoxid, Furazilin oder Ethacridinlactat.

Auf Grund des geringen Wertes für den Quotienten aus dermaler und oraler LD_{50} für Benzalkoniumchlorid von 5 (Weuffen et al. 1986) ist auch auf Wunden eine Resorption zu erwarten. Da bei einer Resorption größeren Ausmaßes Vergiftungen bekannt wurden, ist eine Anwendung auf größeren Wundflächen daher nicht empfehlenswert (Schmidt et al. 1968). Eine spezielle Indikation für Benzalkoniumchlorid ist die Auswaschung von Wunden mit möglicher Tollwutviruskontamination.

Kritisch einzuschätzen ist die Verwendung von Schwermetallen als Wirkkomponente. Aus toxikologischer und ökologischer Sicht, aber auch wegen der möglichen plasmischen Resistenzentwicklung betrifft das insbesondere quecksilberhaltige Präparate, z. B. auch die lange Zeit verwendeten Wirkstoffe Phenylquecksilberacetat bzw. -borat. Demgegenüber stehen hervorragende klinische Erfahrungen über mehrere Jahrzehnte bei der offenen Wundbehandlung und oberflächlichen Hautverletzungen mit Mercurochrom. Nicht mehr verwendet werden sollte Mercurochrom bei großflächigen Hautverletzungen, z. B. Verbrennungen.

In der Pädiatrie hat sich zur Primärversorgung von Wunden Kamillen- und Schafgarbentinktur bewährt. Arnikatinktur soll wegen des Risikos einer Kontaktdermatitis nicht unverdünnt angewendet werden (Ganzer 1990).

Wasserstoffperoxid (1–3%) wird häufig zur Wundreinigung infektionsverdächtiger bzw. septischer Wunden (ohne Fisteln) verwendet (Literaturübersicht bei Kramer et al. 1987). Das durch die Katalase induzierte Aufschäumen bewirkt einen guten mechanischen Säuberungseffekt insbesondere auch sonst nur schwer zugängiger Wundbereiche. Die langsame Wirkung – eine 1%ige Lösung wirkt im Suspensionsversuch gegen gramegative Bakterien erst in 30–60 min – und die hohe Katalaseanfälligkeit machen aber deutlich, daß die antiseptische Wirkung in der Wunde begrenzt sein dürfte.

Als Hauptwirkstoff bzw. Kombinationspartner weniger häufig auf Wunden eingesetzte Antiseptika sollen zumindest summarisch aufgeführt werden, um Anhaltspunkte für weiterführende Literaturstudien zu geben: Acriflavin, Benzethoniumchlorid, Bibrocathol (1,4%), Bis-(5-brom-2-hydroxyphenyl)ethandion, Campher (≤ 0,1%) Chlorcarvacrol (0,2%), Colistin, 4-Chlor-3,5-xylenol (1%), Dibromsalicil (1,5%), Dichloramin T, Hexetidin (0,1%), Hexylresorcinol, Nitrofurane, Tanninsäure, 3,4,5,6-Tetrabrom-2-methylphenol (2%), Thymol (≤ 0,1%), basisches Wismutgallat (5%), Zinkoxid.

4.2.2 Chirurgische Wunde

Operationswunden: Bei Operationswunden ist der vollständige und spannungsfreie Nahtverschluß der Wunde von den Schnitträndern her möglich und entscheidend. Besondere Beachtung verdient die Verwendung von Antiseptika bei Wunden, bei denen aus der Tiefe heraus eine Neukontamination zu befürchten ist. Ebenso sind septische Wunden, die gelenknah liegen und deshalb geschlossen werden sollten, antiseptisch zu versorgen.

• *Zur intraoperativen Routine gehören das Spülen und Berieseln des Operationsfeldes mit physiologischen Lösungen.*
Das geschieht unter folgenden Zielsetzungen:

- mechanische Reinigung von Knochen und Weichteilen,
- Feuchthalten des Gewebes und damit Schutz vor Nekrosen durch Austrocknung der Zellen,
- Keimzahlverminderung.

Die Spülung am Operationsende reinigt die Wundflächen und vermindert die Bakterienzahl. Insbesondere nach lang dauernden Operationen und unter Reinraumbedingungen empfiehlt sich zum Abschluß eine großzügige Spülung mit physiologischen Flüssigkeiten wie Kochsalz- oder besser Ringerlösung. Die Spülung kann auch mit 0,1%iger Tosylchloramidnatriumlösung oder mit Tyrothricin durchgeführt werden. Für die Auswaschung werden etwa 250 ml benötigt. Nach etwa 1 min Einwirkzeit muß die Spülflüssigkeit wieder entfernt werden (Effenberger 1988).

Die günstige Wirkung von lokalen Spülungen mit steriler Ringer-Lactatlösung könnte neben der rein mechanischen Keimzahlverminderung und der Gewährleistung des feuchten Mikromilieus möglicherweise auf einer Cytoadhärenzhemmung beruhen. Experimentell sind hier interessante Ansatzpunkte für weiterführende Untersuchungen gegeben.

Mit 1 %iger Taurolinlösung wurden gleichwertige Ergebnisse bei der intraoperativen Spülung wie mit physiologischer Ringer-Lactatlösung unter Zusatz von Nebacetin siccum (eine Kombination von 32500 IE Neomycinsulfat und 2500 IE Bacitracin) erreicht (Lob u. Burri 1985).

Die intraoperative Wundspülung mit Polihexanid (0,2 %ig) bewirkte in experimentellen Untersuchungen am Schwein eine deutliche Abnahme der Wundkontamination. Nur 1 von 17 Venae-sectio-Wunden war infiziert, während in der Kontrollgruppe in 2 von 9 Fällen eine Infektion beobachtet wurde (Radu 1990). Roth et al. (1985) berichteten über nur 2 Wundinfektionen bei 855 chirurgischen Eingriffen am Knochen, bei denen ein Präparat auf Basis von Polihexanid für präoperative Wundspülungen verwendet worden war; diese Untersuchungen wurden allerdings ohne Kontrollgruppe durchgeführt. Die Gewebeverträglichkeit des Präparats entsprach histomorphometrisch der von Ringerlösung. Auf Grund der hohen Effektivität auch in Gegenwart von Blut, der guten Gewebeverträglichkeit, der günstigen Befunde zur akuten und chronischen Toxizität und der nicht nachweisbaren Resorption aus Wunden wird Polihexanid als überlegene Alternative für Iodophore zur lokalen Wundbehandlung eingeschätzt (Kallenberger et al. 1991).

Durch lokale Anwendung von Antibiotika, z. B. bei Implantationen oder auch bei ausgedehnten traumatischen Verletzungen mit anschließender Wundnaht, kann die Inzidenz postoperativer Wundinfektionen effektiver als durch parenterale Gabe beeinflußt werden (Watermann u. Pollard 1972). Hierbei ist allerdings die Grundregel zu beachten, daß hierfür nur antiseptische Antibiotika, die nicht systemisch anwendbar sind, eingesetzt werden.

Im Vergleich dazu werden xenobiotische Antiseptika nicht einheitlich bewertet. So wurde durch Chlorhexidin die Infektionsrate abdominaler chirurgischer Wunden nicht beeinflußt (Crossfill u. Hall 1969). Vergleichende experimentelle Untersuchungen an S. aureus-infizierten Wunden beim Meerschweinchen ergaben für Wundspülungen mit Chlorhexidingluconat (0,01–0,05 %ig) keinen Unterschied zur nicht-infizierten Kontrollgruppe. Benzalkoniumchlorid (0,1 %) und PVP-Iod (10 %) bewirkten eine signifikante Reduktion der Infektionsrate, nicht dagegen 1 und 2,5 %iges Noxytiolin (Platt u. Bucknall 1984). Über Iodophore liegen unterschiedliche Einschätzungen vor (Galland et al. 1977, Foster et al. 1981).

5 %ig hemmte PVP-Iod die Wundheilung, während 1 %ig die Wundregeneration normal ablief (Viljanto 1980). Durch 1 %ige wäßrige Iodlösung wurden Wundinfektionen beim Meerschweinchen sogar gefördert (Rodeheaver et al. 1982).

Wasserstoffperoxid war gleichfalls ohne Einfluß auf die Infektionsrate bei Inzisionswunden nach Appendektomie (Lau u. Wong 1981).

Beim Verbandwechsel, der stets unter aseptischen Bedingungen erfolgen muß, ist zwischen aseptischen und septischen Wunden zu unterscheiden. Bei aseptischen Wunden bedarf es keiner antiseptischen Behandlung der Wunde und ihrer Umgebung. Bei septischen Wunden ist neben dem Debridement die Verwendung von mikrobioziden Mitteln angezeigt (Breuninger et al. 1990). Grundsätzlich sollen aber Antiseptika im Gegensatz zu physiologischer Kochsalz- oder Ringerlösung nur unter kritischer Indikationsstellung eingesetzt werden und können nicht etwa eine schonende Operationstechnik (sorgfältiges Debridement) ersetzen.

Dermabrasions- und Spalthautentnahmewunden: Diese Wunden werden teils mit der hochtourigen Fräse, teils mit dem Dermatom gesetzt. Die Besonderheit besteht im Erhalt von Epidermiszellen im Wundbett, die bei ungestörtem Heilungsverlauf für die rasche vollständige Reepithelisierung des Defekts sorgen. Für diese Wunden gilt, daß in feuchtem Milieu (z. B. unter Folie) eine raschere Epithelisierung erfolgt. Ein ungelöstes Problem der Folienanwendung stellt der Abfluß des sich ansammelnden Sekretes dar (evtl. perforierte Folien), ebenso deren schlechte Anwendbarkeit im Gesicht. Eine prophylaktische Antiseptik ist wegen des Risikos der Wundheilungshemmung kritisch zu bewerten (Breuninger et al. 1990) und sollte daher nicht durchgeführt werden.

Künstliche Zugänge: Wunden im Bereich artifizieller Zugänge (z. B. Eintrittsstellen zentraler Venenkatheter) werden trocken, ohne Applikation antiseptischer oder gar antibiotischer Salben entweder mit sterilen Kompressen oder mit sterilem Folienverband versehen.

Die Verwendung antiseptischer Salben sollte unterbleiben, weil die Wirkstoffe häufig nicht über den relativ langen Zeitraum in ausreichender Konzentration zur Verfügung stehen, und die beim Verbandwechsel notwendige Sichtkontrolle der Einstichstelle erschwert wird und die Hafteigenschaften eines Klebeverbandes beeinträchtigt werden.

Ein Verbandwechsel wird in der Regel nach spätestens 72 h, bei Durchfeuchtung, Verunreinigung oder lokalen Entzündungszeichen sofort durchgeführt. Es liegen Erfahrungen vor, wonach Folienverbände erst nach 5 bis 7 d gewechselt werden müssen (Breuninger et al. 1990).

4.2.3 Verbrennungswunde

Bei Patienten mit Verbrennungswunden ist stets von einer hohen Infektionsdisposition auszugehen, bedingt durch die reduzierte Abwehr, durch Resorption verbrennungsbedingter Toxine und durch die bestehende Eiweißverwertungsstörung. Zirkulationsstörungen, Nekrosen und Fremdkörper im Wundgebiet sind infektionsbegünstigende Faktoren. Sepsis und Lungenkomplikationen stellen heute nahezu 80% der Todesursachen bei Verbrennungskranken dar.

Als heilungsfördernde Faktoren gelten, neben der atraumatischen operativen Versorgung mit rascher Nekrektomie, die Verhinderung der Austrocknung und ein lockerer Wundverschluß durch temporäre Deckung, dem später die plastisch-chirurgische Versorgung folgt. Wesentlich für die Wundheilung ist das feuchte Milieu, zu dem u. a. das Wundödem beiträgt.

Es hat sich bewährt, Spenderhaut (Spalthaut) zur chirurgisch plastischen Versorgung nach der Entnahme in eine Penicillin-Streptomycin-Lösung und anschließend in Glycerol einzulegen. Dort kann die Spenderhaut bei + 4 °C bis zu 4 Monaten gelagert werden (Breuninger et al. 1990).

Da Glycerol keine ausreichende virusinaktivierende Wirkung besitzt, wird die Haut erst verpflanzt, wenn andere Organe des Spenders transplantiert wurden, deren Empfänger frei von Serummarkern bezüglich Hepatitis B und HIV-Infektionen blieben. Ebenso sind Träger anderer latenter Virusinfektionen (z. B. HSV, CMV) als Spender ungeeignet, wenn Untersuchungen der Empfänger keinen Hinweis auf bereits durchgemachte entsprechende Infektionen geben.

Im Therapiekonzept der Verbrennungskrankheit ist die Antiseptik unentbehrlich, d. h. Antiseptika werden routinemäßig bei schweren Verbrennungen angewandt, selbstverständlich in Kombination mit gezielter antimikrobieller Chemotherapie. Antiseptika können auch während der Schockphase, wenn andere Maßnahmen wie chirurgische Wundbehandlung und Pflege des Patienten unter aseptischen Bedingungen nicht ausreichen oder nicht in ausreichendem Maße zur Verfügung stehen, als „Schutzschild" gegen das Entstehen von Infektionen verwendet werden. Bei niedrigen Keimbelastungen ($< 10^5$ KbE/g Gewebe) reicht die Verwendung mikrobiostatischer Mittel wie Silbersulfadiazin (1 %) oder Mafenidacetat (10 %) aus. Die Kombination von Chlorhexidin mit Silbernitrat und Phenoxetol erwies sich ebenfalls als prophylaktisch effektiv (Lowbury 1981). Als Wirkstoffe zweiter Wahl gelten Nitrofurazon, Chlorhexidin, Silbernitrat (0,5 %) und Gentamicin. Jeder der Wirkstoffe hat seine spezifischen Risiken. Die Anwendung von Silbersulfadiazin führte zu Leukopenien, eine Resistenzentwicklung ist ebenfalls denkbar. Mafenidacetat hat den Nachteil, daß metabolische Störungen und pulmonale Komplikationen bei Patienten mit Verbrennungen > 50 % der Körperoberfläche verstärkt werden können. Außerdem kann es insbesondere bei Verbrennung zweiten Grades intensive Schmerzreaktionen verursachen. Silbernitrat penetriert praktisch nicht in die Wunde.

Bei Versagen der genannten Wirkstoffe können PVP-Iod oder Gentamicin eingesetzt werden. Bei Gentamicin ist allerdings wegen des Risikos der Resistenzentwicklung die Indikation besonders sorgfältig zu stellen.

PVP-Iod besitzt ein breites Wirkungsspektrum. Eine Besonderheit seiner Wirkung speziell in Wunden ist darin gegeben, daß I^- durch Lactoperoxidase, Myeloperoxidase und Eosinophilen-Peroxidase, bei Anwendung im Zervixbereich auch durch östrogenabhängige Peroxidasesysteme unter Beteiligung von Wasserstoffperoxid zu antimikrobiell hochwirksamen Metaboliten oxidiert werden kann, die die Wirkung von Iod deutlich übertreffen.

Eine derartige Effektivitätssteigerung ist in üblichen In-vitro-Tests nicht erfaßbar. Da insbesondere Monocyten und polymorphkernige Leukocyten Myeloperoxidase enthalten und diese Zellen vor allem in der Latenzphase der Wundheilung in den Wundbereich hineinwandern, könnte dieser Mechanismus zur Effektivität der antiseptischen Primärversorgung verschmutzter Wunden mit Iodophoren (bzw. vor deren Einführung mit Iodtinktur) beitragen. Da auch Eosinophile am Entzündungsgeschehen beteiligt sein können, kann auch dieser Mechanismus möglicherweise wirksam werden. Sofern eine Anwendung von Iodophoren im Bereich von Körperöffnungen, z. B. Mundhöhle, stattfindet, wäre auch eine Aktivierung der Iodwirkung durch Lactoperoxidasesysteme möglich. Die Wirkungsbedingungen von PVP-Iod werden ferner maßgeblich dadurch bestimmt, daß sich ein dem jeweils vorliegenden Iodverbrauch anpassendes Gleichgewicht zwischen freigesetztem elementaren Iod und von der PVP-Matrix umschlossenen lose gebundenem Iod einstellt. Der Iodverbrauch seinerseits wird – in Analogie zur „Chlorzehrung" – vor allem von Art und Konzentration der lokal vorhandenen Proteine beeinflußt. Die Wirksamkeit ist daher u. U. auch noch in höheren Verdünnungen nachweisbar, wenn das mikrobiozid wirkende I_2 genügend schnell und in ausreichender Menge gebildet werden kann.

Bei PVP-Iod muß wegen der Iodresorption bei entsprechender Prädisposition des Patienten mit Nebenwirkungen auf die Schilddrüse gerechnet werden (MacMillan et al. 1986). Bei Schwangeren, Neugeborenen und Patienten mit Schilddrüsenerkrankungen sind Iodophore kontraindiziert. Ein weiterer Nachteil liegt in der hohen Reaktionsfähigkeit des Iods mit zahlreichen körpereigenen Verbindungen (Blut, Sekrete) und dem daraus resultierenden Wirkungsverlust, der nur durch Anwendung großer Wirkstoffmengen annähernd ausgeglichen werden kann. Für die Anwendung großer Iodmengen (Spülung mit PVP-Iod im Abdomen, Thorax oder tiefer Weichteilwunden) ist die Indikation besonders streng zu stellen, weil auf Grund des Risikos unerkannter Schilddrüsenerkrankungen erhebliche Komplikationen bis zur thyreotoxischen Krise auftreten können.

Der Einsatz von Mercurochrom und anderen quecksilberorganischen Verbindungen sollte wegen der Möglichkeit einer toxischen Gefährdung bei großflächiger Anwendung (z. B. Verbrennungen) unterbleiben (Breuninger et al. 1990).

Im Meerschweinchen-Modell der Brandwunde III. Grades wurden Wundinfektionen durch Nitrofural in Salben- oder Gelform sowie durch Vaopin-Wundstreupuder (2,1 % Phenol, 3,5 % Campher, 3,8 % Zinkoxid) sicher beherrscht. Bei Anwendung von Brevicid-Wundpuder (0,5 % Xantocillin), Gentamycin-Salbe (0,1 % Gentamycinsulfat), Wasserstoffperoxid 0,1 %ig und Wofasteril 0,5 %ig (0,3 % Peressigsäure) traten bis zum 6. Tag nach Nekrektomie Infektionen auf, allerdings war der Anteil im Vergleich zur Kontrolle kleiner (Kramer et al. 1980, 1984).

4.2.4 Ulcus cruris, Decubitus und andere schlecht heilende sekundäre Wunden

Um eine Abheilung zu erreichen, muß nach dem Ausmaß der Schäden eine operative Therapie (Debridement und plastische Deckung) eingeleitet werden, nachdem vorher eine mechanische und enzymatische Wundreinigung, antiseptische Behandlung und mechanische Entlastung (z. B. durch spezielle Lagerung oder Verbandstechnik) erfolgte. Nach einer plastischen Deckung kann der Patient von Fall zu Fall auch einige Tage systemisch Antibiotika erhalten. Eine mechanische Belastung des Operationsgebietes sollte erst nach vollständiger und reizloser Abheilung erfolgen.

Bei der Auswahl der Antiseptika sind Wirkstoffe, die in der angewendeten Konzentration die Proliferation und Epithelisierung deutlich hemmen, zu meiden. Zum Ablösen von Krusten eignen sich feuchte Verbände mit physiologischer Kochsalzlösung.

Sofern beim Ulcus cruris nicht eine operative Therapie indiziert bzw. möglich ist, um den venösen Rückfluß zu normalisieren, können bei superinfizierten Wunden Antiseptika in Verbindung mit granulationsanregenden Wirkstoffen und mit einer intensiven Behandlungspflege kombiniert, den Heilungsprozeß fördern und zugleich eine gute Narbenbildung gewährleisten. Beschrieben ist das z. B. für eine Kombination von Allantoin mit α-Tocopherolacetat, Neomycinsulfat, Chlorocresol und Guajazulen (Jansen 1981). Diese Kombination ist auch für sekundär heilende, flächige Wunden und Verbrennungen geeignet (Laue 1970).

Während dermale Allergien gegen Chlorocresol selten sind, ist die Sensibilisierungspotenz im Meerschweinchenmaximisationstest konzentrationsabhängig schwach bis stark (Anderson 1986). Da auch Neomycin eine sensibilisierende Potenz besitzt, sollte die Indikation für derartige Wirkstoffkombinationen sorgfältig abgewogen werden.

Als ebenfalls geeignet wird Tyrothricin in Kombination mit Cetylpyridiniumchlorid eingeschätzt (Esch 1984).

In bereits länger zurückliegenden Untersuchungen wurde über günstige bakteriologische und klinische Behandlungsergebnisse bei Anwendung von Carbamidperhydrat (enthält 34% Wasserstoffperoxid) berichtet (Schroth 1967). Die Sauerstoffutilisation wurde zeitlich begrenzt verbessert, Granulation und Epithelisierung wurden gefördert, die Abheilung von Ulcera wurde im Vergleich zur Anwendung von Antibiotika deutlich verkürzt und die Infektion rasch beherrscht.

1990 wurde vom BGA die Anwendung von Tetrachlordekaoxid (Oxoferin) von der 1983 ausgewiesenen Zulassung zur „Unterstützung der Behandlung chronisch therapieresistenter Wunden“ auf die Indikation „Behandlung von Wunden und Wundheilungsstörungen“ erweitert. Dabei wird vor allem die Anwendung bei postoperativen Wundheilungsstörungen. Ulcus cruris bei venöser Insuffizienz und Wunden bei arteriellen Durchblutungsstörungen genannt.

Gewebshypoxie wird als maßgeblicher Faktor für Wundheilungsstörungen und Wundinfektionen angesehen. Tierexperimentell konnte nachgewiesen werden, daß mit steigendem Sauerstoffpartialdruck im Gewebe die Wundheilung gefördert wird. Bei Oxoferin, einem Komplex aus 10 Sauerstoff- und 4 Chloratomen, wird davon ausgegangen, daß durch Biokatalysatoren wie Peroxidasen, Hämoglobin, Myoglobin und Cytochrom C Sauerstoff und Chlorid freigesetzt und dadurch eine Erhöhung des Sauerstoff-Partialdrucks im Wundgewebe erreicht wird. Ferner soll die Wirkung von Oxoferin auf einer Stimulierung der Phagocytoseaktivität von Makrophagen und Granulocyten, in vitro im Vollblut mit Zymosan oder nicht opsoniertem K. pneumoniae K 17 als Antigen nachgewiesen, einer Steigerung der Wundreinigung durch Nekrolyse und Proteolyse sowie einer antiseptischen Wirkung sowohl gegenüber aeroben als auch anaeroben Mikroorganismen beruhen. Bei 150 µg/ml wird z. B. gegenüber E. coli eine bakteriozide Wirkung erreicht (Ullmann u. Kühne 1984; NN 1990). Diese Mechanismen sind im einzelnen jedoch bisher nicht ausreichend belegt.

Über die Effektivität liegen unterschiedliche Erfahrungen vor. Hinz et al. (1984a, b; 1985, 1986) sowie Peter und Bleyl (1988) erzielten gute Ergebnisse bei chronischen Ulcera cruris, Decubitus u.a. schlecht heilenden sekundären infizierten Wunden. Auf Grund der granulationsfördernden Wirkung erscheint auch die Vorbereitung des Wundgrunds für die Transplantation von Spalthautlappen oder anderen chirurgischen Eingriffen aussichtsreich (Hinz et al. 1986). Zenker et al. (1986) fanden sogar eine Überlegenheit im Vergleich zu PVP-Iod, während Lippert (pers. Mitt.) bei Anwendung auf chronischen Wunden klinisch keine überzeugende Wirkung feststellen konnte. Als Nebenwirkung wurde häufig über ausgeprägtes Schmerzempfinden berichtet. Hinz et al. (1985) sowie Dietz und Stahl (1987) berichteten, daß etwa 5% der Patienten über schweren Juckreiz und Brennen berichten, vereinzelt wurden auch Entzündungsreaktionen beobachtet (NN 1990).

4.2.5 Peritoneallavage

Die lokale Spülbehandlung der bakteriellen Peritonitis hat in den letzten Jahren an Bedeutung gewonnen, wobei die Effektivität der Antiseptika unterschiedlich bewertet wird. Bei der wiederholten Anwendung von Antiseptika zur Peritonitisbehandlung muß daran gedacht werden, durch Antiseptika keine Endotoxinreaktionen zu provozieren.

Sowohl tierexperimentell als auch klinisch konnte die Überlegenheit von Taurolin (vgl. Kap. 2) 1 und 2%ig gegenüber PVP-Iodlösung (1%ig) in Hinblick auf Letalität und Keimzahlverminderung in der Peritonealflüssigkeit nachgewiesen werden (Götz et al. 1983). Der günstige Einfluß von Taurolin auf die Senkung der postoperativen Morbidität und Wundinfektionsrate, der einer systemischen Applikation von Antibiotika gleichwertig bzw. tendentiell überlegen war, konnte in späteren prospektiven kontrollierten bzw. auch randomisierten Doppelblindstudien bestätigt werden (Aukland u. Wakely 1985; Browne 1985; Walter et al. 1985).

Sowohl zur prophylaktischen Peritoneallavage, die bei erhöhtem Risiko einer bakteriellen Kontamination (z. B. des Gastrointestinaltrakts, der Gallen- oder Harnwege) indiziert ist, als auch zur therapeutischen Antiseptik (z. B. bei Perforation) läßt sich durch Spülung mit 0,1 %iger Tosylchloramidnatriumlösung (Spülmenge etwa 1 l bzw. zur therapeutischen Spülung etwa 5–10 l, nach etwa 1 min Einwirkungszeit vollständige Entfernung) die Rate von Wundheilungsstörungen im Vergleich zu nicht durchgeführter bzw. mit physiologischer Kochsalzlösung durchgeführter Lavage (bei Perforationen) signifikant senken (Effenberger 1988).

Auf Grund der Untersuchungsergebnisse von Götz et al. (1983) kann PVP-Iod nicht zur Peritonitisbehandlung empfohlen werden.

4.2.6 Therapie von Wundinfektionen

Zur Behandlung von Wundinfektionen haben Lokalantibiotika nach wie vor ihre Bedeutung. Bei der Auswahl sind allerdings folgende Kriterien zu beachten: Wirksamkeit, geringe Sensibilisierungspotenz, geringe Tendenz zur Resistenzentwicklung, keine Kreuzresistenz zu Chemotherapeutika, keine Hemmung der Wundheilung. Systemisch anwendbare Antibiotika sollten prinzipiell nicht lokal angewendet werden!

Werden Antibiotika unter Beachtung dieser Anforderungen verwendet, muß bei oberflächlicher Applikation die Penetration, bei Instillation die Verteilung berücksichtigt werden. Tyrothricin erfüllt diese Forderungen weitgehend und wirkt insbesondere bei Haut- und Schleimhautdefekten zugleich granulations- und epithelisierungsfördernd (Ehlers u. Voigt 1989). Indikationen sind Wundinfektionen einschließlich superinfizierter Verbrennungen II. und III. Grades, ebenso auch Decubitalulcera und Ulcera cruris.

Ebenfalls als geeignet werden Bacitracin und Polymyxin B eingeschätzt, während z. B. Neomycin aufgrund seiner Sensibilisierungspotenz ungeeignet ist.

Ergänzend sei auf topisch wirksame Antimykotika (z. B. Miconazol) hingewiesen, die auch bei wiederholter Anwendung auf geschädigter, pilzinfizierter Haut den Wundheilungsprozeß nicht stören.

In der lokalen Therapie infizierter bzw. kontaminierter Wunden haben – selbstverständlich nach vorangegangenem sorgfältigem Debridement – PMMA-Ketten zu einer Revolutionierung des Behandlungskonzepts in der septischen Chirurgie vor 16 Jahren geführt. Sie haben zum größten Teil die bis dahin üblichen Spüldrainagen abgelöst, die nach wenigen Tagen meist zu einer aszendierenden Besiedlung septischer Wunden mit den gefährlichen Naß- oder Pfützenkeimen geführt haben. Ihr Vorteil besteht darin, daß die Wunde primär verschlossen werden kann, trocken und meist reizfrei bleibt, sehr gut granuliert und ein Defektverschluß erreicht wird. Nachteilig ist, daß ein Redondrain während der Implantationszeit der Ketten verbleiben muß und diese sukzessive täglich spätestens aber nach 2 Wochen entfernt werden müssen. Versuche, diese nicht resorbierbaren Ketten durch resorbierbares Material mit ebenfalls kontinuierlicher Gentamycinabgabe zu ersetzen, waren bisher noch nicht voll zufriedenstellend verlaufen.

5 Bearbeitungsschwerpunkte für die weitere Verbesserung der Wundbehandlung

Für die Einschätzung der antiseptischen Effektivität und Beeinflussung der Wundheilung werden standardisierte In-vitro- und In-vivo-Prüfmodelle benötigt. Das betrifft gleichermaßen die Quantifizierung des Einflusses auf Granulation, Epithelisierung und antiseptische Effektivität einschließlich einer Zytoadhärenzhemmung. Zugleich ist das Risiko systemischer Nebenwirkungen sorgfältig auszuschließen. Klinisch ist es von Interesse, gezielte multizentrische randomisierte Doppelblindstudien anzuregen, um die Effektivität bestimmter Antiseptika bzw. Behandlungsregime erfassen zu können.

Literatur

Afinogenow GE, Elinow NP (1987) Antiseptik in der Chirurgie. Medizina, Leningrad

Andersen KE (1986) Contact allergy to chlorocresol, formaldehyde and other biocides. Acta Derm Venerol (Suppl) (Stockh) 125:1–21

Aukland P, Wakely J (1985) Local Taurolin in severe infective peritonitis. In: Brückner WL, Pfirrmann RW (Hrsg) Taurolin. Ein neues Konzept zur antimikrobiellen Chemotherapie chirurgischer Infektionen, Urban u. Schwarzenberg, München Wien Baltimore, S 225–230

Baraboj WA, Pisko G, Prazjuk LI (1977) Einfluß einiger oberflächenaktiver Verbindungen auf die Heilung lokaler Strahlenschäden der Haut. Med Radiol (Mosk) Nr. 7:58–63

Bassetti C, Kallenberger A (1980) Influence of chlorhexidine rinsing on the healing of oral mucosa and osseous lesions. J Clin Periodontol 7:443–456

Bolton L, Oleniacz W, Constantine B, Kelliher BO, Jensen D, Means B, Rovee D (1985) Repair and antibacterial effects of topical antiseptic agents in vivo. In: Maibach HI, Lowe (Eds) Models in Dermatology Vol 2, Karger Basel, pp 145–158

Breuninger H, Bruck JC, Bühler M, Goroncy-Bermes P, Harke H-P, Heeg P, Hingst V, Kramer A, Lippert H, Manncke K, Niedner R, Nöldge G, Spahn B, Uexküll v. M, Wewalka G (1990) Klinische und hygienische Aspekte der Wundbehandlung. Hyg Med 15:298–306

Browne MK (1985) Pharmacological and clinical studies with Taurolin. In: Brückner WL, Pfirrmann RW (Hrsg) Taurolin. Ein neues Konzept zur antimikrobiellen Chemotherapie chirurgischer Infektionen, Urban u. Schwarzenberg, München Wien Baltimore, S 51–60

Burleson R, Eiseman B (1973) The effect of skin dressings and topical antibiotics on healing of partial thickness skin wounds in rats. Surg Gynecol Obstet 136:958–960

Cottier H (1980) Wundheilung, Reparation und ihre Störungen mit Hinweisen auf Fremdkörperreaktionen. In: Cottier H (Hrsg) Pathogenese. Bd 2, Springer, Berlin Heidelberg New York, S 1357–1391

Crossfill M, Hall R, London D (1968)The use of Chlorhexidine antisepsis in contaminated surgical wounds. Br J Surg 56:906–908

Dietz H, Stahl KW (1987) Pathophysiologische Begründung, Wirkung und Verträglichkeit einer Wundfeuchttherapie mit Oxoferin. Med Welt 38:1060–1063

Effenberger Th (1988) Chloramin-T-Lösung zur intraoperativen Peritoneallavage. Eine statistische Analyse. Zentralbl Chir 113:959–967

Ehlers G, Voigt H-U (1989) Tyrothricin: Renaissance eines Lokalantibiotikums Teil II: Klinische Anwendung. Dtsch Dermatol 37:777–784

Elinow NP, Afinogenow GE (1984) Wirkung oberflächenaktiver Antiseptika auf genetische und biochemische Mechanismen der bakteriellen Antibiotikaresistenz. In: Krasilnikow AP, Kramer A, Gröschel D, Weuffen W (Hrsg) Faktoren der mikrobiellen Kolonisation, Fischer, Stuttgart New York (Handbuch der Antiseptik, Bd I/4, S 122–159)

Esch P-M (1984) Was tun bei bakterieller Wundinfektion? Ärztl Prax 20:453–457

Foster GE, Bourke JE, Bolwell J, Doran J, Balfour TW, Holliday A, Hardcastle JD, Marshall D (1981) Clinical and economic consequences of wound sepsis after appendicectomy and their modification by metronidazole or povidone iodine. Lancet II:769–771

Galland RB, Saunders JH, Mosley JG, Darell JH (1977) Prevention of wound infection in abdominal operations by preoperative antibiotics or povidone iodine: a controlled trial. Lancet II:1043–1044

Ganzer BM (1990) Phytotherapie in der Kinderheilkunde hoch geschätzt. PZ 135:26

Geronemus RG, Mertz PM, Eaglstein WH (1979) Wound healing: the effects of topical-antimicrobial agents. Arch Dermatol 115:1311–1314

Görtz G, Häring R, Wicki O (1983) Die antiseptische Lokalbehandlung der diffusen Peritonitis. Helv Chir Acta 50:161–165

Goloborodko NK, Newydbitsch EA, Kotylo G (1977) Besonderheiten der Wundinfektion und mögliche Behandlung bei Patienten mit schwerem Trauma und Schock. In: Thesen der 1. Allunionskonferenz zur Wunde und Wundinfektion, Moskau, S 176–177

Gross A, Cutright DE, Bhaskar SN (1972) Effectiveness of pulsating water jet lavage in treatment of contaminated crushed wounds. Am J Surg 124:373–377

Gruber RP, Vistnes L, Pardoe R (1975) The effet of commonly used antiseptics on wound healing. Plast Reconstr Surg 55:472–476

Halle W (1985) Grundlagen der Zytotoxizität in vitro und ihre Bedeutung für die toxikologische Prüfung von Antiseptika. In: Kramer A, Berencsi G, Weuffen W (Hrsg) Toxische und allergische Nebenwirkungen von Antiseptika, Fischer, Stuttgart New York (Handbuch der Antiseptik, Bd I/5, S 84–112)

Helldén L, Lundgren D, Heyden H (1974) Effect of chlorhexidine gluconate on granulation tissue. J Periodont Res 9:255–259

Hinz J, Hautzinger H, Helling J, Schirren G, Sell G, Stahl KW, Kühne FW (1984a) Stimulation der Wundheilung durch Tetrachlordekaoxid. Fortschr Med 102:523–528

Hinz J, Hautzinger H, Stahl KW (1986) Rationale for and results from a randomised, double-blind trial of tetrachlorodecaoxygen anion complex in wound healing. Lancet I:825–828

Hinz J, Kühne FW, von Schöning G, Sell G, von Seebach B, von Seebach A (1985) Behandlung chronisch therapierresistenter Wunden mit dem biokatalytisch aktivierbaren Sauerstoffträger Tetrachlordecaoxid. Med Welt 36:210–215

Hinz J, Kühne FW, Stahl KW (1984b) Local tetrachlorodecaoxide treatment to improve oxygen supply to non-healing wounds. Lancet II:630

Jansen W (1981) Dokumentation einer Behandlung mit Ulcurilen. Therapiewoche 31:7948–7950

Kallenberger A, Kallenberger Chr, Willenegger H (1991) Experimentelle Untersuchungen zur Gewebeverträglichkeit von Antiseptika. Hyg Med 16:383–395

Kramer A, Adrian V, Hesse E, Weuffen W (1992) Einfluß einer Chlorhexidin-haltigen Heilsalbe auf die Heilung experimenteller Hautschnittwunden am Meerschweinchen. In: Knoll K-H (Hrsg) Realisierung der Krankenhaushygiene im Vereinten Europa (Bd 6, Kongreß Angewandte Krankenhaushygiene, Institut für Umwelt- und Krankenhaushygiene, Marburg)

Kramer A, Bohnenkamp A, Bohnenkamp M, Weuffen W, Lippert H, Poser H (1980) Wirksamkeit handelsüblicher und potentieller Antiseptika an der experimentellen Brandwunde 3. Grades am Meerschweinchen. In: Winkler H, Kramer A, Wigert H (Hrsg) Beiträge zur Krankenhaushygiene und zur experimentellen und praktischen Keimtötung, Barth, Leipzig (Schriftenreihe Mikrobielle Umwelt und antimikrobielle Maßnahmen, Bd 5, S 250–254)

Kramer A, Hetmanek R, Weuffen W, Ludewig R, Wagner R, Jülich W-D, Jahr H, Manigk W, Berling H, Pohl U, Adrian V, Hübner G, Paetzelt H (1987) Wasserstoffperoxid. In: Kramer A, Weuffen W, Krasilnikow AP, Gröschl D, Bulka E, Rehn D (Hrsg) Antibakterielle, antifungielle und antivirale Antiseptik – ausgewählte Wirkstoffe, Fischer, Stuttgart New York (Handbuch der Antiseptik, Bd II/3, S 447–491)

Kramer A, Sochiera P, Spiegelberger E, Weuffen W (1984) Prüfung von Wofasteril an der experimentellen Brandwunde 3. Grades beim Meerschweinchen. In: Machmerth RM, Winkler H, Kramer A (Hrsg) Fortschritte in der Krankenhaushygiene – Sterilisation, Desinfektion, Keimzahlverminderung, Barth, Leipzig (Schriftenreihe Mikrobielle Umwelt und antimikrobielle Maßnahmen, Bd. 9, S 164)

Kramer A, Weuffen W, Adrian V (1987) Toxische Risiken bei der Anwendung von Desinfektionsmitteln auf der Haut. Hyg Med 12:134–142

Kramer A, Weuffen W, Burmeister Ch, Burth U, Cersovsky H, Ehlert D, Grübel G, Halle W, Höppe H, Jahn M, Jülich W-D, Kirk H, Koch St, Landbeck M, Mach F, Neubert S, Paldy A, Rödel B, Schmidt KD, Stachewicz H, Teubner H, Welzel H, Wigert H, Witzleb W, Worsek S (1987) Entwicklung des antimikrobiellen Wirkstoffs 2-Chlor-6-methyl-4-benzylphenol (CMB) und Ergebnisse der Applikationsforschung. In: Kramer A, Weuffen W, Krasilnikow AP, Gröschel D, Bulka E, Rehn D (Hrsg) Antibakterielle, antifungielle und antivirale Antiseptik – ausgewählte Wirkstoffe, Fischer, Stuttgart New York (Handbuch der Antiseptik, Bd II/3, S 505–526)

Kunz J (1986) Die Regeneration und ihre Störungen. In: Hecht A, Lunzenauer K (Hrsg) Allgemeine Pathologie. 4. Aufl, Volk u. Gesundheit, Berlin, S 309–320

Lau WY, Wong SH (1981) Randomized, prospective trial of topical hydrogen peroxide in appendectomy wound infection. Am J Surg 142:393–397

Laue H (1970) Beitrag zur Behandlung sekundär heilender Wunden. Therapiewoche 20:1563–1564

Lob G, Burri C (1985) Perioperative Wundspülung – Vergleich Taurolin 1 % und Nebacetin-Lösung. In: Brückner WL, Pfirrmann RW (Hrsg) Taurolin. Ein neues Konzept zur antimikrobiellen Chemotherapie chirurgischer Infektionen, Urban u. Schwarzenberg, München Wien Baltimore, S 136–142

Lowbury EJL (1981) Assessing the effectiveness of antimicrobial agents applied to living tissues. J Pharm Belg 36:298–302

MacMillan BG, Holder IA, Alexander JW (1986) Infections of Burn wounds. In: Bennett JV, Brachman PS (Eds) Hospital Infections, Little, Brown, Boston Toronto pp 465–482

Mobacken H, Wengström C (1974) Interference with healing of rat skin incisions treated with chlorhexidine. Acta Derm Venerol (Stockh) 54:29–34

Niedner R, Schöpf E (1986) Inhibition of wound healing by antiseptics. Br J Derm 115 (Suppl 31) 41–44

Niedner R, Wokalek H, Schöpf E (1986) Der Einfluß von Zink auf die Wundheilung. Z. Hautkr 61:741–742

NN (1990) Makrophagen zur Wundheilung aktiviert. Münch Med Wochenschr 132:82

Paunio KU, Knuuttila M, Mielityinen H (1978) The effect of chlorhexidine gluconate on the formation of experimental granulation tissue. J Periodontol 49:92–95

Peter RU, Bleyl A (1988) Beschleunigung des Heilungsverlaufs bei Operationen an der Fußsohle nach Anwendung von Tetrachlordecaoxid. Wehrmed Mschr 32:38–39

Platt J, Bucknall RA (1984) An experimental evaluation of antiseptic wound irrigation. J Hosp Infect 5:181–188

Radu O (1990) PHMB zur Wundspülung. Nicht veröffentlichter Untersuchungsbericht, Rottenburg

Rodeheaver G, Bellamy W, Kody M, Spatafora G, Fitton L, Leyden K, Edlich R (1982) Bactericidal activity and toxicity of iodine-containing solutions in wounds. Arch Surg 117:181–186

Roth B, Müller J, Willenegger H (1985) Intraoperative Wundspülung mit einem neuartigen lokalen Antiseptikum. Helv chir Acta 52:61–65

Schmidt J, Naumann G, Horsch W (1968) Sterilisation, Desinfektion und Entwesung. Thieme, Leipzig

Schroth R (1967) Zur Anwendung von wasserstoffperoxidhaltigen Pudern in der Chirurgie. In: Hauschild F (Hrsg) Zur klinischen Anwendung hochprozentiger Wasserstoffperoxid-Präparate, Wasserstoffperoxid-Symposium VVB Pharmazeutische Industrie Berlin, S 28–31

Saatman RA, Carlton WW, Hubben K, Streett CS, Tuckosh JR, DeBaecke PJ (1986) A wound healing study of chlorhexidine digluconate in guinea pig. Fund Appl Toxicol 6:1–6

Saene von JJM, Veringa SI, Saene van HKF, Verhoef J, Lerk CF (1985) Effect of chlorhexidine and acetic acid on phagocytosis by polymorphonuclear leucocytes. Eur J Clin Microbiol 4:493–497

Sedlarik KM (1984) Wundheilung. Klinische und experimentelle Aspekte. Fischer, Jena

Skornik WA, Dressler DP (1971) Topical antisepsis studies in the burned rat. Arch Surg 103:469–474

Stahl KW, Kühne FW, Weiler EM (1986) Recent findings limiting immunological and photosensitizing hazards of the tetrachlorodecaoxygen anion complex (TCDO) in wound healing promotion. Br J Dermatol, Suppl 31, 115:142–147

Ullmann U, Kühne FW (1984) In vitro investigations on the antibacterial action and the influence on the phagocytic chemiluminescence of tetrachlorodecaoxid, a new nonmetallic oxygen complex. Infection 12:225–229

Viljanto J (1980) Disinfection of surgical wounds without inhibition of normal wound healing. Arch Surg 115:253–256

Walter CJ, Görtz G, Wesolowski R (1985) Taurolin[R] als adjuvante lokale Chemotherapie bei Dickdarmperforation. In: Brückner WL, Pfirrmann RW (Hrsg) Taurolin. Ein neues Konzept zur antimikrobiellen Chemotherapie chirurgischer Infektionen, Urban u. Schwarzenberg, München Wien Baltimore, S 271–275

Weuffen W, Kramer A, Adrian V (1986) Vergleichende Wertung über Nutzen und Risiko bei der chemischen Desinfektion. In: Knoll KH (Hrsg) Angewandte Krankenhaushygiene bei Krankenhausbau, Medizintechnik und Krankenhausbetrieb, Bericht II. Krankenhaushygienekongreß, Marburg, S 333–350

Zenker W, Thiede A, Dommes M, Ullmann U (1986) Die Wirksamkeit von Tetrachlorodecaoxid zur Behandlung komplizierter Wundheilungsstörungen. Chirurg 57:334–339

Kapitel 10

Vaginalantiseptik

G. Wewalka und H. Spitzbart

Die Vagina besitzt normalerweise eine massive mikrobielle Besiedelung, die die biologischen Vorgänge in der Scheide wesentlich beeinflußt und auch ihrerseits von hormonellen Einflüssen und Scheideninhaltsstoffen abhängt.

1 Charakteristik der Vaginalflora

Schon kurz nach der Geburt erfolgt die Besiedelung der Scheide mit Hautsaphrophyten; nur bei Mädchen nach Kaiserschnitt dauert das Einwandern der Keime mehrere Tage. In den ersten acht Lebenstagen stellen sich durch den Einfluß der noch vorhandenen mütterlichen Hormone sogar biologische Verhältnisse wie bei der geschlechtsreifen Frau ein.

Im Kindesalter ist normalerweise eine Scheidenflora aus Kokken- und Stäbchenbakterien vorhanden, die zu einem neutralen bis leicht alkalischen Milieu führen.

Mit Eintritt der Pubertät und der Produktion weiblicher Geschlechtshormone stellen sich jene biologischen Verhältnisse in der Vagina ein, die für die geschlechtsreife Frau typisch sind (Abb. 10-1). Durch ein Gleichgewicht von Östrogenen und Gestagenen kommt es zu einer entsprechenden Proliferation des Epithels. Das perinukleär in den Superficialzellen angeordnete Glycogen wird durch Zytolyse frei und wird unter Mitwirkung der normalen Scheidenflora, insbesondere der Döderlein'schen Laktobazillen, gespalten. Dabei kommt es zur Milchsäurebildung und damit zur Säuerung des Scheideninhaltes auf einen pH-Wert zwischen 3,8 und 4,2. Dieses Milieu begünstigt die normale Scheidenflora mit dem Dominieren von Laktobazillen und verhindert das Überwuchern von potentiell pathogenen Keimen (Spitzbart et al. 1981).

Bereits in der Menopause kommt es zu Veränderungen am Scheidenepithel, denn der hormonelle Einfluß wird verändert, dadurch geht die Dominanz der Laktobazillen verloren, und es stellt sich wiederum eine Mischflora ein. Ursache ist die mangelhafte Bildung von Glycogen und damit das geringe Angebot von Glucose bei gleichzeitiger Abnahme des Vaginalepithels.

A. Kramer et al. (Hrsg.)
Klinische Antiseptik

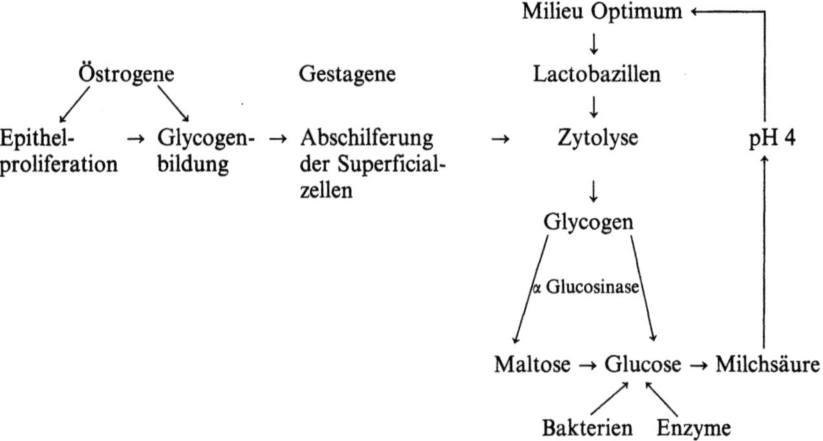

Abb. 10-1. Normaler Ablauf der biologischen Vorgänge in der Scheide

Die Zusammensetzung der Vaginalflora der geschlechtsreifen Frau ist sehr variabel und die alleinige Besiedelung mit Laktobazillen, von denen verschiedene Arten wie Lactobacillus acidophilus, L. casei, L. fermentum und L. cellobiosus für die Vagina typisch sind, ist selten. Selbst bei gesunden Frauen ist bei einer Dominanz von Laktobazillen mit entsprechenden Nachweismethoden eine ziemlich große Palette von Mikroorganismen in der Vagina nachweisbar.

Die wichtigsten in der Vaginalflora (eigene Untersuchungen, vergleiche auch Hurley et al. 1974) zu findenden Bakterien, nach ungefährer Häufigkeit des Nachweises geordnet, sind:

Laktobazillen, Corynebakterien, Koagulase negative Staphylokokken, Enterokokken, Mikrokokken, Pepto- und Peptostreptokokken, β-hämolysierende Streptokokken (Gruppe B), Enterobakterien, Bacteroides spp., Propionibakterien und andere anaerobe grampositive Stäbchenbakterien, Mykoplasmen, Chlamydien, Staphylococcus aureus, Gardnerella vaginalis, Mobiluncus spp., Veillonellen, Gonokokken, Treponemen, Pseudomonaden und Clostridium perfringens. Manche dieser Keime haben auch pathogenetische Bedeutung.

Die Angaben zur Quantifizierung der Vaginalflora hängen wesentlich von der Untersuchungsmethodik ab. Bei der Spülung der Vagina mit 20 ml Flüssigkeit lassen sich als Gesamtkeimzahl im allgemeinen 10^4-10^6 KbE/ml mobilisieren, wobei die Keimabgabe aus der Vagina auch durch mehrfache Spülungen nur unwesentlich reduziert werden kann.

Anaerobe Kulturen der Keimsammelflüssigkeit ergeben um ca. 1,5 Zehnerpotenzen höhere Keimzahlen als die entsprechenden aeroben Kulturen, da viele Laktobazillen mikroaerophil sind und unter anaeroben Bedingungen besser wachsen. Potentiell pathogene Keime wie S. aureus oder Enterobakterien sind bei gesunden Frauen, wenn vorhanden, im allgemeinen in Keimzahlen nachzuweisen, die um 2–3 Zehnerpotenzen unter jenen der Laktobazillen liegen.

Unter den Pilzen sind es vor allem Sproßpilze, insbesondere Candida albicans, aber gelegentlich auch Schimmelpilze, die in der Vagina vorkommen.

Auch eine Reihe von Viren kann im Vaginalbereich nachgewiesen werden, z. B. Herpes simplex-, Humanes Papilloma-, Zytomegalie-, Adeno-, Hepatitis B-Viren und HIV, deren Bedeutung im Zusammenhang mit Maßnahmen der Vaginalantiseptik nicht einheitlich zu bewerten ist.

Unter den Protozoen muß in erster Linie Trichomonas vaginalis als pathogener Vertreter erwähnt werden.

2 Klinische und infektiologische Bedeutung einer Kolonisation oder Infektion

Keime der Vagina können unter mehreren Voraussetzungen zu Infektionen führen. Bei gynäkologischen Eingriffen, insbesondere solchen, die transvaginal durchgeführt werden, können potentiell pathogene Keime, die Teil der normalen Vaginalflora sind, verschleppt werden und Infektionen verursachen. Zu den möglichen Erregern von Wundinfektionen gehören z. B. Enterobakterien, Bacteroides spp. und andere sporenlose Anaerobier, Staphylococcus aureus und Clostridium perfringens. Die Entstehung einer Wundinfektion hängt von der Keimzahl der vorhandenen Mikroorganismen ab, wobei bestimmte andere Faktoren wie Gewebstraumatisation, Blutkoagula u.ä. von erheblichem Einfluß sind.

Sehr komplex sind die Voraussetzungen für das Entstehen der Vaginose und der Kolpitis. In vielen Fällen der Vaginose sind Keime wie Gardnerella vaginalis, beteiligt, die in hohen Keimzahlen die Vagina besiedeln können, ohne zu wesentlichen Symptomen zu führen. Kommen andere Keime hinzu, entsteht das Vollbild der bakteriellen Vaginose.

Anders ist es bei einer Kolpitis, die sich durch Wandveränderungen der Scheide in manigfaltiger Form auszeichnet. Hier spielen auch gramnegative Stäbchenbakterien und Sproßpilze eine Rolle. Anaerobe Keime haben nur dann vorrangige Bedeutung, wenn ein Gewebstrauma vorliegt.

Durch hormonelle Einflüsse, durch Veränderungen der Scheideninhaltstoffe bei der Menstruation, durch Sexualverhalten, Intimpflege, durch konsumierende Erkrankungen oder durch Corticosteroid- und Zytostatikatherapie kann das Scheidenmilieu verändert werden. Die Störung des mikrobiellen Ökosystems kann zu Infektionen führen; unter Umständen kann die Laktobazillenflora weitgehend oder ganz verdrängt werden. Auch eine Überwucherung der Laktobazillenflora durch Sproßpilze ist möglich.

Pathogene Keime, die in der Scheide in Form einer Kolonisation oder Infektion vorkommen, können während der Menstruation den Cervikalkanal passieren und aufsteigende Infektionen verursachen. Das trifft vor allem für solche Keime zu, die ihren primären Standort in der Zervix haben. Beispiele für solche Infektionserreger sind Gonokokken und Chlamydien.

Während der Schwangerschaft und nach der Entbindung gibt es ebenfalls Situationen, bei denen Keime der Vagina in das Cavum uteri aufsteigen können, z. B. bei der Aminiocentese und bei einem vorzeitigen Blasensprung. In diesen Fällen ist der Foetus gefährdet. Nach der Entbindung waren es früher zum größten Teil Bakterien der Vaginalflora, die das gefürchtete Kindbettfieber verursachten.

Eine weitere Gefahr besteht in der Übertragung von Keimen der Vagina während des Geburtsvorganges auf den Säugling. E. coli und β-hämolysierende Streptokokken der Gruppe B sind die häufigsten Erreger von Meningitis bei Neugeborenen. Gonokokken und Chlamydien können Conjunktivitis hervorrufen.

Schließlich stellt die Vagina ein Reservoir für sexuell übertragbare Krankheiten dar.

3 Zielsetzung für eine Anwendung von Antiseptika

Antiseptische Maßnahmen im Vaginalbereich spielen eine bedeutende Rolle, und es gibt dafür klar umrissene Zielsetzungen. Sie sollten nicht angewendet werden, wenn eine gezielte Chemotherapie bessere Ergebnisse erbringt.

Ein wesentlicher Anwendungsbereich ist die prophylaktische Antiseptik, die verhindern soll, daß potentiell pathogene Keime der Vaginalflora in Wundbereiche oder in das Cavum uteri verschleppt werden, wie dies vor größeren gynäkologischen Operationen und vor Eingriffen am Uterus praktiziert wird.

Eine perioperative Anibiotikaprophylaxe ist damit nicht zu ersetzen.

Eine selektive Reduktion der potentiell pathogenen Keime allein ist derzeit unrealistisch, daher muß eine generelle Senkung der Vaginalflora in Kauf genommen werden. Wenn auch infektiologische Studien fehlen, die nachweisen, daß durch eine bestimmte Keimreduktion eine Senkung von Infektionsquoten erreicht werden kann, so erscheint es doch logisch, Antiseptika für diese Anwendungsbreiche einzusetzen, durch die eine möglichst hohe Reduktion der Vaginalflora erreicht wird. Im allgemeinen werden Antiseptika für diese Anwendungsbereiche einmalig und kurz vor dem Eingriff angewandt. Das Antiseptikum soll eine gute Sofortwirkung haben: bei längerdauernden Eingriffen soll aber der keimzahlreduzierende Effekt längere Zeit anhalten, das bedeutet, daß das Präparat auch über eine remanente Wirkung verfügen soll.

Eine mehrmalige und längerfristige prophylaktische Anwendung von Antiseptika vor gynäkologischen Eingriffen ist nicht üblich, und es ist auch nicht nachgewiesen, daß dadurch eine wesentlich stärkere Reduktion der Vaginalflora erreicht werden kann.

Für eine gezielte Elimination von potentiell pathogenen Keimen der Vaginalflora wie E. coli und β-hämolysierende Streptokokken bei Schwangeren, um Infektionen beim Neugeborenen zu verhindern, eignen sich Antiseptika, die im Prinzip längerfristig prophylaktisch angewendet werden können, nur bedingt. Antibiotika haben für diesen Einsatzbereich größere Bedeutung.

Ob durch die Anwendung von Antiseptika Viren wie z. B. Herpes-Viren oder HIV zum Schutz des Neugeborenen und eventuell auch zum Schutz des Personals während der Geburt inaktiviert werden können, ist nicht untersucht.

Die therapeutische Antiseptik hat zum Ziel, lokale Infektionen ohne maßgebliche systemische Beteiligung zu behandeln, wobei eine Schonung der physiologischen Flora angestrebt wird.

Infektionen der Vagina stellen daher im Prinzip einen geeigneten Anwendungsbereich für Antiseptika dar. Sind bestimmte Infektionserreger, z. B. Sproßpilze, nachzuweisen, hat der lokale Einsatz von Antimykotika Vorrang. Sowohl bei Infektionen mit Chlamydia trachomatis als auch mit N. gonorrhoeae ist nur die systemische Behandlung mit Antibiotika sinnvoll.

Auch bei Vaginosen und Kolpitiden, die auf eine Entgleisung der biologischen Verhältnisse in der Vagina zurückzuführen sind, ist der Einsatz von Antiseptika zur Therapie angezeigt.

4 Anforderungen an die Wirksamkeit von Antiseptika

Antiseptika müssen zumindest eine mikrobiostatische Wirkung, für viele Anwendungsbereiche auch eine mikrobiozide Wirkung entfalten.

Abhängig vom vorgesehenen Anwendungszweck sind daher unterschiedliche Untersuchungen notwendig, die mehrere Stufen der Wirksamkeitsprüfung umfassen sollen. In Versuchen in vitro ist die mikrobiostatische und/oder mikrobiozide Wirksamkeit in Bezug auf das erforderliche Wirkungsspektrum zu überprüfen. Entscheidend sind aber Untersuchungen unter praxisnahen Bedingungen oder in der Praxis.

Für den Anwendungsbereich der prophylaktischen Antiseptik, insbesondere der präoperativen Vaginalantiseptik, können Untersuchungen über die Keimzahlreduktion der gesamten Vaginalflora und damit auch der potentiell pathogenen Keime im Rahmen von klinischen Studien an Patientinnen vor gynäkologischen Operationen vorgenommen werden. Es gibt zwar noch keine allgemein anerkannte Prüfmethodik; die in der letzten Zeit publizierten Untersuchungen (Easmon et al. 1985; Exner u. Heeg 1987; Passloer 1991; Wewalka et al. 1991) stimmen aber bezüglich der Methodik und der Ergebnisse recht gut überein. Dabei wurde mit einer Keimsammelmethode, zumeist ein Abstrich von der Vagina mit einem Stieltupfer, der in einer Lösung ausgeschüttelt wurde, ein Vorwert erhoben. Nach dem antiseptischen Verfahren wurde mit gleicher Technik neuerlich die Keimabgabe der Vaginalwand bestimmt. Aus den Differenzen von log. Vorwerten und log. Nachwerten lassen sich die log. Reduktionsfaktoren berechnen, die eine gute Aussagekraft bezüglich der antimikrobiellen Wirkung eines Verfahrens besitzen.

In Abbildung 10-2 sind Ergebnisse solcher Untersuchungen (Wewalka et al. 1991) wiedergegeben. Bei diesen Untersuchungen wurde auch nach 30 min (intraoperativ) die Keimabgabe der Vagina bestimmt, um die remanente Wirkung von Verfahren für die präoperative Vaginalantiseptik zu untersuchen. Aus den Ergebnissen kann geschlossen werden, daß PVP-Iod-Lösungen eine

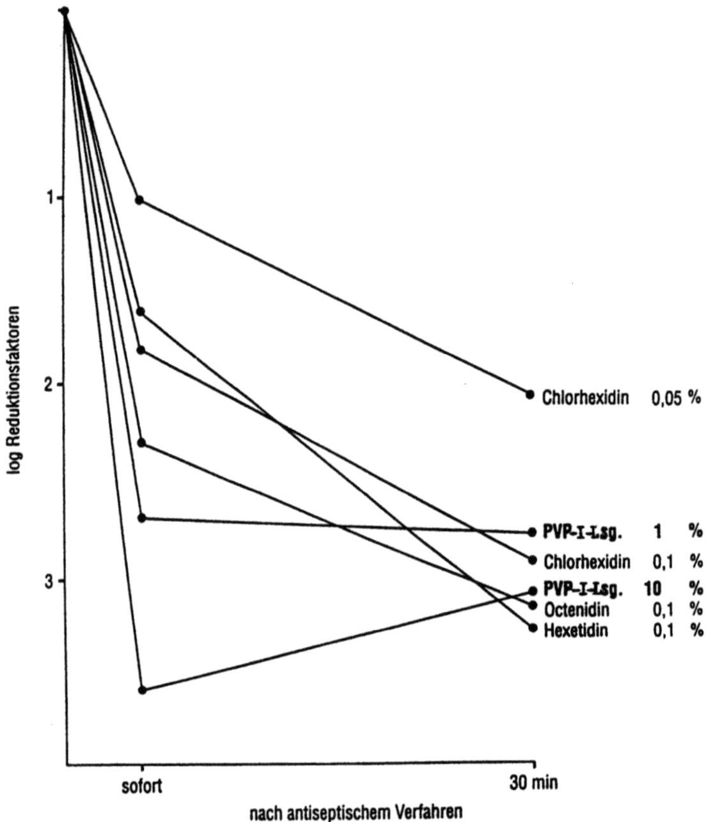

Abb. 10-2. Antimikrobielle Wirkung von Verfahren zur präoperativen Vaginalantiseptik

rasche aber, wenn überhaupt, nur eine geringe remanente Wirkung besitzen. Dagegen zeigen die antiseptisch wirkenden kationenaktiven Wirkstoffe Chlorhexidin, Octenidin und Hexetidin einen langsameren Wirkungseintritt und eine deutlich remanente Wirkung; außerdem ist eine deutliche Konzentrationsabhängigkeit der Wirkung beim Chlorhexidin nachweisbar.

Ein guter keimzahlreduzierender Effekt wurde kürzlich für ein Präparat auf der Basis von Chlorhexidingluconat, Lactat, Ethanol und H_2O_2 (Passloer 1991) beschrieben. Welche Wirksamkeit die Komponenten H_2O_2, Lactat und Ethanol allein besitzen, wurde dabei nicht untersucht.

Von Präparaten mit entsprechend hohen Anteilen an Alkoholen (Ethanol, iso- oder n-Propanol) könnte zwar ein guter keimzahlreduzierender Effekt erwartet werden, die Anwendung von alkoholhaltigen Präparaten in der Vagina wird aber aus Gründen der Verträglichkeit im allgemeinen gescheut. Um die Verträglichkeit eines Präparates zu prüfen, entwickelten wir einen In-vitro-Test, der vor allem die Schäden an den Epithelzellen rasterelektronenmikroskopisch aufzeigt (Spitzbart 1990, Spitzebart et al. 1990).

Von anderen Substanzen, die zur präoperativen Vaginalantiseptik noch eingesetzt werden, fehlen größtenteils aussagekräftige Untersuchungen über deren antimikrobielle Wirksamkeit in der Praxis. Am ehesten kann in der Zukunft von Substanzen aus der Gruppe der Biguanide eine Eignung für den präoperativen Einsatz erwartet werden, dagegen besitzen schon lange bekannte Präparate auf der Basis von quaternären Ammoniumverbindungen eine zu geringe bakteriozide Wirkung, eine starke Beeinträchtigung der Wirkung durch Eiweiß und eine Wirkungslücke gegen manche gramnegative Bakterien. Wegen zu geringer Wirksamkeit und toxikologischer Aspekte ist auch der Einsatz von Präparaten mit Phenylquecksilberborat oder Hexachlorophen abzulehnen.

Für die therapeutische Vaginalantiseptik gab es in der Geschichte ein breites Experimentierfeld. Mehr als 300 Substanzen wurden im Laufe der Zeit erprobt, aber die Erfolge des Einsatzes von Antiseptika bei der Therapie von Vaginosen und Kolpitiden blieben bis heute sehr bescheiden. Die meisten der erprobten und auch angewandten Antiseptika werden heute aus toxikologischen Gründen abgelehnt. Dazu gehören z. B. Kupfersulfat, Quecksilberchromat, Oxycyanat und Borsäure. Anorganische Iodverbindungen können eine Iodallergie verursachen und sind daher kaum mehr im Einsatz. Nach wie vor gibt es keine brauchbare Möglichkeit, die therapeutische Wirksamkeit von Vaginalantiseptika, die in erster Linie in einer mikrobiostatischen Wirkung zu suchen ist, in einem praxisnahen Modell zu überprüfen. Andere Faktoren, wie die Beeinflussung des Scheidenmilieus und eine adstringierende Wirkung, spielen für den klinischen Erfolg eine Rolle; daher kann in erster Linie die klinische Überprüfung eine Aussage über die Brauchbarkeit eines Antiseptikums zur Therapie vaginaler Infektionen liefern.

Heute ist die Zahl von und der Einsatzbereich für Vaginalantiseptika zur Therapie sehr klein. Kaliumpermanganat für Sitzbäder und Spülungen ist abzulehnen, da es das Biotop der Haut zerstört. Wasserstoffperoxid, PVP-Iod in Zäpfchenform und eventuell Antiseptika wie Chlorhexidin und Hexetidin kommen gelegentlich zu Einsatz. Bei Pilzinfektionen (Candidosen) sind lokal angewandte Antimykotika nicht in jedem Fall allein indiziert. Für die Therapie bestimmter bakterieller Infektionserreger und von Trichomonaden ist die systemische Anwendung von Antibiotika oder Chemotherapeutika unverzichtbar.

Literatur

Easmon CSF, Neill J, Moy MA (1985) Vaginal disinfectants. J Inf 9:86

Exner M, Heeg P (1987) Schleimhautantiseptik. Hyg Med 12:82–86

Hurley R, Stanley VC, Leask BGS, Lourvois de J (1974) Microflora of the Vagina During Pregnancy. In: Skinner FA, Carr JG (ed) The Normal Microbial Flora of Man, Academic Press, London New York

Passloer HJ (1991) Reduktion der Vaginalflora durch präoperative Desinfektion. Geburtsh Frauenheilk 51:58–62

Spitzbart H, Holtorff D, Engel S (1981) Physiologie der Vagina. Spitzbart H (Hrsg.) Vulvitis – Kolpitis – Ein Ratgeber für die Praxis, Barth Leipzig

Spitzbart H, Thust U, Bach R, Naumann J, Ködderitzsch H, Trutschel G (1990) Eine neue Methode zur Testung der Verträglichkeit chemischer Substanzen – ein Beitrag zur Reduzierung von Tierversuchen. Tag VerAkad Landwirtsch-Wiss DDR, Berlin, S 285
Spitzbart H (1990) Possibilities of testing topically applicable antibacterial substances on the vaginal membrane. Int J Exp Clin Chemother 3:163–167
Wewalka G, Dorninger G, Enzelsberger H, Riel T, Rotter M (1991) Antimikrobielle Wirkung von Verfahren zur präoperativen Vaginalantiseptik. Hyg Med 16:335–345

Addendum

Beck E, Bercher H, Butt U, Goroncy-Bermes P, Harke H-P, Heeg P, Hepper M, Hingst V, Jülich W-D, Kaiser R, Kirschner U, Kramer A, Krüger S, Lütgens M, von Rheinbaben F, Rödger H-J, Rudolph H, Schwarzmann G, Steinmann J, Werner H-P, Weuffen W, Wewalka G, Zippel M (1992) 1. Mitteilung: Indikationen zur Antiseptik im Genitoanalbereich. Hyg Med 17:390–391

Kapitel 11

Antiseptik in der Urologie

K.-J. Klebingat, P. Brühl und H. Köhler

1 Epidemiologie der Harnwegsinfektionen

• *Harnwegsinfektionen sind allgemein als Erkrankungen der Harnwege durch Krankheitserreger, vor allem durch Bakterien hervorgerufen, definiert.*
Der gleichzeitige Nachweis der Erreger und ihres morphologischen Korrelats der Entzündung, das heißt vorrangig der Leukozyturie, sichert die Diagnose. Der Begriff „Harnwegsinfektion“ bezeichnet dabei undifferenziert jede signifikante Bakteriurie von $> 10^5$ KbE/ml (CFU, „Colony forming united“; Brühl u. Heinrich 1990). Dieser Sammelbegriff umfaßt das Haften, Ansiedeln und Vermehren von pathogenen und potentiell pathogenen Mikroorganismen in den harnbildenden und -ableitenden Organstrukturen sowie deren mögliche pathologische Auswirkung auf Organfunktionen. Deshalb muß der bakteriologische Befund in Zusammenhang mit Anamnese, Symptomatik, klinischem Bild und den übrigen Harnbefunden gesehen werden. Er kann die klinische Diagnose bestätigen oder in Frage stellen.

Eine nicht signifikante Bakteriurie ($< 10^5$ KbE/ml) schließt nicht unbedingt eine Infektion aus. Bei kurzer Verweildauer des Harns in der Blase, z. B. bei forcierter Diurese oder bei einer Pollakisurie, finden sich nicht signifikante Keimzahlen im Harn, da sich die Mikroorganismen in der Blase nicht bis zur Infektsignifikanz vermehren konnten. Dadurch kann eine Kontamination vorgetäuscht werden. Bei einer obstruktiven Uropathie ist ein falschnegativer Befund möglich, wenn die Mikroorganismen nicht in die Blase ausgeschwemmt werden.

Die Definition der Harnwegsinfektionen macht das weite Feld von der möglicherweise unbedeutenden asymptomatischen Bakteriurie über das eindeutige Korrelat von Erregernachweis und Leukozyturie bis hin zur „sterilen“ Pyurie, wie z. B. bei der Tbc und bei Chlamydienbefall, deutlich. Diese Varianz schlägt sich zwangsläufig auch nosologisch nieder. Der therapeutischen und prognostischen Konsequenz wegen müssen die einfache, meist nicht invasive afebrile Hohlrauminfektion (vesikale Bakteriurie) und die in der Regel febrile Infektion des Nierenparenchyms (supravesikale Bakteriurie) unterschieden werden.

A. Kramer et al. (Hrsg.)
Klinische Antiseptik

Altersbedingte somatische Ursachen wie Maturation, Wachstum und Involution verursachen eine charakteristische Epidemiologie der Harnwegsinfektionen. In der Neonatalperiode bis zum 5. Lebensmonat dominieren die Harnwegsinfektionen bei Jungen. Danach erkranken während der ersten fünf Lebensjahre die Mädchen fünfmal häufiger als die Knaben. Nach der Pubertät und mit Beginn des Geschlechtsverkehrs treten ebenfalls gehäuft bei Frauen Harnwegsinfektionen (Honeymoon-Cystitis, postkoitale Urethritis) auf. Die Infekthäufigkeit jüngerer Frauen verhält sich zu der jüngerer Männer wie 10:1. Bei erwachsenen Frauen steigt das Vorkommen einer Bakteriurie bis zum 60. Lebensjahr weiterhin um 1% pro Lebensdekade an (Brühl u.Heinrich 1990). Trotzdem gleicht sich das Verhältnis von bakteriurischen Frauen zu Männern im Alter völlig aus, d.h. daß im Alter die Manifestation urologischer Grundleiden des Mannes einen starken Anstieg der Harnwegsinfektionen zur Folge hat. Beide Geschlechter betreffend, führt die Altersmorbidität auch zu einer „prämorbiden“ Beschaffenheit des Urogenitaltraktes und verursacht so eine „unspezifische Infektanbahnung“. Bei Mehrfacherkrankungen im Alter finden sich in 20–25% Begleiterkrankungen des Urogenitaltraktes.

• *Spontane Infektionen der Harnwege stehen zahlenmäßig nach denen der Atemwege an zweiter Stelle. Bei den nosokomialen Infektionen nehmen die des Harntraktes den ersten Platz ein.*
Nach der amerikanischen Senic-Studie machen Harnwegsinfektionen vor den Wund- (25%) und den Atemwegsinfektionen (16%) 40% aller Krankenhaus-erworbenen Infektionen aus (Hughes, 1988; Voss, 1989). Zur Frage, welche Infektionen man bei uns beachten muß, gibt die DGK-Studie Auskunft: Der größte Anteil, nämlich 38%, entfallen auf nosokomiale Harnwegsinfektionen. Das entspricht weitgehend den Ergebnissen exemplarischer Untersuchungen in der früheren DDR (Dinger et al. 1990; Grosser et al. 1987) und auch in der Schweiz (Bühler 1991).

• *Die Prognose der Harnwegsinfektionen wird von der Ausgangssituation bei Diagnosestellung und von der therapeutischen Beeinflußbarkeit der Grundkrankheit bestimmt.*
So führen 60% der chronischen Pyelonephritiden zum Nierenversagen. 4% der nosokomialen Harnwegsinfektionen verursachen Bakteriämien mit der Gefahr von Endokarditis, Sepsis und Schock. Eine multifaktorielle Analyse ergab, daß eine kathetervermittelte Bakteriurie mit einem dreifach höheren Mortalitätsrisiko einherging als es bei nicht bakteriurischen katheterisierten Patienten beobachtet worden ist.

Kann einerseits dem Auftreten spontaner Nierenerkrankungen außer allgemein-hygienischen und gesundheitserzieherischen Maßnahmen wenig entgegengetreten werden, gehört es andererseits zur Sorgfalt, die nosokomialen Infektionen soweit wie möglich einzuschänken. Die exakte Indikation von Instrumentation und antimikrobieller Chemotherapie sowie ausgefeilte Krankenhaushygiene-Regime einschließlich von Aseptik und Antiseptik sind dafür entscheidende Voraussetzungen.

• *Hygiene-, Desinfektions- und Antiseptik-Regime, die sich nicht gegen die Harnwegsinfektionen als wichtigste Infektion richten, können nicht effektiv sein.*

2 Natürliche Infektionsabwehr am Harntrakt

• „*Eine Abnormalität muß existieren, entweder permanent oder vorübergehend, systemisch oder lokal, damit eine Harnwegsinfektion entstehen kann*" (Pieterse 1974).

Der Infektion wirkt der „intrinsic defense mechanisme" entgegen (Cox u. Hinman 1961). Bei intakter Abwehr sind asymptomatische Verläufe trotz gesicherter Bakteriurie zu beobachten, während das Auftreten von Symptomen die Dekompensation der Abwehrmechanismen signalisiert.

An der Verhütung von Keimaszension, Kolonisation und Invasion sind mehrere Faktoren beteiligt. Als wichtigste Voraussetzung bewirkt allein der ungestörte Harntransport in allen Bereichen des harnableitenden Systems eine mechanische Selbstreinigung. Unterstützt wird diese durch schwankende, aber trotzdem vorwiegend im sauren Bereich liegende antibakteriell wirkende Urin-pH-Werte. Besondere Bedeutung kommt der intakten Urethralschleimhaut zu, die mit ihrer protektiven und sekretorischen Funktion einen wichtigen Faktor der Infektionsabwehr darstellt. Wichtige Abwehrmechanismen sind die Phagocytose, die Antikörperbildung und eine ausreichende Sekretion des Uromucoids (Tamm-Horsefall-Protein). Dieses überzieht die gesamte Harnblasenschleimhaut und wirkt in hoher Konzentration durch Bindung der bakteriellen Fimbrien adhärenzhemmend. Eine Immunantwort wird durch Auseinandersetzung mit Antigenen induziert. Die wichtigsten Antikörper sind das sekretorische IgA und das IgG.

Sekretorisches IgA verhindert oder schränkt die Haftfähigkeit von Keimen an Mukosaoberflächen ein. Das Sekret des Introitus vaginae enthält normalerweise einen hohen IgA-Spiegel. Bei Mädchen mit rezidivierenden Harnwegsinfekten ist dieser signifikant erniedrigt (Tuttle 1978).

Die unterschiedlichen Epithelauskleidungen der Harnröhre beeinflussen wahrscheinlich entscheidend das mikrobielle Ökosystem. Die urethrale retrograde Keimaszension durchläuft beim Mann mehrschichtiges Plattenepithel in der Fossa navicularis, mehrstufiges bis mehrschichtiges Zylinderepithel in der Pars spongiosa, mehrschichtiges Zylinderepithel in der Pars membranacea und Übergangsepithel in der Pars prostatica urethrae. Die weibliche Harnröhre ähnelt in ihrer Epithelauskleidung der des Mannes. Die äußeren Abschnitte und die Drüsengänge periurethraler Drüsen tragen mehrschichtiges Plattenepithel. Die Drüsenkörper sind mit mehrschichtigem Zylinderepithel ausgekleidet. Im intrapelvinen Abschnitt der Harnröhre findet sich Übergangsepithel. Möglicherweise fördern bzw. behindern die unterschiedlichen Epithelien die Kolonisierung bestimmter Keimarten und tragen so zur Selektion der Normalflora bei.

Diese physiologische sogenannte residente Mikroflora der Schleimhaut spielt eine nicht zu unterschätzende Rolle beim Infektionsschutz und stellt ein stabiles mikrobielles Ökosystem dar. Das Biotop und sein Ökosystem werden von einer bestimmten Artenkombination der Mikroorganismen geprägt, welche auch von der Art und der Funktion des Organs bzw. Organsystems abhängig ist. Der Normalzustand, die Eubiose, wird durch eine statistische Norm der qualitativen und quantitativen Zusammensetzung der Mikroflora charakterisiert. Diese beinhaltet die durch Haftkeime hervorgerufene Standort-(Resident-Flora) und die aus Fremdkeimen gebildete Begleitflora (Transient-Flora). Die Zusammensetzung der Keimarten eines solchen Ökosystems ist an den verschiedenen Körperstellen unterschiedlich, aber bei physiologisch gleichartigen Standorten qualitativ und quantitativ ähnlich. Die gegenseitige Beeinflussung der aus der Umgebung in den Körper gelangenden Mikroorganismen selektiert die am besten angepaßten Arten und bedingt eine sogenannte Kolonisationsresistenz für andere Keimarten. Die Kolonisationsresistenz der physiologischen Schleimhautflora ist effektiver Bestandteil des Infektionsschutzes, da sie durch Nährstoffkonkurrenz, antibiotische Stoffwechselprodukte, Bakteriocine und anderes die Anhaftung humanpathogener Erreger verhindern oder vermindern kann. Vorgenanntes zur Normalflora gilt explizit auch für das Urogenitalsystem. Die distale Urethra kann mit S. epidermidis, Enterokokken und gramnegativen Stäbchenbakterien besiedelt sein. An den Orificien sind saprophytäre säurefeste Stäbchenbakterien (z. B. Mycobacterium smegmatis) sowie Treponema refringens zu beobachten (Ritzerfeld 1988).

• *Die Körperöffnungen Orificium urethrae externum, Anus und Introitus vaginae liegen topografisch so dicht beieinander, daß die Mikroflora der Haut und des Enddarms in diesem gesamten episomatischen Biotop qualitativ und quantitativ dominieren.*

Die mikrobielle Standort- und Begleitflora dieses gesamten Biotops setzt sich aus opportunistischen und potentiell pathogenen Keimen zusammen (Tabelle 11-1). Die aus dem Enddarm stammenden Bakterien kolonisieren in Vestibulum vaginae und Urethra bzw. auf der Glans penis und in der Urethra.

Der Kolonisation opportunistischer und potentiell pathogener Keime leisten vaginale und urethrale Epithelrezeptoren für fimbrienbesetzte haftende Bakterien, wie z. B. E. coli Vorschub. Das Ausmaß der Kolonisation insbesondere aus der Sicht der Ascension wird neben den erwähnten anatomischen auch von physiologischen Gegebenheiten bestimmt. Die Sekrete der periurethralen Drüsen beider Geschlechter haben eine milieuprägende und immunabwehrstimulierende Wirkung. So wirkt das saure Scheidenmilieu der gesunden Frau einer Keimascension entgegen. Dies hat aufgrund der kürzeren, die Keimascension begünstigenden Harnröhre eine eigenständige physiologische Bedeutung.

Auch altersbedingt unterschiedliche physiologische Funktionsabläufe wirken sich auf die Mikroflora aus. Diese werden besonders beim weiblichen Genitale durch eine Vielfalt von wechselnden Mikroorganismen unter den hormonellen Veränderungen ersichtlich. Bei Neugeborenen sind Vagina und Vulva keimfrei. Nach der Geburt wird die Vulva zunächst mit diphtheroiden

Tabelle 11-1. Standort- und Begleitflora des äußeren Genitale

	vord. Urethra	äußeres Genitale	Vagina
Enterobacteriaceae	+ *	+	+ *
Pseudomonas aeruginosa			+
Alkaligenes spp.	+		+
Acinetobacter calcoaceticus (Achromobacter)			
Lactobacillus spp.			+
Fusobacterium spp.		+	+
Corynebacterium spp.	+	+	+
Clostridium spp.	–	+	+
Mykobacterium spp.	+	+	+
Staphylococcus aureus	+ *	+ *	+ *
koagulase-negative Staphylokokken	+	+	+
Neisseria spp.	+	+	+
Streptococcus spp.	+	+	+
Streptococcus faecalis (Enterokokken)	+ *	+	+ *
Peptostreptokokken		+	+
Chlamydia spp.	+	–	+
Candida spp.	+	+	+
Mykoplasma spp.	+	+	+

* sollte nur in geringen Keimzahlen vorkommen

Stäbchenbakterien, Sarcinen, Colibakterien, anaerob wachsenden Stäbchenbakterien, Hefen und Smegmabakterien besiedelt. Bis zur Pubertät dominieren Staphylokokken, Streptokokken, coliforme Bakterien und diphtheroide Stäbchenbakterien. Bei der erwachsenen Frau herrscht L. acidophilus vor. Er bedingt in Abhängigkeit vom Glycogengehalt des Vaginalepithels den sauren pH-Bereich der Vagina mit Folge ungünstiger Kolonisationsbedingungen für transiente Mikroorganismen.

Als wichtigste Infektionsabwehrmechanismen am Harntrakt erweisen sich:

- die mechanische Selbstreinigung durch den normalen Harntransport,
- Urin-pH-Werte zwischen 5,8 und 6,2,
- intaktes Epithel am gesamten harnableitenden System mit Phagozytose, Sekretion des Uromucoids und Antikörperbildung,
- die Residentflora mit stabilem Ökosystem.

3 Ätiopathogenese von Harnwegsinfektionen

Bei Harnwegsinfektionen werden *endogene*, durch potentiell pathogene Erreger der körpereigenen Flora von Haut- und Schleimhäuten, und *exogene Infektionen*, durch Umgebungskeime, z. B. durch Personal, Gegenstände, Luft übertragen, unterschieden. Zu letzteren gehören die meisten nosokomialen Infektionen. Die Erreger beider Gruppen sind artenmäßig identisch, unterscheiden sich aber erheblich in der Häufigkeit ihres Auftretens vor und nach Krankenhausaufenthalt (Tabelle 11-2), ihrer Virulenz, Kontagiosität und Chemotherapeutikaresistenz.

- *Infektionsquelle der endogenen Infektionen ist der Patient selbst, wobei ätiologisch die Darmflora und die physiologische (residente) Mikroflora der Schleimhaut von Urethra und Vagina bedeutsam sind.*

In der Uro-Genital- und Analregion kolonisieren pathogene, potentiell pathogene und apathogene Keime nebeneinander.

Als Infektionswege kommen die aszendierend kanalikuläre Ausbreitung, die hämatogene Streuung und die lymphogene Aussaat in Betracht. Als natürlicher Infektionsmodus dominiert die vom Perineum bzw. von der Perinealflora ausgehende Keimaszension in normalerweise sterile Bereiche. Eine spontane Aszension und Infektion durch diese Keime ist nur bei ungünstigen Ausgangsbedingungen im Sinne gestörter Infektionsabwehrmechanismen zu erwarten.

Andererseits aber können diese Keime infektiologische Bedeutung erlangen, wenn sie im Rahmen diagnostischer oder therapeutischer Maßnahmen (z.B Endoskopie) in normalerweise keimfreie oder zumindest keimarme Bereiche verschleppt und durch Schleimhautläsionen über das Lymph- oder Blutgefäßsystem im Körper gestreut werden. Letztlich entsteht hier eine Autoinfektion durch „Einschiebekeime". Es bestehen also enge Zusammenhänge zwischen Kolonisation und nachfolgender Infektion.

Endogenen Harnwegsinfektionen geht eine Störung des physiologischen Gleichgewichts zwischen Erregervermehrung im distalen Harntrakt und

Tabelle 11-2. Vergleich der Häufigkeit des Vorkommens verschiedener Keime bei Harnwegsinfektionen vor und nach Krankenhausaufnahme (aus Brühl 1982)

Keimart	vor Krankenhausaufnahme (%)	nach Hospitalisation (%)
Escherichia coli	14	1
Escherichia freundii	–	4
Klebsiella	1	9
Providencia	–	17
Proteus	8	57
Pseudomonas	2	11
Enterokokken	8	23
Escherichia coli (mehrfachresistent)	0	66

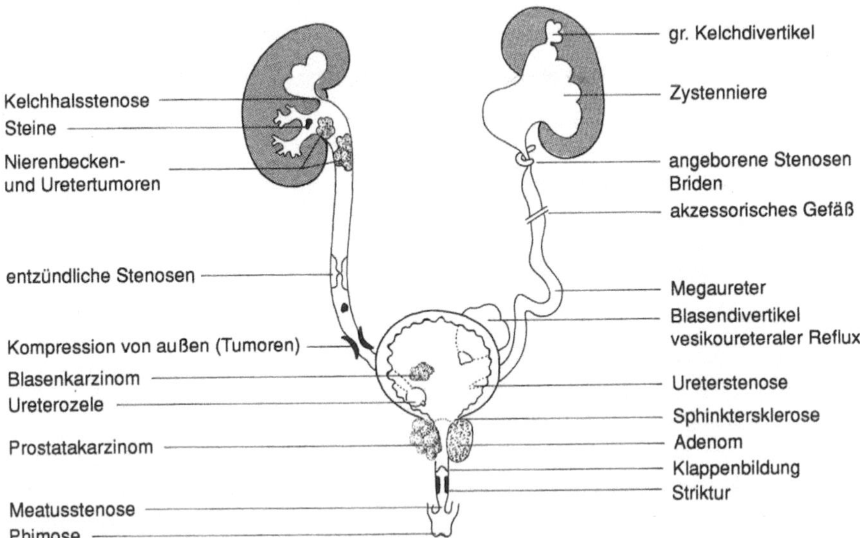

Abb. 11-1. Urologische Erkrankungen, die eine bakterielle Entzündung der Harnwege ursächlich unterhalten können (Hubmann 1982)

Abwehrmechanismen voraus. Ursachen dafür können morphologische oder funktionelle Veränderungen der ableitenden Harnwege im Sinne eines Abflußhindernisses (Abb. 11-1) und Störungen des „intrinsic defense mechanisme“ sein. Störungen der Infektabwehr können als Einzelursache, besonders häufig aber als Begleiterscheinung einer Polymorbidität im Alter und während konsumierender Erkrankungen auftreten. Einzeln zu beobachtende Ursachen sind z. B. die Prädisposition für rezidivierende Harnwegsinfektionen in Form gesteigerter Haftfähigkeit der Bakterien an den Epithelzellen, die durch Oestrogenmangel hervorgerufene Schleimhauthypotrophie mit Folge mangelnder Abwehrkraft oder die Herabsetzung der Kolonisationsresistenz durch eine Antibiotikatherapie mit Selektion der Mikroorganismen zuungunsten der Kolonisationsresistenz. Bei Polymorbidität und mit zunehmendem Alter potenzieren sich diese Faktoren und werden zusätzlich durch Mikrozirkulationsstörungen mit Folge von Stoffwechselstörungen begünstigt, was durch die altersbedingte Niereninvolution besonders verdeutlich wird.

Die artefizielle Verschleppung der residenten Flora durch Instrumentation und Operation in normalerweise keimfreie Bereiche kann eine Autoinfektion mit „Einschiebekeimen“ zur Folge haben, wird aber bei intakter Abwehr selten zu einer solchen führen. Meist werden gleichzeitig Mikroläsionen der Schleimhaut gesetzt, die einerseits die erforderliche Abwehr herabsetzen und andererseits zu einer hämatogenen Streuung der Erreger führen können. Die harmloseste Folge kann das sogenannte Katheterfieber, die schwerste die bekannte iatrogene aszendierende abszedierende Pyelonephritis mit letalem Ausgang sein. Die Angaben über die Häufigkeit von Infektionen nach instrumentellen Eingriffen schwanken zwischen 2 und 70% (Schmiedt 1963). Therapieresistente Problemkeime mit hoher Virulenz und Kontagiosität können schwer beherrschbare Krankheitsverläufe verursachen.

4 Antiseptische Maßnahmen in der Urologie

4.1 Gegenwärtige Situation und Zielsetzung

• *Die gegenwärtige Situation bezüglich antiseptischer Maßnahmen in der Urologie ist durch Unsicherheit und folglich Uneinheitlichkeit gekennzeichnet.* Das stellten wir im Ergebnis einer Umfrage in dreißig Kliniken der alten und neuen Bundesländer sowie der Schweiz fest.

Folglich werden mannigfaltige Präparate verschiedener Wirkstoffgruppen und deren Kombinationen angewendet. Alkohole, Kombinationen oberflächenaktiver, insbesondere kationenaktiver Wirkstoffe und Oxidantien stellen die wirksamsten Antiseptika für die Urologie dar, wobei Kombinationspräparate den reinen Wirkstoffen im allgemeinen überlegen sind. Ihr Anteil an den Antiseptika beträgt mehr als 60%.

Ursachen für die gesteigerte antiseptische Effizienz von Kombinationspräparaten sind Synergismen, Ausgleichung von Wirkungslücken und bessere Verträglichkeit. Außerdem fördern Zusätze wie Glucocorticoide und andere Hilfsstoffe wie Konservierungs- und Lösungsmittel bzw. Stabilisatoren die antimikrobielle Wirksamkeit (Kramer et al. 1984). Weitere Adjuvantien dienen der Senkung der Nebenwirkungen, dabei werden eine Steigerung von Oberflächenaktivität und Benetzbarkeit, erhöhte Tiefenwirkung und verzögerte Resorption erreicht.

Selbstverständlich sind nicht alle zur Verfügung gestellten Antiseptika gleichermaßen antimikrobiell potent und ebensowenig gleichgut verträglich und werden daher nicht ausnahmslos vom nicht anästhesierten Patienten akzeptiert. Trotzdem werden sie alle mehr oder weniger häufig eingesetzt.

Ursache der eingangs genannten allgemeinen Unsicherheit ist primär das Fehlen geeigneter Testmodelle zum Nachweis der Keimzahlreduktion am Biotop und von klinischen Doppelblindstudien zur prophylaktischen Wirksamkeit antiseptischer Maßnahmen im Genitalbereich. Bis heute existiert für die Prüfung von Schleimhautantiseptika zur Anwendung im Bereich des äußeren Genitale keine allgemein anerkannte Standardmethode (vgl. Kap. 10). Erstmals 1987 berichteten Exner und Heeg von der Verminderung der aeroben Flora der Glans penis nach Eintauchen in eine PVP-Iod-Lösung um 1,5 log-Stufen. Zwei Antiseptika, PVP-Iod und ein Chlorhexidin-Präparat, wurden von Beger (1988) hinsichtlich ihrer Wirksamkeit auf die Gesamtkoloniezahl, die potentiell pathogene Mikroflora sowie auf die physiologische Mikroflora ebenfalls im Glans-penis-Bereich verglichen und ein praktikables Testverfahren vorgestellt. Kramer et al. (1991) führten am gleichen Biotop einen Wirksamkeitsvergleich des chlorhexidinhaltigen Präparates Cidegol[R], Wasser-

Tabelle 11-3. Antiseptik an der Glans penis

Wirkstoff	Keimgewinnung	Reduktion (lg-Stufen)		
		aerob	anaerob	Literatur
Wasser	Eintauchmethode	0,3		Exner und Heeg (1987)
PVP-Iod		1,5		
Reinigung	Tupferabstrich	1,0	1,2	Heeg (1990)
Octenidin		2,1	2,6	
Reinigung (Wasser)		0,7		Kramer et al. (1991)
H_2O_2 (3%)		1,8		
Reinigung mit Milchsäure (0,5%), danach H_2O_2 (3%)	Tupferabstrich	1,9		
Reinigung mit Milchsäure (2%), danach H_2O_2 (3%)		2,4		
Cidegol®		2,7		

stoffperoxid 3%ig sowie von der aufeinanderfolgenden Anwendung zwei verschieden konzentrierter Milchsäurelösungen und von Wasserstoffperoxid in einer klinischen Erprobung durch und fanden eine vergleichbare Wirksamkeit zur Anwendung von Chlorhexidin (Tabelle 11-3). Auch hier wurde ein eigenes Verfahren zur Prüfung von Schleimhautantiseptika in der Urologie entwickelt.

In der Roten Liste werden sieben Präparate auf wäßriger Basis zur Schleimhautantiseptik angegeben, ohne daß ein spezieller Indikationsbereich ausgewiesen ist. Bei den dabei eingesetzten Wirkstoffen handelt es sich um PVP-Iod-Komplex, 8-Chinolinol, Tosylchloramidnatrium, Ethacridin und zwei organische Quecksilberverbindungen. Als alkoholisches Präparat ist nur Sepso-Tinktur angegeben. Im Arzneimittelverzeichnis der DDR war Cidegol^R enthalten, eine ethanolische Lösung von Chlorhexidin mit Zusatz von Phenolen und etherischen Ölen. Die ebenfalls in der Roten Liste für antiseptische Körperwaschungen ausgewiesenen Präparate auf Iodophor- und Benzalkoniumchloridbasis (Betaisodona-Flüssigseife, Laudamonium und Zephirol) kommen prinzipiell auch für die antiseptische Reinigung der Genitalregion in Frage. Gezielte Untersuchungen hierzu sind uns jedoch nicht bekannt.

In der urologischen Praxis haben sich zur Antiseptik nur wenige Wirkstoffe etabliert, wobei das Vorgehen im Detail der eigenen klinischen Erfahrung überlassen blieb. Für die antiseptische Vorbereitung der Glans penis und des Meatus urethrae einschließlich antiseptischer Waschungen der Genitalregion haben sich in den westdeutschen Bundesländern vor allem Präparate auf PVP-Iod-Basis durchgesetzt. Im anglo-amerikanischen Bereich werden hierfür häufiger chlorhexidinhaltige Präparate angewandt. In der ehemaligen DDR und in der CSFR dominierte hierfür Peressigsäure.

Die Ziele der Schleimhautantiseptik in der Urologie ergeben sich aus der Ätiopathogenese der Harnwegsinfektionen. Alle dem Fachgebiet zuzuordnenden invasiven diagnostischen und therapeutischen Maßnahmen erfolgen entweder über die natürliche Körperöffnung, das Orificium urethrae externum, durch einen Punktionskanal von der Haut zum Zielorgan (meist Harnblase oder Niere) oder durch Schnittoperation. Dabei tragen antiseptische Maßnahmen je nach Erfordernis und Zielstellung unterschiedlichen Charakter.

Der Verschleppung und Aszendenz von Mikroorganismen der Haut und der Schleimhaut des Urogenitaltrakts in normalerweise keimfreie Bereiche mit der Folge hämatogener oder lymphogener Streuung muß vorgebeugt werden. Hierzu dient die *einmalige prophylaktische Antiseptik*, z. B. beim Harnblasenkatheterismus sowie bei sonstigen diagnostischen und therapeutischen transurethralen Eingriffen.

Demgegenüber kommt die *wiederholte regelmäßige prophylaktische Antiseptik* bei der Pflege von transurethralen und suprapubischen Harnblasenkathetern sowie bei Nephrostomien zur Anwendung. Sie ist gleichzeitig präventive Antiseptik im Sinne der Verhütung einer Weiterverbreitung der Erreger, was eine ausgeprägte Remanenzwirkung der Antiseptika erfordert.

Der Verminderung bzw. Eliminierung von kolonisierenden pathogenen Keimen sowie der Therapie florider lokaler Infekte dient die *therapeutische Antiseptik*.

Das Gemeinziel der aufgezeigten zweckgebundenen Varianten der Antiseptik besteht urologischerseits in der Vermeidung von iatrogen provozierten Harnwegsinfektionen. Nach Hofstetter und Schilling (1984) besteht zwischen der Zahl der iatrogenen Eingriffe und dem Infektionsrisiko eine lineare Abhängigkeit. Ebenso besteht eine Abhängigkeit ersten Grades zwischen Keimwechsel bei Infektionen und Zahl der Eingriffe.

4.2 Überblick über gebräuchliche Antiseptika

Die folgende Charakteristik der Wirkstoffe und ihrer Kombinationspräparate soll die begründete Auswahl für die derzeit sinnvolle Schleimhautantiseptik im Bereich des äußeren Genitale in der Urologie erleichtern.

Alkohole (s. Kap. 2)

Alkohole erreichen eine effiziente antiseptische Wirkung allein erst in Konzentrationen, die im Genitalbereich wegen auftretender Schmerzen nur beim anästhesierten Patienten angewendet werden können. Deshalb werden sie vorwiegend als Kombinationspartner, z. B. 36%ig mit Chlorhexidin, gebraucht. Auch diese Konzentrationen werden im Urogenitalbereich nur schlecht toleriert. In gezielten eigenen Untersuchungen ergab sich für Propan-1-ol eine akzeptable Schwellenkonzentration von $< 10\%$.

Kationenaktive Wirkstoffe

Chlorhexidin (s. Kap. 2)

Die Zweckmäßigkeit von Chlorhexidin als Monosubstanz zur antiseptischen Anwendung muß angezweifelt werden (Hahn 1981). Eine schwache Wirksamkeit (Gundermann u. Heeg 1987) sowie eine Wirkungsabnahme des Chlorhexidins von den grampositiven zu den gramnegativen Bakterien (Schulz 1989) bestärken den Zweifel. Diese Wirkungslücken werden erfolgreich durch Kombinationen mit Alkohol ausgeglichen.

Octenidin (s. Kap. 2)

Octenidin hat ein breites Wirkungsspektrum mit zugleich remanenter Wirkung. Seine Wirksamkeit wird durch Alkohole verstärkt, wobei der Synergismus mit Phenoxyethanol Grundlage für eine hohe Effektivität ist, so daß eine Einwirkungszeit von 1 min empfohlen wird. Bei regelmäßiger klinischer Anwendung ergaben sich keine Hinweise für lokale oder systemische Unverträglichkeiten. Die Oberflächenaktivität dieser Kombination läßt gleichzeitig einen guten mechanischen Reinigungseffekt erzielen (Klebingat pers. Mitt.). Seines Wirkungsspektrums wegen bietet Octenidin eine Alternative bei Kontraindikationen für PVP-Iod-Verbindungen. Octenidin wird bei vaginaler Applikation nicht resorbiert, seine Toxizität ist daher zu vernachlässigen. Mutagene, teratogene und carcinogene Wirkungen sind bisher nicht bekannt.

Oxidantien

Iod (s. Kap. 2)

Bei einer Umfrage des „Europäischen Komitees Interdisziplinäre Hospitalhygiene“ standen wäßrige PVP-Iod-Lösungen mit 63% bei der Schleimhautantisepsis an erster Stelle.

Bakteriozide, fungizide, viruzide, sporozide und protozoozide Eigenschaften sind beschrieben (Gershenfeld 1962; Crowder et al. 1967; van der Wyk 1968; Drewett et al. 1972; Friedrich u. Masukowa 1975; Meyer-Rohn u. Liehr 1976).

Nachgewiesene Wirkungslücken, insbesondere gegen S. aureus (Primavesi 1983), sollen durch die Entwicklung von standardisierten PVP-Iod-Lösungen mit einem konstanten höheren Anteil an freiem, nicht komplexgebundenen Iod nicht mehr gegeben sein (Gutachten der Herstellerfirmen 1989). Die Wirkung bleibt auch in Gegenwart von Blut und Serum (Gershenfeld 1957), Eiweiß (Germann 1973) oder Fetten (Saggers u. Stewart 1964) erhalten.

Nach Merkle und Zeller (1979) konnte eine mutagene Wirkung von PVP-Iod ausgeschlossen werden, was Carchmann (1980) bestätigte.

Bei einer normalen Nieren- und Schilddrüsenfunktion bestehen keine Einschränkungen für die Anwendung von PVP-Iod (Glöbel et al. 1984d; Balogh et al. 1985). Bei allen Formen der Hyperthyreose, beim Schilddrüsencarcinom, in der Schwangerschaft und Stillperiode sowie bei Neugeborenen ist seine Anwendung abzulehnen (Grüters 1982; Grüters et al. 1983; Glöbel et al.

1984b; Görtz u. Haering 1985; Pfannenstiel 1989). Aufgrund der möglichen Schilddrüsengefährdung wurde 1988 vom wissenschaftlichen Beirat der Bundesärztekammer die Empfehlung zur Einschränkung der PVP-Iod-Anwendung gegeben.

Peroxyethansäure (Peressigsäure)

Der Wirkungsmechanismus von Peressigsäure beruht auf dem starken Oxydationsvermögen, wobei kurzzeitig Sauerstoff in statu nascendi entsteht.

Bei der Anwendung zur Desinfektion und Sterilisation konnten folgende Eigenschaften festgestellt werden:

- rasche und zuverlässige Wirkung in niedrigen Konzentrationen auf eine breite Palette von Mikroorganismen einschließlich der resistentesten Formen (Bakteriensporen) im Sinne einer chemischen Sterilisation, Wirkung auf Mykobakterien, Schimmelpilze und Viren einschließlich der hochresistenten Enteroviren u.a.
- kaum Eiweiß- oder Seifenfehler
- günstiger Temperatur-Koeffizient für die Anwendung
- auch im alkalischen Milieu umfassende mikrobiozide Wirkung.

Nachteile:

- unangenehmer Geruch
- konzentrierte Lösungen reizen die Augenschleimhaut, den Respirationstrakt und führen zu Kopfschmerzen
- anspruchsvolle Bedingungen bei Transport und Lagerung und Notwendigkeit strenger Arbeitsvorschriften bei der Herstellung von Gebrauchslösungen aus der Stammlösung
- Wirkungsverlust bei Blutkontamination
- Korrosivität der Gebrauchslösung
- Gesundheitsgefährdung; die Einschätzung des toxischen Risikos bei Langzeitanwendung ist noch nicht absehbar, da randomisierte Studien über chronische degenerative Hautschäden, Respirationstraktschäden (Personal!), lebertoxische, teratogene und mutagene Wirkungen noch nicht ausreichend vorliegen.

Obwohl Peressigsäure als Antiseptikum in der DDR nicht zugelassen war (Protokoll der 232 ZGA-Sitzung der DDR 1982), in einer Empfehlung der Gesellschaft für Pädiatrie bereits 1981 abgelehnt wurde (Aurich et a. 1981) und eine ausführliche toxische Charakteristik vorlag (Kramer et al. 1983), hat sie in der Antiseptik der Urologie in den früheren DDR-Kliniken einen führenden Platz eingenommen. Ihre weitere Anwendung wird nicht empfohlen.

Kaliumpermanganat ($KMnO_4$) (s. Kap. 2)

Kaliumpermanganat kann aus therapeutischer Indikation zur Spülung der Harnblase bei Kloakenbildung verwendet werden. Infolge Oxidation übelriechender Fäulnisprodukte wird eine desodorierende Wirkung erzielt.

Wasserstoffperoxid (s. Kap. 2)

Im urologischen Indikationsbereich ist H_2O_2 wegen zu geringer Effizienz aus antiseptischer Indikation kein Wirkstoff der Wahl. Dagegen bewährt es sich zur Reinigung vor antiseptischen Maßnahmen. Gewarnt werden muß vor seiner Anwendung zur Spülbehandlung der Harnblase, da hier Gasbildung zur Ruptur führen kann.

Wirkstoffe weiterer Stoffklassen

Ethacridinlactat kann als Solutio Rivanoli 0,1 %ig zu therapeutischen Blasenspülungen eingesetzt werden.

Benzalkoniumchlorid, eine quaternäre Ammoniumverbindung, wird in wäßriger Lösung zur hygienischen Körperwaschung verwendet.

Silbernitrat – aus historischen Gründen erwähnt – wurde in 1–2%igen Lösungen zur Harnblasenspülung bei schweren Zystitiden genutzt.

Mercurioxycyanatum ist, obwohl es z.T. bis heute in der Urologie noch angewendet wird (offenbar selbst zur Blasenspülung), insbesondere aus toxikologischen Gründen, aber auch wegen unzureichender Wirksamkeit, als obsolet einzuordnen.

Systemische Harnantiseptika (s. Kap. 18).

4.3 Indikationsgruppen

Die Indikationsgruppen für die Antiseptik im Fachgebiet Urologie gleichen denen der allgemeinen Unterteilung von Exner und Heeg (1987). Tabelle 11-4

Tabelle 11-4. Ziele, Anforderungen und Indikationen für die Schleimhautantiseptik in der Urologie

Ziel	Anforderungen	Indikationen
Einmalige prophylaktische Antiseptik	– Reduktion der Mikroflora auf das erreichbare Ausmaß für die Dauer des Eingriffes, Bakteriozidie > Bakteriostase – Senkung der Bakteriämierate	– Katheterismus – transurethrale Diagnostik- und Therapiemaßnahmen
Regelmäßige prophylaktische Antiseptik	– Reduktion fak.-path. Mikroflora bei weitgehender Schonung der natürlichen Mikroflora, Bakteriozidie + Bakteriostase	– Verweilkatheterpflege
Therapeutische Antiseptik	– Selektive Reduktion bzw. Eliminierung von Infektionserregern bei weitgehender Schonung der physiologischen Mikroflora, überwiegend Bakteriostase	– Perfusion des Harnhohlsystems – Instillation der Harnröhre

gibt die Indikationsgruppen, die antiseptischen Anforderungen und die speziellen urologischen Indikationen wieder. Hieraus ergeben sich die klassischen Ansatzpunkte für antiseptische Maßnahmen am Urogenitale. Diese sind der Meatus urethrae externus mit seinem anatomischen Umfeld des weiblichen (Vulva/Vagina) bzw. männlichen (Praeputium/Glans penis) Genitale sowie die Haut als Zugang für endo-urologische Maßnahmen und als Austrittspforte für Urostomata.

4.3.1 Prophylaktische Antiseptik

4.3.1.1 Harnblasenkatheterismus

Der einmalige Katheterismus kann bei mangelhafter Aseptik und Antiseptik sowie fehlerhafter Technik eine Harnwegsinfektion durch residente und transiente „Einschiebekeime" verursachen. Da jede transurethrale Instrumentation Urothelläsionen nach sich zieht, ergibt sich außer der intrakanalikulären Aszension der Einschiebekeime zusätzlich die Infektionsausbreitung durch hämatogene und lymphogene Invasion. Ungefähr 1–4% aller Patienten mit katheterbedingter Bakteriurie entwickeln eine Bakteriämie (Bryan u. Reynolds 1984; Gordon et al. 1983). Nach den vorliegenden epidemiologischen Daten kommt es jährlich in den Krankenhäusern der USA zu 500000–1000000 kathervermittelten Harnwegsinfektionen (Platt et al. 1989). 75% der Patienten mit nosokomialen Infektionen wurden zuvor transurethral sondiert, meistens katheterisiert (Feingold 1970). Bei etwa 30% der Patienten, die im Krankenhaus katheterisiert wurden, entwickelte sich eine Bakteriurie (Hart 1985; Liedberg et al. 1990).

Damit ergibt sich als Schlußfolgerung, den Katheterismus so streng wie möglich zu indizieren. Weiterhin erfordern seine vorwiegende Anwendung außerhalb keimarmer Bereiche, wie Endoskopie- oder Operationsräumen, eine besonders strenge Einhaltung der hygienischen Regeln und Normen. Dazu gehören exakte antiseptische Maßnahmen. Diese beinhalten die allgemeine Körperhygiene im Anogenitalbereich und gezielte antiseptische Maßnahmen, die beim Katheterismus die komplette Penoskrotalregion bzw. die Urethra, Vulva und Vagina einbeziehen müssen. Selbstverständlich müssen bei Durchführung der Antiseptik das Präputium so weit wie möglich zurückgezogen bzw. die Labien ausreichend gespreizt werden. Prinzipiell erfolgt auch hier wie bei der Hautantiseptik die antiseptische Maßnahme von zentral nach peripher. Die reichlich getränkten Tupfer dienen als Träger des Antiseptikums und tragen zur mechanischen Reinigung bei. Bei der Frau empfiehlt sich darüber hinaus das Einlegen eines Antiseptikum-getränkten Tupfers in den Introitus vaginae. Das Spreizen des Orificium urethrae externum ermöglicht zusätzlich zur Umgebungsbehandlung das Eindringen des Antiseptikums in den distalsten Harnröhrenabschnitt, der immer mit der residenten Keimflora, bei stationären Patienten häufig mit nosokomialen Infektionserregern, z. B. aus der Umgebung oder der Fäkalflora stammend, besiedelt ist.

Die Wahl des Antiseptikums erfolgt aus den derzeit potentesten Antiseptika entsprechend notwendiger Compliance bei anästhesierten bzw. nicht anästhesierten Patienten. Ohne regionale oder allgemeine Anästhesie empfiehlt sich die Anwendung von Präparaten, die nicht mehr als 10% Alkohol enthalten. Unter Anästhesie können konzentriertere alkoholhaltige Präparate genutzt werden. Wirkstoffe der Wahl sind Octenidin und bei schilddrüsengesunden Patienten Iodophore. Chlorhexidin würden wir aufgrund seiner Mutagenität und möglicher toxischer Risiken für kritischer einordnen, so daß zumindest eine wiederholte prophylaktische Anwendung nicht zu empfehlen ist.

Weiterhin kann die reichliche Instillation eines Gleitmittels das Trauma an der Harnröhrenschleimhaut minimieren. Sterile Bereiche der Harnröhre werden zusätzlich vor einer Infektion geschützt, sofern Antiseptikum-haltige Gleitmittel angewendet werden. Hierzu zählen z.B. Gleitmittel mit Beimischung von Chlorhexidin.

Der transurethrale Verweilkatheter stellt ein besonders hohes Infektionsrisiko dar. Vergleichende Untersuchungen ergaben, daß schon am 3. Tag 30% der Patienten einen kontaminierten Harn aufwiesen. Die Zahl der bakteriurischen Patienten stieg am 5. Tag auf ca. 80% und am 8. Tag auf 100% an (Brühl 1988). Eine europäische Multicenterstudie konnte an über 3000 beobachteten Patienten nachweisen, daß der Anteil mit Verweilkatheter versorgter Patienten auf einer Station die Prävalenz nosokomialer Harnwegsinfektionen eindeutig beeinflußt (Jepson 1983). Das hohe Infektionsrisiko beim Verweilkatheter wird zum einen durch die Unterbrechung der Aszendenzbarriere (Sphinkter urethrae externus), zum anderen durch den Fremdkörperreiz des Katheters an sich hervorgerufen. Bei der Unterbrechung der Aszendenzbarriere sind die Keimkontamination des mukopurulenten Urethralsekrets zwischen Katheterwand und Urethralschleimhaut und das Lumen des Katheters als retrograde mikrobielle Infektionsschiene zu berücksichtigen. Ausmaß und Umfang entstehender Harnwegsinfektionen werden stark von der Intimhygiene, der Infektionsanfälligkeit des Patienten und der Katheterpflege bestimmt. Sie nehmen ihren Ausgang von körpereigenen Keimreservoiren (Daifuku u. Stamm 1984). Exogen werden Mikroorganismen vor allem bei Manipulationen an Verweilkathetern verbreitet. Wichtige Keimquellen sind dabei die Hände des Pflegepersonals, die für die sekundäre Besiedelung verantwortlich gemacht werden.

Der Fremdkörperreiz des Katheters wird durch seine Eigenschaft, als Halbimplantat zu wirken, hervorgerufen. Er sollte deshalb biokompatibel sein. Geringste „Fremdkörpereigenschaft" bedeutet vor allem „Nichtreagieren" des anliegenden Gewebes – also fehlende Schädigung zellulärer Elemente und keine immunologische Reaktion. Hierfür sind auch Biostabilität, Geschmeidigkeit und Formstabilität zu fordern. Voll-Silikonkatheter erfüllen diese Anforderungen am ehesten. Sie sind weitgehend temperatur- und altersbeständig sowie hydrophob, was die Ablagerungen wasserlöslicher Stoffe (Blut, Serum, Harnsalze) limitiert (Nacey 1985; Cox 1990). Latexkatheter haben herstellungsbedingt eine rauhere Oberflächenstruktur. Durch enzymatische Abbauprozesse kommt es zum Herauslösen toxischer Substanzen aus der

Katheteroberfläche mit starkem zytotoxischen Effekt auf das Urothel (Edwards et al. 1983; Wilksch et al. 1983). Durch Hydrogel-Beschichtung der Katheteroberfläche können diese Probleme reduziert werden (Cox 1990).

Bei der kathetervermittelten Harnwegsinfektion stehen hochresistente Mikroorganismen in ursächlichem Zusammenhang mit der Belagsbildung auf der Wandung von Katheter und Drainagesystemen (Gristina et al. 1987). Urease-Bildner bewirken ein alkalisches Urinmilieu und damit die Kristallisation von im Harn vorhandenen physiologischen Ionenkomponenten zu Carbonatapatit/Struvit. Andere können an Kunststoffoberflächen extrazelluläre polymere Substanzen (Biofilm, Glycocalix) anlagern.

Diese Substanzen besitzen eine Reihe von biologischen Eigenschaften; sie fungieren beispielsweise als Adhäsine oder hemmen die Phagozytose (Absolom 1988; Hopkins et al. 1990; Roberts et al. 1990). Die Einbettung in schleimige und kristalline extrazelluläre Substanzen schützt diese Mikroorganismen vor der Einwirkung von Antibiotika und Antiseptika (Exner et al. 1984; Ohkawa et al. 1990), obwohl die Serumspiegel eines verabreichten Antibiotikums in vitro effektiv sind (Widmer 1990). Antibiotika- oder silberimprägnierte Katheter sind keine Alternative, weil die antibakteriellen Wirkstoffe rasch abgegeben und ausgelaugt werden (Kunin u. Steele 1985; Kunin 1988; Liedberg 1989).

Katheter-assoziierte Harnwegsinfektionen erweisen sich häufig als therapieresistent und persistieren solange, bis der Fremdkörper entfernt wird. Besondere Pathogenitätsmechanismen ermöglichen Staphylokokken die Besiedlung von Polymeren und führen zur „Plastik-Infektion". Supprimierte Opsonophagozytose-Mechanismen, z. B. bei abwehrgeschwächten Patienten, ermöglichen die Entstehung und das Fortbestehen einer Septikämie durch koagulasenegative Staphylokokken, die damit heute zu den wichtigsten Erregern nosokomialer kathetervermittelter Harnwegsinfektionen gehören (Peters et al. 1986; Brown et al. 1989; Emmerson 1989).

Insgesamt ergibt sich, daß zur Umgehung der schutzbedürftigen Harnröhre die subrapubische Harnableitung, wenn möglich, dem transurethralen Verweilkatheter vorzuziehen ist.

Antiseptische Maßahmen beim transurethralen Dauerkatheter tragen *wiederholten prophylaktischen Charakter*. Hierzu gehören die antiseptische Pflege der Dammregion und des Genitale, die Sauberhaltung und antiseptische Behandlung des Katheters und des Orificium urethrae externum und die geschlossene Harnableitung. Diese Maßnahmen schützen einerseits den Patienten selbst und tragen gleichzeitig präventiven Charakter. Die Keimzahlverminderung der Dammregion und des Genitale ist vor allem durch regelmäßige antiseptische Waschungen sowie geeignete Hautpflege zu erreichen. Die Sauberhaltung und antiseptische Behandlung des Katheters und des Orificium urethrae externum wird am besten durch Reinigung des Katheters, Abtupfen der Glans penis und des Orificium urethrae externum mit Antiseptikumhaltigen Tupfern erreicht. Hierzu kommen wegen ihrer Oberflächenaktivität und Remanenzwirkung ein octenidinhaltiges Präparat und auch Iodophore auf wäßriger Basis in Frage.

Es empfiehlt sich, ständig einen Tupfer vor dem Orificium urethrae externum um den Katheter zu schlingen, um das aus der Urethra austretende Sekret aufzufangen. Dabei muß ein Sekretstau vermieden werden, andererseits verhindert dieser Tupfer die Verbreitung des Sekretes an die Bettwäsche. Um zu verhindern, daß der Tupfer zu einem Keimreservoir wird, überprüfen wir zur Zeit die Effizienz eines Einsprayen des Tupfers mit einem octenidinhaltigen Präparat. Diese Maßnahmen lassen sich sowohl beim Mann als auch bei der Frau durchführen. Selbstverständlich muß der Tupfer in Abhängigkeit von der Harnröhrensekretion mindestens zweimal täglich gewechselt werden.

Da das Harnableitungssystem eine wesentliche Infektionsquelle darstellt, sollte dieses immer als geschlossenes System zur Anwendung kommen.

Geschlossene Harnableitung heißt, daß weder zur diagnostischen Urinentnahme noch zur Entleerung des Urinauffangbeutels die Kontinuität zwischen Katheter und Urinreservoir unterbrochen werden muß. Durch ein solches geschlossenes System kann die nosokomiale Infektionsrate auf einem bedeutend niedrigeren Niveau gehalten werden (Kunin u. McCormack 1966; Brühl 1988). Gleichzeitig muß gesichert sein, daß kein Urin aus dem Auffangbeutel in den Körper zurückfließen kann.

Die Durchsetzung des geschlossenen Harnableitungssystems verbietet früher übliche präventive Einzelspülungen des Verweilkatheters der Harnblase. Keimverschleppung und unangemessener Spüldruck führten dabei zu Irritationen der Harnblase.

Die Gefährdung wird durch manuelle Spülung mit unkontrollierbaren intravesikalen Drücken sowie durch ungeeignete Spülmedien potenziert. Der eigentliche Zweck wird in aller Regel nicht erreicht: Die Zahl der Bakterien im Urin wird in den meisten Fällen nicht verringert und, wenn überhaupt, nur für kurze Zeit. In sorgfältigen Studien von Elliot et al. (1989) wurde nicht nur eine deutliche Zunahme der Exfoliation von Urothelzellen als Ausdruck einer weiteren Schädigung des ohnehin lädierten Urothels nach Blasenspülung beobachtet, sondern die abgeschilferten Zellen waren auch selbst deutlich geschädigt.

- *Blasenspülungen sind nur noch aus therapeutischer Indikation* (s. Abschn. 4.3.2) *als Dauerapplikation im geschlossenen System anzuwenden.*

Die orale Applikation von Harnwegsantiseptika und die Harnansäuerung tragen therapeutischen, weniger präventiven Charakter und sollten deshalb gezielt eingesetzt werden (s. Kap. 18).

Die beste antiseptische Maßnahme beim transurethralen Verweilkatheter ist seine Vermeidung! Wenn er unumgänglich ist, ermöglichen

- exakte Körperhygiene (Anogenitalregion),
- regelmäßige Säuberung von Katheter und Orificium urethrae externum (H_2O_2) und prophylaktische Antiseptik mit octenidinhaltigen Antiseptika,
- geschlossene Harnableitung,
- ausreichende Diurese (spez. Gewicht des Harnes 1015),
- Harnansäuerung und

- restriktive, streng indikationsgerechte Applikation oraler Harnwegsantiseptika und antimikrobieller Chemotherapeutika

eine Verminderung der Infektionsrate.

Die Isolierung von Patienten mit Verweilkatheter jeder Art erbringt betreffs der Senkung von Hospitalinfektionen keinen Nutzen (Brühl u. Exner 1986).

4.3.1.2 Endoskopische und endourologische Eingriffe

Transurethrale sowie transureterale und perkutane Instrumentationen haben offen-operative Maßnahmen in der Urologie weitgehend abgelöst. Diagnostisch gehören hierzu die Urethrozystoskopie, die Ureterorenoskopie und die perkutane Nephroskopie. Therapeutisch sind hier die transurethralen Operationen an Prostata und Harnblase sowie die Entfernung von Tumoren oder Steinen aus den Harnleitern und der Niere einzuordnen. Den operativen transurethralen Manipulationen liegt der gleiche Mechanismus der Keimeinschleppung zugrunde, wie er für den Blasenkatheterismus beschrieben worden ist. Eine zusätzliche Gefahr stellt das verstärkte Trauma aufgrund der meist starren Instrumentation mit verhältnismäßig stärkeren Geräten und ggf. die Ausschaltung der zweiten Barriere gegen die Keimaszendenz – das Ureterostium – dar. So gilt die Warnung, daß der Harnröhrenkatheter einem Patienten alles bedeuten kann, was zwischen einer relativ harmlosen diagnostischen oder therapeutischen Routinemaßnahme und einem lebensgefährdenden Abenteuer liegt (Rutishauser 1976), selbstverständlich erweitert auf alle instrumentellen Eingriffe. Maßnahmen zur Verhütung von instrumentell ausgelösten Harnwegsinfektionen können hier wie beim Katheterismus nur die strenge Indikationsstellung, eine exakte Antiseptik und das soweit wie möglich minimierte Trauma sein. Diese Eingriffe werden selbstverständlich in dafür geeigneten Räumen (Endoskopieraum, Operationssaal) durchgeführt. Die Antiseptik kann entweder mit Octenidin- oder bei schilddrüsengesunden Patienten auch mit Iodophor-haltigen-Präparaten durchgeführt werden. Die Applikation erfolgt gleichermaßen wie beim Katheterismus, erweiternd sollte jedoch bei allen operativen endoskopischen Maßnahmen zusätzlich die Analregion antiseptisch behandelt werden.

Vor perkutanen endourologischen Eingriffen, d. h. solchen, die durch einen Kanal von der Haut zu dem entsprechenden Organ durchgeführt werden (perkutane Harnblasenfistel, Nephroskopie, Nephrolitholapaxie, Nephrostomie usw.), muß eine präoperative Hautantiseptik (s. Kap. 3) durchgeführt werden.

Diagnostische und therapeutische endourologische Maßnahmen bedürfen wegen der Sicht und der Entfernung von operativ abgetragenem Gewebe oder zerkleinertem Steinmaterial eines ständigen Spülflüssigkeitsstromes. Diese *Spülflüssigkeiten* gelten als Operationsmaterial und unterliegen bezüglich Sterilität und Zusammensetzung den Erfordernissen, die an im Körper anzuwendende Materialien gestellt werden. Für rein diagnostische Maßnahmen ohne die Gefahr eines Übertritts von mehr als 15 ml Spülflüssigkeit in das Paragewebe bzw. in das Blutgefäßsystem ist Sterilität ausreichend, bei Gefahr der intravasalen Einschwemmung von mehr als 15 ml Spülflüssigkeit (z. B. bei Operationen an Prostata, Harnblase und Niere) muß Pyrogenfreiheit garantiert sein. Weitere Ansprüche an die Spülmedien ergeben sich aus speziellen Anforderungen der Endourologie wie Verhinderung von Hämolyse, Einsatz von Hochfrequenzstrom und optischen Systemen (Juricic et al. 1989).

Ein besonderes Problem nach endourologischen Maßnahmen stellt auch hier die Dauerableitung eingelegter Katheter dar. Als solche kommen neben dem urethralen Verweilkatheter der Blasenfistelkatheter und die Nephrostomie in Betracht. Für die beiden letztgenannten gilt prinzipiell, daß ihre Eintrittspforte in die Haut und der Katheter selbst ständig sauberzuhalten sind. Dafür sind mindestens einmal tägliche Verbandwechsel erforderlich. Zusätzlich kann der Schutz der Eintrittspforte vor Anlegen des Verbandes mittels eines octenidinhaltigen Sprays unterstützt werden. Für die Harnableitung dieser Katheter gilt das bereits für den transurethralen Dauerkatheter Beschriebene.

4.3.1.3 Pflege und Antiseptik der Urostomata

Urostomata sind alle artefizielle Körperöffnungen, die der Harnableitung bei geschädigtem Ureter und bei stark funktionsgestörter oder entfernter Harnblase dienen können.

Dabei werden trockene (kontinente), z. B. Mainz-Pouch, und nasse Stomata, z. B. Ileumkonduit, unterschieden. Während die trockenen des regelmäßigen Einzelkatheterismus bedürfen, müssen die nassen Stomata ständig abgeleitet werden. Dieses erfolgt entweder mittels Verweilkathetern (Blasenfistel, Nephrostomie, Ureterostomie) oder mit Klebebeuteln, die den Harn unmittelbar nach Austritt aus dem Stoma (Ileum, Colon oder Ureter) auf der Hautoberfläche aufnehmen.

Kontinente Stomata werden für die Katheterisierung genauso behandelt wie das Orificium urethrae externum und die Harnröhre (s. Abschn. 4.3.1.1).

Nasse Stomata mit Verweilkatheter-Ableitung (Blasenfistel, Nephrostomie, Ureterschiene) bedürfen der regelmäßigen Pflege von Stoma und Katheter. Beide sind täglich zu reinigen (H_2O_2) und mit einem trockenen Verband zu schützen. Der Aszension der Hautkeime kann zusätzlich durch Anwendung eines remanenzverstärkenden octenidinhaltigen Sprays an Stoma und abdeckendem Verband vorgebeugt werden. Die Harnableitung erfolgt über ein geschlossenes System.

Nasse Stomata mit Klebebeuteln (Ileumkonduit, Colonkonduit, Ureterostomie) bedürfen einer besonders intensiven Stomapflege. Im Vordergrund steht hier der Schutz der Haut. Eine Hautmazeration muß vermieden werden. Voraussetzung dafür sind nur soweit, wie für das Stoma erforderlich, ausgeschnittene und exakt abdichtende Klebeplatten. Ihre Hautverträglichkeit muß bei jedem Patienten probiert und das Fabrikat (z. B. reiner Klebebeutel oder Schutzplatte mit Beutel) möglicherweise von Zeit zu Zeit gewechselt werden. Das exakte Haften der Beutel bzw. der Platte setzt eine saubere, trockene und gesunde Haut voraus. Die Säuberung erfolgt mit warmem Wasser und nicht parfümierten, flüssigen Tensidseifen. Pflasterrückstände werden mit speziellen Lösungen, aber nicht mit Benzin oder Ether, entfernt. Die Trocknung der Haut vor Aufkleben des Beutels bzw. der Platte erfolgt mittels Fön. Bei narbig verzogenen Stomata sind vor Aufkleben des Beutels zum Niveauausgleich Hautschutzpasten, z. B. Karaya, aufzutragen. Eine schwere Stomadermatitis verbietet das Aufkleben eines neuen Beutels. Die vorübergehende Harnableitung mittels Katheter oder Harnleiterschiene ist unumgänglich. Das Sammeln des Harns erfolgt in Beuteln mit Ablaßventil. Bei infiziertem Urin sollte der Beutel täglich, ansonsten alle 48 h gewechselt werden.

- *Nasse Urinstomata mit Beutelableitung erfordern eine strenge Hauthygiene und weniger eine gezielte Antiseptik.*

4.3.2 Lokale therapeutische Antiseptik

Grundsätzlich ermöglichen alle natürlichen und artifiziellen Zugänge zum Harnhohlsystem deren Nutzung zur Perfusion, Irrigation oder Instillation mit Spülmedien und keimzahlreduzierenden Pharmaka. Folglich wurden in der Vergangenheit vom abgekochten Wasser über physiologische Spülflüssigkeiten, Antiseptika, Antibiotika und Chemotherapeutika eine Vielzahl von Mitteln eingesetzt (Mehler 1981; Schmidbauer u. Porpáczy 1983).

Die Perfusion imitiert und verstärkt den Effekt der inneren Spülung und hilft im Sinn der mechanischen Reinigung bei ungestörtem Harntransport, Infekte abzuwehren. Sie wird vorrangig in Form der Dauerspülung der Harnblase, seltener des supravesikalen Harnhohlsystems genutzt. Dabei wird durch die jeweilige therapeutische Indikation, z. B. Verhinderung einer Koageltamponade, die Chemolyse von Harnsteinen oder die additive Behandlung systemisch therapieresistenter Entzündungen und durch die allein mit der Spülung erreichbare Keimverminderung eine Potenzierung des therapeutischen Effektes angestrebt. Entsprechend spezieller Indikationen werden chemolytische, pH-stabilisierende, harnansäuernde, antimikrobiell wirksame, eiweißbindende und adstringierende Substanzen angewendet.

Die Effizienz der Perfusion hat sich als sehr different erwiesen. Zur Freihaltung des Ableitungssystems bei Blutungen bleibt ihre Indikation unbestritten. Hier diktiert das Risiko der Einschwemmung von Spülflüssigkeit in eröffnete Blutgefäße indifferente Spüllösungen (vgl. Abschn. 4.3.2.1). Putride und phosphatinkrustrierende Harnblasenentzündungen stellen weitere Indikationen zur Perfusion der Harnblase dar. Als Ziele werden die Reinigung des Hohlorgans und ein saures Harnblasenmilieu angestrebt.

Die topische Anwendung systemisch anzuwendender Antibiotika ist obsolet (Daschner 1978).

Auch der Einsatz von Antiseptika für Spülungen des Harnhohlsystems bedarf einer kritischen Betrachtung. Von der großen Zahl antiseptischer

Wirkstoffe sind wegen ebenfalls bekannt gewordener Resistenzentwicklungen (z. B. Quecksilberpräparate), wegen partieller Wirkungslücken (z. B. Ethacridinlactat, Argentum proteinicum, Phenylmercuryborate), möglicher mutagener Wirkungen (z. B. Chlorhexidin) und resorptionsbedingter systemischer Nebenwirkungen (z. B. PVP-Iod, Quecksilberverbindungen) nur noch Essigsäure und Natriumhypochloritlösung erwähnenswert. Selbstverständlich gilt auch für ihren Einsatz, daß sie nur im geschlossenen System angewendet werden. Essigsäure wirkt fibrinolytisch, bakteriostatisch, fungizid und adstringierend. Mittels einer 0,07 %igen Essigsäure als Perfusion angewandt läßt sich der Urin-pH auf Werte um 5,0 einstellen. Konsekutiv wird eine sichere Keimzahlreduktion und die Lösung bzw. Verhinderung einer Phosphatinkrustation erreicht (Böcker u. Fröhlich 1975).

Natriumhypochlorit-Lösung wirkt über die Freisetzung der unterchlorigen Säure. Diese bewirkt schwerste Destruktionen der Bakterien. Im Suspensionstest konnte darüber hinaus die rasche bakteriozide Wirkung (praktisch sofort bis zu 30 s) auf harnwegspathogene Keime nachgewiesen werden (Skoluda et al. 1976).

Die *Irrigation* – Applikation einer Spüllösung bzw. eines Medikamentes in ein Hohlorgan mittels Katheter – und die *Instillation* – Applikation und Ablauf des Medikamentes via naturalis – kommen am harnableitenden System und am männlichen Genitale nur für die Harnröhre und die Harnblase in Betracht.

Ihre prophylaktische Anwendung – ausgenommen die Gleitmittelinstillation – kann die für den Einzelkatheterismus zu fordernde Infektionsrate von weniger als 1 % bei exakter Einhaltung von Asepsis und Antisepsis nicht verbessern (Schmidbauer u. Porpáczy 1978). Im Gegenteil besteht durch die zusätzliche Maßnahme eher die Gefahr der iatrogenen Keimstreuung.

Folglich sind die Irrigation und die Instillation von Harnröhre und Harnblase nur aus therapeutischer Sicht zu diskutieren. An der Harnröhre werden therapeutische Instillationen nach der Urethrotomia interna und vereinzelt bei therapieresistenten nicht gonorrhoischen Urethritiden durchgeführt. Bei ersteren wird meist ein Antibiotikum (Nebacethin, Neomycin), gemischt mit Glucocorticoiden, angewandt. Ihre Effizienz ist umstritten.

Die Irrigation der Harnblase aus antiseptischer Indikation kann nicht empfohlen werden. Ursachen sind zu geringes Füllungsvolumen und zu kurze Einwirkungszeit bei entzündlich bedingter Urge-Symptomatik.

Zur systemischen therapeutischen Antiseptik wird auf Kapitel 18 verwiesen.

5 Schlußfolgerungen

Gegenwärtig bieten sich von vielen über Jahre hinweg rituell gebrauchten Antiseptika die quarternären Ammoniumbasen für die Körperhygiene als eine unterstützende antiseptische Maßnahme und Iodophore sowie Octenidin für die gezielte Antiseptik am Urogenitale an. Dieser Eingrenzung liegen Ergebnisse von Grundlagenforschung bzw. Anwenderstudien zugrunde. Letztere wiesen den Mangel auf, nicht standardisiert und folglich schwer vergleichbar zu sein. Der Wandel des Spektrums der Problemkeime und ihrer Resistenzsituation sowie zunehmend allergologische Probleme auch gegenüber Antiseptika erfordern unablässig die Suche nach neuen geeigneten Wirkstoffen. Als wichtigste Aufgabe hierzu muß ein international akzeptiertes In-vivo-Testmodell etabliert werden. Dieses sollte gleichermaßen die quantitative Prüfung der antiseptischen Effizienz und die Optimierung der Anwendung bekannter sowie neuer Wirkstoffe ermöglichen. Letztlich müssen die In-vivo-Testergebnisse durch randomisierte klinische Langzeitanwendung geprüft werden. Diese Maßnahmen gewinnen angesichts der hohen Zahl nosokomialer Harnwegsinfektionen und der Durchsetzung der Qualitätskontrolle in der Diagnostik und Therapie im Fachgebiet Urologie zusätzliches Gewicht. Gelöst werden kann diese Aufgabe nur im Zusammenwirken von Grundlagenforscher, Hygieniker, Kliniker und Patient. Der Kliniker steht dabei für die Verantwortung des gesamten klinischen Personals, der Patient zugleich für das wichtigste Keimreservoir und für den erkrankten Organismus. Ihrer aller Einsicht und Handeln im Sinne der Antiseptik müssen lückenlos wie Kettenglieder ineinander greifen. Analog jeder Kette gilt auch für die der Antiseptik, daß sie nur so wirksam sein kann wie ihr schwächstes Glied.

Literatur

Beger B-D (1988) Untersuchungen zur antibakteriellen Wirksamkeit verschiedener Antiseptika auf die Mikroflora der Glans penis. Med Dissertation, Universität Bonn

Crowder VH, Welsh JS, Bornside GH, Cohn L Jr (1967) Bacteriological comparison of hexachlorophene and polyvinylpyrrolione iodine surgical scrub soaps. Am Surg 33:906–909

Daschner F (1978) Maßnahmen zur Verhütung krankenhauserworbener Harnwegsinfektionen – Lokalantibiotika: ja oder nein? Münch med Wschr 120:1081–1084

Drewett SE, Payne DJH, Tuke W, Verdon PE (1972) Skin distribution of Clostridium welchii: use of iodophor as sporicidal agent. Lancet I:112–1175

Dinger E, Puhrer KH, Kühne KD (1990) Inzidenz nosokomialer Infektionen in einem 750-Betten-Krankenhaus. Hyg Med 15:442–445

Edwards LE, Lock R, Powell C, Jones P (1983) Post catheterization urethral strictures. A clinical and experimental study. Br J Urol 55:53–56

Elliot TSJ, Reid L, Rao GP, Rigby RC, Woodhouse K (1989) Bladder irrigation of irritation? Br J Urol 64:391–394

Emmerson AM (1989) The role of the skin in nosocomial infection a review. J Chemother 1, Supplement 1:12–18

Exner M, Heeg P (1987) Schleimhautantiseptik. Hyg Med 12:82–86

Exner M, Tuschewitzki GJ, Brühl P (1984) Schleimhautantisepsis. Hyg Med 9:522–525

Feingld DS (1970) Hospital-acquired infections. New Engl J Med 283:1384–1391

Friedrich EG, Masukowa T (1975) Effect of povidone-iodine on herpes genitalis. Obst Gyn 45:337–341

German A (1973) Etude de l'activite bactericide de la polyvinylpyrrolidone iodee (P.V.P.I.). Agressologie 14:39–41

Gershenfeld L (1957) PVP-I as a topical antiseptic. Am J Surg 94:938–941

Glöbel S, Glöbel H, Andres C (1984) Das Hyperthyreoserisiko nach Erhöhung der Jodzufuhr. Dtsch med Wschr 109:1081–1082

Glöbel B, Glöbel H, Andres C (1984b) Resorption von Jod aus PVP-Jod-Präparaten nach Anwendung am Menschen. Dtsch med Wschr:1401–1404

Görtz G, Haering R (1985) PVP-Jod als Alternative zu anderen Antiseptika und Lokalantibiotika in der Chirurgie. Beilage Akt Chir, Thieme, Stuttgart New York

Gordon D, Bune A, Grime B, McDonald PJ, Marshall VR, Marsh J, Sinclair G (1983) Diagnostic criteria and natural history of catheter associated urinary tract infections after prostatectomy. Lancet:1269–1271

Gristina AG, Hobgood CD, Webb LX, Myrvik QN (1987) Adhesive colonization on biomaterial and antibiotic resistance. Biomaterials 8:423

Grosser J, Kaufhold W, Grauel EL, Lüderitz P, Baumann B (1987) Ist die Häufigkeit nosokomialer Infektionen ein Qualitätskriterium? Z Klin Med 42:1733–1735

Grüters A (1982) Störung der Schilddrüsenfunktion durch Polyvidon-Jod. Päd Prax 27:289–293

Grüters A, l'Allemand D, Beyer P, Eibs G, Helge H, Korth-Schütz S, Oberdisse U, Schwartz-Blickenbach D, Weber B (1983) Neugeborenen-Hypothyreose-Screening in Berlin (West) 1978–1982. Monatsschr Kinderheilk 131:100–104

Gundermann KO, Heeg P (10.10.1987) Desinfektion oder Antisepsis an Haut und Schleimhäuten. Vortrag DGMH-Symposium, Krankenhaushygiene, Heidelberg

Hahn W (1981) Desinfektionsmittel – Wirkungsweise, Wirkungsspektrum und toxikologische Aspekte. Hyg Med 6:458–475

Hart JA (1985) The urethral catheter: a review of its implication in urinary tract infections. Int J Nurs Stud 2:57

Heeg P (1990) Schleimhautantiseptik – derzeitiger Stand und Aspekte einer zukünftigen Entwicklung. Z ges Hyg 36:83–86

Hofstetter A, Schilling A (1984) Harnwegsinfektionen durch infektiösen Hospitalismus (Nosokomiale Infektionen). Eine Langzeitstudie. Urologie A 23:34–10

Hopkins WC, Reznikoff CA, Oberley TD, Uehling DT (1990) Adherence of uropathogenic E. coli to differentiated human uroepithelial cell grown in vitro. Urol 143:146–149

Hubmann R (1982) Unspezifische Entzündungen der Nieren und ableitenden Harnwege. In: Hohenfellner E, Zingg EJ: Urologie in der Praxis. Thieme, Stuttgart New York, S 346–364

Hughes JM (1988) Study on the efficacy on nonocomial infection control (SENIC Project): Results and implications for the future. Chemother 34:553–561

Jepson OB (1983) Prevention of procedure-related nosocomial infections. 13th Int Congr Chemother, Vienna, Proc pp 28–36

Juricic D, Al-Naieb Z, Hoffmann CF, Engelmann U (1989) Spüllösungen in der Endoskopie. Uroscop:3–17

Kramer A, Weuffen W, Mérka V, Ticháček B (1983) Toxizität von Peroxyethansäure (Peressigsäure). In: Weuffen W, Kramer A, Bulka E, Schönberger H (Hrsg) Thiazole, Cumarine, Carbonsäuren und -Derivate, Chlorhexidin, Bronopol. Fischer, Stuttgart New York (Handbuch der Antiseptik Bd II/2, S 177–187)

Kramer A, Weuffen W, Grimm U (1984) Wirkstoffkombinationen bei antiseptischen Präparaten. In: Krasilnikow AP, Kramer A, Gröschel D, Weuffen W (Hrsg) Faktoren der mikrobiellen Kolonisation. Volk u. Gesundheit, Berlin (Handbuch der Antiseptik Bd. I/4, S 258–362)

Kramer A, Klebingat KJ, Schulz I, Höppe H, Weuffen W (1991) In vitro- und klinische Untersuchungen zur Wirksamkeit antiseptischer Maßnahmen am männlichen Genital. Hyg Med 16:

Kunin CM, McCormack RG (1966) Prevention of catheter-induced urinary tract infection by sterile closed drainage. New Engl J Med 274:1155–1161

Kunin CM, Steele C (1985) Culture of the surfaces of urinary catheters to sample urethral flora and study the effect of antimicrobial therapy. J Clin Microbiol 21:902

Liedberg H (1989) Catheter induced urethral inflammatory reaction and urinary tract infection. An experimental and clinical study. Scand J Urol Nephrol Suppl 124

Liedberg H, Lundeberg T, Ekman P (1990) Refinements in the coating of urethral catheters reduces the incidence of catheter-associated bacteriuria. Eur Urol 17:236–240

Metzler J (1981) Indikationen, Techniken und Medien bei der Blasenspülung. Med. Dissertation, Universität Bonn

Meyer-Rohn J, Liehr W (1976) Experimentelle Untersuchungen zur Wirkung eines jodhaltigen Breitbandantiseptikums auf Bakterien und Dermatophyten. Infection 4:215–219

Nacey JN, Tulloch AGS, Ferguson AF (1985) Catheter induced urethritis: a comparison between latex and silicone catheters in a prospective clinical trial. J Urol 57:325–328

Ohkawa M, Sugata T, Sawaki M, Nakashima T, Fuse H, Hisazumi H (1990) Bacterial and chrystal adherence to the surfaces of indwelling urethral catheters. J Urol 143:717–721

Peters G, Schumacher-Perdreau F, Pulverer G (1986) Infektionen durch koagulasenegative Staphylokokken bei abwehrgeschwächten Patienten. Immun Inf 14:165–169

Pfannenstiel P (1989) Jod und Schilddrüse. Ref Wiss Kolloquium, Boppard

Pieterse HF (1974) Various concepts in the aetiology of recurrent urinary tract infections in girls. South Afr Med J 48:41–44

Platt R, Polk BF, Murdock B, Rosner B (1989) Prevention of catheter-associated urinary tract infection: A cost-benefit analysis infect. Control Hosp Epidemiol 10:60–64

Primavesi CA (1983) Untersuchungen über die desinfizierende Wirksamkeit von PVP-Jod-Verbindungen. Hyg Med 8:199–202

Ritzerfeld W (1988) Mikrobielle Besiedlung des gesunden Menschen. In: Brandis H, Pulverer G (Hrsg): Lehrbuch der Medizinischen Mikrobiologie. Fischer, Stuttgart New York

Roberts JA, Fussell EN, Kaack MB (1990) Bacterial adherence to urethral catheters. J Urol 144:264–269

Rutishauser G (1976) Einige Bemerkungen zur Problematik des Dauerkatheters und zur Betreuung des Dauerkatheterträgers. Akt Geront 6:161

Saggers BA, Stewart GT (1964) Polyvinyl-pyrrolidone – iodine. An assessment of antibacterial actvity. J Hyg (Camb.) 62:509–513

Schmidbauer CP, Porpáczy P (1983) Lokale Anwendung antibakterieller Substanzen in Blase und Harnröhre. Urologe A22:67–75

Schmiedt E (1963) Hospitalismus in der Urologie. Verh Dtsch Ges Urol Wien 20:326–338

Schulz I (1989) In-vitro- und klinische Untersuchungen zur Wirksamkeit antiseptischer Maßnahmen am männlichen Genital. Med. Dissertation, Universität Greifswald

Skoluda D, Pfeiffer E, Jurcovic K (1976) Die Wirkung standardisierter Natriumhypochloritlösung auf harnwegspathogene Keime. Urologe A15:33–35

Tuttle JP, Sarvas H, Koistinen J (1978) The role of vaginal immunoglobin A in girls with recurrent urinary tract infections. J Urol 120:742–744

Voss A (1989) Wann wird die Klinikhygiene ernst genommen? Krankenhausarzt 62:742–744

Widmer AF, Frei R, Rajacic Z, Zimmerli W (1990) Correlation between in vivo and in vitro efficacy of antimicrobial agents against foreign body infections. J Inf Dis 162:96–102

Wilksch J, Venon-Roberts B, Garrett R, Smith K (1983) The role of catheter surface morphology and extractable cytotoxic material in tissue reactions to urethral catheters. Brit J Urol 55:48–52

Kapitel 12

Antiseptik in der HNO-Heilkunde

E. Werner

Wechselbeziehungen zwischen Mikroorganismen und höher organisierten Vielzellern (Gast-Wirt-Verhältnis) sind seit längerer Zeit bekannt. Die kontinuierliche Kolonisation der Haut, der Schleimhäute des Nasen-Rachen-Raumes und bestimmter Darmabschnitte durch eine charakteristische mikrobielle Flora sind dafür ein typisches Beispiel. Erst Veränderungen der Resistenz- oder Immunitätslage führen zu zellbiologischen Veränderungen mit entsprechenden klinischen Krankheitserscheinungen, die auf bestimmte Virulenzfaktoren zurückzuführen sind (z.B. Adhäsine, Invasine, Toxine, antiphagozytäre Faktoren, anti-Immunitätsfaktoren, Histamine). Bezogen auf die Zellen des Respirationstraktes resultieren eine Herabsetzung der Mukosaabwehr einschließlich der Phagozytosefähigkeit sowie Ziliarschäden bis hin zum lokalen Zelltod (z.B. Epithelschäden bei Influenza-Virus-Infektion). Durch epitheliale Läsionen wird die bakterielle Besiedelung begünstigt. Nur die Komplexität der Mukosaabwehr gegenüber Mikroorganismen durch eine Reihe unspezifischer und spezifischer Schutzfaktoren kann schwerste Beeinträchtigungen der physiologischen Abläufe verhindern.

In der Oto-Rhino-Laryngologie nehmen die Nasenhaupthöhle und der Mund-Rachen-Bereich eine zentrale Stellung für den Eintritt pathogener Keime ein. Andererseits findet sich eine natürlicherweise reichhaltige mikrobielle Standortflora, bestehend aus aeroben und anaeroben Bakterienarten, in einem für den Wirtsorganismus nicht krank machendem Gleichgewicht, obwohl bei einem Teil dieser Species Pathogenitätsfaktoren bekannt sind. Im Nasen-Rachen-Raum betrifft das u.a. haemolysierende Streptokokken (serologische Gruppe A), S. pneumoniae, S. aureus, gramnegative Kokken, B. catarrhalis, H. influenzae, Fusobacterium, Actinomyces und Corynebacterium spp.

Unter normalen Bedingungen wird durch die ‚Verteidigungsfunktion' der Schleimhaut – Mukoziliarapparat (Sekretfilm und Ziliartätigkeit) und Abwehrfaktoren – und durch die biochemische Zusammensetzung des Speichels im Oropharynx ein mikrobielles Gleichgewicht zwischen Standortflora und Transientflora garantiert. Störungen können durch exogene Einflüsse (Um-

A. Kramer et al. (Hrsg.)
Klinische Antiseptik

weltfaktoren), lokale Faktoren (anatomische Veränderungen) und endogene Noxen (Stoffwechseleinwirkungen, Antikörpermangelsyndrom, gestörter Elektrolythaushalt) ausgelöst werden.

1 Erregerspektrum von HNO-Infektionen

Das Erregerspektrum von Infektionen des HNO-Gebietes wird einerseits bestimmt von der Spezifität der ausgelösten Infektionen und der Beständigkeit des Resistenzverhaltens ihrer Erreger, andererseits erwachsen Schwierigkeiten bei dem Bakteriennachweis in den Schleimhautbereichen, die physiologischerweise von einer bakteriellen Flora besiedelt sind. Selten liegt bei Infektionen eine Mischflora aus verschiedenen Species vor. Insgesamt kommt jedoch ein breites Erregerspektrum in Frage. Ferner gibt es Hinweise für pathogenetische Zusammenhänge, z. B. bei einer akuten Sinusitis mit einer Otitis media, wobei eine weitgehende Identität der mikrobiellen Besiedlung erkennbar ist. Die folgende Übersicht zeigt eine bevorzugte Erregerdominanz in topographischer Zuordnung (Tabelle 12-1).

Ohr: Eine in ihrer Zusammensetzung wechselnde mikrobielle Flora ist im äußeren Gehörgang anzutreffen. Dabei dominieren S. epidermidis, saprophytische Corynebakterien, aerobe Sporenbildner, Aspergillus- und Penicilliumarten. Bei Gehörgangsfurunkulose und eitriger Perichondritis dominiert S. aureus, bei diffuser Otitis externa häufig P. aeruginosa. Typisch für die Otitis media acuta sowie Mastoiditiden sind grampositive Erreger wie S. pyogenes, S. pneumoniae, S. aureus und H. influenzae, während chronische Verläufe überwiegend von gramnegativen Erregern, besonders P. aeruginosa, unterhalten werden.

Nase: Neben obligaten Mikroorganismen wie S. epidermidis, diphtheroide und saprophytäre Neisserien finden sich besonders in den hinteren Abschnitten der Nasengänge Pneumokokken, haemolysierende Streptokokken und H. influenzae. Pathogenetisch werden die akut entzündlichen Prozesse im allgemeinen primär durch eine Virusinfektion ausgelöst (Rhino-, Myxo-, Adeno-, Reo-, Enteroviren). Eine nicht selten nachfolgende bakterielle Superinfektion zeigt sich durch das Auftreten eines eitrigen Sekretes mit verzögerter Rückbildung der Symptomatik.

In den Nebenhöhlen sind Bakterien unter konstanten Ventilations- und Drainagebedingungen nicht ständig nachweisbar; nach Literaturangaben liegen die Bezugszahlen zwischen 0 bis 50%. Hingegen sind die wichtigsten Erreger bei der akuten Sinusitis Pneumokokken und H. influenzae, seltener Staphylokokken, Streptokokken und B. catarrhalis. Bei der chronischen Sinusitis spielen neben der Staphylokokkeninfektion besonders Anaerobier eine wichtige Rolle. Insgesamt gesehen, kann man bei der Sinusitis eine Dominanz der Mischflora beobachten.

Tabelle 12-1. Charakteristische Ätiologie von Infektionen im HNO-Bereich

Erkrankung	typische Infektionserreger
Lippen- und Nasenfurunkel	überwiegend S. aureus
Rhinitis	Viren, S. aureus, S. pneumoniae, B. catarrhalis, S. pyogenes, H. influenzae
Sinusitis (akut)	S. pneumoniae, H. influenzae, B. catarrhalis oft in Mischinfektion
Sinusitis (subakut, chronisch)	in den Vordergrund treten anaerobe Streptokokken, Bacteroides spp. und Fusobakterien, selten Pilze
Parotitis purulenta	meist Staphlococcus spp.
Otitis externa, Ohrfurunkel	bei Furunkel überwiegend S. aureus, sonst P. aeruginosa, Enterobacteriaceae
Otitis media	S. pneumoniae, H. influenzae, S. aureus u. a.; bei Neugeborenen darüber hinaus E. coli, Klebsiella spp., S. pyogenes (Gruppe A) und S. agalactiae (Gruppe B)
Mastoiditis (akut)	S. pneumoniae, H. influenzae, S. pyogenes
Mastoiditis (chronisch)	E. coli, Klebsiella spp., P. aeruginosa anaerobe Streptokokken, Bacteroides spp.
Akute Pharyngitis	überwiegend Viren, vor allem Rhino-, Corona-, Adeno-, Herpes simplex- und Parainfluenzaviren; bakteriell S. pyogenes (Pharyngotonsillitis), M. pneumoniae, N. gonorrhoeae, C. diphtheriae
Tonsillitis (Pharyngotonsillitis)	Überwiegend hämolysierende Streptokokken
Chronische Tonsillitis, Peritonsillarabszeß	Neben S. pyogenes oft S. aureus und Anaerobier
Akute Laryngitis, akute Laryngotracheobronchitis	Überwiegend Viren wie Influenza-, Parainfluenzaviren (Masern u. a.); selten als primäre bzw. sekundäre bakterielle Infektion (H. influenzae, S. pyogenes, M. pneumoniae)
Epiglottitis (bei Kindern)	fast ausschließlich H. influenzae

Mundrachen: Die Region des Oropharynx zählt zu den am dichtest bakteriell, mykotisch und viral kolonisierten Regionen. Neben einer umfangreichen obligaten harmlosen mikrobiellen Besiedlung stellt diese Region ein häufiges Reservoir für Pneumokokken und H. influenzae dar. Wichtigster Erreger einer Angina sind haemolysierende Streptokokken, weitaus seltener Staphylokokken, H. influenzae oder aerobe und anaerobe Mischinfektionen. Gleiches gilt auch für die Herausbildung eines Peritonsillarabszesses, bei dem, allerdings nicht selten, eine S. aureus- und Anaerobier-Infektion hinzutritt. Als Sonderform muß die Angina Plaut Vincenti – eine ulceromembranöse Anginaform – aufgeführt werden, die durch Fusobakterien verursacht wird und klinisch ein spezifisches Krankheitsbild darstellt.

Kehlkopf: Die Erkrankungen des Larynx werden vorwiegend durch Viren ausgelöst. Primäre bzw. sekundäre bakterielle Infektionen sind weitaus seltener. Ausnahmen erwachsen besonders bei langzeitbeatmeten Patienten.

Pseudomonasinfektionen im HNO-Gebiet: Sie nehmen eine Sonderstellung ein und sind auf Grund der sich herausbildenden ernsthaften Krankheitsbilder von besonderer Bedeutung. Epitheldefekte und mazerierte feuchte Hautregionen werden bevorzugt befallen und sind Ausgangsort für großflächige Infektionsherde.

P. aeruginosa ist zu einem gefürchteten Hospitalkeim geworden (etwa 10% aller krankenhauserworbenen Infektionen), wobei resistenzgeschwächte Patienten nach großen chirurgischen Eingriffen und Diabetes mellitus-Erkrankte besonders gefährdet sind. Die primäre und sekundäre Resistenz gegenüber vielen Antibiotika verstärkt die Gesamtproblematik im therapeutischen Vorgehen und führt nicht selten zu einer ‚Überwucherung' dieses Problemkeimes bei Behandlung mit pseudomonasunwirksamen Chemotherapeutika.

Innerhalb des HNO-Gebiets ist eine gewisse Dominanz der Infektionsgefährdung verschiedener Organregionen zu beobachten. Der Keim siedelt sich vorrangig am und im Ohr (Perichondritis, Otitis externa diffusa, Otitis media chronica epitympanalis mit vorwiegend granulierenden Prozessen, feuchte Operationshöhlen nach sanierenden Eingriffen) und in den unteren Luftwegen, besonders nach großflächigen Eingriffen (Laryngektomie), nach Tracheotomie und bei langzeitintubierten Patienten an. Hingegen sind die Nasen-Nebenhöhlen- und Rachenregionen äußerst selten mit diesem Problemkeim befallen (Ganz 1983). Auf Grund der Resistenzbreite kommen ausgewählte neuere Chemotherapeutika zur lokalen und systemischen Behandlung in Anwendung. Unter den Penicillinen hat sich das Azlocillin, aus der Reihe der Cephalosporine das Cefsulodin und aus der Gruppe der Aminoglycoside das Gentamicin (Risiko der Ototoxizität) bewährt.

2 Indikationsprinzipien für die therapeutische Antiseptik

Die Entzündung ist eine örtliche Antwort des Gewebes auf endogene oder exogene inflammatorische Reize. Ihre Art und ihre Ursachen können unterschiedlich sein. Bakterien, Viren, Pilze, Antigene, chemische oder physikalische Noxen sowie Kombinationen der Ursachenkomplexe entwickeln fehlerhafte Kreisläufe und sind nicht selten Ausgangspunkt für weitere umfangreiche pathologische Veränderungen des gesamten Organismus.

Für die Therapie der Entzündung erwachsen daraus zwei grundsätzliche Strategien:

- Kausaltherapie (Fernhalten von Noxen und begünstigenden Faktoren, Desensibilisierung bei allergischen Prozessen, Antiseptik oder Chemotherapie).

Tabelle 12-2. Vergleich von antimikrobiellen Chemotherapeutika mit Antiseptika (modifiziert nach Ganz 1990)

Kriterium	Chemotherapeutikum	Antiseptikum
Wirkungsmechanismus	spezifisch	überwiegend unspezifisch
Applikationsart	systemisch (lokal)	lokal
Konzentration in der Schleimhaut	häufig unzureichend	hoch
Selektionsgefahr	groß	geringer
Gefahr allergischer Reaktionen	besteht	besteht nur teilweise

- Symptomatische Therapie (Antihistaminika, nichtsteroidale Analgetika, Antiphlogistika, Antipyretika, Glucocorticoide, Sympathomimetika und lokale Analgetika, lokale Antiphlogistika und Adstringentien).

„Bei Infektionskrankheiten stellt sich immer die Frage nach der kausalen Therapie und die zweite Frage, ob eine solche überhaupt gerechtfertigt bzw. nötig ist. Bei einer jeden Behandlung ist immer zu prüfen, ob der dadurch erzielbare Nutzen die Summe der möglichen Nebenwirkungen des Medikamentes übersteigt" (Ganz 1990). So ist z. B. bei banalen Virusinfektionen der oberen Luftwege eine Kausalbehandlung nicht möglich und auch nicht notwendig.

• *Bei bakteriellen Infektionen gilt es in Abhängigkeit von Art und Schweregrad des Krankheitsbildes zu entscheiden, ob eine Chemotherapie indiziert oder eine Antiseptik vorzuziehen ist.*

Diese Festlegung bezieht sich auf die Wirkungsweise und die Applikationsform entsprechend den anatomisch vorgegebenen Zugangswegen. Unter diesen Gesichtspunkten resultiert folgender Vergleich (Tabelle 12-2).

Daraus ableitend ist eine gezielte indikationsgerechte Anwendung von Antiseptika bzw. antimikrobieller Chemotherapeutika zur Wiederherstellung eines stabilen Ökosystems und normaler anatomisch-physiologischer Verhältnisse zu gewährleisten.

• *Da in vielen Fällen bei systemischer Antibiotikagabe nicht immer der gewünschte Wirkspiegel – z. B. an den Schleimhäuten – erreicht wird, hat sich auch im HNO-Gebiet die lokale Anwendung an bestimmten Organregionen verstärkt durchgesetzt.*

Die Vorteile erstrecken sich auf sonst nicht erreichbare hohe Wirung am Ort der Entzündung (Ohrbereich, Nasennebenhöhlen), in einem weitgehenden Fehlen systemischer Nebenwirkungen (Oto-, Nephrotoxizität) und Dosisersparnis.

Das Für und Wider der Anwendung von Antibiotika und Antiseptika in der Lokalbehandlung nimmt in der Literatur einen mittlerweile breiten Platz ein.

Tabelle 12-3. In HNO-Arzneizubereitungen häufig verwendete antiseptische Wirkstoffe

Indikationsgruppe	antiseptischer Wirkstoff bzw. Komponente
Infektionen im Mund-Rachen-Raum (s. auch Kap. 15)	Acriflaviniumchlorid, Aluminiumchlorat, Ambazon, Bacitracin, Benzalkoniumchlorid, Cetalkoniumchlorid, Cetrimoniumbromid, Cetylpyridiniumchlorid, 8-Chinolinolsulfat, Chlorhexidin, Dequaliniumchlorid, 2,4-Dichlorbenzylalkohol, Ethacridinlactat, etherische Öle, Formaldehyd, Fusafungin, Hexaharnstoffaluminiumchlorat, Hexetidin, 4-Hexylresorcinol, Milchsäure, Nystatin, 4-Pentyl-3-cresol, PVP-Iod, Silberverbindungen, Tyrothricin
Otologika	Bacitracin, Benzylalkohol, Bisdequaliniumacetat, Dequaliniumchlorid, Ethacridinlactat, Neomycin, Nitrofurazon, Propylenglycol
Rhinologika	Bacitracin, Bisdequaliniumacetat, etherische Öle, Mupirocin, Neomycin
Antitussiva/Expektorantia/ Aerosole	etherische Öle, Fusafungin, Nebacetin, Sulfadiazin

Einerseits ist es der Mißbrauch antibiotischer Nasentropfen und Halstabletten, der im Kreuzfeuer der Diskussion steht (Daschner 1987, Just 1989), andererseits ist nicht immer eine ausreichende Wirkung der Antiseptika gegen bestimmte Erreger gewährleistet. Hinzu kommen die schwierige Applikationsweise in bestimmten Organregionen und die mitunter nicht zu unterschätzenden Nebenwirkungen von Antiseptika (Schleimhautreizung, Sinnesepithelstörung). Sie erfordern daher einen gezielten Einsatz.

Unter Berücksichtigung der in der Literatur mitgeteilten Ergebnisse und Erfahrungswerte bleibt für die lokale Anwendung von Antiseptika vorrangig die Mundhöhle übrig. Als Arzneiform werden vorwiegend antiseptische Halstabletten und Lösungen zum Gurgeln angewendet. Aber auch in Otologika, Rhinologika und Antitussiva bzw. Expektoranten werden antiseptische Wirkstoffe einzeln oder kombiniert eingesetzt. Da oftmals aussagekräftige Doppelblindstudien zur Effektivität der verschiedenen antiseptischen Präparate fehlen, soll zur Orientierung über die derzeit häufig eingesetzten Antiseptika nur eine allgemeine tabellarische Übersicht gegeben werden (Tabelle 12-3). Zur mikrobiologischen und toxikologischen Charakteristik einer Reihe der genannten Wirkstoffe sind vor allem in Kapitel 2, aber auch in anderen Kapiteln, weitere Angaben enthalten.

In letzter Zeit sind für die Lokalbehandlung aus der Reihe der Polypeptid-Antibiotika einige Präparate verstärkt in Anwendung gelangt auf Grund ihrer sehr langsamen Resistenzentwicklung und nur geringer oder nicht nachweisbarer Resorption. So wird z.B. Bacitracin besonders als Ohrentropfen bei chronischen Mittelohrprozessen, ebenso Polymyxin B oft in Kombination mit Neomycin eingesetzt. Neuerdings gelangt Fusafungin als Dosieraerosol insbesondere für akute Erkrankungen des oberen Atemtrakts verstärkt zur Anwendung.

Schlußfolgerungen: Unter Berücksichtigung aller Vor- und Nachteile in der Lokalbehandlung innerhalb des HNO-Bereichs können folgende Empfehlungen zugrunde gelegt werden:

- Bei banalen Virusinfektionen ist eine Kausaltherapie nicht möglich und auch nicht angezeigt. Es sollte vorrangig rein symptomatisch therapiert werden.
- Bei bakteriellen Infektionen, besonders im Mund-Rachenbereich, sind entsprechend des Schweregrades der Infektion bevorzugt Antiseptika einzusetzen. Das gilt insbesondere auch für entzündliche Prozesse der Mundschleimhaut.

Bei ausgeprägten Anginaformen ist die systemische Penicillinbehandlung erforderlich. Bei tieferreichenden Infektionen sollte neben der Lokalbehandlung z.B. mit Fusafungin (Aerosol-Dosier-Spray) grundsätzlich systemisch antibiotisch behandelt werden.

Eitrige Sinusitiden können neben einer systemischen Behandlung zusätzlich mittels Instillation eines Antibiotikums bzw. eines Antiseptikums therapiert werden. Gleiches kombiniertes Vorgehen wird auch bei infizierten Tracheostomen empfohlen.

Für die Sanierung von Staphylokokkenkeimträgern in der Nase hat sich die indikationsgerechte Anwendung von Antiseptika der antimikrobiellen Chemotherapie als überlegen erwiesen (s. Kap. 13).

Bei unspezifischen Erkrankungen des oberen Respirationstraktes können Antiseptika als Aerosole angewendet werden.

Die Lokalbehandlung entzündlicher Prozesse des äußeren Ohres und Mittelohres wird zunehmend eine Domäne antibiotikahaltiger Ohrentropfen sein. Dabei ist sowohl bei lokaler als auch bei systemischer Anwendung bestimmter Antibiotika die mögliche Ototoxizität zu berücksichtigen.

Literatur

Bauernfeind A (1979) Bakteriologie der Hals-, Nasen- und Ohrinfektion. ZFA 17:1001–1008

Daschner F (1987) Lokalantibiotikatherapie bei Infektionen des Rachens. FAC 6–1:23–25

Federspil P (1987) Moderne HNO-Therapie. Ecomed-Verlagsgesellschaft Landsberg-München

Ganz H (1983) Pseudomonasinfektionen im HNO-Bereich. HNO-Praxis Heute 3:131–150

Ganz H (1987) Lokalbehandlung bakterieller Infektionen im HNO-Bereich mit Antibiotika. HNO-Praxis Heute 7:121–138

Ganz H (1989) Antibiotische Lokaltherapie bakterieller Ohrinfektionen. HNO (Berl.) 37:386–388

Ganz H (1990) Lokaltherapie von Luftwegsinfektionen – Wann? Womit? Überhaupt? In: Ganz H, Grill E (Hrsg) Lokaltherapie von Luftwegsinfektionen, Thieme Stuttgart, S 8–13

Just HM (1989) Wirtschaftliche Antibiotikatherapie. Klinikarzt 18:530–532

Klinger W (1971) Arzneimittelnebenwirkungen. Fischer Jena

Knothe JK, Feller K (1983) HNO-Therapiefibel. Thieme Leipzig

Lückhaupt H (1990) Antibiotikatherapie bei HNO-Erkrankungen. In: Mikrobiologische Aspekte bei Erkrankungen im HNO-Bereich. Fischer Stuttgart-New York, S 53–60

Müller R, Wichmann G (1989) Aktuelle Erregersituation und Resistenzverhalten von Bakterien gegen Chemotherapeutika in der Otorhinolaryngologie. HNO-Prax. 14: 269–275

Werner E (1990) Aerosoltherapie der Laryngitis. In: Ganz H, Grill E (Hrsg) Lokaltherapie von Luftwegsinfektionen, Thieme Stuttgart, S 55–57

Kapitel 13

Antiseptische Sanierung von Staphylococcus aureus – Keimträgern in der Nase

V. Hingst und W. Vergetis

1 Epidemiologie von S. aureus-Infektionen

Staphylococcus aureus – ein Problemkeim: S. aureus-bedingte Infektionen stellen auch heute noch ein ungelöstes Morbiditätsproblem dar.

• *Während in den siebziger und achtziger Jahren vor allem gramnegative Stäbchenbakterien zu den Problemkeimen zählten, rücken heute zunehmend wieder Staphylokokken in den Vordergrund.*
So sind etwa 20% der Septikämien in der Bundesrepublik Deutschland durch S. aureus bedingt, wobei die durchschnittliche Letalität, die in der präantibiotischen Ära 90% betrug, heute immerhin noch bei 25% liegt (Schäfer et al. 1990).

Risikopatienten: Besonders gefährdet durch eine S. aureus bedingte Infektion mit möglicherweise nachfolgender Sepsis sind Patienten mit einem defekten oder unreifen zellulären Immunsystem, wie z. B. immunsupprimierte Patienten, AIDS-Patienten (Raviglione et al. 1990), Leukämie-Patienten und Dialyse-Patienten, bei denen insbesondere Infektionen mit S. aureus zu den Hauptmorbiditäts- und Mortalitätsursachen gehören (Bradley et al. 1987).

Bei Neugeborenen auf Pflege- und Intensivstationen stehen vor allem Hautmanifestationen im Vordergrund (Hemming et al. 1976; Nakashima et al. 1984).

Desweiteren gehören insulinpflichtige Diabetiker (Smith et al. 1966; Sheagren 1984), iv-Drogenabhängige (Sheagren 1984), Lungenkranke und Patienten mit Fremdkörperimplantaten zu den Risikogruppen (Schäfer et al. 1990).

---

* MRSA = Methicillin-resistenter Staphylococcus aureus

A. Kramer et al. (Hrsg.)
Klinische Antiseptik

Eine besondere Rolle spielen MRSA *-bedingte Infektionen von Brandwunden mit einer assoziierten Mortalitätsrate von bis zu 40% (Rode et al. 1989).

Kontamination der Nasenschleimhaut mit S. aureus – ein Infektionsrisiko:

- *Nasenschleimhäute stellen ein Reservoir für die S. aureus-Hautbesiedlung dar (Sheagren 1984).*

So konnten Moss et al. schon 1948 zeigen, daß eine Dekontamination der Nasenschleimhäute durch lokal appliziertes Penicillin eine signifikant geringere Hautbesiedlungsrate zur Folge hatte.

Eine außergewöhnlich hohe Trägerrate konnte in bestimmten Patientenkollektiven ermittelt werden, zu denen insulinpflichtige Diabetiker (Smith et al. 1966), iv-Drogenabhängige (Tuazon et al. 1974) und Hämodialysepatienten zählen (Kirmani et al. 1978; Goldblum et al. 1982).

Tatsächlich ist die nasale Kontamination mit S. aureus insbesondere für die oben erwähnten Risikogruppen von großer klinischer Relevanz.

So konnte bei iv-Drogenabhängigen mit Endokarditis nachgewiesen werden, daß der in der Nase getragene Keim und der sich im Blutstrom befindliche identisch waren (Tuazon et al. 1974).

Auch wurde von einem Zusammenhang zwischen präoperativ nachgewiesener S. aureus-Besiedlung der Nasenschleimhäute und postoperativ gehäuft aufgetretenen Wundinfektionen berichtet (Weinstein et al. 1959).

Es wurde weiterhin beobachtet, daß Hämodialysepatienten mit kontaminierten bzw. kolonisierten Nasenschleimhäuten vermehrt zu einer Besiedlung der Haut neigten (Goldblum et al. 1978), wobei für das Ausmaß der Besiedlung auch der Hygienestandard der einzelnen Patienten eine Rolle zu spielen scheint (Kaplowitz et al. 1988).

Nasale S. aureus-Träger unter den Hämodialyse- und den CAPD-Patienten sind signifikant häufiger von S. aureus-bedingten Infektionen betroffen als Patienten ohne Nasenkontamination (Sewell et al. 1982; Yu et al. 1986; Sesso et al. 1989; Luzar et al.1990). Hierbei erwiesen sich die S. aureus-Isolate von Nase und zugehöriger Infektionsstelle als weitgehend identisch, wie die Phagentypisierung (Yu et al. 1986; Luzar et al. 1990) bzw. die enzymatische Analyse von Plasmid-DNA mittels Restriktionsendonukleasen belegte (Pignatari et al. 1990).

Antibiotikaresistenz: Als Antibiotika in den fünfziger Jahren immer breitere Anwendung fanden, nahm auch die Entwicklung resistenter S. aureus-Stämme drastisch zu. Ein besonderes Problem stellen methicillin-resistente S. aureus-Stämme (MRSA) dar, die in Europa schon 1959 kurz nach Einführung von Methicillin erstmals auftraten (Rao et al. 1988). Es hat sich gezeigt, daß in vielen Fällen nasale Träger von MRSA die Ursache von epidemieartig gehäuftem Auftreten von MRSA-Infektionen in Krankenhäusern bzw. einzelnen Abteilungen waren (Duckworth et al. 1988; Rao et al. 1988; Coovadia et al. 1989).

Aufgrund der erkannten Zusammenhänge zwischen S. aureus-Kontamination der Nasenschleimhäute, Besiedlung der Haut und nachfolgender

S. aureus-bedingter Infektion sind zahlreiche Versuche sowohl mit lokal applizierbaren als auch mit systemischen Mitteln unternommen worden, die Nasenschleimhäute zu dekontaminieren (Wheat et al. 1984; Chow et al. 1989).

2 Lokal verabreichte Antiseptika und Antibiotika

Zahlreiche Substanzen wurden mit unterschiedlichem Erfolg auf ihre Wirksamkeit zur Dekontamination S. aureus-besiedelter Personen überprüft (Tabelle 13-1).

Gentamicin: Williams et al. (1967) untersuchten die Wirksamkeit von Gentamicin, Vancomycin, Halquinol, Chlorhexidin und Neomycin plus Chlorhexidin, die jeweils in bestimmten Konzentrationen in Form von Nasensalben mit einer Applikationsfrequenz von 4 mal täglich über eine Dauer von einer Woche an nasal mit S. aureus kolonisierte Personen verabreicht wurden. Von 23 Versuchspersonen, die mit 0,3 %iger Gentamicin-Nasensalbe behandelt wurden, konnten 15 (65 %) dekontaminiert werden. 5 d nach Behandlungsende waren noch 56 % saniert (Williams et al. 1967).

White et al. (1964) berichteten über Rekontaminationsraten von bis zu 75 % nach anfänglich erfolgreicher lokaler Gentamicintherapie.

Vancomycin: Von 12 mit Vancomycin 0,1 %-Nasensalbe behandelten Probanden konnten nur 5 (42 %) saniert werden. Nach 5 d betrug die Dekontaminationsquote noch 50 % (Williams et al. 1967).

Bryan et al. (1980) erreichten nach zweiwöchiger Vancomycin-Therapie sogar eine Dekontaminationsquote von nur 25 % mit einer Rekontamination innerhalb der darauffolgenden Woche.

Halquinol: Mit Halquinol 0,75 % wurden 3 von 12 Probanden (25 %) dekontaminiert. Nach 5 d waren 50 % der Behandelten mit S. aureus besiedelt (Williams et al. 1967).

Chlorhexidin: Von 12 Probanden konnten nur 5 (42 %) durch nasale Applikation von 0,5 %iger Chlorhexidin-Nasensalbe saniert werden. Nach 5 d betrug die S. aureus-Trägerrate schon 75 % (Williams et al. 1967).

Neomycin und Chlorhexidin: Mit Neomycin 0,5 % plus Chlorhexidin 0,1 %-Nasensalbe konnten 9 von 12 Probanden (75 %) dekontaminiert werden. Nach 5 d betrug die S. aureus-Trägerrate 42 %. Häufig vorkommende Neomycin-resistente-S. aureus-Stämme schränken die Bedeutung dieser Substanz weiter ein (Williams et al. 1967).

Bacitracin und Neomycin: Weinstein (1959) ermittelte nach nasaler Applikation einer Bacitracin plus Neomycin-haltigen Nasensalbe (Konz.: 500 U/g bzw. 5 mg/g) über die Dauer einer Woche 3mal täglich Dekontaminationserfolge bei 28 von 39 behandelten Probanden (72 %). Die Placebogruppe von 22 Personen

Tabelle 13-1. Lokal verabreichte Antibiotika zur Sanierung von S. aureus Keimträgern in der Nase (modifiziert nach Chow et al. 1989)

Autor	Substanz	Applikationsfrequenz/d, Therapiedauer (d)	Anzahl der Patienten	% sanierter Patienten bei Therapieende	Zeitpunkt der Kontrolluntersuchungen (Wo)	% sanierter Patienten zum Zeitpunkt der Kontrolluntersuchungen
Gould (1955)	Penicillin	7–14	44	77	4/20	45/25
	Streptomycin	7–14	21	71	4/20	57/28
	Chloramphenicol	7–14	18	67	4/20	50/33
	Chlortetracyclin	7–14	21	86	4/20	57/28
	Oxytetracyclin	7–14	20	100	4/20	40/20
Williams et al. (1967)	Gentamicin	4,7	23	65	3–5 d	56
	Vancomycin	4,7	12	42	3–5 d	50
	Neomycin/ Chlorhexidin	4,7	12	75	3–5 d	58
	Chlorhexidin	4,7	12	42	3–5 d	25
	Halquinol	4,7	12	25	3–5 d	50
Martin et al. (1968)	Lysostaphin	3,7	21	91	8	38
	Gentamicin	3,7	21	86	8	14
Bryan et al. (1980)	Vancomycin	4,14	8	25	7 d	0
	Bacitracin	4,14	8	38	7 d	0
McAnally et al. (1984)	Bacitracin	3,10	16	13 (14 d)	4	13
Yu et al. (1986)	Bacitracin	3,7	7	0	12	25
Casewell et al. (1986)	Mupirocin	4,5	32	100	12	57 (8/14)
Bommer et al. (1991)	Mupirocin	3,10	34	73	3/20	53/29

zeigte einen Rückgang der Kontamination um 23%. Eine weitere Kontrollgruppe von 37 Personen, die weder mit Verum, noch mit Placebo behandelt wurde, zeigte einen der Placebogruppe vergleichbaren Rückgang der Kontamination um 22%.

Bacitracin: Bacitracin wurde jahrelang zur lokalen Dekontamination der Nasenschleimhäute verwendet, ohne daß seine Effektivität in dieser Hinsicht bewiesen worden wäre (Sheagren 1984; Yu et al. 1986; Chow et al. 1986). Lediglich in Kombination mit anderen Substanzen zeigten sich gewisse Dekontaminationserfolge, die allerdings kaum auf die Wirkkomponente von Bacitracin zurückzuführen sind (Weinstein 1959; Yu et al. 1986).

Hexachlorophen: Hexachlorophenwaschungen zeigten in der Vergangenheit keine Wirkung hinsichtlich der Dekontamination S. aureus-besiedelter Nasenschleimhäute (Sheagren 1984). Der Wirkstoff gilt überdies aufgrund seiner toxikologisch unerwünschten Nebenwirkungen heutzutage als obsolet (s. Kap. 2).

Mupirocin (Pseudomonic acid):

- *Eine neuartige und vielversprechende, ausschließlich der lokalen Anwendung vorbehaltene Substanz ist Mupirocin, ein natürlich vorkommender Stoff, der von P. fluorescens produziert wird.*

Der Wirkmechanismus von Mupirocin besteht in einer Verhinderung der bakteriellen Proteinsynthese durch Verminderung der dem Bakterium verfügbaren, an Isoleucin gebundenen tRNS-Menge (Capobianco et al. 1989). Der Transport in die Bakterien findet durch einfache Diffusion statt und ist somit energieunabhängig. Durch seine Bindung an Isoleucil-tRNS-Synthetase konzentriert sich Mupirocin im sensitiven Bakterium. Wird diese intrabakterielle Bindung behindert, tritt eine Resistenz gegen Mupirocin auf (Capobianco et al. 1989). Resistente Stämme können diese Fähigkeit auf bisher sensitive Stämme übertragen und somit die weitere Verbreitung von Resistenzen, wie sie im Folgenden noch beschrieben werden, begünstigen (Rahman et al. 1989).

Mupirocin zeigt eine hohe Aktivität gegen viele grampositive Organismen einschließlich S. aureus, unabhängig von dessen Empfindlichkeit gegenüber Methicillin, Gentamicin oder Rifampicin (Al-Masaudi et al. 1988). Evans und Townsend (1986) haben die MHK von Mupirocin für 219 asservierte MRSA-Stämme und zusätzlich für 159 S. aureus-Isolate mit unterschiedlichen Resistenzmustern untersucht und kamen auf MHK-Werte zwischen 0,04–0,32 µg/ml. Nur ein MRSA-Stamm zeigte mit einer MHK von 0,96 µg/ml eine leicht reduzierte Sensitivität.

In einer kontrollierten Blindstudie mit 32 gesunden Versuchspersonen wurde Mupirocin 2% in Salbenform über die Dauer von 5 d 4 mal täglich intranasal verabreicht. Bereits am 2. Tag waren intranasal keine S. aureus mehr nachzuweisen und noch nach 2 Wochen blieben 99% der Abstrichkontrollen negativ. Nach 3 bzw. 5 Monaten ab Behandlungsende waren noch 57% bzw. 50% saniert (Casewell et al. 1986). Zu entsprechenden Ergebnissen kamen Reagan et al. (1991) nach einer 2 mal täglich 5 d andauernden intranasalen Applikation von Mupirocin 2% bei 34 im Gesundheitsdienst tätigen mit S. aureus kontaminierten Probanden. Es zeigte sich eine drastische Reduktion der S. aureus-Besiedlungsrate. Nach 3 Monaten waren noch immer 71% der Behandelten saniert, während die ebenfalls 34 Personen umfassende Kontrollgruppe noch zu 82% kontaminiert blieb. Neben der Dekontamination der Nasenschleimhäute wurde auch der Einfluß von nasal verabreichtem Mupirocin auf die S. aureus-Kontaminationsrate der Hände untersucht. Auch hier fanden sich signifikante Unterschiede zur Placebogruppe, die wesentlich häufiger S. aureus-kontaminierte Hände aufwies. So betrug der posttherapeutische Anteil positiver Kulturen von den Händen in der Mupirocingruppe 2,9% versus 57,6% in der Placebogruppe. Zusätzlich konnte aufgrund einer durchgeführten Plasmid-Analyse festgestellt werden, daß 79% der Personen in der Mupirocin-Gruppe nach 3 Monaten frei von dem sie ursprünglich kontaminierenden S. aureus-Stamm waren. In der Placebogruppe blieben demgegenüber nach 3 Monaten 82% der Probanden mit dem gleichen Stamm besiedelt, den sie auch zu Beginn der Studie trugen, d. h. die meisten S. aureus-kontaminierten Menschen bleiben über lange Zeit hinweg immer mit dem gleichen S. aureus-Stamm kontaminiert (Reagan et al. 1991), was auch aus früheren Studien geschlußfolgert wurde (Miles et al. 1944; Williams 1963; Aeilts et al. 1982; Ziert 1982).

In einer randomisierten placebokontrollierten Blindstudie mit 55 nasal mit S. aureus kolonisierten Hämodialysepatienten behandelten Bommer et al. (1991) 34 Patienten mit Mupirocin 2% und 21 Patienten mit Placebo intranasal über 10 d 3 mal täglich. Die Kontrollabstriche wurden an den Tagen 1 (vor Applikation der Nasensalbe), 10 und in der 3., 6., 10. und 20. Woche nach Behandlungsbeginn von der Stirn, den beiden Nasenhöhlen, den Achseln, Unterarmen und der Inguinalregion entnommen. Desweiteren wurden am 3. und 8. Tag nasale Abstriche angefertigt. In der 3. Woche konnte bei 18/34 (53%) der Mupirocingruppe und bei 1/21 (5%) der Placebogruppe keine S. aureus-Kontamination mehr nachgewiesen werden. Im Verlauf der 20 Wochen wiesen 73% der mit Mupirocin Behandelten Dekontaminationserfolge auf, im Vergleich dazu nur 10% der Placebogruppe. Nach 20 Wochen konnte bei 10/34 (29%) Patienten der Mupirocingruppe an keinem der posttherapeutischen Kontrolltermine S. aureus isoliert werden, was in der Placebogruppe bei keinem Patienten der Fall war. In 9/34 (27%) und in 19/21 (91%) wurde an allen Kontrollterminen S. aureus gefunden. Die anschließend durchgeführte Phagentypisierung zeigte, daß etwa die Hälfte der Patienten aus der Mupirocingruppe im Gegensatz zu nur 20% aus der Placebogruppe mit neuen Phagentypen rekontaminiert war. Bei den übrigen Patienten trat kein Phagenwechsel auf.

Es wurden auch positive Erfahrungen bei Trägern methicillin-resistenter S. aureus-Stämme gesammelt. So konnte in einem Krankenhaus durch intranasale Mupirocin-Applikation bei 40 MRSA-kontaminierten Patienten und 32 Pflegekräften eine über 200 Patienten betreffende Epidemie von MRSA-Infektionen eingedämmt werden (Hill et al. 1988). Ähnliches berichtete Barrett über die Kontrolle einer MRSA-Epidemie in einer orthopädischen Abteilung durch den Einsatz von Mupirocin, nachdem herkömmliche Verfahren der Infektionskontrolle versagt hatten (Barrett 1989).

Mupirocin zeigt nicht nur in der prophylaktischen Dekontamination nasaler S. aureus-Träger eine außergewöhnlich gute Wirkung, sondern führt ebenso in der lokalen Behandlung von Hautläsionen zu Therapieerfolgen.

So verglichen Goldfarb et al. (1988) in einer randomisierten klinischen Studie mit an Impetigo erkrankten Kindern lokal verabreichtes Mupirocin mit oral gegebenem Erythromycin. Mupirocin zeigte leichte Vorteile hinsichtlich der Heilungsgeschwindigkeit, der Nebenwirkungen und der klinischen Therapieerfolge.

Die häufig auftretenden MRSA-Infektionen von Brandwunden konnten in einer prospektiven Studie durch eine lokale, fünftägige Mupirocin-Applikation auf die Läsionen zum Abklingen gebracht werden, nachdem ein vorausgegangener Therapieversuch mit Silbersulfadiazin 1% und Chlorhexidin 2% erfolglos geblieben war (Rode et al. 1989).

Allerdings sind auch Resistenzen gegen Mupirocin aufgetreten. In einer dermatologischen Abteilung wurden von 14 Patienten S. aureus-Stämme mit einer MHK von über 700 µg/ml isoliert. Davon hatten 3 eine Mupirocin-Langzeittherapie von jeweils 1, 6, und 9 Monaten erhalten. Die übrigen Patienten waren selbst nie mit Mupirocin in Kontakt gekommen (Rahman et al. 1987). Smith et al. (1987) beobachteten bei einem Träger von MRSA nach einer dreiwöchigen Mupirocintherapie ein Ansteigen der MHK von einem Ausgangswert unter 0,06 µg/ml auf 16 µg/ml. Bisher sind diese Resistenzen nur von geringer klinischer Bedeutung, doch sollten zur Vermeidung einer weiteren Entwicklung resistenter Stämme nur kurze Behandlungszyklen von max. 10 d durchgeführt werden (Cookson et al. 1990).

Aufgrund der dargestellten Studien stellt sich die lokale Applikation von Mupirocin als sichere, nebenwirkungsarme und effektive Methode dar, S. aureus-besiedelte Personen zu dekontaminieren, und somit deren Risiko hinsichtlich endogener Infektionen zu senken.

Insbesondere der Einsatz von Mupirocin zur prophylaktischen Dekontamination von MRSA-Trägern erscheint bedeutend, da hierdurch die wenigen zur Auswahl stehenden systemisch einsetzbaren Antibiotika gegen MRSA-Infektionen, wie beispielsweise Vancomycin, vor zu häufigem Gebrauch bewahrt werden können (Evans u. Townsend 1986).

3 Systemisch verabreichte Antibiotika

Neben den beschriebenen Versuchen der lokalen Behandlung S. aureus-kontaminierter Personen wurden auch oral verabreichte Antibiotika zu Dekontaminationsversuchen eingesetzt, allerdings nur teilweise mit Erfolg und unter dem Vorbehalt, resistente S. aureus-Stämme gegen Antibiotika herauszubilden, die auch zur Therapie ernster Infektionen durch S. aureus benötigt werden (Tabelle 13-2).

Tabelle 13-2. Systemisch verabreichte Antibiotika zur Sanierung von S. aureus-Keimträgern in der Nase (modifiziert nach Chow et al. 1989)

Autor	Antibiotikum	Dosis, Therapiedauer (d)	Anzahl der Patienten	% sanierter Patienten bei Therapieende	Zeitpunkt der Kontroll-untersuchungen (Wo)	%sanierter Patienten zum Zeitpunkt der Kontrollunter-suchungen
White et al. (1959)	Penicillin	1,5 Mio U/d, 6 Wo	16	44	2/8	31/31
	Tetracyclin	1 g/d, 2 Wo	10	80	1/4	20/11
Wilson et al. (1979)	Erythromycin	250 mg 4 × /d, 7	27	74	1/4	37/22
Wheat et al. (1981)	Cloxacillin	100 mg alle 6 h, 10	20	10	5	0
	Rifampicin	600 mg/d, 10	20	95	12	65
	Rifampicin/ Cloxacillin	600 mg/d, 10; 100 mg alle 6 h, 10	20	100	12	60
McAnally et al. (1984)	Rifampicin	600 mg/d, 5	14	79 (2 Wo)	4	57
	Rifampicin/ Bacitracin	600 mg/d, 5; 3 × /d, 10	12	42 (2 Wo)	4	42
Yu et al. (1986)	Rifampicin/ Bacitracin	600 mg 2 × /d, 5; 3 × /d, 7	18	83	12	44
Mulligan et al. (1987)	Ciprofloxacin	750 mg 2 × /d, 2–4 Wo	15	73	–	–
Lipsky et al. (1988)	Ofloxacin	0,6–0,8 g/d, 10–14	15	93 (3 d)	3	100 (7/7)
	Cephalexin	1–2 g/d, 10–14	15	67 (3 d)	3	25 (2/8)
	Clindamycin	1,2 g/d, 10–14	7	100 (3 d)	3	100 (7/7)
	Erythromycin	1,6 g/d, 10–14	3	67 (3 d)	3	0 (0/2)

Erythromycin: Von 11 S. aureus-positiven Personen wurden 6 über 10 d mit 1,0 g Erythromycin täglich therapiert. Die übrigen 5 wurden nicht behandelt, um als Kontrollgruppe zu fungieren. Alle Behandelten konnten saniert werden, doch innerhalb der nächsten 2–3 Wochen trat eine Rekontamination der Probanden ein, so daß kein Unterschied mehr zwischen der behandelten und der unbehandelten Gruppe zu ermitteln war (White et al. 1959). Wilson et al. (1979) erreichten durch 250 mg Erythromycin, viermal täglich über 7 d verabreicht, in 74% der 27 behandelten gesunden S. aureus-Träger eine Dekontamination, von denen nach einer Woche noch 37%, nach 4 Wochen nur noch 22% negativ blieben.

Tetracycline: Es konnten mit Tetracyclinen zwar Dekontaminationsraten von 80% erreicht werden, doch war der Erfolg nur von kurzer Dauer: schon nach einer Woche waren etwa 80% der Probanden S. aureus-positiv. Zudem zeigte sich eine starke Tendenz zur Bildung resistenter Stämme (White et al. 1959).

Cloxacillin: Cloxacillin zeigte eine geringe Dekontaminationswirkung und führte bei nur 10% der besiedelten Versuchspersonen zu einer gerade fünf Wochen andauernden Dekontamination der Nasenschleimhäute (Wheat et al. 1981).

Quinolone (Ciprofloxacin und Ofloxacin): Quinolone gehören zu den gut gegen S. aureus wirksamen Substanzen. Doch während in früheren Berichten Ciprofloxacin noch als Möglichkeit zur Dekontamination nasaler S. aureus-Besiedlung vorgeschlagen wird (Mulligan et al. 1987), zeigen neuere Studien, daß selbst eine langandauernde Behandlung mit dieser Substanz nicht zum gewünschten Ergebnis führt (Smith et al. 1989).

Darüberhinaus zeigten Darouiche et al. (1990), daß die Konzentration von Ciprofloxacin in nasalen Sekreten unter der MHK_{90} für MRSA liegt, und somit dort nicht ausreichend wirksam sein kann. Die Kombination von Ciprofloxacin mit Rifampicin war allerdings erfolgreich in der Dekontamination von MRSA.

Rifampicin:

- *Rifampicin hat sich als wirksamste oral verabreichte Substanz zur Elimination von S. aureus von den Nasenschleimhäuten erwiesen.*

Es zeigt eine hohe Wirkung gegen S. aureus mit einer MHK von weniger als 0,02 µg/ml bei den meisten Isolaten (Thornsberry et al. 1983) und erreicht nach oraler Gabe in den nasopharyngealen Sekreten Konzentrationen, die um ein Vielfaches darüber liegen (Darouiche et l. 1990).

In einer Studie an nasalen S. aureus-Trägern nahm nach einer zehntägigen Rifampicin-Gabe von täglich 600 mg oral die nasale Kontaminationsrate um 90% ab, und die meisten blieben noch nach 12 Wochen S. aureus-negativ (Wheat et al. 1981). Selbst nach einem Jahr waren nur 50% der Behandelten mit S. aureus kontaminiert (Wheat et al. 1984). Bei Hämodialysepatienten zeigte Rifampicin im direkten Vergleich mit Vancomycin iv oder lokalem Bacitracin eine deutlich höhere Dekontaminationswirkung auf S. aureus-besiedelte Nasenschleimhäute. Eine daraus resultierend signifikant geringere Infektionsrate der behandelten Patienten konnte nachgewiesen werden (Yu et al. 1986). Ein ernstzunehmendes Problem stellt allerdings das Auftreten von Rifampicin-resistenten S. aureus-Stämmen dar, welches vor allem dann zu beobachten ist, wenn Rifampicin als einziges Antibiotikum angewandt wird.

- *Es ist unbedingt zu empfehlen, Rifampicin mit einer weiteren Substanz zu kombinieren (z. B. Cloxacillin, oder bei MRSA Trimethoprim-Sulfamethoxazol, Vancomycin oder Fusidinsäure), um die Entwicklung von Resistenzen weitgehend zu vermeiden* (Wheat et al. 1984).

4 Schlußfolgerungen

S. aureus-bedingte Infektionen bei Risikopatienten werden meist durch Stämme hervorgerufen, die aus dem Erregerreservoir Nase stammen, wie Phagentypisierungen bzw. Analysen der Plasmid-DNA durch enzymatische Behandlung mit Restriktionsendonukleasen der Isolate von Nase und zugehöriger Infektionsstelle zeigten. Es handelt sich infolgedessen meist um endogene Infektionen (Yu et al. 1986; Luzar et al. 1990; Pignatari et al. 1990; Reagan et al. 1991). Somit sollte eine prophylaktische Dekontamination der vorderen Nasenschleimhäute auch eine Senkung der Infektionsrate bewirken, wie von verschiedenen Autoren dargelegt wurde (Yu et al. 1986; Boelert et al. 1989).

Um eine mögliche Rekontamination zu erfassen, empfiehlt es sich, in regelmäßigen Abständen von ca. 5–10 Wochen Kontrollabstriche aus der Nase zu entnehmen und gegebenenfalls einen kurzen Wiederholungszyklus der Therapie anzusetzen (Yu et al. 1986).

Generell sind lokal applizierbare Substanzen, die keine systemische Anwendung finden, in der prophylaktischen Dekontamination von S. aureus anderen Antibiotika vorzuziehen, um die Herausbildung resistenter Stämme gegen Substanzen zu verhindern, die bei der systemischen Therapie von ernsten Infektionen nötig sind.

Das Auftreten von Resistenzen gegen die einzelnen Substanzen läßt sich weitgehend durch eine Kombinationstherapie verschiedener Stoffe und möglichst kurze Behandlungsintervalle vermeiden.

Aus demselben Grund sollte eine antibiotische Prophylaxe auf bestimmte Risikopatienten mit rezidivierenden S. aureus-Infektionen bzw. auf Abteilungen beschränkt bleiben, die einen hohen Anteil an S. aureus-Infektionen aufweisen.

- *Bei entsprechender epidemiologischer Situation vermag die prophylaktische antiseptische Sanierung von S. aureus-Keimträgern durch topische Applikation wirksamer Substanzen in die Nase zu einer Senkung der Besiedlungs- und Infektionsrate bei Risikopatienten beizutragen.*

Literatur

Aeilts GD, Sapico FL, Canawati HN, Malik GM, Montgomerie JZ (1982) Methicillin-resistant-Staphylococcus aureus colonization and infection in a rehabilitation facility. J Clin Microbiol 16:218–223

Al-Masaudi SB, Russel AD, Day MJ (1988) Activity of mupirocin against Staphylococcus aureus and outer membrane mutants of gram-negative bacteria. Lett Appl Microbiol 7:45–47

Barrett SP (1990) The value of nasal mupirocin in containing an outbreak of methicillin-resistant Staphylococcus aureus in an orthopaedic unit. J Hosp Infect 15:137–142

Boelert JR, DeSmedt RA, Debaere YA, Godart CA, Matthys EG, Schurgers ML, Daneels RF, Gordts BZ, Van Landuyt HW (1989) The influence of calcium mupirocin nasal ointment on the incidence of Staphylococcus aureus infections in hemodialysis patients. Nephrol Dial Transplant 4:278–281

Bommer J, Vergetis W, Hingst V, Lenz W (1991) Elimination of Staphylococcus aureus in dialysis patients by pseudomonic acid nasal ointment. Am Soc Nephrol NY 17.11.–20.11.1991

Bradley JR, Evans DB, Calne RY (1987) Long-term survival in hemodialysis patients. Lancet 1:295–296

Bryan CS, Wilson RS, Meade P, Sill LG (1980) Topical antibiotic ointments for staphylococcal nasal carriers: survey of current practices and comparison of bacitracin and vancomycin ointments. Infect Control 1:153–156

Capobianco JO, Doran CC, Goldman RC (1989) Mechanism of mupirocin transport into sensitive and resistant bacteria. Antimicrob Agents Chemother 33:156–163

Casewell MW, Hill RLR (1986) Elimination of nasal carriage of Staphylococcus aureus with mupirocin ("pseudomonic acid") – a controlled trial. J Antimicrob Chemother 17:365–372

Chow JW, Yu VL (1989) Staphylococcus aureus nasal carriage in hemodialysis patients; its role in infection and approaches to prophylaxis. Arch Intern med 149:1258–1262

Cookson BD, Lacey RW, Noble NC, Reeves DS, Wise R, Redhead RJ (1990) Mupirocin-resistant Staphylococcus aureus [letter]. Lancet 335:1095–1096

Coovadia YM, Bhama RH, Johnson AP, Haffejee I, Marples R (1989) A laboratory-confirmed outbreak of rifampin-methicillin-resistant Staphylococcus aureus (RMRSA) in a newborn nursery. J Hosp Infect 14:303–312

Darouiche R, Perkins B, Musher D, Hamill R, Tsai S (1990) Levels of rifampin and ciprofloxacin nasal secretions: correlation with MIC90 and eradication of nasopharyngeal carriage of bacteria. J Infect Dis 162:1124–1127

Duckworth GJ, Lothian JLE, Williams JD (1988) Methicillin-resistant Staphylococcus aureus: report of an outbreak in a London teaching hospital. J Hosp Infect 11:1–15

Evans LH, Townsend DE (1986) Mupirocin activity against methicillin-resistant Staphylococcus aureus [letter]. Med J Austr 145:55–56

Goldblum SE, Reed WP, Ulrich JA, Goldman RS (1978) Staphylococcal carriage and infections in hemodialysis patients. Dial Transplant 7:1140–1148

Goldblum SE, Ulrich JA, Goldman RS, Reed WP (1982) Nasal and cutaneous Staphylococcus among patients receiving hemodialysis and attending personnel. J Infect Dis 145:396

Goldfarb J, Crenshaw D, O'Horo J, Lemon E, Blumer JL (1988) Randomized clinical trial of topical mupirocin versus oral erythromycin for impetigo. Antimicrob Agents Chemother 32:1780–1783

Gould JC (1955) The effect of local antibiotic on nasal carriage of Staphylococcus pyogenes. J Hyg 53:379–385

Hemming VG, Overall JC, Britt MR (1976) Nosocomial infections in a newborn intensive-care unit. N Engl J Med 294:1310–1316

Hill RLR, Duckworth GJ, Casewell MW (1988) Elimination of nasal carriage of methicillin-resistant Staphylococcus aureus with mupirocin during a hospital outbreak. J Antimicrob Chemother 22:377–384

Kaplowitz LG, Comstock JA, Landwehr DM, Dalton HP, Mayhall CG (1988) Prospective study of microbial colonization of the nose and skin and infection of the vascular access site in hemodialysis patients. J Clin Microbiol 26:1257–1262

Kaplowitz LG, Comstock JA, Landwehr DM, Dalton HP, Mayhall CG (1988) A prospective study of infection in hemodialysis patients: patient hygiene and other risk factors for infection. Infect Control Hosp Epidemiol 9:534–541

Kirmani N, Tuazon CU, Murray HW, Parrish AE, Sheagren JN (1978) Staphylococcus aureus carriage rate of patients receiving long-term hemodialysis. Arch Intern Med 138:1657–1659

Lipsky BA, Pecoraro RE, Hanley ME (1988) Immediate and long-term efficacy of ofloxacin and other antibiotics for eradication of Staphylococcus aureus nasal colonization. In: International Congress for Infectious Diseases, Rio de Janeiro, April 17–21, 1988. New York, NY: International Society for Infectious Diseases. 1988:105. Abstract

Luzar MA, Coles GA, Faller B, Slingeneyer A, Dah GD, Briat C, Wone C, Knefati Y, Kessler M, Peluso F (1990) Staphylococcus aureus nasal carriage and infection in patients on continuous ambulatory peritoneal dialysis. N Engl J Med 322:505–509

Martin RR, White A (1968) The reacquisition of staphylococci by treated carriers: a demonstration of bacterial interference. J Lab Clin Med 71:791–797

McAnnally TP, Lewis MR, Brown DR (1984) Effect of rifampin and bacitracin on nasal carriers of Staphylococcus aureus. Antimicrob Agents Chemother 25:422–426

Miles AA, Williams RE, Clayton-Cooper B (1944) The carriage of Staphylococcus (pyogenes) aureus in a man and its relation to wound infection. J Pathol Bacteriol 56:513–524

Moss B, Squire JR, Topley E, Johnston CM (1948) Nose and skin carriage of Staphylococcus aureus in patients receiving penicillin. Lancet 1:320–325

Mulligan ME, Ruane PJ, Johnston L, Wong P, Wheelock JP, MacDonald K, Reinhardt JF, Johnson CC, Statner B, Blomquist I, McCarthy J, O'Brien W, Gardner S, Hammer L, Citron DM (1987) Ciprofloxazin for eradication of methicillin-resistant Staphylococcus aureus colonization. Am J Med 82:215–219

Nakashima AK, Allen JR, Martone WJ, Plikaytis BD, Storer B, Cook LM, Wright SP (1984) Epidemic bullous impetigo in a nursery due to a nasal carrier of S. aureus: role of epidemiology and control measures. Infect Control 5:326–331

Pignatari A, Pfaller M, Hollis R, Sesso R, Leme I, Herwaldt L (1990) Staphylococcus aureus colonization and infection in patients on continuous ambulatory peritoneal dialysis. J Clin Microbiol 28:1898–1902

Rahman M, Noble WC, Cookson B (1989) Mupirocin-resistant Staphylococcus aureus [letter]. Lancet 2:387–388

Rahman M, Noble WC, Cookson B (1989) Transmissible mupirocin resistance in Staphylococcus aureus. Epidem Infect 102:261–270

Rao N, Jakobs S, Joyce L (1988) Cost-effective eradication of an outbreak of methicillin-resistant Staphylococcus aureus in a community teaching hospital. Infect Control Hosp Epidemiol 9:255–260

Raviglione MC, Mariuz P, Pablos-Mendez A, Battan R, Ottuso P, Taranta A (1990) High Staphylococcus aureus nasal carriage in patients with acquired immunodeficiency syndrome or AIDS-related complex. Am J Infect Control 18:64–69

Reagan DR, Doebbeling BN, Pfaller MA, Sheetz CT, Houston AK, Hollis J, Wenzel RP (1991) Elimination of coincident Staphyloccus aureus nasal an hand carriage with intranasal application of mupirocin calcium ointment. Ann Intern Med 114:101–106

Rode H, Hanslo D, DeWet PM, Millar AJW, Cywes S (1989) Efficacy of mupirocin in methicillin-resistant Staphylococcus aureus burn wound infection. Antimicrob Agents Chemother. 33:1358–1361

Schäfer V, Shah PM, Stille W (1990) Symposium „Infektionen durch Staphylokokken", Frankfurt, 16.2.1990

Sesso R, Draibe S, Castelo A, Leme I, Barbosa D, Ramos O (1989) Staphylococcus aureus skin carriage and development of peritonitis in patients on continous ambulatory peritoneal dialysis. Clin Nephrol 31:264–268

Sewell CM, Clarridge J, Lacke C, Weinmann EJ, Young EJ (1982) Staphylococcal nasal carriage and subsequent infection in peritoneal dialysis patients. JAMA 248:1493–1495
Sheagren JN (1984) Staphylococcus aureus – The persistent pathogen (first of two parts). N Engl J Med 310:1368–1373
Sheagren JN (1984) Staphylococcus aureus – The persistent pathogen (second of two parts). N Engl J Med 310:1437–1442
Smith JA, O'Connor JJ, Willis AT (1966) Nasal carriage of Staphylococcus aureus in diabetes mellitus. Lancet 2:776–777
Smith MD, Sanghrajka M, Lock S (1987) Mupirocin-resistant Staphylococcus aureus. Lancet 2:1472–1473
Smith SM, Eng RHK, Tecson-Tumang F (1989) Ciprofloxazin therapy for methicillin-resistant Staphylococcus aureus infections or colonizations. Antimicrob Agents Chemother 33:181–184
Thornsberry C, Hill BC, Swenson JM, McDougal MK (1983) Rifampin: spectrum of antibacterial activity. Rev Infect Dis 5 (suppl 3):S 412–S 417
Tuazon CU, Sheagren JN (1974) Increased rate of carriage of Staphylococcus aureus among narcotic addicts. J Infect Dis 129:725–727
Weinstein HJ (1959) The relation between the nasal-staphylococcal-carrier state and the incidence of postoperative complications. N Engl J Med 260:1303–1308
Weinstein HJ (1959) Control of nasal-staphylococcal-carrier states. N Engl J Med 260:1308–1310
Wheat LJ, Kohler RB, White AL, White A (1981) Effect of rifampin on nasal carriers of coagulase-positive staphylococci. J Infect Dis 144:177
Wheat LJ, Kohler RB, White A (1984) Prevention of infections of skin and skin structures. Am J Med 52:187–190
White A, Hemmerly T, Martin MP, Knight V (1959) Studies on the origin of drug-resistant staphylococci in a mental hospital. Am J Med 27:26–39
White A (1964) The use of gentamicin as a nasal ointment. Am J Med Sci 248:52–55
Williams JD, Waltho CA, Ayliffe GAJ, Lowburry GJL (1967) Trials of five antibacterial creams in the control o nasal carriage of Staphylococcus aureus. Lancet 2:390–392
Williams REO (1963) Healthy carriage of Staphylococcus aureus: its prevalence and importance. Bacteriol Rev 27:56–71
Wilson SZ, Martin RR, Putman M, Greenberg SB, Wallace RJ Jr, Jemsek JG (1979) Quantitative nasal cultures from carriers of Staphylococcus aureus: effects of the oral therapy with erythromycin, rosamicin, and placebo. Antimicrob Agents Chemother 15:379–383
Yu VL, Goetz A, Wagener M, Smith PB, Rihs JD, Hanchett J, Zuravleff JJ (1986) Staphylococcus aureus nasal carriage and infections in patients on hemodialysis: efficacy of antibiotic prophylaxis. N Engl J Med 315:91–96
Ziert CH (1982) Long-term Staphylococcus aureus carrier state in hospital patients. J Clin Microbiol 16:517–520

Kapitel 14

Antiseptik am Auge

C. Höller, C.-R. Maeck und C. Eckardt

1 Mikrobielle Besiedelung und Infektionen des Auges

Mikroflora: Bei der Betrachtung der mikrobiellen Besiedelung des Auges muß zwischen dem äußeren und dem inneren Bereich des Auges unterschieden werden. Die Keimbesiedelung des äußeren Bereiches, d.h. der Lider, der Lidränder mit den Zilien, der Bindehaut, der Cornea und des Tränenganges, entspricht im wesentlichen der Keimflora der Haut. Die am häufigsten isolierten aeroben Keime sind koagulase-negative Staphylokokken, gefolgt von Coryneformen, Mikrokokken und zu einem geringeren Anteil auch gramnegativen Erregern. S. aureus wird hauptsächlich im Bereich der Lider und Lidränder gefunden. Bei den Anaerobiern dominiert P. acnes, der besonders häufig in den Haarfollikeln des Lidrandes und auf der Lidhaut vorkommt. Zu einem geringen Prozentsatz sind Pilze und Hefen nachweisbar. Der innere Bereich des Auges ist unter physiologischen Bedingungen steril (McNatt et al. 1978; Isenberg et al. 1983; Forster 1985).

Das Auge wird bereits in früher Kindheit mikrobiell besiedelt. Dies führt bei normaler Immunkompetenz nicht zu Erkrankungen. Möglicherweise wird sogar die Invasion pathogener Keime durch die Anwesenheit dieser Standortflora gehemmt. Natürliche Abwehrmechanismen, wie beispielsweise die Spülwirkung des Tränenfilms und die darin enthaltenen antimikrobiellen Substanzen (Lysozym, Immunglobuline, Lymphocyten, Lactoferrin, Komplement-Faktoren und das Lactoperoxidase-Thiocyanat-Wasserstoffperoxid-System), dienen der Balance zwischen der Standortflora und potentiell pathogenen Keimen. Unter bestimmten Bedingungen, wie bei immunsuppressiver Therapie, Vitaminmangel oder Alkoholabusus sowie bei lokalen Veränderungen am Auge wie Erosiones oder Sicca-Syndrom, können Keime, die normalerweise als apathogen gelten, Infektionen hervorrufen.

Conjunctivitiden: Eine der häufigsten entzündlichen Erkrankungen des äußeren Auges ist die Blepharitis marginalis. Sie tritt oft in Verbindung mit einer verminderten Tränenproduktion, einer Seborrhoe sowie einer Besiedlung der

A. Kramer et al. (Hrsg.)
Klinische Antiseptik

Lider mit S. aureus auf. Die Haarfollikel der Wimpern sind meist chronisch infiziert. Die Erkrankung beginnt in der Kindheit und kann bis ins hohe Alter bestehen bleiben.

Eine chronische Blepharitis kann das Auftreten rezidivierender Hordeola begünstigen.

Gerstenkörner sind Abszesse der Meibomschen Drüsen; sie werden in den meisten Fällen von S. aureus verursacht.

Eine Conjunctivitis kann durch eine Vielzahl von Erregern ausgelöst werden. Die akute bakterielle Conjunctivitis beginnt oft einseitig mit Irritation und mukopurulenter Sekretion. Das zweite Auge erkrankt dann meist ebenfalls nach einer Latenzzeit von 48 h. Die am häufigsten vorkommenden Erreger sind S. aureus, S. pneumoniae und H. influenzae. Eine Infektion mit letzerem geht oft mit petechialen Blutungen einher und kann deshalb klinisch von Infektionen mit anderen bakteriellen Erregern abgegrenzt werden. Neisserien verursachen in der Regel eine hyperakute Conjunctivitis mit massiver Sekretion, Chemosis und der Gefahr einer cornealen Beteiligung bis zur Ulceration oder Perforation.

Chlamydien lösen je nach beteiligtem Serotyp das Trachom oder die Einschlußkörperchen-Conjunctivitis aus.

Die Typen A, B und C sind verantwortlich für das klassische Trachom, das mit einer follikulären Conjunctivitis und Keratitis beginnt und im Endstadium zu erheblichen Vernarbungen an Bindehaut und Hornhaut führen kann. Die Serotypen D–K verursachen die sog. Einschlußkörperchen-Conjunctivitis des Erwachsenen, die mit einer Urethritis oder Vaginitis einhergehen kann und auf sexuellem Wege übertragen wird. Auch hierbei kommt es zu einer Ausbildung von Follikeln und einer Begleitkeratitis, jedoch nur in Ausnahmefällen zu ausgeprägten Vernarbungen wie beim Trachom.

Unter den Viren kann HSV 1 bei Primärinfektion eine follikuläre Conjunctivitis hervorrufen. Auch Adenoviren verursachen eine ähnliche Entzündung, die Keratoconjunctivitis epidemica, die mit Chemosis, Rötung und Schwellung der Karunkel, Petechien, subconjunctivalen Blutungen und gelegentlich Pseudomembranen einhergeht. Die Hornhaut kann mit Ausbildung runder subepithelialer Infiltrate beteiligt sein. Für die Erkrankung sind die Adenovirus-Typen 8, 11, 19 und 37 verantwortlich. Coxsackie- und Enteroviren lösen eine akute, selbstlimitierende hämorrhagische Conjunctivitis aus, die in der Regel nach 5 bis 7 Tagen abklingt.

In diesem Zusammenhang ist auch die sog. „Ophthalmia neonatorum“ zu erwähnen. Mit diesem Begriff wird jede in den ersten 4 Lebenswochen auftretende Conjunctivitis bezeichnet, unabhängig vom verursachenden Erreger.

Die wohl schwerwiegendste Form ist die Infektion mit Neisserien. Ihr Verlauf kann dramatisch sein, eine Hornhautbeteiligung bis hin zur Perforation ist nicht selten. Die häufigste Neugeborenenconjunctivitis wird jedoch von Chlamydien hervorgerufen. Die Infektion ist durch eine massive Exsudation mit Ausbildung von Pseudomembranen gekennzeichnet. Die Hornhaut ist dabei meist nicht betroffen. Unter den viralen Erregern der Ophthalmia neonatorum ist in erster Linie das HSV zu nennen.

Keratitiden: Hornhautentzündungen können begleitend bei nahezu jeder Conjunctivitis auftreten. Oft liegen aber auch prädisponierende Faktoren wie Traumen, Sicca-Syndrom, antivirale oder immunsuppressive Therapie, Tränenwegverschlüsse oder Unfähigkeit des Lidschlusses vor. Neisserien, C. diphtheroides und H. aegypticus können die Cornea ohne vorhergehende Läsion befallen und intaktes Epithel zerstören. Das klinische Bild zeigt bei S. aureus- und Pneumokokken-bedingten Infektionen ovale, gelblichweiße Einschmelzungen inmitten einer klaren Hornhaut. Bei Infektionen mit Pseudomonaden findet man dagegen unregelmäßig begrenzte Ulcerationen und dicke mucopurulente Exsudate. Das umliegende Stroma ist hauchig getrübt und Perforationen sind nicht selten. Bei einer Infektion mit Enterobakterien entsteht meist eine flache Ulceration mit grauweißen Einschmelzungen und diffuser Trübung des Hornhautstromas.

Die häufigste virale Keratitis wird von HSV verursacht.

Klinisch findet man bei verminderter Hornhautsensibilität Epithelläsionen in Form dendritischer oder landkartenartiger Ulcera. Das Stroma kann ebenfalls an der Entzündung beteiligt sein, und zwar sowohl als infiltrative Keratitis als auch in Form eines diffusen Ödems, das auf eine Immunreaktion zurückgeführt wird.

Auch bei Infektionen mit Herpes zoster-Viren sind landkarten- und bäumchenartige Epithelläsionen typisch; daneben kommen aber auch tiefer liegende Stromainfiltrate vor.

Mykotisch bedingte Hornhautentzündungen treten in der Regel nur nach Verletzungen des Auges mit organischem Material oder bei extrem geschwächten Patienten auf.

In ländlichen Gegenden mit hoher Frequenz von Verletzungen lassen sich Keratitiden, die durch Sproßpilze verursacht werden, häufiger nachweisen. Hefen kommen bevorzugt bei immunsupprimierten oder immungeschwächten Patienten vor. Typisch für eine mykotische Keratitis sind satellitenartig verteilte Herde mit hyphenartigen Rändern, einem Ring aus Antigen-Antikörperkomplexen und speckigen Endothelbeschlägen.

Endophthalmitiden: Die Endophthalmitis kann als schwerwiegendste Augenentzündung alle Abschnitte und Gewebe des Auges betreffen. Sie tritt als gefürchtete Infektion nach intraokularen Eingriffen oder perforierenden Verletzungen auf, kann sich in seltenen Fällen jedoch allein infolge extremer Abwehrschwäche entwickeln. Der häufigste Erreger einer postoperativen Endophthalmitis ist S. epidermidis (Driebe et al. 1986). Bei traumatischer Genese sind besonders in ländlichen Gegenden neben S. epidermidis und Streptokokken sehr oft Bacillus spp. nachweisbar (Boldt et al. 1989). Mykotische Endophthalmitiden treten am ehesten bei Patienten mit geschwächtem Immunsystem auf.

Eine bakteriell bedingte Endophthalmitis kann einen rasch progredienten Verlauf mit Beteiligung aller Gewebe nehmen und zu schnellem operativen Eingreifen zwingen (Vitrektomie). Mykotische Entzündungen verlaufen in der Regel langsamer und zeigen im Glaskörper und auf der Netzhaut typische satellitenartig verteilte flauschige Herde, ohne gleich zur Eintrübung des gesamten Glaskörpers zu führen.

2 Anwendungsbereiche von Antiseptika am Auge

Antiseptik am Auge beinhaltet sowohl Hautantiseptik, Antiseptik der Conjunctiven als auch Antiseptik des Augeninnenraums. Diese sehr unterschiedlichen Applikationsorte erfordern zum größten Teil grundsätzlich verschiedene Antiseptika und auch Applikationsarten.

Die Gruppe der Augenantiseptika umfaßt daher so unterschiedliche Substanzen wie Hautantiseptika, Präparate, die vorwiegend am Auge eingesetzt werden (z. B. Silbernitrat), wie auch Antibiotika, die lediglich lokal wirken und nicht oder kaum resorbiert werden. Als Applikationsarten kommen das Auftragen auf Haut und Conjunctiven, die subconjunctivale, intrakamerale und intravitreale Injektion in Frage.

Antiseptische Maßnahmen an der Haut um die Augen einschließlich der Lider werden in der Regel vor operativen Eingriffen durchgeführt. Verwendet werden die üblichen Hautantiseptika (s. Kap. 6), wobei bei periorbitaler Applikation auf eine gute Augenverträglichkeit geachtet werden muß.

Die klassische einmalige prophylaktische Antiseptikagabe stellt die Credé'sche Augenprophylaxe bei Neugeborenen dar. Zum Teil einmaliges, meist aber mehrmaliges Auftragen antimikrobiell wirkender Substanzen auf die Conjunctiven erfolgt vor Untersuchungen, operativen Eingriffen und beim Tragen von Kontaktlinsen oder Prothesen. Bei manifesten Infektionen der Conjunctiven werden Antiseptika, wie z. B. PVP-Iod-Lösung, seltener verwendet. In der Regel greifen die Ophthalmologen auf Breitband-Antibiotika oder Virostatika zurück.

Para- oder intrabulbäre Injektionen werden als postoperative Infektionsprophylaxe, nach Versorgung von Verletzungen, bei Pilzinfektionen des Auges und bei Endophthalmitiden durchgeführt. Die Risiken und der Nutzen einer solchen Behandlung müssen jedoch sorgfältig abgewogen werden. Für diese Injektionen werden nur Antibiotika oder Virostatika verwandt.

3 Klinische Anwendung von Antiseptika und Antibiotika am Auge

3.1 Allgemeine Grundsätze

Die Auswahl eines Augenantiseptikums wird in erster Linie von der Wirksamkeit und der Verträglichkeit bestimmt. Die Effektivität kann sich dabei in vitro und in vivo deutlich unterscheiden.

Außer der im Vergleich zur Hautantiseptik notwendigerweise meist geringer konzentrierten Gebrauchslösung spielen u.a. die Verdünnung durch Tränenflüssigkeit, die Benetzbarkeit der Gewebe, Diffusions- und Resorptionsmechanismen, die Bindung der Wirkstoffe an Proteine und Gewebe, die Inaktivierung durch körpereigene Substanzen sowie Wachstums- und

Resistenzfaktoren der Standortflora eine Rolle. Alle am Auge angewandten Antiseptika und Antibiotika werden zumindest zu einem Teil durch die Tränenflüssigkeit verdünnt bzw. weggewaschen. Die vor allem bei Antiseptika von der richtigen Anwendungskonzentration abhängige Wirkung wird dabei stark vermindert. Bei einigen Wirkstoffen wie z. B. Sulfacetamid ist jedoch bekannt, daß die Conjunctiven aus der Tränenflüssigkeit erhebliche Mengen aufnehmen und in der Folge über einen längeren Zeitraum an die Augen abgeben können (Leopold 1984).

Die Benetzbarkeit der Gewebe kann durch den Zusatz oberflächenaktiver Substanzen verbessert werden. In der Hautantiseptik wurde dies in der Rezeptur vieler Präparate berücksichtigt. In der Augenantiseptik wird Benzalkoniumchlorid häufig als ein Konservierungsmittel eingesetzt, das gleichzeitig das Permeationsvermögen der Wirksubstanzen verbessert. Inkompatibilitäten bestehen mit anorganischen und organischen Anionen wie Nitraten, Salicylaten, Iodiden und Sulfonamiden (Havener 1978).

Wirkstoffe, die an Proteine oder Gewebe gebunden werden, können schlechter penetrieren als relativ frei vorliegende Substanzen, zum Teil werden sie auch vollständig inaktiviert. Eine starke Proteinbindung ist z. B. bei oberflächenaktiven Substanzen, PVP-Iod-Lösung, Aminoglycosiden und Tetracyclinen bekannt. Die Bindung an Gewebe ist bei Pigmentierung besonders ausgeprägt. Dies kann zwar einerseits die aktuelle Wirkung einer Substanz beeinträchtigen, die Langzeitwirkung aber begünstigen (Bloome et al. 1970). Die Diffusions- und Resorptionsmechanismen am Auge sind relativ kompliziert. Zwar werden die Wirksubstanzen über die Conjunctiven aufgenommen, wahrscheinlich jedoch zum größten Teil über die Blutgefäße abtransportiert, ohne in nennenswertem Ausmaß das Augeninnere zu erreichen (Doane et al. 1978). Die Fähigkeit, in die vorderen Augenabschnitte zu diffundieren, hängt nicht nur von der Wasser-, sondern auch von der Lipidlöslichkeit der Mittel ab, da die Hornhaut reichlich Lipide enthält, die für fettunlösliche Mittel eine Barriere darstellen (Simon u. Stille 1989). Lipophile Substanzen wie Chloramphenicol und einige Tetracycline penetrieren das Hornhautepithel viel leichter als andere Medikamente. Bei Schäden der Cornea oder durch Veränderung der Lipidschranke, z. B. durch Iontophorese, ist die Permeabilität vergrößert. Polare Substanzen können dagegen das Stroma der Cornea schneller passieren. Die Wirkstoffe gelangen dann nach Überwinden der endothelialen Barriere in die vordere Augenkammer und benetzen Iris und Linse. Anschließend werden sie über den Schlemm'schen Kanal abtransportiert. Hintere Augenabschnitte werden dabei nicht erreicht (Leopold 1984).

3.2 Prophylaktische Indikationen

Für die präoperative Hautantiseptik werden Alkohole, PVP-Iod-Lösung oder oberflächenaktive Substanzen verwendet. Sämtliche Präparate können in den zur Hautantiseptik angewandten Konzentrationen die Augen reizen. Bei anästhesierten Patienten wird die Reizwirkung nicht bemerkt und kann zu Heilungsverzögerungen und zu schweren Schäden an Bindehaut und Hornhaut führen. Bei Patienten, die nur eine Lokalanästhesie erhalten, sollte das gesunde Auge nicht betäubt werden, damit eine versehentliche Applikation von Hautantiseptika rechtzeitig bemerkt wird (Havener 1978). Das Auftragen von Antibiotika auf Lider reduziert die Bakterienzahlen nur geringfügig (Whitney et al. 1972).

Die lokale Verträglichkeit eines Antiseptikums stellt den limitierenden Faktor bei der Auswahl eines Präparates dar. Viele der üblicherweise eingesetzten Antiseptika (Chlorpräparate, Quecksilberverbindungen, H_2O_2) sind am Auge nicht oder nur eingeschränkt anwendbar. Gebräuchliche Wirkstoffe sind Silber- und Bismuthverbindungen, PVP-Iod-Lösung, Zinkverbindungen, Phenolderivate (z. B. Bibrocathol) und Borate. Oberflächenaktive Verbindungen wie Benzalkoniumchlorid werden zwar in einer Verdünnung von 1:5000 am Auge gut vertragen, sind jedoch durch organisches Material zu schnell inaktivierbar (Havener 1978).

Aufgrund von Toxizitätsuntersuchungen an Kaninchenaugen kann die präoperative periorbitale Hautdesinfektion mit PVP-Iod-Lösung empfohlen werden. Sofern keinerlei Detergentien und Alkohole in der Lösung enthalten sind, wird ein kurzfristiges Einwirken auf die Cornea in der handelsüblichen Dosierung von 10% ohne nennenswerte klinische Symptome vertragen (MacRae et al. 1984). Bei akzidenteller Instillation von reinen Hautantiseptika muß das betroffene Auge jedoch sofort gespült werden, da anderenfalls mit Hornhautschäden gerechnet werden muß. Bei Anwendung von halbkonzentrierter PVP-Iod-Lösung ist die Wirksamkeit zwar etwas herabgesetzt, die Reizwirkung jedoch vernachlässigbar.

Die präoperative Augenantiseptik im engeren Sinne, d.h. die Keimreduktion auf den Conjunctiven, wird in der Regel mit Antibiotika, in erster Linie mit Gentamicin (Taylor et al. 1988), z.T. ergänzt durch PVP-Iod-Lösung, durchgeführt. Antibiotika werden in Form von Augensalben oder Augentropfen appliziert. Augensalben haben den Vorteil, daß der Wirkstoff länger einwirken kann, führen jedoch zu einer Sehbehinderung, rufen häufiger als Augentropfen eine Kontaktdermatitis hervor und können die Mitose der Hornhautepithelien hemmen (Simon u. Stille 1989). Meist werden tagsüber Tropfen gegeben und nachts Augensalben aufgetragen.

Für die präoperative Augenantiseptik wurden verschiedene Behandlungsschemata erprobt (Fahmy 1980; Isenberg et al. 1985). In einer Untersuchung von Glasser et al. (1985) zeigte sich, daß sich die cornealen Gentamicinspiegel nach stündlicher Applikation eines Tropfens Antibiotikalösung nicht signifikant von denen nach 2-stündlicher Applikation dreier Tropfen unterschieden. Für die Wirksamkeit entscheidend scheint eher eine längerfristige Anwendung über mindestens 4–6 h zu sein.

Die bei einer oberflächlichen Anwendung von Antibiotika üblichen Probleme wie Allergisierungsgefahr, wechselnde Resistenzen der Bakterien, fehlende Inaktivierbarkeit von Viren und Pilzen usw., können durch die Anwendung von PVP-Iod-Lösung vermieden werden. Um Schäden an der Cornea und starke Reizwirkungen an der Bindehaut sicher zu vermeiden, sollte lediglich eine halbkonzentrierte (5%-ige) PVP-Iod-Lösung verwendet werden, von der unmittelbar vor der Operation einige Tropfen in den Bindehautsack geträufelt werden (Wille 1982; Klie et al. 1986). Ein weiterer Vorteil dieses Verfahrens liegt darin, daß durch die schnell eintretende Wirkung auch kurzfristig Eingriffe durchgeführt werden können. Die Keimreduktion unterscheidet sich nicht signifikant von der durch Antibiotikagabe erreichbaren und beträgt ca. 90% (Isenberg et al. 1985; Höller et al. 1990). Die größte Sicherheit erhält man bei der Kombination beider Verfahren. Die Wirksamkeit anderer Antiseptika wie z.B. von Zinkverbindungen oder Phenolderivaten ist bisher nicht untersucht worden.

Die bei Neugeborenen durchgeführte Infektionsprophylaxe ist ein wichtiger Bereich der Augenantiseptik. 2%-ige Silbernitratlösung, wie sie von Credé eingeführt wurde, wird heute wegen ihrer Toxizität nicht mehr verwendet. Selbst die häufig eingesetzte 1%-ige Lösung reizt das Auge und greift das Epithel der Cornea an. Bei längerfristiger Applikation kann die natürliche Schutzschicht des Auges zerstört werden, und es für pyogene Infektionen empfänglicher machen. Die Gefahr einer Argyrose besteht lediglich bei häufiger und großflächiger Anwendung. Durch die Proteindenaturierung und Präzipitation unlöslichen Silberchlorids durch gewebseigene Chloride bleibt die Wirkung von Silbernitrat im wesentlichen auf die Oberfläche beschränkt. Dadurch werden zwar die evtl. bei der Geburt ins Auge gelangenden Gonokokken abgetötet, eine Gonokokkeninfektion, bei der die Erreger intrazellulär liegen, ist dagegen mit Silbernitrat nicht behandelbar.

In mehreren Studien wurde die Wirksamkeit von Silbernitrat mit Erythromycin und Tetracyclin verglichen (Hammerschlag et al. 1980; Laga et al. 1988; Hammerschlag et al. 1989). Eine klare Aussage kann zwar aufgrund der Ergebnisse noch nicht getroffen werden, doch scheinen alle drei Substanzen gegenüber Gonokokken gleich wirksam zu sein, bei neonataler Chlamydieninfektion aber zu versagen. Hammerschlag et al. (1989) kommen zu dem Schluß, daß eine sehr gute pränatale Überwachung der Mutter die wirksamste Prophylaxe darstellt. Diese Überlegungen werden in einigen Ländern wie Großbritannien und Dänemark geteilt und haben dort zu einer Abschaffung der routinemäßigen Augenprophylaxe geführt. Bei mangelnder Vorsorge ist dieses Vorgehen allerdings mit großen Risiken behaftet.

Wichtig bei der Durchführung der Infektionsprophylaxe am Auge ist es, daß die Applikation der Substanzen möglichst kurze Zeit nach der Geburt erfolgt, da die Wirksamkeit der Maßnahmen nach einigen Stunden stark nachläßt.

3.3 Therapeutische Antiseptik

Conjunctivitiden und Keratitiden erfordern die therapeutische Anwendung von Antiseptika und Antibiotika. Die Präparate werden meist über einen längeren Zeitraum angewandt, in besonderen Fällen kann auch eine kontinuierliche Lavage sinnvoll sein. In der Regel werden Antibiotika oder Virostatika verwendet, die je nach vorliegender Erregerart ausgewählt werden. Die Wirksamkeit von PVP-Iod-Lösung bei der Behandlung bakterieller und viraler Erkrankungen ist z.T. klinisch, z.T. experimentell bestätigt worden (Hiti et al. 1979; Neuhann u. Sommer 1980; Janthur et al. 1985; Schuhmann u. Vidic 1986; Benevento et al. 1990). Einzelne Berichte über die Wirksamkeit von 0,125%iger Kupfersulfatlösung, die durch Iontophorese verstärkt wurde, liegen vor (Havener 1978). Silbernitratlösung eignet sich wegen ihrer unzureichenden antiseptischen Wirkung und ihrer Toxizität nicht als Therapeutikum.

Die subconjunctivale Injektion von Antibiotika wird zum einen therapeutisch bei Infektionen der Cornea und der vorderen Kammer, zum anderen prophylaktisch nach Verletzungen, bei Ulcerationen und postoperativ durchgeführt. Durch diese Applikationsform können hohe Antibiotikakonzentrationen in der Cornea und in der vorderen Augenkammer erzielt werden. Die Injektionen sind häufig schmerzhaft und können zu Reizungen des Auges, Verfärbung der Conjunctiven und Knötchenbildung führen.

Intrakamerale Injektionen werden nur selten, z. B. vor Operationen im infizierten Gewebe, durchgeführt, da Hornhaut- und Linsenschäden auftreten können. Auch intravitreale Injektionen werden nur ausnahmsweise, z. B. zur Therapie einer Endophthalmitis, vorgenommen.

Literatur

Benevento WJ, Murray P, Reed CA, Pepose JS (1990) The sensitivity of Neisseria gonorrhoeae, Chlamydia trachomatis, and Herpes Simplex Type II to disinfection with povidone-iodine. Am J Ophthalmol 109:329–333

Bloome M, Golden B, McKee A (1970) Antibiotic concentration in ocular tissues of penicillin G and dehydrostreptomycin. Arch Ophthalmol 83:78–83

Boldt C, Pulido JS, Blodi CF, Folk JC, Weingeist TA (1989) Rural Endophthalmitis. Ophthalmol 96:1722–1726

Doane MG, Jensen AD, Dohlman CH (1978) Penetration routes of topically applied eye medications. Am J Ophthalmol 85:383–386

Driebe WT, Mandelbaum S, Forster RK, Schwartz LK, Culbertson WW (1986) Pseudophacic Endophthalmitis. Ophthalmol 93:442–448

Fahmy JA (1980) Bacterial flora in relation to cataract extraction. V. Effects of topical antibiotics on the preoperative conjunctival flora. Acta Ophthalmol 58:567–575

Forster RK (1985) Antibiotics and Antisepsis. In: Sears M, Tarkkanen A (ed) Surgical Pharmacology of the Eye. Raven Press, New York, pp 57–81

Glasser DB, Gardener S, Ellis JG, Pettit TH (1985) Loading doses and extended dosing intervals in topical gentamicin therapy. Am J Ophthalmol 99:329–332

Hammerschlag MR, Chandler JW, Alexander ER, English M, Chiang W-T, Koutsky L, Eschenbach DA, Smith JR (1980) Erythromycin ointment for ocular prophylaxis of neonatal chlamydial infection. JAMA 244:2291–2293

Hammerschlag MR, Cummings C, Roblin PM, Williams TH, Delke I (1989) Efficacy of neonatal ocular prophylaxis for the prevention of chlamydial and gonococcal conjunctivitis. N Engl J Med 320:769–772

Havener WH (1978) Ocular Pharmacology, 4th edn. The C.V. Mosby Company, Saint Louis

Hiti H, Hanselmayer H, Hofmann H (1979) Erfahrungen in der Therapie und Prophylaxe der Keratokonjunctivitis epidemica. Klin Mbl Augenheilk 174:456–461

Höller C, Maeck C, Eckardt C, Gundermann KO (1990) Preoperative eye-disinfection. 2nd International Conference of the Hospital Infection Society, 2.–6.9.1990, Kensington, London.

Isenberg S, Apt L, Yoshimuri R (1983) Chemical preparation of the eye in ophthalmic surgery. I. Effect of conjunctival irrigation. Arch Ophthalmol 101:761–763

Isenberg S, Apt L, Yoshimuri R, Khwang S (1985) Chemical preparation of the eye in ophthalmic surgery. IV. Comparison of povidone-iodine on the conjunctiva with a prophylactic antibiotic. Arch Ophthalmol 103:1340–1342

Janthur E, Blessing J, Ehrlich W, Wigand R (1985) Polyvinyl-Pyrrolidon-Jod und Arginase: Einfluß auf Hornhaut-Regeneration und antivirale Wirkung. Klin Mbl Augenheilk 186:25–28

Klie F, Bøge-Rasmussen I, Jensen OL (1986) The effect of polyvinylpyrrolidone-iodine as an disinfectant in eye surgery. Acta Ophthalmol 64:67–71

Leopold IH (1984) Anti-infective Agents. In: Sears ML (ed) Pharmacology of the Eye. Springer, Berlin Heidelberg New York (Handbook of Experimental Pharmacology, vol LXIX, pp 385–457

Mac Rae SM, Brown B, Edelhauser HF (1984) The corneal toxicity of presurgical skin antiseptics. Am J Ophthalmol 97:221–232

McNatt J, Allen SD, Wilson LA, Dowell VR (1978) Anaerobic flora of the normal conjunctival sac. Arch Ophthalmol 96:1448–1450

Neuhann T, Sommer G (1980) Erfahrungen mit Jod-Povidon zur Behandlung der Keratoconjunctivitis epidemica. Z prakt Augenh 1:65–68

Schuhmann G, Vidic B (1986) PVP-Jod-Augentropfen bei bakterieller Conjunctivitis. Fortschr Ophthalmol 83:197–198

Simon C, Stille W (1989) Antibiotikatherapie in Klinik und Praxis, 7. Aufl, Schattauer, Stuttgart, S 535–550

Taylor PB, Tabbara KF, Burd EM (1988) Effect of preoperative fusidic acid on the normal eyelid and conjunctival bacterial flora. Br J Ophthalmol 72:206–209

Whitney CR, Anderson RP, Allansmith MR (1972) Preoperatively administered antibiotics. Arch Ophthalmol 87:155–160

Wille H (1982) Assessment of possible toxic effects of polyvinylpyrrolidone-iodine upon the human eye in conjunction with cataract extraction. Acta Ophthalmol 60:955–960

Kapitel 15

Antiseptik in der Mundhöhle

A. Kramer, M. Exner, P. Heeg, V. Hingst, M. Rosin
und G. Wahl

1 Die Mundhöhle als Ausgangspunkt von Infektionen

Die Mundhöhle beherbergt eine Vielzahl von Mikroorganismen. Die Standortflora der Mundhöhle ist einerseits wesentlich an der Infektionsabwehr des Wirtsorganismus beteiligt, andererseits können von hier aus Mikroorganismen endogen in den Organismus gelangen bzw. exogen weiterverbreitet und so Ursache einer nosokomialen Infektion werden. Durch die Einführung hoch- bzw. höchsttouriger Antriebstechnik, der Ultraschall-Zahnsteinentfernung und die wachsende Bedeutung der Behandlung von Parodontopathien sind die Infektionsrisiken gestiegen. Das betrifft nicht zuletzt die Situation durch die zunehmende HIV-Ausbreitung. In zahnärztlichen Einrichtungen werden durch die potentiell bzw. obligat pathogenen Mundhöhlenkeime sowohl die Mitarbeiter (Zahnarzt, Assistenz, Zahntechniker, Reinigungspersonal, Apparate-/Servicetechniker) als auch der Patient selbst, nachfolgende Patienten und letztlich auch Angehörige dieser Personengruppe gefährdet.

Auch in anderen klinischen Disziplinen kann die Mundhöhle Eintrittspforte für nosokomiale Infektionen werden, insbesondere beim apparativ beatmeten Intensivtherapiepatienten und beim granulozytopenischen Patienten (Teseler 1990).

1.1 Mundhöhlenflora

Die Mikroorganismen in der Mundhöhle bilden eine sehr artenreiche Biozönose, bestehend aus Bakterien, Mykoplasmen, Pilzen und Protozoen (MacFarlane 1989).

Ihre qualitative und quantitative Zusammensetzung steht in einem Gleichgewicht, das von verschiedenen Faktoren beeinflußt wird, z. B. durch den Speichel (Spülwirkung, Redoxverhalten, pH-Wert, Ionengehalt, Enzyme), den Schluckvorgang, die Nahrung, mikrobielle Interferenzen, Mechanismen der unspezifischen Resistenz (Peroxidasesysteme, Phagocytose), Immunreaktionen und Epitheldesquamation (Prickler 1980).

A. Kramer et al. (Hrsg.)
Klinische Antiseptik

Die Mundhöhle beherbergt eine relativ konstante Standortflora (residente Flora), von der man die Transientflora unterscheiden muß (Cole u. Eastane 1988). Der Biotop Mundhöhle besteht aus einer Reihe von Einzelbiotopen, die von einer jeweils charakteristischen Mikroflora besiedelt sind. Die wichtigsten Biotope innerhalb der Mundhöhle sind die Schleimhaut der Wangen, des Gaumens und der Lippen, die Zunge, die Zahnoberfläche (sowohl oberhalb als auch unterhalb der Gingiva), der Tonsillenbereich, Zahnersatz (sofern er vorhanden ist) und der Speichel (MacFarlane 1989).

- *Die orale Mikroflora haftet primär an Oberflächen und wird erst sekundär in den Speichel abgegeben.*

Eine Analyse der Speichelflora gestattet daher keine genaue qualitative oder quantitative Aussage über die Besiedlung bestimmter Regionen der Mundhöhle.

- *1 ml Speichel enthält etwa 1–7,5 × 10^8 KbE.*

Die Keimbesiedlung der Mundhöhle beginnt mit der Geburt bei der Passage des Geburtskanals. In der Folgezeit gelangen Mikroorganismen mit der Nahrung, der Atemluft und durch Kontakt mit der Mutter, mit Pflegepersonen oder Gegenständen der Umgebung in die Mundhöhle und können sich dort ansiedeln. In wenigen Wochen hat sich eine Standortflora gebildet, in der die grampositiven und gramnegativen Kokkenbakterien mit mehr als 95% den Hauptanteil bilden (Lehnert u. Hauser 1968). Bereits kurz nach der Geburt sind neben aeroben bereits auch anaerobe Keime nachweisbar (Hurst 1957). Während beim zahnlosen Kind nur epitheliale Oberflächen besiedelt werden können, entstehen beim Durchbruch der Zähne neue Oberflächen und Spalträume, die von bestimmten Mikroorganismen bevorzugt besiedelt werden, wie S. mutans und S. sanguis (Hardie u. Bowden 1976). Ebenfalls verbunden mit dem Zahndurchbruch ist die Zunahme der Anzahl obligat anaerober Species (MacFarlane 1989). Im Laufe des Lebens führen zahnärztliche Maßnahmen zur Veränderung der Mundhöhlenflora. So können bei Prothesenträgern Candida species dominieren bzw. die Zahl der Lactobacillen nach Sanierung kariöser Läsionen kann zurückgehen. Nach Zahnverlust verursacht das Fehlen des Sulcus gingivae eine Verminderung der Anaerobier (Pilz et al. 1980), die aber bei Implantatversorgungen in zahnlosen Arealen durch peripiläre Taschen und Spalträume der Suprakonstruktion wieder Bedeutung erlangen (Wahl u. Schaal 1989). In der zahnlosen Mundhöhle sind keine Mykoplasmen nachweisbar (Chanock 1965). Da sich auch auf Prothesen Plaqueablagerungen bilden, bleiben diese für die Zusammensetzung der Mundhöhlenflora bedeutungsvoll.

Von maßgeblichem Einfluß auf die Keimzahl ist die Mundhygiene. Zähneputzen und Mundspülungen führen zu einer Keimzahlverminderung in Mundspülproben um bis zu etwa 1 lg (Kramer et al. 1990). Die Ausgangswerte werden jedoch spätestens nach etwa 2–3 h wieder erreicht (Berger 1964). Während des Schlafens erfolgt durch die verringerte Speichelsekretion ein Keimzahlanstieg, der vor dem Erwachen seinen Höhepunkt erreicht.

In der Mundhöhle des Gesunden übersteigt die Zahl der obligaten Anaerobier (Actinomyces, Arachnia, Bacteroides, Bifidobacterium, Eubacterium, Fusobacterium, Lactobacillus, Leptotrichia, Propionibacterium, Treponema, Veillonella spp.) die der fakultativen Aanerobier und Aerobier um das etwa 2–3 Fache (Abb. 15-1). Unter den letzteren beiden Bakteriengruppen dominieren Streptokokken und Staphylokokken, gefolgt von apathogenen Neisserien und Corynebakterien. Unter den potentiell pathogenen Aerobiern sind vor allem P. aeruginosa, Enterobacteriaceae (Botzenhart et al. 1985; Exner et al. 1985a), Mykoplasmen und Haemophilus-Arten von Bedeutung. Hefeähnliche Pilze sind in einem hohen Prozentsatz (bis 80% der Untersuchten) nachweisbar. Ihr

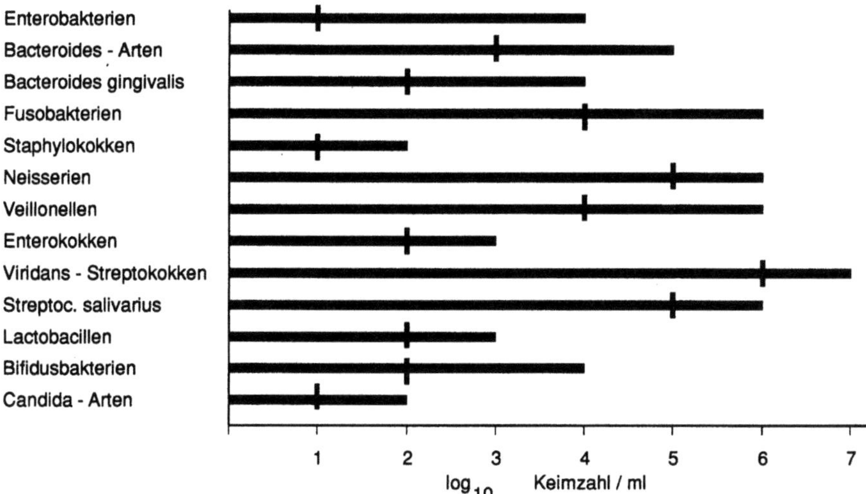

Abb. 15-1. Orale Standortflora (nach Drasar et al. 1969) – Gesamtbereich des Vorkommens der Mikroorganismen mit eingezeichneten logarithmischen Mittelwerten

Anteil an der Gesamtflora ist jedoch gering (Abb. 15-1). Im Vergleich zu anderen episomatischen Biotopen besteht in der Mundhöhle die Besonderheit, daß der überwiegende Anteil entzündlicher bzw. infektiöser Prozesse durch Vertreter der Standortflora ausgelöst wird.

• *Erkrankungen der Mundhöhle gehen in der Regel mit Veränderungen der Standortflora einher* (Tabelle 15-1).
Eine Ursache dafür ist, daß durch den Krankheitsprozeß neue Räume entstehen, die von bestimmten Species besiedelt werden. Die kariöse Läsion und die parodontale Tasche sind Beispiele dafür. Die kariöse Läsion begünstigt die Proliferation säuretoleranter Lactobacillen, während für die parodontale Tasche obligat anaerobe Keime wie Spirochäten charakteristisch sind (Cole u. Eastane 1988).

• *Die Standortflora der Mundhöhle verändert sich auch bei systemischen Erkrankungen bzw. Einflußfaktoren.*
Das betrifft insbesondere Patienten mit verminderter Immunitätslage, mit immunsuppressiver und zytostatischer Therapie. Die Rolle der Antibiotika bei der Selektion resistenter und virulenter Keime und die im Gefolge mögliche Entstehung schwer beherrschbarer Superinfektionen und oraler Dysbiosen ist in einer Vielzahl von Untersuchungen eindrucksvoll belegt.

• *Für eine Reihe von Erregern wird ein passageres oder längerfristiges Keimträgertum (Carrier) beobachtet.*
Viruscarrier werden vor allem beim epidemischen Auftreten von Coxsackie- und Influenzavirusinfektionen gesehen sowie bei HBV, bei dem die endemische Quote mit 10% der Weltbevölkerung geschätzt wird. In Nordeuropa wird ein HBsAg-Carrier-Status von 0,1–0,5% gefunden, in Taiwan von über 20%. Die

Tabelle 15-1. Veränderung der Mikroflora bei Parodontalerkrankungen (nach Slots 1984; Flores-de-Jacobi 1987; Pfister et al. 1987)

Zustand des Parodonts	Erhöhung des Anteils der Mikroflora durch folgende Species
Gingivitis	gramnegative Bakterien (bis etwa 45%), Bacteroides und Fusobacterium nucleatum
akute nekrotisierende Gingivitis	Bacteroides intermedius, Spirochäten und fusiforme Bakterien
Schwangerschafts-gingivitis	Bacteroides intermedius und gingivalis, Capnocytophaga
akute Parodontitis	gramnegative Bakterien (bis 75%), besonders Bacteroides gingivalis, Fusobacterium nucleatum, Eikenella corrodens, Actinobacillus actino-mycetem-comitans
Parodontitis in chronischer Phase	grampositive Kokken- und Stäbchenbakterien
Parodontitis bei Diabetes mellitus	gramnegative Bakterien, besonders Capnocytophaga, Spirochäten und fusiforme Bakterien
iuvenile Parodontitis	gramnegative Bakterien (etwa 2/3), besonders Actinobacillus actino-mycetem-comitans, Capnocytophaga

kumulativen Infektionsraten (zusammengesetzt aus den Werten für HBsAg, anti-HBc und weiteren Virusmarkern) variieren in Mitteleuropa etwa zwischen 5% im 3. und 10–12% im 6. Lebensdezennium. So überrascht es nicht, daß mindestens jeder 2. Zahnarzt im Laufe seines Berufslebens mit HBV infiziert wird (Jülich u. Heeg 1990). Da die Mehrzahl zahnärztlicher Eingriffe mit Blutungen verbunden ist, erhöht sich das Risiko der HBV-Übertragung durch Speichel wesentlich, da eine Verdünnung virushaltigen Blutes von 10^{-4} ausreicht, um eine klinische Hepatitis auszulösen. In diesem Zusammenhang ist zu beachten, daß die Hepatitis-B-Impfung keinen absolut sicheren Schutz gewährleistet (Non-Responder, NANB-Hepatitis, insbesondere Hepatitis C, bzw. Infektion chronischer HBsAg-Träger mit Delta-Hepatitis).

Grundsätzlich besteht bei einer zahnärztlichen Behandlung auch die Möglichkeit der wechselseitigen HIV-Übertragung, wenn auch bisher nur Einzelfälle bekannt wurden.

Für Bakterien wird insbesondere für die Wintermonate ein gehäuftes Auftreten pathogener Keime in der Mundhöhle beschrieben. Dyrna (1968) fand bei 8% der Patienten im Winter C. diphtheriae, in den Sommermonaten dagegen nur bei 0,5%. Ferner kann ein Keimträgertum bei N. meningitidis, Streptococcus spp., H. influenzae, S. aureus und C. albicans beobachtet werden. Bei Krankenpflegepersonal kann der Prozentsatz von S. aureus bis 60% erreichen (Engelhardt 1969). Bei offener Tuberkulose der Atemwege darf die Infektiosität nicht unterschätzt werden.

• *Der gesunde Patient stellt ebenso wie der an Infektionen erkrankte eine potentielle Infektionsquelle dar.*

1.2 Infektionsrisiken

Endokarditisgefährdung: Zahnärztliche Eingriffe, aber auch bestimmte Zahnpflegemaßnahmen, sind mit einer hohen Bakteriämie-Inzidenz behaftet. Diese kann bei Parodontalbehandlungen 90% erreichen, wird bei Zahnextraktionen zwischen 35 und 85% angegeben und ist beim Gebrauch von Mundduschen (bis 40%) immerhin etwa genauso häufig wie nach operativen Zahnentfernungen (35%; Knoll-Köhler 1989; Rahn 1990). Obwohl diese Bakteriämien nur etwa 15 min dauern, können sie bei entsprechender Prädisposition (z.B. Endokardläsion, Herzklappenfehler, Herzklappenprothese) zu einer bakteriellen Endokarditis führen. Ihre Häufigkeit kann nach zahnärztlich-chirurgischen Eingriffen bis etwa 2% betragen (Rahn 1988). Diese Tatsache ist bedeutungsvoll, da die bakterielle Endokarditis trotz verbesserter antibiotischer Therapie noch immer mit einer Letalität von 20–40% belastet ist (Literaturüberblick bei Knoll-Köhler 1989). Bakteriämien infolge zahnärztlicher Eingriffe zeigen fast regelmäßig eine Beteiligung von α-hämolysierenden Streptokokken, die bei bakteriellen Endokarditiden die häufigsten Erreger darstellen (MacFarlane 1989).

Wundheilungsstörungen: Bei kieferchirurgischen und anderen zahnärztlich-chirurgischen Eingriffen kann die Inzidenz von Wundheilungsstörungen 6 bis 7% erreichen.

Die Alveolitis ist die häufigste Störung der Wundheilung nach einfacher Zahnextraktion und entspricht einer umschriebenen Osteomyelitis. Besonders sind Patienten mit Abwehrschwäche gefährdet. Auch Schmerzzustände können entzündlich bedingt und abhängig sein von der postoperativen Wundversorgung (z.B. durch Drainage in unterschiedlicher Form) und der Mundhygiene (Exner et al. 1988).

Karies und Parodontopathien: Die mikrobielle Plaque ist der wichtigste ätiologische Faktor bei der Entstehung von Karies und Parodontopathien (Abb. 15-2). Anfangs enthält die Plaque zunächst Streptokokken, Neisserien und Actinomyceten, später kommen Corynebakterien, Lactobacillen und Spirochäten hinzu (Waerhaug 1978).

Die Karies kann als chronische Infektion betrachtet werden (MacFarlane 1989), bei der die Keime in eine organische Matrix (dentale Plaque) eingebunden dem Zahn zunächst anhaften. Erst in einem relativ späten Stadium, nachdem die oberflächliche Schmelzschicht zerstört worden ist, breitet sich die Infektion via Dentin in Richtung Pulpa aus.

Die entzündlichen Parodontopathien werden durch Bakterien der gingivanahen bzw. subgingivalen Plaque verursacht. Dabei werden die Gingivitis und auch die Erwachsenen-Parodontitis als unspezifische Infektion durch obligat und fakultativ anaerobe Bakterien angesehen (Topoll 1989). Hingegen weisen eine Reihe von Untersuchungen darauf hin, daß es sich bei der juvenilen Parodontitis und der rasch fortschreitenden Parodontitis um spezifische Infektionen mit Actinobacillus actinomycetem-comitans bzw. bestimmte Bacteriodes species handelt (Topoll 1989).

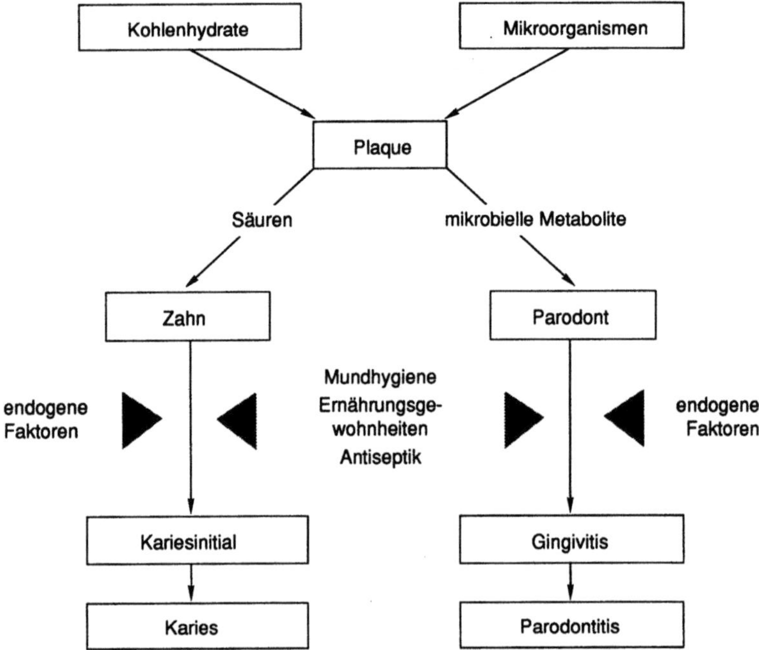

Abb. 15-2. Schematischer Ablauf der Pathogenese von Karies und Parodontitis (nach Maiwald 1990)

Dentogen-pyogene Infektionen im Kiefer-Gesichtsbereich: Als häufigste Ursache einer exazerbierenden Infektion im Kiefer-Gesichtsbereich ist die chronische apikale Parodontitis anzusehen, die typischerweise durch infiziertes nekrotisches Pulpagewebe hervorgerufen wird. Die chronische Parodontitis kann mit Fistelbildung nach außen durchbrechen oder Ausgangspunkt einer akuten pyogenen Infektion mit Ausbreitung in die angrenzenden Weichteile sein (Abszeß, Phlegmone). Dentogen-pyogene Infektionen sind meist endogene Mischinfektionen mit deutlicher Dominanz obligat anaerober Erreger (Knoll-Köhler 1989; MacFarlane 1989).

Prothesenulcera und Radioosteomyelitis: Insbesondere durch schlecht sitzende Prothesen können Ulcera entstehen, die häufig mit Candida spp. kolonisiert werden. Bei Krebskranken kann durch Strahlentherapie im Kiefer-, Gesichts- und Halsbereich eine Strahlenmukositis verursacht werden, die auch vorwiegend durch Candida spp. besiedelt wird (Exner et al. 1988). Schleimhautulcera können sekundär zu einer Radioosteomyelitis führen. Zytostatika beeinflussen die Epithelregeneration und machen die Mundschleimhaut ebenfalls für mechanische und bakterielle Reize anfälliger.

Pneumonieentstehung bei Granulozytopenie bzw. Agranulozytose: Die Keimaspiration aus dem Oropharynx dominiert bei dieser speziellen Gruppe von

Risikopatienten über die hämatogene Metastasierung und inhalative Infektion in der Ätiopathogene der Pneumonie (Teseler 1990).

Exogene Keimemission: Die Keimstreuung ist bei der zahnärztlichen Behandlung durch moderne Absaugtechniken deutlich reduzierbar, jedoch nicht völlig zu vermeiden. Durch den Sprayrückprall beim Arbeiten mit der Turbine können bis zu 100000 KbE vernebelt werden (Micik et al. 1969). Neben der direkten Infektionsgefährdung (inhalativ, Kontakt durch die Hand) können Krankheitserreger auch über Berufskleidung, nicht ausreichend desinfiziertes Instrumentarium bzw. Apparaturen (z.B. bei Röntgendiagnostik), prothetische Materialien und letztlich auch über aufgewirbelten Staub weiterverbreitet werden. Speziell bei der zahnärztlichen Versorgung von Kindern (Kinderzahnärztlichen Ambulanz) ist auch die Übertragung „klassischer" Infektionskrankheiten möglich, ebenso bei konsiliarischer Tätigkeit auf Infektionsstationen. Umgekehrt kann natürlich auch vom Zahnarzt bzw. seinen Mitarbeitern eine Infektion ihren Ausgang nehmen, insbesondere bei Erkrankungen wie z.B. eitrige Prozesse, Streptokokkenangina oder Virushepatitis B, bzw. bei Keimträgertum (z.B. mit S. aureus und Neisseria spp., aber auch mit HIV, NN 1990).

1.3 Zielstellung antiseptischer Maßnahmen

Durch eine einmalige (kurzfristige) oder wiederholte (langfristige) Anwendung aus prophylaktischer Indikation wird eine mehr oder weniger intensive, im allgemeinen ungezielte Keimzahlverminderung entweder in der gesamten Mundhöhle (z.B. durch Spülung oder Lutschen wirkstoffhaltiger Arzneizubereitungen) oder mehr lokalisiert (Schleimhautapplikation vor Injektion oder chirurgischem Eingriff) angestrebt. Dadurch soll vor allem der endogenen Infektion, aber auch der exogenen Keimverbreitung entgegengewirkt werden. Während durch eine einmalige bzw. kurzfristige Antiseptik eine möglichst weitgehende Keimzahlverminderung für die Dauer des zahnärztlichen bzw. chirurgischen Eingriffs in der Mundhöhle angestrebt wird, besteht das Ziel der wiederholten bzw. langfristigen Antiseptik in einer Kolonisations- bzw. Infektionsprophylaxe (z.B. in Form einer antiseptischen Mundpflege bei beatmeten Patienten und der Antiseptik bei granulozytopenischen Zuständen oder Keimträgersanierung).

Zur therapeutischen Antiseptik werden Präparate mit möglichst selektivem Wirkungsspektrum entsprechend der mikrobiellen Ätiologie der zu behandelnden Infektion eingesetzt. Bei lokalen Infektionen ohne maßgebliche systemische Beteiligung sind im allgemeinen Antiseptika einschließlich der sog. Lokalantibiotika ausreichend. Bei systemischer Beteiligung können Antiseptika ergänzend zur antimikrobiellen Chemotherapie indiziert sein.

2 Indikationen und Effektivität antiseptischer Maßnahmen

2.1 Antiseptische Mundspülung im Rahmen der zahnärztlichen Behandlung

Aufgrund der eingangs genannten Zielstellung ist vor allem eine Wirkung gegen Streptokokken erwünscht, um das Risiko der endogenen Infektionen herabzusetzen, aber auch z. B. gegen Viren (insbesondere HBV und HIV), um das Risiko der Verbreitung und vor allem der beruflich erworbenen Infektion einzuschränken.

Mikrobiologische Untersuchungen zur Effektivität der antiseptischen Mundspülung erbrachten keine einheitlichen Befunde. Hierfür sind in erster Linie die unterschiedlichen Bedingungen in der Mundhöhle (z. B. Plaqueakkumulation, Parodontalbefund), aber auch das unterschiedliche methodische Vorgehen verantwortlich.

Eine Voraussetzung zur standardisierten Erprobung von Antiseptika ist die Auswahl von Probanden mit vergleichbarer Mundhygiene sowie vergleichbarem Zahn- und Parodontalstatus. Hierfür bieten sich als Selektionsmerkmale z. B. der Plaqueindex (PI) nach Silness und Löe (1964), der DMF/S-Index, der Sulcus-Blutungs-Index (SBI) nach Mühlemann und Son (1971) sowie die Messung der Taschentiefen als Maß für die Destruktion des parodontalen Gewebes an.

Bei der Ermittlung der antiseptischen Effektivität ist zu beachten, daß der Speichel im wesentlichen die Mikroflora des Zungenrückens widerspiegelt und daher als Marker wenig geeignet ist. Durch die Gewinnung von Mundspülproben wird eine globale Aussage über das Ausmaß der Keimzahlverminderung erhalten, während durch Abstrichverfahren das Ausmaß der Keimzahlverminderung an bestimmten Biotopen der Mundhöhle (z. B. Zahnfleisch, Wangenschleimhaut) erfaßt werden kann. Deshalb empfiehlt Gundermann (1989) die Kombination beider Verfahren zur Effektivitätsbewertung der Mundhöhlenantiseptik.

Unabhängig von der Untersuchungsmethodik sind in Abhängigkeit vom Antiseptikum Reduktionsraten von 1 bis etwa 2,5 lg erreichbar (Tabelle 15-2).

Ursachen für die niedrigere Effektivität von Antiseptika in der Mundhöhle im Vergleich zur Händedesinfektion sind die zerklüfteten Oberflächen der Mundschleimhaut und der Zähne mit zahlreichen Krypten bzw. Nischen sowie der geschlossene Schleimfilm der Mundschleimhaut. Bei der Bewertung der antiseptischen Wirksamkeit ist zu berücksichtigen, daß durch die antiseptische Mundspülung die Transientflora anteilmäßig stärker als die Standortflora reduziert wird, wofür u. a. Untersuchungen bei experimenteller Kontamination mit Streptoc. lactis sprechen (Kramer et al. 1990).

Bezüglich der Effektivität ist eine Zuordnung der Antiseptika zu folgenden Kategorien möglich (vgl. Tabelle 15-2):

- unwirksam bzw. gering wirksam (Reduktion $< 0,5$ lg nach 5 min): Wasser, H_2O_2, z. T. quaternäre Ammoniumverbindungen und „antiseptische“ Mundwässer, Myrrhentinktur, Kaliumpermanganat und Nystatin;
- mittlere Wirksamkeit (Reduktion bis etwa 1,0 lg nach 5 min): PVP-Iod, Tosylchloramidnatrium, Peressigsäure, Ethacridinlactat;

Tabelle 15-2. Effektivität der antiseptischen Mundspülung (aerobe Gesamtkeimzahl)

Wirkstoff bzw. Präparat	Abstand zur Spülung (min)	Reduktionsfaktor (log-Stufen)	Literatur
Wasser	0	0,5	
$KMnO_4$	0	0,6	
H_2O_2 1,5%	0	0,8	
3%	0	0,9	
Mucidan 1,5% (Thiocyanat)	0	0,8	Müller u. Müller (1983)
Ethacridine lactate 0,02%	0	0,8	
Wofasteril 0,05% (Peressigsäure)	0	1,1	
Wasser, Myrrhentinktur, Parodontal F 5[d]	15	kein signif. Effekt	Schwarz et al. (1986)
H_2O_2 3%	15	0,6	
Chlorhexidin 0,2%	15	0,9	
Wasser	60	0,2	
H_2O_2 3%	60	0,2	
Benzylamin-hydrochlorid	60	0,2	Hirschl et al. (1981)
Dequalinium-chlorid	60	0,2	
Hexetidinpräp.	5	1,0	
(unverdünnt)	60	0,6	
Wasser	5	0,2	Exner u. Gregori (1984)
Betaisodona	5	0,9[a]	Exner et al. (1985b)
(1:8)	30	0,6[a]	
	5	0,8[b]	
	30	0,9[b]	
Nystatin	5	0,2[a]	
(100000 IE/ml)	30	0,02[a]	
	5	0,7[b]	
	30	0,5[b]	
Chlorhexidindi-	5	0,6[1]	
gluconat 0,1%	30	0,6[1]	
0,5%	5	1,4[1]	
	30	1,1[1]	
Chlorhexidindigluconat 0,2%	2	1,3	Roberts u. Addy (1981)
	30	0,6	
	120	0,8	
Polihexanid	0	2,0	Heeg u. Kirschner
+ Quat (4,3%)	5	1,5	(unveröff.)
	30	1,4	Heeg (1990)
Octenidin 0,1%	1	2,0 (2,3)[a]	
+ 2-Phenoxy-	30	1,0 (1,2)[a]	
ethanol	60	0,9 (1,0)[a]	
	120	0,8 (0,8)[a]	

Tabelle 15-2 (Fortsetzung)

Wirkstoff bzw. Präparat	Abstand zur Spülung (min)	Reduktionsfaktor (log-Stufen)	Literatur
Chlorhexidindigluconat	5	1,0 (0,9)[a]	Gundermann (1989)
	30	0,9 (0,8)[a]	
	120	1,0 (1,0)[a]	
	5	1,6 (1,5)[a]	Abstrich vom Wangenschleimhaut
	30	1,3 (1,1)[a]	
	120	1,2 (1,0)[a]	
	5	1,6 (1,5)[a]	Abstrich von Zahnfleisch
	30	1,7 (1,7)[a]	
	120	1,9 (1,9)[a]	
Zähnebürsten	0	0,1–0,7	
H_2O_2 0,3%	0	0,5	
	15	0,7	Kramer et al. (1990)
Ethanol 35% + H_2O_2 0,6% + Natriumpentadecylsulfonat 2% + Propylhydroxybenzoat 0,08%	0	1,0 (1,1)[b] (2,4)[c]	
	15	0,9 (0,9)[b] (2,3)[c]	
Ethanol 70%, sonst gleiche Kombination	0	1,8 (1,7)[b] (3,3)[c]	
	15	0,9 (0,7)[b] (2,6)[c]	
Tosylchloramidnatrium 0,3%	0	2,3	
	15	2,3	
Chlorhexidindigluconat 0,1%	0	3,0	
	15	3,1	
Acriflavin 0,2%	0	3,1	
	15	3,4	

[a] Nachweis α-hämolysierender Streptokokken
[b] partielle anaerobe Kultivierung
[c] nach experimenteller Kontamination mit S. lactis (Keimerhöhung etwa 1 log-Stufe)
[d] Zusammensetzung: 8-Chinolinolfluorid (0,05 g), Thymol (0,36 g), Phenylsalicylat (0,5 g), Eugenol (0,25 g), Nelkenstielöl (0,25 g), Salbeiöl (0,5 g), Minzenöl (0,5 g), Ethanol (65 Vol%), Anwendung 8–10 Tropfen/1/3 Glas Wasser

- hoch wirksam (Reduktion > 1 lg nach 5 min): Chlorhexidindigluconat, Polihexanid + Quat, Acriflavin vor allem in ethanolischer Lösung, Hexetidin, Octenidin, Cetylpyridiniumchlorid und Tosylchloramidnatrium.

Während nach Anwendung von Wasser noch eine Keimzahlverminderung bis etwa 0,5 lg in der Mundspülflüssigkeit feststellbar ist, ist auf der Mundschleimhaut und der Zahnoberfläche keine Keimzahlverminderung feststellbar (Kalinke et al. 1984). Auch ein mehrmaliges Wiederholen der Spülungen in Abständen ist von nur geringem Einfluß (Hefti u. Widmer 1980; Schwarz et al. 1986). Auch bei separater Berücksichtigung α-hämolysierender Streptokokken ergibt sich keine andere Aussage (Exner et al. 1985).

Bezüglich der remanenten Wirkung über längere Zeit bestehen ebenfalls Unterschiede in der Wirksamkeit verschiedener Antiseptika, wobei Chlorhexidin durch die Anlagerung an Speichelmucine, mikrobielle Plaque und die

Mundschleimhaut eine hohe Depotwirkung entfaltet (Rölla et al. 1971; Fesseler 1983). Dabei wird die Keimzahlverminderung in der Plaque höher als im Speichel eingeschätzt (Ebell u. Stösser 1981). Nach einmaliger Spülung betrug der Zeitraum zur Wiederherstellung der Ausgangskeimzahl im Speichel nach Anwendung von Hexetidin 90 min, von Cetylpyridiniumchlorid 3 h, Alexidin 5 h und Chlorhexidin 7 h (Roberts u. Addy 1981). Berger und Hummel (1984) sowie Tschamer (1973) konnten nach Spülung der Mundhöhle mit Wasser erst nach 3–5 h den Ausgangswert nachweisen.

Da das Infektionsrisiko maßgeblich von der Infektionsdosis bestimmt wird, ist die antiseptische Mundspülung trotz der auf den ersten Blick für die Gesamtkeimzahl unbefriedigend erscheinenden Effektivität im Rahmen der zahnärztlichen Behandlung indiziert, um die natürliche Abwehr in der Mundhöhle zu unterstützen. Angesichts der Bedeutung der Standortflora für das mikrobielle Gleichgewicht in der Mundhöhle wäre es geradezu katastrophal, wenn die Standortflora durch antiseptische Maßnahmen weitgehend zerstört werden würde.

Als klinisches Kriterium für die Wertbestimmung der antiseptischen Mundspülung bietet es sich an, den Einfluß auf die Bakteriämierate zu untersuchen. Nach Spülung mit PVP-Iod vor kieferchirurgischen Eingriffen war eine Herabsetzung der Bakteriämierate nachweisbar (Exner et al. 1988). Auch durch Anwendung von Chlorhexidinlösung vor Beginn der zahnärztlichen Behandlung konnte die Bakteriämieinzidenz hoch signifikant reduziert werden (MacFarlane et al. 1984).

Zugleich wird durch die antiseptische Mundspülung die Keimemission in dem bei zahnärztlichen Eingriffen und Behandlungen (z. B. Beschleifen von Zähnen) entstehenden Aerosol deutlich herabgesetzt (Hingst et al. 1984).

Neben der antiseptischen Wirksamkeit ist das zweite entscheidende Auswahlkriterium für Antiseptika deren Verträglichkeit. Das ist auf Grund der im Vergleich zur Haut oder auch zu Schleimhautbiotopen wie Glans penis, Vagina oder Auge weitaus höheren Resorptionsfähigkeit der Mundschleimhaut besonders wichtig. In Bezug auf die Nutzen-Risiko-Relation sind organische Quecksilberverbindungen ungeeignet, Iodophore und Chlorhexidin, aber auch Quats zumindest für eine längerfristige Anwendung nicht empfehlenswert (vgl. Kap. 2). So sollte die Anwendungsdauer von Chlorhexidin 14 d nicht überschreiten (Schmidt 1980; Gerecke 1987). Toxikologisch unbedenklich sind H_2O_2 und Ethanol, weshalb die Kombination beider Wirkstoffe zumindest dann aussichtsreich erscheint, wenn keine remanente Wirkung angestrebt wird (Kramer et al. 1990). Bei Octenidin gibt es keine Hinweise auf eine systemische Gefährdung bei antiseptischer Anwendung (vgl. Kap. 2).

• *Trotz ihrer begrenzten Wirksamkeit vermag die antiseptische Mundspülung das Infektionsrisiko für den Patienten und das zahnärztliche Team herabzusetzen.*
Weitere Maßnahmen zur Verringerung der Keimemission bestehen in technischen Maßnahmen (insbesondere Absaugung, ferner niedrigere Drehzahlen der Bohrer und Luftdurchflüsse bzw. reine Wasserkühlung, Einsatz von Laser; Franetzki 1990) und in der Anwendung von Kofferdam. Insbesondere bei konservierenden Maßnahmen ist das Anlegen von Kofferdam heute als Standard zu fordern.

Die antiseptische Mundspülung ist vor, ggf. während – wenn die Mundhöhle zwischenzeitlich gespült werden muß – und nach der zahnärztlichen Behandlung indiziert. Bei der initialen Spülung wird der Patient aufgefordert, mit einer ausreichenden Flüssigkeitsmenge (etwa 20 ml) zweimal nacheinander für jeweils etwa 15 s die antiseptische Lösung gründlich in der Mundhöhle hin und her zu bewegen und danach auszuspucken.

Für den eiligen, vergeßlichen oder unmotivierten Patienten ist es vorteilhaft, wenn in einem separaten Zahnputz- bzw. Mundhygieneraum die Möglichkeit des Zähneputzens gegeben ist (Neumann u. Kramer 1990).

- *Bei einer Erstbehandlung und bei länger zurückliegenden Behandlungen sollte zusätzlich zur Antiseptik zunächst eine professionelle Zahnreinigung durch den Zahnarzt oder die Zahnmedizinische Fachhelferin (ZMF) bzw. die Fachschwester für Oralhygiene vorgenommen werden.*

Die professionelle Zahnreinigung umfaßt die Entfernung aller supragingivalen und klinisch sichtbaren subgingivalen Beläge sowie eine anschließende Glättung und Politur der Zahnoberflächen. Um die Keimemission zu reduzieren und das Risiko der Entstehung einer Bakteriämie herabzusetzen, werden zu Beginn, während und am Ende der professionellen Zahnreinigung antiseptische Mundspülungen durchgeführt.

2.2 Antiseptische Mundspülung bzw. -pflege bei hospitalisierten Risikopatienten

Die antiseptische Mundpflege trägt beim bewußtlosen oder beatmeten Patienten zur Herabsetzung der endogenen Infektionsgefährdung bei. Hierzu werden die Wangenschleimhaut, Alveolarfortsatz und Zunge mit einem Antiseptikumgetränkten sterilem Tupfer gründlich gereinigt, wobei Mundwinkel und Lippen einbezogen werden. Als Wirkstoff kommt H_2O_2 in Betracht, evtl. in Kombination mit Ethanol, ebenso Chlorhexidin. Bei Beatmungspatienten vermag die Anwendung antibiotikahaltiger Salben im Rahmen der selektiven Dekontamination das Infektionsrisiko zu reduzieren.

Da in der Gravidität die Kariesanfälligkeit ansteigt, erscheint es sinnvoll, in Ergänzung zum sorgfältigen Zähneputzen antiseptische Mundspülungen durchzuführen. Hierfür dürften Präparate von mittlerer Wirksamkeit ausreichend sein, z. B. auf der Basis von Alexidin.

2.3 Antiseptische Mundpflege bei Kieferfrakturen mit intermaxillärer Immobilisation

Nach jeder Mahlzeit empfiehlt sich eine Reinigung der Zähne einschließlich der Immobilisationshilfen mit einer Zahnbürste und Zahncreme (evtl. Spezialzahnbürste – orthodontic brush) unter Schonung bzw. Aussparung evtl. Nahtversorgungen der unmittelbar angrenzenden Weichteile. Diese Reinigung kann ergänzt werden durch eine apparative Mundspraybehandlung mit hygienisch-mikrobiologisch kontrollierter Wasserqualität außerhalb des Frakturbereichs bzw. der Nahtversorgungen, wobei dem Spülwasser Antiseptika zugesetzt werden können. Unabhängig davon sollte mehrmals täglich eine antiseptische Mundspülung insbesondere bei erhöhter Infektionsgefahr (z. B. offene Frakturen, zusätzliche Weichteilverletzungen, Drahtumschlingungen) durchgeführt werden. Es können auch antiseptikahaltige Gele angewandt werden. Einmal täglich sollte unter Anleitung der Schwester die Mundpflege geübt werden, wobei die Patienten immer wieder nachdrücklich auf die Bedeutung der Mundpflege aufmerksam gemacht werden.

Bei Patienten, die auf Grund der Schwere des Traumas oder zusätzlicher Verletzungen die Mundhygiene nicht selbständig durchführen können, muß die Pflegekraft die Mundhygiene übernehmen.

Bei Frakturen, die z. B. durch Aufhängung des Oberkieferfragments am Jochbogen oder am äußeren Orbitarand (internal wiring) oder durch eine Drahtumschlingung des Unterkiefers (circumferential wiring) versorgt sind, soll durch die Antiseptik zugleich eine Bahnung von Weichteilinfektionen bzw. Bruchspaltosteomyelitiden entlang der permukösen Drähte verhindert werden. Als Wirkstoffe kommen H_2O_2 3%, Sol. Acriflavini SR, Chlorhexidin (Anwendungsdauer < 14 d) oder Octenidin in Frage. H_2O_2 ist wegen der Sauerstoffentwicklung vor allem zur keimzahlvermindernden Reinigung geeignet. Zur Erzielung eines Remanenzeffekts kommen dagegen nur die anderen Wirkstoffe in Frage. Zur rechtzeitigen Erfassung von Selektionseffekten und Anpassung der antiseptischen Strategie empfiehlt sich die bakteriologische und mykologische Überwachung der Patienten (mindestens wöchentlich).

Dieses Vorgehen ist insbesondere bei längerfristiger antimikrobieller Chemotherapie bedeutungsvoll, um frühzeitig einen Erregerwandel zu erkennen und z. B. einer Candida-Kolonisation sinnvoll entgegenzuwirken.

Während der ambulanten Nachsorge setzt der Patient die antiseptische Mundspülung selbst fort. Bei ärztlichen Kontrolluntersuchungen wird die Mundhöhle ggf. professionell gereinigt und danach antiseptisch behandelt (Kramer et al. 1990).

2.4 Schleimhautantiseptik vor Injektionen

In Anbetracht der wirksamen natürlichen Infektionsabwehr in der Mundhöhle reichen die Ansichten über die Notwendigkeit einer Antiseptik im Bereich der Einstichstelle von klarer Ablehnung bis zu kategorischer Forderung. Folgende Überlegungen sprechen für die vorherige Antiseptik:

- Während bei percutanen Injektionen die implantierten Keimmengen relativ gering sind, werden bei terminaler oder Leitungsanästhesie sowie intraligamentaler Anästhesie mit Einstich in den Sulcus etwa 1000–2000 Keime ins Gewebe verschleppt (Gräf 1965; 1990).
- Vor jeder Injektion im Bereich der Haut ist die Antiseptik eine Grundvoraussetzung. Solange es keine Befunde gibt, die die Notwendigkeit der

Schleimhautantiseptik in der Mundhöhle infrage stellen, ist diese auch bei intraoralen Injektionen zu empfehlen.
- Durch die Applikation von Antiseptika (z. B. Iodspiritus oder Chlorhexidin) auf die Mundhöhlenschleimhaut vor Injektionen wurde eine Keimzahlverminderung um bis zu 97 % des Ausgangswertes erreicht (Sonnenburg u. Skusa 1984).

In Analogie zur Schleimhautantiseptik vor Injektionen ist bei der intraligamentären Anästhesie eine antiseptische Spülung des Sulcus gingivae zu fordern.

2.5 Prä- und postoperative Schleimhautantiseptik und Infektionsprophylaxe

Vorhandene Sekret- oder Exkretansammlungen werden abgesaugt oder mit sterilem Tupfer entfernt. Danach wird das Operationsfeld mit einem sterilen, mit Antiseptikum getränkten Tupfer sorgfältig abgewischt, nachdem vorher – sofern das für den Patienten möglich ist – eine antiseptische Mundspülung durchgeführt wurde.

Bei planbaren Eingriffen (z. B. parodontal-chirurgische Maßnahmen, operative Entfernung retinierter Zähne) hat es sich bewährt, das Antiseptikum in Form von Spülungen oder Gelapplikation (z. B. Chlorhexidindigluconat 0,1 %) bereits 2 d präoperativ beginnend anzuwenden und die Applikation bis 2 d nach Nahtentfernung postoperativ fortzusetzen. Hierdurch wurde ein Rückgang von Wundheilungsstörungen und Schmerzsensationen erreicht (Exner et al. 1988).

Grundsätzlich sind vor jedem planbaren Eingriff alle pathologischen Keimreservoire zu eliminieren. Hierzu sind seitens des Zahnarztes folgende Maßnahmen durchzuführen: Kariestherapie, professionelle Zahnreinigung sowie Gingivitistherapie bzw. Behandlung aktiver parodontaler Taschen. Außerdem ist durch Motivation und Instruktion des Patienten eine weitgehende Verbesserung des Mundhygienezustands anzustreben. Hierdurch soll die unphysiologische Keimbelastung der Mundhöhle reduziert werden, um günstige Voraussetzungen für eine ungestörte Wundheilung zu schaffen. Die Extraktion nicht mehr erhaltungswürdiger Zähne stellt unter diesem Aspekt einen eigenen chirurgischen Eingriff mit entsprechender Vorbereitung dar. Unter den gleichen Gesichtspunkten ist die Mundhygiene in der postoperativen Phase bedeutungsvoll. Für postoperative antiseptische Spülungen sind Chlorhexidin (Sanz et al. 1989) oder Listerine (Zambon et al. 1989) in ihrer Effektivität offenbar gleichwertig (Topoll 1990).

2.6 Wurzelkanalantiseptik

Für diese Anwendung liegen keine speziellen In-vivo-Untersuchungsergebnisse vor, weil die Prüfmodelle fehlen. Das traditionell als unbedenklich hinsichtlich des Risikos systemischer Nebenwirkungen geltende Chlorphenol-Campher-Menthol-Gemisch könnte in Abhängigkeit von der Einlagemenge, Wirkstofffreisetzung und Wirkungsdauer u. E. möglicherweise zur toxischen Gesamtbelastung des Menschen beitragen. Zur Risikobewertung erscheinen Untersuchungen zur Phenolresorption zweckmäßig. Toxikologisch vorteilhafter sind 3 %ige lauwarme H_2O_2-Lösung und 2 %ige Tosylchloramidnatriumlösung einzuschätzen, die hierfür auch häufig eingesetzt werden (Kramer et al. 1990).

2.7 Antiseptische Infektionsprophylaxe bei Granulozytopenie

Agranulozytotische Phasen werden bei der Induktionstherapie akuter Leukämien etwa 2–3 Wochen, bei Knochenmarktransplantation 3 Wochen und länger, bei der Chemotherapie von Organtumoren dagegen nur selten und meistens nur 5 d lang beobachtet. Neben der Granulozytopenie wird das Infektionsrisiko durch zytostatikabedingte Schleimhautveränderungen, gestörte Adhärenz-, Kolonisations- und Aggregationsbedingungen in der Mundhöhle und beeinträchtigte Immunmechanismen bestimmt (Teseler 1990).

Die Infektionsprophylaxe umfaßt hierbei folgende Schwerpunkte:

- Keimzahlverminderung in der Mundhöhle durch professionelle Zahnreinigung mit anschließender Prophylaxe der Plaquenneubildung,
- Sanierung des Gebisses mit Entfernung von Karies und lokalen Reizfaktoren; Zahnextraktionen erfordern eine gezielte Vorbereitung (mindestens 3–4 d vorher beginnend) in Form einer selektiven Antiseptik, prophylaktischer Anwendung antimikrobieller Chemotherapeutika und evtl. Thrombozytensubstitution,
- gründliche Reinigung und Desinfektion herausnehmbaren Zahnersatzes,
- regelmäßige antiseptische Mundspülung für die Zeitdauer der Granulozytopenie, beginnend 3–4 d vor der zytostatischen Therapiephase (z. B. mit Chlorhexidin im Wechsel mit anderen Antiseptika, z. B. mit Präparaten auf Basis von Cetylpyridiniumchlorid, Dequaliniumchlorid oder Hexetidin),
- und in allen Phasen, in denen eine Blutungsgefährdung oder andere Risiken durch mechanische Reize zu vernachlässigen sind, die Anwendung einer das Lactoperoxidase-System aktivierenden Zahncreme bei der täglichen Mundpflege (Wegener 1990).

Seit Anwendung der selektiven Darmantiseptik bei der Leukämiebehandlung konnte Teseler (1990) in der Mundhöhle eine Reduzierung entzündlicher Prozesse beobachten, und es konnten dringliche Zahnextraktionen sogar während der Granulozytopeniephase komplikationslos durchgeführt werden. Als Applikationsschemata haben sich sowohl solche mit Berlocombin als auch mit Neomycin günstig auf die Antisepsis der Mundhöhle ausgewirkt (Borthen et al. 1984).

2.8 Plaquehemmung und Prophylaxe von Karies und Parodontopathien

• *Der ursächliche Ansatz für die Prävention von Karies und Parodontopathien liegt in einer effektiven Plaquekontrolle und einer richtigen Ernährung.*
Für die Plaqueentstehung ist die bakterielle Ätiologie ein maßgeblicher Faktor. Demzufolge erscheint es naheliegend, daß durch Anwendung von Antiseptika (z. B. Chlorhexidin) die Plaquebildung und nachfolgende Karies zumindest aufgehalten werden können. Die Untersuchungsergebnisse hierzu sind jedoch nicht einheitlich. Das Primat hat in jedem Fall die mechanische Reinigung der Zähne. Antiseptika können bestenfalls unterstützend wirken, speziell bei bettlägerigen oder intensivmedizinisch betreuten Patienten jedoch größere Bedeutung erhalten.

In Untersuchungen von Fine (1985) waren keine Unterschiede zwischen sorgfältiger Mundhygiene mit korrekter Bürstentechnik und Benutzung von Dentalseide und zusätzlicher antiseptischer Mundspülung mit Chlorhexidin bzw. PVP-Iod innerhalb von 3 Monaten sicherbar. In der Tendenz schnitt die Gruppe mit Iodophoranwendung am günstigsten ab, während bei Chlorhexidinanwendung die Plaquebildung offenbar wieder langsam zunahm.

Bezüglich der Hemmung der Mundhöhlenkeime einschließlich der Plaquehemmung werden folgende Wirkstoffe bzw. Wirkstoffkombinationen ähnlich wie Chlorhexidin in ihrer Effektivität eingeschätzt: Hexetidin/Zinkfluorid (Saxer u. Mühlemann 1983), Aminfluoride (Klimm 1982), Dequaliniumchlorid/Benzalkoniumchlorid (Singer 1980; Plagmann u. Schwardmann (1985). Ferner war eine Hemmung der aeroben Mundhöhlenflora durch die Kombination Hexetidin/Cetylpyridiniumchlorid (Schulz u. Berger 1978) und von Aerobiern wie auch Anaerobiern durch Propolis-haltige Präparate (Ickert 1985) bzw. Sanguinarinhaltige Mundwässer und Zahnpasten erreichbar. Letztere sollen alternativ für Aminfluoride einsetzbar sein.

2.9 Therapeutische Antiseptik

Die antiseptische Mundspülung ist ebenso wie die Anwendung von Antiseptika in Form von Gelen, Einlagen usw. fester Bestandteil der Behandlung bestimmter Erkrankungen der Mundhöhle (Tabelle 15-3). Dabei stellt die alleinige Anwendung von Antiseptika als Therapie die Ausnahme dar (Dentitio difficilis, Candidose). Regelmäßig finden Antiseptika dagegen therapieunterstützend Anwendung, z. B. bei der Behandlung entzündlicher Parodontopathien, infizierter Extraktions- und Operationswunden. Während bei Herpesvirusinfektionen der Mundschleimhaut mit Acyclovir ein spezifisch wirksames Antiseptikum zur Verfügung steht, dient die therapeutische Antiseptik bei anderen viralen Mundschleimhauterkrankungen vor allem der Verhinderung einer Superinfektion. Durch gleichzeitige Anwendung von analgesierenden Wirkstoffen kann eine Schmerzlinderung erreicht werden.

Tabelle 15-3. Therapeutische Eignung empfohlener Antiseptika für die Mundhöhle

Krankheitsbild	Wirkstoffe der Wahl	Wirkstoffbewertung Nutzen-Risiko-Relation nicht ausreichend bekannt bzw. adiuvante Anwendung	nicht zu empfehlen
Bakterielle Infektion			
entzündliche Parodontalerkrankungen (insbesondere akute nekrotisierende Gingivitis bzw. Stomatitis)	Aluminiumchlorat, Aminfluoride, Cetylpyridiniumchlorid, Chlorhexidin, Dequaliniumchlorid, Hexetidin, Metronidazol	Phenolderivate, Wasserstoffperoxid, Benzalkoniumchlorid	Schwermetallverbindungen
Dentitio difficilis	Wasserstoffperoxid	Acriflavin	Chlorphenol-Campher-Menthol
infizierte Extraktions- bzw. Operationswunden	Chlorhexidin	Wasserstoffperoxid, Zinkoxid-Eugenol-Tamponade	Chlorphenol-Campher-Menthol
Virale Infektionen			
Gingivostomatitis herpetica	Acyclovir	Wasserstoffperoxid, Kamillenauszüge, Benzalkoniumchlorid	
Herpes zoster (orale Manifestation bei Trigeminusbefall)	Acyclovir		
Pilzinfektion			
akute pseudomembranöse Candidose und chronisch atrophische Candidose (Prothesenstomatitis, Cheilitis angularis)	moderne Imidazolderivate, Nystatin	Castellani-Lösung, Gentianaviolett, Amphotericin B	

2.10 Aufgabenstellungen für die Praxis der Antiseptik

Derzeit bedürfen vor allem folgende Anliegen der Bearbeitung:

- Liste der antiseptischen Präparate bzw. Wirkstoffe zur Mundhöhlenantiseptik mit Anwendungshinweisen, insbesondere für prophylaktische Indikationen,
- einheitliche Prüfmethoden als Voraussetzung für die Aufnahme in diese Liste,
- Verbindung antiseptischer Maßnahmen mit der Stimulierung natürlicher Abwehrmechanismen.

Unter dem letztgenannten Gesichtspunkt erscheint die übliche Anwendungskonzentration von H_2O_2 mit 3% zu hoch, weil dadurch die Peroxidasesysteme gehemmt werden (Kramer et al. 1987). Aussichtsreich für eine Stimulierung dieser Systeme ist z. B. Thiocyanat (Weuffen et al. 1984, 1990), aber auch Hypochlorit und H_2O_2 in physiologisch angepaßten Konzentrationen.

Literatur

Axelson P, Lindhe J (1981) The effect of controlled oral hygiene procedures on caries and periodontal diseases in adults. Results after 6 years. J Clin Periodontol 8:239–248

Berger U, Hummel K (1964) Einführung in die Mikrobiologie und Immunologie unter besonderer Berücksichtigung der Mundhöhle. Urban u. Schwarzenberg, München Berlin

Borthen L, Heimdahl A, Nord CE (1984) Comparison between two non-absorbable antibiotic regimen for decontamination of the oropharynx. Infection 12:349–354

Botzenhart K, Puhr OF, Döring G (1985) Pseudomonas aeruginosa in der Mundhöhle; Häufigkeit und Altersverteilung von Keimträgern bei Erwachsenen. Zentralbl Bakteriol Mikrobiol Hyg [B] 180:471–479

Chanock RM (1965) Mycoplasma infection in man. New Engl J Med 273:1199–1209

Cole AS, Eastone JE (1988) Biochemistry and Oral Biology. 2nd edn. Wright, London Boston Singapore Sydney Toronto Wellington

Drasar BS, Shiner M, McLeod BM (1969) Studies on the intestinal flora. I. The bacterial flora of the gastrointestinal tract in healthy and achlorhydric persons. Gastroenterology 56: 71–79

Dyrna G (1968) Untersuchungen der Mundhöhlenflora bei 150 Schulkindern und 50 Studenten innerhalb einer Erkältungsperiode (Winterhalbjahr). Med Dissertation, Universität Leipzig

Ebell S, Stösser L (1981) Einfluß von Chlorhexidin auf die Mikroflora in Plaque und Speichel. Zahn Mund Kieferheilkd 69:92–96

Engelhard JP (1969) Zur Frage der Desinfektion von abnehmbarem Zahnersatz mit Kunststoffbasis. DDZ 23:74–80

Exner M, Gregori G (1984) Zur Prüfung von Schleimhautdesinfektionsverfahren im Mund-Rachenraum. 1. Mitt.: Wirkung von Chlorhexidindigluconat und PVP-Jod auf α-hämolysierende Streptokokken. Zentralbl Bakteriol Mikrobiol Hyg [B] 180:38–45

Exner M, Harke H-P, Brill H, Brühl P, Eggensperger H, Gregori G, Heeg P, Hingst V, Kramer A, Mertens Th, Steinmann J, Vogel F, Wahl G, Wernicke K, Wewalka G (1988) Ergebnis einer Arbeitstagung zur Frage der Schleimhautantiseptik 29.–30. 1. 1987 in Würzburg. Hyg Med 13:9–16

Exner M, Pau HW, Vogel F (1985 a) In vivo studies on the microbicidal activity of antiseptics on the flora of the oropharyngeal cavity. J Hosp Infect 6 (Suppl):185–188

Exner M, Vogel F, Stelzner M (1985b) Vorkommen häufiger Hospitalismuserreger im Mund-Rachenraum von Klinikpersonal. Hyg Med 10:369–373
Fesseler A (1983) Die Effektivität der medikamentösen Behandlung bei Parodontalerkrankungen. Dtsch Zahnaerztl Z 38:829–835
Fine PD (1985) A clinical trial to compare the effect of two antiseptic mouthwashes on gingival inflammation. J Hosp Infect 6 (Suppl):189–193
Flores-de-Jacoby L (1987) Parodontologie. In: Schwenzer N (Hrsg) Kieferorthopädie – Parodontologie, Thieme, Stuttgart New York (Zahn-Mund-Kiefer-Heilkunde Bd 5)
Franetzki M (1990) Möglichkeiten und Grenzen der Technik zahnärztlicher Behandlungseinheiten zur Verringerung von Infektionsrisiken. In: Knoll KH (Hrsg) Angewandte Hygiene in ZMK-Klinik und Praxis, Med. Zentrum für Hyg. u. Med. Mikrobiol. der Philipps-Univ., Marburg, S 79–88
Gerecke K 1987) Arzneimittel-Verzeichnis Teil 2. Volk u. Gesundheit, Berlin
Gräf W (1965) Über die Desinfektion der Einstichstelle bei intraoralen Eingriffen. DDZ 19:491
Gräf W (1990) Empfehlungen und Forderungen der Hygiene in ZMK-Kliniken. In: Knoll KH (Hrsg) Angewandte Hygiene in ZMK-Klinik und Praxis, Med. Zentrum für Hyg. u. Med. Mikrobiol. der Philipps-Univ., Marburg, S 57–61
Gundermann KO (1989) Die Desinfektion der Mundschleimhaut. Zentralbl Bakteriol Mikrobiol Hyg [B] 187:382–389
Hardie JM, Bowden GH (1976) Bacterial flora of dental plaque. Br Med Bull 31:131–136
Heeg P (1990) Schleimhautantiseptik – derzeitiger Stand und Aspekte einer zukünftigen Entwicklung. Z Gesamte Hyg 36:83–86
Hefti A, Widmer B (1980) Reduktion des Keimpegels in der Mundhöhle vor zahnärztlicher Behandlung durch Mundwässer und Mundantiseptika. Schweiz Monatsschr Zahnheilkd 90:73–78
Hingst V, Zubovic J, Sonntag H-G (1984) Untersuchungen zur Reduktion mikrobieller Aerosole in der zahnärztlichen Praxis. 19. Jahrestagung ÖGHMP Fldkirch, 22.–24.5.
Hirschl A, Stanek G, Rotter M (1981) Antibakterielle Wirkung einiger Gurgellösungen in vivo. Zentralbl Bakteriol Mikrobiol Hyg [B] 174:523–529
Hurst V (1957) Fusiforms in the infant mouth. J Dent Res 36:513–515
Ickert G (1985) Propar® – ein propolishaltiges Periodontologikum. medicamentum 26:67–68
Jülich W-D, Heeg P (1990) Virushepatitis B. In: Kramer A, Heeg P, Neumann K, Prickler H (Hrsg) Infektionsschutz und Krankenhaushygiene in zahnärztlichen Einrichtungen, Volk u. Gesundheit, Berlin, S 24–34
Kalinke J, Baumann B, Sziesenitz E, Großer J, Prickler H, Kalinke T (1984) Einfluß antiseptischer Maßnahmen auf die Mundhöhlenflora. In: Machmerth RM, Winkler H, Kramer A (Hrsg) Fortschritte in der Krankenhaushygiene – Sterilisation, Desinfektion, Keimzahlverminderung, Barth, Leipzig (Schriftenreihe Mikrobielle Umwelt und antimikrobielle Maßnahmen Bd 9, S 238–240)
Klimm W (1982) Zur externen Wirkung der Fluoride: Ihre antibakterielle und plaquehemmende Bedeutung. 1. Mitt.: Literaturüberblick und in-vitro-Untersuchungen. Stomatol DDR 32:745–749
Knoll-Köhler E (1989) Antibiotikatherapie dentogen ausgelöster orofacialer Entzündungen unter Praxisbedingungen. ZWR 98:30–36
Knoll-Köhler E (1989) Endokarditis-Chemoprophylaxe in der zahnärztlichen Praxis. ZWR 98:246–252
Kommission Krankenhaus- und Praxishygiene (Vorsitzender R Schubert, 1990) Empfehlungen zur Hygiene in der zahnärztlichen Praxis. In: Knoll KH (Hrsg) Angewandte Hygiene in ZMK-Klinik und Praxis, Med. Zentrum für Hyg. u. Med. Mikrobiol. der Philipps-Univ., Marburg, S 11–30
Kramer A, Böttcher I, Böttcher U, Niesler M, Neumann K, Weuffen W (1990a) Antiseptische Effektivität ausgewählter Antiseptika zur prophylaktischen Mundhöhlenspülung. In: Knoll KH (Hrsg) Angewandte Hygiene in ZMK-Klinik und Praxis, Med. Zentrum für Hyg. u. Med. Mikrobiol. der Philipps-Univ., Marburg, S 211–217

Kramer A, Heeg P, Horn H, Erbert V, Prickler H (1990b) Keimzahlvermindernde Maßnahmen. In: Kramer A, Heeg P, Neumann K, Prickler H (Hrsg) Infektionsschutz und Krankenhaushygiene in zahnärztlichen Einichtungen, Volk u. Gesundheit, Berlin, S 187–200
Kramer A, Hetmanek R, Weuffen W, Ludewig R, Wagner R, Jülich W-D, Jahr H, Manigk W, Berling H, Pohl U, Adrian V, Hübner G, Paetzelt H (1987) Wasserstoffperoxid. In: Kramer A, Weuffen W, Krasilnikow AP, Gröschel D, Bulka E, Rehn D (Hrsg) Antibakterielle, antifungielle und antivirale Antiseptik, Fischer, Stuttgart New York (Handbuch der Antiseptik Bd II/3, S 447–491)
Lehnert S, Heuser HS (1968) Zur sogenannten topographischen Bakteriologie der Mundhöhle in Abhängigkeit vom Altersablauf. Dtsch Zahnaerztl Z 23:267–274
MacFarlane TW (1989) Clinical Oral Microbiology. Wright, London Boston Singapore Sydney Toronto Wellington
Maiwald H-J (1990) Gesundheitserziehung und Patientenaufklärung. In: Kramer A, Heeg P, Neumann K, Prickler H (Hrsg) Infektionsschutz und Krankenhaushygiene in zahnärztlichen Einrichtungen, Volk u. Gesundheit, Berlin, S 245–249
Micik RE, Miller RL, Mazzarella MA, Ryge G (1969) Studies on dental aerobiology: I. Bacterial aerosols generated during dental procedures. J Dent Res 48:49
Mühlemann HR, Son S (1971) Gingival sulcus bleeding – a leading symptom in initial gingivitis. Helv Odontol Acta 15:107
Müller K, Müller U (1983) Untersuchungen zur Mundhöhlenantiseptik vor stomatologischer Behandlung. Stomatol DDR 33:691–697
Neumann K, Kramer A (1990) Ambulanter Bereich der zahnärztlichen Grundversorgung. In: Kramer A, Heeg P, Neumann K, Prickler H (Hrsg) Infektionsschutz und Krankenhaushygiene in zahnärztlichen Einrichtungen, Volk u. Gesundheit, Berlin, S 52–63
NN (1990) Possible transmission of human immunodeficiency virus to a patient during an invasive dental procedure. MMWR 39:489–493
Pfister W, Wutzler P, Gängler P, Lindemann C (1987) Die Plaquemikroflora der gesunden Gingiva sowie bei Gingivitis und Periodontitis marginalis. Zahn Mund Kieferheilkd 75:804–808
Pilz W, Plathner CH, Taatz H (1980) Grundlagen der Kariologie und Endodontie. Barth, Leipzig
Plagmann H-Ch, Schwardmann F (1985) Untersuchungen zur Hemmwirkung von antiseptischen Mundspüllösungen auf das Bakterienwachstum in der dentalen Plaque und im Speichel. Dtsch Zahnaerztl Z 40:806–810
Prickler H (1980) Die Mundhöhle. In: Weuffen W, Kramer A, Krasilnikow AP (Hrsg) Episomatische Biotope, Fischer, Stuttgart New York (Handbuch der Antiseptik, Bd I/3, S 141–230)
Rahn R (1988) Die Endocarditis-Prophylaxe bei zahnärztlichen Eingriffen. Zahnärztl Mitt 78:1515–1517
Rahn R, Shah PM, Schäfer V, Grabbert U (1990) Endokarditisrisiko bei Anwendung von Mundduschen. ZWR 99:266–270
Roberts WR, Addy M (1981) Comparison of the in vivo and in vitro antibacterial properties of antiseptic mouth rinses containing chlorhexidine, alexidine, cetyl pyridinium chloride and hexetidin. J Clin Periodontol 8:295
Rölla G, Löe HH, Schiött CR (1971) Retention of chlorhexidine in the human oral cavity. Arch Oral Biol 16:1109–1116
Sanz M (1989) Clinical enhancement of postperiodontal surgical therapy by a 0,12% chlorhexidine gluconate mouthrinse. J Periodontol 60:570–576
Saxer UP, Mühlemann HR (1983) Synergistic antiplaque effects of Zinc fluoride/Hexetidine containing mouthwash, a review. Schweiz Monatsschr Zahnheilkd 93:689–704
Schmidt H (1980) Korrigierende Phase der Periodontaltherapie. Stomatol DDR 30:199–212
Schulz P, Berger U (1978) Wirkung einer Hexetidin-Cetylpyridiniumchlorid-Kombination auf die Mundflora bei mandibulomaxillärer Immobilisation. ZWR 87:190–194
Schwarz S, Franz R-D, Hergt R, Sponholz H (1986) Zur Wirksamkeit von Mundspülungen als Vorbehandlungsmethode in der Stomatologie. Z Gesamte Hyg 32:603–604

Silness J, Löe H (1964) Periodontal disease in pregnancy. Acta Odontol Scand 22:121

Singer B (1980) Klinische Untersuchungen mit Dequona, einem neuen Rachenantiseptikum. Quintessenz 31:147

Slots J (1984) Actinobacillus actinomycetum comitans and Bacteroides gingivalis in advanced periodontitis in man. Dtsch Zahnaerztl Z 39:615–622

Sonnenburg M, Skuša R (1984) Zur Frage der Desinfektion der Mundhöhlenschleimhaut vor operativen Eingriffen. In: Machmerth RM, Winkler H, Kramer A (Hrsg) Fortschritte in der Krankenhaushygiene – Sterilisation, Desinfektion, Keimzahlverminderung, Barth, Leipzig (Schriftenreihe Mikrobielle Umwelt und antimikrobielle Maßnahmen, Bd 9, S 241–242)

Teseler M (1990) Der granulozytopenische Patient – eine besondere Aufgabe für den Zahnarzt. In: Kramer A, Heeg P, Neumann K, Prickler H (Hrsg) Infektionsschutz und Krankenhaushygiene in zahnärztlichen Einrichtungen, Volk u. Gesundheit, Berlin, S 225–228

Topoll HH (1989) Heutiger Stand der Ätiologie und Pathogenese parodontaler Erkrankungen. ZWR 98:535–538

Topoll HH (1990) Hygieneaspekte bei der systematischen Parodontalbehandlung. In: Knoll KH (Hrsg) Angewandte Hygiene in ZMK-Klinik und Praxis, Med. Zentrum für Hyg. u. Med. Mikrobiol. der Philipps-Univ. Marburg, S 229–233

Tschamer H (1973) Wirkung einer Mundspülung auf die Keimzahlen der Mundhöhle. ZWR 82:231–233

Waerhaug J (1978) Grundprinzipien für die Vorbeugung und Behandlung parodontaler Erkrankungen. Eine Zusammenfassung moderner wissenschaftlicher Forschung. II. und III. Teil. ZWR 87:267–276, 325–335

Wahl G, Schaal KP (1989) Mikroben in subgingivalen Spalträumen. Z Zahnärztl Implantol V:287

Wegener J (1990) Orale Komplikationen bei Chemotherapien unter besonderer Berücksichtigung der parodontalen Situation und ihrer möglichen Beeinflussung. Med Dissertation, Universität Bonn

Weuffen W, Kramer A, Paetzelt H, Lüdde K-H (1984) Biologische Bedeutung von Thiocyanat und Schlußfolgerungen für die lokale Infektabwehr. In: Krasilnikow AP, Kramer A, Gröschel D, Weuffen W (Hrsg) Faktoren der mikrobiellen Kolonisation, Fischer, Stuttgart New York (Handbuch der Antiseptik Bd I/4, S 218–257)

Zambon JJ (1989) The effect of an antimicrobial mouthrinse on early healing of gingival flap surgery wounds. J Periodontol 60:31

Kapitel 16

Die Kolonisationsresistenz im Verdauungstrakt, ein bedeutsamer Faktor der antimikrobiellen Chemotherapie von Patienten mit schwerer Immundeffizienz

D. Van der Waaij und H. G. de Vries-Hospers

Im Zeitraum der letzten 10 Jahre konnten in der antimikrobiellen Behandlung von stark immunsupprimierten Patienten bedeutsame Fortschritte erreicht und eine große Anzahl von Antibiotika mit einer ein breites Spektrum abdeckenden Aktivität entwickelt werden. Die Bedeutung der sofortigen empirischen oder kalkulierten Antibiotikatherapie bei Ausbruch fieberhafter Episoden granulozytopenischer Patienten ist seit den 70er Jahren allgemein anerkannt (EORTC 1978a). Diese häufig kostenwirksame parenterale Behandlung mit Antibiotikakombinationen (Tattersal et al. 1972; Klastersky et al. 1974; Issel et al. 1979; Schimpff 1979; Menichetti et al. 1986) ist bis zum Ende der Knochenmarksuppression fortzuführen, um die Wahrscheinlichkeit einer Infektion zu vermindern. Hierbei ist allerdings die Möglichkeit der Ausbildung und Selektion von Resistenzphänomenen gegen primär wirksame Antibiotika gegeben, da am Standort potentiell pathogener Bakterien unvermeidlich auch subinhibitorisch wirksame Konzentrationen von Antibiotika auftreten können. Im Fall einer erworbenen Resistenz können die resistenten Bakterien die durch Antibiotika gehemmte Standortflora überwuchern und auf andere Patienten der Station übertragen werden (Schimpff et al. 1972). Dies ist insofern von großer klinischer Bedeutung, da auf einer hämatologisch-onkologischen Station bei praktisch allen Patienten im Laufe der ersten Wochen einer Remissions-Induktionstherapie Fieber auftritt. Demzufolge werden viele Patienten über einen längeren Zeitraum nach einem festgelegten Therapieschema im Sinne einer empirischen oder kalkulierten antimikrobiellen Chemotherapie behandelt. Diese unerwünschte Situation kann vermieden werden, wenn eine speziell auf die Bedürfnisse immunsupprimierter Patienten ausgerichtete Form der Infektionsprophylaxe angewendet wird. Mit dieser Zielstellung wurde die sog. selektive Dekontamination des Verdauungstrakts (SDD) eingeführt (Van der Waaij u. Berghuis de Vries 1974; Sleijfer et al. 1980).

• *Die selektive Darmdekontamination (SDD) ist auf eine möglichst geringe Beeinflussung der mikrobiellen Standortflora ausgerichtet, d.h. es sollen möglichst selektiv potentiell pathogene Problemkeime erfaßt werden.*

A. Kramer et al. (Hrsg.)
Klinische Antiseptik

Die Standortflora umfaßt 99% der gastrointestinalen Mikroflora und besitzt eine große Bedeutung für die Abwehr von Infektionen (Van der Waaij 1971; Van der Waaij et al. 1977). Der Großteil der Bakterienarten, die zur Standortflora gehören, besitzt keine oder nur eine geringe Pathogenität und ist somit nur sehr selten an der Ausbildung von Infektionen beteiligt. Die zur Standortflora gehörenden Bakterienarten bestimmen wesentlich die Ausbreitungsmöglichkeiten von obligat und potentiell pathogenen Bakterien und Pilzen im Verdauungstrakt. Dieser Mechanismus der Beeinflussung von Wachstum und Persistenz (Besiedelung) potentiell pathogener Mikroorganismen wird als Kolonisationsresistenz (CR) bezeichnet (Van der Waaij et al. 1971a; Van der Waaij 1982; Van der Waaij 1989). Bedingt durch die Auswahl der bei der SDD eingesetzten antimikrobiell wirksamen Substanzen, ihres (begrenzten) Wirkungsspektrums und der sorgfältig ausgewählten optimalen täglichen Dosierung ist die Wahrscheinlichkeit einer Resistenzentwicklung minimal, da die Zielgruppe der zu erreichenden Bakterien durch das Behandlungsschema im episomatischen Biotop eliminiert wird.

Vor der Erörterung der Bedeutung der Kolonisationsresistenz und ihrer Konsequenzen für die SDD wird zunächst ein kurzer Überblick über das herkömmliche Vorgehen bei der Behandlung von Infektionen stark immunsupprimierter Patienten, wie er in den meisten Krankenhäusern durchgeführt wird, gegeben.

1 Ursachen und Formen von Infektionen

Die Suppression der Funktion von Knochenmark und Immunsystem scheint zusammen mit der Schleimhautschädigung, die mit der aggressiven Chemotherapie assoziiert ist, den wesentlichen Grund für die Morbidität und Mortalität von Patienten mit malignen Erkrankungen des Knochenmarks darzustellen, insbesondere in Fällen mit akuter nichtlymphatischer Leukämie (Pizzo et al. 1984a).

Von einigen Autoren ist eine quantitative Relation zwischen dem Ausmaß der Granulozytopenie und dem Risiko einer schweren Infektion aufgestellt worden (Bodey et al. 1966; Gaya et al. 1973; Gurwith et al. 1978). Foudroyant verlaufende Infektionen sind eine häufige Todesursache bei Patienten mit nichtlymphatischer Leukämie und werden meist durch gramnegative Bakterien wie E. coli, Klebsiella, Enterobacter und Serratia spp. sowie durch Pseudomonaden hervorgerufen (Gaya et al. 1973; Schimpff et al. 1974). Der Zusammenhang zwischen Granulozytopenie und Auftreten von Infektionen ist insofern verständlich, als die zirkulierenden Granulocyten den hauptsächlichen Abwehrmechanismus gegen eindringende Bakterien darstellen, wobei sie die Wirksamkeit vieler antimikrobieller Substanzen verstärken können. Dies mag auch den Umstand erklären, daß in den 70er Jahren einige Autoren zusätzlich zur Antibiotikaprophylaxe die Gabe von Granulocyten-Transfusionen empfohlen haben (Graw et al. 1972; Ford u. Gulen 1977; Herzig et al. 1977). Dieses Vorgehen hat sich jedoch im allgemeinen nicht als sehr erfolgreich erwiesen.

1.1 Infektionen durch gramnegative Erreger

• *Der Oropharynx stellt für viele Erreger die wesentliche Eintrittspforte dar.* So beobachteten Kurrle et al. (1981) ein signifikant höheres Infektionsrisiko bei neutropenischen Patienten, wenn der Oropharynx mit gramnegativen Bakterien besiedelt war.

Bei kultureller Isolierung von Klebsiella, Enterobacter, Proteus oder Pseudomonas spp. war bei Patienten mit einer Neutropenie von $\leqq 0{,}5 \times 10^9/l$ Blut die Zahl von Tagen mit Infektionen signifikant größer (194 Infektionen bei 545 Patiententagen mit Neutropenie, 36%) als bei Patienten ohne Besiedelung durch gramnegative Bakterien (78 Infektionen bei 951 Patiententagen mit Neutropenie, 8%).

1.2 Infektionen durch grampositive Erreger

Weniger häufig und oft mit geringerer Morbidität verbunden werden grampositive Erreger wie Staphylokokken, Streptokokken der Viridansgruppe oder Corynebakterien bei schwer verlaufenden Infektionen granulocytopenischer Patienten gefunden (Pizzo u. Young 1984b). Hieraus mag sich auch der weltweite Erfolg von SDD in vielen Zentren erklären, da die Wirksamkeit von SDD nur bei Infektionen durch gramnegative Erreger erwartet werden kann.

1.3 Infektionen durch Sproßpilze

Auf die steigende Bedeutung von Pilzinfektionen insbesondere für abwehrgeschwächte Patienten ist in der Literatur eindrucksvoll hingewiesen worden (Donhuijsen u. Samandari 1985). Die therapeutische Gabe von Breitbandantibiotika vermag ein Overgrowth der Schleimhäute durch Pilze, meist Candida-Arten, zu ermöglichen bzw. zu begünstigen (Mangiaracine 1951; Bartels 1953; Smiths et al. 1966).

2 Infektionsprophylaxe

Für die Infektionsprophylaxe werden verschiedene Vorgehensweisen vertreten.

2.1 Systemische Prophylaxe mit einer Kombination von Breitbandantibiotika

Jedes Vorgehen bei der prophylaktischen Gabe von Antibiotika ist angewiesen auf Informationen über die Eintrittspforte und die am wahrscheinlichsten auftretenden Infektionserreger beim granulocytopenischen Patienten. Zusätzlich hängt das rationale Vorgehen bei der Etablierung geeigneter Therapieschemata von dem gesicherten Wissen ab, welche unterschiedlichen Arten von Infektionen bei den genannten Patienten entstehen können und ebenso von der epidemiologischen Situation der sog. Hospitalflora, die sich in der Regel krankenhausspezifisch ausbildet. So versuchten Tattersall et al. (1972) diesen Vorbedingungen zum Absenken der Mortalität dadurch Rechnung zu tragen, daß sie eine sofortige empirische Behandlung mit einer Kombination von 5 Antibiotika propagierten. Sie konnten dadurch über eine erfolgreiche Behandlung bei der Hälfte von insgesamt 16 bakteriologisch gesicherten Infektionen berichten. In einer umfangreicheren Studie der EORTC Antimicrobial Chemotherapy Project Group (1978 b) mit sofortiger Gabe von drei verschiedenen empirischen Kombinationen von jeweils zwei Antibiotika war dieses Vorgehen in 59% der Fälle mit Bakteriämie und in 76% der Patienten mit klinisch gesicherter Infektion aber ohne Bakteriämie erfolgreich. Sofern der jeweils relevante Infektionserreger nur auf eines der beiden gegebenen Antibiotika sensibel reagierte, zeigte sich eine etwas geringere Besserung des klinischen Bildes. War der Erreger gegen beide vorgegebenen Antibiotika resistent, ging das erwartungsgemäß mit einer hohen Rate progredienter Infektionen einher. Die Wahrscheinlichkeit, daß sich eine Resistenz gegen beide Antibiotika entwickelte, stieg mit der Behandlungsdauer. Früher und auch später durchgeführte entsprechende Studien berichteten im wesentlichen über ähnliche Ergebnisse: Sie alle erwähnen den negativen Einfluß einer verlängerten neutropenischen Phase, der bakteriellen Resistenzentwicklung und des Overgrowth-Syndroms der Schleimhäute von Oropharynx und Verdauungstrakt durch diese Bakterien bei leukämischen Patienten (Schimpff et al. 1972; Issel et al. 1979; Kurrle et al. 1981).

Beeinflussung von Wachstum und Persistenz (Besiedelung) potentiell pathogener Mikroorganismen wird als Kolonisationsresistenz (CR) bezeichnet (Van der Waaij et al. 1971 a; Van der Waaij 1982; Van der Waaij 1989). Bedingt durch die Auswahl der bei der SDD eingesetzten antimikrobiell wirksamen Substanzen, ihres begrenzten Wirkungsspektrums und der sorgfältig ausgewählten optimalen täglichen Dosierung ist die Wahrscheinlichkeit einer Resistenzentwicklung minimal, da die Zielgruppe der zu erreichenden Bakterien durch das Behandlungsschema im episomatischen Biotop eliminiert wird.

Vor der Erörterung der Bedeutung der Kolonisationsresistenz und ihrer Konsequenzen für die SDD wird zunächst ein kurzer Überblick über das herkömmliche Vorgehen bei der Behandlung von Infektionen stark immunsupprimierter Patienten, wie es in den meisten Krankenhäusern durchgeführt wird, gegeben.

2.2 Infektionsprophylaxe durch Umkehrisolierung und Darmdekontamination

Betrachtet man die Art der Infektionen, die für die Morbidität und Mortalität bei granulozytopenischen Patienten verantwortlich sind, gelangt man zu der Einsicht, daß erst eine antimikrobielle Behandlung, die zu einer zahlenmäßigen

Verminderung opportunistisch-pathogener Bakterien bei leukämischen Patienten führt, eine Schädigung der körpereigenen Abwehr ohne gleichzeitiges Ansteigen der Infektionsrate gestattet. Zur Herabsetzung des Infektionsrisikos für granulozytopenische Patienten gehören auch Bemühungen, die Exposition gegenüber exogenen und endogenen potentiell pathogenen Bakterien einzugrenzen (Levine et al. 1971; Bodey et al. 1973; EORTC Gnotobiotic Project Group 1977; Kurrle et al. 1980). Die dabei angewendeten Pflegetechniken beinhalten den Einsatz von „protective environments" (Einheiten zur Schutzisolierung), die topische Anwendung von Antiseptika und Antibiotika auf Haut und Schleimhäuten der Körperöffnungen sowie die Ernährung mit steriler oder keimarmer Kost in Kombination mit der Darmdekontamination. Wie eine Übersicht der EORTC Gnotobiotic Project Group (1978) zeigte, führten diese Bemühungen in verschiedenen Studien zu unterschiedlichen Erfolgsraten. Levine et al. (1971) berichteten über eine bemerkenswerte Reduktion schwerer Infektionen, während Schimpff (1979) und die EORTC Gnotobiotic Project Group (1977) eine höhere Inzidenz positiver Blutkulturen bei isolierten und dekontaminierten Patienten im Vergleich zu den Patienten fanden, die unter den Bedingungen einer Normalstation betreut worden waren. Offensichtlich schien die Isolierung allein nur einen begrenzten Wert für die Reduktion der Infektionsinzidenz zu besitzen. Die Typisierung der isolierten Bakterien ergab eine erhebliche Anzahl (exogener) Infektionen, obwohl die meisten Infektionen endogenen Ursprungs waren (hervorgerufen durch zum Zeitpunkt der Hospitalisierung des Patienten in seiner Flora vorhandene Bakterien).

2.3 Selektive Darmdekontamination (SSD): Allgemeine Aspekte

Wie bereits in der Kapiteleinleitung ausgeführt, ist eine prophylaktische antiseptische Behandlung durch SDD möglich. Es ist jedoch notwendig, die dabei zugrundeliegenden Mechanismen dieses Verfahrens genauer zu betrachten. Das betrifft sowohl die Bedeutung der mit der Kolonisationsresistenz verbundenen anaeroben Mikroflora als auch die Auswahl der antimikrobiellen Substanzen, die neutropenischen Patienten mit ausreichender Sicherheit gegeben werden können, ohne daß sie den schützenden Teil der mikrobiellen Flora des Patienten schädigen.

2.3.1 Kolonisationsresistenz im Verdauungstrakt

• *Unter der Kolonisationsresistenz im Verdauungstrakt wird die Barriere verstanden, die frisch aufgenommene Bakterien überwinden müssen, um geeignete Nischen im Verdauungstrakt zu besiedeln* (Van der Waaij et al. 1971; Van der Waaij 1982b).

Art und Zahl der im Verdauungstrakt anwesenden potentiell pathogenen Bakterien und Pilze dürften sowohl für die Entwicklung von Infektionen im

Urogenital- als auch im Respirationstrakt von entscheidender Bedeutung sein. Das beschränkt sich nicht auf Patienten mit normaler Knochenmarkfunktion, sondern ist sicherlich auch bei leukämischen Patienten der Fall. Die Kolonisationsresistenz im Verdauungstrakt ist das gemeinsame Ergebnis einer intensiven Kooperation zwischen dem Wirtsorganismus und seiner Mikroflora (Van der Waaij et al. 1977; Van der Waaij 1989).

Bei Menschen mit herkömmlicher Mikroflora, die im wesentlichen aus einer Vielzahl anaerober Bakterienspecies besteht, können potentiell pathogene Erreger, wenn sie oral in hohen Zahlen aufgenommen werden, den Verdauungstrakt nur für eine bestimmte Zeit kolonisieren (Buck u. Cooke 1969; Cooke 1972; Williams Smith 1975). Stämme menschlichen Ursprungs (Hospitalstämme) können dabei besser kolonisieren als Stämme der gleichen Gattung, die vom Tier stammen. Sowohl für grampositive als auch für gramnegative Erreger ist eine relativ hohe orale Dosis von $> 10^6$ Bakterien für eine Besiedlung notwendig. Bei keimfrei aufgezogenen Tieren oder bei Tieren mit einem durch antibiotische Dekontamination keimfrei gehaltenem Darm ist hierfür jedoch eine um 5 Zehnerpotenzen geringere Erregerdosis ausreichend (Van der Waaij et al. 1971; Van der Waaij et al. 1977), d.h. die orale Aufnahme mit ca. 100 Bakterien oder weniger kann eine langdauernde Besiedelung des Oropharynx und des Verdauungstraktes bewirken. Diese Verhältnisse erscheinen übertragbar auf den Menschen. Wenn beispielsweise ein Mensch mit Antiobiotika behandelt wird, deren Spektrum auch die mit der Kolonisationsresistenz assoziierte Flora einschließt, und diese Antibiotika den Verdauungstrakt in bioaktiver Form erreichen, kann die Kolonisationsresistenz beeinträchtigt werden, d. h. die Schwelle für eine Besiedelung resistenter Bakterien nach oraler Aufnahme kann bis auf Bruchteile herabgesenkt werden. Im Stationsbereich ergibt sich damit für den Fall der Ausbreitung potentiell pathogener Bakterien, die resistent gegen die eingesetzten Antibiotika sind, für die Patienten ein hohes Kolonisationsrisiko. Die resistenten Keime können sich intensiv vermehren, womit in der Regel ein Anstieg des Infektionsrisikos einschließlich der Ausbreitung auf andere Patienten einhergeht (Selden et al. 1971; Thomas et al. 1977; Lolekha 1986; Van der Waaij et al. 1986; Van der Waaij 1987).

Antibiotika verteilen sich im Darminhalt entweder aufgrund einer inkompletten Absorption nach oraler Aufnahme oder durch Sekretion über Speichel, intestinale mucosale Schleimdrüsen oder, was vielleicht die größte Bedeutung hat, über die Galle. Durch einen oder mehrere dieser Eintrittswege können die Konzentrationen der Antibiotika im Verdauungstrakt höhere Spiegel erreichen als es der MHK vieler Bakterien entspricht, die für die Kolonisationsresistenz verantwortlich sind. Diese werden dann hierdurch nachhaltig beeinflußt, wobei das Ausmaß und die Steilheit des Abfalls der Kolonisationsresistenz von der Antibiotikakonzentration sowie von der Zeit abhängen, bis sich die Gleichgewichtsspiegel der Substanzen eingestellt haben, die die Wirkung auf die anaerobe Flora des Darmes entfalten. Bei einigen Patienen wird sich dieser Abfall jedoch nicht einstellen, da die bakterielle Flora über enzymatische Inaktivierungsmechanismen (β-Lactamase) für die Antibiotika verfügt (Welling u. Groen 1989).

2.3.2 Antibiotikabehandlung und Kolonisationsresistenz

Nachdem die Bedeutung der Aufrechterhaltung der normalen autochthonen anaeroben oropharyngealen und intestinalen Mikroflora insbesondere für den immunsupprimierten Patienten in den frühen 70er Jahren erkannt wurde, sind eine ganze Reihe von Screening-Versuchen durchgeführt worden, um die geeigneten Antibiotika hinsichtlich ihres Effekts auf die Kolonisationsresistenz-assoziierte Flora bei Mäusen und Menschen aufzufinden (Nord et al. 1974; Van der Waaij 1984).

Mäuse haben eine Kolonisationsresistenz-assoziierte Flora, die hinsichtlich ihres Empfindlichkeitsspektrums weitgehend der des Menschen entspricht. Daher wurden Mäuse jeweils mit unterschiedlichen Dosierungen eines Antibiotikums für mehrere Wochen behandelt (Van der Waaij et al. 1982c; 1982d; 1986; Van der Waaij 1987). Während des Behandlungszeitraums wurde jeweils die Konzentration der opportunistisch-pathogenen Bakterien in den Faeces bestimmt; ebenso wurden andere Parameter für die Kolonisationsresistenz regelmäßig in kürzeren Zeitabständen untersucht.

Im Ergebnis dieser Studien können die antimikrobiellen Substanzen hinsichtlich ihres Einflusses auf die Flora in drei größere Gruppen unterteilt werden (Van der Waaij 1979a):

- Antibiotika, die die Kolonisationsresistenz-assoziierte Mikroflora dosisunabhängig beeinträchtigen,
- Antibiotika, die die Kolonisationsresistenz durch Beeinflussung der autochthonen Flora nur in hohen Dosierungen herabsetzen und
- Antibiotika, die selbst in unüblich hohen Dosen die Kolonisationsresistenz nicht herabsetzen.

In Ablehnung an die Farben bei Verkehrsampeln wurde diesen drei Gruppen die Farbe „rot" (Abfall der Kolonisationsresistenz), „orange" (Abfall nur bei hoher Dosierung) und „grün" (keine Gefahr für die Kolonisationsresistenz-assoziierte Flora) zugeordnet.

In den Screeningversuchen mit Mäusen verschwanden die potentiell pathogenen Bakterien, die gegen die getesteten Antibiotika empfindlich waren, bei bestimmten Tagesdosierungen der Antibiotika aus den Faeces. Wenn diese Dosierungshöhe – die minimale Dosis zur Entfernung gramnegativer potentiell pathogener Bakterien – die Kolonisationsresistenz unbeeinflußt ließ, wurde das jeweilige Medikament für weitergehende Studien zur Infektionsprophylaxe bei immunsupprimierten Patienten berücksichtigt (Van der Waaij 1979b). Nur für den Fall, daß die minimale Dosis, die zu einem Abfall der Kolonisationsresistenz führt, mindestens viermal so hoch war wie die minimale Dosis, die zur Suppression der potentiell pathogenen Floraanteile benötigt wird, wurde das jeweilige Medikament als geeignet für die Anwendung in dem Verfahren angesehen, das wenig später als SDD bekannt wurde.

• *SDD beinhaltet die orale Behandlung (nur mit einigen Substanzen ist ein gleicher Effekt bei parenteraler Behandlung erreichbar) von Patienten mit „grünen" antimikrobiellen Substanzen in Tagesdosen, die geeignet sind, in wenigen Tagen (innerhalb einer Woche) die empfindlichen potentiell pathogenen*

Anteile der jeweiligen individuellen Flora zu eliminieren, ohne die Kolonisationsresistenz zu beeinträchtigen.
Spätere Studien an Freiwilligen führten zu Kenntnissen über den Effekt dieser Antibiotika auf die Flora des Menschen und über die optimale Tagesdosis, die zur Unterdrückung der empfindlichen potentiell pathogenen Bakterien und Pilze benötigt wird (Van der Waaij 1988). Antibiotika, die nach dem Screening bei Mäusen als „rot" eingestuft worden waren, sind im allgemeinen dieselben, die beim Menschen als Ursache für das Overgrowth mit unerwünschten Mikroorganismen verantwortlich gemacht wurden.

3 Infektionsprophylaxe durch SDD bei granulozytopenischen Patienten

Die positiven Erfahrungen mit der ersten randomisierten Studie mit SDD in der hämatologischen Station des Universitätsklinikums von Groningen (Sleijfer et al. 1980) veranlaßten uns, mit SDD als einer Methode zur Infektionsprävention bei granulozytopenischen Patienten weiter zu arbeiten. Wie unsere Daten zeigen, wird die Relevanz der Infektionsprophylaxe unterhalb einer extrem geringen Granulozytenzahl von $0{,}5 \times 10^9/l$ hochgradig bedeutsam.

- *Jede Behandlung oder Situation, die zu einer schweren Suppression der Knochenmarkaktivität durch eine länger anhaltende schwere Granulozytopenie unter $0{,}5 \times 10^9/l$ führt, ist eine Indikation für den prophylaktischen Einsatz von SDD.*

Diese Behandlung wird solange durchgeführt, bis die Zahl der peripheren Granulozyten den Wert von $1{,}0 \times 10^9/l$ überschritten hat.

Bei Aufnahme granulozytopenischer Patienten in das Krankenhaus sollte eine komplette bakteriologische Untersuchung mit Kulturen von Rachen, Faeces, Urin, Vagina, Preputium und ggf. (eitrigen) Wunden durchgeführt werden. Während der SDD-Behandlung kann das bakteriologische Monitoring auf Untersuchungen von Rachenabstrichen und Faeces mit einer Frequenz von 2–3 Untersuchungszeitpunkten/Woche eingegrenzt werden. Werden bei der Eingangsuntersuchung pathogene Erreger von einer oder mehreren Körperstellen kulturell nachgewiesen, müssen diese Überwachungskulturen solange wiederholt werden, bis sie aufgrund der Ergebnisse der SDD-Behandlung keinen Keimnachweis mehr erbringen. Nach der bakteriologischen Eingangsuntersuchung kann SDD mit Antibiotika begonnen werden, die die folgenden drei Gruppen von Mikroorganismen erreichen:

- gramnegative Bakterien: Enterobacteriaceae und Pseudomonadaceae,
- Sproßpilze, insbesondere Candida und Torulopsis spp.,
- S. aureus.

3.1 Gramnegative Bakterien

Enterale Bakterien können durch eine oder mehrere antibiotische Substanzen, wie sie in Tabelle 16-1 aufgelistet sind, eliminiert werden.

Die Auswahl der SDD-Substanzen sollte auf der Grundlage von Empfindlichkeitsprüfungen bei potentiell pathogenen Bakterien, die bei der Eingangsuntersuchung gefunden wurden, erfolgen. Können Ergebnisse der bakteriologischen Untersuchungen nicht abgewartet werden, sollte die Behandlung initial mit einer Kombination von Polymyxin und Co-Trimoxazol begonnen werden (Rozenberg-Arska et al. 1983). Die Chinolone sind weitere erfolgreiche Substanzen für SDD. Norfloxacin und Ciprofloxacin sind beide für diesen Zweck in verschiedenen Zentren eingesetzt worden (Rozenberg-Arska 1987; De Vries-Hospers et al. 1987; Karp et al. 1988). Ein älterer Abkömmling der Nalidixinsäure, die Pipemidsäure, ist von anderen Autoren empfohlen worden (Muytjens et al. 1983).

Tabelle 16-1. Antimikrobielle Wirkstoffe für die selekive Darmkontamination

Wirkstoff	Target-Mikroorganismen	tägliche Dosis bei Erwachsenen	Literatur
Pipemidsäure Norfloxacin	Enterobacteriaceae	800 mg	Muytjens et al. (1983) Karp et al. (1988), Maschmayer et al. (1988)
Ciprofloxacin		1000 mg	Rozenberg-Arska et al. (1987), de Vries-Hospers et al. (1987), Maschmayer et al. (1988)
Co-trimoxazol	Enterobacteriaceae and S. aureus	6 Tabletten*	Sleijfer et al. (1980), Dekker et al. (1981), Mujtjens et al. (1983) Rozenberg-Arska et al. (1983), Wade et al. (1983), Mulder et al. (1984), de Vries-Hospers et al. (1984, 1987), Kurrle et al. (1986), Rozenberg-Arska u. Dekker (1987), Karp et al. (1988), Maschmayer et al. (1988)
Polymyxine	(außer Proteus) Pseudomonadaceae	800 mg	Sleijfer et al. (1980), Rozenberg-Arska et al. (1983), Kurrle et al. (1986)
Amphotericin B Nystatin	Sproßpilze	2000 mg 6×10^6 IU	Hofstra et al. (1982) van der Waaij et al. 1979)
Cefradin	S. aureus	6000 mg	van Saene and Driessen (1979)

* 400 mg Sulfamethoxazol + 60 mg Trimethoprim

Wenn die Gabe resorbierbarer Substanzen wie Co-Trimoxazol und den Chinolonen kontraindiziert ist, weil beispielsweise Allergien vorliegen, kann eine Kombination von Polymyxin mit Aztreonam oder mit geringen oralen Dosen von Tobramycin – beide mit einer Tagesdosis von 300 mg – in Erwägung gezogen werden (Mulder et al. 1984; De Vries-Hospers et al. 1984). Bei Tobramycin ist Vorsicht geboten, da eine Tagesdosis von 320 mg (80 mg 3 × tgl.) bereits zu einer nachteiligen Beeinflussung der Kolonisationsresistenz-assoziierten Mikroflora bei einigen Patienten so wie auch bei gesunden freiwilligen Probanden führen kann (Mulder et al. 1984).

Die Eliminierung von gramnegativen Bakterien aus dem Darm (Faeces) ist im allgemeinen rasch erreichbar, insbesondere wenn Polymyxin in ausreichend hoher Tagesdosis in das Schema aufgenommen wurde.

Im Nasen-Rachen-Raum ist eine schnelle Unterdrückung der gramnegativen Bakterien durch Kombination von nicht resorbierbaren Antibiotika häufig schwierig. Falls gramnegative Bakterien am Beginn der SDD-Behandlung in Rachenabstrichen nachweisbar sind und für die Dauer dieser Therapie persistieren, ist es gelegentlich notwendig, dem SDD-Regime resorbierbare Substanzen hinzuzufügen (Kurrle et al. 1988). Insbesondere Co-Trimoxaxol hat sich als hilfreich erwiesen, um persistent besiedelnde gramnegative Stämme aus dem Pharynx zu eliminieren (Dekker et al. 1981; Wade et al. 1983). Auch dürfen etwaige Infektionsquellen wie fokale Infektionen an Parodont, Zähnen oder Nebenhöhlen nicht übersehen werden. Falls notwendig, müssen diese Quellen separat dekontaminiert und behandelt werden (z. B. Zahnextraktion). Eine weitere Möglichkeit, kolonisierende Sproßpilze, Enterobacteriaceae oder Pseudomonadaceae aus dem Oropharynx zu eliminieren, ist durch die Gabe von Orobase^{R} in Mischung mit 2% von einer oder mehrerer der SDD-Substanzen gegeben (De Vries-Hospers u. Van der Waaij 1978). Diese klebrige Substanz erfreut sich jedoch keiner hohen Akzeptanz und die meisten Patienten sind bald nicht mehr gewillt, diese Paste 3 × täglich auf ihr Zahnfleisch zu geben. Wenn die Benutzung von Orobase verweigert wird, auf der anderen Seite aber hochgradig indiziert ist, sollte eine Applikation während der Nachtstunden in Erwägung gezogen werden.

3.2 Sproßpilze

• *Der Oropharynx ist eine wichtige und häufige Kolonisationsnische für Pilze.* Ohne antimykotische Behandlung werden mehr als 50% der granulozytopenischen Patienten üblicherweise durch Candida- oder Torulopsis spp. besiedelt. Von hier aus oder auch primär kann der untere Teil des Verdauungstraktes kontaminiert und kolonisiert werden (positive Stuhlkulturen). Zur selektiven Suppression einer Besiedlung des Verdauungstraktes durch potentiell pathogene Pilze sollte entweder Amphotericin B oder Nystatin oral gegeben werden (Van der Waaij et al. 1979; Hofstra et al. 1982). Wegen der besseren Empfindlichkeit der Pilze auf Amphotericin B wird diese Substanz von uns bevorzugt. Zum Erreichen einer optimalen Aktivität im Nasen-Rachen-Raum ist die Applikation als Spülflüssigkeit zu bevorzugen. Selbst bei optimaler Applikation dieser Substanz als Suspension im Oropharynx wird eine totale Suppression von Pilzen jedoch nur selten erreicht. Bessere Ergebnisse sind erreichbar, wenn Amphotericin B als Lutschtablette angewendet wird, wodurch im Speichel ausreichend hohe Amphotericin B-Konzentrationen für 1–2 h erreicht werden (De Vries-Hospers et al. 1982). Die Gabe von Lutschtabletten kann auch bei Patienten mit Schleimhautläsionen bei klinischem Verdacht auf Candida- oder Torulopsis-Infektion von Vorteil sein. Auf der anderen Seite können sich an den Tabletten beim Lutschen allerdings auch scharfe Ränder entwickeln. Eine weitere Indikation stellen Fremdkörper im Nasopharynx, z. B. Nasensonden zur Hyperalimentation, dar. Zahnprothesen sollten lediglich während der Mahlzeiten und ggf. aus Anlaß des Besuches von Freunden und Verwandten getragen werden.

3.3 S. aureus

Dieser Keim kann aus dem Oropharynx und dem Darm am besten durch orale Gabe von Cefradin eliminiert werden (von Saene u. Driessen 1979). Die Inzidenz der Besielung durch S. aureus ist jedoch gering (etwa 10%). Daher sollte die Behandlung mit Cefradin innerhalb der SDD nicht routinemäßig, sondern nur indikationsgerecht erfolgen, d. h. bei positiven Mund-Rachen-Abstrichen. Wenn die Besiedlung durch S. aureus nur geringe Keimzahlen erreicht und der Patient im Rahmen von SDD mit Co-Trimoxacol behandelt wird, kann diese Substanz auch allein in der Lage sein, die S. aureus-Besiedlung zu beenden, wozu allerdings eine Zeit von etwa 6 anstatt von 2 d benötigt wird.

4 Nebenwirkungen der SDD

Über Nebenwirkungen wird bei SDD nur gelegentlich berichtet. Dabei handelt es sich meist um allergische Reaktionen, insbesondere bei der Behandlung mit Co-Trimoxazol oder einem der Chinolone. Übelkeit wird gelegentlich mit der oralen Gabe von Amphotericin B-Lösungen in Zusammenhang gebracht. In anderen Fällen hat es sich als schwierig erwiesen, den Grund für eine toxische Nebenwirkung zu ermitteln, z. B. dann, wenn zwischen den Nebenwirkungen durch SDD-Antibiotika und durch Cytostatika, die für die Remissions-Induktionstherapie eingesetzt werden, unterschieden werden soll.

5 Systemische antibiotische Behandlung während SDD

Patienten mit erfolgreicher SDD sollten frei von gramnegativen potentiell pathogenen Bakterien, S. aureus und Sproßpilzen sein, d. h. sie sollten in der Regel diesbezüglich negative Kulturen von Rachenabstrichen und Stuhlproben zeigen. Die verbleibenden grampositiven Bakterien wie z. B. Enterokokken, koagulasenegative Staphylokokken und Streptokokken der Viridansgruppe (Pizzo u. Young 1984) sowie Aspergillus-Arten können ebenfalls Infektionen hervorrufen (Donhuijsen u. Samandari 1985). Falls andere Ursachen für hochfieberhafte Episoden ausgeschlossen werden können und geeignete Materialien zur bakteriologisch-kulturellen Untersuchung gewonnen wurden, ist in diesen Fällen eine sofortige Behandlung mit einer Kombination von mikrobiozid wirkenden Antibiotika indiziert. Während der systemischen Behandlung darf die SDD-Behandlung nicht unterbrochen werden, zumal, da die in diesen Fällen indizierten Breitbandantibiotika das Lumen des Verdauungstraktes in Konzentrationen erreichen, wie sie für die Suppression der Standortflora des Mund-Rachen-Raumes und des Verdauungstraktes ausreichend sind. SDD-Antibiotika werden nicht nur benötigt, um die gramnegativen Bakterien, S. aureus und Sproßpilze im Zusammenspiel mit der unterdrückten Standortflora zu minimieren, sondern auch, um die Standortflora für den Zeitraum zu ersetzen, in dem die systemische Behandlung fortgesetzt wird und sich diese Flora somit noch nicht wieder erholt hat.

6 Resistenzentwicklung gramnegativer Bakterien während SDD

Im Beobachtungszeitraum einer Zweijahres-Studie (De Vries-Hospers et al. 1981) an 53 Patienten mit SDD und schwerer Granulozytopenie wurden 3 × wöchentlich Überwachungskulturen vom Nasen-Rachen-Raum und Stuhlproben abgenommen. Gramnegative Bakterien wurden in etwa ¼ der Stuhlproben isoliert, üblicherweise nur in Einzelproben und in geringer Konzentration ($< 10^4$/g Stuhl). Um zwischen einer Resistenzentwicklung innerhalb der Keime der Standortflora sowie neu aufgenommener Stämme zu unterscheiden, wurden von allen gramnegativen Bakterien biochemische Profile (API 20 E) bestimmt. Wenn sich ein Anhalt ergab, daß sich unter der Behandlung eine Resistenz entwickelte, so geschah dies in allen (3) Fällen in der ersten Woche der SDD und lediglich bei Patienten, die nur ein Antibiotikum (entweder Nalidixinsäure oder Co-Trimoxazol) zur SDD erhalten hatten. Daraus läßt sich ableiten, daß eine SDD-Behandlung immer mit einer Kombination von Co-Trimoxacol und Polymyxin/Colistin begonnen werden sollte, wie auch von Rozenberg-Arska und Dekker (1987) empfohlen wurde, oder vielleicht mit einem der neueren Chinolone (Kern et al., 1987; Rozenberg-Arska u. Dekker 1987; De Vries-Hospers et al. 1987; Karp et al. 1988; Maschmeyer et al. 1988; Giuliano et al. 1989; Leleux et al. 1989).

7 Lebensmittel als Infektionsquelle

Üblicherweise werden SDD-behandelte Patienten nicht isoliert und erhalten keine sterilisierte Krankenhausverpflegung. Lebensmittel, die bekanntermaßen häufig hochgradig mikrobiell kontaminiert sind, wie rohes Fleisch, Salat usw. sollten vermieden werden (Remmington u. Schimpff 1981). Patienten mit unzureichender oraler Nahrungsaufnahme können parenteral oder über eine Nasensonde ernährt werden. Im Fall einer enteralen Hyperalimentation durch Magensonde empfehlen wir die Gabe einer sterilisierten Breikost, da diese Nahrungsmittelzubereitung ansonsten ein ideales Medium für bakterielles Wachstum darstellt und auch während der Stunden, die die Sondenernährung benötigt, zu einer nachhaltigen Quelle für potentiell pathogene Bakterien werden kann.

8 Klinisches Monitoring der Kolonisationsresistenz

In den letzten 15 Jahren hat man Erfahrungen mit einem biochemischen Labortest für die Kolonisationsresistenz gesammelt. Welling (1982) und später Midvedt (1985) fanden, daß bestimmte Enzyme in den Faeces mit dem Vorhandensein einer intestinalen anaeroben Flora assoziiert sind, die die Kolonisationsresistenz unterhält. Eines dieser Enzyme, eine Peptidase, baut das Dipeptid α-Aspartylglycin zu Asparaginsäure und Glycin ab. α-Aspartylglycin ist ein normales Endprodukt des Eiweißstoffwechsels bei Mensch und Tier und wird über den Darm und mit dem Urin ausgeschieden. Daher ist dieses Substrat immer im Darm vorhanden, auch bei Hungerzuständen. In Gegenwart einer normalen Standortflora wird α-Aspartylglycin durch das bakterielle Enzym metabolisiert. Eine Untersuchung an Mensch und Tier hat gezeigt, daß die Konzentration von α-Aspartylglycin linear mit dem Ausmaß der Unterdrückung der Kolonisationsresistenz während der antibiotischen Behandlung zur Florasuppression korreliert (Welling 1979).

Literatur

Bartels HA (1953) Monilial infection of the mouth following antibiotic therapy. Oral Surg 7:790–795

Bodey GP, Buckly M, Sathe YS, Freireich EJ (1966) Quantitative relationship between circulating leukocytes and infections in patients with acute leukemia. Ann Intern Med 64:328–340

Bodey GP, Gehan EA, Freireich EJ (1973) Protected environment and prophylactic antibiotics. N Engl J Med 288:477–483

Buck AC, Cooke EM (1969) The fate of ingested Pseudomonas aeruginosa in normal persons. J Med Microbiol 2:521–525

Cooke EM, Hettiaratchy GT, Buck AC (1972) Fate of ingested Escherichia coli in normal persons. J Med Microbiol 5:361–369

De Vries Hospers HG, Van der Waaij D (1978) Amphotericin B concentrations in saliva after application of 2% amphotericin in orabase. Infection 6:16–20

De Vries-Hospers HG, Sleijfer DTh, Mulder NH, Van der Waaij D, Nieweg HO, Van Saene HKF (1981) Bacteriologic aspects of selective decontamination of the digestive tract as a method of infection prevention in granulocytopenic patients. Antimicrob Agents Chemother 19:813–820

De Vries-Hospers HG, Mulder NH, Sleijfer DTh, Van Saene HKF (1982) The effect of amphotericin B lozenges on the presence and number of Candida cells in the oropharynx of neutropenic leukemia patients. Infection 10:71–75

De Vries-Hospers HG, Welling GW, Swabb EA, Van der Waaij D (1984) Selective decontamination of the digestive tract with aztreonam: a study in ten healthy volunteers. J Infect Dis 150:636–641

De Vries-Hospers HG, Welling GW, Van der Waaij D (1987) Influence of quinolones on throat and faecal flora of healthy volunteers. Pharm Weekbl [Sci] Ed 9 Suppl:41–44

Dekker AW, Rozenberg-Arska M, Sixma JJ, Verhoef J (1981) Prevention of infection by trimethoprim-sulfamethoxazole plus amphotericin B in patients with acute non-lymphocytic leukemia. N Engl J Med 95:555–559

Donhuijsen K, Samandari S (1985) Tiefe Mykosen bei Leukämien und malignen Lymphomen. Dtsch Med Wochenschr 110:903–907

EORTC Gnotobiotic Project Group (Dietrich M, Gaus W, Vossen JM, Van der Waaij D, Wendt F, 1977) Protective isolation and antimicrobial decontamination in patients with high susceptibility to infection. A prospective randomized study of gnotobiotic care in acute leukemia patients. 1: Clinical results. Infection 5:107–114

EORTC International Antimicrobial Chemotherapy Project Group (1978a) Three antibiotic regimens in the treatment of infection in febrile granulocytopenic patients with cancer. J Infect Dis 137:14–29

EORTC Gnotobiotic Project Group (1978b) Protective isolation and antimicrobial decontamination in patients with high susceptibility to infection. A prospective cooperative study of gnotobiotic care in acute leukemia patients. III. The quality of isolation and decontamination. Infection 6:175–191

Ford JM, Gulen MH (1977) Prophylactic granulocyte transfusions. Exp Hematol 5:401–419

Gaya H, Tattersall MHN, Hutchinson RM, Spiers ASD (1973) Changing pattern of infection in cancer patients. Eur J Cancer 9:401–419

Giuliano M, Pantosti A, Gentile G, Venditti M, Arcese W, Martino P (1989) Effects on oral and intestinal microfloras of norfloxacin and pefloxacin for selective decontamination in bone marrow transplant patients. Antimicrob Agents Chemother 33:1709–1713

Graw RG, Herzig GP, Perry S, Henderson ES (1972) Normal granulocyte transfusion therapy. Treatment of septicemia due to gramnegative bacteria. N Engl J Med 287:367–371

Gurwith MJ, Brunton JL, Lank BA, Ronald AR, Harding GKM (1978) Granulocytopenia in hospitalized patients. I. Prognostic factors and etiology of fever. Am J Med 64:121–132

Herzig RH, Herzig GP, Graw RG, Bull MI, Ray KK (1977) Successful granulocyte transfusion therapy for gramnegative septicemia. A prospective randomized controlled study. N Engl J Med 296:701–705

Hofstra W, De Vries-Hospers HG, Van der Waaij D (1982) Concentrations of amphotericin B in faeces and blood of healthy volunteers after oral administration of various doses. Infection 10:223–227

Issel BF, Keating KJ, Valdivieso M, Bodey GP (1979) Continuous infusion of tobramycin combined with carbenicillin for infections in cancer patients. Am J Med Sci 227:311–318

Karp JE, Dick JD, Merz WG (1988) Systemic infection and colonization with and without prophylactic norfloxacin use over time in the granulocytopenic, acute leukemia patient. Eur J Clin Oncol 24 Suppl 1:5–13

Kern W, Kurrle E, Vanek E (1987) Ofloxacin for prevention of bacterial infections in granulocytopenic patients. Infection 15:427–430

Klastersky J, Henry A, Hensgens C, Daneau D (1974) Gramnegative infection in cancer. Study of empiric therapy comparing carbenicillin-cephalotin with and without gentamicin. JAMA 227:45–48

Kurrle E, Bhaduri S, Heimpel H (1980) The efficiency of strict reverse isolation and antimicrobial decontamination in remission induction therapy of leukemia. Blut 40:187–195

Kurrle E, Bhaduri S, Heimpel H (1981) Risk factors for infections of the oropharynx and the respiratory tract in patients with acute leukemia. J Infect Dis 144:128–136

Kurrle E, Dekker AW, Gaus W, Haralambie E, Krieger D, Rozenberg-Arska M, De Vries-Hospers HG, Van der Waaij D, Wendt F (1986) Prevention of infection in acute leukemia: a prospective randomized study on the efficacy of two different drug regimens for antimicrobial prophylaxis. Infection 14:226–232

Levine AS, Siegel SE, Schreiber AD (1971) Protected environment and prophylactic antibiotic program in chemotherapy of acute leukemia. Am J Med Sci 262:138–159

Leleux A, Snoeck R, Gerain J, Van der Auwera P, Daneau D, Meunier F (1989) Prevention par la pefloxacin des infections chez les malades cancereux granulocytopenues. La Press Medicinale 18:21–25

Lolekha S (1986) Consequences of treatment of gastro-intestinal infections. Scand J Infect Dis 49:154–159

Mangiaracine A (1951) Oral moniliasis following antibiotic therapy – a warning. N Engl J Med 244:655

Maschmayer G, Haralambie E, Gaus W, Kern W, Dekker AW, De Vries-Hospers HG, Sizoo W, Konig W, Gutzler F, Daenen S (1988) Ciprofloxacin and norfloxacin for decontamination in patients with severe granulocytopenia. Infection 16:98–104

Menichetti F, Del Favero A, Guerciolini R, Tonato M, Aversa F, Roila F, Frongillo RF, Martelli MF, Davis S, Pauluzzi S (1986) Empiric antimicrobial therapy in febrile granulocytopenic patients. Randomized prospective comparison of amikacin plus piperacillin with or without parenteral trimethoprim/sulfamethoxazole. Infection 14:261–267

Meunier-Carpentier F (1982) Significance and clinical manifestations of fungemia. In: Klastersky J (ed) Infections in cancer patients, Raven Press, New York, pp 141–155

Midtvedt T (1985) Microflora-associated characteristics (MACs) and germfree animal characteristics (GACs) in man and animal. Microecol Ther 15:295–302

Mulder JG, Wiersma ME, Welling GW, Van der Waaij D (1984) Low dose oral tobramycin treatment for selective decontamination of the digestive tract; a study in human volunteers. J Antimicrob Chemother 13:495–504

Muytjens HL, Van Veldhuizen GL, Welling GW, Van der Ros-van de Repe J, Boerema HBJ, Van der Waaij D (1983) Selective decontamination of the digestive tract by pipemidic acid. Antimicrob Agents Chemother 24:902–904

Nord CE, Kager L, Heimdahl A (1974) Impact of antimicrobial agents on the gastrointestinal microflora and the risk of infections. Am J Med 76:99–106

Pizzo PhA, Commers J, Cotton D, Gress J, Hathorn J, Hiemenz J, Longo D, Marshall D, Robichaud KJ (1984a) Approaching the controversies in antibacterial management in cancer patients. Am J Med 76:436–449

Pizzo PhA, Young LS (1984b) Limitations of current antimicrobial therapy in the immunosuppressed host: looking at both sides of the coin. Am J Med 75:101–110

Remmington JS, Schimpff JS (1981) Please don't eat the salads. N Engl J Med 304: 433–435

Rozenberg-Arska M, Dekker AW, Verhoef J (1983) Colistin and trimethoprim-sulfamethoxazole for the prevention of infection in patients in acute non-lymphocytic leukemia. Decrease of the emergence of resistant bacteria. Infection 11:167–169

Rozenberg-Arska M, Dekker AW (1987) Ciprofloxacin for infection prevention in patients with acute leukemia. Pharm Weekbl [Sci] 9 Suppl:45–47

Selden R, Lee S, Wang WLL, Bennett JV, Eickhoff TC (1971) Nosocomial klebsiella infections: intestinal colonization as a reservoir. Ann Intern Med 74:657–664

Schimpff SC, Young VM, Greene WH, Vermeulen GD, Moody MR, Wiernik PH (1972) Origin of infection in acute nonlymphocytic leukemia. Significance of hospital acquisition of potential pathogens. Ann Intern Med 77:707–714

Schimpf SC, Greene W, Young VM, Wiernik PH (1974) Significance of Pseudomonas aeruginosa in the patient with leukemia or lymphoma. J Infect Dis 130:S 24–S 31

Schimpff SC (1979) Therapy of infections in patients with granulocytopenia. Med Clin North Am 61:1101–1118

Sleijfer DTh, Mulder NH, De Vries-Hospers HG, Nieweg HO, Fidler V, Van der Waaij D, Van Saene HKF (1980) Infection prevention in granulocytopenic patients by selective decontamination of the digestive tract. Eur J Cancer 16:859–869

Smiths J, Prior AP, Arblaster PG (1966) Incidence of candida in hospital in-patients and the effects of antibiotic therapy. Br Med J 1:208–210

Tattersall MHN, Spiers ASD, Darrell JH (1972) Initial therapy with combination of five antibiotics in febrile patients with leukemia and neutropenia. Lancet I:162–165

Thomas FE, Jackson RT, Mell A, Alford RH (1977) Sequential hospitalwide outbreaks of resistant Serratia and Klebsiella infections. Arch Intern Med 137:581–584

Van der Waaij D, Berghuis-de Vries JM, Lekkerkerk van der Wees JEC (1971) Colonization resistance of the digestive tract in conventional and antibiotic treated mice. J Hyg 68: 405–411

Van der Waaij D, Berghuis-de Vries JM (1974) Selective elimination of Enterobacteriaceae species from the digestive tract in mice and monkeys. J Hyg 72:205–211

Van der Waaij D, Vossen JM, Korthals Altes C, Hartgrink C (1977) Reconventionalization following antibiotic decontamination in man and animals. Am J Clin Nutr 30:1887–1895

Van der Waaij D (1979a) Colonization resistance of the digestive tract as a major lead in the selection of antibiotics for therapy. In: Van der Waaij D, Verhoef J (eds) New criteria for antimicrobial therapy; maintenance of colonization resistance, Excerpta Medica, Amsterdam-Oxford, pp 271–280

Van der Waaij D, Vossen JM, Hartgrink C, Nieweg HO (1979b) Polyene antibiotics in the prevention of Candida albicans colonization in the digestive tract of patients with severely decreased resistance to infections. In: Van der Waaij D, Verhoef J (eds) New criteria for antimicrobial prophylaxis: maintenance of digestive tract colonization resistance. Excerpta Medica, Amsterdam-Oxford, pp 135–144

Van der Waaij D (1982a) Colonization resistance of the digestive tract: clinical consequences and implications. J Antimicrob Chemother 10:263–270

Van der Waaij D (1982b) Gut resistance to colonization: Clinical usefulness of selective use of orally administered antimicrobial and antifungal drugs. In: Klastersky J (ed) Infections in cancer patients, Raven Press, New York, pp 73–85

Van der Waaij D, Hofstra W, Wiegersma N (1982c) Effect of betalactam antibiotics on the resistance of the digestive tract to colonization. J Infect Dis 146:417–422

Van der Waaij D, Aberson J, Thijm HA, Welling GW (1982d) The screening of four aminoglycosides in the selective decontamination of the digestive tract in mice. Infection 88:35–40

Van der Waaij D (1984) Effect of antibiotics on colonization resistance. In: Easman CSF, Jeljaszewicz J (eds) Medical Microbiology, Academic Press, London, pp 342–346

Van der Waaij D, De Vries-Hospers HG, Welling GW (1986) The influence of antibiotics on gut colonization. J Antimicrob Chemother 18 Suppl C:155–158

Van der Waaij D (1987) Colonization resistance of the digestive tract; mechanism and clinical consequences. Nahrung 5–6:507–517

Van der Waaij D (1988) Selective decontamination of the digestive tract: general principles. Eur J Cancer Clin Oncol 24 Suppl 1:1–3

Van der Waaij D (1989) The ecology of the human intestine and its consequences for overgrowth by pathogens such as Clostridium difficile. Ann Rev Microbiol 43:69–87

Van Saene HKF, Driessen LHHM (1979) Importance of treatment of Staphylococcus aureus carriership in the prevention and therapy of Staphylococcus aureus infections. In: Van der Waaij D, Verhoef J (eds) New criteria for antimicrobial prophylaxis: maintenance of digestive tract colonization resistance. Excerpta Medica, Amsterdam-Oxford, pp 197–207

Wade JC, De Jongh CA, Newman KA, Crowley J, Wiernik PH, Shimpff SC (1983) Selective antimicrobial modulation as prophylaxis against infection during granulocytopenia: trimethoprim-sulfamethoxazole vs nalidixic acid. J Infect Dis 147:624–634

Welling GW (1979) Beta-aspartylglycine, an indicator of decreased colonization resistance? In: New criteria for antimicrobial therapy: maintenance of digestive tract colonisation resistance. Excerpta Medica, Amsterdam Oxford, pp 65–71

Welling GW (1982) Comparison of methods for the detection of α-aspartylglycine in fecal supernatants of leukemic patients treated with antimicrobial agents. J Chromatogr 232:55–62
Welling GW, Groen G (1989) Inactivation of aztreonam by faecal supernatants of healthy volunteers as determined by HPLC. J Antimicrob Chemother 24:805–809
Wiegersma N, Jansen G, Van der Waaij D (1982) The effect of twelve antimicrobial drugs on the colonization resistance of the digestive tract of mice. J Hyg 88:221–230
Williams Smith H (1975) Survival of orally administered E. coli in the alimentary canal of man. Nature 225:500–502

Kapitel 17

Antiseptik bei Intensiv- und Malignompatienten

D. Gröschel

1 Mikrobiologische Probleme bei Intensiv- und Malignompatienten

Die Verminderung der natürlichen Infektionsabwehr führt bei Patienten in intensivmedizinischen Bereichen und auf onkologischen Stationen zu besonderer Gefährdung durch nosokomiale Infektionen sowie zu erhöhter Mortalität. Fortschritte in den Behandlungsmethoden haben das Infektionsrisiko noch erhöht, sei es durch die Umgehung normaler Abwehrmechanismen wie beim Durchstechen der Haut mit Kanülen und Kathetern, der Einführung von Trachealkanülen oder eines Blasendauerkatheters. Die antineoplastische Chemotherapie vermindert die zelluläre Abwehr sowie die lokalen Abwehrmechanismen z. B. durch ihre Mucosatoxizität. Antimikrobielle Medikamente können die normale Flora verändern und damit die Kolonisationsresistenz beeinträchtigen (s. Kap. 16).

Eingehende Untersuchungen in den USA, insbesondere durch Bodey et al. (1966) sowie Schimpff und Young (1972), haben auf die wichtige ätiologische Rolle der endogenen Flora bei Infektionen des resistenzgeschwächten Patienten hingewiesen. Durch Antibiotikaprophylaxe allein oder in Kombination mit reinraumtechnischen Maßnahmen (Günther et al. 1981) konnten infektiöse Komplikationen zwar verzögert, aber nicht verhindert werden. Van der Waaij und de Vries-Hospers wiesen schon im Kapitel 16 auf die Kolonisierung des hospitalisierten Patienten mit Hospitalkeimen hin sowie auf die Schwierigkeit, diese zu eliminieren.

Diese nosokomialen Keime sind oft multiresistent und können in den Spezialpflegebereichen von Patient zu Patient übertragen werden. Es würde in diesem Zusammenhang zu weit führen, die zahlreichen Berichte über eine nosokomiale Übertragung von Krankheitserregern durch Instrumente, Medikamente, apparative Beatmung usw. aufzuführen. Es soll jedoch eindrücklich auf die Übertragung dieser Keime durch die Hände des Klinikpersonals einschließlich der Ärzte hingewiesen werden, da dies in den USA ebenso wie in Europa als die wichtigste Übertragungsweise angesehen wird. Ob eine

A. Kramer et al. (Hrsg.)
Klinische Antiseptik

hygienische Händedesinfektion notwendig ist oder eine gewöhnliche Händewaschung zur Unterbrechung von Infektketten ausreicht, wird in den USA weiterhin diskutiert (vgl. Kap. 4).

In diesem Zusammenhang sind neuere Untersuchungen zur subungualen Mikroflora der Hände von Interesse. Bei ungenügender Waschung könnte sie als Keimreservoir dienen (McGinley et al. 1988). Vor 30 Jahren wies Reber (1960) auf ein Versagen der Händedesinfektion mit Hexachlorophen bei Besiedlung der Haut mit E. cloacae hin; über das Auftreten Desinfektionsmittel-resistenter Keime ist in der Folgezeit immer wieder berichtet worden (Lewis 1988). Die Verbreitung nosokomialer Keime durch gewöhnliche Seife ist seit langem bekannt, jedoch kann eine mikrobielle Verunreinigung von Hautantiseptika (Anderson 1989) und Handpflegemitteln (Morse et al. 1967) ebenfalls zur Übertragung von Hospitalkeimen führen.

Bei der Behandlung von Patienten in Intensiv- und Onkologiestationen ist der Arzt besonders auf die Unterstützung der diagnostischen Mikrobiologie angewiesen. Neben bekannten Hospitalkeimen wie S. aureus, koagulasenegative Staphylokokken, Enterobacteriaceae, Pseudomonas- und Hefespecies müssen auch seltenere Opportunisten wie Legionella, Acinetobacter und Aspergillus spp. in der Diagnostik berücksichtigt werden. Selbst die lipophile Hefe M. furfur wird heute als Erreger der neonatalen Sepsis gefunden (Bell et al. 1988).

In Zusammenarbeit mit Mikrobiologen und Infektiologen bzw. Krankenhaushygienikern können Intensivmediziner und Onkologen für ihre Stationen ein antiseptisches Programm entwickeln, das auf die am Orte vorkommenden Hospitalkeime zugeschnitten ist und auch die Limitationen der Antiseptik beachtet.

2 Klinische Bedeutung von Kolonisation und Infektion

Patienten in intensivmedizinischen und onkologischen Abteilungen sind besonders infektionsanfällig. Bei mehr als 4000 in unserem Universitätskrankenhaus auf diesen Stationen 1989 behandelten Patienten betrug die Rate nosokomialer Infektionen 13,7%.

Die Infektionsraten bewegten sich zwischen 7,5% in der Herz- und Thoraxchirurgie und 68% in Reinräumen sowie der Übergangsabteilung für Patienten mit Knochenmarktransplantationen (Tabelle 17-1). Von den klassischen nosokomialen Infektionen ist die primäre Bakteriämie mit 19% am häufigsten (meist verursacht durch koagulasenegative Staphylokokken), gefolgt von Harnweginfektionen mit 17%, Pneumonien mit 12% und postoperativen Wundinfektionen mit 3,3%. Überraschend ist der hohe Anteil anderer Infektionen (50%). Antibiotikabedingte Colitis durch C. difficile, Infektionen der oberen Atemwege mit Sinusitis und Otitis media, oft auf längere Verweildauer eines Trachealtubus oder einer Magensonde zurückführbar, sowie Candida-Infektionen der Haut und Mucosa liegen der Hälfte dieser „anderen Infektionen" zugrunde.

Bei über 5000 Patienten in einem Krebszentrum betrug die nosokomiale Infektionsrate 12% oder 6,27 pro 1000 Pflegetage (‰PT, Rotstein et al. 1989).

Patienten mit akuter myelogener Leukämie hatten die höchste Quote (30,5 ‰PT), gefolgt von Patienten mit Knochen- oder Gelenkkarzinom (27,3 ‰PT) und mit Leberkarzinom (26,6 ‰PT). Es dominierten Infektionen des Respirationstraktes, gefolgt von Bakteriämien, Wundinfektionen und Harnweginfektionen.

Tabelle 17-1. Nosokomiale Infektionen in einem Universitätskrankenhaus 1989 (University of Virginia)

Pflegebereich	Anzahl der Patienten (Aufnahmen)	Infektionsrate pro 100 Aufnahmen	Infektionsrate pro 1000 Pflegetage	Nosokomiale Infektionen				
				Bakteriämien	Pneumonien	Harnweginfektionen	postop. Wundinfektionen	andere Infektionen
Chirurgische Intensivstationen	1939	12,3	39,7	10,5	19,7	24,3	11,7	33,9
– Herz- und Thoraxchirurgie	725	7,5	31,6	11,1	14,8	22,2	27,8	24,1
– Neurochirurgie	476	16,6	43,9	2,5	19,0	29,1	7,6	41,8
Medizinische Intensivstation	527	16,1	28,5	18,8	17,6	29,4	0	36,5
Pädiatrische Intensivstation	569	9,0	24,4	17,6	13,7	13,7	2,0	52,9
Onkologische Station	936	14,9	19,2	26,6	10,1	8,6	2,9	51,8
Knochenmarktransplantationsstation	53	67,9	–	19,4	0	8,3	0	72,2

[a] Diarrhoe, bes. C. difficile (22%), Infektionen der oberen Atemwege einschließlich Nebenhöhlen und Mittelohr (17%), Candida-Infektionen der Haut und Schleimhaut (13%), Infektionen des weiblichen Genitaltrakts (12%), Infektionen um iv Kathetereintrittstelle (8,5%)

Patienten in der Intensivtherapie und Malignompatienten haben gewöhnlich eine lokale oder generalisierte Resistenzminderung, die entweder durch die Grunderkrankung oder durch diagnostische und therapeutische Maßnahmen verursacht ist. Infektionen während der Klinikbehandlung werden entweder durch gramnegative Bakterien der normalen Darmflora oder durch Hospitalkeime, die die Atemwege oder den Verdauungstrakt kolonisieren, verursacht. Infektionsrisiken und Ursachen des infektiösen Hospitalismus werden an anderer Stelle ausführlich diskutiert (Weuffen et al. 1981). Aufgabe der Ärzte und des Pflegepersonals ist es, durch entsprechende vorbeugende Maßnahmen der Krankenhaushygiene im Rahmen des von Weuffen und Kramer eingeführten Protektiven Systems endosomatische, episomatische und exosomatische Quellen der Hospitalkeime zu entdecken und maßgerecht zu bekämpfen. Exosomatische Reservoire werden durch Desinfektions- und Sterilisationsmaßnahmen kontrolliert, während episomatische und endosomatische Keimquellen durch Antiseptik und antimikrobielle Chemotherapie unterdrückt oder eliminiert werden. Das Antimikrobielle Regime zielt darauf hin, nosokomiale Infektionen zu verhindern oder zumindest so zu vermindern, daß die durch sie bedingte Mortalität erheblich reduziert werden kann.

3 Zielsetzung für die Anwendung von Antiseptika bei Intensiv- und Malignompatienten

Antiseptika können in der Intensivpflege und auf onkologischen Abteilungen zur Verminderung der residenten und transienten Flora episomatisch angewendet werden.

Die *einmalige oder kurzzeitige Anwendung* wird im allgemeinen zur Vorbereitung eines operativen Eingriffs, zur Insertion eines zentralen intravasalen Katheters, vor einer Punktion oder Blutentnahme praktisch ausschließlich mit mikrobiociden Präparaten vorgenommen.

Eine *wiederholte oder längerfristige prophylaktische Antiseptik* kann mit mikrobiociden oder mikrobiostatischen Haut- und Schleimhautantiseptika oder auch mit lokal angewandten Antibiotika durchgeführt werden. Sie dient der Unterdrückung der Standort- und Transientflora. Eine Langzeitbehandlung ist oft erwünscht, um während intensiver cytostatischer Medikation und bei stark reduzierter Lokal- und Immunabwehr die mögliche Infektionsdosis der Eigenflora sowie der Transientflora herabzusetzen. Die selektive Darmantiseptik gehört zu dieser Anwendungskategorie (s.Kap. 16). Bei dieser Form der Prophylaxe ist auf Verschiebungen des mikrobiellen Spektrums wie Kolonisierung mit resistenten Keimen oder Vermehrung unerwünschter Vertreter der Normalflora (Hefen, C. difficile) zu achten.

Die *therapeutische Anwendung von Antiseptika* ist gewöhnlich auf die Behandlung infizierter Decubiti oder kolonisierter Tracheotomiewunden beschränkt. Blasenspülungen mit antimikrobiellen Substanzen werden häufiger bei chronisch-kranken Patienten wie Querschnittsgelähmten durchgeführt, sind jedoch hinsichtlich ihrer Wirkung und Nebenwirkungen umstritten.

Obgleich Antiseptika auch anderweitig therapeutische Anwendung finden, ziehen die behandelnden Ärzte meist die orale oder parenterale Verabreichung von Antibiotika vor, da hierdurch ausreichende Gewebe- und Sekretspiegel erreicht werden können. Ein Hauptgrund für das Verdrängen der Antiseptika in der Therapie bei der hier besprochenen Patientengruppe ist die Gefahr der Gewebeschädigung und die damit verbundene Wundheilungsstörung.

Zum Beispiel ergaben Untersuchungen von Ahrenholz und Simmons (1979), daß bei experimenteller Peritonitis die Letalität durch Peritonealspülung mit PVP-Iod erhöht wurde. Je nach Patientengut sind auch andere Nebenwirkungen möglich wie Hyperthyreoidismus bei untergewichtigen Neugeborenen nach episomatischer Iodophorantiseptik (Smerdely et al. 1989). Nicht zuletzt soll auf die Möglichkeit einer bakteriellen Verunreinigung von Antiseptika hingewiesen werden (Anderson 1989; Goetz u. Muder 1989).

4 Klinische Anwendung von Desinfektionsmitteln und Antiseptika bei Intensiv- und Malignompatienten

Händedesinfektion: Die wichtigste Form der Keimzahlverminderung bei immunsupprimierten Patienten ist die hygienische und chirurgische Händedesinfektion des medizinischen Personals. Benzer et al. (1987) haben in einer Untersuchung des Hygienestatus in 56 deutschen, 33 österreichischen und 25 belgischen Intensivpflegestationen festgestellt, daß bei der Einführung von intravaskulären Kanülen nur in ⅔ der 114 Stationen adäquate hygienische Maßnahmen wie Händedesinfektion oder Tragen steriler Handschuhe eingehalten wurden. In den USA bestehen im Gegensatz zu Europa keine klaren Empfehlungen für den Gebrauch von antiseptischen Präparaten zum Händewaschen in Pflegebereichen (Larson 1988 b). Obgleich schon von Semmelweis gezeigt worden war, daß die desinfizierende Waschung der Hände die Frequenz und Mortalität nosokomialer Infektion senken kann, fehlen bis heute eindeutige, kontrollierte Untersuchungen über den Einfluß von Desinfektionsmitteln auf die nosokomiale Infektionsrate (Larson 1988 a).

Onesko und Wienke (1987) berichteten über eine 21,5 %ige Reduktion der Rate nosokomialer Infektionen, besonders von chirurgischen Wundinfektionen, primären Bakteriämien und Pneumonien, auf einer Intensivpflegestation und medizinischen Stationen einer Klinik, in denen nach einjährigem Gebrauch von normaler Handwaschseife im 2. Jahr auf eine iodhaltige antimikrobielle Handwaschlösung umgestellt wurde. Der Anteil an Infektionen durch methicillinresistente S. aureus-Stämme ging um 80 % ($p = 0{,}005$, t-Test) zurück.

In den USA wird das „Vergessen" des Händewaschens oder der hygienischen Händedesinfektion oft damit entschuldigt, daß man in der Intensivpflege keine Zeit habe, sich am Waschbecken die Hände zu reinigen. Inzwischen sind jedoch auch hier die in Europa schon lange gebräuchlichen alkoholischen Präparate in handlichen Spendern erhältlich.

Wegen der Gefährdung durch das AIDS-Virus und andere Viren, besonders Hepatitis B, werden heute auf intensivmedizinischen und onkologischen Stationen fast alle Patientenkontakte mit behandschuhten Händen durchgeführt. Um Handschuhe zu sparen, ist man versucht, diese nach Gebrauch an der Hand mit Wasser und Seife zu waschen oder zu desinfizieren (Newsom u. Rowland 1989). Doebbeling et al. (1988) warnten jedoch vor diesem Verfahren, da je nach verwendetem Präparat 5–50% der Hände nach dem Waschen und Entfernen der Handschuhe mit Testorganismen verunreinigt waren.

Präoperatives Bad oder Ganzkörperwaschung mit Hautantiseptika: Damit soll das Risiko postoperativer Wundinfektionen und die mögliche Einschleppung nosokomialer Keime in die Intensivpflege vermindert werden. Garibaldi (1988) berichtete, daß präoperatives Duschen mit Chlorhexidinseife zu geringerer intraoperativer Wundkontamination führte (4%) als der Gebrauch von Povidon-Iod (9%) oder Triclocarbanseife (14%). Eine europäische Gruppenstudie von Rotter et al. (1988) an 2813 Patienten, von denen die eine Hälfte vor der Operation zweimal mit Chlorhexidinseife, die andere Hälfte mit derselben Seifengrundlage, jedoch ohne Chlorhexidinzusatz gewaschen wurde, ergab, daß die Infektionsrate nach primär aseptischen Eingriffen in beiden Gruppen gleich war (2,6 bzw. 2,4%).

Bei neurochirurgischen Patienten konnte durch mehrmaliges Haarewaschen mit Chlorhexidin-haltigen Präparaten die Normalflora des Skalps und die postoperative Wundinfektionsrate besser reduziert werden als mit Iodophorshampoo (Leclair et al. 1988).

Mund- und Rachenantiseptik: Die prophylaktische Anwendung von Schleimhautantiseptika oder nicht resorbierbaren Lokalantibiotika zur Reduktion der Standort- und Transientflora bei Leukämie- und Beatmungspatienten wird seit vielen Jahren praktiziert, besonders in gnotobiotischen Pflegeeinheiten (Günther et al. 1981; Glinz, 1987). Patienten mit einer Radiotherapie im Mund-Rachen-Bereich entwickeln oft eine orale Mucositis (Samaranayake et al. 1988), ähnlich den akuten Leukämikern und Malignompatienten unter cytostatischer Therapie (Wahlin 1989). Mundhöhlenspülungen mit Chlorhexidin-haltigen Schleimhautantiseptika scheinen, obgleich sie weithin empfohlen werden, wenig Einfluß auf Schleimhautentzündungen oder die Besiedlung mit Enterobakterien und Hefen zu haben.

Beatmungs- und Tracheotomiepatienten: Das Konzept der selektiven Antiseptik (s. Kap. 16) hat sich auch zur Verminderung der Infektionsgefahr bei künstlich beatmeten Patienten bewährt. Vogel et al. (1984) konnten nach endotrachealer Aminoglycosidverabreichung eine verminderte Besiedlungsrate des Tracheobronchialtrakts und eine Reduktion pneumonischer Infiltrate nachweisen. Van Griethuysen et al. (1987) konnten Infektionen des Respirationstrakts durch die Anwendung episomatischer Antibiotika in Form einer oralen Paste sowie durch Instillation von Amphotericin B in Kombination mit antibakteriellen Chemotherapeutika durch eine Magensonde signifikant reduzieren. Analoge Ergebnisse wurden bei Verabreichung von Polymyxin B, Neomycin und Nystatin als Mucilago in Nase, Oropharynx und Wangentaschen (nach Mundpflege mit Kamillan liquidum[R]) erzielt (Gründling et al. 1990). Glinz

Tabelle 17-2. Beispiel für eine präoperative Keimzahlverminderung im Darm (Dep. Surgery, University of Virginia, Dr. R. Sawyer)

Operationsgebiet	Operationszeit = 0	Vorbereitung bzw. Medikation
Dünndarm	−72−24 h	Schondiät
	−24 h	Flüssigdiät
	0	Cefoxitin 1 g iv.
	+12 h	Cefoxitin 1 g iv.
	+24 h	Cefoxitin 1 g iv.
Ileocökalbereich, Colon, Rectum	−72−24 h	Schondiät, Abführmittel
	−24 h	Flüssigdiät
	−22 h	perorale Darmwaschung (Polyethylenglycol-Elektrolyt, 4 l in 4 h)[a]
	−17 h	keine orale Ernährung, iv. Tropf
	−17−7 h	Neomycin-Erythromycin 1 g oral um 13, 14 und 23 Uhr[b]
	0	Cefoxitin 1 g iv
	+12 h	Cefoxitin 1 g iv.[c]
	+24 h	Cefoxitin 1 g iv.[c]

[a] Bowden et al. (1987)
[b] Nichols et al. (1973)
[c] nicht routinemäßig

(1987) diskutierte die Erfahrungen mit der selektiven Antiseptik und warnt vor dem möglichen Auftreten hochresistenter Bakterienstämme – einem Danaergeschenk. Er erwähnt den günstigen Einfluß von Immunglobulinen bei beatmeten Schwerverletzten seiner Unfallklinik; Pneumonien waren weitaus seltener nach Immunglobulingaben.

Präoperative Darmantiseptik: Neben der selektiven Darmantiseptik zur Infektionsprophylaxe haben Chirurgen seit vielen Jahren versucht, durch Reduktion der Darmflora Infektionen nach Abdominaloperationen zu vermindern. Dies ist besonders wichtig für Patienten der Malignom- und Intensivtherapie, da diese auf Grund oft langanhaltender antimikrobieller Chemotherapie mit resistenten Keimen besiedelt sind. Unzählige Kombinationen lokaler und systemischer antimikrobieller Behandlung sind beschrieben. Hier soll die präoperative Keimzahlverminderung mit Neomycin und Erythromycin in der Chirurgie unseres Krankenhauses als Beispiel angeführt werden (Tabelle 17-2). Eindrucksvolle Ergebnisse bezüglich des Rückgangs der intestinalen Kolonisation mit multiresistenten gramnegativen Bakterien zugunsten einer grampositiven Flora bei Intensivtherapiepatienten erhielten Brun-Buisson et al. (1989) durch Anwendung von Neomycin, Polymyxin E und Nalidixinsäure.

Urogenitaltrakt: Harnweginfektionen gehören zu den häufigsten Komplikationen der Intensiv- und Malignombehandlung. Der Hauptgrund ist die oft notwendige Dauerkatheterisierung der Harnblase (Lippert et al. 1981). Zahlreiche Untersuchungen haben gezeigt, daß die Zugabe von Desinfektionsmitteln zum Drainagesystem die Infektionsquote nicht vermindert (Thompson et al. 1984). Blasenirrigationen mit Antiseptika wurden zeitweilig als infektionsverhütende Maßnahmen gefordert, jedoch wird heute wegen häufiger toxischer Nebenwirkungen und der Gefahr der Kolonisation mit resistenten Keimen davon abgesehen. Die besten prophylaktischen Maßnahmen sind die Katheterisierung unter aseptischen Bedingungen, die Vermeidung der Langzeitkatheterisierung und die Erhaltung des geschlossenen Ableitungssystems. Harnprobenentnahmen können nach Desinfektion des Katheters mit Spritze und Nadel unter Beibehaltung des geschlossenen Systems durchgeführt werden.

Bei Langzeitbehandlung bettlägeriger Patienten ist auf die mikrobielle Besiedlung der Perineal- und Leistengegend sowie der Vulva und Vagina zu achten. Der Gebrauch von Haut- und Schleimhautantiseptika wie Chlorhexidin kann zu anhaltender Keimverminderung führen (Vorherr et al. 1980).

Chirurgische Wunden: Purulente postoperative Wunden können als Infektionsquelle für den Patienten selbst (Kolonisation des Oropharynx, Harnweginfektion durch Direktübertragung per Hand) oder seine Umgebung dienen. Es ist daher wichtig, die Wunde so lange antimikrobiell zu behandeln, bis die Erreger eliminiert sind. Obgleich die systemische Behandlung mit Antibiotika heute allgemein vorgezogen wird, kann die lokale Applikation von Antiseptika die Keimverschleppung verhindern. Dabei müssen mögliche Störungen der Wundheilung durch eine geeignete Wirkstoffauswahl (s. Kap. 9) vermieden werden. Bekannt ist das z. B. für Spülungen mit PVP-Iod-Seife (Rodeheaver et al. 1976). Hydrophile Lösungen antimikrobiell aktiver Substanzen wurden in Band I/2 des Handbuchs der Antiseptik (S. 191–197) beschrieben. Man kann auch imprägnierte Verbandstoffe verwenden, muß aber die mögliche Gewebetoxizität und Wundheilungsstörungen beachten.

Nichtchirurgische Hautläsionen: Hier muß man vor allem an die Behandlung von Brandwunden, Decubiti und chronischem Ulcus denken. Wie bei offenen chirurgischen Wunden soll die lokale Behandlung nicht nur die Heilung fördern, sondern auch die Verbreitung resistenter Hospitalkeime verhindern.

Bei Verbrennungen hat sich die chirurgische Entfernung abgestorbenen Gewebes mit Reinigung des Wundbetts bewährt. Präparate zur Wundreinigung können allein oder mit Zusatz antiseptischer Substazen in einem Wasserjetspray verwendet werden (Rodeheaver et al. 1976). Bei einer antiseptischen Behandlung ist stets auf die Toxizität Rücksicht zu nehmen. So wurde vor einigen Jahren berichtet, daß Polyethylenglycol als Grundsubstanz für die Auftragung antimikrobieller Substanzen auf infizierte Brandwunden resorbiert wurde und zu Nierenschädigungen führte (Bruns et al. 1982).

Die frühe Abdeckung von Hautdefekten mit autologer Haut ist seit langem bekannt. Verbrennungen und Decubiti werden heute auch mit biologischen „Verbänden“ aus gefriergetrockneter steriler Haut oder Amnion bedeckt, die mit Antiseptika getränkt werden können. Kearney et al. (1988) berichteten, daß solche Präparate mit Chlorhexidin und Silbernitrat beschickt, über eine längere Zeit (5–7 d) hinweg eine antimikrobielle Aktivität bewahrten, während PVP-Iod getränkte Haut nur am ersten Tag aktiv war.

Kürzlich beschrieben Hansbrough et al. (1988), daß sie in der Gewebekultur autologe Keratocyten auf einer Collagen-Glycosaminoglycan-Membran als Monolayer anzüchten konnten. In vorläufigen Ergebnissen bei 4 Verbrennungspatienten wuchsen diese Membranen innerhalb von 9 d, wobei aber einige Transplantate durch Infektion zerstört wurden. Vielleicht könnte die Beschickung der Grundmembran mit einem Antiseptikum diese Zerstörung durch Mikroorganismen verhindern.

Chronische Staphylokokkeninfektionen oder Kolonisationen der Haut und Schleimhäute insbesondere mit methicillinresistenten S. aureus-Stämmen sind ein großes Problem für jeden Arzt und nicht nur für den Krankenhaushygieniker, da sie nur schwer mit der gebräuchlichen endo- und episomatischen Therapie auszumerzen sind. Mupirocinsalbe (2%) hat sich hier bewährt (Denning u. Haiduven-Griffith, 1988), jedoch kann bei längerer Therapie eine Resistenzentwicklung auftreten (Rahman et al. 1987, s. Kap. 13).

Intravaskuläre Katheter: Arterien- und Venenkatheter und -kanülen spielen in der modernen Behandlung von Intensiv- und Malignompatienten eine wesentliche Rolle, sei es zur Infusion von Eletrolytlösungen oder Medikamenten, zur parenteralen Ernährung, zur apparativen Überwachung von Herz- und Lungenfunktionen oder zur Hämodialyse. In allen Fällen besteht um die Insertionsstelle dieser percutanen Hohlkörper eine erhöhte Infektionsgefahr. Es würde zu weit führen, in diesem Kapitel die Vor- und Nachteile einer lokalen antimikrobiellen Behandlung anzuführen. Daher soll nur auf die bekannte Arbeit von Maki und Bond (1981) hingewiesen werden.

In dieser prospektiven Studie wurden 827 Gefäßkatheter nach 3 Protokollen untersucht: Applikation von Iodophor- oder Antibiotikasalbe (Polymyxin-Neomycin-Bacitracin) oder keine Salbe. Die mikrobielle Verunreinigung des entfernten Katheters (mehr als 15 Kolonien auf der mit 5 cm Katheterspitze beimpften Rollkulturplatte) wurde als Mißerfolg eingestuft. Die Antibiotikagruppe hatte 2,2% verunreinigte Katheter, die Iodophorgruppe 3,6% und die Kontrollgruppe 6,5%. Staphylokokkeninfektionen traten bei 15 Kontrollpatienten auf, jedoch nur bei 8 Iodophor- und 2 Antibiotikakathetern ($p = 0{,}002$). Gramnegative Bakterien waren in allen Gruppen selten, während 3 von 4 Candida-Verunreinigungen (einschließlich 1 Fungämie) in der Antibiotikagruppe auftraten. Maki und Bond empfahlen die Anwendung von Antibiotikasalbe für Peripherkatheter und von Iodophorsalbe für Zentralvenenkatheter zur parenteralen Ernährung (wegen erhöhter Gefahr der Hefeinfektion) sowie für Arterienkatheter.

Besondere hygienische Maßnahmen sind bei Hämodialysepatienten angezeigt. Eine prospektive Studie von Kaplowitz et al. (1988) ergab, daß die Haut von Patienten mit schlechter Allgemeinhygiene öfter mit S. aureus besiedelt war und daß diese Keime auch nach antiseptischer Hautbehandlung noch zu finden waren. Die Untersuchung ermöglichte keine sichere Aussage, ob die präoperative Hautantiseptik mit aseptischer Technik beim Anschluß an das Dialysegerät (wie beim Legen von Zentralvenenkathetern) die Infektionsgefahr mehr verringert als die antiseptische Technik, wie sie im allgemeinen bei der peripheren Venenpunktion durchgeführt wird. Weitere statistisch kontrollierte, prospektive Untersuchungen sind notwendig, um die Rolle der Antiseptik bei der Verminderung oder Verhütung von Infektionen an der Kathetereintrittstelle und nachfolgender Bakteriämie zu klären.

Literatur

Ahrenholz DH, Simmons RL (197) Povidone-iodine in peritonitis. J Surg Res 26:458–463

Anderson RL (1989) Iodophor antiseptics: intrinsic microbial contamination with resistant bacteria. Infect Control Hosp Epidemiol 10:443–446

Bell LM, Alpert G, Slight PH, Campos JM (1988) Malassezia furfur skin colonization in infancy. Infect Control Hosp Epidemiol 9:151–153

Benzer H, Brühl P, Dietzel W, Kilian J, Lackner F, Reybrouck G, Rotter M, Werner G (1987) The hygienic situation in 56 German, 33 Austrian, and 25 Belgian intensive care units. Infect Control 8:376–379

Bodey GP, Buckley M, Sathe YS, Freireich EJ (1966) Quantitative relationships between circulating leukocytes and infection in patients with acute leukemia. Ann Intern Med 64:328–340

Bowden TA, Dipiro JT, Michael KA (1987) Polyethylene glycol electrolyte lavage solution (PEG-ELS). Am Surg 53:34–36

Brun-Buisson C, Legrand P, Rauss A, Richard C, Montravers F, Besbes M, Meakins JL, Soussy CJ, Lemaire F (1989) Intestinal decontamination for control of nosocomial multiresistant Gram-negative bacilli. Ann Intern Med 110:873–881

Bruns DE, Herold DA, Rodeheaver GT, Edlich RF (1982) Polyethylene glycol intoxication in burn patients. Burns 9:49–52

Denning DW, Haiduven-Griffiths D (1988) Eradication of low-level methicillin-resistant Staphylococcus aureus skin colonization with topical mupirocin. Infect Control Hosp Epidemiol 9:261–263

Doebbeling BN, Pfaller MA, Houston AK, Wenzel RP (1988) Removal of nosocomial pathogens from the contaminated glove. Ann Intern Med 109:394–398

Garibaldi RA (1988) Prevention of intraoperative wound contamination with chlorhexidine shower and scrub. J Hosp Infect 11 Suppl B:5–9

Glinz W (1987) Neuere Aspekte und zukünftige Entwicklungen in der Infektionsprophylaxe auf Intensivstationen. Schweiz Med Wochenschr 117:426–432

Goetz A, Muder RR (1989) Pseudomonas aeruginosa infections associated with use of povidone-iodine in patients receiving continuous ambulatory peritoneal dialysis. Infect Control Hosp Epidemiol 10:447–450

van Griethuysen AJA, Clasener HAL, Vollaard EJ, Niessen M (1987) Colonization resistance: a guide to antibiotic policy in the ICU (letter). Infect Control 8:296–270

Gründling M, Feyerherd F, Panzig B, Borchert K (1990) Untersuchungen zur aeroben Besiedlung von Mund und Trachea bei Beatmungspatienten unter Selektiver Munddekontamination (SMD). Hyg Med 15:375–379

Günther I, Merka V, Bohnenstengel C (1981) Das antimikrobielle Regime unter gnotobiotischen Bedingungen im Krankenhaus – Reinraumtechnik. In: Weuffen W, Oberdoerster F, Kramer A (Hrsg) Krankenhaushygiene, 2. Aufl. Barth, Leipzig, S 324–329

Hansbrough JF, Boyce ST, Cooper ML, Foreman TJ (1989) Burn wound closure with cultured autologous keratinocytes and fibroblasts attached to a collagen-glycosaminoglycan substrate. J Am Med Wom Assoc 262:2125–2130

Kaplowitz LG, Comstock JA, Landwehr DM, Dalton HP, Mayhall CG (1988) A prospective study of infections in hemodialysis patients: patient hygiene and other risk factors for infection. Infect Control Hosp Epidemiol 9:534–541

Kearney JN, Arain T, Holland KT (1988) Antimicrobial properties of antiseptic-impregnated biological dressings. J Hosp Infect 11:68–76

Larson E (1988a) A causal link between handwashing and risk of infection? Examination of the evidence. Infect Control Hosp Epidemiol 9:28–36

Larson E (1988b) Guideline for use of topical antimicrobial agents. Am J Infect Control 16:253–266

Leclair JM, Winston KR, Sullivan BF, O'Connell JM, Harrington SM, Goldmann DA (1988) Effect of preoperative shampoos with chlorhexidine or iodophor on emergence of resident scalp flora in neurosurgery. Infect Control Hosp Epidemiol 9:8–12

Lewis R (1988) Antiseptic resistance in JK and other coryneforms. J Hosp Infect 11:150–154

Lippert H, Kramer A, Weuffen W (1981) Infektiöser Hospitalismus in der chirurgischen Intensivtherapie und seine Bekämpfung. In: Weuffen W, Oberdoerster F, Kramer A (Hrsg) Krankenhaushygiene, 2. Aufl. Barth, Leipzig, S 305–315

Maki DG, Bond JD (1981) A comparative study of polyantibiotic and iodophor ointments in prevention of vascular catheter-related infection. Am J Med 70:739–744

McGinley KJ, Larson EL, Leyden JJ (1988) Composition and density of microflora in the subungual space of the hand. J Clin Microbiol 26:950–953

Morse LJ, Williams HL, Grenn FP, Eldridge EE, Rotta JR (1967) Septicemia due to Klebsiella pneumoniae originating from a hand-cream dispenser. N Engl J Med 277:472–473

Newsom SWB, Rowland C (1989) Application of the hygienic hand desinfection test to the gloved hand. J Hosp Infect 14:245–247

Nichols RL, Broido P, Condon RE, Gorbach SL, Nyhus LM (1973) Effect of preoperative neomycin-erythromycin intestinal preparation on the incidence of infectious complications following colon surgery. Ann Surg 178:453–459

Onesko KM, Wienke EC (1987) The analysis of the impact of a mild, low-iodine, lotion soap on the reduction of nosocomial methicillin-resistant Staphylococcus aureus: a new opportunity for surveillance by objectives. Infect Control 8:284–288

Rahman M, Noble WC, Cookson B (1987) Mupirocin-resistant Staphylococcus aureus. Lancet II:387

Reber H (1960) Versagen der Händedesinfektion bei Besiedlung mit Cloaca cloacae. Pathol Microbiol (Basel) 23:587–590

Rodeheaver G, Turnbull V, Edgerton MT, Kurtz L, Edlich RF (1976) Pharmacokinetics of a new skin wound cleanser. Am J Surg 132:67–74

Rotstein C, Cummings KM, Nicolaou AL, Lucey J, Fitzpatrick J (1988) Nosocomial infection rates at an oncology center. Infect Control Hosp Epidemiol 9:13–19

Rotter M, Larson SO, Cooke EM, Dankert J, Daschner F, Greco D, Grönroos P, Jepsen OB, Lystad A, Nyström B (1988) A comparison of the effects of preoperative whole-body bathing with detergent alone and with detergent containing chlorhexidine gluconate on the frequency of wound infections after clean surgery. J Hosp Infect 11:310–320

Samaranayake LP, Robertson AG, McFarlane TW, Soutar DS, Ferguson MM (1988) The effect of chlorhexidine and benzydamine mouthwashes on mucositis induced by therapeutic irradiation. Clin Radiol 39:291–294

Schimpff SC, Young VM (1981) Epidemiology and Prevention of Infection in the Compromised Host. In: Rubin AH, Young LS (Ed) Clinical Approach to Infection Control in the Compromised Host. Plenum, New York, pp 5–33

Smerdely P, Boyages SC, Wu D, Leslie G, John E, Lim A, Waite K, Roberts V, Arnold J, Eastman CJ (1989) Topical iodine-containing antiseptics and neonatal hyperthyroidism in very-low-birth-weight infants. Lancet II:661–664

Thompson RL, Haley CE, Searcy MA, Guenthner SM, Kaiser DL, Gröschel DHM, Gillenwater JY,Wenzel RP (1984) Catheter-associated bacteriuria. J Am Med Wom Assoc 251:747–751

Tetteroo GWM, Wagenvoort IHT, Castelein A, Tilanus HW, Ince C, Bruining HA (1990) Selective decontamination to reduce gram-negative colonisation and infections after oesophageal resection. Lancet 335:704–707

Vogel F, Rommelsheim K, Exner M (1984) Auswirkungen der intratrachealen Aminoglykosidapplikation zur Prophylaxe und Therapie von Beatmungspneumonien. In: Lode H, Kemmerich B, Klastersky J (Hrsg) Aktuelle Aspekte der bakteriellen und nichtbakteriellen Pneumonien. Thieme, Stuttgart, S 204–211

Vorherr H, Ulrich JA, Messer RH, Hurwitz EB (1980) Antimicrobial effect of chlorhexidine on bacteria of groin, perineum and vagina. J Reprod Med 24:153–157

Wahlin YB (1989) Effects of chlorhexidine mouthrinse on oral health in patients with acute leukemia. Oral Surg Oral Med Oral Pathol 68:279–287

Kapitel 18

Antiseptik in der Inneren Medizin

M. Knoke und G. Kraatz

Infektionen sind heute in der allgemeinen ärztlichen Praxis hinsichtlich der Arztkonsultationen, des Krankenstandes und des Ausfalls an Arbeitstagen in der Häufigkeit nach wie vor mit an die Spitze aller Krankheiten zu stellen (Alexander 1982; Ocklitz 1983). Die Morbidität ist in hohem Maße durch Virusinfektionen, aber auch durch bakterielle Infektionen des Magen-Darm-Kanals, des Respirationstrakts und der Harnorgane bestimmt. Zunehmend müssen Erkrankungen durch potentiell pathogene Keime einbezogen werden, die die Problematik eines Erregerwandels in der Inneren Medizin aufzeigen (Ruckdeschel 1977; Weuffen 1984). Die Ausdehnung des internationalen Reiseverkehrs erfordert ferner Aufmerksamkeit für importierte nichtheimische Infektionskrankheiten einschließlich Protozoonosen und Parasitosen.

Daher gehören Antiseptika zum Grundbestand internistischer Medikation, obwohl sie einem stetigen Wandel in der Indikationsstellung und der Wahl der Wirkstoffe sowie einer differenzierten Wertung in Bezug auf Indikation und Leistungsvermögen unterlegen sind. Bei episomatisch therapierbaren Infektionen bieten sich die relativ billigen Antiseptika an, weil ausreichend lokale Wirkspiegel erreichbar sind und diese Medikamentengruppe ein breites oder auch mehr spezifisches Wirkungsspektrum und günstige Eigenschaften bezüglich einer Resistenzentwicklung aufweist. Die Verträglichkeit dürfte im allgemeinen günstiger sein, da anders als bei einer antimikrobiellen Chemotherapie nicht der gesamte Organismus mit höheren Konzentrationen des Wirkstoffs belastet wird. Ihre Wirkung soll sich möglichst selektiv gegen die jeweiligen Erreger richten und die physiologische Mikroflora an den verschiedenen Standorten wenig beeinflussen. Generell muß festgestellt werden, daß beim Einsatz von Antiseptika in der Inneren Medizin, z. B. bei Durchfallerkrankungen, oft ein Erregernachweis fehlt und somit die Wirksamkeit der Therapie nur an der Besserung des klinischen Bildes kontrolliert werden kann. Diese Medikamentengruppe wird hierbei gerade wegen ihrer breitgefächerten, weniger spezifischen Wirksamkeit angewandt, wenn man von den selektiven Antimykotika, Antiprotozoika und Anthelminthika absieht.

A. Kramer et al. (Hrsg.)
Klinische Antiseptik

Maßnahmen der prophylaktischen Antiseptik besitzen bisher in der Inneren Medizin nur geringe Bedeutung, obwohl die angestrebte Senkung der Infektionsgefahr in hygienischen Risikobereichen und eine Infektionsprophylaxe in der Bevölkerung beispielsweise bei regelmäßig auftretenden grippalen Infekten diese sicherlich als wünschenswert erscheinen lassen. So sind derzeit vor allem die therapeutische Antiseptik und die Rezidivprophylaxe zu betrachten. Als infektionsgefährdete Risikogruppen werden zunehmend die Erkrankungen und Zustände mit einer gestörten humoralen und zellulären Immunabwehr in ein prophylaktisches Therapieprogramm unter Anwendung auch von Antiseptika einbezogen (s. Kap. 16). Die aus verschiedenen Ursachen einer internistischen Intensivtherapie zugeführten Patienten unterliegen einem erhöhten Infektionsrisiko. Hierbei wird ebenfalls eine prophylaktische Antiseptik betrieben.

1 Erkrankungen der Verdauungsorgane

1.1 Magen-Darm-Kanal

Häufige Symptome einer Vielzahl von Erkrankungen des Magen-Darm-Kanals sind dyspeptische Beschwerden und Durchfall. Auch Infektionskrankheiten werden oft davon begleitet.

Infektiöse, mit Durchfällen einhergehende Magen-Darm-Erkrankungen nehmen weltweit einen großen Raum ein. So erkranken daran jährlich allein in Lateinamerika, Afrika und Südasien mehr als 1 Milliarde Menschen mit mehr als 5 Millionen Todesfällen (Du Pont 1989b).

Das Erregerspektrum ist heterogen. In vielen Fällen lassen sich diese Erkrankungen hinsichtlich ihrer Ätiologie mit den z. Z. in der Routinediagnostik angewandten mikrobiologischen Methoden nicht abklären. Auch bei nichtinfektiösen Durchfallarten kann es zu einer Verschiebung der Keimrelationen innerhalb der gastrointestinalen Mikroflora des Darmes und zu einer daraus resultierenden Verschlechterung oder Chronifizierung des Krankheitsbildes kommen. Bei dem sich dabei entwickelnden sog. mikrobiellen Overgrowth mit erheblicher Keimvermehrung rufen die mikrobiellen Stoffwechselprodukte Meteorismus und Flatulenz hervor und unterhalten im Sinne eines Circulus vitiosus wiederum die Diarrhoeneignung (Knoke u. Bernhardt 1985, 1989).

1.1.1 Unspezifische infektiöse Magen-Darm-Erkrankungen

• *Aufgrund von Polyneuropathien und Opticusatrophien (sog. SMON-Syndrom) haben die Quinolinole zur Behandlung von bakteriellen, aber auch von durch Protozoen bedingten Darminfektionen ihre Bedeutung verloren und werden praktisch nicht mehr eingesetzt.*

Die Quinolinole vereinten als Darmlumenantiseptika eine gute antiseptische Wirksamkeit mit einem breiten Wirkungsspektrum und guter Verträglichkeit auf den Schleimhäuten.

Jahrzehntelang nahmen vor allem Millionen von Reisenden in tropische und subtropische Länder besonders Clioquinol aus prophylaktischen und therapeutischen Gründen ein und berichteten über positive Wirkungen. 1970 wurde in Japan darauf aufmerksam gemacht, daß die Anwendung von Clioquinol infolge geringer Resorption mit dem Entstehen einer subakuten myelooptischen Neuropathie (SMON) einhergeht. Die aufgetretenen Polyneuropathien und die Opticusatrophie konnten auch nach Absetzen des Präparates fortbestehen. 1973 legten Nakae et al. den Kommissionsbericht einer landesweiten Untersuchung an 1839 japanischen Patienten mit SMON vor, von denen 75% vor Auftreten der Erkrankungszeichen Clioquinol eingenommen hatten (vgl. auch Einzelheiten bei Schultz 1972; Wolfe u. Mishtowt 1972; Cohn u. Harun 1972; Oakley 1973).

Die zahlreichen Arzneimittelspezialitäten sind weltweit zurückgezogen worden, und in der Roten Liste (1992) ist nur noch ein Magen-Darm-Mittel mit einem Quinolinolderivat enthalten. Auf Dosierungsbeschränkungen wird hingewiesen.

Geradezu eine Renaissance haben die Bismuthsalze in der Gastroenterologie erfahren. Seit Jahrhunderten eingesetzt, gerieten sie in Deutschland seit den 50er Jahren in Vergessenheit. In letzter Zeit gewinnen sie jedoch vor allem bedingt durch die Behandlungsmöglichkeit der Helicobacter-induzierten Gastritis und des resultierenden Ulcusleidens sowie der Reisediarrhoe zunehmend an Bedeutung. In anderen Ländern waren sie stets weiter verbreitet, obwohl auch bei ihrem Einsatz teilweise gravierende Nebenwirkungen zu beobachten waren (Du Pont 1987; Menge 1988; Gorbach 1990; Raedsch 1991).

Weitere in der Inneren Medizin seit langem angewandte Antiseptika, deren Wirksamkeit und Indikation immer wieder diskutiert werden, sind die Nitrofurane, schwer absorbierbare Antibiotika, Antimykotika, Anthelminthika, Antiprotozoika, und weitere Substanzgruppen. So wurde erst kürzlich auf einem Symposium versucht, den heutigen Stellenwert von Furazolidon zu bestimmen (Du Pont 1989a).

Sommer- und Reisediarrhoen: Sie sind pathogenetisch nicht einheitlich und werden mit veränderten Umweltbedingungen in Zusammenhang gebracht, ohne daß bisher bei der Mehrzahl der Patienten regelmäßig spezifische Krankheitserreger nachgewiesen werden konnten (Ziegler 1983). Durch den Massentourismus muß mit einer großen Zahl an Erkrankten gerechnet werden.

So werden z. B. Durchfälle bei 20–50% der 12 Millionen Reisenden angegeben, die jährlich in Hoch-Risiko-Gebiete kommen (Du Pont u. Gyr 1983; Steffen 1983; Black 1990). Andere Statistiken weisen 100 Millionen Erkrankte bei 250 Millionen über die Ländergrenzen Reisenden aus (Cook 1983). Als Erreger werden vor allem enterotoxische E. coli-Stämme (ETEC), aber auch Shigella spp., Salmonella spp., C. jejuni, Vibrio spp., Aeromonas spp., Rotaviren, Norwalk-Agens, E. histolytica und G. lamblia genannt (Black 1990). In 25 bis 33% der Fälle gelang keine Identifizierung (Gorbach 1982; Taylor et al. 1985; Sack 1990). Methewson et al. (1983) wiesen bei 161 Patienten vor allem enterotoxische und enteroadhärente E. coli (65%) sowie Shigella spp. (22%) nach.

Die Krankheitssymptome beginnen innerhalb von 14 d nach der Ankunft und halten gewöhnlich nur 2–3 d an.

Die Prognose der Diarrhoe ist auch ohne Behandlung gut, doch schränkt die Gesundheitsstörung das Reiseprogramm erheblich ein. Daraus resultiert, daß die Selbstbehandlung der Touristen mit all ihren Risiken eine wichtige Rolle spielt.

• *Es sollte der Versuchung widerstanden werden, Antibiotika zu geben, bevor nicht aufgrund eines positiven Erregernachweises eine gezielte Behandlung möglich geworden ist.*

Simon und Stille (1989) haben für die Behandlung von Reisediarrhoen ein Stufenprogramm empfohlen. Bei der leichten Form erfolgt eine orale Flüssigkeitszufuhr mit Glucose- und Salzzusatz, während bei der mittelschweren Form zusätzlich für eine Woche Bismuthsubsalicylat gegeben werden kann. Die gleichzeitige Gabe von Motilitätshemmern muß vermieden werden. Erst die schwerste Form rechtfertigt den Einsatz von Antibiotika. Eine Prophylaxe durch Einnahme von schwer resorbierbaren Antibiotika oder Sulfonamiden wird häufig als wirkungslos angesehen.

Bismuthsubsalicylat – neben dem kolloidalen Bismuthsubcitrat die heute therapeutisch am häufigsten genutzte Bismuthverbindung – wird bei der Reisediarrhoe in einer Dosis von 3mal 600 mg/d eingesetzt. Im Unterschied zu Bismuthsubgallat und Bismuthsubnitrat sind bei beiden bisher keine Intoxikationszustände, wie Enzephalopathie mit psychischen und Bewußtseinsstörungen, Krampfneigung und Gangunsicherheit sowie Nierenschädigung und paralytischer Ileus beschrieben. Auch bei regelrechter Dosierung ist aber eine geringe Resorption von Bismuth, besonders bei Bismuthsubcitrat (Nwokol u. Pounder 1991), nachgewiesen worden. Eine Schwarzfärbung von Stuhl, Zunge und Zahnfleisch ist auf die mikrobielle Bildung von Bismuthsulfiden zurückzuführen. Das ebenfalls aufgenommene Salicylat muß bei gleichzeitiger blutgerinnungshemmender Therapie berücksichtigt werden.

Bisher wurde in vier randomisierten Studien die Wirksamkeit des Bismuthsubsalicylats bei der Reisediarrhoe nachgewiesen (Steffen 1990).

Im Vergleich zum Placebo wurde die Zahl der ungeformten Stühle signifikant reduziert, und es ergaben sich letztendlich die meisten Patienten, die frei von Symptomen waren. In zwei Studien, verglichen mit Loperamid (Imodium®), erbrachte dieses eine dauerhaftere Besserung. Beide Mittel wiesen nur wenige Nebeneffekte auf.

Schon 1977 hatten Du Pont et al. in einem Feldversuch mit amerikanischen Studenten in Mexiko gegenüber Placebo mit 4,2 g bzw. 9,4 g/d Bismuthsubsalicylat eine deutliche objektive Besserung nachgewiesen, wobei die Studentengruppe mit einem positiven Nachweis von enterotoxischem E. coli besser abschnitt.

Der Effekt einer Therapie mit Bismuthsubsalicylat wurde durch Steinhoff et al. (1980) auch an Freiwilligen geprüft, die vorher mit Norwalk-Agens infiziert wurden und erkrankt waren. Im Vergleich zu einer Placebogruppe nahmen Schwere und Dauer der Abdominalkrämpfe sowie die Krankheitsdauer bei den Behandelten deutlich ab, während sich die Stuhleigenschaften und die Virusausscheidung in beiden Gruppen nicht unterschieden.

Auch in der Prophylaxe der Erkrankung ließ sich in mehreren Studien bei Einnahme von Bismuthsubsalicylat bei einer Dosis von maximal 4,2 g/d gegenüber Placebo ein selteneres Auftreten von Durchfällen und intestinalen Beschwerden finden (Du Pont et al. 1990).

Diese Ergebnisse bestätigen einen Versuch von Graham et al. (1983), in dem nach Verabreichen von enterotoxischen E. coli an 32 Probanden in der Gruppe der mit Bismuthsubsalicylat Vorbehandelten erheblich seltener Durchfall auftrat.

Zu den erfolgreich in der Prophylaxe eingesetzten kaum resorbierbaren Antibiotika gehört Bicozamycin (Ericsson et al. 1985). In Deutschland wird dieses Antibiotikum nicht angewandt.

Von 11 Reisenden, die in einer Doppelblindstudie 3 Wochen lang oral täglich 4mal 0,5 g einnahmen, erkrankte keiner an einer Diarrhoe. Dagegen wurde in der Placebogruppe (19 Patienten) bei 53% Durchfälle beobachtet.

Ferner werden zur Prophylaxe der Reisediarrhoe schwer resorbierbare Sulfonamide wie Phthalylsulfathiazol empfohlen, das bei Kurzreisen in einer Dosierung von 2mal 1 g/d angewandt werden kann (Ziegler 1983). Weitere Präparate, wie Tannacomp® und Tannalbin® enthalten Tanninalbuminat (500 mg) und Ethacridinlactat (50 mg) bzw. nur Tanninalbuminat (500 mg).

Der erstere Bestandteil (Gerbsäure) koaguliert Eiweißsubstanzen auf der Darmschleimhaut, dichtet das Epithel ab, wirkt entzündungshemmend und bakteriostatisch. Ethacridin ist als Antiseptikum seit langem bekannt. Nach Plentz (1989) ist Tannacomp® zur Prophylaxe und Therapie von Reisediarrhoen besonders geeignet. Es gibt aber auch die Meinung, in Anbetracht der guten Resultate der Frühbehandlung auf eine medikamentöse Prophylaxe der Reisediarrhoe überhaupt zu verzichten (Steffen 1985).

In der Behandlung von unspezifischen Durchfallerkrankungen wurden seit Jahrzehnten Silberpräparationen enthaltende Medikamente wie Adsorgan®, das kolloidales Silberchlorid sowie Aktivkohle enthielt, eingesetzt. Es soll zu einer adsorptiven Bindung von Bakterien und deren Toxinen kommen, so daß sich die oligodynamische Wirkung der Silberionen gut entfalten kann.

Als Indikationen wurden infektiöse und alimentäre Magen- und Darmstörungen angegeben. Da die längere Anwendung von Silberpräparaten durch Resorption von Silber zu einer lokalen oder allgemeinen Argyrose führt, die auf einer Ablagerung von Silbersulfid beruht, ist Adsorgan® in der Roten Liste (1992) nicht mehr aufgeführt.

1.1.2 Spezifische infektiöse Magen- und Darmerkrankungen

Helicobacter-Infektionen: Zu den sehr weit verbreiteten Infekionskrankheiten muß heute die mit mehr als 80% häufigste Form der Gastritis, die Antrum-Gastritis mit nachfolgendem peptischen Ulcus, gezählt werden. Erst 1983 wurde das ursächliche Bakterium, H. pylori, kultiviert und in den folgenden Jahren näher charakterisiert. Es findet sich in der die Magenschleimhaut bedeckenden Schleimschicht bis tief in die Grübchen hinein, besitzt eine Reihe von Virulenzfaktoren und führt zu einer Entzündung der Magenschleimhaut. Hierbei handelt es sich um eine akute, klinisch oft stumm verlaufende Gastritis nach oraler Aufnahme größerer Mengen des Erregers oder nach Gebrauch von mit dem Keim kontaminierten Endoskopen und Sonden bzw. weitaus häufiger um die chronische, das Antrum betreffende Form. Folgeerkrankungen können das peptische Ulcus ventriculi sive duodeni und eine Untergruppe des sogenannten Reizmagens (Non-Ulcus-Dyspepsie) sein, die zu den häufigsten gastroenterologischen Krankheitsbildern zählen. Das Schrifttum, auch zur

Therapie der Helicobacter-induzierten Gastritis und Ulcera, ist in kurzer Zeit fast unübersehbar geworden, so daß der Hinweis auf die Monographien von Menge et al. (1988, 1991) sowie Malfertheiner und Ditschuneit (1990) genügen soll. Im Vordergrund der Behandlung stehen Bismuthsalze, für die gegenüber H. pylori eine Bakteriozidie nachgewiesen wurde, und Kombinationen von Antibiotika.

Ultrastrukturell fand sich eine Ablagerung von Bismuthkomplexen auf der Oberfläche und innerhalb der Mikroorganismen, die auch in vitro durch beide eingesetzten Bismuthverbindungen inhibiert wurden (Marshall et al. 1987). In mehreren Studien (s. Menge 1988; Tytgat 1989; Gorbach 1990) gelang es, durch eine Elimination des Keimes mit Bismuthsubsalicylat eine Heilung oder zumindest Besserung der Gastritis zu erreichen. Auch kolloidales Bismuthsubcitrat war schon vor der Beschreibung des Keims erfolgreich eingesetzt worden.

Die übliche Dosierung beträgt für kolloidales Bismuthsubcitrat 4mal 120 mg/d und für Bismuthsubsalicylat 3mal 600 mg/d über einen Zeitraum von 4–8 Wochen mit einem anschließenden therapiefreien Intervall von 8 Wochen. Obwohl für beide Bismuthverbindungen bisher keine Enzephalopathie beschrieben worden ist, sollten Schwangere, Stillende und Kinder von der Behandlung ausgeschlossen werden. Wegen der Ausscheidung von Bismuth über die Nieren gibt es auch Einschränkungen bei Patienten mit einer Niereninsuffizienz. Andererseits setzten Conz et al. (1990) kolloidales Bismuthsubcitrat in einer Dosierung von 2mal 600 mg/ über 4 Wochen auch bei urämischen, dialysierten Patienten erfolgreich ein und erreichten einen guten Effekt hinsichtlich des Rückgangs gastroenteritischer Symptome.

Eine Anzahl von Kontrolluntersuchungen hat inzwischen gezeigt, daß Bismuthsalze oftmals zwar zu einer Reduktion der Keimzahlen bis unter die Nachweisgrenze, aber nicht zur Eradikation führen. Somit kann es, ausgehend von den in der Tiefe der Magengrübchen gelegenen und dort vom Antiseptikum nicht erreichten Erregern, zu einer Rekolonisation innerhalb von 3–4 Wochen kommen, gefolgt von der Ausbildung einer neuerlichen Gastritis. Diese hohe Rekolonisationsrate nach einer Bismuth-Therapie führte dazu, zusätzlich oder allein mit Antibiotika zu behandeln, wobei noch viele Fragen offen sind (Menge 1988). O'Riordan et al. (1990) kombinierten kolloidales Bismuthsubcitrat mit Amoxycillin bzw. Metronidazol in unterschiedlicher Dosierung. Sie erreichten eine gute Eradikation bei 7tägiger Gabe von 3mal täglich 400 mg Metronidazol zusätzlich zu einer Behandlung mit 4mal 120 mg/d des Bismuthpräparates über 4 Wochen. Einschränkend weisen sie auf die von ihnen beobachtete Resistenzentwicklung von H. pylori gegenüber Metronidazol hin. Erwähnt werden soll der Einsatz von Furazolidon (400 mg/d) bzw. Nitrofurantoin (400 mg/d) über 14 d in einer placebokontrollierten Studie von Morgan et al. (1988). Beide Nitrofurane reduzierten oder beseitigten H. pylori von der Antrumschleimhaut, doch mußte auch hier eine hohe Rekolonisationsrate innerhalb von 6 Wochen nach Beendigung der Therapie registriert werden.

Ähnlich waren die Ergebnisse von Gillman et al. (1987), die die gleichen Nitrofurane in einer Dosierung von nur je 100 g/d angewandt hatten.

Bei Patienten mit einer Non-Ulcus-Dyspepsie fanden Kang et al. (1990) in einer placebokontrollierten Doppelblindstudie eine Besserung der Symptome unter kolloidalem Bismuthsubcitrat nur in der Gruppe, für die eine Gastritis gemeinsam mit einem Vorkommen von H. pylori nachgewiesen werden konnte. Kaum einen Wechsel in den subjektiven Beschwerden sahen dagegen Loffeld et al. (1989), die 50 Patienten mit diesem Krankheitsbild mit 2mal 240 mg/d des gleichen Präparats behandelt hatten.

Typhus abdominalis und Paratyphus: Zur Behandlung haben sich gut resorbierbare Antibiotika bewährt. Vor allem aus den Entwicklungsländern wird auch über den erfolgreichen Einsatz von Antiseptika berichtet. Hier steht Furazolidon mit an erster Stelle (Du Pont 1989), da es billig ist, oral verabreicht werden kann, für alle Altersgruppen geeignet ist und keine schweren Nebenreaktionen verursacht (Gilman 1989).

In Peru verglichen Carcelen et al. (1989) in einer randomisierten Doppelblindstudie an Typhuskranken Furazolidon (800 mg/d) und Chloramphenicol (2 g/d) bei 14tägiger Einnahme. 97% der mit Chloramphenicol bzw. 86% der mit Furazolidon Behandelten wurden geheilt, wobei in der ersten Gruppe bei 2 Patienten leichte hämatologische Veränderungen gesehen wurden. Die Autoren fanden bei beiden Medikamenten eine gleiche Häufigkeit für die Elimination von S. typhi aus Blut, Galle und Knochenmark sowie der klinischen Symptomatologie und sprachen sich für einen bevorzugten Einsatz von Furazolidon aus.

Andere Salmonellosen und Shigellosen: Suchert et al. (1965) berichteten über 145 Patienten mit Salmonellosen, bei denen mit Furazolidon im Vergleich zu Chloramphenicol ein guter Behandlungserfolg bei kürzerem Krankenhausaufenthalt und wesentlich geringerem Kostenaufwand festgestellt wurde.

Auch Sziegoleit und Ehrke (1968) beurteilten die Behandlungsergebnisse von Salmonellosen mit Furazolidon positiv. Bei Shigellosen war früher gegen eine Behandlung mit Furazolidon Kritik laut geworden, die beispielsweise die hohe Rate von 17% Therapieversagern (Schöne u. Tausche 1973) oder die gleiche Wirksamkeit von Placebopräparaten (Elliot et al. 1963) anführte. Aufgrund der zunehmend nachweisbaren Resistenz von Shigella-Stämmen gegen verschiedene Antibiotika und Trimethoprim-Sulfmethoxazol werden hier aber neuerlich wiederum Furazolidon und Nalidixinsäure eingesetzt (Burstein u. Regalli 1989; Gilman 1989).

• *Stets sollte abgewogen werden, bei leichten Erkrankungsfällen und bei symptomloser Keimausscheidung jegliche Chemotherapie bzw. Antiseptik zu unterlassen und unter symptomatischer Behandlung eine Selbstheilung abzuwarten.*

Cholera: Praktisch wichtig ist der erfolgreiche Einsatz von Furazolidon vor allem in unterentwickelten afrikanischen und asiatischen Ländern. Diese zusätzlich zur unbedingt erforderlichen Rehydratation eingesetzte Therapieform kann die Krankheitsdauer verkürzen. Das Antiseptikum wurde als wirksamer und auch billiger eingeschätzt als die in Choleraendemiegebieten herkömmlicherweise verwendeten Tetracyclin-Abkömmlinge (Vitéz u.

Láng 1975). Wadström (1983) hält Furazolidon jedoch der Tetracyclin-Behandlung für unterlegen.

Campylobacter-Infektionen: Empfohlen wird Furazolidon mit einer täglichen oralen Dosierung von 7,5 bis 10 mg/kg KM auch bei der Enteritis infolge Infektion mit C. fetus oder C. jejuni (Butzler u. Skirrow 1979; Brandis 1983). Nicht selten kommt es zur Spontanheilung, doch kann die Therapie die Erregerausscheidung sehr verkürzen und die Krankheitssymptome mildern. Auch Fischer (1982) weist auf die Einsatzmöglichkeit von Nitrofuranen bei der Campylobacterenteritis hin.

1.1.3 Beeinflussung der Darmflora

Jeder Einsatz von Chemotherapeutika führt nicht nur zu einer Elimination pathogener Keime, sondern auch zu einer mehr oder weniger starken Gleichgewichtsverschiebung innerhalb der Standortflora und zu einem Auftreten resistenter Arten. Nach der Gabe von Antibiotika und Sulfonamiden werden die unterschiedlichsten Änderungen der Fäkalmikroflora, von einigen Autoren aber nur ein geringer Wechsel beschrieben. Das trifft auch auf therapeutische Dosen von Bismuthsubsalicylat zu, das die Zusammensetzung der normalen Magen- und Fäkalflora nicht verändern soll (Wagstaff et al. 1988; Gorbach et al. 1990).

Selektive Darmdekontamination: Diese Therapieform ist ein wichtiges internistisches Einsatzgebiet schwer resorbierbarer Sulfonamide, Antibiotika und Antimykotika. Sie ist indiziert bei infektgefährdeten, vor allem onkologisch-hämatologischen Risikopatienten, deren Infektionsrisiko zeitlich begrenzt ist (s. Kap. 16). Bei Patienten nach einer Knochenmarktransplantation, die vorübergehend in Sterileinrichtungen untergebracht werden, ist eine Ganzkörperantiseptik erforderlich.

Coma hepaticum und portosystemische Enzephalopathie: Mikrobielle Abbauprodukte von endogenem und exogenem Eiweiß im Darm spielen eine wichtige Rolle in ihrer Pathogenese (Poralla 1989; Renger 1989). Die Therapie zielt deshalb u. a. darauf ab, die enterale Produktion von Ammoniak, aromatischen Aminosäuren sowie verschiedenen falschen Neurotransmittern durch eine proteinarme Kost und die Beseitigung der metabolisierenden Mikroorganismen mittels schwer resorbierbarer Antibiotika zu vermindern. Hier ist nach wie vor Neomycin das Mittel der Wahl, wenn die Standardtherapiemaßnahmen nicht ausreichend sind. Poralla (1989) hält die Wirksamkeit von Aminoglycosiden bei dieser Indikation für am besten belegt. Verordnet werden bei akutem Coma 6–8 g/d bzw. 20–70 mg/kg KM/d Neomycin in 4 Einzeldosen bei oraler Gabe oder über Magensonde. Nach 3 d erfolgt eine Dosisreduktion auf 2–4 g/d. Als Langzeittherapie bei Enzephalopathie werden 1–1,5–2 g/d Neomycin gegeben. Auf das als seltene Nebenwirkung entstehende Malabsorptionssyndrom sei hingewiesen, eine pseudomembranöse Colitis ist möglich. Ferner kann es infolge einer, wenn auch sehr geringen Resorption zu oto- und nephrotoxischen Nebenwirkungen kommen, so daß Funktionskontrollen angezeigt sind. Als Reserveantibiotikum steht Paromomycin (initial 3 g/d, dann Reduktion bis auf 1 g/d) zur Verfügung.

In einem Doppelblindversuch verglichen Conn et al. (1977) Lactulose und Neomycin bei der Behandlung der chronischen hepatischen Enzephalopathie. Beide Medikamente erwiesen sich als gleich wirksam auf eine Reihe von psychischen, neurologischen und elektroenzephalographischen Parametern. Die gemeinsame Gabe soll nach Poralla (1989) einen additiven Effekt haben.

Die prospektive Studie an einem größeren Krankengut und mit mehr Parametern erbrachte bei der Enzephalopathie I° eine ähnliche Wirksamkeit für beide Medikamente. Bei den schweren Krankheitsgraden II° oder III° wurde ein besserer klinischer Verlauf unter Neomycin gesehen, ohne daß die Differenz statistisch signifikant war (Orlandi et al. 1981).

Overgrowth-Syndrom: Eine starke mikrobielle Proliferation im Dünndarm kann eine Reihe verschiedener Ursachen haben (King u. Toskes 1979; Knoke u. Bernhardt 1985). Bei Vorliegen klinischer Befunde spricht man vom Overgrowth-Syndrom, bei dem sich die gesteigerte Stoffwechselaktivität der Mikroorganismen auf den Makroorganismus auswirkt. Im Vordergrund des klinischen Bildes stehen Erscheinungen der Malabsorption und ihrer Folgen. Zur Behandlung kommen chirurgische, antimikrobielle und substituierende Maßnahmen in Frage. Als schwer resorbierbare Antibiotika haben wir bei diesen Patienten Neomycin und Polymyxin M (3mal 0,5 Mill. E/d) in Form einer Langzeittherapie und später auch Trimethoprim-Sulfamerazin mit Polymyxin eingesetzt, ohne einen Dauereffekt erzielen zu können (Knoke et al. 1989).

Antibiotikaassoziierte Colitis: Hierbei spielt eine Verschiebung des mikroökologischen Gleichgewichts durch therapeutische Maßnahmen eine Rolle. Klinisch kann sie sich als pseudomembranöse Colitis durch wäßrige, manchmal auch blutige Durchfälle manifestieren (Loeschke u. Ruckdeschel 1989). Die Erkrankung wird durch Toxine von C. difficile hervorgerufen, das in der Mikroflora des Menschen vorkommt und dessen Virulenz durch den Einsatz von Antibiotika erheblich gesteigert werden kann. Bei leichten bis mittelschweren Verläufen genügt das Absetzen des Antibiotikum, während bei Schwerkranken in der Regel das kaum resorbierbare Vancomycin (4mal 125 mg/d oral) über 7–10 d eingesetzt wird. Nebenwirkungen können auftreten, wenn bei einer sehr schweren Colitis die intestinale Permeabilität erhöht ist oder eine hochgradige Niereninsuffizienz vorliegt. Als Alternativen – auch aus ökonomischen Gründen – werden Metronidazol und Bacitracin empfohlen, unter denen aber einzelne Therapieversager gesehen wurden. Die Rezidivrate nach Beendigung der Therapie ist hoch.

In der Doppelblindstudie von Young et al. (1985) war Vancomycin hinsichtlich Negativwerdens des Toxin- und Erregernachweises im Stuhl dem Bacitracin überlegen, unterschied sich aber nicht in bezug auf die Symptomatologie, so daß nach Meinung der Autoren Bacitracin angewandt werden kann.

1.1.4 Schleimhautmykosen

Weltweit läßt sich eine alarmierende Zunahme der Mykosen durch Hefen und Schimmelpilze feststellen. Zu ihnen gehören besonders verschiedene Arten der Gattung Candida, am häufigsten C. albicans, aber auch C. tropicalis, C. parapsilosis, C. pseudotropicalis, C. krusei und C. glabrata. Gerade von letzteren wird in den letzten Jahren über häufigere Infektionen berichtet. Unter den Schimmelpilzen sei besonders auf Aspergillus spp. hingewiesen.

Das wichtigste Reservoir beim Menschen ist der Magen-Darm-Kanal, in dem sich Sproßpilze bei Gesunden in geringer Menge nachweisen lassen (Bernhardt 1973; Bernhardt u. Knoke 1977; Deicke u. Gemeinhardt 1989; Seebacher u. Blaschke-Hellmessen 1990). Bei Vorliegen prädisponierender Faktoren kann es zu einer starken Vermehrung und von diesem Standort aus zur Entstehung einer Systemmykose kommen. Deshalb ist die Sanierung des Gastrointestinaltrakts bei verschiedenen Erkrankungen und Therapieformen ebenso wie die Lokalbehandlung der manifesten Schleimhautmykose so bedeutsam. Als prädisponierend gelten besonders die Anwendung von Glucocorticoiden und Antibiotika, immunsuppressive und zytostatische Maßnahmen sowie generell eine verminderte Infektionsresistenz. In diese Kategorien sind auch die Maßnahmen bei der selektiven Darmdekontamination einzuordnen. Oft wird die Pilzinfektion intra vitam nicht erkannt, so daß in jedem Fall mit klinischen Hinweiszeichen eine konsequente Diagnostik erforderlich wird. Regelmäßige mykologische Kontrollen einschließlich der Serodiagnostik sind unter der Behandlung angezeigt (Seebacher u. Blaschke-Hellmessen 1990).

Als Mittel der Wahl zur lokalen Anwendung im Magen-Darm-Kanal sind die Polyenantimykotika besonders geeignet, die wegen ihrer praktisch fehlenden Resorptionsmöglichkeiten und der bisher äußerst günstigen Resistenzsituation nahezu optimal erscheinen (Scholer 1989; Seebacher u. Blaschke-Hellmessen 1990). Das gilt vor allem für Nystatin und Amphotericin B, das zunehmend auch bei resistenzgeminderten Patienten oral eingesetzt wird. Levorin und Natamycin werden selten angewandt. Von den Imidazolen wird Miconazol nur bis zu 30% resorbiert, so daß auch hier eine überwiegend topische Wirksamkeit vorliegt.

Nystatin wirkt fungistatisch und in höheren Dosen auch fungizid. Das Präparat ist in der Regel gut verträglich, und nur bei Maximaldosen treten infolge geringer Resorption Brechreiz und Erbrechen auf. Auch Durchfälle können beobachtet werden. Ein erheblicher Teil des Wirkstoffes wird bei der Magen-Darm-Passage inaktiviert. Als Dosis werden 3mal täglich 1–2 Mill E Nystatin in Form von Dragees empfohlen.

Um eine ausreichende Konzentration am Ort des häufigsten Pilzwachstums (Mundhöhle, Ösophagus, seltener im Magen) zu erreichen, ist eine auf der Oberfläche haftende galenische Zubereitungsform erforderlich, da die Dragees die oberen Standorte ungelöst passieren. Uns hat sich über viele Jahre folgende Schleimpräparation bewährt: Nystatin 500 000 E, Tinctura Aurantii 0,5, Mucilago hydroxyethylcellulosi ad 15,0. Dreimal täglich werden 15 ml im Halbliegen unter Drehen schlucken gelassen oder zum Auspinseln der

Mundhöhle benutzt (Knoke u. Bernhardt 1976). Von mehreren Polyenantimykotika und von Miconazol sind Suspensionen bzw. Gele und Lutschtabetten auf dem Markt, die jetzt entsprechend eingesetzt werden können und die lokale Therapie mit Tabletten oder Dragees im oberen Magen-Darm-Kanal wirksam ergänzen.

• *Die Lokalbehandlung einer Candidose muß ausreichend lange durchgeführt und der Behandlungserfolg kontrolliert werden.*

Eine ausgedehnte Schleimhautmykose mit Rasenbildung, wie sie bei Patienten endoskopisch im Ösophagus und selten im Magen beobachtet werden kann, wird sich nur nach einem langen Behandlungsintervall zurückbilden (in einem unserer Fälle nach 34 d mit endoskopischer und serologischer Remission). In Einzelfällen ist es sicherlich fraglich, ob die in die Tiefe gewachsenen Hefen ebenfalls beseitigt worden sind, so daß die zusätzliche Verabfolgung eines systemisch wirksamen Antimykotikum angezeigt sein kann. So beobachteten wir Rezidive nach zu frühem Behandlungsabbruch.

1.1.5 Protozoonosen

Soweit die Protozoen in ihrem Lebenszyklus im Darmlumen angesiedelt sind, bietet sich die Behandlung der Erkrankungen mittels Antiseptika, teilweise auch in Kombination mit systemisch wirksamen Medikamenten, an. Als weltweit verbreitet trifft dies besonders auf die Erkrankungen durch E. histolytica und G. lamblia zu.

Amöbiasis:

Im Rahmen des fäkal-oralen Übertragungsmechanismus siedeln sich die Minutaformen von E. histolytica im Dickdarm an, wo sie sich unbegrenzt vermehren können. Erst die Umwandlung der Minutaform in die eigentlich pathogene Magnaform gibt die Möglichkeit zur Entstehung der Amöbenruhr bzw. -colitis und schließlich zur extraintestinalen Manifestation (Markwalder 1984).

Zur Elimination der Entamoeba-Zysten aus dem Darmlumen und zur Behandlung leichterer Fälle von Amöbencolitis bieten sich Kontaktamöbizide an, zu denen Hydroxychinolinabkömmlinge, Diloxanidfuroat und Paromomycin gehören. Infolge der beobachteten Nebenwirkungen werden erstere kaum noch eingesetzt. Die Dosierung für Diloxanidfuroat (Furamide®, in Deutschland nicht im Handel) wird mit 3mal 500 mg/d für 10 d, für Paromomycin mit 3mal 500 mg/d für 7 d angegeben (Weinke u. Pohle 1990). Weitere Amöbizide wirken sowohl im Darmlumen als auch im Gewebe. Zu ihnen gehören Metronidazol und verschiedene Nitroimidazolabkömmlinge, die aufgrund ihrer Doppelwirkung therapeutisch besonders effektiv sind und vor den Kontaktamöbiziden angewandt werden sollen. Bakterielle Begleitinfektionen vor allem bei der Amöbencolitis können die zusätzliche Gabe von schwer resorbierbaren Antibiotika wie Paromomycin erfordern. Bei schwerer Colitis und extraintestinaler Amöbenerkrankung muß eine Kombination mit Gewebeamöbiciden (Chloroquinphosphat u. a.) erfolgen.

Giardiasis (Lambliasis):

G. lamblia kommt im oberen Dünndarm des Menschen nicht selten vor (Farthing 1989; Shepherd u. Boreham 1989). Der Befall in Europa wird mit 2–6% angegeben. Die Befallsrate in warmen Ländern ist bedeutend höher. Es besteht heute kein Zweifel mehr daran, daß Lamblien Krankheitssymptome (Diarrhoe) hervorrufen können. Am Dünndarmepithel treten eine Schädigung der Mikrovilli und eine chronische Duodenitis bzw. Jejunitis auf. Die Gallenwege können bei einer Insuffizienz der Papille ebenfalls befallen sein.

Wesentliche Therapeutika sind Metronidazol und Tinidazol, die aber besonders von Kindern nur schlecht toleriert werden. Günstige therapeutische Effekte zeigt auch Furazolidon in einer Dosierung von 4mal 100 mg/d für 7–10 d mit einer Heilungsrate zwischen 58–95% (Shepherd u. Boreham 1989).

1.1.6 Helminthosen

Die Wirkung der angewandten Antiseptika beruht auf ihrer geringen Resorption aus dem Darm und der dadurch möglichen Hemmung von lebensnotwendigen Fermenten bzw. einer Schädigung des neuromuskulären Systems des Parasiten. Eingesetzt werden vor allem Niclosamid und Mebendazol.

Bandwürmer (Cestoden):

Die wichtigsten Bandwürmer, für die der Mensch Endwirt ist und die mit Antiseptika behandelt werden können, sind in Mitteleuropa Taenia saginata (Rinderfinnenbandwurm), T. solium (Schweinefinnenbandwurm) und Diphyllobotrium latum (Fischbandwurm).

Bewährt hat sich Niclosamid, dessen Toxizität wegen fehlender Resorption gering ist. Durch eine Störung der Mucopolysaccharidsynthese im Parasiten werden seine Andauung durch die Darmproteasen und dadurch sein Abgang ermöglicht. Erwachsene erhalten morgens nüchtern im Abstand von 1 h 2mal je 1 g mit möglichst wenig Flüssigkeit. Eine Kostbeschränkung und eine gründliche Darmentleerung durch ein salinisches Abführmittel am Abend vor der Anwendung erhöhen die Erfolgsrate. Während der Kur sollten jedoch keine Laxantien gegeben werden, um die Kontaktzeit des Mittels mit dem Wurm nicht zu verkürzen. Eine Wiederholung der Behandlung ist nach 3 d möglich. Ferner kann Praziquantel als Einmaldosis von 10 mg/kg bei Erwachsenen gegeben werden. Auch Mebendazol wird bei Cestoden-Befall eingesetzt. Es hemmt die Glucoseaufnahme beim Wurm. Empfohlen werden 2mal täglich 0,2–0,3 g für 5 d, wobei die Verabreichung einer höheren Dosis über eine Duodenalsonde möglich ist. Nebenwirkungen wurden selbst bei erheblicher Überdosierung nicht beobachtet. Abführmittel sollten nur bei Obstipation verabfolgt werden.

Fadenwürmer (Nematoden):

Die in unseren Breiten praktisch wichtigsten intestinalen Nematoden sind Ascaris lumbricoides (Spulwurm), Enterobius vermicularis (Madenwurm) und

Trichuris trichiura (Peitschenwurm). Die Übertragung erfolgt auf oralem Wege.

Behandelt wird mit Mebendazol, von dem bei Ascaridiasis 2mal 0,1 g/d für 3 d einzunehmen sind. Bei Enterobiasis (Oxyuriasis) werden an einem Tag 2mal 0,1 g verabfolgt. Eine Laxierung ist nur in Ausnahmefällen angezeigt. Bei Enterobiasis wird auch Pyrviniumembonat als Oralsuspension einmalig $^1/_2$ ml/kg KM (entspricht 5 g Pyrviniumbase) bei Erwachsenen gegeben. Eine Wiederholungsbehandlung ist nach 2 Wochen möglich.

Auch bei der Trichuriasis is Mebendazol das Mittel der Wahl (2mal täglich 0,1 g an 3 aufeinanderfolgenden Tagen). Bei der nicht seltenen Resistenz bzw. Kontraindikation werden Bepheniumhydroxynaphthoat, Pyrantel oder Thiabendazol gegeben. Bezüglich der Behandlung weiterer Wurmerkrankungen sei auf die internistische Fachliteratur verwiesen.

1.2 Gallenwegserkrankungen

Gallenwegserkrankungen haben in den letzten Jahrzehnten erheblich zugenommen, und die Cholelithiasis mit ihren Begleitkrankheiten und Komplikationen ist in zahlreichen Ländern zur häufigsten Oberbaucherkrankung geworden. Demzufolge nehmen Klinik und Behandlung der entzündlichen Gallenwegkrankheiten einen breiten Raum ein. Eine Infektion tritt vor allem bei einer Abflußbehinderung auf, wobei sich häufiger auch ein mikrobielles Overgrowth im oberen Dünndarm nachweisen läßt. Die Obstruktion sollte nach Möglichkeit operativ beseitigt werden. Bei danach weiter bestehender bakterieller Infektion bzw. bei nicht möglicher Operation (z. B. bei sklerosierender Cholangitis) sind Sanierungsversuche mit bakteriozid wirksamen, gut gallegängigen Antibiotika angezeigt.

• *Antiseptika spielen in diesem Behandlungsregime nur eine untergeordnete Rolle.*

Unter den konservativen Maßnahmen werden oft Choleretika angewandt, die manchmal antiseptisch wirksame Bestandteile wie Methenamin enthalten. Dieses ist als Antiseptikum vor allem in der Nephrologie und Urologie gebräuchlich, da es bei Anwesenheit von Wasserstoffionen allmählich Formaldehyd abspaltet, das besonders bei Infektionen mit E. coli relativ gut wirksam sein soll (Hauschild 1973).

Hingewiesen sei auf die Einsatzmöglichkeit von Nitrofurantoin bei Gallenwegsentzündungen. Dieses Antiseptikum weist nicht nur eine gute Nierenausscheidung auf, sondern ist auch gut gallegängig (Kala u. Ausborn 1979). Ein enterohepatischer Kreislauf erlaubt die Rückresorption von etwa einem Drittel der mit der Galle ausgeschiedenen Substanzmenge im Dünndarm. An Proteusstämmen wurde eine starke Erhöhung der antibakteriellen Wirksamkeit der Nitrofurane durch die Anwesenheit von Gallensäuren festgestellt.

Wir selbst sahen eine eindrucksvolle Befundbesserung nach einer Behandlung mit Nitrofurantoin bei einem Patienten mit sekundär sklerosierender Cholangitis (häufiger, jahrelanger

Nachweis von über 10^6/ml E. coli im Duodenalsaft), nachdem mehrfache Behandlungsversuche mit verschiedenen Antibiotika erfolglos geblieben waren.

2 Erkrankungen der Atmungsorgane

2.1 Akute Infekte der oberen Atemwege

Den akuten Infektionen der oberen Atemwege kommt weltweit eine große Bedeutung zu. In den Entwicklungsländern in Afrika, Asien, Mittel- und Südamerika sind etwa 30% aller Todesfälle durch akute respiratorische Infektionen bedingt. In Europa werden 25–50% der Arztkonsultationen und etwa ein Drittel der Arbeitsunfähigkeitstage durch akute Infekte der Atmungsorgane verursacht (Lode 1990).

Infektionen im Rachenraum: Antiseptika spielen im Rachenbereich eine große Rolle. In der Mundhöhle wird eine Reduktion der Keimzahlen aerober und anaerober Erreger um 1,0 bis 2,5 Zehnerpotenzen unmittelbar nach Anwendung erreicht (Exner et al. 1985, 1987). Verwandt werden u.a. Chlorhexidin, Hexetidin, Polyvidon-Iod, Cetylpyridinumchlorid und Dequaliniumsalze (s. Kap. 15).

Auch schwerresorbierbare Antibiotika werden zur lokalen Therapie als sog. Halsschmerzmittel verordnet. Diese Präparate enthalten z.B. Tyrothricin oder Tyrothricin-Bacitracin (Rote Liste 1992). Sofern Tabletten verschluckt oder gelutscht werden, ist eine lokale Wirkung an der Trachea und den Bronchien nicht vorstellbar.

Da Streptokokken die häufigsten bakteriellen Erreger der Racheninfektionen sind, ist systemisch die Verabreichung von Penicillin V am wirksamsten.

Invasive Eingriffe: Durch eine einmalige prophylaktische Antiseptik vor invasiven Eingriffen (z.B. Bronchoskopie) kann die Gefahr einer Streuung potentiell pathogener Mikroorganismen in die Trachea und die Lunge verringert werden.

Akute Tracheobronchitis: Sie spielt unter den Infekten der Atemwege eine wesentliche Rolle. Es handelt sich primär fast immer um respiratorische Virusinfektionen, während eine primär bakterielle Genese selten ist. Bakterielle Superinfektionen (meist Pneumokokken bzw. H. influenzae) sind dagegen häufig; ein biphasischer Fieberverlauf weist klinisch darauf hin. Es kommt zum Abhusten von eitrigem Sputum. Nur in diesen Fällen ist eine antibakterielle Chemotherapie indiziert. Bakterielle Komplikationen nach Influenza werden meist durch S. aureus hervorgerufen (Tauchnitz u. Handrick 1989).

Im allgemeinen reicht bei der akuten Bronchitis die Gabe von Analgetika-Antipyretika, Sekretolytika bzw. Antitussiva aus (Wiesner u. Kästli 1980;

Scherrer 1983). Prophylaktisch sind die Ausschaltung inhalativer und klimatischer Noxen sowie die Impfung wirksam.

- *Antibakteriell wirkende Aerosole werden erfolgreich eingesetzt.*

Prinzipiell sind hierfür Antiseptika von Vorteil, da sie im allgemeinen keine bakterielle Resistenzentwicklung bewirken (s. Abschn. 2.2). Durch die Erzeugung hochwirksamer Aerosole (2 bis 5 µm erreichen die Bronchioli, < 3 µm die Alveolen, < 0,5 µm werden exhaliert, > 10 µm werden im Oropharynx deponiert) können das Antiseptikum oder Antibiotikum direkt an den gewünschten Wirkungsort gebracht werden (Henne 1980). Allerdings ist bei der antimikrobiellen Aerosoltherapie nur ein begrenzter Effekt zu erwarten. Auf eine gleichzeitige systemische antibiotische Behandlung sollte in schweren Fällen nicht verzichtet werden (Tauchnitz u. Handrick 1989, s. Abschn. 2.2).

Vogel und Bayer (1987) berichteten über gute Erfolge mit Fusafungin-Aerosolen in der Prophylaxe und Therapie der akuten bakteriellen Bronchitis.

Auch bei Virusinfektionen werden Aerosole eingesetzt (Knight et al. 1981), z. B. Ribavirin gegen Rhino-, RS- sowie Influenza A- und B-Viren, wobei eine stark reduzierte zelluläre Toxizität nachgewiesen wurde (Knight u. Gilbert 1989).

In den USA wird bei schwerkranken Säuglingen mit einer RS-Virusinfektion die Aerosolbehandlung mit Ribavirin durchgeführt. Ribavirin wird in einer Konzentration von 2 mg/l tgl. 12–18 h über 3 d inhaliert. Bakterielle Sekundärinfektionen können mit Cefuroxim oder Cefaclor behandelt werden (Simon u. Stille 1989).

2.2 Chronische Bronchitis

Die chronische Bronchitis ist die häufigste infektiös ausgelöste chronische Organerkrankung, wodurch ihre soziale Bedeutung erwächst. Die ambulante Langzeitbetreuung hat zum Ziel, die Entstehungshäufigkeit von Bronchusstenosen zu vermindern, die Expektoration zu fördern, die Atmung zu ökonomisieren, die Herz-Kreislauf-Funktion zu stützen sowie die mikrobielle Infektion durch Antibiotika zu bekämpfen (Gregori u. Steinbrück 1974; Sereda et al. 1975).

- *Die systemische und eventuell lokale antibakterielle Therapie ist nur ein Faktor in der komplexen Therapie der chronischen Bronchitis.*

Neben der Ausschaltung ursächlicher Noxen sind Bronchospasmolytika und Sekretolytika wesentlich (Kandt et al. 1982, 1984). Zusätzlich sind Atemgymnastik sowie Kurort- und Klimatherapie zu erwähnen.

Die antimikrobielle Behandlung sollte in erster Linie durch antibakterielle Chemotherapie entsprechend dem Resistogramm erfolgen. Vor der Kenntnis des Erregers werden heute oral Aminopenicilline (Amoxycillin), Erythromycin, Cephalosporine (Cefaclor), Tetracycline (Doxycyclin) oder Gyrasehemmer (Ofloxacin, Ciprofloxacin) empfohlen (Vogel 1989).

Früher wurde zur systemischen antibakteriellen Therapie eine antibiotische Langzeitbehandlung durchgeführt. Heute wird die intermittierende Antibiotikagabe bevorzugt.

Die antibiotische Langzeittherapie wurde aufgrund ausgedehnter Untersuchungen des British Medical Research Council schon 1966 aufgegeben, da sie keine Prognoseverbesserung erbrachte und zur Selektion resistenter Problemkeime einschließlich P. aeruginosa führte.

Neben der systemischen Behandlung wird der Aerosoltherapie eine Bedeutung beigemessen (Edel u. Knauth 1984; Braun 1985). Zielstellung der lokalen antimikrobiellen Behandlung ist die Verminderung und langzeitige Hemmung pathogener Keime der Bronchialschleimhaut (Weuffen et al. 1975). Die antimikrobielle Aerosoltherapie führt häufig zur Verringerung des Sputums und verändert die Sputumqualität, so daß ein leichteres Abhusten ermöglicht wird. Prophylaktisch kann die Rezidivhäufigkeit verringert werden.

Zur Aerosoltherapie können Antiseptika eingesetzt werden (Angerstein 1981). Eine Bedeutung kam dem antiseptisch wirkenden Guajacol zu, da es gleichzeitig sekretolytisch und expektorationsfördernd wirkt (Schubert et al. 1972; Scharkoff 1975; Schlegel u. Ferlinz 1989). Auch Tyloxapol hat neben der antiseptischen eine expektoratorische Komponente, so daß es zur Aerosoltherapie geeignet ist. Wasserstoffperoxid zeigt in 1 bis 3 %iger Lösung einen guten antiseptischen Effekt (Aurich et al. 1981). Lokalanästhetika sind gering bakteriostatisch wirksam, was bei der Gewinnung von Bronchialsekret zur bakteriologischen Untersuchung beachtet werden sollte (Castillo-Höfer u. Ferlinz 1990).

Werden Antibiotika als Aerosol eingesetzt, sollten wegen des Risikos der Allergisierung und Resistenzbildung pathogener Mikroorganismen vorrangig solche verwandt werden, die zur systemischen Therapie nicht oder selten infrage kommen und ebenso nicht in der Tierhaltung eingesetzt werden. Eine Resistenzbestimmung der Erreger ist notwendig (Medici et al. 1989). Die inhalative Antibiotikatherapie sollte nur als ergänzende Maßnahme einer systemischen Behandlung mit Chemotherapeutika angesehen werden (Wiesner u. Kästli 1980; Kandt 1981; Medici 1984). Verwandt wird z. B. eine Kombination von Neomycin und Bacitracin, da sie für die systemische Therapie nicht infrage kommt (3250–7500 IE Neomycinsulfat und 250–500 IE Bacitracin 1–2 mal/d). Weiterhin kann Polymyxin B (250 000 bis 500 000 E/Inhalation in physiologischer Kochsalzlösung) angewandt werden. Gentamycin sollte nur eingesetzt werden, wenn dieses Antibiotikum zugleich parenteral verabreicht wird, da die Resistenzentwicklung verhindert werden soll. Es werden je Inhalation eine Ampulle 40 mg Wirkstoff in isotoner Kochsalzlösung vernebelt (Angerstein 1981). Ein inhalativer Kontakt des Personals sollte vermieden werden. Außerdem sollte die Antibiotikaaerosoltherapie nur stationär durchgeführt werden.

Über gute Erfolge in der lokalen Therapie von respiratorischen Infektionen durch Fusafungin berichteten Vogel und Bayer (1987) sowie Stout und Derendorf (1987). Bakterielle Resistenzen wurden nicht hervorgerufen, so daß eine gleichzeitige systemische antibiotische Therapie für nicht erforderlich gehalten wird.

Eine Reihe von Autoren äußern sich kritisch zur Aerosoltherapie, da ein Großteil der Antiseptika und Antibiotika im Nasopharynx deponiert wird und dann im Magen-Darm-Kanal zur Resorption gelangt. Teilweise wird eine lokale Wirkung nicht erreicht, da die betroffenen Atemwege durch das Bronchialsekret verstopft sein können (Wiesner u. Kästli 1980; Medici 1984; Rossing 1988). Ferner können Sputumbestandteile und Pharmaka lokal Antibiotika inaktivieren (Walter et al. 1969). Nach Angaben dieser Autoren werden nur etwa 35–50% des verabreichten Antibiotika-Aerosols lokal wirksam.

Um einen besseren Effekt antiseptischer Aerosole zu erreichen, kann eine Vorinhalation mit Sekretolytika bzw. bronchospasmolytisch wirksamen Substanzen indiziert sein. Wichtig ist, daß die Aerosole keine lokalen Reizerscheinungen bei evtl. erhöhter Konzentration hervorrufen, was zu einer akuten Obstruktionssymptomatik bei Kranken mit chronischer Bronchitis führen kann. Für eine gute Sedimentation der Aerosole ist die Atemtechnik von Bedeutung. Wichtig ist, daß bei nicht voll ausgeschöpftem Einatmungsvolumen eine kleine Pause eingehalten und dann langsam ausgeatmet wird (Wiesner u. Kästli 1980).

2.3 Bronchiektasen

Bei den Bronchiektasen handelt es sich um definitive, nicht reversible Erweiterungen der Bronchien, die entzünliche Vorgänge unterhalten (Wiesner u. Kästli 1980; Forschbach 1984). Meist sind es erworbene Bronchiektasen (Masern, Pneumonien, Keuchhusten, chronische Bronchitis). Die Entleerung des eitrigen Sekretes ist nur durch Lagerungsdrainage, kräftiges Husten bzw. Klopfmassagen möglich. Durch Einsatz der chirurgischen Therapie und moderner Antibiotika konnte die Prognose der Erkrankung verbessert werden. Meist liegen Mehrfachinfektionen vor (Huxly 1984; Müller 1985). Resistente Keime sind häufig zu verzeichnen, zumal nosokomiale Infektionen zusätzlich eine Rolle spielen (Kramer et al. 1984).

• *Basistherapie ist die Anwendung der antibiotischen Chemotherapeutika, wobei Mehrfachinfektionen Antibiotikakombinationen erfordern, um einen deutlichen antibakteriellen Effekt zu erreichen.*

Der antiseptischen Aerosoltherapie kommt eine Bedeutung zu, da systemisch verabreichte Antibiotika in die Bronchiektasen oft schlecht eindringen (Simon u. Stille 1989). Durch Inhalationen mit Tyloxapol und Acetylcystein konnte sowohl eine Reinigung der Bronchien als auch ein lokaler antibakterieller Effekt erreicht werden. Auch Antibiotika wie Neomycin (260 mg/ml), Polymyxin B (10 mg/ml), Gentamycin (10 mg/ml), Bactracin (250 IE/ml), Tyrothricin (1 mg/ml) und Thiamphenicol (250 mg) sind im Wechsel mit Broncholytika und Sekretolytika wirksam (Braun 1979). Wichtig ist, daß die Aerosoltherapie konsequent und langfristig durchgeführt und die Inhalationshygiene (cave z. B. Pseudomonaskontamination!) beachtet wird (Kandt et al. 1984).

Neben den antibakteriellen Maßnahmen sind Lagerungsdrainage und Atemtherapie nicht zu unterschätzen (Edel u.Knauth 1984). Erst nach ausführlicher bronchologischer Diagnostik kann eingeschätzt werden, ob im Einzelfall daneben operative Maßnahmen indiziert sind.

2.4 Asthma bronchiale

Beim Asthma bronchiale sind das Extrinsic- und das Intrinsic-Asthma zu unterscheiden. Antibakterielle Maßnahmen spielen bei der zweiten Form eine Rolle, bei der rezidivierende Infektionen den Verlauf der Erkrankungen wesentlich bestimmen. Bronchitis und Bronchopneumonien sind am Anfang des Intrinsic-Asthma möglich.

• *Eine systemische Antibiotikagabe ist bei bakteriellem Befall mit nachfolgenden Asthmaanfällen indiziert* (Findeisen 1980; Fuchs 1984).

In erster Linie sind Tetracycline, Cephalosporine und Trimethoprim-Sulfonamid-Kombinationen geeignet. Von Penicillinen sollte wegen der häufigen Allergiemöglichkeit mit Anfallverschlimmerung Abstand genommen werden. Es wurden Fallbeobachtungen mitgeteilt, daß infolge häufiger Antibiotikatherapie Candida-Besiedlungen auch außerhalb des Respirationstraktes vorkommen, die zusätzlich allergische Reaktionen mit Anfällen auslösen (Manger 1985).

Für den Einsatz von Antibiotika als Aerosol gelten die gleichen Einschänkungen, wie sie bei der Therapie der Bronchitis genannt wurden. Antiseptika können lokal neben der antibakteriellen Wirkung auch einen viruciden Effekt haben.

• *Antiseptische Maßnahmen können den Ausbruch akuter Infektionen im Bereich der oberen Atemwege (Rhinitis, Pharyngitis, Tracheobronchitis) verhindern und haben insofern auch einen prohylaktischen Wert im Anfallsgeschehen.*

2.5 Pneumonie

• *Bei bakteriellen Pneumonien muß die antibiotische Therapie möglichst frühzeitig einsetzen.*

Dadurch kommt es zu einem deutlich gemilderten Verlauf. Bei der Lobärpneumonie können nur in der Phase der Anschoppung die Antibiotika in das Lungengewebe diffundieren und sind daher im Stadium der Hepatisation relativ unwirksam (Austrian u. Bennet 1970). Liegt eine Viruspneumonie vor, sind Antibiotika ohne Erfolg. Allerdings findet häufiger eine Superinfektion durch Staphylokokken statt, die dann ein schweres Krankheitbild mit Pleurabeteiligung auslösen (Wiesner u. Kästli 1980; Braun 1984). Auch an anaerobe Bakterien sollte gedacht werden (Nyiredy u. Bartha 1981).

Es gibt Hinweise, daß die „neueren Keime" wie Legionellen oder Pneumocystis carinii weiter zunehmen (Weinke et al. 1988).

Für die Wahl des Antibiotikums ist von Bedeutung, ob es sich um eine spontan erworbene Pneumonie („community acquired") bei jungen zuvor gesunden Patienten, bei Patienten über 65 Jahre bzw. bei Patienten mit bestimmten Grunderkrankungen handelt, oder ob es eine nosokomiale Pneumonie ist. Durch Bewertung der anamnestischen Daten und der klinischen Befunde ist meist eine Abgrenzung bakterielle Pneumonie, atypische Pneumonie, Legionella-Pneumonie möglich (Castillo-Höfer u. Ferlinz 1990). Bei primärer („community acquired") Pneumonie kommen besonders Erythromycin, Cephalosporine, Aminopenicilline und Gyrasehemmer in Frage. Liegt eine sekundäre („hospital acquired") Pneumonie vor, sollten im

Schweregrad I Cephalosporine der II. Generation, im Schweregrad II Cephalosporine der II. Generation + Ureidopenicilline oder Aminoglycoside und im Schweregrad III Cephalosporine der III. Generation + Ureidopenicilline oder Aminoglycoside (Vogel 1989; Arens 1991) eingesetzt werden. Liegt noch keine Erregerdiagnostik vor, sind Breitbandantibiotika vorteilhaft. Chemotherapeutika mit eingeschränktem Wirkungsspektrum sind bei Kenntnis der bakteriellen Situation einzusetzen. Bei Stahylokokken muß bei der Auswahl die mögliche Penicillinasebildung berücksichtigt werden (Oxacillin, Cefotaxim etc.).

- *Neben der Chemotherapie hat die Antiseptik besonders bei bronchogenem Infektionsweg einen Sinn.*

Ein vorausgehender oder synchron verlaufender Infekt der oberen Atemwege kann eventuell durch antibakterielle Aerosole zusätzlich gebessert werden. Auf die systemische Antibiotikagabe darf aber meist nicht verzichtet werden (Köditz 1978). Hinsichtlich der Einzelheiten der Aerosoltherapie sowie der antiseptischen Mund- und Rachenspülung sei auf die vorhergehenden Abschnitte verwiesen.

Vogel et al. (1989) wiesen in einer prospektiven randomisierten Studie an 55 Beatmungspatienten, die prophylaktisch intratracheal Tobramycin erhielten, eine signifikant geringere Pneumonierate und eine signifikant niedrigere bakterielle Kolonisationsrate nach. Sie empfehlen dieses effektive, nebenwirkungsarme Verfahren, das wie die Streßulcusprophylaxe gesehen werden sollte. Neben der Lungendehnungsbehandlung und der Verbesserung hygienischer Pflegemaßnahmen sollte nach Ansicht der Autoren die intratracheale Antibiotikaapplikation allgemeine Anwendung bei der Prophylaxe von Beatmungspneumonien finden. Dieser positive Effekt wurde von Vogel et al. (1987) auch bei Anwendung von Gentamicin gefunden, während Gramm und Lode (1989) bei endotrachealer Pneumonieprophylaxe mit Gentamicin keine deutliche Senkung der Pneumonieinzidenz erzielten. Resistenzentwicklungen wurden ebenfalls nicht beobachtet.

Stoutenbeck et al. (1987) behandelten schwerkranke Patienten mit antiseptischen Antibiotika, um nosokomiale gramnegative Pneumonien zu verhüten. Da der erste Schritt die Ansiedlung pathogener Keime im Orapharynx ist, wurden eine orale und intestinale Dekontamination (Polymyxin E, Tobramycin, Amphotericin B) vorgenommen und mit einer systemischen Antibiotikaprophylaxe (Cefotaxim) kombiniert. Danach wurden nur noch bei 3% der Kranken gramnegative Keime in der Mundhöhle nachgewiesen.

Aerosole mit Antibiotika wurden auch zur Prophylaxe und Therapie bronchopulmonaler Infektionen bei cystischer Lungenfibrose erfolgreich eingesetzt (Carbenicillin, Gentamicin, Ceftazidim, Tobramycin). Andererseits konnte in weiteren Studien durch antiseptische Anwendung von Tobramycin oder Cephaloridin keine signifikante Befundänderung bei dieser Erkrankung registriert werden (Thys u. Klastersky 1988).

Gute kurative Effekte konnten durch endotracheal verabreichtes Sisomicin (25 mg alle 8 h) bei bronchopulmonalen Infektionen nachgewiesen werden (bei gleichzeitiger Chemotherapie mit Sisomicin-Carbenicillin). Die antimikrobielle Aktivität im Broncialsekret war bei endotrachealer Verabreichung wesentlich höher (1:256). Die lokale Anwendung erbrachte deutlich bessere klinische Resultate als bei alleiniger systemischer Therapie (Thys u. Klastersky 1988).

Jüngst wurde die Aerosolbehandlung mit Pentamidin bei Pneumocystis carinii-Infektionen untersucht. Die Konzentrationen von Pentamidin in der Bronchialflüssigkeit war etwa zehnfach höher als bei intravenöser Verabreichung. Weitere klinische Untersuchungen sind dringend erforderlich, um die Wirksamkeit des aerosolisierten Pentamidin in der Therapie der Pneumocystis carinii-Pneumonie mit Sicherheit beurteilen zu können (Thys u. Klastersky 1988).

2.6 Lungentuberkulose

In den vergangenen Jahrzehnten hatte die Lungentuberkulose eine große sozialmedizinische Bedeutung. Durch die langfristige Bekämpfung der Tuberkulose konnte die Häufigkeit in vielen Ländern massiv eingeschränkt werden. Dazu gehören soziale und hygienische Faktoren, Desinfektion, Antiseptik, bessere diagnostische Möglichkeiten und insbesondere die verbesserte Chemotherapie.

Rifampicin (RM), Pyrazinamid und Isonicotinsäurehydrazid werden wegen des besten therapeutischen Indexes als Erstrangmittel bezeichnet. Wichtige Kombinationsmittel sind Ethambutol, Streptomycin und Protionamid (Schaberg u. Lode 1990). Standardtherapie ist heute eine 6-monatige Therapie mit Isonicotinsäurehydrazid und RM, ergänzt durch Pyrazinamid und Streptomycin oder Ethambutol in den ersten 2–3 Monaten (Bartmann 1988).

Aerosole wurden nur bei der Bronchustuberkulose eingesetzt. Je Inhalation wurden 250 bis 500 mg Kanamycin empfohlen (Angerstein 1981).

• *Bei den heute vorhandenen gut wirksamen Tuberkulostatika ist u.E. eine lokale Therapie nicht erforderlich.*

2.7 Pleuritis exsudativa, Pleuraempyem

Die Pleuritis exsudativa kann infolge einer bakteriellen oder viralen Infektion, aber auch im Rahmen einer Mykose auftreten. Eine Sonderform ist das Pleuraempyem, bei dem meist eine massive Bakterienbesiedlung (oft Staphylokokken) vorliegt.

• *Neben der antibakteriellen Chemotherapie mit Antibiotika sind tägliche Punktionen oder eine Dauersaugdrainage mit täglichen Entleerungen und (antiseptische) Spülungen der Pleurahöhle indiziert.*

Die lokalen antibakteriellen Maßnahmen sollen die systemische Therapie unterstützen. Die Pleuraspülung (0,9%iges NaCl, ggf. Antibiotika) ist bis zur Abheilung der Erkrankung durchzuführen (Wiesner u. Kästli 1980; Thurm 1982; Steppling u. Ferlinz 1990).

Wegen der weitgehenden Resorption sind Aminoglycoside u.a. Antibiotika auf die zulässige systemische Tagesdosis zu begrenzen. Auch bei Neomycin/Bacitracin kann es wegen Resorption zu toxischen Reaktionen kommen (Tauchnitz u. Handrick 1989). Die früher genutzten Ethacridinlösungen und Chlormethinspülungen werden wegen des Vorhandenseins instillierbarer Antibiotika nicht mehr angewandt.

Folgende Antibiotika werden empfohlen: Gentamicin 1%, Amicacin 0,2–1%, Oxacillin 1%, Streptomycin 2,5%, Bacitracin < 1000 E/ml und Polymyxin B 0,1% (Simon u. Stille 1989).

Ist eine Ausheilung in 6–8 Wochen nicht erreichbar, sollte die chirurgische Therapie erfolgen. Die Pleuraspülungen werden in Vorbereitung auf die operative Therapie (Dekortikation) fortgesetzt, da hierdurch möglichst viel infektiöses Material beseitigt werden kann (Einzelheiten der lokalen antimykotischen Therapie s. Abschn. 4).

2.8 Mykosen der Atmungsorgane

Häufige Ursachen für das Auftreten von Organmykosen sind die Langzeitbehandlung mit Antibiotika, die Einnahme von Immunsuppressiva und Zytostatika sowie eine herabgesetzte Resistenzlage bei chronischen konsumierenden Erkrankungen (z. B. Leukosen, Carcinome). Als Reservoir spielt vorrangig der Gastrointestinaltrakt eine Rolle (Bernhardt 1973), aber auch in den Atemwegen sind chronische mykotische Infektionen nicht selten. Noch zu wenig wird an einen Befall durch Pilze gedacht und oft deshalb die Diagnose nicht gestellt (Gemeinhardt 1972; Wiesner et al. 1989). Dem Nachweis der Pilze im Bronchialsekret und der Serodiagnostik kommen hierbei eine vorrangige Bedeutung zu (Gemeinhardt u. Wiesner 1973; Bernhardt et al. 1986; Seebacher u. Blaschke-Hellmessen 1990). Durch zusätzliche Untersuchungen von Stuhl und Urin sowie Blut können Hinweise auf eine generalisierte Infektion bzw. eine Pilzsepsis erhalten werden.

Klinisch kann eine Candidose als Bronchitis, Pneumonie oder als mykotische Metastase bei generalisierter Pilzinfektion auftreten. Bei Aspergillusbefall kommt es zur Aspergillose, meist mit Ausbildung eines Aspergilloms.

Hierbei entsteht in einer kugeligen pulmonalen Höhle ein Pilzmycel mit typischen Röntgenzeichen (sichelförmige Aufhellung, Lageabhängigkeit des Mycels), aber auch Lungeninfiltrationen und Bronchitiden mit bräunlich-bröckeligem Sputum kommen vor (Wiesner u. Kästli 1980; Gemeinhardt et al. 1982; Wegemann 1985; Gemeinhardt 1989; Schober 1989).

- *In der Therapie sind sowohl die systemische antimykotische Behandlung als auch die Aerosolverabreichung wirksam.*

Amphotericin B wird mit bestem therapeutischen Erfolg parenteral verabreicht, hat allerdings erhebliche toxische Nebenwirkungen. Neuere Antimykotika wie Flucytosin, Fluconazol, Ketoconazol und Miconazol haben einen guten systemischen Effekt und nicht so toxische Nebenwirkungen. Sehr wirksam ist systemisch die Kombination von Amphotericin B und Flucytosin. Da die Dosis von Amphotericin B dann niedrig gehalten werden kann, sind die Nebenwirkungen nicht vorhanden bzw. geringer.

Zur Aeosoltherapie eignet sich Amphotericin B. Empfohlen werden 1000 E/kg KM für eine Inhalation. Kardiale Komplikationen und nephrogene Ausscheidungseinschränkungen sind als Kontraindikation anzusehen. Vorher ist ein Bronchusdilatator als Aerosol günstig.

Bei Nystatin wird je Inhalation eine Dosierung von 100000 bis 500000 E (bei Kindern 50000 bis 100000 E) empfohlen. Nystatin sollte immer zusätzlich auch oral eingesetzt werden, da ein Pilzreservoir im Magen-Darm-Kanal besteht. Miconazol eignet sich ebenfalls zur lokalen Therapie. Es kann bronchial instilliert und auch als Aerosol eingesetzt werden (20 mg Miconazol/80 ml physiologische Kochsalzlösung, hiervon 5 ml 4 bis 8 mal täglich zur Inhalation).

Pimaricin (Natamycin) ist wie Nystatin ein Polyenantibiotikum. Es wird ausschließlich lokal angewandt und ist als Aerosol bei pulmonalen Mykosen (u. a. Aspergillose, Candidose) gut einsetzbar. Wie Nystatin kann es auch oral (2 bis 4 mal tgl. 100 g) verabreicht werden, ohne daß eine Resorption erfolgt.

3 Erkrankungen der Nieren und der ableitenden Harnwege

Symptome für eine Infektion der harnbereitenden und -ableitenden Organe sind vorrangig Rückenschmerzen, Fieber, Pollakisurie und Strangurie. In Hinsicht auf die therapeutischen Maßnahmen und die Prognose werden die untere (Zystitis, Urethritis) und die obere Harnwegsinfektion (Pyelonephritis) unterschieden, obwohl häufig eine Abgrenzung auch durch moderne Methoden nicht möglich ist (Losse 1982; Lison u. Losse 1988). Prognostisch sind Infektionen des unteren Harntrakts als wesentlich günstiger einzuschätzen, da die irreversiblen Schädigungen des Nierenparenchyms nicht eintreten. Auch bei einer rein zystitischen Symptomatik kann eine Nierenbeteiligung vorliegen. Daher wird heute häufig vom „unkomplizierten Harnwegsinfekt“ gesprochen, wenn Zeichen einer renalen Beteiligung (Symptomdauer mehrere Tage, Fieber, Rückenschmerzen, anatomische oder funktionelle Obstruktion) fehlen. Dem wird klinisch die „Harnwegsinfektion mit wahrscheinlicher Parenchymbeteiligung“ gegenübergestellt. Eine noch intensivere Behandlung erfordert die sog. „komplizierte Harnwegsinfektion“ bei Männern, Katheterismus, Abflußhindernis, Urosepsis, Köhler 1990).

Diagnostisch ist die Urinuntersuchung (pathologische Leukozyturie, Leukozytenzylinder, Nachweis einer signifikanten Keimzahl von > 100000 Keimen/ml, Antibiogramm) von entscheidender Bedeutung.

Die chronische Pyelonephritis ist die häufigste Nierenerkrankung und nach der chronischen Bronchitis auch die häufigste infektiös ausgelöste Organkrankheit überhaupt.

Die Erreger der Harnwegsinfektion entstammen fast immer dem Intestinum (Stamey 1983). Nach Einschätzung der bisher vorliegenden experimentellen Ergebnisse ist der Ausbreitungsweg von der Urethra ascendierend in die Harnblase. Von hier aus kann canaliculär bis zum pyelorenalen Grenzgebiet oder hämatogen die renale Infektion erfolgen (Thelen et al. 1976; Lison u. Losse 1988).

3.1 Akute bakterielle untere Harnwegsinfektion

Bei der unteren Harnwegsinfektion (HWI) liegen nur entzündliche Veränderungen der Harnblase und/oder der Urethra ohne Beteiligung des Pyelon bzw.

des Nierenparenchyms vor. Es handelt sich um die untere HWI bei Frauen bzw. die akute unkomplizierte HWI. Im Vordergrund steht die zystitische Symptomatik (suprapubischer Schmerz, Dysurie, Pollakisurie).

Meist handelt es sich bei den Erregern um E. coli, bei sexuell aktiven jungen Frauen häufig um S. saprophyticus bzw. C. trachomatis (Kuhlmann u. Walb 1987).

• *Bei unteren Harnwegsinfektionen wird sowohl die Antiseptik als auch die Chemotherapie (Kurzzeitbehandlung) angewandt.*
Vermehrt wird in den letzten Jahren die Einmaltherapie („single shot therapy") eingesetzt.

Als Einzeldosis werden z.B. 2–3 g Amoxycillin, 320 mg Trimethoprim + 1600 mg Sulfamethoxazol oder 0,4 g Norfloxacin verabreicht. Empfohlen wird auch eine Kurzzeitbehandlung über 1–3 d mit einer Standarddosierung. Als Vorteil dieser Therapie sind die einfache Applikation, die geringen Kosten, die verminderten Nebenwirkungen und die bessere Patienten-Compliance zu nennen. Weitere Vorteile sind, daß bei der Einmal- und Kurzzeitbehandlung die Keimselektion und die Resistenzentwicklung eine geringere Rolle spielen (Dubach 1985; Schmidt 1987; Brumfitt u. Hamilton-Miller 1989).

Indikation für die Einmal- bzw. Kurzzeittherapie ist insbesondere die Infektion der ableitenden Harnwege der Frau. Kontraindikationen sind Harnwegsinfektionen bei Männern, die akute und chronische Pyelonephritis, das Vorliegen prädisponierender Faktoren, eine Symptomdauer über mehrere Tage, Fieber, häufige Rezidive, Abwehrschwäche, Schwangere und Kinder.

Bei Versagen der Einmaltherapie handelt es sich entweder um seltene Erreger (z.B. Chlamydien, Trichomonaden, Pilze), oder es liegt eine Nierenbeteiligung vor. So wird die Einmaltherapie auch als Verfahren zur Lokalisationsdiagnostik verstanden. Eine Urinkontrolle nach 2, 5 und 10 d ist unerläßlich, um eine Chronizität der Erkrankung zu verhindern (Charlton 1980; Hooton 1985; Simon 1989).

Die Anwendung von Harnwegs-Antiseptika bei akuten Infektionen der Harnwege war in den letzten Jahren rückläufig, da viele neue Antibiotika, insbesondere die Gyrasehemmer, mit wenig Nebenwirkungen auf den Markt kamen. Als Medikamente, die vorrangig lokal antiseptisch wirken, sind u.a. Nitrofurantoin, Nalidixinsäure, Pipemidsäure, Methenamin und Kurzzeitsulfonamide zu nennen.

Nitrofurantoin: Es wird nach oraler Gabe nahezu vollständig aus dem Darm resorbiert. Im Blut werden keine nennenswerten bzw. meßbaren Spiegel erreicht. Aufgrund der ausgeprägten renalen Elimination entstehen in den Harnwegen antibakteriell wirksame Konzentrationen (Kala u. Ausborn 1979).

Von Vorteil ist, daß eine zunehmende Resistenzentwicklung der Harnkeime nicht zu verzeichnen ist (Hofmann u. Langkopf 1982; Schneider et al. 1983; Kraatz u. Scherber 1988).

Eine gute Wirksamkeit konnte schon in den siebziger Jahren in mehreren Studien nachgewiesen werden.

Die Patienten erhalten achtstündlich 100 mg Nitrofurantoin. Bei Kindern sollte die Dosis 5 mg/kg KM betragen. Liegt eine akute untere Harnwegsinfektion vor, kann 6–8 d Nitofurantoin verabreicht werden. Eine längere antibakterielle Therapie ergibt keine besseren Ergebnisse.

Nachteilig ist die relativ häufig auftretende Unverträglichkeit mit Appetitlosigkeit, Übelkeit und manchmal Erbrechen (20% nach eigenen Untersuchungen). Bei Kombination mit Vitamin B_6 treten Nebenwirkungen um etwa 50% seltener auf (Kraatz u. Scherber 1988). Besteht eine eingeschränkte Nierenfunktion (Kreatinin > 220 µmol/l), ist Nitrofurantoin wegen der auftretenden Kumulation und toxischer Nebenwirkungen nicht anzuwenden (Hof et al. 1984; Simon u. Stille 1989).

Gefürchtet ist die Nitrofurantoin-Polyneuropatie, die sich nach Absetzen nur teilweise zurückgebildet hat und auch z. T. tödlich verlaufen ist (Yiannikas et al 1981). Auch akute und chronische Lungenreaktionen, allergische Erscheinungen, Agranulozytosen, megaloblastäre Anämien, Autoimmunreaktionen und Leberschäden wurden beschrieben (Penn u. Griffin 1982; Martin 1983; Enzensberger u. Stille 1983).

• *Bei Schwangeren, stillenden Müttern und Neugeborenen im 1. Lebensmonat darf Nitrofurantoin nicht verordnet werden.*
Es handelt sich zwar um ein gut wirkendes Harnantiseptikum, das aber mit vielen Nebenwirkungen belastet ist. Insofern empfehlen Simon und Stille (1989) sowie Breitweiser (1983), auf seine Anwendung möglichst zu verzichten. Einsatzgebiete sind heute u. U. noch die Therapie akuter unterer Harnwegsinfektionen, die Suppressionstherapie chronisch-obstruktiver Harnwegsinfektionen sowie die Rezidivprophylaxe der Harnwegsinfektion (Rote Liste 1992).

Gyrasehemmer: Seit 1964 wird Nalidixinsäure als Harnwegsantiseptikum klinisch angewandt (Bauernfeind 1983). Zu 80–95% wird sie enteral resorbiert und stark metabolisiert. Neben der unverändert renal ausgeschiedenen Nalidixinsäure ist von den Metaboliten nur die Hydroxynalidixinsäure antibakteriell wirksam. Es besteht Parallelresistenz zur Oxolinsäure. Gut empfindlich sind E. coli und Proteus spp., mäßig empfindlich Klebsiella und Enterobacter spp., während P. aeruginosa resistent ist. Hauptindikationen sind die Zystitis und die Urethritis sowie die Rezidivprophylaxe, da es sich um ein gut verträgliches Harnantiseptikum handelt. Als therapeutische Dosis werden 4 g täglich (Verabreichung in sechsstündlichem Abstand) verordnet. Die gute Verträglichkeit und Wirksamkeit wurde von vielen Autoren bestätigt. Allerdings ist die sich entwickelnde Resistenz von Nachteil. Als Kontraindikationen werden auch hier Kreatininwerte über 220 µmol/l, Leberschäden und eine Allergie angegeben.

• *In der Schwangerschaft sollte Nalidixinsäure im 1. Trimenon nicht angewandt werden. Vor Beginn der Wehen ist das Präparat abzusetzen.*
In der Präpartalzeit sollte die Indikation wegen der veränderten kinetischen Daten streng gestellt werden (Rohwedder et al. 1970; Peiker u. Traeger 1983; Simon u. Stille 1989; Tauchnitz u. Handrick 1989).

Als weitere Gyrasehemmer 1. Generation sind Pipemidsäure, Cinoxacin und Rosoxacin zu nennen (Rote Liste 1992). Auch sie werden rasch bei oraler Verabreichung resorbiert. Die Serumspiegel sind relativ niedrig, aber es werden hohe Harnspiegel mit guter lokaler antibakterieller Wirkung erreicht. Die

„Urin-Recovery" beträgt bei Pipemidsäure und Cinoxacin 50–60%. Es besteht eine komplette Parallelresistenz zur Nalidixinsäure.

Pipemidsäure wird in einer Dosis von 2 × tgl. 400 mg oral, Cinoxacin in einer Dosis von 2 × tgl. 0,5 g oral und Rosoxacin in einer Dosis von 2 × tgl. 0,15 g verordnet. (Cesar u. Stille 1983; Brumfitt et al. 1985).

Bei Niereninsuffizienz und in der Schwangerschaft sind die Substanzen kontraindiziert. Auch im Wachstumsalter sollen die Präparate nicht eingesetzt werden.

- *Insgesamt ist die Anwendung der älteren Gyrasehemmer durch die Entwicklung der neuen Generation aus der Gruppe der Fluochinolone stark zurückgegangen* (Bauernfeind u. Petermüller 1983; Bauernfeind 1986).

Diese Fluochinolone sind als Antibiotika der Nalidixinsäure hinsichtlich Wirksamkeit und Verträglichkeit weit überlegen (Naber 1989).

Methenamin: Es erreicht keine nennenswerten Blutspiegel, verläßt die Nieren unverändert und wirkt im Harn bakteriostatisch gegen E. coli und Proteus spp. (Ullmann 1964; Freemann et al. 1968; Köhler 1990; Rote Liste 1992). Wahrscheinlich spielt die Hemmung der Pantothensäurebildung im Wirkungsmechanismus eine Rolle. Es entfaltet lediglich eine lokale Wirksamkeit in den ableitenden Harnwegen, ist von geringer Toxizität und breiter therapeutischer Wirksamkeit.

Als Dosierung werden 3 × 10 mg Methenamin-Mandelat oder 2 × 1000 mg Methenamin-Hippurat angegeben. Da bei alkalischer Reaktion des Urins das Methenamin unwirksam ist, werden Mandelsäure bzw. Hippursäure zugesetzt.

Indikationsgebiete sind die untere Harnwegsinfektion und die Rezidivprophylaxe (Räisänen et al. 1985).

Kurzzeitsulfonamide: Auch sie können zu den Harnwegsantiseptika gerechnet werden, da sie nur niedrige Blutspiegel, aber hohe Konzentrationen im Harn erreichen. Als Urologika sind in der Roten Liste (1992) unter den Sulfonamiden lediglich Sulfamethizon und Sulfaethidol aufgeführt.

3.2 Akute bakterielle obere Harnwegsinfektion

Charakteristische subjektive Angaben sind Lendenschmerzen und Fieber, evtl. kombiniert mit den Zeichen einer unteren Harnwegsinfektion. Meist besteht ein Druck bzw. Klopfschmerz der befallenen Nieren. Im Urinsediment werden vermehrt Leukocyten, Bakterien und oft auch Erythrocyten gesehen. Die BSG ist deutlich erhöht, im Blutbild ist eine Leukocytose mit Linksverschiebung charakteristisch. Nur in schweren Fällen kommt es zu einem Anstieg harnpflichtiger Substanzen. Eine exakte Lokalisation der Infektion, ob es sich um einen Befall der oberen bzw. unteren Harnwege handelt, ist bei typischen Beschwerden einfach, im Einzelfall aber häufig schwierig. Man spricht von einer „HWI mit wahrscheinlicher Parenchymbeteiligung". Da Therapie und Prognose sehr differenziert einzuschätzen sind, gibt es eine Reihe diagnostischer Versuche zur Abgrenzung dieser Infektionen, z. B. der Nachweis antikörperbeladener Bakterien im Urin. Eine sichere Abgrenzung ist aber auch dadurch nicht möglich. Der Befund einer entstehenden Nierenparenchymschädigung (Funktionseinschränkung) bei Harnwegsinfektion spricht selbstverständlich für eine obere Lokalisation.

Bei den antibakteriell wirksamen Substanzen können 3 Gruppen unterschieden werden (Höffler 1976; Schmidt 1987):

- Chemotherapeutika mit hohen Plasma- und hohe Harnkonzentrationen (Penicillin G und alle halbsynthetischen Penicilline, Gyrasehemmer, Cephalosporine, Aminoglycoside, Sulfametoxazol),
- Chemotherapeutika mit hohem Plasma- und niedrigem Harnspiegel (Depotsulfonamide, Erythromycin, Chloramphenicol, Doxycyclin, Minocyclin, Clindamycin) und
- Harnwegsantiseptika als Wirkstoffe mit hohem Harnspiegel und geringer Plasmakonzentration.

Die als 2. Gruppe aufgeführten Chemotherapeutika kommen nur bei Resistenz gegenüber anderen antibakteriell wirksamen Substanzen für die Therapie der Harnwegsinfektion in Frage. Für akute Infektionen der oberen Harnwege (akute Pyelonephritis) sind Substanzen mit hohen Plasma- und Urinkonzentrationen am geeignetsten, während für untere Harnwegsinfektionen Harnwegsantiseptika eingesetzt werden können.

Die medikamentöse Therapie der akuten Pyelonephritis muß im allgemeinen „ungezielt" beginnen, d.h. ohne Kenntnis des Resistogramms. Medikamente der ersten Wahl sind Cotrimoxazol, halbsynthetische Penicilline oder Cephalosporine (Hofmann u. Langkopf 1982; Walther et al. 1982; Lison u. Losse 1988; Köhler 1990). Die Ansichten über die Dauer der antibakteriellen Therapie haben sich in den vergangenen Jahren erheblich gewandelt. Es konnte in großen Studien nachgewiesen werden, daß bei akuter Pyelonephritis zwischen den Ergebnissen einer antibakteriellen Therapie von 21 d bzw. von 7 d keine signifikanten Unterschiede bestanden (Kass u. Brumfitt 1978; Losse 1979; Losse et al. 1980).

Es wird durch die erwähnte Ultrakurzzeittherapie bei Zystitis fast immer eine sofortige Sanierung erreicht, während bei akuter Pyelonephritis bzw. obstruktiven Veränderungen keine Heilung erwartet werden kann.

Aus den Ergebnissen der Literatur und eigenen Untersuchungen ergibt sich, daß bei einer akuten Pyelonephritis eine 7–10tägige antibakterielle Therapie im allgemeinen ausreichend ist. Eine Kontrolle des Therapieerfolges sollte allerdings nie unterlassen werden. Eine Kurzzeittherapie (1–3 d) ist bei Nierenparenchymbefall nicht indiziert (Kron 1988; Fünfstück et al. 1990).

Harnwegsantiseptika spielen erst nach antibiotischer Sanierung der akuten Pyelonephritis eine Rolle (s. u.).

3.3 Chronisch-rezidivierende bakterielle Harnwegsinfektion

3.3.1 Chronisch-rezidivierende Pyelonephritis

Erfordert der klinische Befund nicht eine sofortige Therapie, ist das Heranziehen des bakteriologischen Resistogramms angezeigt. Dann sollte die antibakterielle Behandlung über 7 d als orale Stoßtherapie mit Substanzen, die einen hohen Plasma- und Harnspiegel sichern, durchgeführt werden. Ist eine Sanierung nicht erzielbar, ist ein Antibiotikawechsel und evtl. eine parenterale Verabreichung vorzunehmen.

- *Mit Antiseptika kann bei Infektion des Nierenparenchyms kein ausreichender Therapieerfolg erreicht werden.*

Bei komplizierten Harnwegsinfektionen (Prostata-bedingte HWI, Abflußhindernis, Katheterismus, Urosepsis) sollten hochdosierte Antibiotikakombinationen (z. B. Breitbandpenicillin-Aminoglycosid) verabreicht werden. Eine Erregertestung ist unumgänglich (evtl. Antibiotikawechsel). Die Therapiedauer ist hier wesentlich länger erforderlich und wird von Köhler (1987) mit 4–6 Wochen angegeben.

Harnwegsinfektionen sind die häufigsten nosokomialen Infektionen (Schaffner 1986). Hervorzuheben ist besonders die gute Wirksamkeit der neuen Gyrasehemmer (Norfloxacin, Ciprofloxacin, Ofloxacin 0,4–0.8 g/d, Pefloxacin 0,4–0,8 g/d), die auch wegen ihres umfassenden Spektrums und günstiger Pharmakokinetik bei schwer zu behandelnden Infektionen eingesetzt werden (Naber 1985; Schena et al. 1988; Simon u. Stille 1989; Tauchnitz 1990).

Cephalosporine und Aminoglycoside sollten wegen tubulotoxischer Addition nicht kombiniert werden.

Eine Harnwegsinfektion in der Schwangerschaft sollte mit einem Cephalosporin oder Breitbandpenicillin behandelt werden. Bei asymptomatischer Bakteriurie wird die Einmaltherapie mit diesen Präparaten empfohlen.

Als Harnantiseptikum kann Methenaminmandelat eingesetzt werden (s. untere Harnwegsinfektion, Hirsch 1987).

3.3.2 Chronisch-rezidivierende bakterielle untere Harnwegsinfektion

Auch bei rezidivierender Zystitis sollte immer versucht werden, die Ursache zu klären (Urethrastrikturen, Tuberkulose, Trichomonaden, Candidose usw.). Bei Vorliegen einer Bakteriurie behandeln wir wie bei akuten unteren Harnwegsinfektionen und schließen eine Rezidivprophylaxe an.

3.3.3 Rezidivprophylaxe chronischer bakterieller Harnwegsinfektionen

Trotz der ständigen Entwicklung neuer antibakterieller Substanzen hat sich die Rezidivhäufigkeit der chronischen Harnwegsinfektionen nicht nennenswert verändert. Als Ursachen sind dafür u.a. zu nennen: das Weiterbestehen der prädisponierenden Faktoren, das Auftreten narbiger Veränderungen und die Ausbildung von L-Formen der Bakterien. Nach der Literatur handelt es sich bei den rekurrierenden Harnweginfektionen in etwa 20% um echte Rezidive, in etwa 80% um Reinfektionen.

• *Reinfektionen und Rezidive können durch die Verabreichung von Harnwegsantiseptika deutlich vermindert werden* (Stamey 1980; Rindfleisch et al. 1984; Kraatz u. Scherber 1988).
Die Langzeitprophylaxe mit Harnwegsantiseptika senkte die Rezidivrate signifikant.

Als Medikamente haben sich Co-trimoxazol (Trimethoprim 40–80 mg, Sulfamethoxazol 200–400 mg), Nitrofurantoin (50–100 mg), Methenamin (1–2 g), Nalidixinsäure (0,5–1 g) und andere Gyrasehemmer bewährt. Die Verabreichung erfolgt abends nach der letzten Miktion als einmalige tägliche Dosis.

Treten Rezidive bei Frauen im Zusammenhang mit dem Geschlechtsverkehr auf („Honey moon"-Zystitis), ist nach der Kohabitation die Einnahme eines der genannten Medikamente zur Verhinderung einer Harnwegsinfektion sinnvoll.

Die Prophylaxe sollte im allgemeinen zunächst 6–12 Monate durchgeführt werden.

Als allgemeine Maßnahmen zur Verhinderung von Rezidiven sind eine ausreichende, gleichmäßige Diurese von tgl. 2–3 l Urin, regelmäßige, häufige Blasenentleerung (etwa alle 2 h) und das Vermeiden von Unterkühlungen zu nennen. Bei eingetretener Niereninsuffizienz mit Kreatininwerten über 220 µmol/l sollten keine Antiseptika prophylaktisch gegeben werden. Evtl. sind Ampicillin (Keimselektion!) oder Co-trimioxazol in reduzierter Dosis wirksam, da die Kumulationsgefahr und damit die Nebenwirkungsrate erheblich ist (Holland et al. 1982).

• *Neben der Langzeitprophylaxe ist vor instrumentellen diagnostischen und therapeutischen Eingriffen mit Gefahr der Keimaszension eine Kurzzeitprophylaxe mit Harnantiseptika indiziert.*

3.4 Mykosen des Harntrakts

Während vor 1970 nur wenige Mitteilungen über Harnwegsinfektionen durch Sproßpilze in der Literatur zu finden waren, wurde danach diesen Infektionen eine größere Bedeutung beigemessen. Schönebeck und Ansehn (1972) sowie Hantschke et al. (1970) beobachteten eine Reihe schwerverlaufender Harnwegsinfektionen durch Pilze. Im Vergleich zu bakteriellen Erkrankungen sind Mykosen des Harntraktes jedoch selten, werden dann allerdings auch oft nicht erkannt (Kraatz u. Bernhardt 1984).

Eine Fungurie fanden wir bei 8% der Patienten mit chronischer nichtobstruktiver Harnwegsinfektion (Kraatz et al. 1977, 1980).

Diabetes mellitus, Antibiotikatherapie, immunsuppressive oder zystostatische Behandlung, herabgesetzte Immunabwehr und schwere konsumierende Grunderkrankungen begünstigen die Entstehung der Mykosen.

Einer antimykotischen Therapie sollte die subprapubische Blasenpunktion zur Sicherung des Befundes vorausgehen. Liegt eindeutig eine Fungurie vor, untersuchen wir Stuhl sowie Sputum und bestimmen den Agglutinationstiter. Durch Zystoskopie und evtl. Schleimhautbiopsie kann die Diagnose weiter gesichert werden. Es ist wichtig, daß vor der Behandlung einer Mykose wie bei bakteriellen Erkrankungen eine Resistenztestung durchgeführt wird, um das geeignete Antimykotikum auszuwählen.

5-Fluorocytosin: Es ist bei Pilzinfektionen der ableitenden Harnwege ausgezeichnet wirksam (Dosierung: oral 100–200 mg/kg KM tgl.), da es renal unabgebaut ausgeschieden und so in den ableitenden Harnwegen in hoher Konzentration antiseptisch wirksam wird (Königshausen et al. 1983; Heitmann 1984). Bei Niereninsuffizienz ist eine Dosisreduzierung entsprechend der glomulären Filtrationsrate (GFR) notwendig (bei GFR 0,35–0,70 ml/s 50–100 mg/kg d; GFR 0,20–0,34 ml/s 25–50 mg/kg d). Beträgt das Glomerulumfiltrat weniger als 0,2 ml/s, wird die Kontrolle der Serumkonzentration gefordert.

Miconazol: Wir verwenden es bei ausgeprägter Niereninsuffizienz zur systemischen Therapie (Dosierung: als Infusion 15 mg/kg KM/d, oral 1–4 g/d, da es extrarenal eliminiert wird und nicht kumuliert). Es eignet sich auch gut zur lokalen antiseptischen Therapie bei deutlicher Mykose der Harnblase (Vahlensieck 1987).

Ketoconazol: Es ist ebenfalls ein systemisch wirksames Antimykotikum (Dosierung: 200–400 mg tgl.). Schwere Leber- und Niereninsuffizienz werden allerdings als Kontraindikation bei der systemischen Behandlung angegeben. Es ist zur lokalen Therapie ungeeignet (Keller u. Riva 1983; Mlzoch 1983).

Amphotericin B: Es ist systemisch am stärksten wirksam, jedoch ist das Risiko für Nebenwirkungen hoch. Bei Anwendung beginnt man mit einer Testdosis von 1 mg über mehrere Stunden, gibt dann 15–30 mg am 1. Tag, dann maximal 0,7 mg/kg d (Kuhlmann u. Walb 1987; Gemeinhardt u. Deicke 1989; Shah u. Weihrauch 1990). Auch zur antiseptischen Behandlung unterer Harnwegsinfektionen wird es mit Erfolg eingesetzt (s. u.).

Vorteilhaft ist der Synergismus zwischen Amphotericin B und Flucytosin, so daß eine Dosisreduktion von Amphotericin B möglich wird (Seebacher et al. 1986; Seebacher u. Blasche-Hellmessen 1990).

Fluconazol: Jüngst wird über gute Erfolge durch dieses neue Antibiotikum (200–400 mg tgl.), das bei Niereninsuffizienz in reduzierter Dosis verabreicht werden muß, berichtet (Shah u. Weihrauch 1990; Rote Liste 1992).

Antiseptische Antibiotika: Nystatin kann zur antiseptischen Therapie oral eingesetzt werden, da häufig im Magen-Darm-Kanal ein Pilzreservoir besteht (Knoke u. Bernhardt 1976). Auch Pimaricin (Natamycin) wird wie Neomycin nur als Antiseptikum verwandt (Dosierung: oral 2–4 mal 100 mg; Seebacher et al. 1986).

Die lokale Therapie der mykotischen Infektion der Harnblase beinhaltet folgende Aufgabenstellungen:

- Beseitigung lokaler Ursachen (z. B. Katheter),
- Instillation fungizider Lösungen (2 × tgl.) z. B. von Miconazol (1 Ampulle a 200 mg unverdünnt mit einer Verweildauer der Harnblase von 20 min) oder von Amphotericin B (⅓ Ampulle à 10 ml, entspricht etwa 15 mg verdünnt mit 100 ml Aqua dest., Verweildauer in der Harnblase 20 min),
- Bei Vaginalmykosen tgl. 1 Ovulum Nystatin bzw. Amphotericin B.

4 Antiseptik bei diagnostischen und therapeutischen Eingriffen in der Inneren Medizin

In der Inneren Medizin durchgeführte diagnostische und therapeutische Eingriffe, bei denen es zur Anwendung von Antiseptika kommt, betreffen endoskopische Maßnahmen, die Punktion von Körperhöhlen und eine sich anschließende lokale Instillation von Arzneimitteln.

Laparoskopie und Thorakoskopie: Diese Eingriffe werden unter streng operativen Kautelen durchgeführt. Zu ihrer Vorbereitung gehören die Hautantiseptik beim Patienten und die chirurgische Händedesinfektion durch den Arzt.

Punktionen: Es lassen sich einige antiseptisch wirksame Medikamente vor allem in die Bauchhöhle sowie den Pleura- und Pericardraum einbringen. Bei Infektionen im Bereich des Zentralnervensystems wird die intrathekale Gabe geübt. Generell ist bei örtlichen episomatischen Anwendungen bezüglich des Einsatzes von antimikrobiellen Chemotherapeutika Zurückhaltung angebracht, da z. B. durch eine lokale Antibiotikazufuhr die Resistenzentwickung in erheblichem Maße gefördert wird, und es besonders bei intraperitonealer und intrapleuraler Gabe in der Regel auch zu einer stärkeren Resorption kommt. Diese lokale Anwendung sollte immer eine optimale systemische Antibiotikatherapie ergänzen, die in diesen Fällen die Basisbehandlung darstellt (Tauchnitz u. Handrick 1989), aber teilweise nur unzureichende lokale Wirkspiegel erreichen läßt. Intrakavitär brauchbare und dort nebenwirkungsfrei einsetzbare typische Antiseptika sind bisher nicht verfügbar, so daß im wesentlichen auf antiseptisch wirkende Chemotherapeutika zurückgegriffen werden muß.

Eine lokale Instillation von Chemotherapeutika wird beim Pleuraempyem durchgeführt, dem gewöhnlich eine bakterielle Mischinfektion zugrunde liegt. Vor Beginn der Behandlung ist nach Möglichkeit der Erregernachweis zu führen. Nach weitgehender Abpunktion des purulenten Exsudats erfolgt eine

Spül- und Drainagebehandlung, die mit dem Einbringen von Antibiotika bzw. von Antituberkulotika einhergehen kann. Beachtet werden muß die Resorption der Aminoglycosidantibiotika durch die Pleura, die den Einsatz von Neomycin verbietet und bei den übrigen Aminoglycosiden eine Einbeziehung in die Tagesmaximaldosen verlangt. Die Instillation von Bacitracin ist nur mit Lösungen erlaubt, die bis zu 1000 E/ml Wirkstoff enthalten. Die Verabfolgung von Polymyxinen ist möglich in einer Konzentration von 1 mg/ml und bis zu 0,1 g Polymyxin-B-Sulfat täglich. Auch Antimykotika können intrapleural angewandt werden (Scholer 1989). So instilliert man bis zu 50 mg (5 mg/ml) Amphotericin B jeden 2.–3. Tag. Miconazol wird täglich in einer Dosis von 2 (bis 4)mal 20 ml unverdünnter Lösung (= 0,4–0,8 g Miconazol-Base) verabfolgt, doch ist die Empfindlichkeit der Pilze gegenüber diesem Imidazol-Derivat sehr unterschiedlich, so daß es nicht uneingeschränkt empfohlen werden kann.

Eine Lokalbehandlung ist ebenfalls bei einer akuten eitrigen Pericarditis möglich. Bei rezidivierenden Ergüssen wird für mehrere Tage ein Katheter in den Pericardraum eingebracht und der Erguß möglichst vollständig abgeleitet. Anschließend lassen sich die oben genannten Medikamente in geeigneter Verdünnung applizieren.

Die gleiche Verfahrensweise gilt bei einer mehr lokalen Peritonitis vor allem im Gefolge der Peritonealdialyse. Hierbei sind auch mykotische Peritonitiden als seltene Komplikationen gesehen worden. In diesen Fällen kann Amphotericin B lokal gegeben werden. Interessant ist hier die intraperitoneale Therapie mit 5-Fluorcytosin (Scholer 1989). Es läßt sich neben der lokalen Wirkung auch eine systemische erreichen, wenn die Peritonealdialyseflüssigkeit durch Zusatz der 5-Fluorocytosin-Infusionslösung auf eine Konzentration von 50 µg/ml (0,005%) eingestellt wird.

Die intrathekale Behandlung von Meningitiden hat an Bedeutung verloren. Die Liquorgängigkeit der modernen Antituberkulotika ist so exzellent, daß bei der Meningitis tuberculosa auf diese Applikationsform in der Regel verzichtet werden sollte. Auch bei der Meningitis durch Meningokokken, die hochdosiert mit Penicillin G behandelt wird, ist keine zusätzliche intralumbale Gabe erforderlich. Nur in Ausnahmefällen bei einem schwersten Verlauf wird man 1–2mal täglich 10000–20000 E Penicillin G in 5–10 ml physiologischer Kochsalzlösung auf diese Weise verabfolgen.

Bei einer mykotischen Meningitis wird die intrathekale Applikation häufiger geübt (Scholer 1989). Nach vorheriger Gabe von 10–25 mg Prednisolon werden zunächst täglich in einer jeden 2.–3. Tag gesteigerten Dosierung 0,1 bis schließlich 0,5 mg Amphotericin B injiziert. Die Konzentration der Suspension sollte 0,2 mg/ml betragen. Ferner ist die zu injizierende Menge noch mit mindestens der vierfachen Menge Liquor zu mischen. Von Miconazol können täglich 20 mg (= 2 ml) unverdünnt intrathekal gegeben werden. Auch eine intracisternale Gabe ist möglich. Als unerwünschte Nebenreaktionen können Kopf-, Rücken- und Gliederschmerzen sowie gastrointestinale Beschwerden, vorübergehend Paresen, Sehstörungen, Radiculitis und Arachnoiditis auftreten. In diesen Fällen ist eine Unterbrechung der Behandlung angezeigt.

Harnblasenkatheterismus und Blasenpunktion: Eindrücklich muß vor einer großzügigen Anwendung des Katheterisierens aus diagnostischen Gründen gewarnt werden. Bei Mittelstrahlgewinnung ist die Gefahr der Keimeinschleppung nicht gegeben. Bei fraglichen mikrobiellen Befunden ist die suprapubische Blasenpunktion möglich. Nach diagnostischen und therapeutischen Eingriffen in der Harnblase ist unter Umständen eine lokale oder systemische Applikation von Antiseptika und Chemotherapeutika indiziert (s. Kap. 11).

Bei Mykosen der unteren Harnwege unterstützen Blaseninstillationen von fungiziden Lösungen die systemische Therapie (s. o.). Geeignet sind Amphotericin B und Miconazol (Scholer 1989)). Für Amphotericin B werden als Dosis 50 mg mit bis zu 1000 ml Aqua dest. verdünnt (= 0,05 mg/ml) angegeben. Von Miconazol werden 200 mg (1 Ampulle a 20 ml) unverdünnt in die Harnblase instilliert und 20 min in der Blase belassen. Die Spülungen sollten zweimal/d vorgenommen werden.

Besteht eine Mykose der ableitenden Harnwege, werden bei Frauen meist ebenfalls in der Vagina Pilze gefunden, weshalb dann Nystatin-Ovula G[R] oder Ampho-Moronal-Ovula[R] (Amphotericin-B) verordnet werden sollte (1 Ovulum tgl.).

Diese antiseptischen Maßnahmen unterstützen wesentlich die systemische Therapie bei mykotischen Infektionen der ableitenden Harnwege.

5 Trends in der internen Antiseptik

Der Einsatz von Antiseptika in der Inneren Medizin weist derzeit eine rückgängige Tendenz auf. Dazu haben u. a. die den Hydroxychinolin-Präparaten inzwischen zugeordneten Nebenwirkungen und ihr daraufhin erfolgter drastischer Anwendungsrückgang, die noch nicht eindeutig geklärte Wirkung der antiseptischen Aerosoltherapie und die eingeschränkte lokale Verträglichkeit einiger Substanzen beigetragen. Andererseits ist weiterhin eine rasche Neuentwicklung von Antibiotika zu verzeichnen. Die Folge ist ein weitverbreiteter, oft kritikloser Einsatz von antimikrobiellen Chemotherapeutika, der der geforderten wissenschaftlichen Verordnungsweise widerspricht. Die Wirkungsmechanismen und gezielte Untersuchungen zur Wirksamkeit von Antiseptika sind in der klinischen Praxis relativ wenig bekannt, was auch bei der Erarbeitung dieses Beitrags deutlich wurde. Zahlreiche Literaturhinweise stammen aus weiter zurückliegenden Jahren und entsprechen nicht den Anforderungen, die heute an ein gesichertes klinisch-pharmakologisches Untersuchungsergebnis zu stellen sind.

Sichtbar sind gewisse Erfordernisse geworden, die die Innere Medizin für eine breite klinische Anwendung von Antiseptika erfüllt sehen möchte. Dazu gehören die Entwicklung nebenwirkungsarmer Präparate mit einem breiten Wirkungsspektrum für die prophylaktische Antiseptik (z. B. bei Durchfallerkrankungen, chronischer Bronchitis und bei Risikopatienten mit herabgesetzter Infektionsresistenz) und die Ablösung der Chemotherapeutika in der lokalen episomatischen antiseptischen Behandlung sowie bei Applikation in

Körperhöhlen. Als gut wirksam haben sich die Harnwegsantiseptika zur Prophylaxe bei rezidivierenden Harnwegsinfektionen erwiesen. Der in letzter Zeit stark zugenommene Einsatz von Bismuthsalzen ist der Behandlung der durch H. pylori bedingten Antrumgastritis, des daraus resultierenden peptischen Ulcus sowie der Reisediarrhoe zeigt eine durch Neuentdeckung plötzlich geänderte Betrachtung der antiseptischen Therapie.

Auf eine Reihe weiterer Aspekte, die einen gesteigerten Einsatz von Antiseptika rechtfertigen würden, wurde schon 1980 im Handbuch der Antiseptik als Zielstellung antiseptischer Maßnahmen im Magen-Darm-Kanal hingewiesen (Bernhardt u. Knoke 1980). Sie gelten sinngemäß auf die gesamte Innere Medizin übertragen, auch heute noch in uneingeschränktem Maße.

Literatur

Alexander M (1982) Aktuelle Infektiologie. MMW 124:111–112

Angerstein W (1981) Aerosolfibel, 2. Aufl, Volk u Gesundh, Berlin

Arens PJ (1991) Pneumonien in der Praxis. Atemw-Lungenkr 17:18–20

Aurich G, Bigl S, Grahlow WD, Handrich W, Hudemann J, Köditz H, Krumpel J, Mischke I, Mochmann H, Ocklitz B, Schneeweiß B, Wiersbitzky S (1981) Empfehlungen für die Anwendung von Antiseptika an Schleimhäuten bei Kindern. Z Ärztl Fortbild 75:469–470

Austrian R (1989) Infektionen durch Pneumkokken. In: Straub PW (Hrsg) Harrison – Prinzipien der Inneren Medizin, Bd I, Schwabe & Co. AG-Verlag, Basel, S 633–638 (Übersetzung von Braunwald E, Isselbacher KJ, Petersdorf R, Wilson JD, Martin JB, Fauci AS (eds) (1987) Harrison's principles of internal medicine, 11th edn. Mc Graw-Hill, New York)

Bartmann K (1988) Antituberculosis drugs. Springer, Berlin Heidelberg New York Tokyo

Bauernfeind A, Petermüller C (1983) Progress in chemotherapeutic heterocyclic carbonic acids. Drugs Exp Clin Res 9:545–553

Bernhardt H (1973) Untersuchungen zur Hefepilzbesiedlung des Menschen. Zentralbl Bakteriol Mikrobiol Hyg (A) 223:244–254

Bernhardt H, Knoke M (1977) Zum Vorkommen von Hefepilzen im Duodenalsaft und in der Galle. Mykosen 20:327–338

Bernhardt H, Knoke M (1980) Magen-Darm-Trakt. In: Weuffen W, Kramer A, Krasilnikow AP (Hrsg) Episomatische Biotope. Volk u Gesundh, Berlin (Handbuch der Antiseptik, Bd I/3, S 231–285)

Bernhardt H, Knoke M, Seebacher C (1986) Systemmykosen: Definition, Pathogenese und Diagnostik. Z Klin Med 41:585–588

Black RE (1990) Epidemiology of travelers diarrhea and relative importance of various pathogens. Rev Infect Dis 12/Suppl 1:S73–S79

Brandis H (1983) Campylobacter-Infektionen. In: Brüschke G (Hrsg) Infektionskrankheiten. Fischer, Jena (Handbuch der inneren Erkrankungen, Bd V, S 650–653)

Braun H (1979) Lehrbuch der modernen Therapie. Medica, Wien Zürich Amsterdam

Braun H (1985) Handlexikon der medizinischen Praxis, Bd I. Medica, Stuttgart Wien Zürich

Braun P (1984) Bakterielle Pneumonien. In: Hornborstel H, Kaufmann W, Siegenthaler W (Hrsg) Innere Medizin in Klinik und Praxis, Bd I. Thieme, Stuttgart New York, S 125–159

Breitweise P, Enzensberger R, Stille W (1983) Stellung des Nitrofurantoins heute. Dtsch Med Wochenschr 108:1736–1737

Brumfitt W, Hamilton-Miller JMT (1989) Single-dose antibiotic theray in urinary tract infection. In: Andreucci VE (ed) International yearbook of nephrology, Kluwer Academic Publ, Boston Dordrecht London, S 49–63

Brumfitt W, Smith GW, Hamilton-Miller JMT, Bax R (1985) Successful use of reduced dosage of cinoxacin in the treatment of recurrent urinary tract infection. J Antimicrob Chemother 16:781–789
Burstein S, Regalli G (1989) In vitro susceptibility of Shigella strains isolated from stool cultures of dysenteric patients. Scand J Gastroenterol 24/Suppl 169:34–38
Butzler JP, Skirrow MB (1979) Campylobacter enteritis, Clin Gastroenterol 8:737–765
Carcelen A, Chirinos J, Yi A (1989) Furazolidone and chloramphenicol for treatment of typhoid fever. Scand J Gastroenterol 24/Suppl 169:19–23
Castillo-Höfer C, Ferlinz R (1990) Pneumonien – Klinik und Therapie. Internist 31:255–261
Cesar M, Stille W (1983) Die Substanzen der Nalidixinsäure-Gruppe. Zuckschwerdt, München
Charlton CAC (1980) Short term therapy in urinary tract infection. In: Losse H, Asscher AW, Lison AE Pyelonephritis, Bd IV. Thieme, Stuttgart, S 166–176
Cohn HD, Harun JS (1972) Letter to the editor. JAMA 220:276
Conn HO, Leevy CM, Vlahcevic ZR, Rodgers JB, Maddrey WC, Seef L, Levy LL (1977) Comparison of laculose and neomycin in the treatment of chronic portal-systemic encephalopathy: a double blind controlled trial. Gastroenterology 72:573–583
Conz P, Feriani M, Milan M, Bernardini D, Crepaldi C, La Greca G (1990) Campylobacter pylori infection in uremic dialyzed patients. Eradication of the infection by colloidal bismuth subcitrate. Nephron 55:442–443
Cook GC (1983) Travellers diarrhoea – an insoluble problem. Gut 24:1105–1108
Daschner F (1987) Lokalantibiotikatherapie von Infektionen des Rachens. In Stille W, Daschner F, Adam D, Antibakterielle Lokaltherapie, Futuramed, Münchn (FAC. Fortschritte der antimikrobiellen und antineoplastischen Chemotherapie, Bd 6–1, S 23–26)
Deicke P, Gemeinhardt H (1989) Mykosen des Digestionstraktes. In: Gemeinhardt H (Hrsg) Endomykosen: Schleimhaut-, Organ- und Systemmykosen. VEB Fischer, Jena, S 248–286
Dubach UC (1985) Entzündliche Erkrankungen der Tiere und der ableitenden Harnwege. Z Urol Nephrol 78:273–279
Du Pont HL (1987) Bismuth subsalicylate in the treatment and prevention of diarrheal disease. Drug Intell Clin Pharm 21:687–693
Du Pont HL (ed) (1989a) Recent developments in the use of furazolidone an other antimicrobial aents in typhoid fever and infections diarrheal disease. Scand J Gastroenterol 24/Suppl 69
Du Pont HL (1989b) Introduction: Progress in therapy for infectious diarrhea. Scand J Gastroeterol 24/Suppl 169:1–3
Du Pont HL, Erisson CD, Johnson PC, Javier de la Cabada F (1990) Use of bismuth subsalicylate for the prevention of travellers diarrhea. Rev Infect Dis 12:S65–S 67
Du Pont HL, Gyr K (1983) Travellers diarrhoea: New insights Scand J Gastroenterol 18/Suppl 84 1–2
Du Pont HL, Sullivan PS, Pickering LK, Haynes G, Ackermann PB (1977 Symptomatic treatment of diarrhea with bismuth subsalicylate among students attending a Mexican university. Gastroenterology 73:715–718
Edel H, Knauth K (1984) Grundzüge der Atemtherapie, 4. Aufl, Volk u Gesundh, Berlin
Elliot RB, Maxwell GM, Kneebone GM (1963) An appraisal of antibacterial therapy in childhood gastoenteritis. Med Australia 21:579–582
Enzensberger R, Stille W (1983) Die Stellung des Nitrofurantoins heute. Zuckerschwerdt, München
Ericsson C, Du Pont HL, Galindo E, Mathewson JJ, Morgan DR, Wood LV, Mendiola J (1985) Efficacy of bicozamycin in preventing travellers diarrhea. Gastroenterology 88:473–477
Exner M, Gregori G, Pau HW, Vogel F (1985) In vivo studies on the microbicidal activity of antisepsis on the flora of the oropharyngeal cavity. J Hosp Infect 6:185–189

Exner M, Gregori GJ, Vogel F, Pau HW (1987) Rachenantisepsis. In Stille W Daschner F, Adam D, Antibakterielle Lokaltherapie. Futuramed, München (FAC. Fortschritte der antimikrobiellen und antineoplastischen Chemotherapie, Bd 6-1, S 27-36)

Farthing MJG (1989) Giardia lamblia. In: Farthing MJG, Keusch GT (eds) Enteric infection. Mechanisms, manifestations and management, Chapman and Hall Medical, London, pp 397-413

Findeisen DGR (1980) Asthma bronchiale, 3. Aufl. VEB Fischer, Jena

Fischer R (1982) Campylobacterenteritis. Dtsch Gesundh-Wesen 37:1713-1716

Forschbach G (1984) Luftröhre und Bronchien. In: Hornborstel H, Kaufmann W, Siegenthaler W (Hrsg) Innere Medizin in Klinik und Praxis, Bd I. Thieme, Stuttgart New York, S 353-362

Fuchs E, Gronemeyer W, Werner M, Thiel C (1984) Asthma bronchiale. In: Hornborstel H, Kaufmann W, Siegenthaler W (Hrsg) Innere Medizin in Klinik und Praxis, Bd I. Thieme, Stuttgart New York, S 99-119

Fünfstück R, Jansa U, Stein G, Schneider S (1990) Vergleichende Untersuchungen zur Wirksamkeit einer Ein-Tages-Behandlung und einer Sieben-Tage-Behandlung mit Sulfamerazin/Trimethoprim (Berlocombin) bei Patienten mit einer Harnwegsinfektion. Z Gesamte Inn Med 45:1-5

Gemeinhardt H (Hrsg) (1989) Endomykosen des Menschen. VEB Fischer, Jena

Gemeinhardt H, Deicke P (1989) Mykosen der Harnorgane. In: Gemeinhardt H (Hrsg) Endomykosen, VEB Fischer, Jena, S 303-315

German A (1984) Les proprietes antibiotiques de la fusafungine. Impact Medicine, Suppl 115:6-9

Gilman RH (1989) General considerations in the management of typhoid fever and dysentery. Scand J Gastrenterol 24/Suppl 169:11-18

Gilman RH, Levn-Barua R, Ramirez-Ramos A, Morgan D, Recavarron S, Spira W, Watanabe P, Kraft W, Pearson A (1987) Efficacy of nitrofurans in the treatment of antral gastritis associated with Campylobacter pyloridis. Gastroenterology 92:1405

Goodwin CS, Armstrong JA, Wilson DH (1988) Differences between in vitro and in vivo sensibility of Campylobacter pylori to antibacterials. In: Menge H, Gregor M, Tytgat GNJ, Marshall BJ (eds) amylobacter pylori, Springer, Berlin Heidelberg New York, pp 29-36

Gorbach SL (1990) Bismuth therapy in gastrointestinal diseases. Gastroenterology 99: 863-875

Gorbach SL (1982) Travelers diarrhea. Engl J Med 307:881-883

Gorbach SL, Cornick NA, Silva M (1990) Effect of bismuth subsalicylate on fecal microflora. Rev Infect Dis 12:S21-S23

Graham DY, Estes MK, Gentr LO (1983) Double-blind comparison of bismuth subsalicylate and placebo in the prevention and treatment of enterotoxigenic Escherichia coli-induced diarrhea in volunteers. Gastroenterology 85:1017-1022

Gramm HJ, Lode H (1989) Endotracheale Pneumoniepropylaxe mit Gentamicin bei Beatmungspatienten. In: Werner H, Heizmann WR (Hrsg) Infektiologische Probleme bei Patienten auf Intensivstationen, Schattauer, Stuttgart New York, S 49-56

Gregori P, Steinbrück P (1974) Behandlung der chronischen Bronchitis. Dtsch Gesundh-Wesen 29:31-36

Hantschke D, Bohlmann HG, Senge T (1970) Harnwegsinfektionen durch Sproßpilze. Mykosen 13:435-438

Hauschild F (1973) Pharmakologie und Grundlagen der Toxikologie, 4. Aufl. VEB Thieme, Leipzig

Heitmann D (1984) Antibiotika, Tuberkulostatika und Antimykotika. Nieren-Hochdruckkr 13:310-314

Henne K (1980) Klinik und Therapie der akuten respiratorischen Infektionen des Erwachsenenalters. Z Erkr Atmungsorgane 154:48-59

Hirsch HA (1987) Harnweginfektionen in der Schwangerschaft. Dtsch Med Wochenschr 112:45-46

Hof H, Zak O, Schweizer E, Denzier A (1984) Antibacterial activities of nitrothiazole derivatives. J Antimicrob Chemother 14:31–34
Höffler D (1976) Antibiotika bei Harnwegsinfektionen. Med Welt 27:1673–1678
Hofmann W, Langkopf B (1982) Keimspektrum und Erregerresistenzen bei chronischer primärer und sekundärer Pyelonephritis. Z Urol Nephrol 75:579–582
Holland NH, Kazee M, Duff D, McRoberts JW (1982) Antimicrobial prophylaxis in children with urinary tract infection and vesicoureteral reflux. Rev Infect Dis 4:467–474
Hooton TM (1985) Single dose therapy for cystitis in women. JAMA 253:387–390
Huzly A (1984) Bronchiektasen. In: Hornborstel H, Kaufmann W, Siegenthaler W (Hrsg) Innere Medizin in Klinik und Praxis, Bd I. Thieme, Stuttgart New York, S 363–367
Kala H, Ausborn D (1979) Nitrofurane. In: Weuffen W, Kramer A, Gröschel D, Bulka E (Hrsg) Nitrofurane, Volk u Gesundh, Berlin (Handbuch der Antiseptik, Bd II/1, S 56–57
Kandt D (981 Zur klinisch-experimentellen Prüfung von Arzneimittelaerosolen. Z Erkr Atmungsorgane 156:125–130
Kandt D, Kauf H, Kaufmann GW (1984) Empfehlungen zur Inhalationshygiene. Z Erkr Atmungsorgane 162:45–50
Kandt D, Sehrt I, Iwainsky H (1982) Zur inhalativen Anwendung von Theophyllin. Z Erkr Atmungsorgane 157:70–73
Kang JY, Ty HH, Wee A, Guan R, Math MV, Yap I (1990) Effect of colloidal bismuth subcitrate on symptoms and gastric histology in non ulcer dyspepsia. A double blind placebo controlled study. Gut 31:476–480
Kass EH, Brumfitt W (1978) Infections of the urinary tract. Univ Chicago Press, Chicago
Keller H, Riva G (1983) Infektionskrankheiten. In: Stucki P, Hess T, Lehrbuch der Therapie, Huber, Bern Stuttgart Wien, S 201–314
King CE, Toskes PP (1979) Small intestine bacterial overgrowth. Gastoenterology 76:1035–1055
Knight V, Wilson SZ, Quarles JM, Greggs SE, McClung HW, Waters BK, Cameron RW, Zerwas JM, Couch RB (1981) Ribavirin small particle aerosol treatment of influenza. Lancet II:945–949
Knight V, Gilbert B (1989) Antiviral therapy with small particle aerosols. In: Jackson GG, Schumberger HD, Zeiler HJ, Perspectives in antiinfective therapy, Vieweg, Braunschweig Wiesbaden
Knoke M, Bernhardt H (1976) Therapeutische Möglichkeiten bei Schleimhaut- und Organmykosen. Ber Ges Inn Med 10:251–252
Knoke M, Bernhardt H (1985, 1986) Mikroökologie des Menschen, Mikroflora bei Gesunden und Kranken. Akademie-Verlag, Berlin. VCH Verlagsgesellschaft, Weinheim
Knoke M, Bernhardt H (1989) Clinical significance of changes of flora in the upper digestive tract. Infection 17:255–258
Knoke M, Bernhardt H, Möllmann R, Bootz T (1989) Therapeutische Studie zum Einfluß der selektiven Dekontaminatin auf das mikrobielle Overgrowth-Syndrom des Dünndarms. Gastroenterol J 49:59–62
Köditz H (1978) Allgemeine Grundlagen der antimikrobiellen Therapie im Kindesalter. VEB Thieme, Leipzig
Köhler H (1990) Erkrankungen der Nieren und Harnwege. In: Wolff HP, Weihrauch TR, Internistische Therapie. Urban-Schwarzenberg, München Wien Baltimore, S 540–614
Königshausen T, Hein D, Grabensee B, Wanzlick J (1983) Die Elimination des Antimykotikums 5-Fluorocytosin während chronischer Peritonealdialyse. Verh Dtsch Ges Inn Med 89:962–965
Kramer A, Wigert H, Kemter B (1984) Aspekte der Prophylaxe und Bekämpfung des infektiösen Hospitalismus. Barth, Leipzig (Mikrobielle Umwelt und antimikrobielle Maßnahmen, Bd 8)
Kraatz G, Bernhardt H (1984) Zur Diagnostik und Therapie von Pilzinfektionen der Harnwege. Dtsch Gesundh-Wesen 39:1608–1609
Kraatz G, Bernhardt H, Dutz W, Neubauer F (1980) Mycotic urinary tract infection in pyelonephritic patients. Proc Eur Dial Translant Assoc 17:678–680

Kraatz G, Bernhardt H, Ranft R (1977) Pilzbesiedlung der ableitenden Harnwege bei chronischer Pyeloephrtis. Z Urol Nephrol 70:1–5

Kraatz G, Scherber A (1988) Zur Nitrofurantoin-Prophylaxe rezidivierender Harnwegsinfektionen. Z Urol Nephrol 81:641–645

Kuhlmann U, Walb D (1987) Nephrologie. Thime, Stuttgart New York

Lison AE, Losse H (1988) Bakterielle Entzündungen der Niere und der ableitenden Harnwege. In: Sarre H, Gessler U, Seybold D, Nierenkrankheiten, Thieme, Stuttgart New York

Lode H (1990) Infektionen der Atemwege – wann besteht eine Indikation zur Antibiotikatherapie? Pneumologie 44:763–766

Loeschke K, Ruckdeschel G (1989) Antibiotikaassoziierte Kolitis – aktualisiert. Internist 30:345–351

Loffeld RJ, Potters MV, Stobberingh E, Flendrig JA, von Spreeuwel JP, Arends JW (1989) Campylobacter associated gastritis in patients with non-ulcer dyspepsia: a double blind placebo conrolled trial with colloidal bismuth subcirate. Gut 30:1206–1212

Losse H (1979) Therapy of chronic pyelonephritis. In: Kühn K, Brod J, Interstitial nephropathies, Karger, Basel (Contributions to Nephrology, Vol. 16, S 44–54)

Losse H (1982) Harnwegsinfektionen. In: Losse H, Renner E, Klinische Nephrologie, Band II. Thieme, Stuttgart New York, S 156–175

Losse H, Asscher AW, Lison AE (1980) Pyelonephritis-Urinary tract infection IV. Thieme, Stuttgart New York

Malfertheiner P, Ditschuneit H (eds) (1990) Helicobacter pylori, gastritis and peptic ulcer. Springer-Verlag, Berlin Heidelberg

Manger R (1985) Problemdiskussion über allergische Reaktionen von Patienten mit infektbedingtem Asthma bronchiale bei Candida-Besiedlung außerhalb des Respirationstraktes. Z Erkr Atmungsorgane 165:283–285

Markwalder K (1984) Intestinale Amöbiasis. Internist 25:216–221

Marshall BJ, Armstrong JA, Francis GJ, Nokes NT, Wee SM (1987) Antibacterial action of bismuth in relation to Campylobacter pyloridis colonization and gastritis. Digestion 37/Suppl 2:16–0

Martin WJ (1983) Nitrofurantoin: evidence for the oxidant injury of lung prenchymal cells. Annu Rev Respir Dis 127:482–486

Mathewson JJ, Du Pont HL, Morgan DR, Thornton SA, Ericsson CD (1983) Enteroadherent Escherichia coli associated with travellers diarrhoea. Lancet I:1048

Medici TC (1984) Chronische Bronchitis. In: Hornborstel H, Kaufmann W, Siegenthaler W (Hrsg) Innere Medizin in Klinik und Praxis, Bd I. Thieme, Stuttgart New York, S 373–387

Menge H (1988) Was ist gesichert in der Behandlung der Campylobacter-pylori-induzierten Gastritis und des Campylobacter-pylori-assoziierten peptischen Ulcus? Internist 29:745–754

Menge H, Gregor M, Tytgat GNJ, Marshall BJ (eds) (1988) Campylobacter pylori. Springer, Berlin Heidelberg New York

Menge H, Gregor M, Tytgat GNJ, Marshall BJ, McNulty CAM (eds) (1991) Helicobacter pylori 1990. Springer, Berlin Heidelberg New York London Paris Tokyo Hong Kong Barcelona

Mlczoch F (1983) Mykosen innerer Organe. In: Riecker G Therapie innerer Kankheiten, Springer, Berlin Heidelberg New York, S 602–608

Morgan D, Kaft W, Bender M, Pearson A (1988) Nitrofurans in the treatment of gastritis associated with Campylobacter pylori. Gastroenterology 95:1178–1184

Müller H (1985) Krankheiten des Respirationstrakts. In: Müller H Pädiatrische Diagnostik und Therapie, Barth Leipzig, S 339–402

Naber KG (1985) Antibakterielle Chemotherapie von Harnwegsinfektionen bei Erwachsenen. In: Bichler KH, Altwein JE Der Harnwegsinfekt, Springer, Berlin Heidelberg New York Tokyo

Naber KG (1989) Use of quinolones in urinary tract infections and prostatitis. Rev Infect Dis 11/Suppl 5:1321–1337

Nwokol CU, Pounder RE (1991) Clinical pharmacology of bismuth-studies from the Royal Free Hospital. In: Menge H et al. (eds) Helicobacter pylori 1990. Springer, Berlin Heidelberg, S 175–181

Nyiredy G, Bartha T (1981) Die anaeroben Bakterien bei bronchopulmonalen Erkrankungen. Z Erkr Atmungsorgane 156:176–179

Oakley GP (1973) The neurotoxicity of the halogenated hydroxyquinolines. A commentary. JAMA 225:395–397

Ocklitz HW (1983) Trends in der Infektiologie. Zentralbl Gynäol 105:1281–1294

O'Riordan T, Mathai E, Tobin E, McKenna D, Keane C, Sweeney E, O'Morain C (1990) Adjuvant antibiotic therapy in duodenal ulcers treated with colloidal bismuth subcitrate. Gut 31:999–1002

Orlandi F, Freddara U, Candelaresi MT, Morettini A, Corazza GR, Disimone A, Dobrilla G, Cavallini G (1981) Comparison between neomycin and lactulose in 173 patients with hepatic encephalopathy – a randomized clinical study. Dig Dis Sci 26:498–506

Peiker G, Traeger A (1983) Die Plazentaschranke von Nalidixinsäure (Negram[R]) und pharmakokinetische Untersuchungen bei Neugeborenen. Pharmazie 38:613–615

Penn RG, Griffin JP (1982) Adverse reactions to nitrofurantoin in the United Kingdom, Sweden and Holland. Brit Med J 284:1440–1444

Plentz K (1989) Die Reisediarrhoe – Erkenntnisse zur Prohylaxe mit Tannacomp in einer Touristik-Studie. Internist 30/Beilage

Poralla T (1983) Portosystemische Enzephalopathie. In: Meyer zum Büschenfelde KH (Hrsg) Hepatologie in Klinik und Praxis, Thieme, Stuttgart New York, 313–327

Raedsch R (1991) Wismut-Therapie in der Gastroenterologie. Dtsch Med Wochenschr 116:821–824

Räisänen S, Ylitalo P, Toponen A, Seppänen J (1985) Trimethoprim and methenamine hippurate. Scand J Infect Dis 17:211–218

Renger FG (1989) Erkrankungen der Leber und der Gallenwege. VEB Fischer, Jena

Rindfleisch U, Thieler H, Wachtel D, Pfitzner W, Schau HP (1984) Nitrofurantoin-Prophylaxe häufig rezidivierender Harnweginfektionen junger Frauen. Dtsch Gesundh-Wesen 39:1495 1497

Robinson BWS (1983) Nitrofurantoin-induced intertitial pulmonary fibrosis. Presentation and outcome. Med J Aust 1:72–75

Rohwedder HJ, Simon C, Kübler W, Hohenauer M (1970) Untersuchungen über die Pharmakokinetik von Nalidixinsäure bei Kindern verschiedenen Alters. Z Kinderheilk 109:124–134

Rossing TH (1989) Supportive measures in the treatment of pneumonia. In: Pennington JE Respiratory infections: diagnosis and management, 2nd edn Raven Press, New York, S 601–607

Rote Liste 1992 Bundesverband der Pharmazeutischen Industrie e.V. (Hrsg) Cantor, Aulendorf/Württ.

Ruckdeschel G (1977) Erregerwandel in der Inneren Medizin. Internist 18:360–367

Sack RB (1990) Travellers diarrhea: microbologic bases for prevention and treatment. Rev Infect Dis 12/Suppl 1:S 59–S 63

Schaberg T, Lode H (1990) Therapie der Tuberkulose. Dtsch med Wochenschr 115:1799–1802

Schaffner W (1986) Im Krankenhaus erworbene Harnwegsinfektionen: Gegenwärtiger Stand und zukünftige Trends. In: Krasemann C, Marget W (Hrs) Bakterielle nosokomiale Infektionen, Walter de Gruyter, Berlin New York

Scharkoff H (1975) Aerosoltherapie bei akuten und chronischen bronchopulmonalen Erkrankungen? Erfahrungen aus der Sicht des Praktikers. Medicamentum 16:86–90

Schena FP, Gesualdo L, Caracciolo G (1988) A multicentre study of flumequine in the treatment of urinary tract infections. J Antimicrob Chemother 21:101–106

Scherrer M (1983) Krankheiten der tiefen Luftwege und der Lunge. In: Stucki P, Hess T Lehrbuch der Therapie. Huber, Bern Stuttgart Wien, S 329–358

Schlegel J, Ferlinz R (1989) Was ist gesichert in der Therapie mit Expektorantien? Internist 30:805–809

Schmidt P (1987) Nephrologie, 2. Aufl, Deutscher Ärzte-Verl, Köln

Schneider S, Stein G, Schmidt S (1983) Keimspektrum und Resistenzverhalten von Bakterien bei Harnwegsinfektionen. Dtsch Gesundh-Wesen 38:304–308

Scholer HJ (1989) Chemotherapie der Endomykosen des Menschen. In: Gemeinhardt H (Hrsg) Endomykosen. Schleimhaut-, Organ- und Systemmykosen. VEB Fischer, Jena, S 162–163

Schöne W, Tausche P (1973) Beitrag zur Epidemiologie, Klinik und medikamentösen Therapie der bakteriellen Ruhr. Z Ärztl Fortbild 67:967–972

Schönebeck J, Ansehn A (1972) Occurrence of yeast-like fungi in the urine under normal conditions and in various type of urinary tract pathology. Scand J Urol Nephrol 6: 123–128

Schubert R, Staudacher HL, Jäger L (1972) Unspezifische Lungenerkrankungen. In: Kleinsorge H Therapie innerer Erkrankungen, 4. Aufl, Bd II. VEB Fischer, Jena, S 731–783

Schultz MG (1972) Entero vioform for preveting travelers diarrhea. Editrial. JAMA 220: 273–274

Seebacher C, Bernhardt H, Knoke M (1986) Therapie der Systemmykosen. Z Klin Med 41:589–591

Seebacher C, Blaschke-Hellmessen R (1990) Mykosen. Epidemiologie, Diagnostik, Therapie. Fischer, Jena

Sereda EW, Radschinski SW, Tatotschenko WK, Schurygin BW (1975) Kinder mit rezidivierenden und chronischen Errankungen der Atmungsorgane und ihre Dispensairebetreuung. Dtsch Gesundh-Wesen 31:19–20

Shah PM, Weihrauch TR (1990) Infektionskrankheiten. In: Wolff HP, Weihrauch TR Internistische Therapie 1990, 8. Aufl, Urban-Schwarzenberg, München Wien Baltimore

Shepherd RW, Boreham PF (1989) Recent advances in the diagnosis and management of giardiasis. Scand J Gastroenterol 24/Suppl 169:60–64

Simon C, Stille W (1989) Antibiotika – Therapie in Klinik und Praxis. 7. Aufl, Schattauer, Stuttgart New York

Stamey TA (1980) Low dose antimicrobial prophylaxis orrecurrent bacteriuria in females. In: Losse H, Asscher AW, Lison AE Pyelonephritis, Bd IV. Thieme, Stuttgart, S 159–165

Stamey TA (1973) Pathogenesis and treatment of urinary tract infections. Williams-Wilkins, Baltimore London

Steffen R (1983) Epidemiology of travellers diarrhoea. Scand J Gastroenterol 18/Suppl 84: 5–17

Steffen R (1985) Reisediarrhoe – wie vorbeugen, wie behandeln? MMW 127:400–401

Steffen R (1990) Worldwide efficacy of bismuth subsalicyate in the treatment of travelers diarrhea. Rev Infect Dis 12/Suppl 1:S 80–S 86

Steinhoff MC, Douglas RG, Greenberg HB, Callahan DR (1980) Bismuth subsalicylate therapy of viral gastroenteritis. Gastroenterology 78:1495–1499

Steppling H, Ferlinz R (1990) Erkrankungen der Atemorgane. In: Weihrauch TR Internistische Therapie 1990. Urban-Schwarzenberg, München Wien Baltimore, S 369–429

Stout S, Derendorf H (1987) Local teatment of respiratory infections with antibiotics. Drug Intell Clin Pharm 21:322–329

Stoutenbeek CP, van Saene HKF, Zandstra DF, Langrehr D (1987) Prevention of nosocomial gram-negative pneumonia in critically ill patients by topical non-absorbable antibiotics. In: Stille W, Adam D, Daschner F (Hrsg) Antibakterielle Lokaltherapie, Futuramed, München (FAC Fortschritt der antimikrobiellen und antineoplastischen Chemotherapie, B 6 1, S 45–48)

Suchert G, Langsch HG, Zastrow R, Schulze H (1965) Die Anwendung von Furazolidon bei Salmonellosen im Erwachsenenalter. Vorläufige Mitt. Dtsch Gesundh-Wesen 20:2308–2310

Sziegoleit W, Ehrke D (1968) Furazolidonbehandlung infektiöser Durchfallerkrankungen bei Kindern und Erwachsenen. Z Gesamte Inn Med 23:406–410

Tauchnitz C (1990) Mikrobiologisches Wirkungsspektrum der Gyrasehemmer – Indikationen und Kontraindikationen. Z Gesamte Inn Med 45:509–512

Tauchnitz C, Handrick W (1989) Rationelle antimikrobielle Chemotherapie, 4. Aufl. Barth, Leipzig

Taylor DN, Echeverria P, Blaser MJ, Piterangsi C, Blacklow N, Cross J, Weniger BG (1985) Polymicrobial aetiology of travellers diarrhoea. Lancet I:381–383

Thelen T, Rother R, Sarre H (1976) Experimentelle Untersuchungen zur Pathogenese der pyelonephritischen Schrumpfniere. Urol Int 3:359–368

Thurm K (1982) Ergebnisse der Punktionsspülbehandlung akuter unspezifischer Pleuraempyeme. Z Erkr Atmungsorgane 159:90–93

Thys JP, Klastersky J (1989) Local antibiotic therapy for bronchopulmonary infections. In: Pennington JE Respiratory infections: diagnosis and management, 2nd edn Raven Press, New York, S 632–647

Tytgat GNJ (ed) (1989) Campylobacter pylori: Defining a cause of gastritis and peptic ulcer disease. Scand J Gastroenterol 24/Suppl 160:1–68

Ullmann A 1964) Methenamine mandelate (Mandelamine[R]) in urinary tract infections. Medical Times, London

Vahlensieck W (1987) Mykosen des Urogenitaltraktes. Urologe (B) 27:151–156

Vitèz I, Làng B (1975) Cholericidic effect of some intestinal disinfectants. Zentralbl Bakteriol Mikrobiol Hyg (A) 233:536–541

Vogel F (1989) Antibiotikatherapie respiratorischer Infektionen. MMW 131:177–181

Vogel F, Bayer D (1987) Fusafungin zur lokalen Therapie respiratorischer Infektionen. In: Stilder W, Adam D, Daschner F Antibakterielle Lokaltherapie, Futuramed, München (FAC Fortschritte der antimikrobiellen und antineoplastischen Chemotherapie, Bd 6–1, S 37–44)

Vogel F, Kleinschmidt R, Rommelsheim K, Exner M (1989) Prophylaxe von Beatmungspneumonien durch intratracheale Aminoglykosidapplikation. In: Werner H, Heizmann WR Infektiologische Probleme bei Patienten auf Intensivstationen, Schattauer, Stuttgart New York, S 35–48

Vogel F, Rommelsheim K, Kühnen E, Exner M (1987) Intratracheale Antibiotikagabe. In: Stille W, Adam D, Daschner F Antibakterielle Lokaltherapie, Futuramed, München (FAC Fortschritte der antimikrobiellen und antineoplastischen Chemotherapie, Bd 6–1, S 49–59)

Wadström W (1983) Cholera. In: Brüschke G (Hrsg) Handbuch der Inneren Erkrankungen, Bd V: Infektionskrankheiten, Fischer, Jena, S 641–646

Wagstaff AJ, Benfield P, Monk JP (1988) Colloidal bismuth subcitrate. A review of its pharmacodynamic and pharmacokinetic properties, and its therapeutic use in peptic ulcer disease. Drugs 36:132–157

Walter AM, Heilmeyer L, Plempel M, Otten W (1969) Antibiotika-Fibel. Thieme, Stuttgart

Walther H, Meer FP, Kiessig R, Müller GW (1982) An „Antibiotika-Rangreihen" orientierte antibakterielle Chemotherapie bei Harnwegsinfektionen. Z Urol Nephrol 75:879–884

Wegemann T (1985) Pilzpneumonien. Internist 26:328–334

Weinke T, Trautmann M, Söffker K, Alexander M (1988) Die Pneumonie beim Erwachsenen. MMW 130:641–63

Weinke T, Pohle HD (1990) Diagnostik und Therapie des Amöben-Leberabszesses. Dtsch Med Wochenschr 115:422–425

Weuffen W, Kramer A, Wigert H, Kemter B, Grube D (1975) Die Antiseptik – Begriff, Zielstellung und Anwendung. Z Gesamte Hyg 21:771–774

Weuffen W, Krasilnikow AP, Kramer A, Seemann U, Berencsi G, Gröschel D, Göretzlehner G (1984) Evolution humanpathogener Krankheitserreger in ihrem Wechselverhältnis zu den Veränderungen der Wirtsorganismen und deren Umweltbedingungen. In: Krasilnikow AP, Kramer A, Gröschel D, Weufen W(Hrsg) Grundlagen der Antiseptik: Faktoren der mikrobiellen Kolonisation, Volk u Gesundh, Berlin (Handbuch der Antiseptik, Bd I/4, S 17–35)

Wiesner B, Gemeinhardt H, Deicke P (1989) Mykosen des Respirationstraktes. In: Gemeinhardt H (Hrsg) Endomykosen, Fischer, Jena, S 185–247

Wiesner B, Kästli K (1980) Der Respirationstrakt. In: Weuffen W, Kramer A, Krasilnikow AP (Hrsg) Episomatische Biotope. Volk u Gesundh, Berlin (Handbuch der Antiseptik, Bd I/3, S 74–109)

Wolfe MS, Mishtowt GI (1972) Entro-Vioform in travelers diarrhea. JAMA 220:275–276

Yiannikas C, Pollard JD, MLoed JG (1981) Nitrofurantoin neuopathy. Aust NZ J Med 11:400

Young GP, Ward PB, Bayley N, Gordin D, Higgins G, Trapani JA, McDonald MJ, Labrovy J, Hecker R (1985) Antibiotic – associated colitis due to Clostridium difficile: Double-blind comparison of vancomycin with bacitracin. Gastroenterology 89:1038–1045

Ziegler K (1983) Gefährdung durch Infektionskrankheiten. In: Brüschke G (Hrsg) Handbuch der Inneren Erkrankungen, Bd V: Infektionskrankheiten. Fischer, Jena, S 335–343

Kapitel 19

Antiseptik aus neonatologischer und pädiatrischer Indikaton

B. Schneeweiß und W. Handrick

1 Mikrobiologische Charakteristik des Biotops

Mit der Geburt beginnt beim Kind die bakterielle Besiedlung von Haut und Schleimhäuten. Bereits nach wenigen Lebenstagen haben sich jeweils typische Bakterienspezies an bestimmten Körperregionen etabliert (Bassing 1982; Spencker et al. 1987b).

Dieser physiologische Prozeß führt zu einer lebenslangen, recht stabilen Mikroflora, die wegen ihrer Stabilität als Residentflora bezeichnet wird. Sie sichert das mikroökologische Gleichgewicht auf Haut und Schleimhäuten und stimuliert das reifende Immunsystem, d. h. der Mensch erwirbt eine für die jeweilige Körperregion (Haut, Auge, Ohr, Nase, Mundhöhle, Magen, Darmabschnitte, Atemwege, Harnwege, Genitaltrakt) typische Normalflora, die von seinem Immunsystem toleriert wird. Die dominierende Bakterienspezies in der Nase ist z. B. S. emidermidis, im Rachen sind es α-hämolysierende Streptokokken, am Nabel S. epidermidis und Enterokokken, im Darm Laktobakterien, Bifidobakterien, Bacteroides spp. u. a. Anaerobier sowie verschiedene Enterobakterien (E. coli, Klebsiella und Proteus spp. u. a.) (Gertler 1973; Schneeweiß et al. 1987; Spencker et al. 1987a, b).

Ungestörte Entwicklung der Standortflora und mikroökologisches Gleichgewicht (Eubiose) sind wichtige Voraussetzungen für den Schutz vor bzw. für die Abwehr von pathogenen Mikroorganismen.

Im Unterschied zu gesunden Kindern zeigen frühgeborene und kranke Neugeborene Abweichungen von der beschriebenen Keimbesiedelung. So wird z. B. die Kolonisation durch sofort post natum begonnene Inkubatorpflege verzögert, da hier nur ein geringer Kontakt mit Personen und Gegenständen besteht. Die verzögert einsetzende Besiedelung wird danach von Keimen bestimmt, die aus der Hospitalumgebung stammen, z. B. S. aureus, Klebsiella, Enterobacter, Pseudomonas spp. (Eriksson et al. 1982; Spencker et al 1987b). Gelangen jedoch Neugeborene mit bereits weitgehend ausgebildeter Normalflora mit der Hospitalflora in Berührung, kommt es seltener und später zu einer Ansiedelung dieser potentiell pathogenen Keime (Borderon et al. 1981; Bassing 1982; Spencker et al. 1987a).

A. Kramer et al. (Hrsg.)
Klinische Antiseptik

2 Klinische Bedeutung der Besiedelungsflora

Die Bakterien der residenten Standortflora verdrängen andere, auch pathogene Keime aufgrund ihres besonderen Haftvermögens für „ihr“ Organ bzw. „ihre“ Körperregion und werden auch durch Waschen, Schwitzen usw. kaum beeinflußt (Spencker et al. 1987b; Ritzerfeld 1988).

Demgegenüber verändert sich die sog. Transientflora (je nach Umgebung) häufiger. Eine Vielzahl von auf die Körperoberfläche gelangenden transitorischen Keimen ist für gesunde Kinder ohne Bedeutung. Niedriger pH-Wert und antibakteriell wirkende Substanzen in Haut und Schleimhäuten bewirken ihre rasche Eliminierung (Ritzerfeld 1988). Immundefekte, Systemkrankheiten, Bestrahlungen, immunsuppressive Therapie, Diabetes mellitus und ähnliche Zustände disponieren jedoch für Infektionen auch durch diese Erreger (opportunistische Infektionen), d.h. pathologische Kolonisation bzw. eine besonders starke Vermehrung dieser potentiell pathogenen Erreger (Dysbiose) kann dann zu einer Infektion führen.

Bei diesen Patienten mit deutlicher Disposition für Infektionen können in besonderen Situationen (Gefäßkatheter, Intubation) aber auch Vertreter der residenten Flora Infektionen hervorrufen (z. B. S. epidermidis).

Da ein enger Zusammenhang zwischen Besiedelung und Infektion besteht, gebührt der Besiedelungsflora hospitalisierter Kinder große Aufmerksamkeit. Dabei ist die auf einer Station vorherrschende Bakterienflora nicht konstant, sondern unterliegt Veränderungen. Letztere läßt sich durch regelmäßige bakteriologische Untersuchungen erfassen. Die Kenntnis dieser Hospitalflora ist wichtig für die kalkulierte Chemotherapie im Fall des Verdachts einer Hospitalinfektion (bis zum Vorliegen des bakteriologischen Befundes).

Die Verhütung der Kontamination und Besiedelung mit Erregern von Hospitalinfektionen ist ein besonderes Anliegen der Neugeborenenbetreuung. Hierfür ist eine gute Zusammenarbeit zwischen Geburtshelfern und Hebammen einerseits und Neonatologen und Kinderschwestern andererseits erforderlich. Der Nachweis solcher Erreger bei einem Neugeborenen bereits am 1. Lebenstag läßt den Schluß zu, daß es im Kreißsaal bzw. in der Entbindungseinrichtung zu einer Kontamination gekommen ist. In solchen Fällen sind dort die Suche nach der Infektionsquelle sowie die Überprüfung der Einhaltung krankenhaushygienischer Regeln notwendig. Nur in Ausnahmefällen kommen solche Erreger auch im Geburtskanal vor, z. B. bei Schwangeren, die längere Zeit stationär behandelt wurden und Antibiotika bekommen haben.

Für das Vorkommen von Hospitalinfektionserregern spielen neben Nichteinhaltung krankenhaushygienischer Normen (Müller 1983; Chiodo et al. 1988; Raue u. Schneeweiß 1989) vor allem die Art der verwendeten Antibiotika und die Häufigkeit ihrer Anwendung (Borderon et al. 1981; Spencker et al. 1987b) eine entscheidende Rolle.

Ihr Einfluß auf die bakterielle Besiedelung Neugeborener wurde häufig mit dem Ergebnis untersucht (Bassing 1982; Spencker et al. 1987b; Ritzerfeld 1988), daß jede antibakterielle Chemotherapie einen Eingriff in die bakterielle Flora darstellt. Die schon bestehende Normalflora wird durch die Antibiotika vermindert, und es kommt in der Folge durch diesen Selektionsdruck zu einer Zunahme antibiotikaresistenter Bakterienstämme (Borderon et al. 1981). Letztere sind nicht nur bei Kindern nachweisbar, die Antibiotika erhielten, sondern auch bei denjenigen, die gleichzeitig auf derselben Station gepflegt werden, ohne Antibiotika zu bekommen (Borderon et al. 1981; Handrick et al. 1987).

Eine Möglichkeit, Neugeborene vor einer Besiedelung mit potentiell pathogenen Keimen zu schützen, sahen manche Untersucher in einer frühzeitigen künstlichen Besiedelung mit apathogenen Bakterien. Untersuchungen dieser Art erwiesen sich aber als aufwendig und nicht ohne Risiko (Handrick et al. 1987). Daher kommt dieses Prinzip für eine praktische Anwendung bis jetzt nicht in Betracht.

Große Bedeutung für den Schutz Neugeborener vor pathologischer Kolonisation hat die strikte Einhaltung hygienischer Normen.

Als Überträger von Hospitalkeimen kommen Personal (besonders die Hände), Absaug-und Beatmungsgeräte, Inkubatoren usw. sowie invasive diagnostische und therapeutische Eingriffe in Betracht. Dementsprechend ist der Händedesinfektion und dem Händewaschen (Maki 1989) sowie der Desinfektion und Sterilisation größte Aufmerksamkeit zu widmen.

Keimquellen sind vor allem längerfristig hospitalisierte Kinder mit pathologischer Besiedelung. Daher ist eine bakteriologische Überwachung, notfalls eine Isolierung dieser „Risiko"-Patienten erforderlich („Kohortisolierung"). Hygiene- und Antibiotikaregime einer Station bzw. einer Klinik sollten so ausgerichtet sein, daß die Patienten überhaupt nicht oder nur gering (und dann so spät wie möglich) mit Hospitalinfektionserregern kontaminiert werden (Handrick et al. 1987).

3 Grundlagen für die klinische Anwendung von Antiseptika

Bevor ein antiseptisch wirkendes Präparat bei Kindern zum Einsatz gelangt, muß seine Verträglichkeit gegenüber der besonders empfindlichen Haut des Kindes geprüft werden (Kantner 1968; Gertler 1973).

Bei der Geburt ist die weiche Haut des Neugeborenen von der cholesterolhaltigen, talgigen Vernix caseosa (sog. Käseschmiere) überzogen. Sie enthält ferner abgestoßene Hautanteile wie Hornschuppen, Talgdrüsensekret und Haare und schützt die fetale Haut vor Mazeration durch die Amnionflüssigkeit. In den ersten Lebenstagen verschwindet dieser Hautüberzug, und es zeigt sich eine leicht gerötete glatte Haut (Erythema neonatorum). Durch eine feine Abschuppung, die bis zu einer Woche anhalten kann (Exfoliatio physiologica), entledigt sich die Haut der letzten Vernixreste. Die Epidermis ist bei Neugeborenen wenig entwickelt. Die kollagenen Fasern sind dünn, die elastischen gering ausgebildet, während Retikulinfasern reichlich vorhanden sind. Talg- und Schweißdrüsen sind angelegt, erreichen ihre volle Funktionstüchtigkeit aber erst im 4.–5. Lebensmonat. Die Haut des Neugeborenen ist fettarm und wasserreich. Der relativ schwache Säuremantel (pH 6,7) bedingt eine vermin-

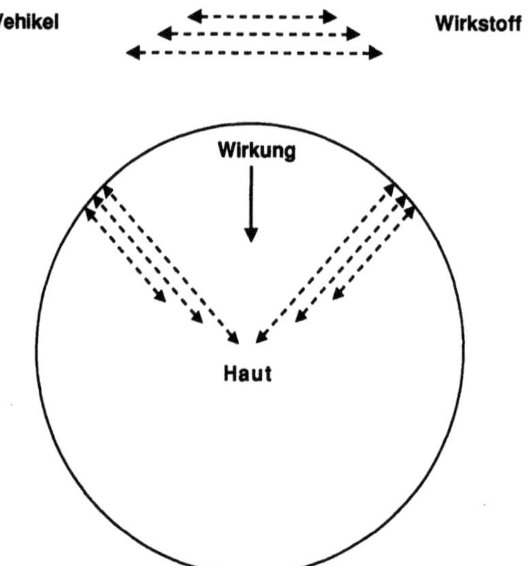

Abb. 19-1. Wechselwirkung zwischen Vehikel, Wirkstoff und Faktoren topischer Therapie (nach Tabue u. Wozniak 1989)

derte antimikrobielle Abwehr. Die Haut des jungen Säuglings reagiert auf exogene Reize mit verstärkter Exsudation. So kommt es schon nach Insektenstichen zur Ausbildung von Blasen, und Staphylokokken und Streptokokken lösen nicht nur die Impetigo, sondern auch erregerhaltige Blasen, das Pemphigoid, aus. Zum endogenen Ekzem des jungen Säuglings gehört der blasig-nässend-blutig-krustöse „Milchschorf" der Wangen. Auch die toxischen Arzneimittelexantheme des jungen Säuglings verlaufen häufig mit Blasenbildung („toxische epidermale Nekrolyse"). In den ersten Lebenswochen ist der Säugling weniger als später in der Lage, örtliche Reize mit örtlichen Reaktionen zu beantworten; er reagiert mehr oder minder generalisiert.

Wirkung und Nebenwirkung einer topischen Therapie sind stets das Resultat der Wechselwirkung zwischen Haut (Schleimhaut), Wirkstoff und Vehikel (Abb. 19-1).

Die Besonderheiten der kindlichen Haut bestimmen im wesentlichen die Auswahl lokal anzuwendender Wirkstoffe. Antiseptika zur dermatologischen Lokalbehandlung gehören zu den „Externa im eigentlichen Sinn" (Tabue u. Wozniak 1989) und sollen lediglich eine Wirkung auf der Hautoberfläche oder im Stratum corneum entfalten. Eine Penetration in die Epidermis ist nicht erwünscht, allerdings kann es je nach den individuellen Bedingungen zu einer Permeation in die Subcutis und evtl. zu einer Resorption in die Blut- und Lymphbahn kommen (Abb. 19-2). Dies ist grundsätzlich bei jeder antiseptischen Schleimhautbehandlung zu berücksichtigen.

Bei der Auswahl von Antiseptika für das Kindesalter spielt demnach die Toxizitätspüfung eine vorrangige Rolle. Toxisch wirkende Antiseptika (z. B. Borsäurelösung, Sublimatlösung) kommen für die Anwendung auf kindlichen

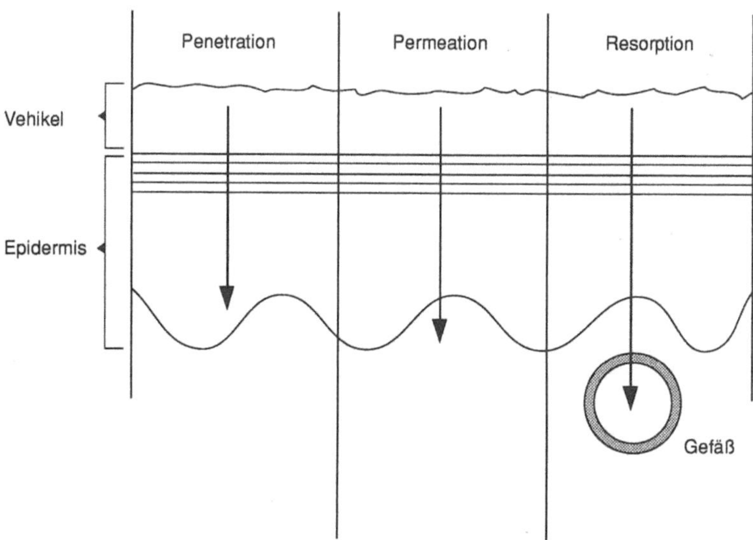

Abb. 19-2. Möglichkeiten des Eindringens von Externa in die Haut (nach Tabue u. Wozniak 1989)

Schleimhäuten nicht in Betracht. Sie sind meist auch für die Säuglingshaut nicht vertretbar.

Auch die Begleitkomponenten des Antiseptikum-Präparates sollten möglichst indifferent sein und keine Irritation oder Allergie auslösen.

Die wichtigsten Antiseptika, die im Neugeborenen- und Kindesalter zum Einsatz gelangen, gehören zu folgenden Stoffgruppen: Alkohole, Farbstoffe, Antibiotika bzw. Chemotherapeutika, Antimykotika, Chinolinole, Halogene, Metallverbindungen, Oxidationsmittel und Biguanide. Ausgewählte Wirkstoffe werden am Ende des Kapitels nach einem einheitlichen Schema einer orientierenden Wertung unterzogen (vgl. auch Kap. 2).

4 Zielsetzung der klinischen Anwendung von Antiseptika

Die Zielsetzung besteht darin, durch prophylaktische Anwendung eine Störung der Eubiose zu verhüten bzw. durch therapeutische Gabe eine Dysbiose zu beseitigen und die Eubiose wieder herzustellen.

4.1 Einmalige bzw. kurzfristige prophylaktische Anwendung

Hierbei dienen die Antiseptika im wesentlichen der Verhütung einer Verschleppung von Keimen in normalerweise sterile Körperbereiche.

4.1.1 Antiseptik der Haut vor Punktionen, Injektionen, Infusionen, Transfusionen (s. auch Kap. 6)

Die Haut wird zweimal mit einem sterilisierten Tupfer, der mit einem wirksamen Antiseptikum (vorzugsweise alkoholische Präparate zur präoperativen Hautantiseptik, s. auch Kp. 1) benetzt worden ist, gründlich abgerieben.

Die Einwirkzeit beträgt mindestens 30 s, bei Punktionen von Körperhöhlen, Gelenken oder Liquorräumen 1 min.

Iodhaltige Antiseptika sollten bei Neugeborenen und jungen Säuglingen für die Haut nicht benutzt werden, weil es dadurch zu transitorischen Hypothyreosen (Schönberger u. Grimm 1982) oder falsch positiven Hypothyreose-Screening-Ergebnissen (Chabrolle u. Rossier 1978) kommen kann.

4.1.2 Augenprophylaxe nach Credé

Dies ist die älteste und bewährteste Methode zur Verhütung einer Gonoblennorrhoe beim Neugeborenen. Unmittelbar post natum wird einmalig je 1 Tropfen einer 1%igen Silberacetat-Lösung in beide Augen getropft. Als Alternativen kommen Augensalben mit Tetracyclin (1%) oder Erythromycin (0,5%) in Betracht (Müller 1983; Raue u. Schneeweiß 1989; s. auch Kap. 14).

4.1.3 Candida-Prophylaxe

Eine Candida-Prophylaxe ist bei Neugeborenen und jungen Säuglingen bei einer Antibiotika-Therapie zu empfehlen. Jede systemische antibakterielle Chemotherapie begünstigt (besonders im frühen Kindesalter) die Besiedelung und Vermehrung von C. albicans im Magen-Darm-Kanal (Handrick et al. 1990). Um eine Keimvermehrung sowie eine dadurch mögliche Invasion mit Candidämie zu verhindern, ist die Gabe von Nystatin oral (100000 IE/kg/d) zu empfehlen. Da Nystatinpräparate meist eine hohe Osmolarität haben, sollte die Tagesdosis auf viele Einzelgaben verteilt werden (z.B. mit der Nahrung). Solange Frühgeborene noch keine Nahrung vertragen, wird nur die Mundschleimhaut mit Nystatinlösung ausgepinselt. Beim reifen Neugeborenen nach vollem Nahrungsaufbau kann die Tagesdosis auf 3 Dosen verteilt werden. Die Nystatingabe sollte nach Absetzen der Antibiotika-Therapie noch für etwa 3 d fortgesetzt werden.

4.1.4 Gewinnung von Mittelstrahlurin

Das äußere Genitale wird gereinigt, die Anwendung von Antiseptika ist überflüssig (Müller 1983). Zur Reinigung werden sterilisierte Tupfer verwendet, die mit Wasser oder einer Reinigungslösung getränkt sind. Letztere muß frei von Krankheitserregern und zumindest keimarm sein (Waschlotion bzw. antiseptische Waschlotion).

Mit den ersten 2–3 Tupfern wird das äußere Genitale, besonders die Urethralmündung abgewaschen, mit dem letzten Tupfer beträufelt man die Urethralöffnung. Anschließend werden Genitale und Urethralöffnung mit sterilem Aqua dest. überspült. Bei Mädchen müssen die Labien gespreizt, bei Knaben muß die Vorhaut zurückgezogen werden.

4.1.5 Blasenspülungen

Blasenspülungen mit Antiseptika haben sich nicht bewährt, eine Wirksamkeit ist nicht gesichert (Spencker et al. 1981; Stickler et al. 1987), dagegen besteht die Möglichkeit irritativer Nebenwirkungen.

4.2 Mehrmalige bzw. langfristige prophylaktische Anwendung

Diese Anwendung dient im wesentlichen der Verhütung einer Kolonisation durch potentiell pathogene Keime, während die Standortflora möglichst wenig beeinträchtigt werden soll.

4.2.1 Händedesinfektion

Die Hände von Schwester und Arzt gehören zu den wichtigsten Überträgern pathogener Keime. Notwendig ist daher eine strenge Trennung in sog. „sterile" Arbeiten und solche mit hoher Kontaminationsgefahr. Zu den ersteren zählen z. B. Legen eines (Nabel-)Venenkatheters, Wechsel eines Infusionssystems, Mischen einer Infusionslösung u. a. „Steriles" Arbeiten erfordert oft die Benutzung steriler Handschuhe. Aber auch Pflegemaßnahmen wie Wickeln und Füttern sind hygienisch einwandfrei durchzuführen. Dies macht eine Desinfektion bzw. Dekontamination der Hände nötig (Sander 1989). Hierfür sollten möglichst hautverträgliche Präparate (im allgemeinen auf alkoholischer Basis) benutzt werden, die in ausreichender Menge in kurzer Zeit (30–60 s) ihre Wirkung entfalten. Im Anschluß an die Händedesinfektion können die Hände gewaschen werden. Bei grober Verschmutzung sind die Hände vor dem Einreiben mit einem alkoholischen Präparat mit Zellstoff oder einem Papierhandtuch zu reinigen. Handwaschbürsten sind Reservoire für Hospitalkeime und sollten, wenn überhaupt, nur zum Einweggebrauch benutzt werden. Flüssigseife wird (ebenso wie Einmalhandtücher) aus Wandspendern entnommen.

4.2.2 Pflege der mütterlichen Brust

Sie besteht während der Stillperiode im regelmäßigen Säubern mit lauwarmem, abgekochtem Wasser und Seife (sterilisierte Mulläppchen). Nach dem Stillen wird die Brust abermals mit Wasser gewaschen bzw. mit einer Handdusche abgespült und anschließend abgetrocknet (s. Kap. 7).

4.2.3 Nabelpflege

Die Pflege des Nabels erfolgt bei gesunden Neugeborenen bei antiseptischer Behandlung offen (Raue u. Schneeweiß 1989). Nach Abfallen des Nabelschnurrestes wird noch solange mit einem antiseptischen Puder (z. B. Chlorhexidin) behandelt, bis die Nabelwunde verheilt ist.

Nur in besonderen Fällen ist eine geschlossene Nabelpflege erforderlich (z. B. nach Nabelvenenkatheter). Hierbei wird ein steriler Nabelverband angelegt.

Beim geringsten Anzeichen einer Omphalitis sollte ein bakteriologischer Abstrich entnommen werden. Der Keimbefund läßt sich nicht immer eindeutig als Ausdruck einer Infektion oder nur einer Keimbesiedelung interpretieren. Da der Nabel des Neugeborenen aber eine potentielle Eintrittspforte für Keime darstellt, ist eine antiseptische Behandlung zur Beseitigung bzw. Reduktion der bakteriellen Besiedelung von praktischer Bedeutung, da dadurch nicht nur lokalen, sondern auch systemischen Infektionen vorgebeugt wird. Außerdem vermindert sich dadurch die Möglichkeit, daß potentiell pathogene Erreger, z. B. Staphylokokken, vom Nabel in andere Körperregionen verschleppt werden (Haut, Augen, Nase). Die Frage, welche antibakteriell wirksamen Substanzen prophylaktisch am Nabel angewendet werden sollen, ist immer wieder diskutiert worden (George 1976; Hnatko 1977; Wong et al. 1977; Alder et al.1980; Buffenmyer u. MacDonald 1980; Speck et al. 1980; Bygdeman et al. 1984; Nyström et al. 1985; Schumann u. Oksol 1985; Gladstone et al. 1988; Ramsey u. Svee 1988).

Hierfür kommen z. B. in Betracht: Alkohole, Neomycin-Bacitracin, Farbstoffe („triple dye"), Chlorhexidin u. a. (gegenüber Pseudomonas spp. ist Chlorhexidin aber nur schwach wirksam; Heeg 1990).

Auch dank dieser Maßnahmen ist die Omphalitis heute eine seltene Infektion geworden. Zur Prophylaxe von Nabelinfektionen gehört auch eine strenge Indikationsstellung für das Legen von Nabelgefäßkathetern, auf die man möglichst verzichten oder sie wenigstens nur sehr kurze Zeit liegen lassen sollte (Handrick et al. 1990).

4.2.4 Körperreinigung und Körperpflege

Sie spielen im frühen Kindesalter eine große Rolle. In unmittelbarem physischen und psychischen Kontakt wird das Kind unter hygienischen Bedingungen in das Familienleben einbezogen. Entscheidende Voraussetzung für den Erfolg aller Bemühungen ist die persönliche Hygiene der Eltern (vgl. Kap. 7).

Säuglingsbad (Raue u. Schneeweiß 1989): Nach Abheilung der Nabelwunde bekommt das Kind sein erstes Bad. Die Badewanne muß sauber und keimarm sein, das Wasser eine Temperatur von 36–37 °C haben. Das Kind wird in der Wanne mit einer Hand vorschriftsmäßig gehalten und mit der anderen gewaschen (Reihenfolge: vom Kopf zum Genitale). Sorgfältig wird auf

Hautfalten (Hals, Achselhöhle, Ellenbeugen, Handteller, Leistenbeugen, Kniekehlen, Zwischenräume zwischen Fingern und Zehen, Gesäß) geachtet, diese müssen sauber sein und nach dem Bad gründlich abgetrocknet werden. Das Bad soll nicht länger als 10 min dauern. Badezusätze können bei bestimmten Hautaffektionen eingesetzt werden (Raue u. Schneeweiß 1989), z. B. Kaliumpermanganatlösung, Auszüge aus Kamillenblüten, Eichenrinde sowie antiseptische Körperwaschmittel. Auch wenn die antiseptische Wirkung von $KMnO_4$ nicht sehr stark ist, wird es als Badezusatz bei eitrigen Hautprozessen wie Pyodermien, infizierten Varizellen usw. angewendet. Das Kamillenbad wirkt entzündungslindernd (z. B. bei Intertrigo) und verbessert die Wundheilung nach Operationen. Indikationen für ein Eichenrindebad sind nässendes Ekzem, Intertrigo und Juckreiz, es wirkt adstringierend. Der Zusatz antiseptischer Körperwaschmittel hat sich bei der Behandlung von Kindern mit Erythrodermie, Intertrigo und (infiziertem) Ekzem bewährt (Kaiser et al. 1984). Die Pflege nach dem Bad besteht aus der gründlichen Reinigung des Lidspaltes (von außen nach innen) und des Gesichts (Reihenfolge: Stirn, Wangen, Kinn, Mund-Nasen-Dreieck) mit lauwarmem Wasser (Raue u. Schneeweiß 1989). Nase und Gehörgänge werden mit Zellstofftupfern behutsam gereinigt, Borken mit Öl abgeweicht (vgl. auch Kap. 7). Die getrockneten Hautfalten werden mit Babypuder behandelt. Das Genitale wird mit Öl gereinigt, und zwar immer von vorn nach hinten.

Mit einer weichen Hautcreme werden Leistenbeugen, Innenseiten der Oberschenkel und Gesäß behandelt.

Bei fettiger Schuppung am behaarten Kopf („Kopfgneis") hilft eine Salbe mit 1–2% Salicylsäure in Vaseline.

4.3 Therapeutische Anwendung

Die Zielsetzung besteht entweder in einer Keimträgersanierung (selten) oder (häufiger) in der Behandlung einer manifesten Infektion.

4.3.1 Antimykotika bei Schwangeren

Nach den Angaben der Literatur (Handrick et al. 1990) hat sich ein großzügiger Einsatz von Antimykotika bei Schwangeren unmittelbar vor Entbindung zur Verhütung einer Neugeborenen-Candidose bewährt. Der geringste Verdacht auf eine Sproßpilzinfektion im Bereich der Geburtswege der Mutter stellt eine Indikation für Antimykotika dar.

4.3.2 Elektroden-Einstichstellen

Eine infektionsverdächtige Hautstelle am Köpfchen des Neugeborenen kann z. B. auch durch den Einstich einer Überwachungselektrode bedingt sein

(Kardiotokographie). Solche Neugeborene müssen diesbezüglich besonders aufmerksam überwacht werden, um eine Infektion frühzeitig zu erfassen. Als günstig hat sich z. B. die tägliche Behandlung der Einstichstellen mit Antiseptika (z. B. Chlorhexidin) erwiesen (Alder et al. 1980; Spencker et al. 1981).

Analog sollte man mit Hautpartien verfahren, die durch häufige Kapillarblutentnahmen infektionsgefährdet sind (Ferse, Fingerspitzen).

4.3.3 Windeldermatitis, Impetigo

Bei Windeldermatitis und Impetigo können milde antiseptisch wirkende Lösungen (bei nässender Haut) oder Salben (bei weniger nässenden Effloreszenzen) angewendet werden (Kantner1968; Gertler 1973; Seeberg et al. 1984; Raue u. Schneeweiß 1989).

Bewährt haben sich auch Farbstofflösungen (z. B. 1%ige Brillantgrünlösung) oder Zinkoxidanwendungen (im Fall einer Candida-Infektion z. B. als Nystatin-Zinköl; Wolff 1982; Schmidt u. Pachler 1983).

4.3.4 Stomatitis

Zur Stomatitis-Behandlung eignen sich Lösungen mit milden Antiseptika und Geschmackskorrigentien (Aurich et al. 1981), z. B. folgender Zusammensetzung: Chlorhexidindigluconat 0,2, Spirit. Menthae pip. 0,5, Sol. Sorbitoli 40,0, Aq. ad inj. ad 100,0.

Im Fall einer Candida-Infektion empfiehlt sich die regelmäßige Pinselung mit Nystatin-Glycerol (Nystatin 7 Mio IE in 100,0 ml Glycerol).

4.3.5 Dysbiose des kindlichen Darms

Die Dysbiose im kindlichen Darm, nicht selten Folge einer unkritischen oralen Antibiotika-Anwendung (Tauchnitz u. Handrick 1989), kann Ursache einer chronisch-rezidivierenden Durchfallerkrankung sein. Diesen Kindern fehlt der Appetit, sie haben eine Verdauungsschwäche, die schließlich über die Kombination von Malnutrition, Maldigestion und Malabsorption in eine Gedeihstörung (Dystrophie) einmündet. Letztere erweist sich in der Regel als außerordentlich therapieresistent. In solchen Fällen gilt es, die Dysbiose möglichst in eine Eubiose umzuwandeln. Neben diätetischen Maßnahmen bieten sich antiseptisch wirkende Chinolinolderivate (Mono- und Dichlor-8-Chinolinol, z. B. 5,7-Dichlor-8-Chinolinol) an. Weiterhin muß an eine Überwucherung der Darmflora durch C. difficile als Erreger der Antibiotika-assoziierten Enterokolitis gedacht werden; in diesem Fall empfiehlt sich z. B. orale Behandlung mit Vancomycin oder auch Metronidazol (Helwig 1989; Tauchnitz u. Handrick 1989).

4.3.6 *Prophylaxe und Therapie von Infektionen der Atemwege*

Aerosoltherapie bei Atemwegsinfektionen bzw. die prophylaktische oder therapeutische intratracheale Gabe bei Intubation werden kontrovers diskutiert (Daschner 1987; Vogel u. Bayer 1987; Vogel et al. 1987; Bulanda et al. 1989).

Die Eindringtiefe der Substanz in die Atemwege hängt neben anatomischen und krankheitsbedingten Besonderheiten von der Partikelgröße des Aerosols ab. Bei einer Größe von 10 µm werden die Partikel hauptsächlich im Oropharynx abgelagert, bei 2–5 µm erreichen sie die terminalen Bronchiolen, bei weniger als 3 µm die Alveolen. Teilchen unter 0,5 µm werden zum größten Teil wieder exhaliert. Aufgrund ihrer Diffusionsmobilität neigen sie zu geringer Deposition.

Größere Erfahrungen liegen mit der Anwendung von Aminoglykosid-Antibiotika vor (Kauffmann u. Auffret 1990). Ein relativ neues erfolgversprechendes antiseptisches Mittel ist z. B. Fusafungin (Vogel u. Bayer 1987), das als Locabiosol-Dosier-Aerosol® zur Anwendung gelangt.

4.3.7 *Verbrühungen und Verbrennungen*

Verbrühungen und Verbrennungen stellen primär keine Indikation für eine lokale antiseptische bzw. antibiotische Behandlung dar. Bei ausgedehnten Prozessen muß allerdings versucht werden, durch eine Lokaltherapie die bakterielle Besiedelung bzw. Oberflächeninfektion zu unterdrücken. Entsprechende Mittel sind Silbernitrat (0,5%ige Lösung), Polyvidon-Iod, Silbersulfadiazin oder Chlorhexidin (Kaiser et al. 1984; Erbs u. Baars 1987; Pohl-Markl u. Neumann 1988; Miller et al. 1990). Wichtig sind regelmäßige bakteriologische Kontrollen der verdächtigen Hautstellen und beim geringsten Verdacht das Anlegen von Blutkulturen. Eine systemische Antibiotikatherapie bleibt den Fällen einer Allgemeininfektion bzw. eines septischen Verlaufs vorbehalten (Helwig 1989; Tauchnitz u. Handrick 1989).

4.3.8 *Anwendung von Lokalantibiotika*

Lokalantibiotika werden insgesamt nur selten angewendet. Abgesehen vom Problem, ob am Wirkort überhaupt eine therapeutische Konzentration erreicht wird, sprechen Resistenzentwicklung und Sensibilisierungsgefahr eher gegen diese Anwendung (Kauffmann u. Auffret 1990). Bei großen Wundfächen bzw. Instillation in Körperhöhlen kann es zu toxischen Effekten kommen (Handrick et al. 1988). Bei der Auswahl der Mittel ist unbedingt den reinen Lokalantibiotika (oder Antiseptika) gegenüber den Mitteln mit parenteraler Verabreichungsmöglichkeit der Vorzug zu geben (Haustein u. Barth 1983; Dopson et al. 1985; Klinger et al. 1989; Tauchnitz u. Handrick 1989), da es durch die lokale Gabe zu einer Sensibilisierung kommen kann, die eine spätere systemische Gabe unmöglich macht (z. B. Tetracycline, Chloramphenicol, Gentamicin, Sulfonamide, Betalactamantibiotika). Zu den Lokalantibiotika zählen Bacitracin, Neomycin, Mupirocin, Tyrothricin u. a. (s. Anhang).

5 Kurzcharakteristik für die Neonatologie bzw. Pädiatrie bedeutungsvoller Antiseptika

• Alkohole (Heeg et al. 1987)

Ethanol	Wirkung (W)	antibakteriell, antifungiell, antiviral
	Nebenwirkung (Nw)	keine
	Indikation (I)	Bestandteil von Antiseptika
	Kontraindikation (K)	keine
	Hinweise zur Anwendung (Anw)	70–80%, 1 min Einwirkungszeit
Isopropanol/ Propanol	W	antibakteriell, antifungiell, antiviral
	Nw	keine
	I	Hautantiseptikum
	K	keine
	Anw	40–70%, 1 min Einwirkungszeit

• Farbstoffe

Brillantgrün 1% Kristallviolett 2%	W	antibakteriell, antimykotisch, antipruriginös
	Nw	Sensibilisierung (selten)
	I	bakteriell und mykotisch infizierte Haut- und Schleimhautstellen, mikrobielles Ekzem
	K	Sensibilisierung gegen Inhaltsstoffe
	Anw	mehrmals täglich dünn auftragen, alkoholische Lösungen nur extern und nicht im Gesicht und auf Schleimhäuten, an Schleimhäuten und im Gesichtsbereich nur wäßrige Lösungen
Methylrosanilinium-chlorid Rosanilinium-chlorid	W, Nw, I, K, Anw	wie Brillantgrün bzw. Kristallviolett

• Lokalantibiotika, -Chemotherapeutika

Bacitracin	W	antibakteriell gegen grampositive Keime sowie Neisserien und Hämophilus spp.
	Nw	Sensibilisierung
	I, K, Anw	siehe Neomycin
Fusafungin (Vogel u. Bayer 1987)	W	antibakteriell, antimykotisch
	Nw	keine
	I	Atemwegsinfektionen durch Bakterien
	K	keine
	Anw	als Aerosol
Mupirocin (Dopson et al. 1985; White et al. 1987; McLinn 1988; Weintraub u. Evans 1988; Barton et al. 1989; Bulanda et al. 1989; De Dobbeleer et al. 1989; Mertz et al. 1989)	W	antibakteriell gegen Staphylokokken und Streptokokken
	Nw	keine
	I	Impetigo contagiosa, sekundäre eitrige Hautinfektion, evtl. zur Sanierung des Nasenvorhofs bei Staphylokokken-Keimträgern (s. Kap. 20)
	K	Anwendung auf großen Hautflächen bei eingeschränkter Nierenfunktion
	Anw	mehrmals täglich auftragen
Tyrothricin	W	antibakteriell gegen grampositive Keime
	Anw	als Salbe, Puder oder Spray

• Antibiotika und Chemotherapeutika, die (neben ihrer oralen bzw. parenteralen Gabe) bei bestimmten Indikationen auch lokal appliziert werden können

Aminoglycosid-Aerosol (z. B. Gentamicin, Tobramycin) (Vogel et al. 1987)	W, Nw, K	siehe Gentamicin
	I	Pneumonieprophxylaxe bei Beatmung
	Anw	2–3 mg/kg KM intratracheal

Gentamicin	W	antibakteriell
	Nw	Sensibilisierung, Entstehung von Resistenzen
	I	eitrige Hautinfektionen, Konjunktivitis
	K	Sensibilisierung gegenüber Aminoglycosid-Antibiotika
	Anw	mehrmals täglich auftragen
Neomycin	W	antibakteriell gegen grampositive und gramnegative Keime (außer Pseudomonas)
	Nw	auch bei lokaler Anwendung (große Wundflächen, Körperhöhlen) kann es zu toxischen Blut- bzw. Gewebespiegeln kommen, insbesondere bei eingeschränkter Nierenfunktion, Sensibilisierungspotenz
	I	eitrige Hautinfektionen, Konjunktivitis
	K	Allergie gegenüber Aminoglycosiden, große Wundflächen
	Anw	meist als Kombinationspräparat mit Bacitracin
Oxytetracyclin	W	antibakteriell
	Nw	gering sensibilisierend
	I	bakterielle Hautinfektionen, Konjunktivitis
	K	Allergie
	Anw	mehrmals täglich auftragen
Sulfonamide	W	antibakteriell
	Nw	Sensibilisierung, Fotosensibilisierung
	I	Haut- bzw. Schleimhautinfektionen
	K	Allergie
	Anw	mehrmals täglich, Sonneneinwirkung vermeiden, nicht auf große Wunden aufbringen
Nitrofurane (Kala u. Ausborn 1979)	W	antibakteriell gegen grampositive und gramnegative Bakterien
	Nw	Sensiblisierung
	I	bakterielle Hautinfektionen
	K	Allergie
	Anw	je nach Präparat für Haut, Konjunktiva oder Ohr

• Antimykotika

(Seebacher 1987)

Nystatin	W	antimykotisch (hauptsächlich Sproßpilze)
	Nw	selten
	I	Sproßpilzinfektionen auf Haut oder Schleimhaut (Soor)
	K	Allergie
	Anw	mehrmals täglich auftragen
Griseofulvin	W	antimykotisch (Dermatophyten)
	Nw	Sensibilisierung
	I	Dermatomykosen
	K	Allergie
	Anw	mehrmals täglich auftragen
Clotrimazol	W	antimykotisch (Dermatophyten, Sproßpilze)
	Nw	selten
	I	Dermatomykosen
	K	keine
	Anw	mehrmals täglich auftragen

• Chinolinole
(Rödel 1987)

8-Chinolinol	W	antibakteriell, besonders gegen Staphylokokken, antimykotisch
	Nw	selten Sensibilisierung, mutagene Potenz
	I	Impetigo contagiosa, mikrobielles Ekzem, bakteriell und mykotisch infizierte Dermatosen
	K	Allergie
	Anw	mehrmals täglich dünn auftragen (nicht auf Schleimhäute)
Mono- und Dichlorhydroxychinolinole	W	selektiv antibakteriell, antimykotisch
	Nw	Sensibilisierungspotenz
	I	Darm-Dysbiose (langfristige Anwendung vermeiden)
	K	Allergie
	Anw	3 × 0,25 g über 10–15 d oral

• Halogene (Schmeiß u. Süß 1987)

Iod, Iodophore	W	antibakteriell (gegen grampositive stärker wirksam als gegen gramnegative Bakterien), schwach antimykotisch
	Nw	Iodüberempfindlichkeit
	I	infizierte Wunden, Hautdesinfektion
	K	Iodallergie, Schilddrüsenerkrankungen
	Anw	mehrmals täglich

• Metallverbindungen

Silberacetat (Argentum aceticum)	W	antibakteriell
	Nw	Reizung
	I	Gonoblennorrhoe-Prophylaxe des Neugeborenen (Credé)
	K	keine
	Anw	1 Tropfen einer 1 %igen Lösung in beide Augenbindesäcke applizieren
Silbernitrat (Argentum nitricum)	W, Nw, K	antibakteriell adstringierend
	I	Lokaltherapie von Verbrennungen, Rhagaden

• Oxidationsmittel (Elstner 1987)

Carbamidperoxid	W	antibakteriell (breites Spektrum), antimykotisch, virustatisch, antitoxisch, oxidierend
	Nw	nur bei starkem O_2-Einstrom in das Gewebe leichte Mißempfindung
	I	infizierte Hautwunden
	K	ausgedehnte Wundflächen
	Anw	einmal täglich auf die betroffene Stelle auftragen, nicht in Augenumgebung anwenden, keine Instillation in Körperhöhlen

Kaliumpermanganat	W	antibakteriell
	Nw	Gefahr von Verätzungen bei hohen Konzentrationen
	Anw	nur verdünnt anwenden
Wasserstoffperoxid	W	antibakteriell, oxidierend, desodorierend
	Nw	nur bei starkem O_2-Einstrom ins Gewebe leichte Mißempfindung
	I	infizierte Hautwunden
	K	ausgedehnte Wundflächen
	Anw	verschmutzte Wunden, Schleimhautkontakt vermeiden, nicht in Augenumgebung anwenden

• Biguanide
(Honigman 1983)

Chlorhexidin (Alder et al. 1980; Spencker et al. 1981; O'Neill et al. 1982; Bygdeman et al. 1984; Nyström et al. 1985; Stickler et al. 1987; Russel 1988)	W	antibakteriell (stärker auf Grampositive als auf Gramnegative), schwach antimykotisch, z. T. antiviral
	Nw	Sensibilisierung (Kala u. Ausborn 1979), ausnahmsweise Wundheilungsstörung
	I	bakterielle Hautinfektion, infizierte Wunden, Intertrigo, Nabelpflege, Mundpflege, für Rachenantiseptik fraglich
	K	nässende Dermatosen, Allergie gegen Biguanide und chlorierte Phenole
	Anw	mehrmals täglich

Literatur

Alder VG, Burman D, Simpson RA, Fisch J, Gillespie WA (1980) Comparison of hexachlorophene and chlorhexidine powders in prevention of neonatal infection. Arch Dis Child 55:277–280

Aurich G, Bigl S, Grahlow WD, Handrick W, Hudemann H, Köditz H, Krumpel J, Mitschke I, Mochmann H, Ocklitz HW, Schneeweiß B, Wiersbitzky S (1981) Empfehlungen für die Anwendung von Antiseptika an Schleimhäuten bei Kindern. Z ärztl Fortbild 75:469–470

Bandemir B, Pambor M (1985) Zur hautirritativen Wirkung von Antiseptika. Z Klin Med 40:1893–1895

Barton LL, Friedman AD, Sharkey AM, Schneller DJ, Swierkosz EM (1989) Impetigo contagiosa III.Comparative efficacy of oral erythromycin and topical mupirocin. Pediatr Dermatol 6:134–138

Bassing WD (1982) Die Kontamination des Neugeborenen und seiner Umgebung mit Bakterien und Hefen. Med Diss Düsseldorf

Borderon JC, Gold F, Laugier J (1981) Enterobacteria of the neonate.Normal colonization and antibiotic-induced selection. Biol Neonate 39:1–7

Buffenmyer CL, MacDonald HM (1980) Changing pattern of neonatal colonization with triple-dye cord prophylaxis. Am J Infect Contr 8:41–45

Bulanda M, Gruszka M, Heczko B (1989) Effect of mupirocin on nasal carriage of Staphylococcus aureus. J Hosp Infect 14:17–124

Bygdeman S, Hambraeus A, Henningsson A, Nyström B, Skoglund C, Tunell R (1984) Influence of ethanol with and without chlorhexidine on the bacterial colonisation of the umbilicus of newborn infants. Infect Control 5:275–28

Chabrolle JP, Rossier A (1978) Goitre and hypothyreoidism in the newborn after cutaneous absorption of iodine. Arch Dis Child 53:495–498

Chiodo F, Falaxca P, Finzi G (1988) The role of antiseptics and disinfectants in the control of nosocomial infections. J Chemother 1, Suppl 1:25–27

Dankert J, Zijlstre JB, van Doorm JM (1977) Oorspronkelijke stukken. Ned T Geneesk 121:215–221

Daschner F (1987) Lokalantibiotikatherapie von Infektionen des Rachens. FAC 6-1:23–25

De Dobbeleer G, Godfrine S, Paeme G, Heenen M (1989) Topical antibiotic treatment of primary and secondary skin infections with mupirocin. Acta Therapeut 15:59–63

Dopson RI, Leyden JJ, Noble WC, Price JD (eds) (1985) Bactroban (mupirocin). Proceedings of an International Symposium, Nassau, May 21–22, 1984. Excerpta Medica

Elstner EF (1987) Der Sauerstoff im Heilungsprozeß. FAC 6-1:147–160

Erbs G, Baars G (1987) Lokale Chemotherapie bei schweren Brandverletzungen. FAC 6-1: 99–107

Eriksson M, Melèn B, Myrbäck KE, Windblad B, Zetterström R (1982) Bacterial colonization of newborn infants in a neonatal intensive care unit. Acta Paediatr Scand 71:779–783

George RH (1976) The effect of antimicrobial agents on the umbilical cord. Proceedings of the 9th Intern. Congress of Chemotherapy. Plenum Press New York 3:415–419

Gertler W (1973) Systematische Dermatologie und Grenzgebiete. Thieme, Leipzig

Gladston IM, Clapper L, Thorp JW, Wright DI (1988) Randomized study of six umbilical cord care regimes. Clin Pediatr 27:127–129

Handrick W, Goltzsch M, Braun W, Spencker FB (1987) Untersuchungen zur bakteriellen Besiedelung gesunder sowie kranker und/oder untergewichtiger Neugeborener. 2. Bakterielle Besiedelung hospitalisierter kranker und/oder untergewichtiger Neugeborener. Pädiatr Grenzgeb 26:193–199

Handrick W, Roos R, Braun W (Hrsg) (1990) Fetale und neonatale Infektionen. Hippokrates, Stuttgart

Handrick W, Schille R, Jäger HD, Tauchnitz Ch (1988) Beitrag zur Ototoxizität von Neomycin. Kinderärztl Prax 56:283–287

Haustein UF, Barth J (1983) Nebenwirkungen der dermatologischen Lokaltherapie. Z gesamte inn Med 38:663–668

Heeg P, Rehn D, Bayer U (1987) Alkohole. In: Kramer A, Weuffen W, Krasilnikow AP, Gröschel D, Bulka E, Rehn D (Hrsg) Antibakterielle, antifungielle und antivirale Antiseptik, Fischer, Stuttgart New York (Handbuch der Antiseptik, Bd II/3, S 215–245)

Heeg P (1990) Schleimhautantiseptik – derzeitiger Stand und Aspekte einer zukünftigen Entwicklung. Z ges Hyg 36:83–86

Helwig H (1989) Antibiotika – Chemotherapeutika. 4. Aufl., Thieme, Stuttgart NewYork

Hnatko SI (1977) Alternatives to hexachlorophene bathing of newborn infants. Can Med Assoc J 117:223–226

Honigman JL (1983) Chlorhexidine. In: Weuffen W, Kramer A, Bulka E, Schönenberger H (Hrsg) Thiazole, Cumarine, Carbonsäuren und -Derivate, Chlorhexidin, Bronopol, Fischer, Stuttgart New York (Handbuch der Antiseptik, Bd II/2, S 200–218)

Kaiser W, von der Lieth H, Potel J, Heymann H (1984) Tierexperimentelle Untersuchungen zur lokalen Anwendung von Silbersulfadiazin, Cefsulodin und PVP-Jod bei Brandwunden. Infection 12:31–35

Kala H, Ausborn D (1979) Nitrofurane. In: Weuffen W, Kramer A, Gröschel D, Bulka E (Hrsg) Nitrofurane. Fischer, Stuttgart New York (Handbuch der Antiseptik, Bd II/1)

Kantner M (1968) Entwicklungsmorphologie der Haut im Kindesalter. In: Opitz H, Schmid F (Hrsg) Handbuch der Kinderheilkunde, Bd 9, Springer, Berlin Heidelberg New York

Kauffmann C, Auffret N (1990) Antibiotiques locaux en dermatologie. Dermatologie 16:63–70

Klinger W, Reinicke C, Hodel C (1989) Unerwünschte Arzneimittelwirkungen. 5. Aufl., Fischer, Jena

Maki DG (1989) The use of antiseptics for handwashing by medical personnel. J Chemother 1:3–11

McLinn S (1988) Topical mupirocin vs systemic erythromycin treatment for pyoderma. Pediatr Infect Dis J 7:785–790

Mertz PM, Marschall DA, Eaglestein WH, Piovenetti Y, Montalvo J (1989) Topical mupirocin treatment of impetigo. Is equal to oral erythromycin therapy. Arch Dermatol 125: 1069–1073

Miller LM, Loder J, Hansbrough JF, Peterson HD, Monafo WW, Jordan MH (1990) Patient tolerance study of topical chlorhexidine diphosphanilate: a new topical agent for burns. Burns 16:217–220

Müller R (1983) Pädiatrische Abteilungen. In: Thofern E, Botzenhart K (Hrsg) Hygiene und Infektionen im Krankenhaus, Fischer, Stuttgart New York

Nyström B, Bygdeman S, Henningsson A, Tunell R, Berg U (1985) Influence of chlorhexidine in ethanol and isopropanol on the bacterial colonization of the umbilicus of newborns. Infect Control 6:186–188

Okano M, Nomura M, Hata S, Okada N, Sato K, Kitano Y, Tashiro M, Yoshimoto Y, Hama R, Aoki T (1989) Anaphylactic symptoms due to chlorhexidine gluconate. Arch Dermatol 125:50–52

O'Neill J, Hosmer M, Challop R, Driscoll J, Speck W, Sprunt K (1982) Percutaneous absorption potential of chlorhexidine in neonates. Curr Ther Res 31:85–489

Pohl-Markl H, Neumann R (1988) Polyvinylpyrrolidon-Jod (PVP-Jod) – seine Bedeutung für die Dermatologie. Z Hautkr 63:1009–1015

Ramsey KP, Svee R (1988) Povidone-iodine cord care. Pediatrics 82:951

Raue W, Schneeweiß B (Hrsg) (1989) Lehrbuch der Kinderkrankenpflege – Pflege des kranken Kindes, 3. Aufl., Volk u. Gesundheit, Berlin

Ritzerfeld W (1988) Mikrobielle Besiedelung des gesunden Menschen. In: Brandis H, Pulverer G (Hrsg) Lehrbuch der Medizinischen Mikrobiologie, 6. Aufl., Fischer, Stuttgart New York

Rödel B (1987) 8-Chinolinole, ausgewählte klinisch interessierende Derivate In: Kramer A, Weuffen W, Krasilnikow AP, Gröschel D, Bulka E, Rehn D (Hrsg) Antibakterielle, antifungielle und antivirale Antiseptik, Fischer, Stuttgart New York (Handbuch der Antiseptik, Bd II, S 343–360)

Russel AD (1988) Chlorhexidine: Antibacterial action and bacterial resistance. Infection 14:212–215

Sander J (1989) Schutz vor nosokomialen Infektionen durch Händehygiene. Kinderkrankenschwester 8:366–369

Schmeiß U, Süß W (1987) Halogene. In: Kramer A, Weuffen W, Krasilnikow AP, Gröschel D, Bulka E, Rehn D (Hrsg) Antibakterielle, antifungielle und antivirale Antiseptik, Fischer, Stuttgart New York (Handbuch der Antiseptik, Bd II/3, S 179–206)

Schmidt GJ, Pachler JM (1983) Zur Pathogenese der Windeldermatitis. Kinderarzt 31: 318–323

Schneeweiß B, Müller B, Kaden K, Christ-Thilo Ch (1987) Die Darmschleimhaut als Ort biologischer Integration. Pädiatr Grenzgeb 26:287–293

Schönberger W, Grimm W (1982) Transiente Hypothyreosen durch jodhaltige Desinfizientien bei Neugeborenen. Dtsch med Wochenschr 107:1222–1227

Schumann AJ, Oksol BA (1985) The effect of isopropyl alcohol and triple dye on umbilical cord separation time. Milit Med 150:49–50

Seebacher C (1987) Antimykotika. In: Kramer A, Weuffen W, Krasilnikow AP, Gröschel D, Bulka E, Rehn D (Hrsg) Antibakterielle, antifungielle und antivirale Antiseptik, Fischer, Stuttgart New York (Handbuch der Antiseptik, Bd II/3, S 25–97)

Seeberg S, Brinkhoff B, John E, Kjellmer I (1984) Prevention and control of neonatal pyoderma with chlorhexidine. Acta Paediatr Scand 73:498–504

Speck WT, Driscoll JM, O'Neil J, Rosenkranz HS (1980) Effect of antiseptic cord care on bacterial colonization in the newborn infant. Chemotherapy 26:372–376

Spencker FB, Goltzsch M, Handrick W, Braun W(1987) Untersuchungen zur bakteriellen Besiedelung gesunder sowie kranker und/oder untergewichtiger Neugeborener. 1. Bakterielle Besiedelung gesunder Neugeborener. Pädiatr Grenzgeb 26:185–192

Spencker FB, Braun W, Goltzsch M, Handrick W (1987) Untersuchungen zur bakteriellen Besiedelung gesunder sowie kranker und/oder untergewichtiger Neugeborener. 3. Vergleich der Besiedelungsflora gesunder mit derjenigen kranker und/oder untergewichtiger Neugeborener. Pädiatr Grenzgeb 26:201–213

Spencker FB, Handrick W, Goltzsch M (1981) Zum Einsatz chlorhexidinhaltiger Präparate als Antiseptika. Medicamentum 22:354–358

Stickler DJ, Clyton CL, Chawls JC (1987) The resistance of urinary tract pathogens to chorhexidine bladder washouts. J Hosp Infect 10:28–39

Stille W, Daschner F, Adam D (Hrsg) (1987) Antibakterielle Lokaltherapie. FAC 6-1

Tabue KM, Wozniak KD (1989) Anmerkungen zur dermatologischen Lokalbehandlung. Z ärztl Fortbild 83:323–325

Tauchnitz C, Handrick W (1989) Rationelle antimikrobielle Chemotherapie, 4. Aufl., Barth, Leipzig

Tauchnitz C, Handrick W, Spencker FB (1989) Wandel im Sepsisverständnis der klinischen Medizin. Dtsch med Wochenschr 114:1722–1723

Vogel F, Bayer D (1987) Fusafungin zur lokalen Therapie respiratorischer Infektionen. FAC 6-1:37–43

Vogel LF, Rommelsheim K, Kühnen E, Exner M (1987) Intratracheale Antibiotikagabe. FAC 6-1:49–59

Weintraub M, Evans P (1988) Mupirocin: A recently approved topical antibacterial for the treatment for impetigo. Hosp Formul 23:705–711

White AR, Boon RJ, Sutherland R (1987) Antibacterial activity of mupirocin, a new topical antibiotic. FAC 6-1:175–180

Wolff HH (1982) Windeldermatitis. tägl prax 23:665–675

Wong P, Mason EO, Barrett FF (1977) Group B streptococcal colonization in a newborn nursery: Effects of iodophor and triple dye cord care. South Med J 70:978–979

Kapitel 20

Antiseptik aus dermatologischer Indikation

A. Kramer, Th. R. K. Nasemann und M. Pambor

1 Die Haut als Barriere, Milieu und Nährstoffquelle für Mikroorganismen

• *Das Hautorgan (Oberfläche etwa 1,76 m²) erfüllt in erster Linie die Funktion einer natürlichen Barriere des Organismus für Krankheitserreger sowie für chemische und physikalische Umwelteinflüsse (Abb. 20-1).*

Die Barrierefunktion wird strukturell durch die verschiedenen Hautschichten gewährleistet. Schweiß- und Talgdrüsen sowie Haarbälge stellen physiologische Lücken in der Haut dar. Hierdurch wird möglicherweise eine Keiminvasion begünstigt.

Ergänzt wird die mechanische Barriere durch die physikochemische Barriere, deren wesentliche Mechanismen die Pufferschutzhülle, die Quellfähigkeit der Hautproteine, der geringe Wassergehalt der äußeren Schichten des Stratum corneum, das Wasser-Lipid-System der Haut und eine Reihe antimikrobiell und neutralisierend wirkender Hautinhaltsstoffe wie α-Pyrrolidoncarbonsäure, Lysozym und Thiocyanat sind. Der schwach saure pH-Wert auf der Haut, der abhängig vom Hautareal durchschnittlich 4,7–5,0 beträgt (Klein et al. 1990; Kober 1990), wirkt einer Virus- und Bakterienvermehrung (Gönnert u. Bock 1956) entgegen, da das Vermehrungsoptimum eine Reihe dermatotroper Krankheitserreger zwischen pH 6,2–7,8 liegt (Röckl 1977). Außerdem verstärkt ein niedriger pH-Wert die antimikrobielle Wirkung der natürlichen Fettsäuren (Literaturüberblick bei Korting 1990).

Der geringe Wassergehalt von 7–10% wirkt ebenfalls einer Bakterienvermehrung entgegen. So benötigen S. aureus etwa 30% Wassergehalt zum Wachstum, Bazillen noch höhere Werte (Leonhardi u. Ramb 1975).

Durch die Talgsekretion wird das Attachment von Mikroorganismen herabgesetzt. Offenbar wird die schrankenlose Vermehrung von Mikroorganismen auch insofern verhindert, als die von den Bakterien abgegebenen Esterasen einen Anstieg der Fettsäuren (insbesondere mit einer Kettenlänge von 8–12 C-Atomen) auf der Haut bewirken (Stüttgen 1965), die ihrerseits direkt antimikrobiell wirken (Kanai 1987).

Die immunologischen Leistungen der Haut stehen eng mit der biologischen Barrierefunktion im Zusammenhang.

Die Haut ist darüber hinaus Speicherorgan, Wärmeregulator, Absonderungs- und Sinnesorgan.

• *Ein grundlegender Schutzmechanismus vor Infektionen ist die natürliche mikrobielle Besiedlung der Haut, die sogenannte Standortflora.*

A. Kramer et al. (Hrsg.)
Klinische Antiseptik

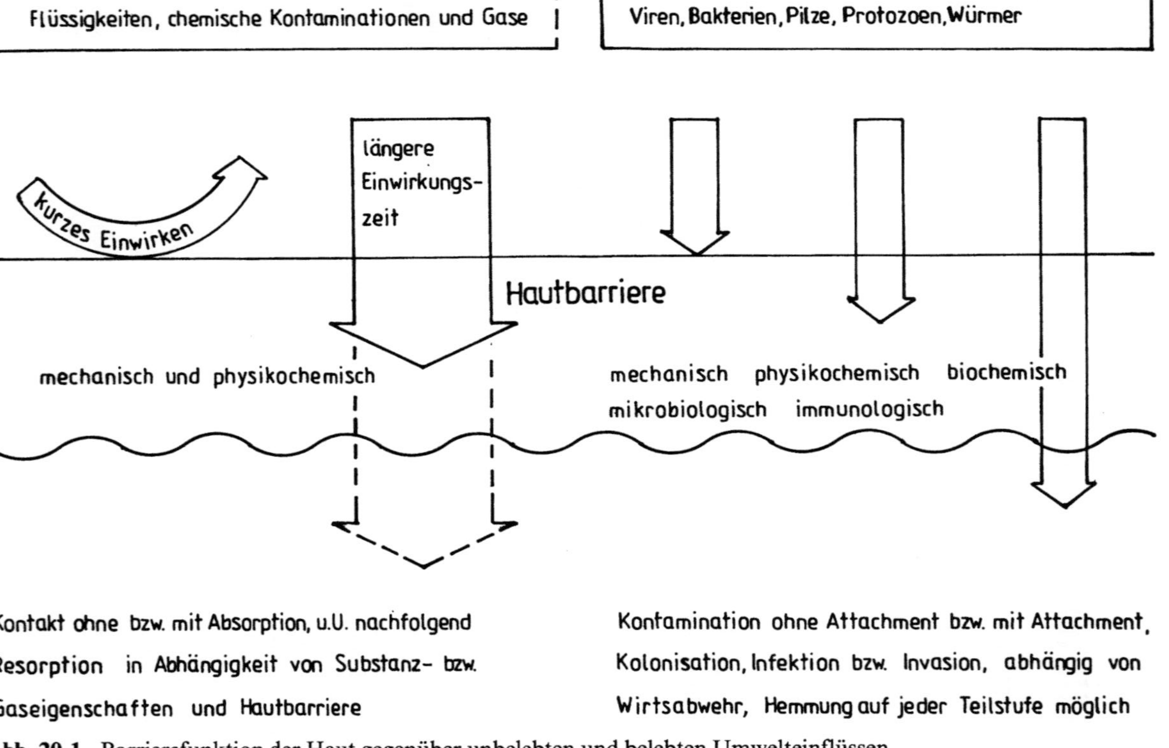

Abb. 20-1. Barrierefunktion der Haut gegenüber unbelebten und belebten Umwelteinflüssen

Für den mikrobiellen Antagonismus der Standortflora gegenüber der Transientflora sind eine Reihe direkter und indirekter Hemmechanismen verantwortlich (Mackowiak 1985).

Grundlage für die mikrobielle Besiedlung der Haut ist der Gehalt des Stratum corneum und Stratum disjunctum an Wachstumsfaktoren wie Wasser, Sauerstoff, Kohlenhydrate, Proteine, Aminosäuren, Talg, Fette, anorganische Bestandteile (Elektrolyte, Mineralien), die enzymatische Ausstattung der Vertreter der Standortflora einschließlich ihrer Cytoadhärenzmechanismen und die Hauttemperatur von 30–35 °C. Dagegen werden Viren nicht im Stratum corneum repliziert, sondern persistieren hier lediglich.

Auf Grund des mikrobiellen Antagonismus der Standortflora werden Krankheitserreger wie E. coli, S. typhi, S. sonnei, Streptococcus spp., P. aeruginosa, Klebsiella spp. und weniger ausgeprägt S. aureus bei experimenteller Kontamination an Händen innerhalb 30 min quantitativ deutlich reduziert (Flegel 1965; Müller 1968; Colebrook u. Paetzold 1975; Müller u. Dämmrich 1976). Wenn trotzdem in Gesundheitseinrichtungen häufiger potentiell pathogene Mikroorganismen bzw. ein längerfristiges Keimträgertum auf der Haut nachweisbar sind, dürfte das seine Ursache in einem unphysiologisch veränderten Hautmilieu und in einer ausgehend von anderen episomatischen Biotopen, z. B. dem Nasen-Rachen-Raum, ständig stattfindenden Kontamination der Haut haben. Die Haut ist hierbei nicht Erregerreservoir, sondern Überträger für Krankheitserreger.

- *Die mikrobielle Besiedlung der Haut ist durch ein natürliches Gleichgewicht zwischen Standort- und Transientflora sowie zwischen Resistenz und Immunität des Wirtsorganismus gekennzeichnet.*

Wird die natürliche Abwehr durch exogene oder endogene Faktoren beeinträchtigt, kann sich eine Infektion manifestieren.

Als exogene Störfaktoren der Keimbesiedlung an der Hautoberfläche wirken vor allem eine physikochemische Irritation der Haut, Schädigungen des Säure- und Lipidmantels, Veränderungen im Hydratationsgrad des Stratum corneum, Störungen des Wasserhaushalts und antibiotische Lokalbehandlung. Schwere Allgemeinkrankheiten, Alkoholismus, Endokrinopathien, insbesondere Diabetes mellitus, hämatologische und konsumierende Erkrankungen, Tumorleiden, Immundefekte einschließlich AIDS und immunsuppressiver oder zytostatischer Chemotherapie, falsche Ernährung (Vitaminmangelzustände), Sarkoidose, Stress und Unterkühlung können die normale Hautflora beeinflussen und sind Risikofaktoren insbesondere für Infektionen durch Hefe- aber auch Schimmelpilze (endogene Mykosen).

Reichen die Abwehrfaktoren nicht aus, setzt die Entzündung als komplexer Abwehrmechanismus ein.

2 Mikrobielle Kolonisation gesunder bzw. erkrankter Haut

2.1 Standortflora (residente Flora)

Zusammensetzung: In Abhängigkeit von Körperregion, Alter, Geschlecht, persönlicher Hygiene, Kleidung, Jahreszeit, beruflichen Einflüssen und der Gesamtheit der individuellen Biotopfaktoren ist die Haut durch eine mehr oder weniger charakteristische bakterielle und fungielle Standortflora besiedelt (Tabelle 20-1). Die mikrobielle Kolonisierung der Haut und Schleimhäute beginnt unter der Geburt bzw. kurze Zeit danach (z. B. bei Kaiserschnittentbindung). Innerhalb von etwa 2 h wird die Haut mit S. epidermidis und P. acnes

Tabelle 20-1. Standortflora der Haut

Häufigkeit	Keimspecies
dominierend (bis $>10^6/cm^2$)	S. epidermidis und andere koagulase-negative Staphylococcus spp., Propionibacterium spp.
relativ hoher Anteil	Corynebacterium spp., Streptococcus spp., Acinetobacter calcoaceticus, Brevibact. linens
relativ geringer Anteil	Micrococcus spp., aerobe Diphtheroide, Peptococ. saccharolyticus, Pityrosporum ovale und orbiculare

besiedelt. Am 2. Tag haben beide Keimarten neben Sarzinen ihre zahlenmäßige Entwicklung erreicht. Etwa am 10. Tag ist die bakterielle Keimbesiedlung in Form einer weitgehend konstanten Standortflora abgeschlossen (Evans et al. 1971; Tabelle 20-1).

Bei geriatrischen Patienten wurde eine Erhöhung des Anteils von Enterobakterien auf der Haut nachgewiesen (Sommerville 1969).

Für Viren ist keine stabile Besiedlung regelmäßig vorkommender Arten im Sinne einer Standortflora bekannt.

Lokalisation und Keimzahlen: Die günstigsten Bedingungen für die mikrobielle Kolonisation der Haut liegen in den obersten Schichten des Stratum corneum der unbehaarten Haut vor.

Etwa 75% der Keime liegen zwischen Hornlamellen der Pars disjuncta, die restlichen 25% in der Pars conjuncta. Selten findet man Keime bis zur Tiefe des Stratum lucidum. Die Schweiß- und Talgdrüsen enthalten keine Mikroorganismen. In den Follikelöffnungen bzw. im Biotop Infundibulum der Talgdrüsen sind u.U. Keime anzutreffen (Röckl u. Müller 1959). Nachgewiesen wurden z.B. Pityrosporum spp. im Akroinfundibulum, nicht Koagulase-bildende Staphylokokken bis in das mittlere Infrainfundibulum, während Propionibacterium spp. bis im unteren Infrainfundibulum vorkommen (Wolff u. Plewig 1976). Unterhalb des Infundibulums der Haarfollikel gelang der Bakteriennachweis nicht (Williamson 1965).

An den Händen, in der Nasolabialfalte, in Hauttaschen (Nabel), in feuchten Biotopen und intertriginösen Regionen (Genitofemoral-, Inguinal-, Perineal- und Axillarregion), aber auch im Stirnbereich, ist die Keimzahl höher als an Schulter und Brust, an den Beugeseiten der Extremitäten ist sie höher als an den Streckseiten, an behaarten Körperpartien größer als an unbehaarten. Die Haut ist also stets dort, wo sie durch Schweiß- und Talgabsonderungen feucht gehalten wird, besonders dicht mikrobiell kolonisiert (Tabelle 20-2). Außerdem stellen die seborrhoischen Prädilektionsstellen „Lücken" im Säuremantel der Haut dar, wodurch die Anreicherung bestimmter Keime begünstigt wird. Eine vergleichsweise mannigfaltige Flora weisen Rücken, Beine, Fußsohlen und Unterarme auf, die eintönigste Flora besitzen Kopfhaut, Thorax und Nabel. Offenbar hat jede Keimart ein bestimmtes Verteilungsmuster, wobei sich die Besiedelungsgebiete überlappen (Bibel u. Lovell 1976) und auch interindividuelle qualitative Unterschiede bestehen (Noble 1981). Insgesamt kann man bei

Tabelle 20-2. Besiedlungsdichte (Standortflora) dermaler Biotope[a] (nach Williamson 1965; Sommerville u. Murphy 1973; Sommerville-Millar u. Noble 1974; vgl. auch Tabelle 6-1)

Biotop	Keimzahl (lg/cm²)	
	Aerobier	Anaerobier
Kopfhaut	5,3–7,2	
Stirn	4,3–5,3	0,9–1,2
Achsel	3,8–7,2	
Unterarm	1,4–4,3	3,9–4,1
Hand/palmar	3,0	
Nabel	0,3–3,3 (P. acnes)	
Perineum	6,5	
Zehen	6,5	

[a] Da derartige Angaben von der Untersuchungstechnik sowie endogenen und exogenen Einflüssen abhängig sind, können sie nur orientierenden Charakter besitzen, zumal prinzipiell zwischen hoher, mittlerer oder niedriger Besiedlungsdichte differenziert werden kann (Ulrich 1965)

guter persönlicher Hygiene mit einer Gesamtzahl (Transient- und Residentflora) von 3 Billionen Mikroorganismen auf der Haut rechnen (Rebell 1962). Allein von den Händen waren > 10^7 Bakterien anzüchtbar (Thiele u. Sanden 1964).

- *Die Standortflora ist in ihrer Zusammensetzung und Besiedlungsdichte erstaunlich stabil.*

Bei 2 Gruppen zu je 8 Personen blieben die Keimzahlen im Stirnbereich während 13 Monaten signifikant konstant (Evans 1975). Das steht in Übereinstimmung zu Befunden, wonach die Standortflora durch Einflüsse wie starkes Schwitzen, Waschen oder Baden, oder auch durch Deosprays nur kurzfristig verändert wird (Hartmann 1979). Selbst nach chirurgischer Händedesinfektion erfolgt die Rekolonisation innerhalb weniger Stunden.

2.2 Transiente Flora und Keimträgertum

- *Alle in der Umwelt vorkommenden Keimarten können auf der Haut für kürzere oder längere Zeit persistieren.*

Eine intakte, gepflegte und vitale Haut widersteht einer Infektion besser als eine belastete bzw. in ihrer Barrierefunktion gestörte Haut (Kramer et al. 1973). Zu den häufig auf der Haut vorkommenden transienten Keimen, die auch als temporär resident bzw. als Keimträgertum (oder assoziierte Flora) bezeichnet werden, gehören S. aureus mit seinem Hauptreservoir in der Nasenhöhle, S. pyogenes, E. coli, P. aeruginosa, Proteus, Clostridium und Candida spp., Mykoplasmen, und auch Viren, z. B. das Warzenvirus und das Varicella-Zoster-Virus.

Bei Ozaenakranken ist K. ozaenae bei fast ⅓ der Patienten auf der Haut nachweisbar. Ebenso kann das häufige Vorkommen von P. aeruginosa an den Händen bei diesen Patienten epidemiologische Bedeutung erhalten.

Krankheitserreger, die je nach Virulenz, Terrainfaktoren und immunologischer Abwehrlage eine Hautinfektion verursachen können, kann man als pathogene Invasionskeime bezeichnen (Haustein 1989). Größtenteils handelt es sich dabei um eine exogene Infektion. Bei Abwehrschwäche kann jedoch auch eine endogene Infektion von der residenten Flora ausgehen. Insofern ist die begriffliche Abgrenzung sog. pathogener Invasionskeime nicht aussagekräftig.

• *Zwischen Gesamtkeimzahl der Haut und Vorkommen von Krankheitserregern besteht keine Korrelation.*
Daher ist z. B. in Gesundheitseinrichtungen die Höhe der Gesamtkeimzahl der Haut kein Indikator für die Durchseuchung mit Krankheitserregern. Vielmehr muß jeweils die interessierende Keimart (Problemkeime) qualitativ und quantitativ nachgewiesen werden (Werner et al. 1972).

2.3 Mikroflora erkrankter Haut

Psoriasis: Die Hyper- und Parakeratose scheint die bakterielle Kolonisation zu begünstigen. So ist auf psoriatischen Herden stets eine größere Keimzahl als auf gesunder Haut feststellbar (Noble u. Savin 1968; Lynfield et al. 1972). Andererseits spricht das seltene Manifestwerden von Infektionen auf psoriatisch veränderter Haut – im Gegensatz zur erhöhten Sekundärinfektionsrate beim Ekzem – dafür, daß die Hautbarriere an sich bei der Psoriasis intakt ist. Wird dagegen z. B. durch einen Okkulsivverband die Haut mazeriert, wird die Barriere durchbrochen, und es können Pusteln bzw. Follikelentzündungen entstehen.

• *Im Vergleich zu hautgesunden chirurgischen Patienten sind Patienten mit Psoriasis verstärkt durch eine mikrobielle Kolonisation mit Hospitalkeimen gefährdet.*
Dadurch können sie andere Patienten mit herabgesetzter Resistenz (z. B. infolge Operation) gefährden und sollten räumlich distanziert werden (Standardisolierung).

Offenbar wird die Besiedlung mit Hospitalkeimen durch einseitige antiseptische Maßnahmen begünstigt. So konnten Lynfield et al. (1972) bei einem Psoriasispatienten nach 2wöchiger Behandlung mit Phisohex 2 mal/d und Fluocinolonacetonid(Synalar)-Creme Reinkulturen von Klebsiella spp. auf Psoriasisherden, nicht dagegen auf gesunden Hautpartien desselben Patienten anzüchten. Trotz der erhöhten Hautkeimzahl erwies sich die präoperative antiseptische Vorbereitung der Haut ebenso effektiv wie bei gesunder Haut (alternierendes Abwischen mit 0,05% Iod in 70%igem Ethanol bzw. nur 70%iger Ethanol je 3 mal) und wurde reizlos vertragen. Die Heilungstendenz war ebenfalls identisch (Lynfield et al. 1972).

Endogenes sive atopisches Ekzem:

• *Beim Ekzempatienten sind die entzündeten Hautareale am dichtesten besiedelt.*
S. aureus ist häufig im Sinne eines temporär residenten Vorkommens nachweisbar. Die Keimzahlen hängen offensichtlich vom Hautbefund ab. Je stärker der Entzündungsgrad ist, umso höher sind die Keimzahlen (Aly et al. 1977).

So haben Hauser und Saurat (1985) in exsudativ-entzündlichen Herden 10^6 bis 10^7, in chronisch-lichenifizierten Plaques dagegen nur 10^5 KbE von S. aureus/cm^2 nachgewiesen. Aber auch auf klinisch nicht veränderter Haut wurde bei Patienten mit atopischem Ekzem S. aureus in höherer Dichte als bei Hautgesunden gefunden (Gloor et al. 1982; Hauser et al. 1985). Das bedeutet, daß das Integument des Atopikers anfälliger gegenüber einer Kolonisation mit S. aureus und anderen Aerobiern ist (Aly et al. 1977). Ursächlich werden hierfür verschiedene Faktoren diskutiert wie herabgesetzte Talgsekretion bzw. Veränderung der Hautoberflächenlipide, erhöhter epidermaler Wasserverlust, erhöhter Wassergehalt im Stratum corneum, Fehlregulierung im Immunsystem (Gloor et al. 1982; Hauser et al. 1985) und mikrobielle Adhäsionsmechanismen auf der Haut des Atopikers (Stalder 1990).

Zugleich ist die Abwehr gegen Sproßpilze (z. B. C. albicans) und gegen Viren (z. B. Herpesviren und Tierpockenviren) herabgesetzt (Götz et al. 1957; Pfeiff et al. 1991).

Hemiplegie:

- *Auf Hautpartien gelähmter Körperteile kommt es – offenbar als Folge der verstärkten Schweißsekretion – zu einem starken Anstieg der Hautkeimzahl.* Dabei kann C. welchii an Bedeutung gewinnen (Chin u. Davies 1976). Bei diesen Patienten ist die Haut ebenso wie der Darm bei operativen Eingriffen als potentielle Infektionsquelle für diesen Erreger anzusehen.

3 Infektiologische Bedeutung der dermalen Mikroflora

Neben dem Schutzmechanismus der Standortflora gegenüber der Ansiedlung von Krankheitserregern kann die Haut Überträger von Infektionen sein. Dabei gilt die Hand als Hauptüberträger nosokomialer Infektionen, insbesondere für sogenannte Schmutz- oder Schmierinfektionen. Ferner kann die Haut als Keimreservoir bzw. Keimträger Eintrittspforte für Krankheitserreger sein. So kann u. a. die Nabelwunde Sitz von S. agalactiae sein und ursächlich an der Entstehung einer Sepsis (Frühform) bzw. Meningitis (Spätform) beteiligt sein.

4 Ätiologie und Pathogenese mikrobieller Dermatosen

Der Anteil bakterieller Hauterkrankungen beträgt bei dermatologischen Patienten etwa 4–6%. Als Erreger dominiert S. aureus bis zu 75%, gefolgt von Streptococcus spp. (Meyer-Rohn 1965; Paetzold 1975). Bei Pyodermien der Haarfollikel und Schweißdrüsen kommen auch gramnegative Bakterien, z. B. E. coli, Enterobacter, Klebsiella und Proteus spp., als Erreger in Betracht. Durch Propionibakterien (C. minuitissimum und C. tenui) wird als überwiegend chronisch verlaufende Infektion das Erythrasma verursacht (Hübner u. Barth 1990).

Dermatomykosen übertreffen bezüglich Häufigkeit und Dauer alle anderen Infektionen. So beträgt allein der Anteil an Tinea pedum unter der Bevölkerung 30–40%, an Tinea unguium etwa 13% (Seebacher 1987). Aber auch bei Virosen kann die Haut primäres bzw. hauptsächliches Manifestationsorgan sein (z. B. Molluscum contagiosum, Ecthyma contagiosum, Paravakzineknoten, Herpes simplex, Warzen, Condylomata acuminata, Hand-Fuß-Mundkrankheit durch Coxsackie-Viren, Boston-Exanthem durch Echo-Viren) oder sekundär beteiligt sein (z. B. Herpes zoster).

Selten können einheimische Cercarienarten, deren Endwirte Vögel sind, als sogenannter Fehlwirt in die Haut des Menschen eindringen und eine Fremdkörperentzündung, die u. U. als Insektenstich verkannt wird, oder eine allergische Dermatitis verursachen (Cort 1950; Mevius 1978).

Bei verschiedenen mikrobiell bedingten Dermatosen (z. B. Tinea-Formen, Candidosen) können in engem zeitlichen Zusammenhang mit dem Auftreten der Primärläsionen sog. -id-Reaktionen (Mykid, Candidid) als allergisch-hyperergische Reaktionen auf Antigene oder Stoffwechselprodukte des jeweiligen Erregers am Hautorgan auftreten. In solchen -id-Reaktionen sind keine Erreger nachweisbar, so daß eine antiseptische Therapie versagt. Vielmehr muß sich die Therapie auf die Beseitigung des mikrobiellen Initialherdes richten.

Die Pathogenese von Hautinfektionen kann multifaktoriell sein. Eine Traumatisierung der Haut begünstigt das Angehen von Infektionen, wobei Mikrotraumen oft nicht wahrgenommen werden (z. B. Scheuereffekte der Kleidung, Mazeration durch Schweiß oder durch Arbeiten im Naßmilieu, präoperative Rasur).

Auf dem Boden eines konstitutionell abwehrschwachen Hautorgans, systemischer Abwehrschwäche und Störungen des Hautmilieus einschließlich vorbestehender Dermatosen können mikrobielle Hautentzündungen manifest werden. Das betrifft insbesondere Störungen des mikrobiellen Antagonismus der Standortflora bei antimikrobieller Chemotherapie sowie durch Anwendung von Antiseptika, aber auch Einfettung und Austrocknung bzw. auch übermäßige Hydratation der Haut infolge Transpiration, Einflüssen von Bekleidung, Beruf und Freizeitbeschäftigung bzw. klimatischen Bedingungen. Besonders bei den Dermatomykosen wird der Einfluß veränderter gesellschaftlicher, technischer und biologischer Umweltfaktoren auf die Ätiopathogenese deutlich.

Bei hospitalisierten Patienten ist die krankheits- und/oder therapiebedingte Resistenzminderung einschließlich der verstärkten Exposition mit den in ihrer Pathopotenz und Virulenz veränderten Krankheitserregern ein maßgeblicher Faktor für die Genese nosokomialer Infektionen. Dabei fungiert die Haut nicht nur als Überträger, sondern kann selbst zum Sitz einer Infektion werden. Treffend wird dieser Sachverhalt durch die Feststellung von Kliniken bereits aus dem vorigen Jahrhundert charakterisiert, daß die Candidose einer Erkrankung des Erkrankten ist (Grimmer 1986).

Schließlich kann sich eine Infektion der Haut als Folge hämatogener Metastasierung manifestieren.

5 Zielstellung der Antiseptik aus dermatologischer Indikation

In der Dermatologie nimmt die therapeutische Anwendung von Antiseptika den Hauptteil der Behandlungsmaßnahmen bei erregerbedingten Dermatosen ein.

Klinisch können mikrobielle Dermatosen lokalisiert, umschrieben oder flächenhaft (z. B. als Furunkel, Karbunkel, Abszeß, infiziertes Ulcus, Herpes simplex) bzw. generalisiert mit unterschiedlicher Akuität auftreten. Dabei können verschiedene Symptome im Vordergrund stehen wie Erythem, Ödem, Knötchen, Bläschen, Pusteln, Erosionen, Krusten und Schuppung.

Therapeutische Zielstellung bei Hautinfektionen ist die gezielte indikationsgerechte Anwendung von Antiseptiken in Verbindung mit einer symptomatischen antiphlogistischen Behandlung zur Wiederherstellung der physiologischen und anatomischen Verhältnisse des Hautbiotops entsprechend den Grundsätzen der dermatologischen Lokaltherapie und der Beseitigung infektionsbegünstigender Wirtsfaktoren.

- *Bei epidermalen bzw. epidermocutanen Erkrankungen mikrobieller Genese bzw. mit mikrobieller Beteiligung, einschließlich lädiertem Stratum corneum, sind Antiseptika Mittel der Wahl.*

Eine antiseptische Therapie ist nicht nur bei primär bedingten mikrobiellen Haut- bzw. Schleimhauterkrankungen, sondern auch bei sekundär infizierten Dermatosen (z. B. beim mikrobiellen Ekzem) sowie bei Hauterkrankungen mit gestörter mikrobieller Kolonisation indiziert. Eine spezielle Indikation ist der akute Schub beim endogenen Ekzem. Hier können durch eine antiseptische Therapie Sekundärinfektionen vermieden und dadurch nicht nur deren direkte Auswirkungen, sondern auch der bakteriellen Sensibilisierung, die oft derartige Ekzeme kompliziert, entgegengewirkt werden.

Dagegen ist bei intaktem Stratum corneum, z. B. bei subcutan ablaufenden Erkrankungen mit begleitender Lymphangitis und Lymphadenitis, eine antimikrobielle Chemotherapie erforderlich.

- *Da die Haut, insbesondere die Hände, einen dominierenden Platz innerhalb von Infektketten nosokomialer Infektionen einnehmen, ist die prophylaktische Antiseptik aus krankenhaushygienischer Indikation neben der Distanzierung, Sterilisation und Desinfektion einer der Grundpfeiler des antiinfektiösen Regimes (s. Kap. 1).*

Da die residente Flora den Kolonisationsbedingungen der Haut besser angepaßt ist als die transiente Flora, sind die Voraussetzungen günstig, durch Anwendung von Antiseptika Krankheitserreger unter Schonung der residenten Flora zu eliminieren (Lowbury et al. 1963, 1964).

Neben der hygienischen und chirurgischen Händedesinfektion und der Hautantiseptik vor Injektionen, Punktionen bzw. operativen Eingriffen gibt es in den klinischen Disziplinen spezielle Anliegen einer umschriebenen Hautantiseptik oder auch einer großflächigen Antiseptik bis hin zur Ganzkörperantiseptik. Letztere ist z. B. von Bedeutung bei Patienten in der Intensivtherapie oder der Gnotobiologie, also Bereichen mit einem hohen Infektionsrisiko

Tabelle 20-3. Präparate zur antiseptischen Körperwaschung aus der Roten Liste (1992)

Wirkstoff (Gehalt in %)	Präparat	Anwendungskonzentration (%)
PVP-Iod (7,5)	Betaisodona-Flüssigseife	1 ml unverdünnt/20 cm^2 Hautoberfläche
PVP-Iod (10)	Betaisodona Perineal-Antiseptikum	unverdünnt im Anogenitalbereich
Benzalkoniumchlorid (10)	Laudamonium	0,5
Benzalkoniumchlorid (10)	Zephirol	0,5–1

(s.Kap. 16 und 17). Zur antiseptischen Körperwaschung sind in der Roten Liste (1992) Präparate auf Basis von Quats bzw. PVP-Iod enthalten (Tabelle 20-3). U.E. dürften sich dafür auch Präparate auf Amphotensidbasis und Tensidkörperreinigungsmittel mit antiseptischen Zusätzen eignen.

Hierzu gehören ferner Maßnahmen zur Prophylaxe systemischer Mykosen bei abwehrgeschwächten Patienten durch mikrobiologische Überwachung der Haut und Schleimhäute und ggf. eine antiseptische antifungielle Prophylaxe. Der Indikationsbereich von Präparaten zur prophylaktischen Hautantiseptik (Tabelle 20-4) ist begrenzt und umfaßt z. B. neben der Prophylaxe nosokomialer Pilzinfektionen die Rezidivprophylaxe von Mykosen.

In einigen Präparaten ist sowohl Formaldehyd als auch Glutaral enthalten. Wenn auch die Konzentration in der Anwendungsverdünnung unter der Sensibilisierungskonzentration liegt, ist der Einsatz von Aldehyden in diesen Präparaten schon allein deshalb kritisch einzuschätzen, weil es in der Praxis zu Fehldosierungen beim Ansetzen der Verdünnungen kommen kann. Bei Patienten mit manifester Formaldehydallergie kommt hinzu, daß auch Konzentrationen unter der Sensibilisierungsschwelle von etwa 0,2% die allergische Reaktion auslösen können.

Ein Beispiel für eine umschriebene prophylaktische Antiseptik ist die prophylaktische Nabelantiseptik bei Neugeborenen. Diese wird im allgemeinen bei längerfristigem stationären Aufenthalt von Früh- bzw. Neugeborenen durch antiseptische Bäder zur Prophylaxe staphylogener und streptogener Pyodermien ergänzt (s. Kap. 19).

Ein weiteres Anliegen ist die Sanierung von Keimträgern, wobei hier ein fließender Übergang zur therapeutischen Antiseptik besteht (s. Kap. 13). Auch hierbei handelt es sich im allgemeinen nicht ausschließlich um eine dermatologisch indizierte Anwendung von Antiseptika.

Aus dermatologischer Indikation ist die Effektivität einer prophylaktischen Anwendung von Antiseptika wenig untersucht.

Sie kann z. B. indiziert sein, wenn bei primär nicht infizierten Dermatosen (z. B. allergisches Kontaktekzem, traumatisches Ulcus, Verbrennungen) eine mikrobielle Infektion zu befürchten ist. Ebenso ist eine prophylaktische Anwendung aus dermatologischer Indikation zur Normalisierung mikrobieller dermaler Biotope bei solchen Erkrankungen vorstellbar, bei denen die Hautflora mehr oder weniger ausgeprägt verändert ist, z. B. bei lichenifizierten trockenen Ekzemen, seborrhoischen Ekzemen oder Psoriasis. Inwieweit bei derartigen

Tabelle 20-4. Präparate zur Hautpilzprophylaxe aus der Roten Liste (1992)

Wirkstoff (Gehalt in %, berechnet auf die Anwendungskonzentration)	Präparat
Benzalkoniumchlorid (0,025), Formaldehyd (0,0225), Glyoxal (0,034), Glyoxalsäure (0,0075)	Buraton 25
Benzalkoniumchlorid (0,08), Didecyldimethylammoniumchlorid (0,04), Formaldehyd (0,03), Glutaral (0,03), Glyoxal (0,03)	Demykosan rapid
Benzalkoniumchlorid (0,04), Didecyldimethylammoniumchlorid (0,02), Glutaral (0,075), Glyoxal (0,075)	Demykosan S
Benzylalkohol (0,05), Dodecyl-1,4,7-triazaoctan-8-carbonsäure (0,3)	Freka-Feindesinfektion [a]
Benzalkoniumchlorid (0,038), Didecyldimethylammoniumchlorid (0,015)	Hexaquart S
Benzalkoniumchlorid (0,1)	Killavon, Laudamonium [a]
Dodecyl-triphenyl-phosphoniumbromid (0,0001125), Chlorocresol (0,02235), Clorofen (0,005), 2-Phenylphenol (0,035)	Myxal S Konz. [a] Sagrotan [a]
Benzalkoniumchlorid (0,03), Formaldehyd(0,0375), Glutaral (0,025)	Tegodor
N,N'-Di-dodecyl-3-carboxymethyl-3-azapentylen-(1,5)-diamin-HCl (0,01), 3,6,9-Triazahenicosansäure (0,09)	Tego 103 G

[a] Zur Fußpilzprophylaxe ausgewiesen

Hauterkrankungen die zusätzliche Anwendung gut verträglicher Antiseptika mit mittlerer Effektivität den Krankheitsverlauf günstig zu beeinflussen vermag, kann nur in multizentrischen Studien einer genaueren Überprüfung unterzogen werden.

Unter allgemeinen hygienischen Gesichtspunkten gehört die Keimzahlverminderung vor Benutzung von Schwimmbädern und Saunen zum hygienischen Standard. Bei Küchenpersonal, Bäckern, Arbeitern in der zucker- und obstverarbeitenden Industrie, Bergarbeitern u. a. Berufsgruppen, bei denen für Pilzinfektionen günstige Terrainfaktoren wie Wärme, Feuchtigkeit und mazerierte Haut anzutreffen sind, wird zum Teil eine Fußpilzprophylaxe mit antimykotisch wirkenden Antiseptika durchgeführt (Tabelle 20-4).

6 Therapeutische Antiseptik

Die klinischen Auffassungen über die Eignung der zur Verfügung stehenden Antiseptika für eine dermatologische Lokaltherapie werden von einer Vielzahl von Faktoren beeinflußt. Dazu gehören eigene klinische Beobachtungen zur Effektivität und zu möglichen Risiken des betreffenden Wirkstoffs. Das Konzept der äquivalenten Wirkung entspricht naturwissenschaftlichen Forderungen, bedarf aber, nachdem vergleichbare In-vitro- und tierexperimentelle

Untersuchungen durchgeführt wurden, standardisierter klinischer Prüfungen in Form randomisierter kontrollierter Doppelblindstudien. Selbst wenn diese in ausreichendem Umfang vorliegen, bleibt auch deren Ergebnis letztlich ein relatives, weil klinische Studien einen gewissen Probandenumfang nicht überschreiten können. Damit ist eine statistisch exakte Äquivalenzprüfung aufgrund der biologischen Variabilität der Patienten letztendlich nicht möglich. Schließlich wird die Effektivität eines Wirkstoffs u. U. maßgeblich durch die Applikationsform bzw. das Vehikel und weitere Wirkstoffe zur symptomatischen Behandlung beeinflußt.

Diese kann zum Beispiel in der Anwendung von Corticosteroiden zur Entzündungshemmung, von Keratolytika bei hyperkeratotischen Läsionen, von hypertonen Kompressen bei dermatös exsudativen Prozessen, von Adstringentien oder von sebosuppressiv wirkenden Verbindungen bei Dermatosen des seborrhoischen Formenkreises bestehen.

Deshalb kann die nachfolgende Übersicht über in der Dermatologie zur therapeutischen Antiseptik verwendete Wirkstoffe nur orientierenden Charakter besitzen. Hinzu kommt, daß insbesondere bei älteren Wirkstoffen deren pharmakologisch-toxikologische Charakteristik nach heutigen Auffassungen als nicht ausreichend anzusehen ist.

Ist die grundsätzliche Entscheidung für eine therapeutische Antiseptik aus dermatologischer Indikation getroffen (Tabelle 20-5), kommt es auf die Auswahl des geeigneten Wirkstoffs an. Diese ist abhängig von der Ätiologie, Lokalisation, Ausdehnung und vom Akuitätsgrad der Dermatose.

• *Oberster therapeutischer Grundsatz ist die Auswahl des Wirkstoffs mit der jeweils zu erwartenden möglichst günstigen therapeutischen Breite, d.h. einer ausreichenden Effektivität bei möglichst geringem Risiko toxischer bzw. allergischer Nebenwirkungen.*

Die im Abschnitt 20.2 gegebene Übersicht über häufig in der Dermatologie therapeutisch eingesetzte Antiseptika soll hierbei eine Entscheidungshilfe geben.

Für die selbstverständlich ebenfalls erforderliche Terrainsanierung gelten die Grundsätze der dermatologischen Lokaltherapie.

Neben antiseptischen Wirkstoffen können auch physikalische Verfahren zur Antiseptik angewandt werden.

• *UV-Strahlen wirken mikrobiocid und antiviral, stimulieren die unspezifische Resistenz, verstärken die dermale Desquamation und Reproduktion des Stratum germinativum sowie die Vit.-D-Konversion.*

Bewährt hat sich die lokalisierte Bestrahlung mit Applikatoren zur Behandlung infizierter Wunden und Decubitalulcera. Ebenso ist die Anwendung effektiv bei Akne vulgaris und multiplen Plantarwarzen bzw. Fingerwarzen nach vorheriger Keratolyse und Anwendung von 8-Methoxypsoralen als Photosensibilisator (dieser Wirkstoff ist zugleich antimikrobiell wirksam, Beyrich 1983) sowie als Ganzkörperbestrahlung bei der Psoriasis-Therapie (Jung 1977; High 1987).

Experimentell war bei mit Deuteroporphyrin versetzten Virussuspensionen nach Exposition mit Tageslicht eine rasche Abnahme ihrer Infektiosität nachweisbar. Mikrowellen wurden bei

Tabelle 20-5. Indikationsprinzipien für die therapeutische Antiseptik aus dermatologischer Indikation

Hauterkrankung	antimikrobielle Therapie
Virose ohne maßgebliche systemische Beteiligung	virostatische Antiseptik
Pyodermien	
- Staphylokokkeninfektion	
lokalisiert	antibakterielle Antiseptik
Follikulitis (et perifolliculitis)	je nach Erreger antibakterielle bzw. antifungielle Antiseptik (ggf. auch antibakterielle Chemotherapie)
generalisiert(z. B. Furunkulose)	antibakterielle Antiseptik + antibakterielle Chemotherapie und Therapie des Grundleidens
Streptokokkeninfektion	
Initialstadium	u. U. antibakterielle Antiseptik ausreichend
Ekthyma streptogenes simplex	antibakterielle Chemotherapie, ergänzt durch Antiseptik
mikrobielles Ekzem	
lokalisiert (perifokal)	erregerspezifische Antiseptik
disseminiert	Fokussanierung, u. U. Antiseptik
allergisches Kontaktekzem	ergänzend u. U. Anwendung von Antiseptika (keine potenten Allergene anwenden!)
Akne vulgaris	differenzierte Behandlung der einzelnen Akneformen, insbesondere bei Acne comedonica, papulopustulosa und conglobata ergänzende Antiseptik
Ulcus cruris	erregerspezifische Antiseptik in Verbindung mit Therapie des Grundleidens
Dermatomykose	erregerspezifische antimykotische Antiseptik (meist als Monotherapie) nach Entfernung pilzbefallenen Gewebes (hierfür sind u. U. schon Keratinolytika ausreichend)
Parasitosen	erregerspezifische antiparasitäre Antiseptik

Herpes zoster im Bereich des betroffenen Hautareals angewandt. Neben ihrer antiseptischen Effektivität besitzen sie offenbar noch weitere, bisher wenig untersuchte biologische Wirkungen (Todorov et al. 1981), was allerdings nur noch von heuristischem Interesse ist, da mit Aciclovir ein zuverlässiges Virustaticum zur Verfügung steht.

Die Anwendung von UV-Strahlen ist kontraindiziert bei Xeroderma pigmentosum, oculocutanem Albinismus und Hartnup-Syndrom. Ferner ist zu beachten, daß durch UV-Bestrahlung Ekzeme, Dermatitiden, HSV-Infektionen, Lupus erythematodes, REM-Syndrom und Urticaria pigmentosa verstärkt bzw. induziert werden können. Ebenso sind UV-Strahlen nicht in Verbindung mit photosensibilisierenden Arzneimitteln (z.. Phenothiazine, Acridin, Sulfonamide), zurückliegender IR-Bestrahlung und laufender Strahlentherapie sowie bei sehr lichtsensitiven Hauttypen (Typ I und II) anzuwenden.

6.1 Dermatovirosen

Herpesvirus-Infektionen:

- *Insbesondere bei Herpes zoster-Infektionen soll durch die Lokaltherapie der Entzündung, Exsudation und bakteriellen Superinfektion begegnet werden.*

In Ergänzung zur virustatischen Chemotherapie eignen sich zur adjuvanten Lokaltherapie anfangs im Gesichtsbereich Umschläge mit Kaliumpermanganat oder 8-Chinolinol (1:1000 verdünnt). Im Stammbereich kann z. B. eine Schüttelmixtur mit Clioquinol oder Zinkoxidöl 2 × täglich angewendet werden. Ist die systemische Anwendung von Aciclovir nicht möglich (z. B. bei Gravidität oder Allergie), können lokal als antivirale Wirkstoffe Aciclovir, Idoxuridin, Foscarnet-Natrium, Vidarabin oder Oxolin angewendet werden (Nasemann 1989). Da bei Aciclovir eine Resistenzentwicklung, ganz abgesehen von toxischen Nebenwirkungen, möglich ist, sollte dessen Anwendung schweren Verlaufsformen vorbehalten bleiben.

Idoxuridin hat neben seiner virustatischen Effektivität die günstige Eigenschaft, die Antikörperbildung und Phagocytose zu stimulieren.

Bei rezidivierendem Herpes simplex bzw. der Gefahr eines Ekzema herpeticum werden Tromantadinhydrochlorid, ein Adamantinderivat, ebenso Idoxuridin im Anfangsstadium empfohlen, womit wahrscheinlich auch späteren Rezidiven vorgebeugt wird (Feuermann 1977; Przybilla 1980; Reichhardt 1980). Bei Tromantadin handelt es sich allerdings um ein potentes Kontaktallergen.

- *In der Schwangerschaft ist insbesondere die systemische Anwendung von Virustatika möglichst zu vermeiden.*

Warzen (*Verrucae*): Neben keratolytischen Maßnahmen und ggf. Anwendung von Vit. A-Säure bzw. aromatischem Retinoid kann auch eine physikalische Antiseptik mit Vereisung oder Laserbehandlung (auch bei HSV-Infektion) erfolgreich sein. Bei Anwendung des Zytostatikums 5-Fluorouracil sollten nicht mehr als etwa 25 cm^2 Hautoberfäche behandelt werden (Ring u. Fröhlich 1985); seine Anwendung ist als ultima ratio anzusehen.

Bei Virosen erwiesen sich weitere Verbindungen experimentell als wirksam, wurden aber klinisch kaum erprobt, z. B.

- gallensaure Salze,
- Acerin,
- pflanzliche Tannine (Fischer et al. 1954),
- Kongorot und Trypanrot (Drees 1956),
- Phenole (bei großen und mittelgroßen Virusarten),
- Iod- und Chlorverbindungen (z. B. bei Warzen).

6.2 Bakteriosen

In der Entwicklung von Antiseptika zur Therapie bakteriell bedingter Dermatosen sind verschiedene Etappen mit allerdings fließenden Übergängen erkennbar. Auf die alten – z.T. bis heute nicht verlassenen – Wirkstoffe und Zubereitungen mit Schwefel, Farbstoffen, Wasserstoffperoxid, organischen Quecksilberverbindungen, Salicylsäure- und Phenolderivaten, folgte in den 30er Jahren die Ära der Sulfonamide, die auch lokal angewendet wurden. Zunehmend traten jedoch Allergien auf, weshalb sie nach Einführung der Antibiotika durch diese mehr oder weniger verdrängt wurden. Einige der Antibiotika verloren in den letzten Jahren für die Lokaltherapie aufgrund von Resistenzentwicklungen und Kontaktallergien an Bedeutung. Moderne xenobiotische Antiseptika mit günstiger therapeutischer Breite nahmen z.T. ihren Platz ein. Vertreter hierfür sind z.B. die Chinolinolderivate, moderne Phenolderivate oder Chlorhexidin. Vor allem bei staphylogenen Pyodermien haben jedoch Lokalantibiotika nach wie vor klinische Bedeutung.

• *Für die lokale Anwendung von Antibiotika gilt der Grundsatz, daß nur schwer lösliche Antibiotika angewandt werden sollten. Systemisch anwendbare Antibiotika sind der Chemotherapie vorzubehalten.*

Zugleich sind bei der Auswahl von Antibiotika folgende Kriterien zu beachten: sichere Wirksamkeit (möglichst auf der Basis eines Resistogramms), fehlende plasmidische Kreuzresistenz zu systemisch angewandten Antibiotika, geringe bzw. fehlende Sensibilisierungspotenz und fehlende Wundheilungshemmung bei erosiven Dermatosen bzw. auf Wundflächen (trifft z.B. nicht für Gentamycin zu). Geeignete bakteriostatische Lokalantibiotika sind z.B. Amphomycin, Framycetin und Tyrothricin. Ihr Indikationsbereich umfaßt Pyodermien, impetiginisierte Dermatosen und Ekzeme sowie Ulcus cruris. Demgegenüber sind Chloramphenicol, Erythromycin, Gentamycin, Kanamycin, Polymyxin B oder Tetracycline keine Antiseptika und für eine primäre antiseptische Anwendung kontraindiziert (s. Kap. 1 und 2).

Mit den nachfolgend für eine ausführlichere Charakteristik ausgewählten Wirkstoffen soll keine Bevorzugung gegenüber an dieser Stelle nicht behandelten Antiseptika verbunden sein.

Auf Grund der heterogenen chemischen Strukturen der zur therapeutischen Antiseptik angewandten Wirkstoffe wurde bei ihrer Charakteristik ein alphabetisches Ordnungsprinzip nach ihrem internationalen Freinamen zugrunde gelegt. Weniger häufig angewandte Wirkstoffe wurden tabellarisch aufgelistet (Tabelle 20-6), um ggf. Anregungen für weiterführende Literaturrecherchen zu geben.

Alkohole (s. Kap. 2)

Wirkung: Konzentrationsabhängig mikrobiostatisch oder mikrobiozid, Herabsetzung der Talgdrüsenentleerung, Hemmung der mikrobiellen Lipolyse der Triglyceride in den Kopfhaut- und Haarlipiden (insbesondere durch Propan-2-ol).

Tabelle 20-6. Weniger häufig eingesetzte antiseptische Wirkstoffe mit vorwiegend antibakterieller Wirkung

Wirkstoff	Indikations- bzw. Einsatzbereich	in Präparaten der Roten Liste enthalten	Hinweise
Ammonium-thiocyanat	Akne vulgaris (K)[a] präoperative Haut-antiseptik (K)	+	
Bromchloro-phen	Akne vulgaris (K), Wundantiseptik, Konservierung	+	
Chloroxylenol	Akne vulgaris (K)	+	gilt als gering toxisch
Dibrom-salicil	Oberflächliche Pyodermien, Antimykotika, prä-operative Hautantiseptik	–	
Hexachloro-phen	Akne vulgaris (K), Antiseborrhoika (K) Antiseborrhoika (K)	+	Risiko systemischer Nebenwirkungen
Triclocarban	Adstringentia/Anti-hydrotika (K), anti-septische Seifen	+	Cyanose bei Säuglingen (Methämoglobinämie)

[a] Als Kombinationspartner eingesetzt

Anwendung: Auf Grund der antimikrobiellen Effektivität geeignet als Trägersubstanz für Antiseptika, z.B zur Anwendung bei bakterieller Follikulitis u.a. bakteriellen und mykotischen Hautinfektionen einschließlich Paronychie, infizierten Ekzemen, Akne vulgaris, aber auch bei Psoriasis; insbesondere zur Anwendung im Gesicht und im Bereich des behaarten Kopfes sowie beim seborrhoischen Hauttyp geeignet.

Amphomycin (Polypeptidantibiotikum)

Wirkung: Bakteriostatisch (vorwiegend grampositive Kokken- und Stäbchenbakterien).
Verträglichkeit: Kein Sensibilisierungsrisiko, systemische Anwendung wegen erheblicher Toxizität nicht möglich.
Anwendung: Oberflächliche Pyodermien.

Bacitracin (Polypeptidantibiotikum)

Wirkung: Bakteriostatisch (grampositive Kokken- und Stäbchenbakterien, Neisseria und Hämophilus spp., Wirksamkeit gegen gramnegative Bakterien nicht ausreichend).

Eigenschaften: Nur sehr langsame Resistenzentwicklung, keine Kreuzresistenz zu systemisch angewandten Antibiotika.
Verträglichkeit: Bei intakter Haut keine Resorption, geringe Sensibilisierungspotenz.
Anwendung: Zur Erweiterung des Wirkungspektrums meist mit Neomycin kombiniert, diese als Nebacetin bezeichnete Kombination besitzt aber auf Grund des Neomycin-Gehalts eine starke sensibilisierende Potenz (s. dort).

Benzalkoniumchlorid (s. Kap. 2)

Anwendung: In Kombination z. B. mit Dexpanthenol enthalten in Präparaten zur Behandlung von Akne vulgaris, Rosazea, Folliculitis und Seborrhoe, toxikologisch nicht unbedenklich, kein Antiseptikum der Wahl für therapeutische Anwendung.

Benzoxoniumchlorid

Wirkung: Breites antibakterielles und antimykotisches Wirkungsspektrum, antiseborrhoische Wirkung.
Verträglichkeit: Geringe dermale Resorption, bei allen quaternären Ammoniumverbindungen ist in Abhängigkeit vom Wirkstoff, der Kombination mit weiteren Wirkstoffen, dem Anwendungsbiotop und der Arzneiform eine differenzierte toxikologische Bewertung erforderlich.
Anwendung: Kombinationspartner in Präparaten zur Behandlung von Kopfhauterkrankungen und Haarschäden.

Benzoylperoxid

Wirkung: Vor allem mikrobiostatisch, breites Wirkungsspektrum (Bakterien, Pilze, Viren), sebosuppressiv (?), keratoplastisch.
Eigenschaften: Starkes Oxidationsmittel, Aufbewahrung der Reinsubstanz nur mit 25 % Wasserzusatz (ansonsten Explosionsgefahr), im Gemisch mit Ethanol und im sauren pH-Bereich wenig stabil, fast wasserunlöslich.
Verträglichkeit: 1,2 %ig appliziert innerhalb 21 d bei Hautgesunden keine kumulative Hautreizwirkung, zu Therapiebeginn u. U. Brennen und Juckreiz, Reizwirkung für Haut, Auge und Schleimhäute beachten, schwaches Allergen (ungeeignet für längere lokale Anwendung), systemische Gefährdung bei dermaler Anwendung nicht bekannt, wird bei Penetration durch die Haut fast vollständig zu Benzoesäure metabolisiert, daher kein Benzoylperoxidnachweis im Serum, exp. Befunde über carcinogene Potenz.
Anwendung: Aknetherapie (5–10 %ig als Gel), kritisch für Wund- und Ulcustherapie zu bewerten (s. Kap. 9).

Cetylpyridiniumchlorid (s. Kap. 2)

Anwendung: In Kombination z. B. mit Neomycin oder Tyrothricin bei Ulcus cruris, bakteriellen und mykotischen bzw. sekundär infizierten Ekzemen; sollte in erster Linie der prophylaktischen Antiseptik vorbehalten bleiben.

8-Chinolinolsulfat (8-Hydroxychinolinsulfat)

Wirkung: Überwiegend mikrobiostatisch, breites Wirkungsspektrum (Dermatophyten, Hefen, grampositive Erreger, gegen gramnegative Erreger nicht ausreichend effektiv).
Eigenschaften: Gute Resorption aus hydrophilen wasserreichen Arzneiträgern, praktisch keine Liberation aus gelber Vaseline; durch Zinkoxid-haltige Dermatika Bildung stabiler Fünfringkomplexe mit Wirkungsabnahme bzw. -verlust, analoger Einfluß durch Talcum und Natriumcarboxymethylcellulose.
Verträglichkeit: Gut haut- und schleimhautverträglich, geringe Sensibilisierungspotenz, geringe dermale Resorption, akute orale Toxizität leicht bis mäßig, in vitro mutagen.
Anwendung: Oberflächliche Pyodermien, superinfizierte Dermatosen und Mykosen (0,1 – 0,25 %ig); bei Dermatomykosen empfiehlt sich nach Initialbehandlung im allgemeinen Wechsel auf ein wirksameres Antimykotikum.

Chlorhexidin (s. Kap. 2)

Anwendung: Intertriginöse Entzündungen (nicht geeignet für stark nässende Dermatosen), Ulcus cruris, auch Anwendung in Kombinationspräparaten zur Aknebehandlung bzw. in Kombination mit Corticoiden zur Therapie sekundär infizierter Ekzeme; sollte im wesentlichen der prophylaktischen Antiseptik vorbehalten bleiben, um die Anwendungsbreite nicht unnötig zu erhöhen, zumal tierexperimentell bei dermaler Applikation (28 d lang) eine Zunahme chromosomaler Aberrationen in Knochenmarkzellen und z. T. eine Wundheilungsverzögerung nachgewiesen wurde (s. Kap. 9).

Chlorquinaldol (5,7-Dichlor-2-methyl-8-chinolinol)

Wirkung: Überwiegend mikrobiostatisch, breites Wirkungsspektrum (vorwiegend grampositive Bakterien und Dermatophyten, in höheren Konzentrationen (> 50 µg/ml) auch gramnegative Bakterien und Amöben).
Eigenschaften: Keine Wirkungsverminderung durch Serum, Inaktivierung durch Eisenchlorid, Zinksalze können zu galenischen Unverträglichkeiten (Gelbfärbung) führen, nahezu fehlende Resistenzentwicklung.
Verträglichkeit: Gut hautverträglich, Kontakt mit Auge und Nasenschleimhaut vermeiden, bei dermaler Anwendung keine systemische Gefährdung bekannt (bei längerer oraler Anwendung von Chinolinolen sind schwere Nebenwirkungen in Form der subakuten Myelo-Opticus-Neuropathie, sog. SMON-Syndrom, bekannt geworden), geringe percutane Resorption, renale Elimination überwiegend innerhalb der ersten 24 h nach Applikation als Glucuronid.
Anwendung: Pyodermien, infizierte Ekzeme, Dermatomykosen, Dekubituspflege, infizierte Wunden; insbesondere geeignet für mischinfizierte Dermatosen.

Clioquinol (5-Chlor-7-iod-8-chinolinol, Vioform)

Wirkung: Breites bakteriostatisches und fungistatisches Wirkungsspektrum, auch fungizid und gegen Protozoen (Trichomonaden, Amöben) wirksam.
Eigenschaften: Nahezu fehlende Resistenzentwicklung.
Verträglichkeit: Gut hautverträglich, potentes Allergen (Gruppenallergie zu anderen Chinolinolen möglich), kein Kontakt zum Auge (Reizung), mäßige akute orale Toxizität (bei oraler Anwendung SMON-Syndrom möglich, s. o.); unter diesem Aspekt erscheint vertiefte toxikologische Charakteristik auch für dermale Anwendung zweckmäßig, percutane Resorption im offenen Test etwa 3,5 %, unter Okklusivbedingungen bis etwa 8 % der applizierten Dosis, Beginn der renalen Elimination nach 1–2 h, vollständige Elimination nach 48 h, falls Langzeitanwendung bei Strumapatienten vorgesehen, ist Überwachung des Iodplasmaspiegels bzw. TRH-Test erforderlich, keine Anwendung bei Iodüberempfindlichkeit, in der Schwangerschaft und Stillzeit, mutagene Potenz.
Anwendung: Pyodermien, Dermatomykosen, infizierte Ekzeme, Windeldermatitis, Akne vulgaris, Follikulitis, Furunkel.

Clorofen (s. Kap. 2)

Verträglichkeit: 1 %ig innerhalb 21 d keine kumulative Hautreizwirkung bei gesunden Probanden.
Anwendung: Komponente (bis 1 %) in antibakteriellen Dermatika und Präparaten zur Aknetherapie.

Dequaliniumchlorid und Bisdequaliniumacetat (s. Kap. 2)

Verträglichkeit: Cave Dequalinium-Nekrosen im intertriginösen und Genitalbereich.
Anwendung: Dermatosen mit grampositiver und gramnegativer bakterieller Ätiologie, mykotische Infektionen der Haut, insbesondere bakteriell superinfizierte Mykosen, infizierte bzw. infektionsgefährdete Hautläsionen.

Ethacridinlactat (2-Ethoxy-6,9-acridindiamin)

Wirkung: Überwiegend mikrobiostatisch, breites Wirkungsspektrum, ausgeprägte Resistenzentwicklung, antiinflammatorisch, geringe Phagocytoseaktivierung.
Eigenschaften: In Wasser und Ethanol gut löslich, geringer Eiweißfehler, inkompatibel mit Tannin, Salicylsäure, Ammonium-, Calcium-, Natrium-, Silber- und Zinksalzen.
Verträglichkeit: Auf Wunden u. U. granulationshemmend und reizend, ausgeprägte Sensibilisierungs- und Photosensibilisierungspotenz. Mutagenes Risiko nicht ausgeschlossen.
Anwendung: Pyodermien (früher auch Ulcus cruris), nicht als Wirkstoff der Wahl anzusehen.

2-Ethylhexansäure

Wirkung: Antimykotisch.
Verträglichkeit: Gut hautverträglich, weitgehend untoxisch.
Anwendung: In Kombination mit Milchsäure zur Dermatomykosetherapie.

Framycetin (Aminoglycosid)

Wirkung: Überwiegend mikrobiostatisch, breites Wirkungsspektrum (grampositive und gramnegative Bakterien im Proliferations- und Ruhestadium).
Eigenschaften: Auf Grund der hohen lokalen Wirkstoffkonzentration keine Resistenzentwicklung zu befürchten.
Verträglichkeit: Lokal gut verträglich, sehr geringe Sensibilisierungsrate, kaum dermale Penetration, jedoch keine gleichzeitige Anwendung mit anderen potentiell ototoxischen Arzneimitteln (z. B. keine gleichzeitige systemische Anwendung von Aminoglycosiden, Furosemid oder Etacrynsäure).
Anwendung: Ausschließlich als Lokalantibiotikum, wird erfolgreich kombiniert mit Trypsin zur Therapie von Impetigo contagiosa, nekrotisierenden Akneformen, tiefliegenden Furunkeln (Kegel), anderen Pyodermien und Ulcus cruris.

Gerbstoffe, organisch (Harnstoff-Cresolsulfon-Na-Salz-Kondensationsprodukt, Eichen- und Fichtenrindenbäder, Blattgerbstoffe)
Wirkung: Geringe bakteriostatische Wirksamkeit.
Eigenschaften: Milde „Lebendgerbung" oberster Epithelschichten, Verzögerung dermaler Resorption, Förderung der Restitution des Säureschutzmantels (abhängig von pH-Einstellung und Pufferkapazität der Zubereitung).
Verträglichkeit: Anwendung am Auge und auf offenen Wunden kontraindi-
Anwendung: Prophylaxe (auch Therapie) von Intertrigo bei Säuglingen als Bad, unterstützende Behandlung bei Hautinfektionen, z. B. Staphylo- und Streptodermie, Scabies, Mykosen und Ekzem; Anwendung als Salbe, Puder oder Bad.

4-Hexylresorcinol

Wirkung: Fungistatisch und fungizid, auch bakteriostatisch.
Eigenschaften: Löslich in Ethanol und pflanzlichen Ölen, gering wasserlöslich, Wirkungseinbuße durch Cetrimid.
Verträglichkeit: Akute orale Toxizität leicht bzw. mäßig, kein Anhalt für Mutagenität und Carcinogenität.
Anwendung: Antiseptischer Zusatz für Präparate zur Behandlung von Hämorrhoiden, Furunkeln und Abszessen.

Kaliumpermanganat (s. Kap. 2)

Eigenschaften: Mildes Antiseptikum mit breitem Wirkungsspektrum, austrockende Wirkung bei exsudativen Prozessen mit zugleich prophylaktischer Wirksamkeit gegen Sekundärinfektionen.
Anwendung: Zur therapeutischen Antiseptik unüblich, Farbflecke (Braunstein) sind durch 2%ige Oxal- oder 5%ige Natriumthiosulfatlösung entfernbar.

Metronidazol

Wirkung: In erster Linie antiprotozoische Wirkung von Bedeutung (Trichomonas, Entamoeba), wirksam auch bei Rosacea und bei Infektionen mit anaerob bzw. fakultativ anaerobenen Erregern (Plaut-Vincent-Angina, H.-vaginalis-Infektion), Propionibakterien sind resistent.
Verträglichkeit: Lokal gut verträglich, bei oraler Applikation (Maus, Ratte) erhöhte Inzidenz von Lungen- und Mammatumoren sowie Lymphomen, mutagen (Bakterientest), dagegen bei zahlreichen Säugetierspecies negative Mutagenitätsbefunde, ebenso kein Anhalt für Mutagenität bei therapeutischer Anwendung am Menschen, zumindest bei lokaler Anwendung offenbar kein mutagenes und teratogenes Risiko, Suppression der zellvermittelten Immunität.
Anwendung: Bei behandlungsbedürftiger therapierefraktärer Rosazea und Akne vulgaris, insbesondere bei papulopustulären Formen, antiseptische Anwendung nur bei Versagen einer Chemotherapie z. B. mit Oxytetracyclin bzw. bei Ineffektivität einer lokalen antiphlogistischen Therapie.

Natriumbituminosulfonat (Ichthyol®-Natrium)

Wirkung: Antiinflammatorisch, keratoplastisch, schwach bakteriostatisch.
Anwendung: Furunkel, Kombinationspartner in Präparaten zur Anwendung bei Pyodermien, Akne vulgaris, Ulcus cruris und infiziertem Ekzem.

Neomycin (Polypeptidantibiotikum)

Wirkung: Hohe bakteriostatische Wirkung gegen S. aureus (S. pyogenes weniger empfindlich) und die meisten gramnegativen Bakterien außer Pseudomonas spp.
Verträglichkeit: Hohe Sensibilisierungspotenz, keine systemische Gefährdung bei lokaler Anwendung bekannt.
Anwendung: Zur Erweiterung des Wirkungsspektrums meist kombinierte Anwendung mit Bacitracin (s. Nebacetin).

Nitrofural, Nitrofurazon (s. Kap. 2)

Wirkung: Bakteriostatisch mit Wirkungslücken bzw. z.T. nur geringer Wirksamkeit (z.B. gegen P. aeruginosa).
Eigenschaften: Chromosomale Resistenzentwicklung möglich.
Verträglichkeit: 0,2%ig innerhalb 21 d keine kumulative Hautreizung, mittelstarkes Allergen, akute orale Toxizität mäßig bis hoch, Resorptionstoxizität ohne Bedeutung, tumorigen (oral, tierexerimentell), jedoch keine epidemiologischen Hinweise für erhöhte Tumorinzidenz bei antiseptischer Anwendung.
Anwendung: Infektionsprophylaxe leichter Hautläsionen, bakteriell infizierte Dermatosen; routinemäßige Anwendung ist abzulehnen.

Resorcinol

Wirkung: Phenolkoeffizient für Staph. aureus < 1, sehr geringe keratolytische bzw. keratoplastische Wirkung.
Eigenschaften: Gut wasserlöslich, galenisch vielseitig verarbeitbar.
Verträglichkeit: Gut haut-und schleimhautverträglich, allergene Potenz, Gefahr toxisch-resorptiver Nebenwirkungen an Leber, Niere und hämopoetischem System, insbesondere für Säuglinge und Kleinkinder toxisch, bei großflächiger Anwendung letale Intoxikationen möglich, kontraindiziert ist die Anwendung auf offenen Hautstellen, bei UDP-Glucuronosyltransferase-Insuffizienz Gefahr des Icterus non-haemolyticus.
Anwendung: Als Keratolytikum in Kombination mit Salicylsäure insbesondere in Präparaten zur Aknetherapie, zur antimykotischen Behandlung und zur Therapie des Erythrasma (z.B. mit Solutio Castellani farblos), ferner zur Behandlung von Seborrhoea capillitii und seborrhoischem Ekzem, wegen toxischer Gefährdung wäre eine Eliminierung aus Externa wünschenswert.

Salicylsäure

Wirkung: Keratolytisch und keratoplastisch, mikrobiostatisch und mikrobiozid, breites Wirkungsspektrum, allerdings z.B. deutlich geringer wirksam als Chinolinole, gute Penetration in die Talgdrüseninfundibula, Fabry-Spiritus (s. u.) hat neben Soforteffekt remanente antiseptische Wirkung gegen Propionibacterium spp. und S. epidermidis im Bereich des Stratum corneum (Akroinfundibulum und Infrainfundibulum).
Eigenschaften: Keine klinisch bedeutsame Resistenzentwicklung.
Verträglichkeit: Risiko akuter bzw. subakuter Intoxikation auf Grund rascher dermaler Resorption, Einhaltung der Höchstkonzentration von 1%, die gerade noch keratolytisch wirkt, zeitlich und örtlich limitierte Anwendung (nicht länger als höchstens 4 Wochen, nicht > 10% der Körperoberfläche), keine okklusive Applikation, nicht indiziert bei Säuglingen und Kleinkindern oder Patienten mit Niereninsuffizienz.
Anwendung: Als Keratolytikum bei Akne vulgaris und Psoriasis vulgaris, in Kombination mit Phenolum liquefactum-haltigen 50%igem Propan-2-ol (sog. Fabry-Spiritus) bei Erythrasma, Pityriasis versicolor u.a. (die Phenol-Komponente sollte durch besser verträgliche Phenolderivate substituiert werden).

Schwefel und Schwefelverbindungen

Wirkung: Mikrobiostatisch, antiparasitär, virustatisch, immunstimulierend (Versuchstier), keratolytisch und keratoplastisch (letzteres nur tierexperimentell nachgewiesen), sebosuppressive Wirkung ist experimentell nicht bewiesen.
Eigenschaften: Wirkung von elementarem Schwefel ist maßgeblich vom Dispersionsgrad, d.h. der Teilchengröße und wirksamen Oberfläche, abhängig.
Verträglichkeit: Lokal und systemisch (z.B. als Abführmittel wurden 2–4 g angewandt) gut, bei Säuglingen und Kleinkindern systemisch toxische Wirkungen nach Einreiben größerer Hautareale, z.B. bei Scabiestherapie, möglich.
Anwendung: Antischuppenmittel (Pityriasis simplex capitis), zählt zu den ältesten antiparasitären Mitteln, wird gelegentlich noch bei seborrhoischen Hauterkrankungen und Pityriasis versicolor, meist in Kombination mit Bakteriostatika, sowie in Bädern zur allgemeinen Reborierung und Vitalisierung des Hautorgans angewandt; auf Grund komedogener Wirkung ist der Wert der Schwefeltherapie bei Akne vulgaris umstritten.

Selendisulfid

Wirkung: Hemmung der Zellproliferation der Basalzellreihe der Epidermis (Keratostase) sowie von erhöhter Zellproliferation bei Kopfschuppen, allerdings (reversible) Steigerung der Sebumsynthese, Hemmung von Pityrosporumerregern.
Verträglichkeit: Oral hoch toxisch, Intoxikation bei Anwendung auf der Kopfhaut mit Exkoriationen bekannt, percutane Resorption nicht meßbar, Risiko von Langzeitnebenwirkungen nicht untersucht, Photosensibilisierung möglich, keine Anwendung auf stark entzündeter Haut, Augenkontakt vermeiden, wiederholte Shampooanwendung kann zum Haarverlust führen.
Anwendung: Als Shampoo bei Pityriasis simplex capillitii bzw. als Paste oder Shampoo bei Pityriasis versicolor, Therapieverbesserung der internen Griseofulvinanwendung bei Tinea capitis durch gleichzeitige Shampooanwendung, moderne Antimykotika sind wirksamer, Dermatosen des seborrhoischen Formenkreises, keine Anwendung bei geschädigter Hautbarriere (Entzündung, Exkoriation, u.a.)

Sulfanilamide

Wirkung: Bakteriostatisch (grampositive und gramnegative Bakterien).
Eigenschaften: Zunehmende Resistenzentwicklung bei kompletter Kreuzresistenz zwischen Sulfanilamiden.
Verträglichkeit: Mittelstarke Allergene und Photosensibilisatoren, bei systemischer Anwendung toxische Risiken einschließlich teratogener Potenz.
Anwendung: Impetigo contagiosa, impetiginisierte Ekzeme, Folliculitiden, Pyodermien, nicht als Präparate 1. Wahl anzusehen, keine Anwendung auf lichtexponierten Partien, zur lokalen Anwendung nur schwer resorbierbare Sulfonamide wie Sulfamerazin.

Thymol

Wirkung: Mikrobiostatisch und mikrobiozid (etwa 30 mal wirksamer als Phenol), auch gegen Herpes-simplex-Viren wirksam, Synergismus bzw. Additivität mit anderen Phenolen.
Eigenschaften: Wenig wasserlöslich, gut löslich in Alkoholen und Ölen.
Verträglichkeit: > 0,1% hautreizend, Förderung der Wundheilung, akute orale Toxizität leicht bzw. mäßig, kein Anhalt für Mutagenität, tierexperimentell embryotoxisch.
Anwendung: Im allgemeinen als Kombinationspartner für Präparate zur Anwendung bei infizierten Dermatosen bzw. Ekzemen, auch zur Behandlung von Furunkeln und Abszessen.

Tyrothricin (s. Kap. 2)

Anwendung: Bakteriell superinfizierte Dermatosen, Pyodermien, chronisch rezidivierende Aphthen, Herpes-simplex-Infektionen, Ulcus cruris; anderen Lokalantibiotika sowie Sulfonamiden, Farbstoffen und teerhaltigen Schüttelmixturen gleichwertig bzw. überlegen bei Vorteil der sehr geringen Sensibilisierungspotenz und Wundheilungsförderung.

Für die Wirkstoffcharakteristik wurde neben verschiedenen Originalmitteilungen folgende Literatur zugrunde gelegt:

Bandemir und Pambor (1985), Beilfuß et al. (1987), Braun-Falco und Korting (1983), Czeisel (1985), Gebhart (1985), Gloor et al. (1979), Grünholz (1952), Hartmann et al. (1986), Haustein et al. (1986), Klinger (1977), Krasilnikow und Adartschenko (1987), Reynolds (1989), Rödel (1987), Rote Liste (1992), Sax (1965), Schramm et al. (1985), Seebacher (1987), Szorady (1985), Walther und Meyer (1986), Ziegler (1985).

Bei der Charakterisierung des Wirkungsspektrums der o. g. Wirkstoffe ist zu berücksichtigen, daß die antivirale Effektivität der Wirkstoffe nur ungenügend untersucht ist, weil derartige Prüfungen aufwendig und schwierig standardisierbar sind. Insbesondere gilt das für tierexperimentelle Modelle (Brahms et al. 1957; Bingel 1957; Haussmann 1957, pers. Mitt.).

Insgesamt wird die Tendenz deutlich, daß mit wachsender Größe der Viren häufig eine Empfindlichkeitszunahme auch gegen antibakterielle Wirkstoffe feststellbar ist. Die Resistenz kleiner und kleinster Viren weicht von dieser Regel ab. Zweifellos gibt es jedoch einige Wirkstoffe mit gleich guter antibakterieller und antiviraler Wirksamkeit (Bingel 1953; Grafe u. Haussmann 1957).

Zur Behandlung von Ulcera cruris, schlecht heilenden Wunden, Fissuren, Rhagaden u.ä. werden weitere Verbindungen mit antimikrobieller Wirkung angewandt (s. Kap. 9 und Rote Liste 1992). Da eine Nutzen-Risiko-Beurteilung schwer fällt, soll ein Hinweis in Hinblick auf weiterführende Literaturrecherchen genügen: 9-(3-Diethylamino-2-hydroxypropylamino)-6,7-dimethoxy-3-nitroacridin-HCl, Tribromphenolbismuth, Bismuth(III)-iodid-oxid, Chlorocresol (vgl. Kap. 2).

6.3 Antiseptische Antimykotika

Da im Band II/3 des Handbuchs der Antiseptik von Seebacher (1987) eine ausführliche Übersicht über Antimykotika gegeben wurde, werden an dieser Stelle die modernen Wirkstoffe lediglich tabellarisch in Hinblick auf lokale bzw. systemische Anwendung und Erregerspektrum eingeordnet (Tabelle 20-7).

• *Grundsätzlich gilt die therapeutische Prämisse, daß eine Chemotherapie mit Antimykotika nur bei Versagen einer antiseptischen Therapie indiziert ist.*

Zur Behandlung von Onychomykosen, die therapeutisch besonders schwierig beeinflußbar sind, wird in der neueren Literatur folgende Kombination empfohlen, die auf Grund der eingesetzten Wirkstoffe insofern bestechend ist, als es sich um ausnahmslos gut verträgliche physiologische bzw. physiologisch angepaßte Wirkstoffe handelt: 10 g Harnstoff, 15 g Milchsäure, 4 g NaOH, 21 g Wasser und 50 g Propylenglycol (Faergemann u. Swanbeck 1989).

Neben den in Tabelle 20-7 genannten vorzugsweise zur antimykotischen Therapie eingesetzten Wirkstoffen gibt es eine Reihe weiterer Antiseptika mit antimykotischer Effektivität, auf die an dieser Stelle nur in Form einer alphabetisch geordneten Aufzählung hingewiesen werden soll. Sofern die Wirkstoffe überwiegend als Kombinationspartner und nicht als eigentliche Hauptwirkstoffe eingesetzt werden, wurde in Klammern der Hinweis durch die Abkürzung (K) gegeben:

Actol, Ammoniumdodecylsulfat (K), 5-Bromsalicylsäure (K), Buclosamid, Caprylsäure (K, bis 10%), 8-Chinolinolsalicylat (K), 8-Chinolinolsilicofluorid (K), 5-Chlorcarvacrol (K), Chlormidazole, Chlorophenesin, Chloroxylenol (K), 6-Chlorthymol (K), Clobromsalan, Cloprothiazoledisilat (1%), Decamethoxin, Dermacid (1%), Dichlorophen, Dodecansäurehexylester (1,6%), Dodecylbenzensulfonsäure (K), Dodecyltriphenylphosphoniumbromid (K), Fenticlor, Fezatione, Haletazole, 4-Hexylresorcinol, Methenamin (K), Milchsäure (K, s. Kap. 2), Paraben (K), Propionsäure (K, bis 2,5%), Propylenglycol (K), Propyl-4-hydroxybenzoat (K), Sulbentin, Tetrabrom-2-cresol (K), Triclaton (15–33%), Triacetin (15–33%), Triphenylmethanfarbstoffe, Tyrothricin (K), Undecanolamid (K, 1–4%), Undec-10-ensäure (K, 1–10%).

6.4 Antiparasitika

Bei Befall mit Läuse- bzw. Milbenarten werden antiseptische Antiparasitika eingesetzt. Die am häufigsten verwendeten Wirkstoffe sind γ-Hexa-chlorcyclohexan (Yacutin, Lindan), Benzylbenzoat, 2,7-Dimethylthiantren (Mesulfen), Malathion, Cupfer(II)-oleat, Pyrethrum-Extrakt, Allethrin und Piperonylbutoxid. Lindan ist hochtoxisch und darf nicht mit Schleimhäuten (Mund, Auge) in Kontakt kommen. Bäder, Waschungen und Salben bzw. Kosmetika, die u. U. eine Resorption von Lindan fördern, sind während der Therapie nicht anzuwenden (Haustein et al. 1986). Bei Schwangeren und Säuglingen ist das weniger toxische Benzylbenzoat zur Scabiestherapie zu bevorzugen. Auch Crotamiton hat sich bewährt (Ring u. Fröhlich 1985). Bei Larva migrans ist Thiabendazol (10%ig) effektiv.

Tabelle 20-7. Neuere antiseptische Antimykotika mit hoher Effektivität und günstiger therapeutischer Breite

Wirkstoff (internationaler Freiname)	Anwendung		selektive Wirkung		breites Erregerspektrum			
	lokal	systemisch	Dermatophyten	Sproßpilze	Pilze	Bakterien gram-positiv	Bakterien gram-negativ	Trichomonaden
Bifonazol	+				+	+		
Candicin	+			+				
Ciclopirox olamine	+				+	+	+	+
Clotrimazol	+				+	+		+
Econazol	+				+	+		
Fenticonazol	+				+			
Griseofulvin	+	+	+					
Haloprogin	+				+	+		
Isoconazol	+				+	+		
Ketoconazol	+	+			+			
Miconazol	+				+	+		+
Naftifin	+				+			
Natamycin	+				+			+
Niphimycin	+				+			+
Nystatin	+				+			+
Oxiconazol	+				+	+		
Terconazol	+				+			
Tioconazol	+				+	+		
Tolciclat	+		+					
Tolnaftat	+		+					
Trichomycin	+				+			+

Literatur

Aly R, Maibach HJ, Shinefield HR (1977) Microbial flora of atopic dermatitis. Arch Dermatol 113:780–782

Bandemir B, Pambor M (1985) Toxische (irritative) Nebenwirkungen von Antiseptika an der Haut. In: Kramer A, Berencsi G, Weuffen W (Hrsg) Toxische und allergische Nebenwirkungen von Antiseptika, Fischer, Stuttgart New York (Handbuch der Antiseptik Bd I/5, S 37–66)

Bannatyne RM, Harnet NM (1976) Metronidazole und Akne. Acta Dermvenerol (Stockh) 56:307–308

Beilfuß W, Bücklers L, Eigener U, Harke H-P, Sturm U (1987) Phenole. In: Kramer A, Weuffen W, Krasilnikow AP, Gröschel D, Bulka E, Rehn D (Hrsg) Antibakterielle, antifungielle und antivirale Antiseptik, Fischer, Stuttgart New York (Handbuch der Antiseptik Bd II/3, S 265–342)

Beyrich T (1983) Cumarine, Furanocumarine. In: Weuffen W, Kramer A, Bulka E, Schönenberger H (Hrsg) Thiazole, Cumarine, Carbonsäuren und -Derivate, Chlorhexidin, Bronopol, Fischer, Stuttgart New York (Handbuch der Antiseptik B II/2, S 74–81)

Bibel DJ, Lovell DJ (1976) Skin flora maps: a tool in the study of cutaneous ecology. J Invest Dermatol 67:265–269

Bingel KF (1953) Ein Beitrag zur Methodik der Desinfektionswirkung bei Viren. Z Hyg Inf-Kr 137:126–137

Bingel KF (1957) Die experimentelle Virusdesinfektion, Ergebnisse und Methoden. Barth, Leipzig

Brahms O, Lippelt H, Müller F (1955) Experimentelle Beiträge zur Frage der Virusinaktivierung. Zentralbl Bakteriol Mikrobiol Hyg A 163:425–429

Braun-Falco O, Korting HC (1983) Metronidazoltherapie der Rosazea. Hautarzt 34: 261–265

Chin P, Davies DG (1976) The skin flora of the hemiplegic hand. J Hyg (Camb) 77:93–96

Cort WW (1950) Studies on Schistosome dermatitis. XI. Status of knowledge after more than twenty years. Am J Hyg 52:251–307

Czeizel A (1985) Teratology of Antiseptics. In: Kramer A, Berencsi G, Weuffen W (Hrsg) Toxische und allergische Nebenwirkungen von Antiseptika, Fischer, Stuttgart New York (Handbuch der Antiseptik Bd I/5, S 327–373)

Drees O (1956) Die virusinaktivierenden Eigenschaften von Formaldehyd-Laktose. Arzneimittelforschung 6:465–466

Evans HE, Akpata SO, Baki A (1971) Relationship of the birth canal to the bacterial flora of the neonatal respiratory tract and skin. Obstet Gynecol 37:94

Faergemann J, Swanbeck G (1989) Treatment of onychomycosis with a propylene glycolurealactic acid solution. Mykosen 32:536–540

Feuerman EJ (1977) Die Behandlung von Herpes simplex mit Viru-Merz. Serol Ther Woche 27:5923–5925

Fischer G, Gardell S, Jorpes E (1954) Über die chemische Natur des Acridins und die viruciden Effekte einiger pflanzlicher Tannine. Zentralbl Bakteriol Mikrobiol Hyg A 161:349–354

Gebhart E (1985) Mutagnität von Antiseptika. In: Kramer A, Berencsi G, Weuffen W (Hrsg) Toxische und allergische Nebenwirkungen von Antiseptika, Fischer, Stuttgart New York (Handbuch der Antiseptik Bd I/5, S 279–326)

Gloor M, Peter G, Stoika D (1982) On the resident aerobic bacterial skin flora in unaffected skin of patients with atopic dermatitis and in healthy controls. Dermatologica 164:259–265

Gloor M, Steinbacher M, Franke M (1979) Über die antimikrobielle Wirkung der Salicylsäure auf die Propionibakterien im Talgdrüseninfundibulum. Z Hautkr 54:856–860

Gönnert R, Bock M (1956) Zur Chemoresistenz der Viren. Arzneimittelforschung 6:522

Götz H, Sturde H-C, Grube E (1957) Hefebefunde bei Ekzemen und ihre Bedeutung. Arch klin exp Dermatol 204:523–542

Grafe A, Haussmann HG (1957) Über eine für die Desinfektionsmittelprüfung optimal geeignete Methode zur Züchtung des Influenza-, Mumps- und Newcastle-Virus im Allantoissack des Hühnerembryos. Z Hyg Inf-Kr 143:343–349

Grimmer H (1968) Candidamykosen. Z Hautkr 43:943–948

Grünholz G (1952) Erfahrungen mit „Tannolact". Kinderärztl Prax 20:2–4

Hartmann AA (1979) Tägliches Baden und Verhalten der Hautflora. Arch Dermatol Res 265:153–164

Hartmann AA, Pietzsch Chr, Elsner P, Lange T, Hackel H, Fischer P, Bertelt Th (1986) Antibacterial efficacy of Fabry's tinctura on the resident flora of the skin at the forehead. Study of bacterial population dynamics in stratum corneum and infundibulum after single and repeated applications. Zentralbl Bakteriol Mikrobol Hyg B 182:499–514

Hauser C, Saurat HJ (1985) Die Bedeutung der Hautbesiedlung durch Staphylococcus aureus bei der atopischen Dermatitis. Hautarzt 36:605–607

Hauser C, Würthrich B, Matter L, Wilhelm JA, Sonnabend W, Schopfer K (1985) Staphylococcus aureus skin colonization in atopic dermatitis patients. Dermatologica 170:35–39

Haustein U-F (1989) Bakterielle Hautflora, Wirtsabwehr und Hautinfektionen. Dermatol Monatsschr 175:665–680

Haustein U-F, Barth J, Fickweiler E (1986) Dermatologische Lokaltherapie. Volk u. Gesundheit, Berlin

High AS (1987) Ultraviolet therapy in localised antisepsis. In: Kramer A, Weuffen W, Krasilnikow AP, Gröschel D, Bulka E, Rehn D (Hrsg) Antibakterielle, antifungielle und antivirale Antiseptik, Fischer, Stuttgart New York (Handbuch der Antiseptik Bd II/3, S 166–178)

Hübner U, Barth J (1990) Bakterielle Erkrankungen der Haut in der allgemeinmedizinischen Praxis. Z Ärztl Fortbild 84:1194–1197

Jung EG (1977) Lokale Photochemotherapie der Warzen. Akt dermatol 3:17–19

Kanai K (1987) Long-chain fatty acids. In: Kramer A, Weuffen W, Krasilnikow AP, Gröschel D, Bulka E, Rehn D (Hrsg) Antibakterielle, antifungielle und antivirale Antiseptik, Fischer, Stuttgart New York (Handbuch der Antiseptik Bd II/3, S 246–264)

Klein K, Evers H, Voß HW (1990) Hautoberflächen-pH in der Gesamtbevölkerung: Meßdaten und ihre Korrelation mit weiteren Parametern. In: Braun-Falco O, Kerting HC (Hrsg) Hautreinigung mit Syndets, Springer, Berlin Heidelberg New York London Paris Tokyo Hong Kong, S 67–76

Klinger W (1977) Arzneimittel-Nebenwirkungen. 3. Aufl, Fischer, Jena

Kober M (1990) Bestimmung des Hautoberflächen-pH bei Probanden: Methodik und Ergebnisse im Rahmen klinischer Studien. In: Braun-Falco O, Korting HC (Hrsg) Hautreinigung mit Syndets, Springer, Berlin Heidelberg New York London Paris Tokyo Hong Kong, S 57–66

Korting HC (1990) Das Säuremantelkonzept von Marchionini und die Beinflussung der Resident-Flora der Haut durch Waschungen in Abhängigkeit vom pH-Wert. In: Braun-Falco O, Korting HC (Hrsg) Hautreinigung mit Syndets, Springer, Berlin Heidelberg New York London Paris Tokyo Hong Kong, S 93–103

Kramer A, Weuffen W, Schwenke W (1973) Mikrobiologische und dermatologische Anforderungen an antiseptische Seifen. Dermatol Monatsschr 159:526–539

Krasilnikow AP, Adartschenko AA (1987) Resistenzentwicklung von Staph. aureus, Pseud. aeruginosa und Enterobacteriaceae gegen Antiseptika. In: Kramer A, Weuffen W, Krasilnikow AP, Gröschel D, Bulka E, Rehn D (Hrsg) Antibakterielle, antifungielle und antivirale Antiseptik, Fischer, Stuttgart New York (Handbuch der Antiseptik Bd II/3, S 123–142)

Lowbury EJL, Lilly HA, Bull JP (1963) Disinfection of hands: removal of resident bacteria. Br Med J (Clin Res) 19:1251–1256

Lowbury EJL, Lilly HA, Bull JP (1964) Disinfection of hands: removal of transient organisms. Br Med J (Clin Res) 20:230–233

Lynfield YL, Ostroff G, Abraham J (1972) Bacteria, skin sterilization, and wound healing in psoriasis. NY State J Med 1247–1250

Mackowiak PhA (1984) Antiseptic Microbial Colonization: The Significance of the Resident Flora in Natural Defense against Pathogens. In: Krasilnikow AP, Kramer A, Gröschel D, Weuffen W (Hrsg) Faktoren der mikrobiellen Kolonisation, Fischer, Stuttgart New York (Handbuch der Antiseptik Bd I/4, S 68–78)

Mevius W (1978) Trematoden als Ursache der Cercarien-Bade-Dermatitis. Forum Städte-Hyg 29:63–64

Meyer-Rohn J (1965) Saprophytische und pathogene Bakterien der Haut. In: Jadassohn J (Hrsg) Handbuch der Haut- und Geschlechtskrankheiten, Ergänzungswerk IV/1 A, Springer, Berlin, S 1–78

Müller E (1968) III. Staphylococcus aureus nach künstlicher Verimpfung auf die normale Hautoberfläche der Unterarmbeugeseite und anderer Körperregionen. IV. Staphylococcus aureus nach künstlicher Verimpfung auf die Oberhaut nach (subtotaler) Entfernung der Hornschicht. Arch Kin Exp Derm 232:350–358, 359–366

Müller E, Dämmrich J (1976) Zur Bedeutung des intakten Stratum corneum für die Abwehrkraft der Hautoberfläche gegenüber Escherichia coli. Med Dissertation, Universität Würzburg

Nasemann Th (1989) Lokalbehandlung bei Herpes zoster. Dtsch Med Wochenschr 14:928

Noble WC (1981) Microbiology of Human Skin. In: Rook A (ed) Major Problems in Dermatology. 2nd edn. Lloyd-Luke, London

Noble WC, Savin JA (1968) Carriage of Staphylococcus aureus in psoriasis. Br Med J (Clin Res) 1:417

Paetzold OH (1975) Was geschieht mit den pathogenen Bakterien auf der Haut. Kosmetol H 5

Pfeiff B, Pullmann H, Eis-Hübinger AM, Gerritzen A, Schneweis KE, Mayr A (1991) Letale Tierpockeninfektion bei einem Atopiker unter dem Bild einer Variola vera. Hautarzt 42:293–297

Przybilla B, Balde BR (1980) Allergische Kontaktdermatitis durch Tromantadin. Münch Med Wochenschr 122:1195

Rebell G (1962) Bacteria of the human skin. Excerpta med 52:76

Reichhardt W (1980) Ergebnisse einer Feldstudie mit Idoxuridin in Dimethylsulfoxid in der Behandlung von Herpes zoster und Herpes simplex. Z Hautkr 55:773–781

Reynolds EF (1989) Martindale The extra Pharmacopoeia. 29th edn. Pharmaceutical Press, London

Ring J, Fröhlich HH (1985) Wirkstoffe in der dermatologischen Therapie. Springer, Berlin Heidelberg New York Tokio

Röckl H (1977) Probleme der Bakterienökologie der Haut. Hautarzt 28:155–159

Röckl H, Müller E (1959) Beitrag zur Lokalisation der Mikroben der Haut. Arch Klin Exp Dermatol 209:13–29

Rödel B (1987) 8-Chinolinole, ausgewählte klinisch interessierende Derivate. In: Kramer A, Weuffen W, Krasilnikow AP, Gröschel D, Bulka E, Rehn D (Hrsg) Antibakterielle, antifungielle und antivirale Antiseptik, Fischer, Stuttgart New York (Handbuch der Antiseptik Bd II/3, S 343–360)

Rote Liste (1992) Verzeichnis von Fertigarzneimitteln der Mitglieder des Bundesverbandes der Pharmazeutischen Industrie e.V. Bundesverband Pharm. Ind., Frankfurt a.M., Cantor, Aulendorf

Sax I (1965) Dangerous Properties of Industrial Materials. 2nd edn. Reinhold, New York, Chapman u. Hall, London

Schramm T, Teichmann B, Teichmann M, Gratti A (1985) Zur Kanzerogenität von Antiseptika – ausgewählte Beispiele: In: Kramer A, Berencsi G, Weuffen W (Hrsg) Toxische und allergische Nebenwirkungen von Antiseptika, Fischer, Stutgart New York (Handbuch der Antiseptik Bd I/5, S 374–404)

Seebacher C (1987) Antimykotika. In: Kramer A, Weuffen W, Krasilnikow AP, Gröschel D, Bulka E, Rehn D (Hrsg) Antibakterielle, antifungielle und antivirale Antiseptik, Fischer, Stuttgart New York (Handbuch der Antiseptik Bd II/3, S 25–122)

Somerville DA (1969) The normal flora of the skin in different age groups. Br J Dermatol 81:248–258

Somerville DA, Murphy CT (1973) Quantitation of Corynebacterium acnes on healthy human skin. J Invest Dermatol 60:231–233

Somerville-Millar DA, Noble WC (1974) Resident and transient bacteria of the skin. J Cutan Pathol 1:260–264

Stalder JF (1990) Mikrobielle Komplikationen bei Neurodermitis. Zbl Haut Geschl Krankh 157:234

Stüttgen G (1965) Die normale und pathologische Physiologie der Haut. Fischer, Jena, S 355

Szorady I (1985) Pharmakogenitik. In: Kramer A, Berencsi G, Weuffen W (Hrsg) Toxische und allergische Nebenwirkungen von Antiseptika, Fischer, Stuttgart New York (Handbuch der Antiseptik Bd I/5, S 405–421)

Thiele FAJ, van Sanden KG (1964) Die Bedeutung der Reduktionszahl für Mikroorganismen auf der Haut bei germiziden Seifen. Fette Seifen Anstrichm 66:59–61

Todorov N, Kirjakova N, Madjarova J (1981) Komplexe Behandlung des Herpes zoster mit Mikrowellen, Ultraschall, Vitaminen und Antiseptika. Dermatol Monatsschr 167:303–304

Ullrich JA (1965) Dynamics of Bacterial Skin Populations. In: Maibach HI, Hildick-Smith G (eds) Skin Bacteria and their Role in Infection, McGraw-Hill, New York Sydney Toronto London, pp 219–234

Walther H, Meyer F (1986) Klinische Pharmakologie antibakterieller Arzneimittel. Volk u. Gesundheit, Berlin

Werner H-P, Flamm H, Lackner F, Kucher R (1972) Kontrolle der Infektionswege auf einer Intensivbehandlungsstation. Z prakt Anästh 7:121–127

Williamson P (1965) Quantitative Estimation of Cutaneous Flora. In: Maibach HI, Hildick-Smith G (eds) Skin Bacteria and their Role in Infection, McGraw-Hill, New York Sydney Toronto London, pp 3–11

Wolff HH, Plewig G (1976) Ultrastruktur der Mikroflora in Follikeln und Comedonen. Hautarzt 27:432–440

Ziegler V (1985) Grundlagen und Nachweismöglichkeiten allergener Nebenwirkungen vom Ekzemtyp durch Antiseptika. In: Kramer A, Berencsi G, Weuffen W (Hrsg) Toxische und allergische Nebenwirkungen von Antiseptika, Fischer, Stuttgart New York (Handbuch der Antiseptik Bd I/5, S 67–83)

Klinische Bedeutung der Empfindlichkeit nosokomialer bakterieller Krankheitserreger gegen Antiseptika

A. P. Krasilnikow, A. A. Adartschenko und E. I. Gudkowa

Die Auswahl eines Antiseptikums wird vor allem von folgenden Gesichtspunkten bestimmt:

- Anwendungsbiotop und davon abhängig die galenische Zubereitung,
- Zielstellung der Antiseptik (prophylaktische oder therapeutische, kurz- oder langfristige Anwendung),
- Wirkungsmechanismus und -spektrum,
- Erregerresistenz und
- Verträglichkeit.

Zur Feststellung der Resistenzsituation bedarf es der gezielten mikrobiologischen Diagnostik. Die Kenntnis über das zu erwartende Wirkungsspektrum, also die natürliche Erregerresistenz, allein ist nicht ausreichend, da bei nosokomialen bakteriellen Populationen, den sog. Hospitalökovaren, auch eine Resistenzentwicklung gegenüber Antiseptika bekannt ist (Pitt et al. 1983; Krasilnikow et al. 1984; 1987). Antiseptika-resistente Varianten waren bei allen von uns untersuchten Bakterienspecies (Staphylococcus, Pseudomonas, Escherichia, Proteus, Enterobacter, Klebsiella, Citrobacter und Acinetobacter spp.) nachweisbar (Tabelle 21-1). Dabei ist eine zeitliche Abhängigkeit der Resistenzentwicklung charakteristisch (Tabelle 21-2).

Sollte die Resistenz in dieser Form weiter anwachsen, kann das größere klinische Bedeutung erlangen. Besonders ausgeprägt war die Resistenzzunahme in einer Abteilung für Verbrennungskranke. Im Untersuchungszeitraum 1986–1988 hatten 50% der Staphylokokken- und 96% der Pseudomonasstämme eine Resistenz gegen ein oder mehrere Antiseptika erworben (Krasilnikow et al. 1987). Aufgrund dieser Situation ergeben sich folgende Aufgabenstellungen:

- Auswahl des Antiseptikums nach vorheriger Erregerdiagnostik einschließlich der Ermittlung der Antiseptikaresistenz,
- Überwachung der Verbreitung Antiseptika-resistenter Hospitalökovare,
- Kontaminationskontrolle antiseptischer Gebrauchslösungen.

A. Kramer et al. (Hrsg.)
Klinische Antiseptik

Tabelle 21-1. Häufigkeit klinisch resistenter nichthospitaler bzw. hospitaler Bakterienstämme gegen ausgewählte Antiseptika

Antiseptikum	Anteil (%) resistenter Stämme					
	S. aureus		P. aeruginosa		Enterobacteriaceae spp.	
	außerhalb des Krankenhauses (n=150–289)	Krankenhaus (n=150–801)	außerhalb des Krankenhauses (n=83–94)	Krankenhaus (n=183–441)	außerhalb des Krankenhauses (n=300–491)	Krankenhaus (n=200–273)
Benzalkoniumchlorid	0	25,3[1]	100	100	97,7	100
Cetylpyridiniumchlorid	0,4	22,0[1]	100	100	100	100
Chloramin B	6,2	20,5	2,1	69,3	71,9	79,2
Chlorhexidin	0	1,5[1]	46,8	44,8	8,3	9,5
Dioxidine	68,7	43[1]	3,7	20,4[1]	4,0	0 1
Ethacridinlactat	15,6	56,4[1]	100	100	100	100
Ethonim	0	6,4	100	100	89,3	86
Furagin	0		100	100	52	
Furacilin	39,2	22,5[1]	100	100	38	56,8[1]
Natriumdodecanat	34	91,3[1]	100	100	100	100
Natriumdodecylsulfat	1,3	28,7[1]	100	100	100	100
Natriumsulfacetamid	0	0	0	0	0	0
PVP-Iod	0	0	0	6,5[1]	0	15[1]
Resorcinol	0	0	0	0	0	0,7
Salicylsäure	0		0		0	

[1] $p < 0,05–0,001$

Tabelle 21-2. Dynamik der Entwicklung einer klinischen Resistenz gegen Antiseptika bei nosokomialen Ökovaren

Antisepikum	Anteil (%) klinisch resistenter Stämme				
	S. aureus			P. aeruginosa	
	1969 (n = 173)	1982–1983 (n = 131–150)	1986–1988 (n = 601)	1978–1979 (n = 183)	1986–1988 (n = 258)
Benzalkoniumchlorid		14,7	28 [1]	100	100
Chlorhexidin	0	0	1,8 [1]	71	26,4 [1]
Dioxidine		35,3	46,1 [1]	12,6	30 [1]
Ethacridinlactat	0	56,4 [1]	7,5 [1]	100	100
Ethonium	0	6,9 [1]	6,3	100	100
PVP-Iod		0	0	0	11,4 [1]
Resorcinol	0	0	0	0	0

[1] $p < 0,05-0,001$

1 Bestimmung der Empfindlichkeit gegenüber Antiseptika

Gegenwärtig ist die Bestimmung der Antiseptikaresistenz aufgrund der Unterbewertung der klinischen Bedeutung dieses Sachverhalts nicht üblich. Für die Resistenzprüfung werden dieselben Nährmedien wie für die Bestimmung der Antibiotikaresistenz benötigt. Untersucht werden Abimpfungen einer 24-h-Agarkultur mit jeweils etwa $8{,}5 \cdot 10^6$ Bakterien/ml. Bei geschlossenen infektiösen Prozessen werden 2–3 Kulturen, bei offenen Prozessen aufgrund der zu erwartenden größeren Heterogenität der Bakterienpopulation 5–10 Kulturen einer Species entweder separat oder zu gleichen Teilen gemischt angelegt. Die Kulturen werden mit einem Replikator (25 Stempel) oder einer Pasteur-Pipette aufgebracht (1 Tropfen der Kultur enthält etwa $4{,}25 \cdot 10^6$ Keime/ml). Die Tropfflächen sind im Agar durch runde Einkerbungen begrenzt. Hemmung bzw. Wachstum wird im Vergleich zum Nähragar ohne Antiseptikumzusatz nach 24 h bewertet. Zur Beurteilung der Empfindlichkeit sind vor allem die MHK, die Kennziffer der klinischen Empfindlichkeit und der Index der Antiseptikaaktivität (IAA) geeignet (Krasilnikow et al. 1984). Die ermittelte MHK wird mit der arzneilich vorgesehenen Dosierung verglichen. Da auf Schleimhäuten und Wunden aufgebrachte Antiseptika etwa 4fach, auf der Haut aufgebrachte Antiseptika nur etwa 2fach verdünnt werden, werden zu klinisch empfindlichen Stämmen Kulturen gerechnet, die durch ¼ bzw. ½ der empfohlenen Anwendungskonzentrationen noch gehemmt werden (Schwellenwert). Analog dem chemotherapeutischen Index wird für Antiseptika der IAA als Quotient aus empfohlener Anwendungskonzentration und MHK ($\bar{x} + 2\sigma$) für den jeweils isolierten Stamm berechnet. Ist der IAA bei Hautantiseptika ≥ 2 bzw. bei Schleimhaut- und Wundantiseptika ≤ 4, ist eine ausreichende Wirksamkeit gewährleistet. Mit steigendem Quotienten ist eine höhere Sicherheit der antiseptischen Wirkung zu erwarten.

2 Überwachung der Ausbreitung Antiseptika-resistenter Bakterienstämme im Krankenhaus

Aufgrund der offenbar vor allem innerhalb der letzten beiden Jahrzehnte zunehmenden Ausbreitung Antiseptika-resistenter Bakterienstämme sollten Antiseptika möglichst erst nach der Feststellung der klinischen Empfindlichkeit zur Therapie oder Keimträgersanierung ausgewählt werden. Bei der Auswahl für prophylaktische Indikationen, z. B. präoperative Hautantiseptik, Schleimhaut-, Körperhöhlen- und Wundantiseptik, ist die vorherige Resistenzprüfung natürlich nicht durchführbar. Durch eine periodische Überprüfung der Resistenz gegenüber den am häufigsten angewandten Antiseptika kann jedoch auch bei prophylaktischer Anwendung ggf. über die Herausnahme von Antiseptika aus dem Sortiment entschieden werden bzw. eine gezielte Auswahl in Abhängigkeit vom Biotopy und der Resistenzsituation im stationären Bereich getroffen werden. Hierzu empfiehlt es sich, ein- bis zweimal jährlich bei ≥ 100 Kulturen der häufigsten nosokomialen Ökovare z. B. aus eitrig-entzündlichen Prozessen, dem Nasen-Rachen-Raum der Mitarbeiter und Patienten sowie von Oberflächen die MHK und die klinische Resistenz zu überprüfen.

Die mikrobielle Kontamination von Gebrauchslösungen hat neben der primären Resistenz bestimmter Kontaminanten, unterdosiert angesetzter Lösungen oder mangelhafter Distanzierung beim Umgang mit Lösungen mit Sicherheit auch ihre Ursache in der Resistenzentwicklung (Kramer et al. 1985). Deshalb sind Antiseptikalösungen in die krankenhaushygienischen Kontrolluntersuchungen einzubeziehen. Hierfür eignet sich die Membranfiltermethode, wobei das Filter zunächst mit Inaktivatorlösung, anschließend mit physiologischer Kochsalzlösung und erst dann mit flüssigem Nährmedium gespült wird. Letzteres kann z. B. auf Blutagar (7 d Bebrütung) und Sabouraud-Agar (14 d Kultivierung) bebrütet werden. Bei nachgewiesener Kontamination wird eine Ursachenanalyse durchgeführt.

Literatur

Kramer A, Kedzia W, Lebek G, Grün L, Weuffen W, Poczta A (1984) In-vitro- und In-vivo-Befunde zur Resistenzsteigerung bei Bakterien gegen Antiseptika und Desinfektionsmittel. In: Krasilnikow AP, Kramer A, Gröschel D, Weuffen H (Hrsg) Faktoren der mikrobiellen Kolonisation, Fischer, Stuttgart New York (Handbuch der Antiseptik, Bd I/4, S 79–121)

Krasilnikow AP, Adartschenko AA, Smuschko LS (1984) Variabilität der Erregerpopulationen von Hospitalinfektionen. In: Krasilnikow AP, Kramer A, Gröschel D, Weuffen W (Hrsg) Faktoren der mikrobiellen Kolonisation, Fischer, Stuttgart New York (Handbuch der Antiseptik, Bd I/4, S 34–67)

Krasilnikow AP, Adartschenko AA (1987) Resistenzentwicklung von Staph. aureus. Pseud. aeruginosa und Enterobakteriaceae gegen Antiseptika. In: Kramer A, Weuffen W, Krasilnikow AP, Gröschel D, Bulka E, Rehn D (Hrsg) Antibakterielle, antifungielle und antivirale Antiseptik – ausgewählte Wirkstoffe, Fischer, Stuttgart New York (Handbuch der Antiseptik Bd II/3, S 123–142)

Pitt TL, Maston MA, Hoffmann PN (1983) In vitro susceptibility of hospital isolates of various bacterial genera to chlorhexidine. J Hosp Inf 4:173–176

Kapitel 22

Indikationen für eine viruzide Antiseptik

F. v. Rheinbaben

Die mikrobiozide, ggf. auch eine überwiegend nur mikrobiostatische Wirksamkeit gegen Bakterien, Hefen und Pilze ist eine selbstverständliche Mindestforderung an Antiseptika. Gegenstand des letzten Kapitels ist die Diskussion der Frage, ob ggf. auch eine zusätzliche viruzide Wirksamkeit solcher Mittel erwünscht und wo sie gar zu fordern ist (DGKH 1991, 1992a, 1992b). Die Forderung nach virustatischen Eigenschaften ist für Antiseptika zur prophylaktischen Anwendung dagegen nicht adäquat, weil Viren außerhalb ihrer Wirtszellen zwar persistieren, sich jedoch nicht vermehren können. Unter therapeutischer Zielsetzung wäre eine virustatische Wirkung erwünscht, allerdings fehlen Untersuchungen über eine intrazelluläre Wirkung von Antiseptika, wie sie bei virustatischen Chemotherapeutika bekannt ist. Aus toxikologischen Gründen dürfte eine derartige Wirkung die Ausnahme sein. Definitionsgemäß ist der Bereich der viruziden Händedesinfektion aus der Betrachtung ausgeschlossen.

1 Indikationen und Ziele einer viruziden Antiseptik

Für einige Antiseptika wird bereits heute eine Wirksamkeitsaussage gegen bestimmte Viren gemacht, insbesondere gegen HIV, HBV oder HSV. Die sehr speziellen Anwendungsfelder der Mittel führen andererseits solche Aussagen oft ad absurdum. Es empfiehlt sich daher, die Indikation für eine sinnvolle viruzide Antiseptik zu definieren. Diese scheint grundsätzlich in folgenden Fällen angebracht, zumindest jedoch wünschenswert:

- bei akzidenteller Kontamination von Haut, Schleimhaut oder Wundoberflächen,
- zur Minimierung, ggf. sogar zur Verhinderung der Ausstreuung infektiösen Virus,
- zum Schutz des Neugeborenen.

A. Kramer et al. (Hrsg.)
Klinische Antiseptik

Die bei einer akzidentellen Kontamination anwendbaren Mittel sollten eine möglichst universelle Viruzidie aufweisen, mindestens jedoch gegen HBV, HCV und HIV wirksam sein.

Der Gedanke der Minimierung einer Virusausstreuung wurde bereits von der Deutschen Gesellschaft für Krankenhaushygiene (1991) diskutiert. Die Anwendung von Antiseptika dient in diesem Fall u. a. auch dem Schutz des Personals oder der Prophylaxe nosokomialer Infektionen.

Eine viruzide Antiseptik zum Schutz des Neugeborenen könnte sich auf entsprechende Maßnahmen unmittelbar vor, während oder nach der Geburt beziehen und sowohl die Sanierung des Geburtskanals als auch die Behandlung des Neugeborenen beinhalten.

Ziel einer viruziden Antiseptik sollte grundsätzlich die Inaktivierung derjenigen Viren sein, die auf der intakten Haut oder Schleimhaut vorkommen, oder über Haut- oder Schleimhauteffloreszenzen ausgeschieden werden. Darüber hinaus sollten auch Viren eingeschlossen sein, die über Haut- oder Schleimhautverletzungen, also über Blut oder Serum, ausgestreut werden können. Dies gilt in besonderem Maße auch für die Wundantiseptik.

2 Resistenz von Viren gegenüber Antiseptika

Zur Zeit sind bei der viruziden Wirksamkeit von Antiseptika noch eine Vielzahl von Kompromissen notwendig: Bei Viren lassen sich behüllte und unbehüllte Arten unterscheiden. Darüber hinaus können sie nach ihrem Lipidgehalt und dem Grad ihrer Lipophilie in 4 Gruppen unterteilt werden (v. Rheinbaben u. Wolff 1991). Viruzidie, also eine Wirksamkeit gegen Vertreter aller 4 Gruppen, ist bisher eine wohl kaum realisierbare Forderung und im allgemeinen auch nicht wünschenswert. Insbesondere gegen hydrophile, unbehüllte Viren, z. B. gegen Picorna- oder Parvoviren, sind wahrscheinlich sämtliche derzeit verfügbaren Antiseptika wirkungslos. Glücklicherweise haben die Angehörigen dieser Gruppe heute zumeist nur eine eingeschränkte Bedeutung, können gut durch Schutzimpfungen bekämpft werden, sind selten oder verursachen zumeist leichte oder ungefährliche Erkrankungen. Ihre Inaktivierung durch Antiseptika ist daher kein unbedingt zu verwirklichendes Ziel.

Dies gilt mit einigen Ausnahmen auch für die Gruppe der unbehüllten, jedoch leicht lipophilen Viren. Hierzu zählen u. a. auch Papovaviren und damit vermutlich auch die humanen Papillomviren, deren Inaktivierbarkeit durch Antiseptika in manchen Bereichen durchaus sinnvoll ist.

Die bedeutendsten humanpathogenen Viren, z. B. HBV/HDV, HCV oder HIV, gehören neben zahlreichen anderen, weit weniger gefährlichen, zu den beiden übrigen Gruppen der behüllten lipophilen Viren mit hohem bzw. mit geringem Lipidgehalt. Auf eine Wirksamkeit von Antiseptika gegen Angehörige dieser beiden Gruppen ist Wert zu legen. Viruzide Antiseptika sollten deshalb zumindest behüllte Viren zu inaktivieren vermögen.

Ein besonderes Problem bei der Ermittlung und Standardisierung der viruziden Wirksamkeit stellt bisher das Fehlen einer geeigneten Testmethode dar, die einerseits zuverlässige Rückschlüsse auf die Wirksamkeit unter Praxisbedingungen, also direkt auf Haut-, Schleimhaut- oder Wundoberflächen zuläßt, andererseits aber auch den Vergleich der Leistungsfähigkeit unterschiedlicher Mittel erlaubt. Zwar wurde von der Deutschen Vereinigung zur Bekämpfung der Viruskrankheiten ein inzwischen allgemein anerkanntes Testmodell für Viruzidieprüfungen vorgeschlagen (1990), als Suspensionstest ist es jedoch zur Ableitung von Aussagen über Antiseptika unter Praxisbedingungen ungeeignet.

3 Prä- und postoperative viruzide Antiseptik

Eine viruzide Antiseptik ist grundsätzlich als prä- und postoperative Maßnahme, aber auch als Routineverfahren vor nicht operativen Eingriffen, z. B. bei gynäkologischen oder endoskopischen Untersuchungen, denkbar. Sie ist jedoch nicht immer sinnvoll.

Zur Antiseptik der Haut werden vor chirurgischen Eingriffen präoperative Hautantiseptika angewendet. Eine viruzide Wirksamkeit der hierzu verwendeten Mittel ist für dieses Anwendungsfeld nicht erforderlich. Die intakte Hautoberfläche eines Patienten vor der Operation ist zwar mit Bakterien besiedelt, im allgemeinen aber nicht mit Viren. Der Patient selbst kann zwar Träger unterschiedlichster Viren sein, die sich auch als Kontaminanten endogenen Ursprungs auf seiner Haut oder seinen Schleimhäuten finden, aber selbst in diesem Fall wäre eine spezielle viruzide Antiseptik nicht indiziert. Auch das OP-Personal kann sich bei dieser Sachlage nicht durch antiseptische Maßnahmen gegen Virusinfektionen schützen. Allein die geringe Menge des eingesetzten Mittels reicht im allgemeinen hierzu nicht aus, insbesondere dann, wenn das Operationsfeld durch virushaltiges Blut kontaminiert wird.

Aus ähnlichen Gründen ist eine zusätzliche viruzide Antiseptik auch bei nichtoperativen Eingriffen, endoskopischen Untersuchungen, Katheterisierung u. ä. abzulehnen.

Hat eine antiseptische Maßnahme dagegen als postoperative Behandlung das Ziel der Verhinderung von Wundinfektionen, wird hier vom Anwender oft auch eine zusätzliche viruzide Wirksamkeit bei Patienten z. B. mit HBV und HIV, evtl. auch bei HCV positiven Patienten, gefordert. Diese Forderung gilt z. B. auch für Vaginalantiseptika bei gynäkologischen Untersuchungen. Die Minimierung virushaltiger Wund- oder Schleimhautabsonderungen ist in diesen Fällen Motiv für die Anwendung solcher Mittel.

4 Viruzide Antiseptik in anderen Anwendungsbereichen

Im Bereich der Chirurgie ist die viruzide Wundantiseptik beim Patienten insbesondere gegen Hepatitisviren und HIV evtl. wünschenswert, wahrscheinlich jedoch kaum erfolgreich durchführbar. Wie bereits erwähnt, ist eine solche

Wirksamkeit in Gegenwart größerer Mengen von Blut kaum erreichbar. Ebensowenig kann zellgebundenes Virus inaktiviert werden.

Einen Sonderfall stellen akzidentelle Stich- oder Schnittverletzungen mit Eintrag von HIV- oder HBV-kontaminiertem Material dar. Kommt es zu einem derartigen Zwischenfall, wird empfohlen, die Verletzung sofort zu erweitern und mit einem viruswirksamen Antiseptikum zu behandeln. Ist eine solche Maßnahme erfolgreich, dann wohl eher aufgrund der Anregung des Blutflusses und der dadurch bedingten Ausschwemmung des virushaltigen Materials als aufgrund der Wirksamkeit des verwendeten Antiseptikums. Insbesondere bei Nadelstichverletzungen wird es kaum möglich sein, den Stichkanal gezielt zu eröffnen.

Die Bedeutung von HBV, HCV und HIV in der Gynäkologie ist bereits angesprochen worden. Daneben spielen auch Papillomviren und HSV Typ 2 eine wichtige Rolle. Bei Schwangeren mit Herpes genitalis wird am Ende der Schwangerschaft die wöchentliche Abnahme von Abstrichen ab der 37. Woche gefordert. Nur bei negativem Befund oder fehlender Läsion wird die vaginale Entbindung empfohlen (Auer-Grumbach et al. 1991). Das Neugeborene muß anschließend sofort eine Immunglobulinprophylaxe erhalten. Die Behandlung des Neugeborenen mit viruswirksamen Antiseptika erscheint in diesem Fall als eine zusätzliche sinnvolle Schutzmaßnahme gegen eine HSV-Infektion.

Während der Geburt kann es auch zur Infektion des Neugeborenen mit Papillomviren kommen, die später Larynxpapillome verursachen können. Deshalb ist auch eine gleichzeitige Wirksamkeit gegen humane Papillomviren wünschenswert.

Im Bereich der Ophthalmologie ist die Wirksamkeit gegen Herpes simplex- und Adenovirus sowohl aus prophylaktischer als auch aus therapeutischer Indikation wünschenswert.

Auch HIV zählt inzwischen zu den Problemviren der Ophthalmologie. Als Motivation für die Anwendung HIV-viruzider Antiseptika ist allerdings nur die Verhinderung einer Virusausstreuung gerechtfertigt.

Die Anforderungen, die an viruzide Mund- und Rachenantiseptika gestellt werden müssen, sind besonders hoch. Die Mittel müssen aus naheliegenden Gründen innerhalb kürzester Zeit ausreichend wirksam sein und sollten neben behüllten Viren auch unbehüllte Viren inaktivieren. Für den Bereich der Stomatologie wurde die virusinaktivierende Wirksamkeit einiger Mund- und Rachentherapeutika mit mikrobioziden Eigenschaften von Eckhoff et al. (1986) untersucht. Bereits im Suspensionsversuch zeigten sich die eingangs gestellten Forderungen kaum erfüllt.

In der Dermatologie werden Dermatovirosen z. T. mit viruziden Antiseptika behandelt (vgl. Kap. 20). Zugleich sollen Antiseptika in diesem Bereich bakterielle Superinfektionen verhindern.

Literatur

Auer-Grumbach P, Gogg-Retzer I, Auer-Grumbach B (1991) Viruskrankheiten der Haut, Diagnose und Therapie. TW Darmatologie 21:426–435

Bundesgesundheitsamt (1990) Guidelines of Bundesgesundheitsamt (BGA; German Federal Health Office) and Deutsche Vereinigung zur Bekämpfung der Viruskrankheiten e. V. (DVV; German Association for the Control of Virus Diseases) for testing the effectiveness of chemical disinfectants against viruses. Zbl Hyg 189:554–562

Deutsche Gesellschaft für Krankenhaushygiene (DGKH), Fachkommission Klinische Antiseptik (1991) Indikationen und Anforderungen für die klinische Anwendung von Antiseptika. Hyg Med 16:422–424

Deutsche Gesellschaft für Krankenhaushygiene (DGKH), Fachkommission Klinische Antiseptik (1992a) Bericht über die Arbeitstagung am 25. Feb. 1992 in Norderstedt. Hyg Med 17:167–169

Deutsche Gesellschaft für Krankenhaushygiene (DGKH), Fachkommission Klinische Antiseptik (1992b) Indikationen zur Antiseptik im Genitoanalbereich. Hyg Med 17:390–391

Eckhoff B, Grell-Büchtmann I, Steinmann J (1986) Viruzide Wirksamkeit von Mund- und Rachentherapeutika im Suspensionsversuch. Hyg Med 11:324–326

v Rheinbaben F, Wolff MH (1991) Anerkennung zur Stabilität und chemischen Desinfektion von Viren. Lab Med 15:327–335

Sachverzeichnis

MIX
Papier aus verantwortungsvollen Quellen
Paper from responsible sources
FSC® C105338

If you have any concerns about our products,
you can contact us on
ProductSafety@springernature.com

In case Publisher is established outside the EU,
the EU authorized representative is:
Springer Nature Customer Service Center GmbH
Europaplatz 3, 69115 Heidelberg, Germany

Printed by Libri Plureos GmbH
in Hamburg, Germany